新一代信息通信技术新兴领域"十四五"高等教育系列教材

首批国家级一流本科课程配套教材

U0771862

通信原理

（第2版）

马东堂　主编

马东堂　赵海涛　张晓瀛　熊俊　黄圣春　魏急波　雷菁　编著

中国教育出版传媒集团

高等教育出版社·北京

内容简介

　　本书是根据当前通信技术的发展，配合在线开放课程教学的需要编著而成的。其特点是兼顾系统性和先进性，内容完整齐备，阐述浅显易懂，案例新颖实用，且配套资源丰富。本书的修订得到了教育部战略性新兴领域"十四五"高等教育教材体系建设团队新一代信息技术（新一代通信技术）项目的支持。

　　全书共 14 章，主要内容包括绪论、通信信号分析基础、信道、模拟调制、模拟信号的数字化、数字基带传输、数字调制、数字信号的最佳接收、同步原理、多载波和多天线传输、信道编码、无线物理层安全传输原理、机器学习在数字传输中的应用以及通信网技术等。本教材为新形态教材，提供与教材内容相关的微视频、思维导图、仿真案例、电子课件、教学计划、扩展阅读等资源，方便读者自学。

　　本书既可作为电子信息类专业及其他相关专业的本科生和研究生教材，又可供从事研究开发的相关工程技术人员参考。建议读者在学习中将本书与配套的国家精品在线开放课程——中国大学 MOOC"通信原理"和数字课程资源配合使用。

图书在版编目（CIP）数据

　　通信原理／马东堂主编；马东堂等编著. -- 2 版.
北京：高等教育出版社，2024．8（2025．5重印）．
ISBN 978-7-04-062728-2

　　Ⅰ．TN911

　　中国国家版本馆 CIP 数据核字第 20246U41A0 号

Tongxin Yuanli

| 策划编辑 | 平庆庆 | 责任编辑 | 杨　晨 | 封面设计 | 李树龙 | 版式设计 | 马　云 |
| 责任绘图 | 于　博 | 责任校对 | 吕红颖 | 责任印制 | 高　峰 | | |

出版发行	高等教育出版社	网　　址	http://www.hep.edu.cn
社　　址	北京市西城区德外大街 4 号		http://www.hep.com.cn
邮政编码	100120	网上订购	http://www.hepmall.com.cn
印　　刷	固安县铭成印刷有限公司		http://www.hepmall.com
开　　本	787mm×1092mm 1/16		http://www.hepmall.cn
印　　张	33.5	版　　次	2018 年 3 月第 1 版
字　　数	740 千字		2024 年 8 月第 2 版
购书热线	010-58581118	印　　次	2025 年 5 月第 2 次印刷
咨询电话	400-810-0598	定　　价	69.00 元

本书如有缺页、倒页、脱页等质量问题，请到所购图书销售部门联系调换

版权所有　侵权必究

物 料 号　62728-00

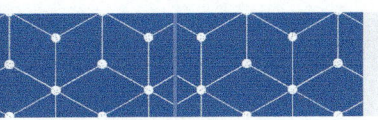

新形态教材网使用说明

通信原理
第2版

马东堂　主编

马东堂　赵海涛　张晓瀛
熊　俊　黄圣春　魏急波
雷　菁　编著

1　计算机访问 https://abooks.hep.com.cn/62728 或手机微信扫描下方二维码进入新形态教材网。

2　注册并登录后，计算机端进入"个人中心"，点击"绑定防伪码"，输入图书封底防伪码（20位密码，刮开涂层可见），完成课程绑定；或手机端点击"扫码"按钮，使用"扫码绑图书"功能，完成课程绑定。

3　在"个人中心"→"我的学习"或"我的图书"中选择本书，开始学习。

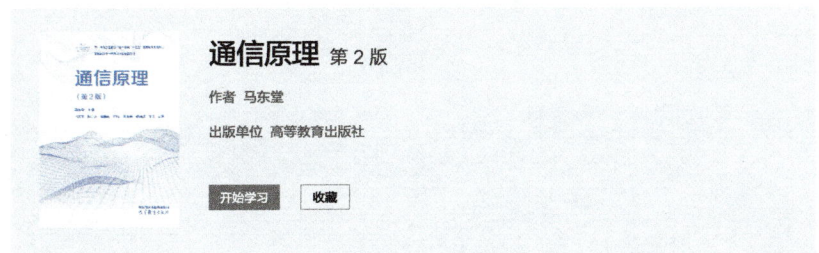

通信原理 第2版

作者　马东堂

出版单位　高等教育出版社

开始学习　　收藏

　　绑定成功后，课程使用有效期为一年。受硬件限制，部分内容可能无法在手机端显示，请按照提示通过计算机访问学习。

　　如有使用问题，请直接在页面点击答疑图标进行咨询。

https://abooks.hep.com.cn/62728

序

习近平总书记强调，"要乘势而上，把握新兴领域发展特点规律，推动新质生产力同新质战斗力高效融合、双向拉动。"以新一代信息技术为主要标志的高新技术的迅猛发展，尤其在军事斗争领域的广泛应用，深刻改变着战斗力要素的内涵和战斗力生成模式。

为适应信息化条件下联合作战的发展趋势，以新一代信息技术领域前沿发展为牵引，本系列教材汇聚军地知名高校、相关企业单位的专家和学者，团队成员包括两院院士、全国优秀教师、国家级一流课程负责人，以及来自北斗导航、天基预警等国之重器的一线建设者和工程师，精心打造了"基础前沿贯通、知识结构合理、表现形式灵活、配套资源丰富"的新一代信息通信技术新兴领域"十四五"高等教育系列教材。

总的来说，本系列教材有以下三个明显特色：

（1）注重基础内容与前沿技术的融会贯通。教材体系按照"基础—应用—前沿"来构建，基础部分即"场—路—信号—信息"课程教材，应用部分涵盖卫星通信、通信网络安全、光通信等，前沿部分包括5G通信、IPv6、区块链、物联网等。教材团队在信息与通信工程、电子科学与技术、软件工程等相关领域学科优势明显，确保了教学内容经典性、完备性和先进性的统一，为高水平教材建设奠定了坚实的基础。

（2）强调工程实践。课程知识是否管用，是否跟得上产业的发展，一定要靠工程实践来检验。姚富强院士主编的教材《通信抗干扰工程与实践》，系统总结了他几十年来在通信抗干扰方面的装备研发、工程经验和技术前瞻。国防科技大学北斗团队编著的《新一代全球卫星导航系统原理与技术》，着眼我国新一代北斗全球系统建设，将卫星导航的经典理论与工程实践、前沿技术相结合，突出北斗系统的技术特色和发展方向。

（3）广泛使用数字化教学手段。本系列教材依托教育部电子科学课程群虚拟教研室，打通院校、企业和部队之间的协作交流渠道，构建了新一代信息通信领域核心课程的知识图谱，建设了一系列"云端支撑，扫码交互"的新形态教材和数字教材，提供了丰富的动图动画、MOOC、工程案例、虚拟仿真实验等数字化教学资源。

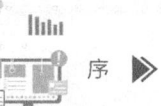
教材是立德树人的基本载体，也是教育教学的基本工具。我们衷心希望以本系列教材建设为契机，全面牵引和带动信息通信领域核心课程和高水平教学团队建设，为加快新质战斗力生成提供有力支撑。

国防科技大学校长

中国科学院院士

新一代信息通信技术新兴领域

"十四五"高等教育系列教材主编

2024 年 6 月

第2版前言

本书第 2 版的修订工作,秉承前一版"通过系统讲原理、着眼信号讲原理和突出随机性讲原理"的编著理念。强调基本理论和技术在整个通信系统中的作用,通过对信号的时域、频域分析把握信息传输的本质,突出通信过程中的随机性以及信号检测方法在系统分析中的应用,并将系统思维、辩证思维和底线思维等元素隐含在教材内容中。同时,充分体现通信技术前沿,适应高等教育院校通信原理教学的新形式和新特点,在以下几个方面进行了修订。

(1)绪论部分补充了 5G 和 6G 技术的进展情况,新增能量效率为通信系统的有效性指标,增加了通信系统的安全性指标。

(2)通信信号分析基础部分删除了部分与后续内容关联性不强的概率论相关知识,增加了等效基带分析的内容。信道部分细化了电磁波的传播模式,增加了传播损耗预测模型,丰富了无线信道的统计模型。

(3)同步原理部分删除了与前面章节有一定重复度的数字复接部分,增加了早迟门定时算法、帧同步的漏同步和假同步概率的计算等内容。

(4)多载波和多信道传输部分细化了循环前缀作用的分析。信道编码部分新增了 Polar 码的内容。

(5)将团队的科研成果转化为教材内容,新增了物理层安全传输原理和机器学习在数字传输中的应用等内容。

(6)各章均新增了部分习题,提高了习题的挑战度,为读者提供更多选择。

本书基本保持了第 1 版的风格和主体结构,内容完整齐备、阐述浅显易懂、案例新颖实用。书中标注了"＊"号的小节可作为选学内容。本书体现了新形态教材的特点,资源形式多样,配套了微视频、思维导图、仿真案例、电子课件、教学计划、扩展阅读等数字化资源,对课程的理论和实践教学进行了深度和广度的拓展和延伸。

本书的修订得到了教育部战略性新兴领域"十四五"高等教育教材体系建设团队新一代信息技术(新一代通信技术)项目的支持。在修订工作中,高等教育出版社给予编著者许多帮助,促进了修订工作的早日完成。

参与本书修订的作者都是长期工作在通信原理教学和科研一线的教师。全书的统稿、修改和定稿由马东堂完成。第 1、7、8 章由马东堂修订,第 5、6、14 章由赵海涛修订,第 3、9 章由张晓瀛修订,第 10、12 章由熊俊修订,第 2、4 章由黄圣春修订,第 13 章由魏急波执笔,第 11 章由雷菁、张晓瀛修订。东南大学的宋铁成教授对本书进行了详细的审校。李保国编写了原教材的第 2、4 章,杨冬琴、王茜、黄蕾等参与了本书的资料收集和校对工作。在此一并表示衷心的感谢。

同时,本书的编著过程中参考了大量国内外文献和著作,在此对这些文献和著作的作者表示衷心的感谢。

本书涉及通信领域广泛的理论和技术问题,由于作者的知识局限及参编作者较多,书中难免有不当之处,敬请读者批评指正。

联系邮箱:dongtangma@nudt.edu.cn。

编著者

2024 年 6 月于国防科技大学

《通信原理》(第 2 版)知识点总览

第1版前言

本书是根据当前通信技术的发展,配合在线开放课程教学的需要编著而成的。编著的理念是"强调通信系统的概念,着眼信号的时频分析,突出过程的随机特性"。力求使读者掌握通信的基本原理、关键技术和分析方法,了解通信技术前沿,为进一步的专业课程学习和从事相关工作奠定坚实的基础。

本书的主要特点是:

(1)力求通俗易懂,可读性好。本书尽量用通俗的语言深入浅出地讲解,语言流畅,使读者更有兴趣阅读本书。在保证论证严谨性和准确性的前提下,尽可能减少烦琐的公式推导,加强物理概念的诠释。

(2)内容系统完备,实用性强。本书既突出基础理论知识的完备性,又兼顾内容的先进性和实用性,包含了正交频分复用(OFDM)、多输入多输出(MIMO)、信号空间和低密度奇偶校验码(LDPC)等内容。书中标注了"*"号的小节可作为选讲内容。

(3)注重工程实践,案例新颖实用。本书与MOOC和数字课程资源紧密结合,设计了一系列实用的仿真和实验案例,有利于学习过程中理论和实践的结合。配套的数字课程中还配有软件无线电、基于轨道角动量(OAM)的光通信、生物启发的智能通信网络和无线协同通信等前沿技术讲座视频,有助于拓宽视野。

(4)精选例题和习题,帮助理解原理。本书精选了一些例题,有助于对通信基本概念和原理的理解。精选了习题,并在书末给出了部分习题的答案,方便自我测试。配套的MOOC和数字课程中有更加丰富的测试题和作业题,可更好地辅助教学。

(5)制作了微视频,方便读者自学。作者制作了高质量的微视频,读者可在配套数字课程上观看微视频,方便快捷。

全书共分13章,第1章绪论,第2章通信信号分析基础,第3章信道,第4章模拟调制技术,第5章模拟信号的数字化,第6章数字基带传输,第7章数字调制,第8章数字信号的最佳接收,第9章同步与数字复接,第10章多载波和多天线传输,第11章信道编码,第12章扩频通信,第13章通信网技术。

本书既可用作通信工程、信息工程、电子信息工程等电子信息类专业及其他相关专业的

本科生和研究生教材,又可供从事研究开发的相关工程技术人员参考。建议教学中将本书与配套的 MOOC 和数字课程资源配合使用。

　　本书参与编著的作者都是长期工作在通信专业教学和科研一线的科研人员。全书的提纲设计、统稿、定稿、前言和附录等由马东堂完成。第 1、7、8 章由马东堂执笔,第 5、6、13 章由赵海涛执笔,第 3、9、10 章由张晓瀛执笔,第 2、4、12 章由李保国执笔,第 11 章由雷菁执笔,魏急波参与编写了第 5、9 章并对全书的编著进行了指导。东南大学的宋铁成教授对全文进行了详细的审阅。研究生李丹、丁凯琪、张霄、姚永康、单秋橙和胡甜甜等参与了本书的校对和资料整理工作。在此一并表示感谢。

　　同时,本书是在国防科技大学的唐朝京、熊辉、雍玲、马东堂、张颖光等编著的《现代通信原理》的基础上编著而成的,编著过程中还参考了大量国内外文献和著作,在此对这些文献和著作的作者表示衷心的感谢。

　　本书涉及通信领域广泛的理论和技术问题,由于作者的知识局限及参编作者较多,书中难免有不当之处,敬请读者批评指正。

　　配套 MOOC 可在中国大学 MOOC 网站上注册学习。

　　联系邮箱:dongtangma@ nudt. edu. cn。

作　者

2017 年 9 月于国防科技大学

目 录

第 3 章 信道 / 61

第 4 章　模拟调制　　　　　　　　　　　　　　　　　　　　/ 85

第 10 章 多载波和多天线传输 / 339

第1章

绪　论

通信是推动人类社会进步和经济发展的巨大动力。进入 21 世纪以来,随着人工智能、软件无线电、微电子、互联网、光通信、移动通信和量子通信等技术的进步,通信正朝着智能化、软件化、集成化、综合化、宽带化、泛在化和高安全性的方向飞速发展。通信新技术的应用正在不断改变着人们的生活方式和行为习惯,也对经济、社会、文化、科技和军事等领域产生着深远的影响。

第 1 章
思维导图

本章主要介绍通信的基本概念和通信技术的发展、通信系统的组成与分类、信息及其度量,以及通信系统的主要性能指标,旨在使读者对通信、通信系统和通信技术的发展有一个初步的了解和认识。

1.1　通信的基本概念和通信技术的发展

1.1.1　通信的基本概念

微视频:通信
的基本概念
和通信技术
的发展

1. 通信

广义上,通信是指需要信息的双方或多方在不违背各自意愿的情况下采用任意方法、任意媒质,将信息从某一方准确安全地传送到另一方。身体、眼神、手势、山石、树木、语言、文字、电磁波、声波和光量子等都可以用于传送信息。

狭义上,通信就是信息的传输与交换,即信息的传递。

信息是消息中包含的有意义的内容。通信过程中需要考虑如何传递信息、如何度量信息、信息传递给谁以及谁来传递信息等问题。

如果把信息系统分为信号传输、信息传递和信息应用三个层次,传统意义上的通信主要涉及信号传输和信息传递两个方面。随着通信技术的发展,物理层的信号传输、逻辑层的信号传递和系统层的信息应用之间的联系越来越紧密。

2. 通信网络

网络化是现代通信的基本形式,不论是军事通信还是民用通信都普遍采用网络通信。通信网是由一定数量的节点(包括终端节点、交换节点或中继节点等)和连接这些节点的传

输链路有机地组织在一起,按约定的信令或协议完成网络内任意用户间信息传输和交换的通信系统,如图 1-1 所示。图中给出的网络结构只是一种示意,有些网络可能有多个交换节点和中继节点,有些网络也可能没有交换节点。根据拓扑结构的不同,网络拓扑一般分为星型拓扑、环型拓扑和总线型拓扑。在此基础上,衍生出树型拓扑、网状拓扑、蜂窝型拓扑和混合型拓扑等。图中的传输链路既可以是有线链路,也可以是无线链路。

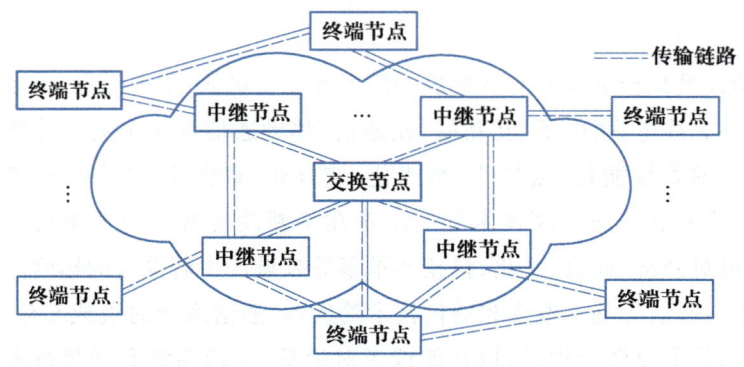

图 1-1　通信网络结构示意图

在通信网络中,信息的交换可以在用户之间进行,也可以在设备之间进行,还可以在用户和设备之间进行。交换的信息包括用户信息(如语音、数据、图像和视频等)、控制信息(如信令信息、路由信息和测控信息等)和网络管理信息等。

通信网是一个由软件和硬件按特定方式构成的通信系统,每一次通信都需要软硬件的协调配合来完成。软件主要包括信令、协议、控制、管理和计费等单元,主要作用是完成通信网的控制、管理、运营和维护。硬件主要包括终端设备、交换设备、业务节点和传输系统,它们完成通信网的接入、交换、控制和传输等功能。

1.1.2　通信技术的发展

通信技术的发展史就是人们不断寻求如何实现快速、准确且安全地传递信息的技术进步史。在中国古代,"烽火狼烟"被用来传递敌寇来犯时的紧急报警信息。公元前 200 年,希腊的军事通信记载了同样的方法。人们还曾利用锣鼓、旗语、人力和马力等方式传递信息,后来出现了邮政通信,有"烽火连三月,家书抵万金"的著名诗句为证。

1837 年,美国艺术家兼发明家莫尔斯(S. F. D. Morse)发明的莫尔斯电码和电报,开创了人类利用电来传递信息的历史。

1864 年,英国物理学家麦克斯韦(J. C. Maxwel)建立了一套电磁理论,预言了电磁波的存在。

1875 年,苏格兰青年贝尔(A. G. Bell)发明了世界上第一台电话机,并于 1876 年申请了发明专利。1878 年在相距 300 km 的波士顿和纽约之间进行了首次长途电话实验,并获得了成功,后来就成立了著名的贝尔电话公司。

1887 年,德国青年物理学家赫兹(H. R. Hertz)在实验中验证了电磁波的存在,证明了麦克斯韦的电磁理论。这个实验轰动了整个科学界,成为近代科学技术史上的一个重要里程碑事件。

1895 年,意大利的马可尼(G. Marconi)和俄国的波波夫(A. C. Popov)分别成功地进行了无线电通信试验,马可尼于 1901 年成功进行了跨大西洋的无线电信号接收,无线通信从此开始。

1906 年,美国的德弗雷斯特(L. De Forest)发明了真空三极管,可以将信号放大,能把电话、电报的信号传送到更远的地方,极大地促进了通信技术的发展。

1918 年,美国的阿姆斯特朗(E. H. Armstrong)提出了超外差原理,利用本地产生的振荡波与输入信号混频,将输入信号频率变换为某个预先确定的频率,以适应远程通信对高频率、弱信号接收的需要。1919 年,利用超外差原理制成超外差接收机。

1924 年,美国科学家奈奎斯特(Henry Nyquist)推导出了理想低通信道下无码间串扰的最高码元传输速率公式,并在 1928 年发表的论文中提出了低通模拟信号的抽样定理,奠定了现代数字通信的基础。

1948 年,香农(C. E. Shannon)发表了著名的论文《通信的数学理论》,提出了信息熵、信道容量等概念,定量揭示了通信的实质问题,成为现代信息论研究的开端。此后香农又发表了率失真理论和密码理论等方面的论文,奠定了编码理论的基础。

1962 年,美国电话电报公司(AT&T)发射"TELESAT-1"低轨通信卫星,奠定了商用通信卫星技术基础。后来,地球同步轨道通信卫星大量投入商用,提供高容量的话路中继和广播电视信号转发业务。近年来,卫星通信技术发展的热点是高通量卫星传输技术和低轨道星座互联网技术等。①

1969 年,阿帕网(advanced research projects agency network,ARPA Net)问世,该网络利用了无线分组交换网与卫星通信网,采用包交换机制,开发并利用了 TCP/IP 协议簇,较好地解决了异构网络互联的一系列理论和技术问题。

1977 年,美国在亚特兰大成功进行了世界上第一个光纤通信的现场实验,光纤通信逐渐走向实用。2009 年,华裔科学家高锟因为在光纤通信领域的突出贡献获得诺贝尔奖。

1978 年,美国贝尔实验室首次成功开发了高级移动电话系统(advanced mobile phone system,AMPS),标志着第一代移动通信系统的开始。1987 年,我国引入了英国的全接入通信系统(total access communications system,TACS)。第一代移动通信系统采用的是模拟调频和频分复用技术。1992 年,第一个数字蜂窝移动通信系统——全球移动通信(global system for mobile communication,GSM)系统在欧洲开始商用,GSM 成为泛欧第二代移动通信标准。1993 年,中国第一个全数字移动电话 GSM 系统建成开通。其他第二代移动通信标准包括北美使用的 IS-54、IS-95[采用美国高通公司(Qualcomm)提出的码分多址(code division multi-

---

① 典型的代表是美国太空探索技术公司(SpaceX)的星链(Starlink)计划,拟用 4.2 万颗卫星在全球范围内提供高速且稳定的卫星宽带服务。

ple access,CDMA)技术]和日本的个人数字蜂窝(personal digital cellular,PDC)等系统。2000年,国际电信联盟(ITU)确定 W-CDMA、CDMA2000 和 TD-SCDMA 为第三代移动通信(3G)的三大主流无线接口标准,写入 3G 技术指导性文件。2012 年,国际电信联盟在 2012 年无线电通信全会全体会议上,正式审议并通过将 LTE-Advanced 和 Wireless MAN-Advanced(802.16 m)技术规范确立为 IMT-Advanced(俗称 4G)的国际标准,中国主导制订的 TD-LTE-Advanced 和 FDD-LTE-Advanced 同时成为 4G 国际标准。2018 年,华为发布了首款 3GPP 标准 5G 商用芯片巴龙 5G01 和 5G 商用终端,支持全球主流 5G 频段,理论上可实现最高 2.3 Gbit/s 的数据下载速率。2019 年,工业和信息化部正式向中国电信、中国移动、中国联通、中国广电发放 5G 商用牌照,中国正式进入 5G 商用元年。5G 时代,移动通信逐步从以人为中心的网络架构向"人与物"和"物与物"的"万物互联"目标扩展。

2023 年,国际电信联盟完成了《IMT 面向 2030 及未来发展的框架和总体目标建议书》。这份建议书汇聚了全球 6G 愿景共识,构想了 6G 的典型场景和技术指标。可以预见,随着下一代移动通信技术的发展,通信能力边界将会被不断拓展,"万物智联,数字孪生"的美好愿景终将实现。

1.2　通信系统的组成

1.2.1　通信系统的一般模型

传递信息所需的一切设备的总和称为通信系统,通信系统的一般模型如图 1-2 所示。

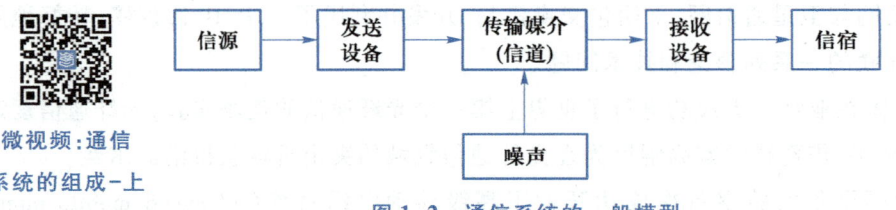

微视频:通信
系统的组成-上

图 1-2　通信系统的一般模型

一个基本的通信系统由信源、发送设备、信道、接收设备和信宿五个部分构成。

1. 信源和信宿

信源是指产生或发出消息的人或机器,是信息的发送者。信宿是指接收消息的人或机器,是信息的接收者。信息通过信号承载。根据输出信号的性质不同,信源可以分为模拟信源和数字信源。模拟信源输出特征值(如幅度、频率和相位等)取值连续的信号,即模拟信号。数字信源输出特征值取值离散的信号,即数字信号。数字信号与模拟信号有明显区别,但在一定条件下可以相互转换。

模拟信号的特点是信号特征值取值连续,可以有无限多种可能取值,从图 1-3(a)波形

可以看出此信号在波形上是连续的,图 1-3(b)是对图 1-3(a)波形的抽样信号,信号波形每间隔 T_s 时间被抽样一次,因此抽样后的波形在时域上是离散的,但幅度仍然具有无限多种可能的取值,是一个时域离散的模拟信号。

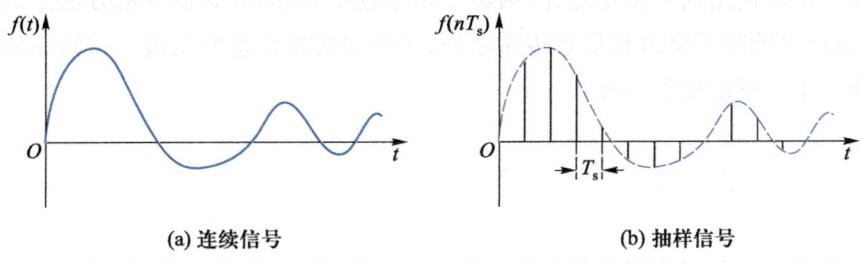

图 1-3　模拟信号示例

数字信号要求信号的特征值取值为有限多个。如图 1-4(a)中的二进制码,信号的取值只有两个可能的幅度值,即 0 或 1。图 1-4(b)给出的是一个四进制码,在每个码元间隔内,信号幅度取四种可能的幅度(0,1,2,3)之一。

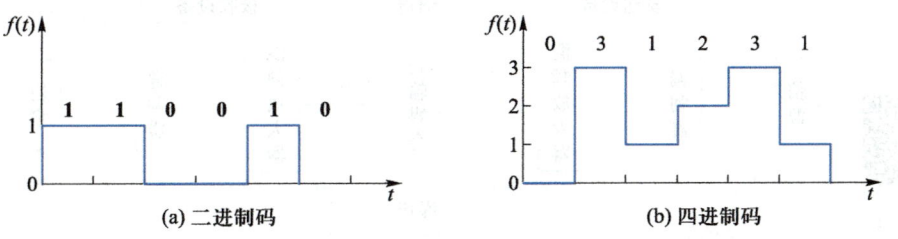

图 1-4　数字信号示例

2. 发送设备

发送设备的作用是产生适合在信道中传输的信号,使发送信号的特性与传输媒介相匹配,将信源产生的信号变换为便于传输的形式。变换的方式是多种多样的,如信号的放大、滤波、编码、调制和混频等,发送设备还包括为达到某些特殊的要求而进行的各种处理,如多路复用、保密处理和纠错编码等。

3. 传输媒介(信道)

信道是指传输信号的通道,是从发送设备到接收设备之间信号传递所经过的媒介,可以是有线信道,如明线、双绞线、同轴电缆或光纤,也可以是无线信道。信道既给信号以传输通路,也会对信号带来各种干扰和噪声,信道的固有特性和干扰直接关系到通信质量。

4. 接收设备

接收设备的基本功能是完成发送过程的反变换,即将信号放大并进行滤波、解调、检测和译码等,其目的是从带有噪声和干扰的信号中正确恢复出发送端发送的原始信息。对于多路复用信号,采用多路解复用处理,实现正确分路功能;此外,在接收设备中,还需要尽可能减小传输过程中噪声与干扰带来的影响。

以上所述是一个单向的通信系统。很多情况下,信源兼为信宿,通信的双方需要交互信息,因而要求实现双向通信。电话就是一个典型的双向通信例子。在双向通信系统中,通信双方都要求有发送设备和接收设备,如果两个方向有各自的传输媒介,则双方可以独立进行发送和接收。但若使用同一传输媒介,则通常采用频率、时间或其他分割方法来共享信道资源。此外,通信系统除了要进行信息传递之外,还必须实现信息的交换。传输系统和交换系统共同构成一个完整的通信系统。

1.2.2　模拟通信系统的组成

模拟通信系统是利用模拟信号来传递信息的通信系统,典型的模拟通信系统有中波/短波无线电广播、模拟电视广播、调频立体声广播和模拟移动通信系统等。虽然目前的通信技术是以数字通信为主,但是在实际应用中还存在着一些模拟通信系统,而且模拟通信是数字通信的基础。模拟通信系统的组成如图 1-5 所示。模拟通信系统包括调制器、混频放大器、信道和解调器等模块。

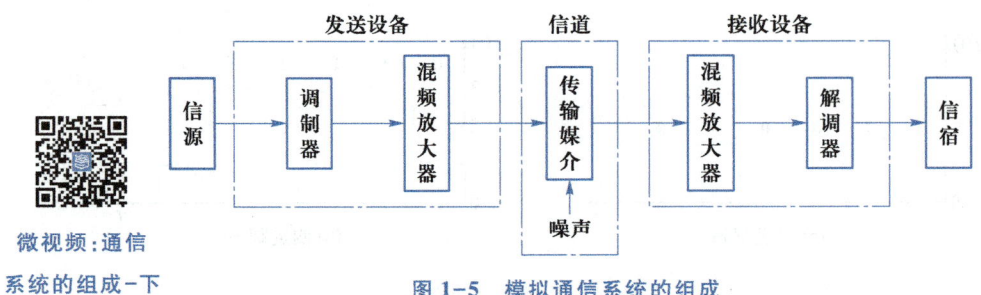

微视频:通信
系统的组成-下

图 1-5　模拟通信系统的组成

调制器是模拟通信系统的核心组成部分,它对于通信系统的性能具有重要影响。模拟调制时,通常利用调制信号来控制载波的振幅、频率或相位,以利于信号的传输。如在中波无线电广播中,载波的振幅就跟随音频信号的电平而发生变化,收音机从接收到的中波信号中检测出这种幅度的变化就能够重现音频信号。在多数模拟调制无线通信系统中,调制一般在中频进行,调制之后产生的已调信号还需要经过混频放大实现上变频,将信号搬移到射频后经过天线发射出去。接收端将从信道中接收到的信号进行混频放大实现下变频,在中频进行信号的解调。

1.2.3　数字通信系统的组成

数字通信系统的组成如图 1-6 所示。数字通信系统包括信源编码与译码、信道编码与译码、加密与解密、数字调制与解调、信道与同步等模块,下面分别进行介绍。

1. 信源编码与译码

信源编码主要完成模拟信号的数字化。如果信源产生的信号是模拟信号,首先需要对

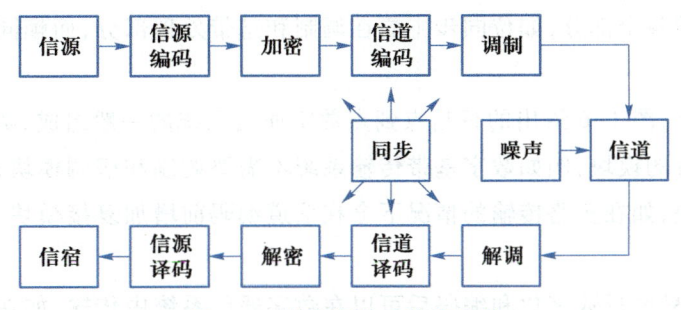

图 1-6　数字通信系统的组成

模拟信号进行数字化,然后才能在数字通信系统中传输。模拟信号的数字化包括抽样、量化和编码三个过程,数字电话系统中话音信号的脉冲编码调制(pulse code modulation,PCM)就是一个典型的模拟信号数字化实例。信源编码的另外一个功能是通过压缩编码来提高信息传输效率。如数字电话系统中采用 PCM 编码的单路话音的信息速率为 64 kbit/s,而压缩编码后单路话音的速率可以降低到 32 kbit/s 或更低,这样就可以在信道带宽一定的情况下提高传输的话音路数。信源译码是信源编码的逆过程。

2. 信道编码与译码

信道编码的目的是增强信息传输的可靠性。由于信号在信道传输时受到噪声和干扰的影响,接收端恢复数字信息时可能会出现差错,为了减小接收信息的差错概率,信道编码器对传输的信息按照一定的规则进行差错控制编码,接收端的信道译码器按照相应的逆规则进行信道译码,从而实现纠错或检错。在计算机系统中广泛使用的奇偶校验码就是一种简单的差错控制编码方式,它具有 1 bit 的检错能力。

3. 加密与解密

为了保证信息传输的安全性,按照一定的规则将要传输的信号加上密码,即加密。接收端(通常是授权或指定的接收机)对接收到的数字序列解密,恢复明文信息。在需要保证信息传输的私密性的场合通常需要有加密和解密模块,它在军事通信中被广泛应用。

4. 数字调制与解调

基本的数字调制方式有幅移键控(amplitude shift keying,ASK)、频移键控(frequency shift keying,FSK)和相移键控(phase shift keying,PSK)。在接收端可以采用相干解调或非相干解调的方法进行信号的解调,此外,还有在这三种基本调制方式基础上发展起来的其他数字调制方式,如正交幅度调制(quadrature amplitude modulation,QAM)、最小频移键控(minimum shift keying,MSK)等。为了进一步提高频谱利用效率,高阶调制(如 256QAM)在现代移动通信中被广泛应用。

5. 信道与同步

信道是传输数字信号的物理基础。设计数字通信系统时,首先要考虑的就是选择合适的信道,并了解信道特性。所以,信道测量与建模是数字通信的一个重要研究方向。

同步是使收发两端的信号在时间上保持步调一致,这是保证数字通信系统有序、准确和可靠工作的前提条件。按照同步的不同功能,可以分为载波同步、位同步、帧同步和网同步。

同步分散在系统的各个部分,如位同步主要在调制和基带处理部分,而帧同步通常是处在解调之后。

需要指出的是,图 1-6 给出的只是点到点数字通信系统的一般组成,实际的数字通信系统不一定包括所有的模块,例如数字基带传输系统不需要调制和解调模块;实际通信系统也可能增加部分模块,如在多路传输的情况下会在信道编码前增加复接模块,并在信道译码后加入分接模块。

此外,模拟信号经过数字化和编码后可以在数字通信系统中传输,如在程控电话交换网中,电话线上传输的模拟话音信号到达程控数字交换机后,在交换机内进行数字化与编码,程控数字交换机之间传输的就是数字话音信号,信号到达对端交换机后,再由数字信号恢复出模拟话音,通过电话线将模拟话音传输到对端用户电话。

目前,模拟通信和数字通信都已得到了广泛的应用。数字通信已成为当今通信技术发展的主流。与模拟通信相比,数字通信具有以下优点:

(1) 抗干扰能力强,且中继传输过程中不存在噪声积累。

在数字通信系统中,接收端的目标不是精确地还原所传输的信号波形,而是从受到噪声污染的信号中判断发送端发送的是哪一个波形。以二进制数字通信系统为例,信道上传输的信号波形有两种可能性,分别对应二进制信息 **1** 和 **0**,接收端通过判断收到的是哪一种信号波形来恢复所传输的二进制信息。在数字微波中继通信系统中,各个中继站可以采用再生式中继转发,在多级中继转发过程中信号噪声不积累。而在模拟微波中继传输系统中,要求接收机能够以尽量小的失真度重现原信号波形,每一级微波中继站不仅将信号进行了放大,同时还将前面每一级中继站的带内噪声也同时进行了放大,噪声是逐级积累的。最终积累的噪声将限制信号传输所能够经过的中继站的数量。

(2) 传输差错可控。

在数字通信系统中,可以通过信道编码与译码技术进行检错与纠错,降低误码率,提高信息传输的可靠性。

(3) 便于用现代数字信号处理技术对数字信息进行处理、交换和存储。

采用数字信号处理技术能够实现信道编/译码、数字基带信号频谱成型、同步、信号复用/解复用等功能,可以采用集成电路实现通信信号处理。

(4) 易于集成化和小型化,使通信设备小型化、功耗低、重量轻。

数字通信大量采用大规模集成电路技术,可以极大地减小通信设备的体积、功耗和重量。

(5) 易于进行加密处理,且保密性高。

数字通信系统也存在着不足,一般比模拟通信系统需要占用更大的传输带宽。以电话系统中的话音传输为例,单边带模拟话音信号通常占据的带宽约为 3 400 Hz,一路接近同样话音质量的标准 PCM 数字电话信号的传输通常需要占用 32 kHz 的带宽。另外,数字通信系统对于同步的要求和实现的复杂度一般比模拟通信系统高。

1.3 通信系统的分类和通信方式

1.3.1 通信系统的分类

1. 按通信的业务和用途分类

微视频：通信
系统的分类和
通信方式-上

按照通信的业务和用途分类，可以分为控制通信和常规通信。其中，控制通信主要包括遥测、遥控等，如卫星测控、导弹测控和遥控指令通信等都属于控制通信。常规通信又分为话务通信和非话务通信。话务通信业务主要是以话音业务为主，例如数字程控电话交换网络的主要目标就是为普通用户提供话音通信服务。非话务通信主要是指分组数据业务、计算机通信、传真和视频通信等。话务通信和非话务通信有着各自的特点。

话音业务传输具有三个特点。首先，人耳对传输时延十分敏感，如果传输时延超过 100 ms，通信双方会有明显的"反应迟钝"的感觉；第二，要求通信传输时延抖动尽可能小，因为时延的抖动可能会造成话音音调的变化，使得接听者感觉对方声音"变调"，甚至不能通过声音分辨出对方；第三，对传输过程中出现的偶然差错并不敏感，传输中的偶然差错只会造成瞬间话音的失真，但不会对接听者的语义理解造成大的影响。

在非话务通信中，对于数据业务，通常更关注数据传输的可靠性，而对实时性的要求则视具体情况而定。对于视频业务，对传输时延的要求与话务通信相当，但是视频业务的数据量要比话音大得多，如语音信号 PCM 编码的信息速率为 64 kbit/s，而 MPEG-II（motion picture experts group II）压缩视频的信息速率在 2~8 Mbit/s 之间。

2. 按调制方式分类

按照是否采用调制，可以将通信系统分为基带传输系统和频带传输系统。基带传输是将未经调制的信号经过基带处理直接在信道中传输，如音频市内电话（用户线上传输的信号）、以太网中传输的信号等。调制是将信号变换成适合信道传输的形式后传送，目的是便于信息的传送、提高通信系统的传输性能。接收端通过解调恢复出原始信息。

常用的调制方式及其一般用途如表 1-1 所示。在实际系统中，有时会采用不同的调制方式进行多级调制。如在调频立体声广播中，话音信号首先采用抑制载波的双边带调制（double side band with suppressed carrier, DSB-SC）进行副载波调制，然后再进行调频。

表 1-1 常用的调制方式及其一般用途

调制方式			一般用途
连续波调制	模拟调制	常规双边带调幅（AM）	中波广播、短波广播
		抑制载波双边带调幅（DSB-SC）	调频立体声广播的中间调制方式

调制方式			一般用途
连续波调制	模拟调制	单边带调幅（SSB）	载波通信、无线电台
		残留边带调幅（VSB）	电视广播、数传、传真
		频率调制（FM）	调频广播、移动通信、卫星通信
		相位调制（PM）	中间调制方式
	数字调制	幅度键控（ASK）	数据传输
		频率键控（FSK）	数据传输
		相位键控（PSK、DPSK 等）	数字微波、空间通信、移动通信、卫星导航
		其他数字调制（QAM、CPM、MSK、GM-SK、高阶调制等）	数字微波中继、空间通信、移动通信系统
脉冲调制	脉冲模拟调制	脉幅调制（PAM）	中间调制方式、数字用户线线路码
		脉宽调制（PDM 或 PWM）	中间调制方式
		脉位调制（PPM）	遥测、光纤传输
	脉冲数字调制	脉码调制（PCM）	话音编码、程控数字交换、卫星、空间通信
		增量调制（ΔM、CVSD 等）	军用、民用话音压缩编码
		差分脉码调制（DPCM）	话音、图像压缩编码
		其他语音编码方式（ADPCM 等）	中低速率话音压缩编码

3. 按传输信号的特征分类

按照所传输的信号是模拟信号还是数字信号，可以把通信系统分成模拟通信系统和数字通信系统。数字通信系统在最近几十年获得了快速发展，也是目前商用通信系统的主流。

4. 按传输媒介分类

按传输媒介（信道）的不同，通信系统可以分为有线（包括光纤）通信和无线通信两大类。有线信道包括明线、双绞线、同轴电缆、光缆等。使用明线作为传输媒介的通信系统主要有早期的载波电话系统，使用双绞线传输的通信系统主要有电话系统、计算机局域网等，同轴电缆在微波通信、程控交换等系统以及设备内部和天线馈线中经常使用。无线通信依靠电磁波在空间传播达到传递信息的目的，如短波电离层传播、微波视距传输等。

5. 按传送信号的复用和多址方式分类

复用是指多路信号利用同一个信道进行独立传输。传送多路信号目前常用的复用方式有四种，即频分复用（frequency division multiplexing，FDM）、时分复用（time division multiplexing，TDM）、码分复用（code division multiplexing，CDM）和波分复用（wave division multiplexing，WDM）。频分复用采用频谱搬移的办法使多路信号分别占据不同的频带，时分复用使

多路信号分别占据不同的时隙,码分复用采用一组正交的脉冲序列分别对应不同路信号,波分复用则使多路信号分别占用不同的波段。波分复用常在光纤通信中使用,可以在一条光纤内同时传输多个波长的光信号,从而成倍提高光纤的传输容量。随着通信技术的发展,空分复用(如多天线技术)也得到越来越广泛的应用,轨道角动量(orbital angular momentum, OAM)模态复用等新的复用方式也取得了重要研究进展。

多址是指在多用户通信系统中区分多个用户的方式。如在移动通信系统中,无线基站同时为多个移动用户提供通信服务,需要采取某种方式区分各个通信用户。常用的多址方式可以分为频分多址(frequency division multiple access,FDMA)、时分多址(time division multiple access,TDMA)、码分多址(code division multiple access,CDMA)、空分多址(space division multiple access,SDMA)和随机多址等。第一代移动通信系统采用的是频分多址,即同一基站下的用户分别占据不同的频带实现通信。

6. 按工作频段分类

按照通信设备的工作频段或波段的不同,可以分为极低频通信、甚低频通信、低频通信、中频通信、高频(短波)通信、甚高频通信、特高频通信、超高频通信、极高频通信和光通信等。表1-2列出了国际电信联盟(ITU)颁布的无线电频谱分布及各频段的主要用途。

表1-2 ITU 无线电频谱分布及各频段的主要用途

频率范围	波 长	名称	传输媒介	主要用途
0.003~3 kHz	$10^8 \sim 10^5$ m	极低频 (ELF)	有线线对 长波无线电	音频电话、数据终端、远程导航、水下通信、对潜通信
3~30 kHz	$10^5 \sim 10^4$ m	甚低频 (VLF)	有线线对 长波无线电	远程导航、水下通信、声呐
30~300 kHz	$10^4 \sim 10^3$ m	低频 (LF)	有线线对 长波无线电	导航、信标、电力线通信
0.3~3 MHz	$10^3 \sim 10^2$ m	中频 (MF)	同轴电缆 短波无线电	调幅广播、移动陆地通信、业余无线电
3~30 MHz	100~10 m	高频 (HF)	同轴电缆 短波无线电	移动无线电话、短波广播定点军用通信、业余无线电
30~300 MHz	10~1 m	甚高频 (VHF)	同轴电缆 米波无线电	电视、调频广播、空中管制、车辆、通信、导航、寻呼
0.3~3 GHz	100~10 cm	特高频 (UHF)	波导 分米波无线电	微波接力、卫星和空间通信、雷达、移动通信、卫星导航
3~30 GHz	10~1 cm	超高频 (SHF)	波导 厘米波无线电	微波接力、卫星和空间通信、雷达

续表

频率范围	波　长	名称	传输媒介	主要用途
30~300 GHz	10~1 mm	极高频 （EHF）	波导 毫米波无线电	雷达、微波接力
10^5~10^7 GHz	3×10^{-4}~ 3×10^{-6} cm	可见光 红外光 紫外光	光纤 空间传播	光纤通信 无线光通信

工作载波的波长与频率的换算公式为

$$\lambda = \frac{c}{f} = \frac{3 \times 10^8}{f} \tag{1-3-1}$$

式中，λ 为工作波长（m），f 为工作频率（Hz），c 为光速（m/s）。

对于 1 GHz 以上的频段，采用 10 倍频程进行划分太粗略，国际电气与电子工程师协会（IEEE）颁布了新的频段划分方法，表 1-3 给出了 IEEE 频段划分及其典型应用。我国通信与雷达领域的工作人员习惯使用这种频段划分方法。

表 1-3　IEEE 频段划分及其典型应用

频率范围	名称	典型应用
3~30 MHz	HF	移动无线电话、短波广播定点军事通信、业余无线电
30~300 MHz	VHF	调频广播、模拟电视广播、寻呼、无线电导航、超短波电台
0.3~1.0 GHz	UHF	移动通信、对讲机、卫星通信、微波链路、无线电导航、雷达
1.0~2.0 GHz	L	移动通信、定位、雷达、微波中继链路、无线电导航、卫星通信
2.0~4.0 GHz	S	移动通信、无线局域网、航天测控、微波中继、卫星通信
4.0~8.0 GHz	C	微波中继、卫星通信、无线局域网
8.0~12.5 GHz	X	微波中继、卫星通信、雷达
12.5~18.0 GHz	Ku	微波中继、卫星通信、雷达
18.0~26.5 GHz	K	微波中继、卫星通信、雷达
26.5~40.0 GHz	Ka	微波中继、卫星通信、雷达
40.0~60.0 GHz	F	
60.0~90.0 GHz	E	
90.0~140.0 GHz	V	

7. 按频带利用方式分类

按频带利用方式的不同，无线电通信系统可分为定频窄带通信系统、跳频通信系统和扩频通信系统等。跳频通信与扩频通信具有较强的抗干扰能力，是军事通信中的常用抗干扰通信手段。跳频通信系统是指收发双方按照伪随机的规律快速改变发射和接收频率以躲避

敌方干扰的无线电通信系统。扩频通信系统用速率比信息码率高得多的伪随机扩频码改造发送信号,使发送信号的频谱大大展宽,在接收端经过相应的解扩处理恢复原始信息,同时抑制干扰信号的通信系统。

1.3.2 通信方式

微视频:通信系统的分类和通信方式-下

通信方式是指通信双方之间的工作方式或信号传输方式。

1. 单工通信、半双工通信和全双工通信

按照消息传送的方向与时间关系,可以分为单工通信、半双工通信和全双工通信。

(1)单工通信,是指消息只能单向传输的工作方式,广播、遥控、遥测和无线寻呼等都是单工通信。

(2)半双工通信,是指通信双方都能够收发消息,但收发不能同时工作,通常收发过程可以使用同一条信道。例如,使用同一载频的对讲机就是工作在半双工通信方式。

(3)全双工通信,是指收发双方可同时进行双向消息传输的工作方式。全双工通信一般需要双向信道。手机的话音通信就是典型的双工通信方式,使用者可以同时接收和发送话音信号。第四代移动通信的不同标准中,分别支持时分双工(time division duplexing,TDD)和频分双工(frequency division duplexing,FDD)两种不同的双工模式。

2. 并行传输和串行传输

按信息代码排列的方式不同,可以分为并行传输和串行传输。

(1)并行传输,是将代表信息的数字信号码元序列以分组的方式在两条或两条以上的并行信道上同时传输。例如,将数字信息码元序列分成 n 个码元一组在 n 条并行信道上同时传输。

并行传输的优点是传输速度快,缺点是需要多个并行信道,成本高。并行传输不仅可用于基带传输,还可用于频带传输,如多载波调制传输。

(2)串行传输,是将数字信号码元序列以串行方式一个码元接一个码元地在一条信道上传输。串行传输的优点是只需一条信道,缺点是传输速度比并行传输慢。

此外,按照同步方式不同,可以分为同步通信和异步通信;按照终端之间的链接类型不同,可以分为点到点通信、点到多点通信和多点之间的通信。

1.4 信息及其度量

微视频:信息及其度量

1.4.1 信息的概念

通信是指信息的传输和交换。那么,什么是信息、谁释放信息、谁传播信息、谁接收信息

都是人们关心的问题。

关于信息的定义有很多种说法,塔诺季(Gilles Cohen-Tannoudji)认为信息是一种物理实体。它不是一种粒子,可能比较类似于场或力的概念,是一种抽象的但确实具有物理意义的量;亚历克西·格兰博姆认为,信息是一种语言,不具备物理实质,是一种能够解决我们遇到的理论障碍的办法;米歇尔·勒贝拉克认为,信息是信息学及算法学的一个数学概念。1948 年,香农(C. E. Shannon)在《通信的数学方法》一文中给出了信息的定量表示,香农信息反映的是<u>事物的不确定性</u>。这里我们主要讨论香农信息。

关于信息的释放者,以爱因斯坦(A. Einstein)为代表的现实主义者,认为信息是由物理学应该描述的一种基本现实释放的;以波尔为代表的流派认为不可能知道是否存在某种基本现实,在进行测量时出现信息,探究谁是释放者是徒劳的;约翰·惠勒认为现实始于信息,著名天文学家斯蒂芬·威廉·霍金也是这一观点的支持者。

关于谁传播信息的问题,有一种观点认为信息本身是一种实体,可以被提取出来,可以直接传播而不必借助于某些外在的物理载体(光子、电子和辐射波等);另一种观点认为,并不存在纯粹状态的物理信息比特。这样,信息要得以传播就需要一个物理载体,如电磁波、声波或某种粒子等。

关于信息的接收者,任何被观察的物理现象都会向观察者提供一些信息。恒星闪耀时,会告诉天文物理学家关于其结构、温度等的信息,如果没有人能够从理论上解读从恒星发出来的光,这些光是否还在"讲述"关于这颗恒星构造的信息呢? 这仍是一个没有定论的问题。

1.4.2　信息、消息和信号

信息是消息中包含的某种有意义的抽象的东西。消息是对事件的具体描述,消息可以是一组有序符号序列,如状态、字母、文字或数字等,也可以是连续时间函数,如语音、图像或视频等,前者称为离散消息,后者称为连续消息。信号是消息的具体物理表现形式,如声信号、光信号和电信号。因此,<u>消息和信号是信息的载体</u>,<u>信息是消息的内涵</u>。

一份电报、一句话、一段文字和报纸上登载的一则新闻都是消息,只有消息中包含接收者未知的内容才构成信息。如果某个事件对于接收者是已知的,则对于接收者而言,该消息没有任何价值。

虽然消息的传递意味着信息的传递,但是对于接收者而言,某些消息比起另外一些消息包含有更多的信息,如果某个概率很小的事件实际发生了,会使人感到十分惊讶或引起大量的关注,则该事件包含的信息量大。如果概率很大的事件发生了,人们会觉得不足为奇。这说明消息中所包含的信息量与消息所描述事件的发生概率是密切相关的。

1.4.3　信息的度量

通过上面的分析可以看出,消息出现的概率越大,则其包含的信息量越少;消息出现的

概率越小,则其包含的信息量就越大;如果一个事件是必然发生的(概率为1),则它包含的信息量为零;如果一个事件是完全不可能发生的(概率为0),则它将具有无穷大的信息量;如果得到的消息是由若干个独立事件构成的,则总的信息量就是这些独立事件的信息量的总和。

综上所述,消息中所包含的信息量 I 与消息中描述的事件发生的概率 $P(x)$ 有如下规律:

(1)消息中所含的信息量是出现该消息所描述事件发生概率 $P(x)$ 的函数,即

$$I = I[P(x)] \tag{1-4-1}$$

(2)消息出现的概率越小,它所含的信息量越大,反之信息量越小,且当 $P(x)=1$ 时,$I=0$。

(3) n 个互相独立的事件构成的消息,所含的信息量等于各独立事件信息量的和,即

$$I[P(x_1)P(x_2)\cdots P(x_n)] = I[P(x_1)] + I[P(x_2)] + \cdots + I[P(x_n)] \tag{1-4-2}$$

基于上述考虑,哈特莱(Hartley)首先提出信息定量化的初步设想,香农给出了信息的统计描述。

$$I = \log_a \frac{1}{P(x)} = -\log_a P(x) \tag{1-4-3}$$

信息量的单位取决于上式中对数底 a 的取值。如果对数底 $a=2$,则信息量的单位为比特(bit);如果 $a=e$,则信息量的单位为奈特(nat);若 $a=10$,则信息量的单位为哈特莱(Hartley)。目前广泛使用的信息量单位为比特(bit)。

首先,讨论等概率出现的离散消息的信息度量。若需要传递的离散消息是在 M 个消息之中独立地选择其一,且认为每一个消息出现的概率是相同的。显然,为了传递一个消息,需采用 M 种符号和 M 个消息相对应。假设 M 种符号等概率($P=1/M$)发送,每次发送 M 种符号之一,则每个符号或消息包含的信息量为

$$I = \log_2 \frac{1}{P} = \log_2 \frac{1}{1/M} = \log_2 M \,(\text{bit}) \tag{1-4-4}$$

若 M 是2的整数次幂,$M=2^k$,$k=1,2,3,\cdots$,则式(1-4-4)可改写为

$$I = \log_2 M = \log_2 2^k = k \,(\text{bit})$$

接下来,考虑消息出现概率不相等的情况。设离散信源发出的消息是一个由 M 种不同符号组成的集合,其中符号 $x_i (i=1,2,3,\cdots,M)$ 按一定的概率 $P(x_i)$ 独立出现,即

$$\begin{bmatrix} x_1, & x_2, & \cdots, & x_M \\ P(x_1), & P(x_2), & \cdots, & P(x_M) \end{bmatrix}, 且 \sum_{i=1}^{M} P(x_i) = 1$$

则 $x_1, x_2, \cdots, x_M$ 所包含的信息量分别为

$$-\log_2 P(x_1), -\log_2 P(x_2), \cdots, -\log_2 P(x_M)$$

于是,每个符号所含信息量的统计平均值,即平均信息量为

$$\begin{aligned} H(x) &= P(x_1)[-\log_2 P(x_1)] + P(x_2)[-\log_2 P(x_2)] + \cdots + P(x_M)[-\log_2 P(x_M)] \\ &= -\sum_{i=1}^{M} P(x_i) \log_2 P(x_i) \end{aligned} \tag{1-4-5}$$

由于平均信息量的表达式与热力学中熵的形式相似,因此通常又称它为信源的熵,也称为香农信息熵,其单位为 bit/symbol(比特/符号)。当每个信源产生的符号等概率出现时,则信源的不确定性最大,信源熵具有最大值。

【例 1-1】　一个信源发送的 4 种不同的符号分别为 0、1、2、3,各符号出现的概率分别为 3/8、1/4、1/4、1/8,且每个符号的出现都是相互独立的。试求下列消息序列包含的信息量

01020130213001203210100321010202310200201032100120210130

【解】　此消息中,0 出现 23 次,1 出现 14 次,2 出现 13 次,3 出现 7 次,该消息序列共有 57 个符号,其中符号 0 包含的信息量为 $23\log_2(8/3)=33$ bit,符号 1 包含的信息量为 $14\log_2 4 = 28$ bit,符号 2 包含的信息量为 $13\log_2 4 = 26$ bit,符号 3 包含的信息量为 $7\log_2 8 = 21$ bit,故该消息序列包含的总信息量为

$$I = (33+28+26+21)\,\text{bit} = 108\ \text{bit}$$

每个符号的算术平均信息量为

$$H = I/57 = 1.89\ \text{bit/symbol}$$

该信源的平均信息量(信源的熵)为

$$H(x) = -\sum_{i=1}^{M} P(x_i)\log_2 P(x_i)$$
$$= \left(-\frac{3}{8}\log_2\frac{3}{8} - \frac{1}{4}\log_2\frac{1}{4} - \frac{1}{4}\log_2\frac{1}{4} - \frac{1}{8}\log_2\frac{1}{8}\right)\text{bit/symbol}$$
$$= 1.906\ \text{bit/symbol}$$

以上两种结果略有差别的原因在于第一个结果是该消息序列的算术平均信息量,第二种计算结果是按照统计平均计算得到的,随着算术平均符号数的增加,算术平均的结果将趋向于统计平均值(信源的熵)。

1.5　通信系统的主要性能指标

1.5.1　通信系统性能指标涉及的要素

设计和评价通信系统时,需要建立一套能反映系统各方面性能的指标体系。不同业务对通信系统的指标要求不同。从信息传输的角度来说,有效性、可靠性和安全性是通信系统性能指标需要重点考虑的方面。除此之外,还要考虑通信系统的适应性、经济性、标准性、可维修性和工艺性。

微视频:通信系统的主要性能指标

有效性是指传输一定信息所占用的资源(如功率、带宽、时间和码长等)多少;可靠性是指接收信息的准确程度;安全性是指信息传输的保密性,以及抗窃听和抗截获的性能;适应性主要是指通信系统的环境适应性;经济性指

的是系统成本的高低;标准性是指通信系统的接口、结构以及协议是否符合国际或国家标准;可维修性指的是系统是否维修方便;工艺性则要求通信系统需要满足一定的工艺要求。

本节重点讨论通信系统的有效性、可靠性和安全性指标。

1.5.2 有效性指标

模拟通信系统的有效性可以用有效频带来度量,同样的消息采用不同的调制方式,信号占据的频带宽度不同,所需的传输带宽越小,则频带利用率越高,有效性越高。比如,同样是传输语音信号,单边带(single side band,SSB)调制传输占用 4 kHz 左右的带宽,采用调频(frequency modulation,FM)信号传输需要占用约 48 kHz(假设调频指数为 5)的带宽。

数字通信系统的有效性指标主要有传输速率、频带利用率和能量效率。

1. 传输速率

(1)码元传输速率 R_s

码元传输速率,又称码元速率、符号速率或传码率,它表示单位时间内传输的码元数或符号数。码元传输速率的单位为 Baud(波特),所以码元传输速率也称为波特率。在二进制传输系统中,每个码元承载 1 bit 的信息,而对于四进制数字通信系统,每个码元承载 2 bit 的信息。例如某数字通信系统每秒传送 2 400 个码元,则该系统的码元速率为 2 400 Baud。

但是要注意,码元速率仅仅表示单位时间内传输码元的数量,而没有限定码元是几进制的。根据码元速率的定义,如果发送码元的时间间隔为 T_s,则码元速率为

$$R_s = \frac{1}{T_s}(\text{Baud}) \tag{1-5-1}$$

(2)信息传输速率 R_b

信息传输速率又称信息速率或比特速率。它表示单位时间内传输的平均信息量,单位为 bit/s。

对于二进制传输,每个码元携带一个比特的信息,因此在二进制传输的情况下,信息速率和码元速率是一致的。而对于四进制数字通信系统,每个码元间隔内的波形携带 2 bit 的信息,此时信息速率为码元速率的 2 倍。对于 8 进制数字传输系统,每个码元有 8 种可能的发送波形,每个码元携带 3 个比特的信息,此时信息速率为码元速率的 3 倍。

对于 M 进制(M 为 2 的整幂次)数字通信系统,其码元速率和信息速率之间的关系为

$$R_b = R_s \log_2 M \tag{1-5-2}$$

假设码元速率固定为 600 Baud,则二进制传输时的信息速率为 600 bit/s,四进制传输时的信息速率为 1 200 bit/s,八进制传输时的信息速率为 1 800 bit/s。

码元传输速率的高低决定了所需传输带宽的大小。同样的传输方式下,高的码元速率需要较大的传输带宽,低的码元速率所需的传输带宽较小。

2. 频带利用率

在比较不同通信系统的效率时,单看传输速率是不够的,还应当考虑所占用的频带宽度,因为两个传输速率相等的系统其传输效率不一定相同。频带利用率定义为单位频带内的码元速率或信息速率,即

$$\eta_s = \frac{R_s}{B}(\text{Baud/Hz}) \tag{1-5-3}$$

或

$$\eta_b = \frac{R_b}{B}[(\text{bit/s})/\text{Hz}] \tag{1-5-4}$$

3. 能量效率

数字通信系统的能量效率一般定义为信息传输速率 R_b 与信号发射功率 P_t 的比值,单位是 bit/J(比特/焦耳)。

$$\eta_{EE} = \frac{R_b}{P_t} \tag{1-5-5}$$

描述系统消耗单位能量可以获得的信息速率,表示通信系统对能量资源的利用效率。

1.5.3　可靠性指标

模拟通信系统的可靠性主要用接收端最终输出信噪比来度量。信噪比反映了接收信号的失真度。不同调制方式在同样的输入信噪比条件下解调后的最终输出信噪比也不尽相同,如通常调频系统的抗干扰能力比调幅系统好,当然调频信号所需的传输带宽一般大于调幅信号所需的传输带宽。

衡量数字通信系统可靠性的主要指标是误码率和误比特率,也可以用输出信噪比来衡量。在传输过程中发生误码的个数与传输的总码元数之比,称作误码率,通常用 P_e 表示。

$$P_e = \lim_{N \to \infty} \frac{\text{错误码元数 } n}{\text{传输的总码元数 } N} \tag{1-5-6}$$

误比特率 P_b 定义为接收到的错误比特数与传输的总比特数之比

$$P_b = \lim_{N_b \to \infty} \frac{\text{错误比特数 } n_b}{\text{传输的总比特数 } N_b} \tag{1-5-7}$$

在二进制数字通信系统中,误码率和误比特率相等。

1.5.4　安全性指标

数字通信系统物理层的安全传输可分为无密钥的安全传输和基于信道特性的有密钥安全传输。前者可用保密速率、保密容量、安全中断概率、中断保密容量和截获概率等指标衡量物理层传输的安全性,后者可用密钥不一致率、密钥生成速率和安全密钥容量等来描述密钥生成性能。

1. 保密速率和保密容量

1975 年,怀纳(A. D. Wyner)提出了经典的窃听信道模型,该模型由发射端(Alice)、合法接收端(Bob)和窃听者(Eve)构成。Alice 以某一速率进行传输时,能够保证合法接收端的错误概率任意小,同时窃听者 Eve 接收不到 Alice 发送的任何信息。该速率就称为保密速率。保密速率的最大值称为保密容量。

2. 安全中断概率

安全中断概率定义为系统的保密速率 C_s 低于某一给定速率的概率。给定某一目标速率 $R_0 > 0$,安全中断概率为

$$\varepsilon_{\text{out}} = P_r(C_s < R_0) \tag{1-5-8}$$

安全中断概率有两层含义,第一层是指 Bob 不能准确译码 Alice 发送信息的中断概率,第二层是 Alice 发送的信息不安全的概率,即存在一部分消息内容泄露给了 Eve。

3. 中断保密容量

中断保密容量是基于上述安全中断概率定义的,表示安全中断概率低于某一概率值 ε_0 的最大保密速率,即

$$R_{\text{max}} = \varepsilon_{\text{out}}^{-1}(\varepsilon_0) \tag{1-5-9}$$

4. 密钥不一致率

密钥不一致率是指错误纠正前,Alice 和 Bob 之间不一致的比特数与总比特数的比值,它刻画了基于无线信道的密钥产生的鲁棒性。

5. 密钥生成速率和安全密钥容量

密钥生成速率是指 Alice 和 Bob 之间单位时间基于无线信道生成密钥的比特数,它刻画了基于无线信道的密钥产生的有效性。安全密钥容量是指 Alice 和 Bob 之间基于无线信道的密钥生成速率最大值。

习　　题

1-1　模拟信号与数字信号的主要区别是什么?

1-2　试画出模拟通信系统和数字通信系统的组成框图。

1-3　数字通信系统主要有哪些优点和不足?

1-4　在模拟通信系统和数字通信系统中,各有哪些可靠性和有效性指标?

1-5　一个通信系统在 125 μs 内传输 256 bit 的信息,试计算该系统的信息传输速率。若保持信息传输速率不变,采用四进制传输,试计算其码元传输速率。若该四进制码元序列传输中,在 2 s 内有 3 个码元产生误码,试求出其误码率。

1-6　某数字通信系统的码元传输速率为 1 200 Baud,试问它采用四进制和二进制传输时,其信息传输速率各为多少?

1-7　某数字通信系统使用 1 024 kHz 的信道带宽,信息传输速率为 2 048 kbit/s 的信息序列,试问其频带利用率是多少?

1-8　设英文字母 E 出现的概率为 0.105,X 出现的概率为 0.002,试求 E 和 X 包含的信息量。

1-9　设有四个消息 A、B、C 和 D,分别以概率 1/4、1/8、1/8 和 1/2 发送,每一个消息的出现是相互独立的,试求其平均信息量。

1-10　试给出数字通信系统的物理层安全性能评价指标,并简要阐述每个指标的含义。

第2章

通信信号分析基础

在通信系统设计、开发和运行维护过程中,通信信号分析是一项基础技术。本章主要介绍通信信号分析相关的随机过程、确定性信号和信号空间等基础知识,为后续的通信系统性能分析和通信信号处理奠定基础。首先介绍确定性信号的特性,然后介绍随机过程分析的相关知识,最后对信号空间进行简单介绍。

第 2 章
思维导图

2.1 确定性信号

信号是传递消息或信息的物理载体,通常呈现为随时间而变化的电压或电流。在数学上,信号为一个或多个自变量的函数。根据其自身的特性不同,信号可以划分为确定性信号和随机信号。确定性信号又常称为确知信号。

2.1.1 信号的分类

1. 确定性信号和随机信号

"预先就可确定在定义域内的任一时刻取何值"的信号,称为确定性信号或确知信号。显然,该信号可用一确定的函数、图形或曲线来描述。例如,振幅、频率和相位都预先确定的正弦波,就是一确定性信号。

"事先不能确定在定义域内的任一时刻取何值"的信号,称为随机信号或不确定性信号。随机信号或随机过程的严格定义将在下一节中讲述。例如,通信系统中的热噪声就属于随机信号。

确定性信号是研究随机信号的基础,本节只讨论确定性信号。

2. 周期信号和非周期信号

按照信号是否具有周期性,把信号分为周期信号和非周期信号。

若对于常数 $T_0 > 0$,信号 $s(t)$ 满足

$$s(t) = s(t+T_0), \quad -\infty < t < \infty \tag{2-1-1}$$

则称 $s(t)$ 为周期信号。上式中,满足 $s(t) = s(t+T)$ 的 T 值中的最小值为 T_0,T_0 被称为信号周期,而称 $f_0 = 1/T_0$ 为该信号的基频。显然,该式意指信号 $s(t)$ 每隔 T_0 时间段取同样的值,即信号波形按同样的规律以周期 T_0 作改变。例如,信号 $s(t) = 2\cos(4t+1)$,$-\infty < t < \infty$ 就属周期

信号,其周期为 $T_0 = \pi/2$。

不满足式(2-1-1)的信号称为非周期信号。例如,单位冲激信号 $\delta(t)$ 和单位阶跃函数 $u(t)$ 等都属于非周期信号。

3. 能量信号和功率信号

按照信号的能量是否有限,可将其分为能量信号和功率信号。在电信号理论中已得知,对于一确定的电压或电流信号 $s(t)$,它在单位电阻(1 Ω)上消耗的瞬时功率为 $s^2(t)$,此功率又常称为归一化(normalized)瞬时功率。在本书以后涉及的许多参数计算中,常假设在单位电阻条件下讨论,即计算的是归一化功率。为方便起见,今后在该参数或类似参数名称前都略去"归一化"三字。称

$$\int_{-\infty}^{\infty} s^2(t)\,\mathrm{d}t = E_s \qquad (2-1-2)$$

为信号 $s(t)$ 的能量,单位是焦耳(J)。而称

$$\lim_{T \to \infty} \frac{1}{T} \int_{-T/2}^{T/2} s^2(t)\,\mathrm{d}t = P_s \qquad (2-1-3)$$

为信号 $s(t)$ 的平均功率,式中 T 是观察时间。P_s 的单位是瓦(W)。

如果

$$0 < E_s < +\infty \qquad (2-1-4)$$

则称该 $s(t)$ 为能量有限的信号,简称为能量信号。例如,单个矩形脉冲信号就属于能量信号。

如果

$$0 < P_s < +\infty \qquad (2-1-5)$$

则称该 $s(t)$ 为功率有限的信号,简称为功率信号。例如直流信号、周期信号等都属于功率信号。

需要指出,若信号 $s(t)$ 是功率信号,则它一定不是能量信号;反之,若信号 $s(t)$ 是能量信号,则它一定不是功率信号。这是因为,对于功率信号来说其能量为无穷大,即信号不满足式(2-1-4);而对于能量信号来说其平均功率为 0,即信号不满足式(2-1-5)。

2.1.2　确定性信号的频域分析

信号可以从时域和频域两个方面来描述。确定性信号的频率特性是指信号的各频率分量在频域的分布状况,它是信号最重要的性质之一。这些频域特性可通过傅里叶级数或傅里叶变换来获得。傅里叶级数适合于周期信号的频域分析,而傅里叶变换对周期信号和非周期信号皆适用。下面讨论确定性信号的频率特性,比如傅里叶系数谱、幅谱密度、能量谱密度和功率谱密度。

1. 周期信号的傅里叶级数

设确定性信号 $s(t)$ 的周期为 T_0,若它满足狄利克雷(Dirichlet)条件,则可展开成复指数

傅里叶级数

$$s(t) = \sum_{n=-\infty}^{\infty} C_n e^{j2\pi nf_0 t} \qquad (2-1-6)$$

式中,傅里叶系数

$$C_n = (1/T_0) \int_{-T_0/2}^{T_0/2} s(t) e^{-j2\pi nf_0 t} dt \qquad (2-1-7)$$

这里,n 是 $(-\infty, \infty)$ 上的整数,f_0 是信号的基频,nf_0 是 $s(t)$ 的 n 次谐波频率。上式表明,周期信号 $s(t)$ 可以由无穷多个离散的频率为 nf_0、复振幅为 C_n 的复指数信号 $\exp(j2\pi nf_0 t)$ 叠加而成。也就是说,傅里叶系数 C_n 反映了频率为 nf_0 的谐波的幅度大小,于是称 $C_n \sim f$ 为信号的傅里叶系数谱,也常称其为周期信号的频谱。由上式看到,C_n 一般是 jnf_0 或 $jn\omega_0$ 的函数,所以常记为 $C(jnf_0)$ 或 $C(jn\omega_0)$,其单位是电平单位,比如伏(V)。同时看到,C_n 一般是复数,也可表示为

$$C_n = |C_n| e^{j\theta_n} \qquad (2-1-8)$$

$|C_n|$ 随频率而变化的特性称为信号的幅值谱,C_n 的相位 θ_n 随频率而变化的特性称为信号的相位谱。当 $n=0$ 时,由式(2-1-7)可得

$$C_0 = (1/T_0) \int_{-T_0/2}^{T_0/2} s(t) dt \qquad (2-1-9)$$

它刚好是信号的时间平均值,即为信号的直流分量。

若 $s(t)$ 为实信号时,则复指数级数的傅里叶系数满足

$$C_{-n} = C_n^* \qquad (2-1-10)$$

即傅里叶系数谱 C_n 的正频率部分和负频率部分存在复共轭关系。或者说,其幅值谱是偶对称的,相位谱是奇对称的。

将式(2-1-10)代入式(2-1-6),并将 C_n 表示为 $C_n = 0.5(A_n - jB_n)$ 代入,得到周期实信号的正余弦傅里叶级数

$$s(t) = A_0 + \sum_{n=1}^{\infty} \left[A_n \cos(2\pi nf_0 t) + B_n \sin(2\pi nf_0 t) \right] \qquad (2-1-11)$$

式中

$$C_0 = A_0 \qquad (2-1-12)$$

$$A_n = (2/T_0) \int_{-T_0/2}^{T_0/2} s(t) \cos(2\pi nf_0 t) dt \qquad (2-1-13)$$

$$B_n = (2/T_0) \int_{-T_0/2}^{T_0/2} s(t) \sin(2\pi nf_0 t) dt \qquad (2-1-14)$$

将式(2-1-11)整理后还可得到余弦傅里叶级数

$$s(t) = A_0 + \sum_{n=1}^{\infty} \sqrt{A_n^2 + B_n^2} \cos(2\pi nf_0 t + \theta_n)$$

$$= C_0 + \sum_{n=1}^{\infty} 2|C_n| \cos(2\pi nf_0 t + \theta_n) \qquad (2-1-15)$$

式中

$$\theta_n = -\arctan(B_n / A_n) \tag{2-1-16}$$

总之,周期信号 $s(t)$ 的傅里叶级数有复指数、正余弦和余弦三种表示形式。这三种形式所含信号谱信息是相同的,只是表现形式不同而已。

式(2-1-6)级数展开时提到了展开的条件,这涉及了傅里叶级数收敛定理,又称狄利克雷定理,下面对此做一些解释。

【定理 2-1】　如果周期信号 $f(t)$ 在一个周期上分段单调,而且除了有限个第一类间断点外是连续的,那么 $f(t)$ 的傅里叶级数在该周期上收敛,或者说 $f(t)$ 可展开为傅里叶级数。

【解释】　① 分段单调,指 $f(t)$ 在一个周期上含有限个极大值和极小值;② 有限个第一类间断点,指在该有限个间断点上的左右极限存在。以上两个条件称为狄利克雷条件,显然是充分条件。满足该条件的函数是很宽的,对于实际中遇到的周期函数几乎都能满足,即大多都可展开成傅里叶级数。对此定理不作证明。

【例 2-1】　试求图 2-1 所示周期为 T_0 的周期方波 $s(t)$ 之频谱,并绘出相应的曲线图。

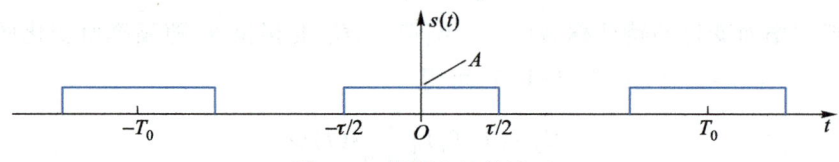

图 2-1　周期方波的波形

【解】　依据式(2-1-6),代入 $s(t)$ 给定参数,得复指数级数的傅里叶系数

$$C_n = (1/T_0) \int_{-T_0/2}^{T_0/2} s(t) e^{-j2\pi n f_0 t} dt = (1/T_0) \int_{-\tau/2}^{\tau/2} A e^{-j2\pi n f_0 t} dt$$

$$= \frac{A}{-j2\pi n} e^{-j2\pi n f_0 t} \Big|_{-\frac{\tau}{2}}^{\frac{\tau}{2}} = \frac{A}{\pi n} \sin(\pi n f_0 \tau)$$

上式推导中用到了 $f_0 T_0 = 1$ 和 $e^{j\theta} - e^{-j\theta} = 2j\sin\theta$。我们可以把上式写成

$$C_s(n f_0) = A f_0 \tau [\sin(\pi n f_0 \tau) / (\pi n f_0 \tau)] = A f_0 \tau \mathrm{Sa}(\pi n f_0 \tau)$$

式中,函数 $\mathrm{Sa}(x) = (\sin x)/x$,称为抽样函数。设 $\tau/T_0 = 0.25$,周期矩形信号幅值谱和相位谱曲线如图 2-2(a)和图 2-2(b)所示。其中,τ/T_0 为周期方波的占空比。

由以上分析可以看出,周期信号频谱具有以下特性:① 离散性,频谱由间隔为 f_0 的一系列谱线所组成。② 谐波性,谱线只出现在基频 f_0 的整数倍 $n f_0$ 上,$n f_0$ 上的谱线被称为 n 次谐波。③ 收敛性,各次谐波的振幅虽然不一定随谐波次数 n 的增大而单调减小,但总趋势是下降的。

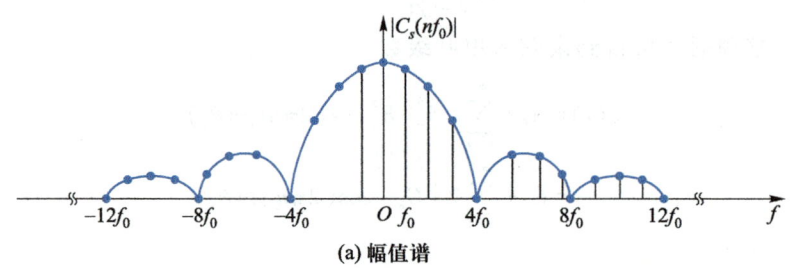

(a) 幅值谱

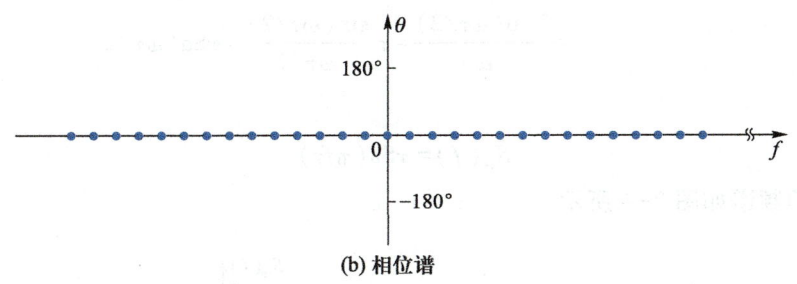

(b) 相位谱

图 2-2 周期矩形信号的幅值谱和相位谱

2. 能量信号的傅里叶变换

若信号 $s(t)$ 绝对可积,即

$$\int_{-\infty}^{\infty} \mid s(t) \mid \mathrm{d}t < +\infty \qquad (2\text{-}1\text{-}17)$$

则存在 $s(t)$ 的傅里叶变换为

$$S(f) = \int_{-\infty}^{\infty} s(t) \mathrm{e}^{-\mathrm{j}2\pi f t} \mathrm{d}t \qquad (2\text{-}1\text{-}18)$$

记为

$$S(f) = \Gamma[s(t)] \qquad (2\text{-}1\text{-}19)$$

若信号 $s(t)$ 的傅里叶变换 $S(f)$ 存在,则 $S(f)$ 的傅里叶反变换为

$$s(t) = \int_{-\infty}^{\infty} S(f) \mathrm{e}^{\mathrm{j}2\pi f t} \mathrm{d}f \qquad (2\text{-}1\text{-}20)$$

记为

$$S(f) = \Gamma^{-1}[s(t)] \qquad (2\text{-}1\text{-}21)$$

上式表明,该信号 $s(t)$ 可以由连续无穷多个频率为 f、复振幅为 $S(f)\mathrm{d}f$ 的复指数信号 $\exp(\mathrm{j}2\pi f t)$ 叠加而成。$S(f)$ 称为信号 $s(t)$ 的幅谱密度,也常简称为信号 $s(t)$ 的频谱,这里的 $S(f)$ 的单位是 V/Hz。此时注意不要同周期信号频谱相混淆。

信号 $s(t)$ 和它的傅里叶变换 $S(f)$,两者一同被称为**傅里叶变换对**,记为

$$s(t) \Leftrightarrow S(f) \qquad (2\text{-}1\text{-}22)$$

如果傅里叶变换的变量是角频率 ω 而不是 f,则有

$$S(\omega) = \int_{-\infty}^{\infty} s(t) \mathrm{e}^{-\mathrm{j}\omega t} \mathrm{d}t \qquad (2\text{-}1\text{-}23)$$

$$s(t) = \frac{1}{2\pi} \int_{-\infty}^{\infty} S(\omega) \mathrm{e}^{\mathrm{j}\omega t} \mathrm{d}\omega \qquad (2\text{-}1\text{-}24)$$

【**例 2-2**】 已知一脉冲 $\mathrm{rect}(t/\tau)$,波形如图 2-3 所示,求其频谱并画出频谱图。

【**解**】 矩形脉冲函数的表达式为

$$\mathrm{rect}(t/\tau) = \begin{cases} 1, & \mid t \mid \leqslant \tau/2 \\ 0, & \text{其他} \end{cases} \qquad (2\text{-}1\text{-}25)$$

依据式(2-1-23),代入上式,得所需求的频谱

$$S_{\mathrm{re}}(\omega) = \int_{-\tau/2}^{\tau/2} \mathrm{e}^{-\mathrm{j}\omega t} \mathrm{d}t = (\mathrm{e}^{-\mathrm{j}\omega\tau/2} - \mathrm{e}^{\mathrm{j}\omega\tau/2})/(-\mathrm{j}\omega)$$

$$= \frac{2\sin(\omega\tau/2)}{\omega} = \tau\,\frac{\sin(\omega\tau/2)}{\omega\tau/2} = \tau\mathrm{Sa}(\omega\tau/2)$$

或

$$S_{\mathrm{re}}(f) = \tau\mathrm{Sa}(\pi f\tau)$$

由上式画出的频谱如图 2-4 所示。

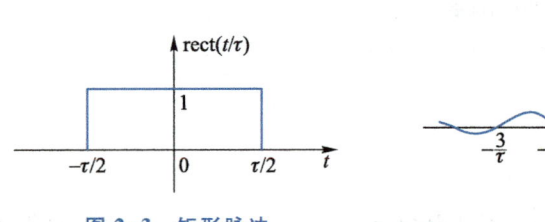

图 2-3　矩形脉冲

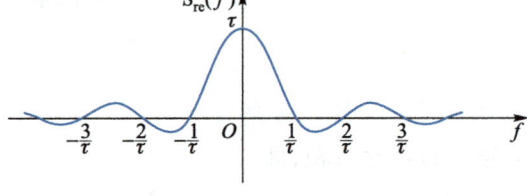

图 2-4　矩形脉冲的频谱

从以上分析可以看出,单个矩形脉冲能量信号频谱有两个特点:① 连续性,每个频率 f 点上的左右极限是相等的。这显然不同于周期信号的离散性和谐波性。② 收敛性,各频率 f 上的振幅虽然不一定随频率 f 值的增大而单调减小,但总趋势是下降的。这显然与矩形脉冲周期信号的收敛性相类似。

下面引入单位冲激函数 $\delta(t)$。它的引入使许多不满足绝对可积的信号,比如周期信号、阶跃信号和正负号函数等,都可以进行傅里叶变换,扩大了傅里叶变换的应用范围。

单位冲激函数的定义有两种。先讨论第一种方法。若有

$$\int_{-\infty}^{\infty} \delta(t)\,\mathrm{d}t = 1 \qquad (2-1-26)$$

和

$$\delta(t) = \begin{cases} \infty, & t = 0 \\ 0, & t \neq 0 \end{cases} \qquad (2-1-27)$$

成立,则称式中函数 $\delta(t)$ 为单位冲激函数。

第二种方法是把冲激函数看作某一类脉冲序列的极限。比如下面用抽样函数 $(k/\pi)\mathrm{Sa}(kt)$ 来引入 $\delta(t)$ 函数。这里

$$\mathrm{Sa}(t) = (\sin t)/t \qquad (2-1-28)$$

可以证明

$$\int_{-\infty}^{\infty} (k/\pi)\mathrm{Sa}(kt)\,\mathrm{d}t = 1 \qquad (2-1-29)$$

式中,k 越大,相应抽样函数的振幅越大,且离开原点时的振荡频率加快和衰减越迅速,但积分面积仍保持为 1。当 $k\to\infty$ 时得到冲激函数,即称

$$\lim_{k\to\infty} (k/\pi)\mathrm{Sa}(kt) = \delta(t) \qquad (2-1-30)$$

为单位冲激函数。

除了可用抽样函数 $\delta(t)$ 引入函数以外,还可利用矩形脉冲、三角脉冲和双边指数脉冲等来引入单位冲激函数。

在"信号分析"课程中,常使用单位阶跃函数(unit step function)

$$u(t) = \begin{cases} 0, & t < 0 \\ 1, & t \geq 0 \end{cases}$$

单位冲激函数也可看作是单位阶跃函数 $u(t)$ 的导数,即

$$u'(t) = \delta(t)$$

冲激函数具有以下重要性质。

性质 1:$\delta(t)$ 函数的傅里叶变换为 1,即

$$\delta(t) \Leftrightarrow 1 \tag{2-1-31}$$

该式表示它的各频率分量连续地均匀分布在整个频域上。图 2-5(a)显示出单位冲激函数 $\delta(t)$ 的示意波形,2-5(b)为其频谱的 $\Delta(f)$ 曲线。图中的 δ 函数用一个箭头表示。

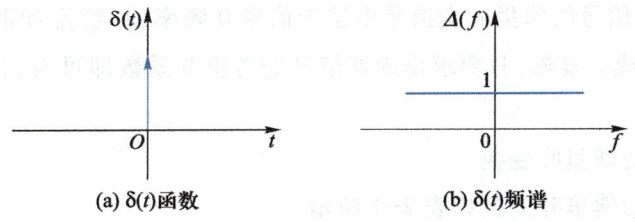

(a) $\delta(t)$ 函数　　　　　　　　**(b) $\delta(t)$ 频谱**

图 2-5　$\delta(t)$ 函数及其频谱

性质 2:$\delta(t)$ 是偶函数,即

$$\delta(t) = \delta(-t) \tag{2-1-32}$$

性质 3:$\delta(t)$ 有抽样特性,即

$$\int_{-\infty}^{\infty} f(t)\delta(t-t_0)\,dt = f(t_0) \tag{2-1-33}$$

式中,假设信号 $f(t)$ 在 t_0 处连续。

【证明】　根据式(2-1-27),单位冲激响应 $\delta(t-t_0)$ 只在 $t=t_0$ 处不为零,所以被积函数中 $f(t)$ 对积分有贡献的是 $f(t_0)$,以至于可被提放到积分号之前,然后利用式(2-1-26),得

$$\int_{-\infty}^{\infty} f(t)\delta(t-t_0)\,dt = f(t_0)\int_{-\infty}^{\infty}\delta(t-t_0)\,dt = f(t_0)$$

上式中,积分的含义可以看作"用 $\delta(t)$ 函数在时刻 $t=t_0$ 对 $f(t)$ 抽样"。

3. 功率信号的傅里叶变换

(1)周期信号的傅里叶变换

设信号 $s(t)$ 具有周期 T_0,则该信号的傅里叶变换为

$$S(f) = \sum_{n=-\infty}^{\infty} C_n \delta(f - nf_0) \tag{2-1-34}$$

式中,C_n 是信号的傅里叶系数,如式(2-1-7)所示。上式的证明如下。

【证明】　因为 $s(t)$ 是周期信号,加上实际应用中的周期信号一般都满足狄利克雷条件,所以可利用傅里叶级数展开式(2-1-6),得

$$s(t) = \sum_{n=-\infty}^{\infty} C_n e^{j2\pi n f_0 t}$$

对上式两边取傅里叶变换,并交换右式中的累加和傅里叶变换运算,得

$$\Gamma[s(t)] = \sum_{n=-\infty}^{\infty} C_n \Gamma[\exp(j2\pi n f_0 t)] = \sum_{n=-\infty}^{\infty} C_n \Gamma[\exp(jn\omega_0 t)]$$

利用表 2-1 中的第 3 行公式,$\exp(jn\omega_0 t) \Leftrightarrow 2\pi\delta(\omega - n\omega_0)$,得所求信号的傅里叶变换为

$$\Gamma[s(t)] = 2\pi \sum_{n=-\infty}^{\infty} C_n \delta(\omega - n\omega_0)$$

可写成

$$S(f) = \sum_{n=-\infty}^{\infty} C_n \delta(f - n f_0)$$

式中,傅里叶系数 C_n 根据式(2-1-7)计算。

　　该式表明,周期信号的傅里叶变换是由位于信号 0 频率、基频 f_0 和谐频 $n f_0$ 上的强度为 C_n 的冲激脉冲所组成。显然,只要求出周期信号的傅里叶系数即可得到周期信号的傅里叶变换。

（2）常用信号的傅里叶变换

　　一些常用函数的傅里叶变换如表 2-1 所示。

表 2-1　常用函数 $f(t)$ 的傅里叶变换 $F(\omega)$

序号	名称	$f(t)$	$F(\omega)$
1	单位冲激	$\delta(t)$	1
2	常数	1	$2\pi\delta(\omega)$
3	复指数	$\exp(j\omega_0 t)$	$2\pi\delta(\omega - \omega_0)$
4	正负号	$\mathrm{sgn}(t)$	$2/(j\omega)$
5	频域正负号	$j/(\pi t)$	$\mathrm{sgn}(\omega)$
6	单位阶跃	$u(t)$	$1/(j\omega) + \pi\delta(\omega)$
7	矩形脉冲	$\mathrm{rect}(t/\tau)$	$\tau \mathrm{Sa}(\omega\tau/2)$
8	三角脉冲	$\mathrm{tri}(t)$	$\mathrm{Sa}^2(\omega/2)$
9	双边指数	$\exp(-\alpha\|t\|)$	$\dfrac{2\alpha}{\alpha^2 + \omega^2}$
10	单边指数	$u(t)\exp(-\alpha\|t\|)$	$1/(j\omega)$
11	高斯信号	$\exp[-t^2/(2\sigma^2)]$	$\sigma\sqrt{2\pi}\exp(-\omega^2\sigma^2/2)$
12	余弦信号	$\cos(\omega_0 t)$	$\pi[\delta(\omega - \omega_0) + \delta(\omega + \omega_0)]$
13	正弦信号	$\sin(\omega_0 t)$	$(\pi/j)[\delta(\omega - \omega_0) - \delta(\omega + \omega_0)]$

续表

序号	名称	$f(t)$	$F(\omega)$
14	周期信号	$\sum\limits_{n=-\infty}^{\infty}C_n\exp(\mathrm{j}n\omega_0t)$	$2\pi\sum\limits_{n=-\infty}^{\infty}C_n\delta(\omega-n\omega_0)$
15	单位冲激脉冲序列	$\sum\limits_{n=-\infty}^{\infty}\delta(t-nT)$	$(2\pi/T)\sum\limits_{n=-\infty}^{\infty}\delta(\omega-n2\pi/T)$

【例2-3】　求表2-1第15行的单位冲激脉冲序列的傅里叶变换。

【解】　因为 $\sum\limits_{n=-\infty}^{\infty}\delta(t-nT)=\delta_T(t)$ 是周期为 T 的信号,所以可利用式(2-1-34),得

$$\Gamma[\delta_T(t)]=2\pi\sum_{n=-\infty}^{\infty}C_n\delta(\omega-n\omega_0) \tag{2-1-35}$$

和

$$C_n=(1/T)\int_{-T_0/2}^{T_0/2}\delta_T(t)\exp(-\mathrm{j}2\pi nf_0t)\,\mathrm{d}t$$

$$=(1/T)\int_{-T_0/2}^{T_0/2}\delta(t)\exp(-\mathrm{j}2\pi nf_0t)\,\mathrm{d}t=1/T$$

把此 C_n 值代入式(2-1-35),得所需求的单位冲激脉冲序列的傅里叶变换

$$\Gamma[\delta_T(t)]=(2\pi/T)\sum_{n=-\infty}^{\infty}\delta(\omega-n\omega_0) \tag{2-1-36}$$

或

$$S_{\delta_T(t)}=(1/T)\sum_{n=-\infty}^{\infty}\delta(f-nf_0) \tag{2-1-37}$$

单位冲激序列 $\delta_T(t)$ 的频谱仍是一周期冲激序列,而且其频域周期与时域周期成反比。

（3）傅里叶变换中的常用定理

如表2-2所示。

表2-2　傅里叶变换中的常用定理

名称	函数	傅里叶变换
线性	$af_1(t)+bf_2(t)$	$aF_1(\omega)+bF_2(\omega)$
时移	$f(t\pm t_0)$	$F(\omega)\exp(\pm\mathrm{j}\omega t_0)$
频移	$f(t)\exp(\pm\mathrm{j}\omega_0t)$	$F(\omega\mp\omega_0)$
时域微分	$\dfrac{\mathrm{d}^nf(t)}{\mathrm{d}t^n}$	$(\mathrm{j}\omega)^nF(\omega)$
频域微分	$(-\mathrm{j}t)^nf(t)$	$\dfrac{\mathrm{d}^nF(\omega)}{\mathrm{d}\omega^n}$
时域积分	$\displaystyle\int_{-\infty}^{t}f(\tau)\,\mathrm{d}\tau$	$\dfrac{F(\omega)}{\mathrm{j}\omega}+\pi F(0)\delta(\omega)$

续表

名称	函数	傅里叶变换
时域卷积	$f_1(t) * f_2(t)$	$F_1(\omega) F_2(\omega)$
频域卷积	$f_1(t) f_2(t)$	$\dfrac{1}{2\pi} F_1(\omega) * F_2(\omega)$
对称	$F(t)$	$2\pi f(-\omega)$
反演	$f(-t)$	$F(-\omega) = F^*(\omega)$
频域积分	$\dfrac{1}{-jt} f(t)$	$\displaystyle\int_{-\infty}^{\omega} F(\Omega)\, \mathrm{d}\Omega$
帕塞伐尔能量定理	$\displaystyle\int_{-\infty}^{\infty} \mid f(t) \mid^2 \mathrm{d}t = \dfrac{1}{2\pi} \int_{-\infty}^{\infty} \mid F(\omega) \mid^2 \mathrm{d}\omega$	

相应定理描述了信号在时域发生某种数学运算，比如加、减、乘、积分和微分等运算后，傅里叶变换发生怎样的变化，或描述在相反变换的方向上信号发生怎样的变化。

【例 2-4】　已知 $s(t) \Leftrightarrow S(f)$，求 $s(t) \cos \omega_0 t$ 和 $s(t) \sin \omega_0 t$ 的傅里叶变换。

【解】　利用复指数函数公式，得

$$s(t) \cos \omega_0 t = 0.5 s(t) \left[\mathrm{e}^{j\omega_0 t} + \mathrm{e}^{-j\omega_0 t} \right]$$

$$s(t) \sin \omega_0 t = 0.5 j s(t) \left[\mathrm{e}^{-j\omega_0 t} - \mathrm{e}^{j\omega_0 t} \right]$$

利用表 2-2 中的傅里叶变换的频移定理，得

$$s(t) \cos \omega_0 t \Leftrightarrow 0.5 \left[S(\omega+\omega_0) + S(\omega-\omega_0) \right] \tag{2-1-38}$$

$$s(t) \sin \omega_0 t \Leftrightarrow 0.5 j \left[S(\omega+\omega_0) - S(\omega-\omega_0) \right] \tag{2-1-39}$$

或

$$s(t) \cos 2\pi f_0 t \Leftrightarrow (0.25/\pi) \left[S(f+f_0) + S(f-f_0) \right] \tag{2-1-40}$$

$$s(t) \sin 2\pi f_0 t \Leftrightarrow (0.25/\pi) j \left[S(f+f_0) - S(f-f_0) \right] \tag{2-1-41}$$

式（2-1-38）和式（2-1-39）以及式（2-1-40）和式（2-1-41），被称为调制定理。该定理在通信系统的调制和解调分析中经常使用。

4. 能量谱密度和功率谱密度

（1）帕塞伐尔能量定理

若能量信号 $s(t)$ 的傅里叶变换为 $S(f)$，那么

$$\int_{-\infty}^{\infty} \mid s(t) \mid^2 \mathrm{d}t = \int_{-\infty}^{\infty} \mid S(f) \mid^2 \mathrm{d}f \tag{2-1-42}$$

成立。该定理常称为帕塞伐尔能量定理。

【证明】　把傅里叶反变换代入式（2-1-42）的左边得

$$\int_{-\infty}^{\infty} \mid s(t) \mid^2 \mathrm{d}t = \int_{-\infty}^{\infty} s^*(t) s(t)\, \mathrm{d}t$$

$$= \int_{-\infty}^{\infty} s^*(t) \left[\int_{-\infty}^{\infty} S(f) \exp(j2\pi ft)\, \mathrm{d}f \right] \mathrm{d}t \tag{2-1-43}$$

交换 f 和 t 的积分次序，得

$$\int_{-\infty}^{\infty} |s(t)|^2 \mathrm{d}t = \int_{-\infty}^{\infty} S(f)\left[\int_{-\infty}^{\infty} s(t)\exp(\mathrm{j}2\pi ft)\mathrm{d}t\right]^* \mathrm{d}f$$

$$= \int_{-\infty}^{\infty} S(f)S^*(f)\mathrm{d}f = \int_{-\infty}^{\infty} |S(f)|^2 \mathrm{d}f$$

依据式(2-1-43)的左式刚好计算的是信号 $s(t)$ 的能量 E_s，所以其右式为用频谱函数来计算信号的能量的公式。

（2）能量谱密度

由式(2-1-43)看到，其中的被积函数 $|S(f)|^2$ 沿频域的积分得到了信号的能量，那么此被积函数应该是信号的能量谱密度。因此可以说，若能量信号 $s(t)$ 的傅里叶变换为 $S(f)$，则称

$$G_s(f) = |S(f)|^2 \tag{2-1-44}$$

为该信号的能量谱密度，单位是 J/Hz。

【例 2-5】 试求例 2-2 矩形脉冲的能量谱密度。

【解】 在例 2-2 中，已求出其频谱为

$$S_{\mathrm{re}}(f) = \tau \mathrm{Sa}(\tau\pi f)$$

根据式(2-1-44)，代入上式结果，得到所求的矩形脉冲能量谱密度为

$$G_s(f) = |S_{\mathrm{re}}(f)|^2 = |\tau \mathrm{Sa}(\tau\pi f)|^2 = \tau^2 |\mathrm{Sa}(\tau\pi f)|^2 \tag{2-1-45}$$

（3）周期信号的平均功率

根据式(2-1-3)可知，周期信号平均功率可以在一个周期 T 上作平均运算，即

$$P_T = \lim_{T\to\infty}(1/T)\int_{-T/2}^{T/2} s^2(t)\mathrm{d}t = (1/T_0)\int_{-T_0/2}^{T_0/2} s^2(t)\mathrm{d}t$$

由上式出发，易得

$$P_T = \sum_{n=-\infty}^{\infty} |C_n|^2 \tag{2-1-46}$$

再利用 δ 函数和式(2-1-46)得到谱函数

$$P_s(f) = \sum_{n=-\infty}^{\infty} |C_n|^2 \delta(f-nf_0) \tag{2-1-47}$$

式中，$P_s(f)$ 称为周期信号的功率谱密度，C_n 是该周期信号傅里叶级数的傅里叶系数，f_0 是该周期信号的基波频率。功率谱密度的单位是 W/Hz。

【证明】 对式(2-1-47)作积分，然后交换积分和累加的运算次序，最后用 δ 函数的性质，得

$$\int_{-\infty}^{\infty} P_s(f)\mathrm{d}f = \int_{-\infty}^{\infty}\left[\sum_{n=-\infty}^{\infty} |C_n|^2 \delta(f-nf_0)\right]\mathrm{d}f$$

$$= \sum_{n=-\infty}^{\infty} |C_n|^2 \int_{-\infty}^{\infty} \delta(f-nf_0)\mathrm{d}f = \int_{-\infty}^{\infty} |C_n|^2$$

再利用式(2-1-46)，得

$$\int_{-\infty}^{\infty} P_s(f)\mathrm{d}f = P_T$$

即对 $P_s(f)$ 积分得到信号的总功率 P_T，所以称 $P_s(f)$ 为周期信号的功率谱密度。

【例 2-6】 试求例 2-1 中周期方波信号的功率谱密度。

【解】 在例 2-1 中已求出周期方波信号的傅里叶系数

$$C_s(nf_0) = Af_0\tau Sa(\pi nf_0\tau)$$

根据式(2-1-47)，代入上式的结果，得到所求的功率谱密度为

$$P_s(f) = (Af_0\tau)^2 \sum_{n=-\infty}^{\infty} Sa^2(\pi nf_0\tau)\delta(f-nf_0)$$

（4）一般功率信号的功率谱密度

对于一般功率信号 $s(t)$，若该函数 $P_s(f)$ 沿频域的积分得到了信号的功率，那么这被积函数称为信号的功率谱密度，即

$$\int_{-\infty}^{\infty} P_s(f)\,df = P_{to}$$

式中，P_{to} 是该信号的总平均功率。根据式(2-1-5)，功率谱密度必满足

$$0 < \int_{-\infty}^{\infty} P_s(f)\,df < \infty$$

还可以从以下角度来定义功率信号的功率谱密度。首先将信号截为长度为 T 的一个截短信号

$$s_T(t) = s(t), \quad -T/2 < t \leqslant T/2 \tag{2-1-48}$$

显然，$s_T(t)$ 是一个能量信号。对于 $s_T(t)$ 用傅里叶变换可求得其频谱函数 $S_T(f)$，然后得到其能量谱密度 $|S_T(f)|^2$，利用帕塞伐尔能量定理可得

$$E = \int_{-T/2}^{T/2} s_T^2(t)\,dt = \int_{-\infty}^{\infty} |S_T(f)|^2\,df \tag{2-1-49}$$

于是，可定义该信号 $s(t)$ 的功率谱密度为

$$\lim_{T\to\infty}(1/T)|S_T(f)|^2 \tag{2-1-50}$$

并记为 $P_s(f)$。上述公式在今后分析信号谱时常会用到。

2.1.3 确定性信号的时域分析

在时域上研究确定性信号，常见的是其互相关函数和自相关函数，作如下讨论。

1. 互相关函数

若 $s_1(t)$ 和 $s_2(t)$ 为能量信号，则称

$$\int_{-\infty}^{\infty} s_1(t)s_2(t+\tau)\,dt \tag{2-1-51}$$

为这两个能量信号的互相关函数，记为 $R_{12}(\tau)$。

若 $s_1(t)$ 和 $s_2(t)$ 为功率信号，则称

$$\lim_{T\to\infty}(1/T)\int_{-T/2}^{T/2} s_1(t)s_2(t+\tau)\,dt \tag{2-1-52}$$

为这两个功率信号的互相关函数，记为 $R_{12}(\tau)$。

若 $s_1(t)$ 和 $s_2(t)$ 是周期为 T_0 的信号,则称

$$(1/T_0)\int_{-T_0/2}^{T_0/2} s_1(t)s_2(t+\tau)\,\mathrm{d}t \tag{2-1-53}$$

为这两个周期信号的互相关函数,仍记为 $R_{12}(\tau)$。

显然,互相关函数表示两个信号的相互关联性。

2. 自相关函数

当 $s_1(t)=s_2(t)$ 时,上面互相关函数公式就变成同一信号关联性的公式,即得到自相关函数表达式。

若 $s(t)$ 为能量信号,则称

$$\int_{-\infty}^{\infty} s(t)s(t+\tau)\,\mathrm{d}t \tag{2-1-54}$$

为该能量信号的自相关函数,记为 $R_s(\tau)$。

若 $s(t)$ 为功率信号,则称

$$\lim_{T\to\infty}(1/T)\int_{-T/2}^{T/2} s(t)s(t+\tau)\,\mathrm{d}t \tag{2-1-55}$$

为该功率信号的自相关函数,记为 $R_s(\tau)$。

若 $s(t)$ 是周期为 T_0 的信号,则称

$$(1/T_0)\int_{-T_0/2}^{T_0/2} s(t)s(t+\tau)\,\mathrm{d}t \tag{2-1-56}$$

为该周期信号的自相关函数,仍记为 $R_s(\tau)$。

3. 相关函数的性质

(1)互相关函数的性质

① 如果对任意 τ,有

$$R_{12}(\tau)=0 \tag{2-1-57}$$

则称这两个信号互不相关。

② 对于任意 τ,有

$$R_{12}(\tau)=R_{21}(-\tau) \tag{2-1-58}$$

互相关函数和相乘的两个信号的次序有关。

③ 对于 $\tau=0$,有

$$R_{12}(0)=R_{21}(0) \tag{2-1-59}$$

$R_{12}(0)$ 表示两个信号在无时间差时的相关性,$R_{12}(0)$ 越大,说明两者的无时间差的相关性越大,$R_{12}(0)$ 又称为两信号的互相关系数。

(2)自相关函数的性质

自相关函数是偶函数,即

$$R_s(\tau)=R_s(-\tau) \tag{2-1-60}$$

两信号无时差或 $\tau=0$ 时,自相关系数最大。即

$$|R_s(\tau)|\leqslant R_s(0) \tag{2-1-61}$$

能量信号的自相关函数在 $\tau = 0$ 时为该信号的能量,即

$$R_s(0) = E_s \qquad (2-1-62)$$

功率信号的自相关函数在 $\tau = 0$ 时为该信号的功率,即

$$R_s(0) = P_s \qquad (2-1-63)$$

【例 2-7】　试求 $s(t) = A\cos\omega_0 t$ 的自相关函数,并由其自相关函数求出其功率。设该信号中的参数 A 和 ω_0 皆为常数。

【解】　$s(t)$ 是周期为 T_0 的信号,所以可采用式(2-1-56)得所要求的自相关函数

$$
\begin{aligned}
R_s(\tau) &= (1/T_0)\int_{-T_0/2}^{T_0/2} s(t)s(t+\tau)\,\mathrm{d}t = (A^2/T_0)\int_{-T_0/2}^{T_0/2}\cos\omega_0 t\cos\omega_0(t+\tau)\,\mathrm{d}t \\
&= (0.5A^2/T_0)\int_{-T_0/2}^{T_0/2}\cos\omega_0\tau + \cos\omega_0(2t+\tau)\,\mathrm{d}t \\
&= 0.5A^2\cos\omega_0\tau + (0.5A^2/T_0)(1/2\omega_0)\sin\omega_0(2t+\tau)\Big|_{-T_0/2}^{T_0/2} \\
&= 0.5A^2\cos\omega_0\tau
\end{aligned}
$$

依据式(2-1-63)得该信号的功率

$$P_s = R_s(0) = 0.5A^2$$

(3) 相关函数与谱密度的关系

能量信号的自相关函数和其能量谱密度为傅里叶变换对,即

$$R_s(\tau) \Leftrightarrow |S(f)|^2 \qquad (2-1-64)$$

功率信号的自相关函数和其功率谱密度为傅里叶变换对,即

$$R_s(\tau) \Leftrightarrow P_s(f) \qquad (2-1-65)$$

信号的互相关函数和其互谱密度也类似上面两式为傅里叶变换对。

2.2　随机过程基础

　　通信过程是携带信息的信号通过通信系统的过程,在这过程中伴随有噪声的加入。通信系统中遇到的信号,通常带有某种随机性,即它们的某个或几个参数不能预知或不能完全预知,如能完全预知的话通信就失去了必要。我们把这种具有随机性的信号称为随机信号。通信系统中必然遇到噪声,例如自然界中的各种电磁波噪声和设备本身产生的热噪声、散粒噪声等会在通信系统的不同位置上与信号混合,它们的取值不能预测。这些噪声统称为随机噪声,简称噪声。另外,通信系统中的传输特性也常存在随机变化。所有这些随机现象都离不开用随机过程理论来做分析。

　　本节介绍随机过程的基本特性、平稳随机过程、各态历经过程、高斯过程、随机过程通过线性系统、窄带随机过程、白噪声、低通白噪声和带通白噪声等概念。

1. 随机过程的基本特性

　　本节首先用实验方法讨论噪声的随机性,从而引入随机过程的基本定义。然后从随机

过程的定义出发,转到讨论它的统计特性,即讨论随机过程的分布函数、概率密度和数字特征。

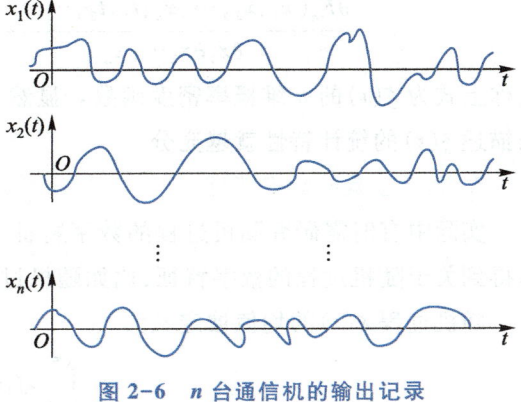

图 2-6　n 台通信机的输出记录

我们可做如下一个实验。设有 n 台性能完全相同的通信机,它们的工作条件也相同。现用 n 部记录仪同时记录各部通信机的输出噪声波形。测试结果表明,得到的 n 个记录图形并不因为有相同的条件而输出相同的波形,如图 2-6 所示。恰恰相反,即使 n 足够大,也找不到两个完全相同的波形。这就是说,通信机输出的噪声电压函数在实验前是不可预知的,或者说随机性就体现在通信输出端出现哪一个波形是不确定的,可见它是一个随机过程。需指出,这里的一次记录(图 2-6 中的一个波形)称作一个样本,无数个样本构成的总体是一个样本空间。

在数学上,随机过程的定义如下:设随机试验 E 的可能结果为 $\xi(t)$,试验的样本空间 S 为 $\{x_1(t),x_2(t),\cdots,x_i(t),\cdots\}$,$i$ 为正整数,$x_i(t)$ 为第 i 个样本函数(又称之为第 i 个实现),每次试验之后,$\xi(t)$ 取空间 S 中的某一样本函数,于是称此 $\xi(t)$ 为随机函数。当 t 代表时间量时,称此 $\xi(t)$ 为随机过程。

人们还常使用下面的描述来定义随机过程:若对于某时刻 t 有随机变量 $\xi(t)$,随着 t 的改变而得到不同的随机变量 $\xi(t)$,则称此 $\xi(t)$ 为随机过程。比如,由上例中某一台通信机输出端的记录试验看出,t 时刻的记录值是一随机变量 $\xi(t)$ 的值,另一时刻的记录值则是另一随机变量 $\xi(t)$ 的值,于是把随 t 而变的 $\xi(t)$ 称为随机过程是合适的。既然随机过程任一时刻都是一随机变量,那么就可以用随机变量的分布函数对其统计特性进行描述,具体见下面所述。

2. 随机过程的分布函数

设 $\xi(t)$ 是一个随机过程,则在任意一个时刻 t_1 上的 $\xi(t_1)$ 是一个随机变量。由概率论知,这个随机变量的统计特性可用分布函数或概率密度去描述,即有

$$F_1(x_1,t_1)=P\{\xi(t_1)\leqslant x_1\} \tag{2-2-1}$$

此为随机过程 $\xi(t)$ 的一维分布函数。如果存在

$$\frac{\partial F_1(x_1,t_1)}{\partial x_1}=f_1(x_1,t_1)$$

则称 $f_1(x_1,t_1)$ 为 $\xi(t)$ 的一维概率密度函数。无疑,在一般情况下用一维分布函数去描述随机过程的完整统计特性是不充分的,通常需要在足够多的时刻上考虑随机过程的多维分布函数。$\xi(t)$ 的 n 维分布函数被定义为

$$F_n(x_1,x_2,\cdots,x_n;t_1,t_2,\cdots,t_n)=P\{\xi(t_1)\leqslant x_1,\xi(t_2)\leqslant x_2,\cdots,\xi(t_n)\leqslant x_n\} \tag{2-2-2}$$

如果存在

$$\frac{\partial F_n(x_1,x_2,\cdots,x_n;t_1,t_2,\cdots,t_n)}{\partial x_1\partial x_2\cdots\partial x_n}=f_n(x_1,x_2,\cdots,x_n;t_1,t_2,\cdots,t_n)$$

则称上式为 $\xi(t)$ 的 n 维概率密度函数。显然，n 越大，用 n 维分布函数或 n 维概率密度函数来描述 $\xi(t)$ 的统计特性就越充分。

3. 随机过程的数字特征

实际中有时需研究随机过程的数字特征。相应于对随机变量数字特征的定义方法，容易得到关于随机过程的数字特征，比如随机过程的均值、方差、自协方差函数和自相关函数。

随机过程 $\xi(t)$ 的均值被定义为

$$\int_{-\infty}^{\infty}xf_1(x,t)\mathrm{d}x \tag{2-2-3}$$

式中，$f_1(x,t)$ 是 $\xi(t)$ 的一维概率密度，x 是 $\xi(t)$ 的可能取值，t 是任一时刻值。该式常记为 $E[\xi(t)]$，E 表示对 $\xi(t)$ 作集合平均运算。该式的结果记为 $a(t)$。可见，随机过程的均值是时间 t 的确定性函数。上述均值又常称为随机过程 $\xi(t)$ 的数学期望。

随机过程的方差定义为

$$E\{\xi(t)-E[\xi(t)]\}^2 \tag{2-2-4}$$

该式常记为 $D[\xi(t)]$，D 表示对 $\xi(t)$ 作方差运算，该式的结果也记为 $\sigma^2(t)$。可见，随机过程的方差是时间 t 的确定性函数。

展开式(2-2-4)可得

$$D[\xi(t)]=E[\xi^2(t)]-[E\xi(t)]^2=\int_{-\infty}^{\infty}x^2f_1(x,t)\mathrm{d}x-a^2(t) \tag{2-2-5}$$

用来描述随机过程任意两个时刻上的随机变量的统计相关特性，有协方差函数 $B(t_1,t_2)$ 和相关函数 $R(t_1,t_2)$。协方差函数被定义为

$$B(t_1,t_2)=E\{[\xi(t_1)-a(t_1)][\xi(t_2)-a(t_2)]\}$$
$$=\int_{-\infty}^{\infty}\int_{-\infty}^{\infty}[x_1-a(t_1)][x_2-a(t_2)]f_2(x_1,x_2,t_1,t_2)\mathrm{d}x_1\mathrm{d}x_2 \tag{2-2-6}$$

式中，t_1 与 t_2 是任取的两个时刻，$a(t_1)$ 与 $a(t_2)$ 为 $\xi(t)$ 在 t_1 及 t_2 时刻的数学期望，$f_2(x_1,x_2,t_1,t_2)$ 为随机过程 $\xi(t)$ 的二维概率密度函数。

相关函数 $R(t_1,t_2)$ 被定义为

$$R(t_1,t_2)=E[\xi(t_1)\xi(t_2)]=\int_{-\infty}^{\infty}\int_{-\infty}^{\infty}x_1x_2f_2(x_1,x_2,t_1,t_2)\mathrm{d}x_1\mathrm{d}x_2 \tag{2-2-7}$$

显然，将式(2-2-6)展开，并把式(2-2-7)代入该展开式中，可得 $B(t_1,t_2)$ 与 $R(t_1,t_2)$ 之间的关系式

$$B(t_1,t_2)=R(t_1,t_2)-E[\xi(t_1)]\cdot E[\xi(t_2)] \tag{2-2-8}$$

由上式看到，若 $E[\xi(t_1)]$ 或 $E[\xi(t_2)]$ 为零，则 $B(t_1,t_2)$ 与 $R(t_1,t_2)$ 完全相等。这里的 $B(t_1,t_2)$ 与 $R(t_1,t_2)$ 描述的是同一随机过程的相关程度，因此，它们又常分别称为自协方差函数及自相关函数。

协方差函数和相关函数的概念也可引入到两个或更多个随机过程中去，从而获得互协方差函数及互相关函数。设 $\xi(t)$ 和 $\eta(t)$ 分别表示两个随机过程，则互协方差函数定义为

$$B_{\xi\eta}(t_1,t_2)=E\{[\xi(t_1)-a_\xi(t_1)][\eta(t_2)-a_\eta(t_2)]\} \tag{2-2-9}$$

而互相关函数定义为

$$R_{\xi\eta}(t_1,t_2)=E[\xi(t_1)\eta(t_2)] \tag{2-2-10}$$

以上自相关函数或互相关函数显然与所选的两个时刻 t_1 和 t_2 有关。如果 $t_2>t_1$，并令 $t_2=t_1+\tau$，即 τ 是 t_2 与 t_1 之间的时间间隔，则相关函数 $R(t_1,t_2)$ 可表示为 $R(t_1,t_1+\tau)$，即

$$R(t_1,t_1+\tau)=E[\xi(t_1)\xi(t_1+\tau)]$$

这说明，相关函数依赖于起始时刻（或时间起点）t_1 和时间间隔 τ，即相关函数是所选的起始时刻 t_1 和时间间隔 τ 的函数。或者写成

$$R(t,t+\tau)=E[\xi(t)\xi(t+\tau)] \tag{2-2-11}$$

2.2.1 平稳随机过程

1. 狭义平稳随机过程和广义平稳随机过程

通信系统中常见到平稳随机过程，即其统计特性不随时间而变化的随机过程。平稳随机过程分为狭义平稳（又称严平稳）过程和广义平稳（又称宽平稳）过程。

若对于任意的正整数 n 和任意实数 $t_1,t_2,\cdots,t_n,\tau$，随机过程 $\xi(t)$ 的 n 维概率密度函数满足

$$f_n(x_1,x_2,\cdots,x_n;t_1,t_2,\cdots,t_n)=f_n(x_1,x_2,\cdots,x_n;t_1+\tau,t_2+\tau,\cdots,t_n+\tau) \tag{2-2-12}$$

则称 $\xi(t)$ 是狭义平稳或严平稳随机过程。由此可见，它的任何 n 维分布函数或概率密度函数都与时间起点无关，或者说该平稳随机过程的概率分布将不随时间的推移而不同。它的一维分布与 t 无关，二维分布只与时间间隔 τ 有关。

若随机过程 $\xi(t)$ 的均值 $E[\xi(t)]$ 和自相关函数 $R(t_1,t_2)$ 满足

$$\begin{cases} E[\xi(t)]=a \\ R_\xi(t_1,t_2)=R_\xi(\tau) \end{cases} \tag{2-2-13}$$

式中，a 为常数，$\tau=t_2-t_1$，则称 $\xi(t)$ 为广义平稳的。上式表明只要随机过程的数学期望与 t 无关，它的自相关函数只与时间间隔 τ 有关，则该随机过程为广义平稳的。

通信系统中遇到的信号或噪声，大多数可视为平稳随机过程。本书中以后研究的随机过程若不做特殊申明，均假设是广义平稳的。

2. 平稳随机过程的自相关函数和功率谱密度

平稳随机过程的自相关函数是特别重要的一个函数。这是因为，一方面它是平稳随机过程的基本数字特征；另一方面，自相关函数还揭示了随机过程的频谱特性。我们先来讨论实平稳随机过程 $\xi(t)$ 的自相关函数的主要性质及含义。

$$R_\xi(0)=E[\xi^2(t)] \tag{2-2-14}$$

上式 $R_\xi(0)$ 表示的是随机过程 $\xi(t)$ 的总平均功率。

$$R_\xi(\tau)=R_\xi(-\tau) \tag{2-2-15}$$

上式表示自相关函数是偶函数。上面两等式可基于式（2-2-11）得到证明。

$$|R_\xi(\tau)| \leqslant R(0) \tag{2-2-16}$$

上式表示自相关函数绝对值的上界是 $R_\xi(0)$。这可由非负式 $E[\xi(t)\pm\xi(t+\tau)]^2 \geqslant 0$ 推导得到。

如果对足够大的 τ 有 $\xi(t)$ 和 $\xi(t+\tau)$ 是独立的,且 $\xi(t)$ 不含周期分量,则

$$\lim_{\tau\to\infty} R_\xi(\tau) = \{E[\xi(t)]\}^2 \tag{2-2-17}$$

上式表明,$R_\xi(\infty)$ 是随机过程 $\xi(t)$ 的直流功率,而 $E[\xi(t)]$ 是随机过程 $\xi(t)$ 的直流电平。

【证明】 $\lim_{\tau\to\infty} R_\xi(\tau) = \lim_{\tau\to\infty} E[\xi(t)\xi(t+\tau)] = E[\xi(t)] \cdot E[\xi(t+\tau)] = \{E[\xi(t)]\}^2$

则有

$$R_\xi(0) - R_\xi(\infty) = \sigma^2 \tag{2-2-18}$$

式中,方差 σ^2 表示随机过程 $\xi(t)$ 的交流功率;当直流功率为 0 时,$R_\xi(0) = \sigma^2$。

平稳随机过程的频谱特性通常用功率谱密度来描述。下面以两条定理的形式来描述它的功率谱密度 $P_\xi(\omega)$ 与自相关函数 $R_\xi(\tau)$ 的关系。

【定理 2-2】 如果一平稳随机过程 $\xi(t)$ 的自相关函数 $R_\xi(\tau)$ 满足

$$\int_{-\infty}^{\infty} |R_\xi(\tau)|\,\mathrm{d}\tau < +\infty \tag{2-2-19}$$

那么,$R_\xi(\tau)$ 的傅里叶变换为

$$P_\xi(\omega) = \int_{-\infty}^{\infty} R_\xi(\tau)\exp(-\mathrm{j}\omega\tau)\,\mathrm{d}\tau \tag{2-2-20}$$

并称之为 $\xi(t)$ 的功率谱密度或功率密度谱。

【定理 2-3】 一平稳随机过程 $\xi(t)$ 的功率谱密度 $P_\xi(\omega)$ 的傅里叶反变换为 $\xi(t)$ 的自相关函数 $R_\xi(\tau)$,即

$$R_\xi(\tau) = [1/(2\pi)]\int_{-\infty}^{\infty} P_\xi(\omega)\exp(\mathrm{j}\omega\tau)\,\mathrm{d}\omega \tag{2-2-21}$$

对于周期随机功率信号仍可采用式(2-2-21),这时需利用数学上的 δ 函数。涉及该类信号的重要傅里叶变换对有

$$A\delta(t-t_0) \Leftrightarrow A\exp(-\mathrm{j}\omega t_0) \tag{2-2-22}$$

$$A\exp(-\mathrm{j}2\pi f_0 t) \Leftrightarrow A\delta(f-f_0) \tag{2-2-23}$$

式中,t_0 为某时间常数,f_0 为某频率常数。

总之,平稳过程的自相关函数 $R_\xi(\tau)$ 与其功率谱密度 $P_\xi(\omega)$ 呈傅里叶变换对关系。

此外,平稳过程的功率谱密度还常用截短函数的形式来表示。由式(2-1-50)得到的是确定性信号的功率谱密度,对于功率型随机过程的每一个样本也将是功率信号,因此每一个样本信号的功率谱密度可用式(2-1-50)来表示,那么该随机过程的功率谱密度应该是其可能样本信号的功率谱密度的平均。即设 $\xi(t)$ 的功率谱密度为 $P_\xi(\omega)$,$\xi(t)$ 的截短函数为

$$\xi_T(t) = \begin{cases} \xi(t), & -T/2 < t < T/2 \\ 0, & t < -\dfrac{T}{2}\text{或}t > \dfrac{T}{2} \end{cases} \tag{2-2-24}$$

而且有 $\xi_T(t)$ 与 $F_T(\omega)$ 呈傅里叶变换对关系,于是依据式(2-1-42)并作统计平均,得

$$P_{\xi}(\omega) = \lim_{T \to \infty} \frac{E|F_T(\omega)|^2}{T} \qquad (2-2-25)$$

上式就是今后分析中常会遇到的平稳随机过程功率谱密度的截短函数表达式。下面举例说明自相关函数与功率谱密度的关系及其性质的使用。

【例2-8】 求随机正弦波 $\xi(t) = \sin(\omega_0 t + \theta)$ 的自相关函数,并求其功率谱密度。式中 ω_0 是常数; θ 是在区间 $(0, 2\pi)$ 上均匀分布的随机变量。

【解】 (1) 先利用式(2-2-3)得随机正弦波 $\xi(t)$ 的数学期望

$$a(t) = E[\sin(\omega_0 t + \theta)]$$

$$= \int_0^{2\pi} \sin(\omega_0 t + \theta) \cdot \frac{1}{2\pi} d\theta$$

$$= -\cos(\omega_0 t + \theta) \cdot \frac{1}{2\pi} \Big|_0^{2\pi}$$

$$= 0 \qquad (2-2-26)$$

再将随机正弦波 $\xi(t)$ 的表达式代入式(2-2-7),得自相关函数

$$R(t_1, t_2) = E[\xi(t_1)\xi(t_2)] = E[\sin(\omega_0 t_1 + \theta)\sin(\omega_0 t_2 + \theta)]$$

令 $t_1 = t, t_2 = t + \tau$,则上式的自相关函数变为

$$R(t, t+\tau) = E[\sin(\omega_0 t + \theta)\sin(\omega_0 t + \omega_0 \tau + \theta)]$$

$$= E[0.5\cos\omega_0\tau - 0.5\cos(2\omega_0 t + \omega_0\tau + 2\theta)]$$

$$= 0.5\cos\omega_0\tau - 0.5\int_0^{2\pi}\cos(2\omega_0 t + \omega_0\tau + 2\theta) \cdot \frac{1}{2\pi}d\theta$$

$$= 0.5\cos\omega_0\tau$$

$$= R(\tau) \qquad (2-2-27)$$

(2) 把 $\tau = 0$ 代入上式,得

$$E[\xi^2(t)] = R(0) = 0.5 < +\infty \qquad (2-2-28)$$

将式(2-2-26)~式(2-2-28)与式(2-2-13)对照,显然相一致,所以 $\xi(t)$ 是广义平稳的。于是可将式(2-2-27)代入式(2-2-20),并利用积分公式(2-2-23),得随机正弦波 $\xi(t)$ 的功率谱密度

$$P_{\xi}(\omega) = \int_{-\infty}^{\infty} 0.5\cos\omega_0\tau e^{-j\omega\tau}d\tau = \int_{-\infty}^{\infty} 0.25(e^{j\omega_0\tau} + e^{-j\omega_0\tau})e^{-j\omega\tau}d\tau$$

$$= \int_{-\infty}^{\infty} e^{j(\omega - \omega_0)\tau}d\tau + \int_{-\infty}^{\infty} e^{j(\omega + \omega_0)\tau}d\tau$$

$$= \pi\delta(\omega - \omega_0) + \pi\delta(\omega + \omega_0)$$

实验中,当我们接通一高频率稳定度的正弦波产生器时,其输出的信号就属本例所给的随机正弦波信号,在实际通信系统中常见到这种信号。

2.2.2 循环平稳随机过程

在通信、遥测、雷达和声呐系统中,一些人工信号是一类特殊的非平稳信号,它们的非平

稳特性表现为周期平稳。以雷达回波为例,若天线指向不变,则地杂波的回波等于照射区域所有散射体的子回波之和,虽然有随机起伏,但整体是平稳的。若天线随时间匀速转动,在一个扫描周期内,地杂波的回波则是非平稳的,但是每经过一个扫描周期后,天线指向原处,回波的非平稳表现为周期平稳。此时平稳过程模型将不再适用于这种信号,因此,这里引入了循环平稳过程模型。

2.2.3　循环平稳过程定义

一个随机过程 $X(t)$,如果它的均值 $m_X(t)$ 和自相关函数 $R_X(t,u)$ 具有周期性(周期为 T),即满足

$$m_X(t+T) = m_X(t) \tag{2-2-29}$$

$$R_X(t+T, u+T) = R_X(t,u) \tag{2-2-30}$$

那么,这个随机过程称为广义循环平稳过程。$X(t)$ 的自相关函数,即式(2-2-30)可以写成另一种形式

$$R_X\left(t+\frac{\tau}{2}+T, t-\frac{\tau}{2}+T\right) = R_X\left(t+\frac{\tau}{2}, t-\frac{\tau}{2}\right) \tag{2-2-31}$$

其中,$R_X\left(t+\dfrac{\tau}{2}, t-\dfrac{\tau}{2}\right)$ 是一个关于两个独立变量 t 和 τ 的函数,且对于任何一个 τ 值,

$R_X\left(t+\dfrac{\tau}{2}, t-\dfrac{\tau}{2}\right)$ 是关于 t 周期为 T 的函数。因此,对其用傅里叶级数展开,得

$$R_X\left(t+\frac{\tau}{2}, t-\frac{\tau}{2}\right) = \sum_\alpha R_X^\alpha(\tau) \, \mathrm{e}^{\mathrm{j}2\pi\alpha t} \tag{2-2-32}$$

其中,傅里叶系数 R_X^α 可以表示为

$$R_X^\alpha(\tau) = \frac{1}{T} \int_{-T/2}^{T/2} R_X\left(t+\frac{\tau}{2}, t-\frac{\tau}{2}\right) \mathrm{e}^{-\mathrm{j}2\pi\alpha t} \mathrm{d}t \tag{2-2-33}$$

其中,α 可以取 $1/T$ 的任意整数倍。

这种模型对于只有一种周期的情况是适用的。对于有多个周期的情况,上述模型必须一般化,即 α 可以取所有频率的任意整数倍。所以式(2-2-33)变为

$$R_X^\alpha(\tau) = \lim_{Z\to\infty} \frac{1}{Z} \int_{-Z/2}^{Z/2} R_X\left(t+\frac{\tau}{2}, t-\frac{\tau}{2}\right) \mathrm{e}^{-\mathrm{j}2\pi\alpha t} \mathrm{d}t \tag{2-2-34}$$

上述随机过程就称为广义渐近循环平稳过程。同样,$R_X\left(t+\dfrac{\tau}{2}, t-\dfrac{\tau}{2}\right)$ 称为渐近周期自相关

函数。

把上述模型扩展到更一般化,如果一个非平稳过程 $X(t)$ 存在一个周期性的频率 α,使得式(2-2-34)中定义的傅里叶系数不等于 0,那么该非平稳过程称为循环平稳过程。

对于式(2-2-34)中定义的傅里叶系数,如果取 α 为 0,那么它就变成了时间平均自相关,即

$$\langle R_X \rangle(\tau) = R_X^\alpha(\tau), \quad \text{当 } \alpha = 0 \text{ 时} \tag{2-2-35}$$

代入时间平均的定义,可以得到

$$\lim_{T\to\infty}\frac{1}{Z}\int_{-Z/2}^{Z/2}R_X(t+\tau,t)\,\mathrm{d}t=\lim_{Z\to\infty}\frac{1}{Z}\int_{-Z/2}^{Z/2}R_X\left(t+\frac{\tau}{2},t-\frac{\tau}{2}\right)\mathrm{d}t \tag{2-2-36}$$

上式表明,当 $\alpha=0$ 时,$R_X^\alpha(\tau)$ 随着时间的平移是不变的。那就是说,如果 $Y(t)=X(t+t_0)$,则

$$R_Y^\alpha(\tau)=R_X^\alpha(\tau),\quad 当 \alpha=0 时 \tag{2-2-37}$$

然而,对于(2-2-34)中定义的傅里叶系数,如果取 $\alpha\neq0$,则它是时变的,并且是循环变化的。

$$R_Y^\alpha(\tau)=R_X^\alpha(\tau)\,\mathrm{e}^{j2\pi\alpha t_0},\quad 当 \alpha\neq0 时 \tag{2-2-38}$$

式中,$R_X^\alpha(\tau)$ 称为循环自相关函数,α 称为循环频率参数。所有使得 $R_X^\alpha(\tau)\neq0$ 的 α 的值组成的集合称为循环频率集。

2.2.4　循环谱

假设 $U(t)$ 和 $V(t)$ 表示 $X(t)$ 的频移量,即

$$U(t)=X(t)\,\mathrm{e}^{-j\pi\alpha t} \tag{2-2-39}$$

$$V(t)=X(t)\,\mathrm{e}^{j\pi\alpha t} \tag{2-2-40}$$

$U(t)$ 的时间平均自相关可以表示为

$$
\begin{aligned}
\langle R_U\rangle(\tau)&=\lim_{Z\to\infty}\frac{1}{Z}\int_{-Z/2}^{Z/2}E\left\{U\left(t+\frac{\tau}{2}\right)U\left(t-\frac{\tau}{2}\right)^*\right\}\mathrm{d}t\\
&=\lim_{Z\to\infty}\frac{1}{Z}\int_{-Z/2}^{Z/2}E\left\{X\left(t+\frac{\tau}{2}\right)\mathrm{e}^{-j\pi\alpha\left(t+\frac{\tau}{2}\right)}X\left(t-\frac{\tau}{2}\right)^*\mathrm{e}^{j\pi\alpha\left(t-\frac{\tau}{2}\right)}\right\}\mathrm{d}t\\
&=\lim_{Z\to\infty}\frac{1}{Z}\int_{-Z/2}^{Z/2}E\left\{X\left(t+\frac{\tau}{2}\right)\mathrm{e}^{-j\pi\alpha\left(t+\frac{\tau}{2}\right)}X\left(t-\frac{\tau}{2}\right)^*\mathrm{e}^{j\pi\alpha\left(t-\frac{\tau}{2}\right)}\right\}\mathrm{d}t\\
&=\lim_{Z\to\infty}\frac{1}{Z}\int_{-Z/2}^{Z/2}E\left\{X\left(t+\frac{\tau}{2}\right)X\left(t-\frac{\tau}{2}\right)^*\right\}\mathrm{e}^{-j\pi\alpha\tau}\mathrm{d}t\\
&=\langle R_X\rangle(\tau)\,\mathrm{e}^{-j\pi\alpha\tau}
\end{aligned}
\tag{2-2-41}
$$

同理,$V(t)$ 的时间平均自相关可以表示为

$$\langle R_V\rangle(\tau)=\langle R_X\rangle(\tau)\,\mathrm{e}^{j\pi\alpha\tau} \tag{2-2-42}$$

$U(t)$ 和 $V(t)$ 的时间平均互相关可以表示为

$$
\begin{aligned}
\langle R_{UV}\rangle(\tau)&=\lim_{Z\to\infty}\frac{1}{Z}\int_{-Z/2}^{Z/2}E\left\{U\left(t+\frac{\tau}{2}\right)V\left(t-\frac{\tau}{2}\right)^*\right\}\mathrm{d}t\\
&=\lim_{Z\to\infty}\frac{1}{Z}\int_{-Z/2}^{Z/2}E\left\{X\left(t+\frac{\tau}{2}\right)\mathrm{e}^{-j\pi\alpha\left(t+\frac{\tau}{2}\right)}X\left(t-\frac{\tau}{2}\right)^*\mathrm{e}^{-j\pi\alpha\left(t-\frac{\tau}{2}\right)}\right\}\mathrm{d}t\\
&=\lim_{Z\to\infty}\frac{1}{Z}\int_{-Z/2}^{Z/2}E\left\{X\left(t+\frac{\tau}{2}\right)X\left(t-\frac{\tau}{2}\right)^*\mathrm{e}^{-j2\pi\alpha t}\right\}\mathrm{d}t\\
&=R_X^\alpha(\tau)
\end{aligned}
\tag{2-2-43}
$$

式(2-2-43)表明,一个随机过程 $X(t)$ 的循环自相关函数就是其频移量互相关函数的时间平均。也就是说,如果一个随机过程的频移量之间存在相关性,那么该随机过程就是广义循环平稳过程。换句话说,如果一个随机过程是平稳的,那么它的频移量之间不存在任何相关性。

式(2-2-39)和式(2-2-40)中 $U(t)$ 和 $V(t)$ 的时间平均频谱可以表示为

$$\langle S_U \rangle (f) = \langle S_X \rangle \left(f + \frac{\alpha}{2} \right) \tag{2-2-44}$$

$$\langle S_V \rangle (f) = \langle S_X \rangle \left(f - \frac{\alpha}{2} \right) \tag{2-2-45}$$

$U(t)$ 和 $V(t)$ 互相关谱的时间平均依据式(2-2-43)可以表示为

$$\langle S_{UV} \rangle (f) = \int_{-\infty}^{\infty} \langle R_{UV} \rangle (\tau) e^{-j2\pi f \tau} d\tau = \int_{-\infty}^{\infty} R_X^{\alpha}(\tau) e^{-j2\pi f \tau} d\tau = S_X^{\alpha}(f) \tag{2-2-46}$$

式中, $S_X^{\alpha}(f)$ 就称为循环谱或者循环谱密度。$U(t)$ 和 $V(t)$ 的时间平均相干函数定义为

$$\rho_{UV}(f) = \frac{\langle S_{UV} \rangle (f)}{\left[\langle S_U \rangle (f) \langle S_V \rangle (f) \right]^{1/2}}$$

$$= \frac{S_X^f(f)}{\left[\langle S_X \rangle (f+\alpha/2) \langle S_X \rangle (f-\alpha/2) \right]^{1/2}} = \rho_X^{\alpha}(f) \tag{2-2-47}$$

可以看到, $\rho_X^{\alpha}(f)$ 描述的是 $X(t)$ 在频率 $f+\alpha/2$ 和 $f-\alpha/2$ 处频谱相干性的强弱,因此, $\rho_X^{\alpha}(f)$ 也称为 $X(t)$ 的谱自相干函数。如果随机信号 $X(t)$ 的谱相干函数幅度满足 $|\rho_X^{\alpha}(f)| = 1$,则该过程在谱频率 f、循环频率 α 处是完全相干的;反之,如果 $|\rho_X^{\alpha}(f)| = 0$ 则该过程在谱频率 f、循环频率 α 处是完全不相干的。

瞬时概率谱密度 $S_X(t,f)$ 是瞬时概率自相关函数的傅里叶变换,即

$$S_X(t,f) = \int_{-\infty}^{\infty} R_X \left(t + \frac{\tau}{2}, t - \frac{\tau}{2} \right) e^{-j2\pi f \tau} d\tau \tag{2-2-48}$$

将式(2-2-32)和式(2-2-46)代入式(2-2-48),可以得到

$$S_X(t,f) = \int_{-\infty}^{\infty} \sum_{\alpha} R_X^{\alpha}(\tau) e^{j2\pi\alpha t} e^{-j2\pi f\tau} d\tau$$

$$= \sum_{\alpha} \int_{-\infty}^{\infty} R_X^{\alpha}(\tau) e^{-j2\pi f\tau} d\tau \cdot e^{j2\pi\alpha t}$$

$$= \sum_{\alpha} S_X^{\alpha}(f) e^{j2\pi\alpha t} \tag{2-2-49}$$

综合式(2-2-32)和式(2-2-49),可得

$$R_X \left(t + \frac{\tau}{2}, u - \frac{\tau}{2} \right) = \sum_{\alpha} R_X^{\alpha}(\tau) e^{j2\pi\alpha t} \tag{2-2-50}$$

$$S_X(t,f) = \sum_{\alpha} S_X^{\alpha}(f) e^{j2\pi\alpha t} \tag{2-2-51}$$

通过上述两个式子可以得出,平稳过程与循环平稳过程的本质区别就是循环平稳过程

表示出谱相关的特性,并且这种谱相关特性是通过循环谱 S_X^α 或者是循环自相关函数 R_X^α 来描述的。

【例 2-9】 考虑一个调幅的正弦信号

$$X(t) = Y(t)\cos(2\pi f_0 t) = \frac{1}{2}Y(t)e^{j2\pi f_0 t} + \frac{1}{2}Y(t)e^{-j2\pi f_0 t} \qquad (2\text{-}2\text{-}52)$$

其中,$Y(t)$ 是零均值的平稳过程,乘以正弦波信号后,可以看到 $Y(t)$ 的频谱频移到 $f+f_0$ 和 $f-f_0$ 处,所以在循环频率 $\alpha = 2f_0$ 处有明显的谱相关。首先计算其自相关函数

$$
\begin{aligned}
R_X\left(t+\frac{\tau}{2}, t-\frac{\tau}{2}\right) &= E\left\{X\left(t+\frac{\tau}{2}\right)X\left(t-\frac{\tau}{2}\right)^*\right\} \\
&= E\left\{Y\left(t+\frac{\tau}{2}\right)\cos\left[2\pi f_0\left(t+\frac{\tau}{2}\right)\right]Y\left(t-\frac{\tau}{2}\right)^*\cos\left[2\pi f_0\left(t-\frac{\tau}{2}\right)\right]\right\} \\
&= E\left\{Y\left(t+\frac{\tau}{2}\right)Y\left(t-\frac{\tau}{2}\right)^*\right\}\cos\left[2\pi f_0\left(t+\frac{\tau}{2}\right)\right]\cos\left[2\pi f_0\left(t-\frac{\tau}{2}\right)\right] \\
&= R_Y(\tau)\cos\left[2\pi f_0\left(t+\frac{\tau}{2}\right)\right]\cos\left[2\pi f_0\left(t-\frac{\tau}{2}\right)\right] \\
&= \frac{1}{2}R_Y(\tau)\left[\cos(2\pi f_0\tau)+\cos(4\pi f_0 t)\right] \qquad (2\text{-}2\text{-}53)
\end{aligned}
$$

将上式代入式(2-2-34)中,并且代入 $\alpha = 2f_0$ 可得

$$
\begin{aligned}
R_X^\alpha(\tau) &= \lim_{Z\to\infty}\frac{1}{Z}\int_{-Z/2}^{Z/2}\frac{1}{2}R_Y(\tau)\left[\cos(2\pi f_0\tau)+\cos(4\pi f_0 t)\right]e^{-j2\pi\alpha t}dt \\
&= \lim_{Z\to\infty}\frac{1}{Z}\int_{-Z/2}^{Z/2}\frac{1}{2}R_Y(\tau)\left[\cos(2\pi f_0\tau)e^{-j4\pi f_0 t}+\frac{1}{2}e^{-j8\pi f_0 t}+\frac{1}{2}\right]dt \\
&= \frac{1}{4}R_Y(\tau) \qquad (2\text{-}2\text{-}54)
\end{aligned}
$$

上式中使用了这样一个极限

$$\lim_{Z\to\infty}\frac{1}{Z}\int_{-Z/2}^{Z/2}e^{j\omega t}dt = \lim_{Z\to\infty}\frac{1}{Z}\cdot\frac{e^{j\omega t}}{j\omega}\bigg|_{-Z/2}^{Z/2} = \lim_{Z\to\infty}\frac{e^{j\omega Z/2}-e^{-j\omega Z/2}}{Zj\omega} = \lim_{Z\to\infty}\frac{\sin(Z\omega/2)}{Z\omega/2} = 0 \qquad (2\text{-}2\text{-}55)$$

对式(2-2-54)两边做傅里叶变换,可以得到

$$S_X^\alpha(f) = \frac{1}{4}S_Y(f)\quad \alpha = 2f_0 \qquad (2\text{-}2\text{-}56)$$

分别求 $X(t)$ 和 $X^2(t)$ 的均值

$$E\{X(t)\} = E\{Y(t)\cos(2\pi f_0 t)\} = E\{Y(t)\}\cos(2\pi f_0 t) = 0 \qquad (2\text{-}2\text{-}57)$$

$$E\{X^2(t)\} = E\left\{\frac{1}{2}Y^2(t)\left[1+\cos(4\pi f_0 t)\right]\right\} = \frac{1}{2}R_Y(0)\left[1+\cos(4\pi f_0 t)\right] \qquad (2\text{-}2\text{-}58)$$

从式(2-2-57)和式(2-2-58)可以得到这样一个结论:一个循环平稳过程虽然均值不包含周期分量,但经过平方之后就会产生周期分量,即有谱线的产生。

2.2.5　窄带随机过程

1. 窄带随机过程的概念

（1）带通随机过程的定义

若随机过程 $X(t)$ 的谱密度满足

$$S_X(\omega) = \begin{cases} S(\omega), & |\omega - \omega_0| < \Delta\omega \\ 0, & \text{其他} \end{cases} \tag{2-2-59}$$

则称 $X(t)$ 为带通过程。

（2）窄带带通随机过程的定义

若 $X(t)$ 为带通过程，且 $\Delta\omega \ll \omega_0$，即中心频率远大于谱宽，则称 $X(t)$ 为窄带带通随机过程。

2. 窄带随机过程的解析表达方法之一：莱斯表示法

（1）窄带随机过程的莱斯表示

任何一个实窄带随机过程 $X(t)$ 都可表示为

$$X(t) = a(t)\cos(\omega_0 t) - b(t)\sin(\omega_0 t) \tag{2-2-60}$$

（2）$a(t)$、$b(t)$ 的性质

① $a(t)$、$b(t)$ 都是实随机过程；

② $E[a(t)] = E[b(t)] = 0$；

③ $a(t)$ 与 $b(t)$ 各自广义平稳，联合平稳，且 $R_a(\tau) = R_b(\tau)$；

④ $E[a^2(t)] = E[b^2(t)] = E[X^2(t)]$，由此可得方差 $\sigma_a^2 = \sigma_b^2$；

⑤ $R_{ab}(0) = 0$，这说明 $a(t)$ 与 $b(t)$ 在同一时刻正交；

⑥ $S_a(\omega) = S_b(\omega)$。

3. 窄带随机过程的解析表达方法之二：准正弦振荡表示法

实窄带随机过程 $X(t)$ 可表示为

$$X(t) = A(t)\cos[\omega_0 t + \Phi(t)] \tag{2-2-61}$$

证明：由莱斯表示法有

$$A(t) = \sqrt{a^2(t) + b^2(t)}, \quad \Phi(t) = \arctan\frac{b(t)}{a(t)}$$

$A(t)$ 与 $\Phi(t)$ 都是慢变化的随机过程。慢变化是指 $A(t)$ 与 $\Phi(t)$ 随时间变化比 $\cos(\omega_0 t)$ 随时间的变化要缓慢得多。式中，ω_0 为载波频率，$A(t)$ 为 $X(t)$ 的包络，$\Phi(t)$ 为 $X(t)$ 的相位。

这一表达式称为准正弦振荡表示法。

4. 窄带高斯过程包络与相位的概率密度

在工程应用中，假定系统的输出是一个窄带高斯随机过程，可使问题的解决得到简化。实际上，有许多工程实际的系统输出是窄带高斯随机过程。

对于窄带随机过程，包络 $A(t)$ 与相位 $\Phi(t)$ 的检测是首要工作。

① 先求 $a(t)$ 与 $b(t)$ 的联合概率密度 $f_{ab}(a_t,b_t)$

当 t 确定后，$a(t)$ 与 $b(t)$ 都是高斯随机变量，且相互正交，所以有

$$f_{ab}(a_t,b_t)=\frac{1}{2\pi\sigma^2}\exp\left(-\frac{a_t^2+b_t^2}{2\sigma^2}\right) \tag{2-2-62}$$

② 求 $A(t)$ 与 $\Phi(t)$ 的联合概率密度

$f_{A\Phi}(A_t,\Phi_t)=|J|f_{ab}(a_t,b_t)$，$|J|$ 为雅可比行列式。

由 $A(t)=\sqrt{a^2(t)+b^2(t)}$，$\Phi(t)=\arctan\dfrac{b(t)}{a(t)}$ 可得 $|J|=A(t)$。所以有

$$f_{A\Phi}(A_t,\Phi_t)=\begin{cases}\dfrac{A_t}{2\pi\sigma^2}\exp\left(-\dfrac{A_t^2}{2\sigma^2}\right), & A_t\geqslant 0,0\leqslant\Phi_t\leqslant 2\pi\\[2mm] 0, & 其他\end{cases} \tag{2-2-63}$$

③ 求 $f_A(A_t)$、$f_\Phi(\Phi_t)$

对 $f_{A\Phi}(A_t,\Phi_t)$ 求边缘概率密度，可得

$$f_A(A_t)=\int_0^{2\pi}f_{A\Phi}(A_t,\Phi_t)\,\mathrm{d}\Phi_t=\frac{A_t}{\sigma^2}\exp\left(-\frac{A_t^2}{2\sigma^2}\right), \quad A_t\geqslant 0 \tag{2-2-64}$$

$$f_\Phi(\Phi_t)=\int_0^{\infty}f_{A\Phi}(A_t,\Phi_t)\,\mathrm{d}A_t=\frac{1}{2\pi}, \quad 0\leqslant\Phi_t\leqslant 2\pi \tag{2-2-65}$$

由式（2-2-64）和式（2-2-65）可以得出，窄带高斯随机过程的包络 $A(t)$ 服从瑞利分布，相位 $\Phi(t)$ 服从均匀分布。

5. 正弦型信号与窄带高斯噪声之和

（1）信号模型

设

$$X(t)=s(t)+n(t)$$

式中，$s(t)$ 为具有随机相位的正弦信号

$$s(t)=a\cos(\omega_0 t+\theta)$$

式中，a 与 ω_0 为已知常数，θ 为 $(0,2\pi)$ 区间均匀分布的随机变量，$N(t)$ 为平稳窄带实高斯随机噪声过程，均值为 0，方差为 σ^2，功率谱密度对称于 $\pm\omega_0$。可以证明，$X(t)$ 是一窄带随机过程。

设

$$n(t)=a(t)\cos(\omega_0 t)-b(t)\sin(\omega_0 t)$$
$$s(t)=a\cos(\omega_0 t+\theta)=a\cos\theta\cdot\cos(\omega_0 t)-a\sin\theta\cdot\sin(\omega_0 t)$$

可得

$$X(t)=a'(t)\cos(\omega_0 t)-b'(t)\sin(\omega_0 t)$$

式中，$a'(t)=a\cos\theta+a(t)$，$b'(t)=b\sin\theta+b(t)$。

或

$$X(t)=A(t)\cos[\omega_0 t+\Phi(t)]$$

式中，$A(t) = \sqrt{a'^2(t) + b'^2(t)}$，$\Phi(t) = \arctan \dfrac{b'(t)}{a'(t)}$。

（2）在 θ 确定下，求条件概率密度 $f_A(A_t \mid \theta)$、$f_\Phi(\Phi_t \mid \theta)$

① 求 $a'(t)$ 与 $b'(t)$ 的联合概率密度

$$f_{a'b'}(a'_t, b'_t \mid \theta) = \frac{1}{2\pi\sigma^2} \exp\left\{ -\frac{(a'_t - a\cos\theta)^2 + (ba_t - a\sin\theta)^2}{2\sigma^2} \right\} \qquad (2\text{-}2\text{-}66)$$

② 求 $A(t)$ 与 $\Phi(t)$ 的条件联合概率密度

$$f_{A\Phi}(A_t, \Phi_t \mid \theta) = |J| f_{a'b'}(a'_t, b'_t \mid \theta)$$

$$= \begin{cases} \dfrac{A_t}{2\pi\sigma^2} \exp\left\{ -\dfrac{A_t^2 + a^2 - 2aA_t\cos(\theta - \Phi_t)}{2\sigma^2} \right\}, & A_t \geqslant 0, 0 \leqslant \Phi_t \leqslant 2\pi \\ 0, & \text{其他} \end{cases} \qquad (2\text{-}2\text{-}67)$$

③ 求 $f_A(A_t \mid \theta)$、$f_\Phi(\Phi_t \mid \theta)$

利用 $f_{A\Phi}(A_t, \Phi_t \mid \theta)$ 求边缘分布密度，可得

$$f_A(A_t \mid \theta) = \int_0^{2\pi} f_{A\Phi}(A_t, \Phi_t \mid \theta)\, \mathrm{d}\Phi_t = \frac{A_t}{\sigma^2} \exp\left(-\frac{A_t^2 + a^2}{2\sigma^2} \right) \cdot \mathrm{I}_0\left(\frac{a \cdot A_t}{\sigma^2} \right) \qquad (2\text{-}2\text{-}68)$$

其中，$\mathrm{I}_0(\cdot)$ 是第一类零阶修正贝塞尔函数，$A(t)$ 服从莱斯分布。

由于 $f_A(A_t \mid \theta)$ 与 θ 无关，于是有

$$f_A(A_t) = f_A(A_t \mid \theta)$$

$$f_\Phi(\Phi_t \mid \theta) = \int_0^\infty f_{A\Phi}(A_t, \Phi_t \mid \theta)\, \mathrm{d}A_t$$

$$= \frac{1}{2\pi} \exp\left(-\frac{a^2}{2\sigma^2} \right) \cdot \frac{a\cos(\theta - \Phi_t)}{\sqrt{2\pi}\,\sigma} \cdot \Psi\left\{ \frac{a\cos(\theta - \Phi_t)}{\sigma} \right\} \cdot \exp\left\{ -\frac{a^2 - a^2\cos^2(\theta - \Phi_t)}{2} \right\}$$

$$(2\text{-}2\text{-}69)$$

$\Psi(\cdot)$ 是概率积分函数。

2.2.6 低通白噪声和带通白噪声

既然有窄带过程，则必存在非窄带过程。这里介绍一个理想的宽带随机过程——白噪声，然后讨论常用的低通白噪声和带通白噪声。

1. 白噪声

功率谱密度取值在整个频域内是平坦分布的噪声，被称作白噪声。即一噪声若有功率谱密度

$$P_n(\omega) = n_0/2, \quad -\infty < \omega < +\infty \qquad (2\text{-}2\text{-}70)$$

式中，$n_0/2$ 表示某常数，则称该噪声为白噪声。

对此需说明以下几点：① 功率谱密度必是非负函数，所以 $n_0/2$ 一定是非负的常数，即其在整个频域内呈平坦分布。其单位取 W/Hz；② 该噪声称呼的引入是来自光学词汇"白光"。

在光学中白光的谱很宽,在这里以示噪声的谱很宽,于是采用了"白噪声"一词;③ 若白噪声在时域服从高斯分布,则称之为高斯白噪声,在分析通信系统性能时人们常用它作为信道中的噪声模型。

式(2-2-70)中的定义域是所有正负频率,所以该谱是双边功率谱密度。包含在该式中的因子 2 表示该功率谱密度是双边的。在有的教材中给出的是白噪声的单边功率谱表达式,即

$$P_n(\omega) = n_0, \quad 0 < \omega < +\infty \tag{2-2-71}$$

在做傅里叶变换计算时,要把上式变回到双边功率谱密度表示后才可进行。

依据式(2-2-21)和式(2-1-28),对式(2-2-70)做傅里叶反变换得白噪声自相关函数为

$$R_n(\tau) = \left(\frac{n_0}{2}\right)\delta(\tau) \tag{2-2-72}$$

显然,白噪声的自相关函数仅在 $\tau = 0$ 时才为非零;而对于其他任意的 τ,它都为零。这说明,白噪声只有在 $\tau = 0$ 时才相关,而它在任意两个时刻上的随机变量都是不相关的。白噪声的自相关函数及其功率谱密度分别如图 2-7(a)和图 2-7(b)所示。

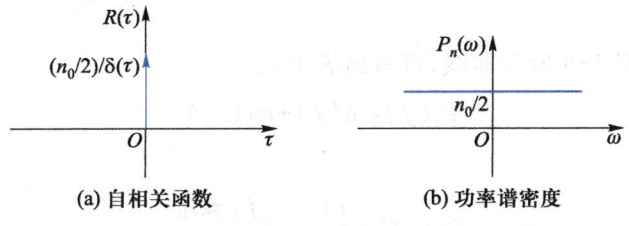

(a) 自相关函数　　　　　　(b) 功率谱密度

图 2-7　白噪声的自相关函数及其功率谱密度

2. 低通白噪声

如果功率谱密度为 $n_0/2$ 的白噪声通过截止频率为 ω_H 的理想 LPF(低通滤波器),则称该滤波器的输出噪声为带限白噪声。此时被称为理想 LPF 的频率响应函数是

$$H(\omega) = \begin{cases} 1, & \omega \leqslant \omega_H \\ 0, & \text{其他} \end{cases} \tag{2-2-73}$$

依据式(2-2-71),得到输出噪声功率谱密度

$$P_n(\omega) = |H(\omega)|^2(n_0/2) = \begin{cases} \dfrac{n_0}{2}, & \omega \leqslant \omega_H \\ 0, & \text{其他} \end{cases} \tag{2-2-74}$$

式(2-2-74)的噪声为带限白噪声,又称之为低通白噪声。

根据式(2-2-21)得带限白噪声自相关函数为

$$R_n(\tau) = \frac{1}{2\pi}\int_{-\omega_H}^{\omega_H}(n_0/2)\exp(j\omega\tau)\,d\omega = f_H n_0 \mathrm{Sa}(\omega_H\tau) \tag{2-2-75}$$

式中,$\omega_H = 2\pi f_H$。由上式看到,带限白噪声只有在 $\tau = k/(2f_H)$ ($k = \pm 1, \pm 2, \pm 3, \cdots$) 上,所得到的随机变量才不相关。它告诉我们,如果对带限白噪声按抽样定理抽样的话,则各抽样值是互不相关的随机变量。带限白噪声的自相关函数及其功率谱密度如图 2-8(a) 和图 2-8(b) 所示。

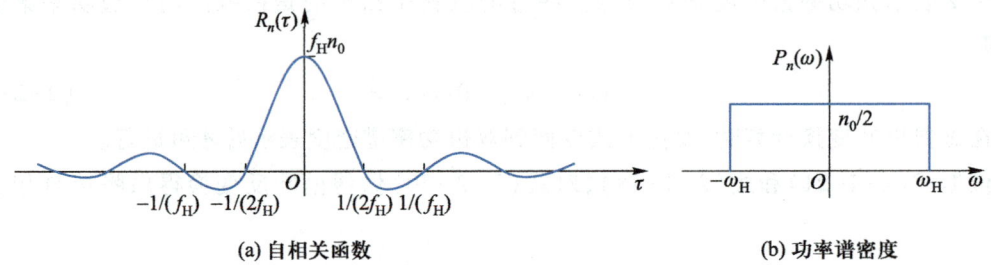

(a) 自相关函数　　　　　　　　(b) 功率谱密度

图 2-8　带限白噪声的自相关函数及其功率谱密度

【**例 2-10**】　一随机过程 $\xi(t)$ 的功率谱密度如图 2-9 所示。试求

（1）自相关函数 $R_\xi(\tau)$；

（2）直流功率；

（3）交流功率。

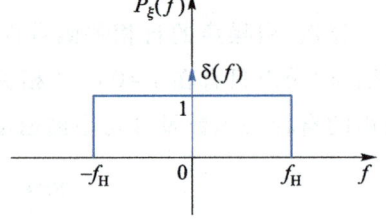

图 2-9　$\xi(t)$ 的功率谱密度

【**解**】　（1）由图 2-9 所示曲线,可写出表示式

$$P_\xi(f) = \delta(f) + \text{rect}(f) \qquad (2\text{-}2\text{-}76)$$

式中

$$\text{rect}(f) = \begin{cases} 1, & |f| \leqslant f_H \\ 0, & \text{其他} \end{cases}$$

由式（2-2-23）,得到傅里叶变换对

$$\delta(f) \Longleftrightarrow 1$$

根据式（2-2-21）得

$$R_{\text{re}}(\tau) = \int_{-f_H}^{f_H} \exp(\text{j}2\pi f\tau)\,\mathrm{d}f = 2f_H \text{Sa}(2\pi f_H \tau)$$

利用以上两个结果得自相关函数

$$R_\xi(\tau) = 1 + 2f_H \text{Sa}(2\pi f_H \tau) \qquad (2\text{-}2\text{-}77)$$

（2）依据式（2-2-17）,代入上式,得所需求的直流功率

$$R_\xi(\infty) = 1$$

（3）依据式（2-2-18）,代入式（2-2-77）,得到交流功率,即方差

$$\sigma^2 = R_\xi(0) - R_\xi(\infty) = 1 + 2f_H - 1 = 2f_H$$

3. 带通白噪声

如果将一个功率谱密度 $n_0/2$ 的白噪声加到一个中心角频率为 ω_c、带宽为 B（赫兹）的理想 BPF（带通滤波器）上,则称该滤波器的输出噪声为 带通白噪声。

代入理想带通特性和已知输入功率谱密度 $n_0/2$,得噪声输出功率谱密度为

$$P_n(\omega) = |H(\omega)|^2 (n_0/2) = \begin{cases} \dfrac{n_0}{2}, & \omega_c - \pi B \leqslant |\omega| \leqslant \omega_c + \pi B \\ 0, & \text{其他} \end{cases} \quad (2\text{-}2\text{-}78)$$

上式功率谱密度的曲线如图 2-10(a) 所示。

依据式(2-2-17),相关函数与功率谱密度呈傅里叶变换对,得

$$R_n(\tau) = (1/2\pi) \int_{-\infty}^{\infty} P_n(\omega) e^{j\omega\tau} d\omega$$

$$= (1/2\pi) \int_{-\omega_c-\pi B}^{-\omega_c+\pi B} (n_0/2) e^{j\omega\tau} d\omega + (1/2\pi) \int_{\omega_c-\pi B}^{\omega_c+\pi B} (n_0/2) e^{j\omega\tau} d\omega$$

$$= \frac{n_0}{4\pi j\tau} (e^{-j\omega_c\tau} j2\sin \pi B\tau + e^{j\omega_c\tau} j2\sin \pi B\tau) = n_0 B \mathrm{Sa}(\pi B\tau) \cos \omega_c\tau \quad (2\text{-}2\text{-}79)$$

上式相关函数如图 2-10(b) 所示,该曲线假设了 $f_c = 2B$。

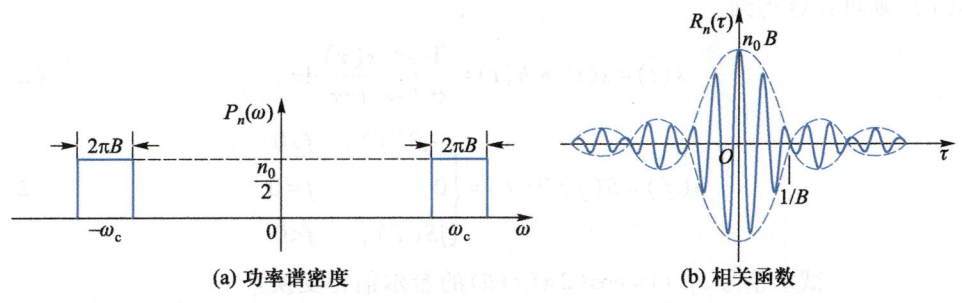

(a) 功率谱密度   (b) 相关函数

图 2-10　带通白噪声的功率谱密度及其相关函数

带通白噪声的平均功率

$$P_n = R_n(0) = n_0 B \quad (2\text{-}2\text{-}80)$$

以上带通白噪声的有关结论和分析方法在今后带通型传输系统的抗干扰分析中经常会用到。

2.3　等效基带分析

常见的通信信号(特别是无线通信信号)一般都是实数的带通信号,即信号的频谱分布在某载频 f_c 附近,且信号带宽 B 远小于 f_c,因此又被称为窄带信号。带通系统就是冲激响应为一个带通信号的系统,带通系统也可以看作一个通频带在 f_c 附近的带通滤波器。本节以希尔伯特变换、解析信号和复包络信号为工具,通过等效基带信号(等效基带系统)来研究带通信号(带通系统)的特性。

2.3.1　希尔伯特变换

对实信号 $s(t)$ 做希尔伯特变换（Hilbert transform）等同于将实信号 $s(t)$ 中所有的频率分量都准确移相$-\pi/2$。可以将希尔伯特变换看作一个线性时不变滤波器，则该滤波器的频域传输函数 $H(f)$ 可表示为

$$H(f) = -\mathrm{j}\,\mathrm{sgn}(f) = \begin{cases} -\mathrm{j}, & f>0 \\ 0, & f=0 \\ \mathrm{j}, & f<0 \end{cases} \tag{2-3-1}$$

该滤波器的冲激响应 $h(t)$ 为

$$h(t) = \frac{1}{\pi t} \tag{2-3-2}$$

定义对实信号 $s(t)$ 做希尔伯特变换后的输出信号为 $\hat{s}(t)$，$s(t)$ 的频谱为 $S(f)$，$\hat{s}(t)$ 的频谱为 $\hat{S}(f)$，则可计算得到

$$\hat{s}(t) = s(t) * h(t) = \frac{1}{\pi}\int_{-\infty}^{\infty}\frac{s(\tau)}{t-\tau}\mathrm{d}\tau \tag{2-3-3}$$

$$\hat{S}(f) = S(f)H(f) = \begin{cases} -\mathrm{j}S(f), & f>0 \\ 0, & f=0 \\ \mathrm{j}S(f), & f<0 \end{cases} \tag{2-3-4}$$

【例 2-11】　试求信号 $s_1(t) = \cos(2\pi f_c t + \theta)$ 的希尔伯特变换。

【解】　实信号 $s_1(t)$ 的频谱 $S_1(f)$ 为

$$S_1(f) = \frac{1}{2}\delta(f-f_c)\mathrm{e}^{\mathrm{j}\theta} + \frac{1}{2}\delta(f+f_c)\mathrm{e}^{-\mathrm{j}\theta} \tag{2-3-5}$$

由上式可知 $s_1(t)$ 的频谱包含一个正频率分量 $\dfrac{1}{2}\delta(f-f_c)\mathrm{e}^{\mathrm{j}\theta}$ 和一个负频率分量 $\dfrac{1}{2}\delta(f+f_c)\mathrm{e}^{-\mathrm{j}\theta}$，代入式（2-3-4）可得 $s_1(t)$ 做希尔伯特变换后的输出频谱为

$$\hat{S}_1(f) = -\frac{\mathrm{j}}{2}\delta(f-f_c)\mathrm{e}^{\mathrm{j}\theta} + \frac{\mathrm{j}}{2}\delta(f+f_c)\mathrm{e}^{-\mathrm{j}\theta} \tag{2-3-6}$$

对式（2-3-6）取傅里叶反变换之后，可得到 $s_1(t)$ 的希尔伯特变换

$$\begin{aligned}
\hat{s}_1(t) &= -\frac{\mathrm{j}}{2}\mathrm{e}^{\mathrm{j}(2\pi f_c t + \theta)} + \frac{\mathrm{j}}{2}\mathrm{e}^{-\mathrm{j}(2\pi f_c t + \theta)} \\
&= \cos\left(2\pi f_c t + \theta - \frac{\pi}{2}\right) \\
&= \sin(2\pi f_c t + \theta)
\end{aligned} \tag{2-3-7}$$

式（2-3-7）也印证了希尔伯特变换等同于将实信号 $s(t)$ 中所有的频率分量都准确移相 $-\pi/2$ 的定义。

2.3.2 解析信号

实信号 $s(t)$ 的解析信号 $s_p(t)$ 定义为

$$s_p(t) = s(t) + \mathrm{j}\hat{s}(t) \qquad (2\text{-}3\text{-}8)$$

即实信号 $s(t)$ 的解析信号 $s_p(t)$ 是一个复信号,该复信号的实部是 $s(t)$,虚部是 $s(t)$ 的希尔伯特变换。$s_p(t)$ 的傅里叶变换 $S_p(f)$ 为

$$\begin{aligned} S_p(f) &= S(f) + \mathrm{j}[-\mathrm{j}\mathrm{sgn}(f)S(f)] \\ &= S(f)[1 + \mathrm{sgn}(f)] \\ &= \begin{cases} 2S(f), & f > 0 \\ 0, & f \leqslant 0 \end{cases} \end{aligned} \qquad (2\text{-}3\text{-}9)$$

式(2-3-9)说明解析信号只有正频率分量,正频率分量是实信号 $s(t)$ 的正频率部分乘以 2,如图 2-11 所示。

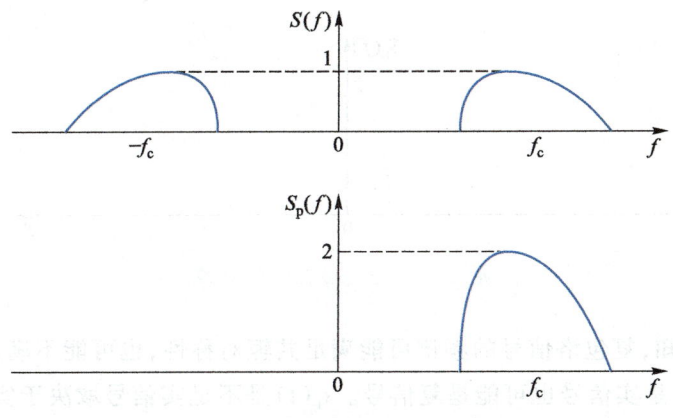

图 2-11 解析信号的频谱

【例 2-12】 试求信号 $s_1(t) = \cos(2\pi f_c t + \theta)$ 的解析信号。

【解】 根据解析信号的定义式(2-3-8)可知 $s_1(t)$ 的解析信号 $s_p(t)$ 可表示为

$$s_p(t) = s_1(t) + \mathrm{j}\hat{s}_1(t) \qquad (2\text{-}3\text{-}10)$$

式中,$\hat{s}_1(t)$ 是 $s_1(t)$ 的希尔伯特变换,代入式(2-3-7)可得

$$\begin{aligned} s_p(t) &= \cos(2\pi f_c t + \theta) + \mathrm{j}\cos(2\pi f_c t + \theta) \\ &= \mathrm{e}^{\mathrm{j}(2\pi f_c t + \theta)} \end{aligned} \qquad (2\text{-}3\text{-}11)$$

$s_1(t)$ 的频谱是在 $\pm f_c$ 处的两个冲激,而 $s_1(t)$ 的解析信号 $s_p(t)$ 的频谱只有正频率 f_c 处的一个幅度翻倍的冲激。

2.3.3 复包络信号

将实带通信号 $s(t)$ 的解析信号 $s_p(t)$ 的频谱搬移到基带,即可获得 $s(t)$ 的复包络信号

$s_L(t)$。任意选取实带通信号 $s(t)$ 频带内的频率值 f_c，任意选取一个固定相位值 ϕ，则 $s(t)$ 的复包络信号 $s_L(t)$ 定义为

$$s_L(t) = \left[s(t) + j\hat{s}(t) \right] e^{-j(2\pi f_c t + \phi)} \tag{2-3-12}$$

式中 $e^{-j(2\pi f_c t + \phi)}$ 称为参考复载波，$\cos(2\pi f_c t + \phi)$ 称为参考载波。

根据傅里叶变换性质和式（2-3-9）可知复包络信号的傅里叶变换 $S_L(f)$ 为

$$S_L(f) = e^{-j\phi} S_p(f + f_c) = \begin{cases} 2e^{-j\phi} S(f + f_c), & f + f_c > 0 \\ 0, & f + f_c \leqslant 0 \end{cases} \tag{2-3-13}$$

即复包络信号 $s_L(t)$ 的频谱是将 $s(t)$ 的频谱 $S(f)$ 的正频率分量向下搬移 f_c，然后相移 $-\phi$，同时幅度乘 2，如图 2-12 所示

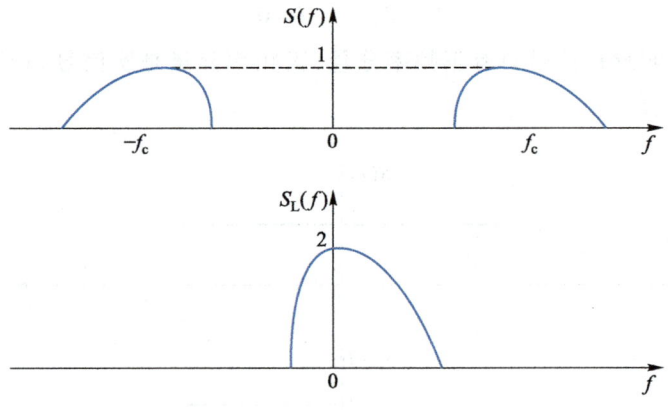

图 2-12　复包络信号的频谱

由图 2-12 可知，复包络信号的频谱可能满足共轭对称性，也可能不满足共轭对称性，因此复包络信号可能是实信号也可能是复信号。$s_L(t)$ 是不是实信号取决于实带通信号 $s(t)$ 的正频率分量是否有对称性，以及参考复载波 $e^{-j(2\pi f_c t + \phi)}$ 的选择。

定义复包络信号 $s_L(t)$ 在任意时刻 t 的复数取值以笛卡儿坐标表示时的实部为 $s_I(t)$，虚部为 $s_Q(t)$；同时定义复包络信号 $s_L(t)$ 的复数取值以极坐标表示时的幅度为 $A(t)$，相位为 $\varphi(t)$。可得

$$s_L(t) = s_I(t) + j s_Q(t) = A(t) e^{j\varphi(t)} \tag{2-3-14}$$

式中

$$s_I(t) = \mathrm{Re}\{s_L(t)\} = \frac{s_L(t) + s_L^*(t)}{2} \tag{2-3-15}$$

$$s_Q(t) = \mathrm{Im}\{s_L(t)\} = \frac{s_L(t) - s_L^*(t)}{2j} \tag{2-3-16}$$

$$A(t) = |s_L(t)| = \sqrt{s_I^2(t) + s_Q^2(t)} \tag{2-3-17}$$

$$\varphi(t) = \angle s_L(t) = \arctan \frac{s_Q(t)}{s_I(t)} \tag{2-3-18}$$

利用式（2-3-12）和式（2-3-14）可以将实带通信号 $s(t)$ 表示为

$$s(t) = \mathrm{Re}\left\{ s_L(t) \mathrm{e}^{\mathrm{j}(2\pi f_c t + \phi)} \right\}$$

$$= \mathrm{Re}\left\{ \left[s_I(t) + js_Q(t) \right] \mathrm{e}^{\mathrm{j}(2\pi f_c t + \phi)} \right\}$$

$$= s_I(t)\cos(2\pi f_c t + \phi) - s_Q(t)\sin(2\pi f_c t + \phi) \qquad (2\text{-}3\text{-}19)$$

$$s(t) = \mathrm{Re}\left\{ s_L(t) \mathrm{e}^{\mathrm{j}(2\pi f_c t + \phi)} \right\}$$

$$= \mathrm{Re}\left\{ A(t) \mathrm{e}^{\mathrm{j}\varphi(t)} \mathrm{e}^{\mathrm{j}(2\pi f_c t + \phi)} \right\}$$

$$= A(t)\cos\left[2\pi f_c t + \phi + \varphi(t) \right] \qquad (2\text{-}3\text{-}20)$$

式中，$s_I(t)$ 称为 $s(t)$ 的同相分量，$s_Q(t)$ 称为 $s(t)$ 的正交分量，$A(t)$ 称为 $s(t)$ 的包络，$\varphi(t)$ 称为 $s(t)$ 的相位。

2.3.4　带通系统的等效基带分析

常见的无线通信信号经无线信号传输的过程，可以建模为如图 2-13 所示的实带通信号 $s(t)$ 通过带通滤波器的过程。带通滤波器的冲激响应为 $h(t)$，传输函数为 $H(f)$。定义带通滤波器的输出信号为 $y(t)$，输出信号的傅里叶变换为 $Y(f)$，可得

$$y(t) = \int_{-\infty}^{\infty} s(\tau)h(t-\tau)\,\mathrm{d}\tau \qquad (2\text{-}3\text{-}21)$$

$$Y(f) = H(f)S(f) \qquad (2\text{-}3\text{-}22)$$

图 2-13 带通系统的输入和输出信号 $s(t)$、$y(t)$ 都是带通信号，这两个信号的复包络信号 $s_L(t)$ 和 $y_L(t)$ 都是基带信号。因此图 2-13 的带通系统可以等价为基带信号 $s_L(t)$ 通过一个基带系统后输出基带信号 $y_L(t)$，如图 2-14 所示，这就是带通系统的等效基带分析。该基带系统的冲激响应 $h_e(t)$ 称为等效基带冲激响应，对应的傅里叶变换 $H_e(f)$ 称为等效基带传输函数。

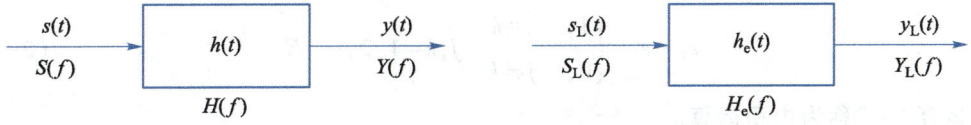

图 2-13　实带通信号通过带通滤波器　　　图 2-14　带通系统的等效基带分析

以 $\mathrm{e}^{-\mathrm{j}(2\pi f_c t + \phi)}$ 为参考复载波，根据复包络信号的傅里叶变换公式（2-3-13）可得等效基带传输函数为

$$H_e(f) = \frac{Y_L(f)}{S_L(f)} = \begin{cases} \dfrac{Y(f+f_c)}{S(f+f_c)}, & f+f_c > 0 \\ 0 & f+f_c \leqslant 0 \end{cases}$$

$$= \begin{cases} H(f+f_c), & f+f_c > 0 \\ 0 & f+f_c \leqslant 0 \end{cases} \qquad (2\text{-}3\text{-}23)$$

即带通滤波器的等效基带传输函数是带通滤波器传输函数 $H(f)$ 的正频率分量向下搬移参

考复载波的频率值 f_c，没有相移和幅度变化。

*2.4　信　号　空　间

在数字调制信号分析中，信号的空间（或矢量）表示法是一种很有用的工具。本节将讨论这一重要的方法，并证明任何信号集均可等效为一个矢量集，证明信号具有矢量的基本性质，研究求一个信号集的等效矢量集的方法，并介绍一个波形集的信号空间表示法的概念。

2.4.1　矢量空间

在由 N 个相互正交的单位矢量 $e_1, e_2, \cdots, e_N$ 生成的（N 维）矢量空间中，任何一个矢量 V 都可以写成 $e_1, e_2, \cdots, e_N$ 的线性组合，即

$$V = \sum_{j=1}^{N} v_j e_j \tag{2-4-1}$$

式中，v_j 是 e_j 是对应的系数，矢量组记为 $\{e_j\}_{j=1}^{N}$，可视为该矢量空间的坐标轴，而数值 v_1，$v_2, \cdots, v_N$ 称为矢量 V 的坐标值。于是，空间中的矢量与一组数值一一对应、互相等价，即

$$V = \begin{bmatrix} v_1 \\ v_2 \\ \vdots \\ v_N \end{bmatrix} = [v_1, v_2, \cdots, v_N]^T \tag{2-4-2}$$

其中，$[\quad]^T$ 为矩阵的转置运算。

矢量组 $\{e_j\}_{j=1}^{N}$ 又称为**标准正交基**，因为它们是彼此正交且长度归一化的"基础"矢量，即

$$e_j \cdot e_k = \begin{cases} 1, & j=k \\ 0, & j \neq k \end{cases} \quad j, k = 1, 2, \cdots, N \tag{2-4-3}$$

其中，运算"·"称为内积运算。

内积运算是矢量空间中最重要的基础运算之一。两个矢量的内积结果是一个数值，并可以由它们的坐标值来计算，假定 $V_1 = [v_{11}, v_{12}, \cdots, v_{1N}]^T$ 与 $V_2 = [v_{21}, v_{22}, \cdots, v_{2N}]^T$，则

$$V_1 \cdot V_2 \overset{\text{def}}{=\!=\!=} V_1^T V_2 = [v_{11}, v_{12}, \cdots, v_{1N}] \begin{bmatrix} v_{21} \\ v_{22} \\ \vdots \\ v_{2N} \end{bmatrix} = \sum_{j=1}^{N} v_{1j} v_{2j} \tag{2-4-4}$$

一般来说，内积的物理意义是两个矢量之间的相似程度。任何矢量 V 与单位矢量的内积都能给出 V 中所包含的"方向上的成分"，在几何上它表现为 V 向的投影。如图 2-15 所示为矢量示例，这也正是求取矢量坐标值的方法，即

$$v_j = \boldsymbol{V} \cdot \boldsymbol{e}_j \qquad (2\text{-}4\text{-}5)$$

空间上还有两个重要的概念(如图 2-16 所示为矢量的长度与距离示例):

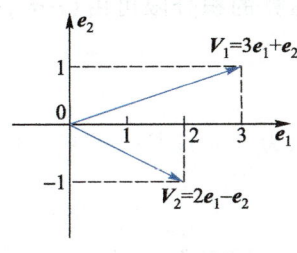

图 2-15 矢量示例

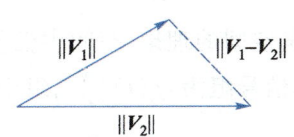

图 2-16 矢量的长度与距离示例

(1)范数,也称为长度

$$l = \|\boldsymbol{V}\| = \sqrt{\boldsymbol{V} \cdot \boldsymbol{V}} = \sqrt{\sum_{j=1}^{N} v_j^2} \qquad (2\text{-}4\text{-}6)$$

(2)距离

$$d = \|\boldsymbol{V}_1 - \boldsymbol{V}_2\| = \sqrt{\sum_{j=1}^{N} (v_{1j} - v_{2j})^2} \qquad (2\text{-}4\text{-}7)$$

几何空间是矢量空间的直观例子,其中,平面点或立体点就是矢量,运用矢量空间的理论可以有效地分析各种几何问题。更广泛地讲,矢量可以表征一般集合的元素,矢量空间就是包含了许多元素的集合,其理论可以用来分析多种抽象的集合问题。

2.4.2 信号空间的基本概念

如果把每个信号(或波形)$s(t)$ 抽象为元素,各种各样的信号构成了研究信号的集合,进一步考察发现,可以把信号元素 $s(t)$ 称为信号矢量,把信号集合称为信号空间,并作为矢量空间来分析。运用这种数学方法,可以直观、深刻地理解信号及其处理过程。

1. 信号的内积、长度与距离

在信号空间中,信号矢量表示为 s,它其实就是 $s(t)$ 的另一种记法,因此,信号矢量也简称为信号,简记为 $s(t)$。两个信号矢量的内积定义为

$$\boldsymbol{s}_1 \cdot \boldsymbol{s}_2 = \int_{-\infty}^{+\infty} s_1(t) s_2(t) \, \mathrm{d}t \qquad (2\text{-}4\text{-}8)$$

由此,信号 s 的长度为

$$\sqrt{E} = \|\boldsymbol{s}\| = \sqrt{\boldsymbol{s} \cdot \boldsymbol{s}} = \sqrt{\int_{-\infty}^{+\infty} s^2(t) \, \mathrm{d}t} \qquad (2\text{-}4\text{-}9)$$

信号间的距离为

$$d_{12} = \|\boldsymbol{s}_1 - \boldsymbol{s}_2\| = \sqrt{\int_{-\infty}^{+\infty} [s_1(t) - s_2(t)]^2 \, \mathrm{d}t} \qquad (2\text{-}4\text{-}10)$$

上述术语的物理意义十分清楚。信号的长度就是其"幅度的有效值"(能量值的平方根);信号间的内积就是它们的相关值;信号间的距离就是它们差信号的"幅度的有效值"。

显然,在信号空间的分析中,关注的是能量型信号,即长度有限的信号矢量,而且本章中重点关注的是时间有限的信号,比如,仅在 $[0,T]$ 上非零的信号。因此,除非特别声明,本章后面讨论的信号都是时间有限的能量型信号,且内积运算的积分限可由 $(-\infty,+\infty)$ 变更为 $[0,T]$。

2. 信号的坐标表示法

根据矢量空间的理论,空间中任何信号总能够表示为正交且归一的基本信号之和。具体讲,记基本信号组为 $\{f_j(t)\}_{j=1}^N$,组中每个信号满足

$$\boldsymbol{f}_j \cdot \boldsymbol{f}_k = \int_0^T f_j(t)f_k(t)\,\mathrm{d}t = \begin{cases} 1, & j=k \\ 0, & j\neq k \end{cases} \quad j,k=1,2,\cdots,N \tag{2-4-11}$$

则,在该组基本信号生成的 N 维信号空间中,任何信号 $s(t)$ 都可以表示为

$$s(t) = \sum_{j=1}^N s_j f_j(t) \tag{2-4-12}$$

其中,系数 s_j 是 $s(t)$ 的第 j 个坐标值。

于是,信号(原本是一个函数)与一个矢量(一组数值)唯一对应,即

$$s(t) \Leftrightarrow \boldsymbol{s} = \begin{bmatrix} s_1 \\ s_2 \\ \vdots \\ s_N \end{bmatrix} = [s_1, s_2, \cdots, s_N]^{\mathrm{T}} \tag{2-4-13}$$

其中,$[s_1, s_2, \cdots, s_N]^{\mathrm{T}}$ 也称为 $s(t)$ 的系数矢量,而具体的各个坐标值,可以按式(2-4-5)计算

$$s_j = \boldsymbol{s} \cdot \boldsymbol{f}_j = \int_0^T s(t)f_j(t)\,\mathrm{d}t \tag{2-4-14}$$

有了信号的坐标,就可以避开积分方便地完成如下的重要运算。

(1) 计算能量:$E = \sum_{j=1}^N s_j^2$;

(2) 计算差信号的强度:$d_{12} = \sqrt{\sum_{j=1}^N (s_{1j} - s_{2j})^2}$;

(3) 计算内积(相关值):$r_{12} = \sum_{j=1}^N s_{1j} s_{2j}$。

2.4.3　信号与矢量之间的映射

信号与其坐标的转换、信号的内积运算是信号空间分析中最基本的操作,用这些操作可以完成信号与矢量之间的映射。

矢量到信号的映射由信号的坐标值 $s_1, s_2, \cdots, s_N$ 按式(2-4-12)生成信号 $s(t)$,相应的框图如图 2-17(a)所示;信号到矢量的映射由信号 $s(t)$ 按式(2-4-12)分析出坐标值 $s_1, s_2, \cdots, s_N$,相应的框图如图 2-17(b)所示。

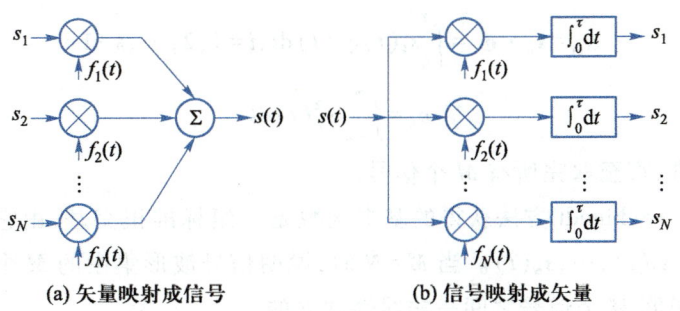

(a) 矢量映射成信号　　　　　(b) 信号映射成矢量

图 2-17　矢量映射成信号和信号映射成矢量

2.4.4　Gram-Schimidt 正交化方法

假设有一个能量有限的信号波形集 $\{s_i(t), i = 1, 2, \cdots, M\}$，希望构建一个标准正交波形集。Gram-Schimidt(格拉姆-施密特)正交化方法能够系统地求出相应的归一化正交基本函数集 $\{\phi_j(t), j = 1, 2, \cdots, N\}$，具体方法如下：

（1）从第一个信号波形 $s_1(t)$ 开始，假定它具有能量 ε_1，则第一个标准正交波形可简便表示为

$$\phi_1(t) = \frac{s_1(t)}{\sqrt{\varepsilon_1}} \tag{2-4-15}$$

$\phi_1(t)$ 就是归一化成单位能量的 $s_1(t)$。

（2）第二个波形可以由 $s_2(t)$ 来构建，首先计算 $s_2(t)$ 在 $\phi_1(t)$ 上的投影，即

$$\alpha_{21} = \boldsymbol{s}_2 \cdot \boldsymbol{\phi}_1 = \int_0^T s_2(t)\phi_1(t)\,\mathrm{d}t \tag{2-4-16}$$

然后，从 $s_2(t)$ 中减去 $\alpha_{21}\phi_1(t)$，可得

$$\gamma_2(t) = s_2(t) - \alpha_{21}\phi_1(t) \tag{2-4-17}$$

这个波形正交于 $\phi_1(t)$，但不具有单位能量，同样可以对其进行归一化，若以 ε_2 表示 $\gamma_2(t)$ 的能量，即

$$\varepsilon_2 = \int_{-\infty}^{\infty} \gamma_2^2(t)\,\mathrm{d}t \tag{2-4-18}$$

则正交于 $\phi_1(t)$ 的归一化波形为

$$\phi_2(t) = \frac{\gamma_2(t)}{\sqrt{\varepsilon_2}} \tag{2-4-19}$$

（3）一般情况下，第 k 个函数的正交化导致

$$\phi_k(t) = \frac{\gamma_k(t)}{\sqrt{\varepsilon_k}} \tag{2-4-20}$$

式中

$$\gamma_k(t) = s_k(t) - \sum_{i=1}^{k-1} \alpha_{ki}\phi_i(t) \tag{2-4-21}$$

$$\alpha_{ki} = s_k \cdot \boldsymbol{\phi}_i = \int_0^T s_k(t)\phi_i(t)\,\mathrm{d}t, i = 1, 2, \cdots, k-1 \tag{2-4-22}$$

$$\varepsilon_k = \int_{-\infty}^{\infty} \gamma_k^2(t)\,\mathrm{d}t \tag{2-4-23}$$

（4）以此类推，直至取完所有 M 个信号。

因此，按 Gram-Schimidt 方法获得的基本函数是一组标准正交基，由它生成的信号空间包含信号组 $s_1(t), s_2(t), \cdots, s_N(t)$。当 $M = N$ 时，说明信号波形集中的 M 个信号是相互独立的。当 $M > N$ 时，说明 M 个信号之间是非线性独立的。

习　　题

2-1　什么是随机过程的协方差函数和自相关函数？它们之间有何关系？它们反映了随机过程的什么性质？

2-2　什么是广义平稳随机过程和狭义平稳随机过程？它们之间有何关系？

2-3　什么是窄带高斯噪声？它的波形有何特点？它的包络和相位各服从什么概率分布？

2-4　设一信号 $s(t)$ 可以表示成 $s(t) = 2\cos(4\pi t + \theta)$，$-\infty < t < \infty$，式中 θ 是常数。试问该信号是功率信号还是能量信号？求其功率谱密度或能量谱密度。

2-5　设有一信号

$$s(t) = \begin{cases} A\exp(-at), & t \geq 0 \\ 0, & t < 0 \end{cases}$$

式中，A 和 a 是大于 0 的常数。试问它是功率信号还是能量信号？求其功率谱密度或能量谱密度。

2-6　试求 $s(t) = A\cos(\omega_0 t + \theta)$ 的自相关函数，并由其自相关函数求出其功率。设该信号中的参数 A、ω_0 和 θ 皆是常数。

2-7　设信号 $s(t)$ 的傅里叶变换为 $S(f) = (\sin \pi f)/\pi f$，求此信号的自相关函数 $R_s(\tau)$。

2-8　设随机过程 $\xi(t)$ 可表示成 $\xi(t) = 2\cos(2\pi t + \theta)$，式中 θ 是一个离散随机变量，且 $P(\theta = 0) = 1/2$，$P(\theta = \pi/2) = 1/2$，试求 $E[\xi(1)]$ 和 $R_\xi(0, 1)$。

2-9　设 $Z(t) = X_1\cos\omega_0 t - X_2\sin\omega_0 t$ 是一个随机过程，若 X_1 和 X_2 是彼此独立且具有均值为 0、方差为 σ^2 的正态随机变量，试求：

（1）$E[Z(t)]$、$E[Z^2(t)]$；

（2）$Z(t)$ 的一维分布密度函数 $f_1(z)$；

（3）相关函数 $R(t_1, t_2)$ 和协方差函数 $B(t_1, t_2)$。

2-10　求乘积 $Z(t) = X(t)Y(t)$ 的自相关函数。已知 $X(t)$ 和 $Y(t)$ 是统计独立的平稳随机过程，且它们的自相关函数分别为 $R_X(\tau)$ 和 $R_Y(\tau)$。

2-11　若随机过程 $Z(t) = m(t)\cos(\omega_0 t + \theta)$，其中 ω_0 是常数，$m(t)$ 是广义平稳随机过

程,且自相关函数 $R_m(\tau)$ 为

$$R_m(\tau) = \begin{cases} 1+\tau, & -1<\tau<0 \\ 1-\tau, & 0\leqslant\tau<1 \\ 0, & \text{其他} \end{cases}$$

θ 是服从均匀分布的随机变量,它与 $m(t)$ 彼此统计独立。

(1) 证明 $Z(t)$ 是宽平稳的;

(2) 绘出自相关函数 $R_Z(\tau)$ 的波形;

(3) 求功率谱密度 $P_Z(\omega)$ 及功率 S。

2-12 已知噪声 $n(t)$ 的自相关函数 $R_n(\tau)=(a/2)\mathrm{e}^{-a|\tau|}$,$a$ 为常数。

(1) 求 $P_n(\omega)$ 及 S;

(2) 绘出 $R_n(\tau)$ 及 $P_n(\omega)$ 的曲线。

2-13 $\xi(t)$ 是一个平稳随机过程,它的自相关函数是周期为 2 s 的周期函数,在区间 $(-1,1)$ 上,该自相关函数 $R(\tau)=1-|\tau|$。试求 $\xi(t)$ 的功率谱密度 $P_\xi(\omega)$,并用图形表示。

2-14 设有一个随机二进制矩形脉冲波形,它的每个脉冲的持续时间为 T_b,脉冲幅度取 ± 1 的概率相等。现假设任一间隔 T_b 内波形取值与任何别的间隔内取值统计无关,且过程具有宽平稳性,试证:

(1) 自相关函数

$$R_\xi(\tau) = \begin{cases} 1-|\tau|/T_b, & |\tau|\leqslant T_b \\ 0, & |\tau|>T_b \end{cases};$$

(2) 功率谱密度 $P_\xi(\omega)=T_b\left[\mathrm{Sa}(\pi f T_b)\right]^2$。

2-15 已知信号 $s(t)=\cos(300\pi t)+5\sin(800\pi t)$,求 $s(t)$ 的希尔伯特变换 $\hat{s}(t)$ 的表达式。

2-16 已知信号 $\hat{s}(t)$ 是 $s(t)$ 的希尔伯特变换,$S(f)$ 是 $s(t)$ 的傅里叶变换,$\hat{S}(f)$ 是 $\hat{s}(t)$ 的傅里叶变换,请证明 $\int_{-\infty}^{\infty} S(f)\hat{S}^*(f)\mathrm{d}f=0$。

2-17 已知某基带信号的时域表达为 $s(t)=s_I(t)\cos(2\pi f_c t+\varphi)+s_Q(t)\sin(2\pi f_c t+\varphi)$,其中 $s_I(t)$ 和 $s_Q(t)$ 都是基带信号,若以 $\cos(2\pi f_c t)$ 为参考载波,试求 $s(t)$ 的复包络表达式。

第3章

信　道

简单地说,信道就是信息传输的通道,它以传输介质和通信设备为基础,把通信信号从发送端传送到接收端。信道是通信系统的重要组成部分。当信号在信道中传播时不可避免地会受到衰落、噪声和干扰等因素的影响,为了采取有效措施对信道影响进行补偿,建立准确、高效的信道模型至关重要,信道模型能很好地模拟实际场景中信道对信号产生的影响,为通信系统仿真评估和算法设计提供科学依据。本章将介绍几种实际信道,分析信道特性对信号的影响,论述信道中噪声和干扰的特点,最后介绍信道容量的概念。

第3章
思维导图

微视频:信道
的概念

3.1　信道的概念和实际信道

信道是传输信息的媒质或通道,其任务是将信号能量从发送端传送到接收端。从广义上讲,信道还可以表示位于发射端和接收端之间信号赖以传输的所有设备和媒质。按照传输媒质的不同,信道可以分为有线信道(wired channel)和无线信道(wireless channel)两大类。本节将介绍几种常用的有线信道和无线信道。

3.1.1　有线信道

微视频:
有线信道

有线信道主要有四类,即明线(open wire)、双绞线(twisted wire pair)、同轴电缆(coaxial cable)和光纤(fiber)。

（1）明线

明线是指平行架设在电线杆上的架空线路。它本身是导电裸线或带绝缘层的导线。虽然它的传输损耗低,但是由于易受天气和环境的影响,对外界噪声干扰比较敏感。1878 年,贝尔电话公司开始采用明线构成电话环路线连接用户和电话端局,用于传输语音信号。目前明线已经逐渐被其他电缆或光缆取代。

（2）双绞线

双绞线起源于电话公司布设的语音通信传输线,是一种常用的通信传输介质。它由两根具有绝缘保护的导线按照一定规格扭绞形成,因此称为双绞线。导线扭绞的目的是减小每对导线之间的干扰。在很多通信传输设备中常常把若干对传输信号的双绞线按照一定的

规律扭绞在一起,采用规定的色谱组合以识别不同线对,放在一根保护套内制成对称电缆。在电信网中,一根对称电缆中通常有 25 对双绞线,如图 3-1 所示。对称电缆的芯线直径为 0.4~1.4 mm,相对明线而言损耗比较大,但是性能比较稳定。对称电缆在有线电话网中广泛应用于用户接入电路,每个用户电话都是通过一对双绞线连接到电话交换机,通常采用的是 22~26 号线规的双绞线。双绞线在计算机局域网中也得到了广泛的应用,Ethernet(以太网)中使用的超五类线就是由四对双绞线组成,可以支持 10/100 Mbit/s 速率的信息传输。

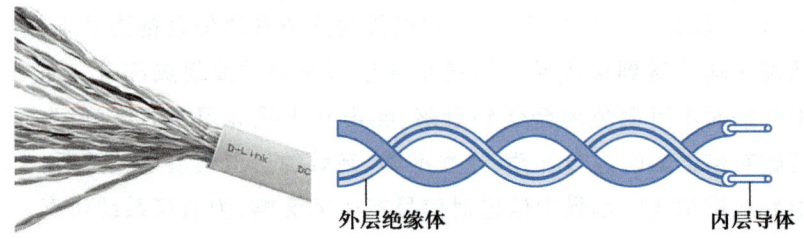

外层绝缘体　　　内层导体

图 3-1　对称电缆和双绞线

(3) 同轴电缆

同轴电缆是由内外两层同心圆柱导体构成,在这两根导体之间用绝缘体隔离开,其结构和实物如图 3-2 所示。内导体多为实心导线,外导体是一根空心导电管或金属编织网,在外导体外面有一层绝缘保护层,在内外导体之间可以填充实心介质材料或绝缘支架,起到支撑和绝缘的作用。由于外导体通常接地,因此能够起到很好的屏蔽作用。同轴电缆的专利权由英国人奥利弗于 1880 年在英格兰取得。目前,有线电视(cable television,CATV)中广泛地采用同轴电缆为用户提供电视信号,另外同轴电缆也是通信设备内部中频和射频部分经常使用的传输介质,用作连接无线通信收发设备和天线之间的馈线。

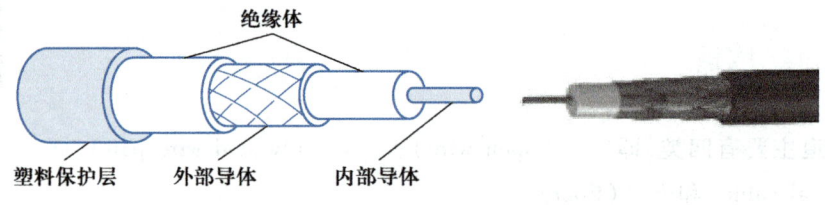

绝缘体

塑料保护层　　　外部导体　　　内部导体

图 3-2　同轴电缆结构和实物

(4) 光纤

光纤,即光导纤维,是一种传输光信号的有线信道。光纤是由华裔科学家高锟(Charles Kuen)发明的,他被认为是“光纤之父”。1970 年美国康宁(Corning)公司制造出了世界上第一根实用化的光纤。光纤具有衰减小、传输速率快的特点,目前世界各国干线传输网络都主要是由光纤构成的。

光纤中光信号的传输基于全反射原理,光纤传播示意图如图 3-3 所示。光纤中包含两种不同折射率的导光纤维,内层导光纤维称为纤芯

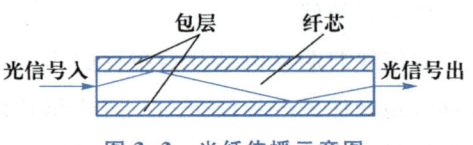

包层　　纤芯

光信号入　　　　　　光信号出

图 3-3　光纤传播示意图

（core），纤芯外包有另一种折射率的导光介质，称为包层（cladding）。纤芯折射率大于包层折射率，因此当入射光从纤芯以大于或者等于临界角的角度投射到纤芯和包层临界面时就会发生全反射，光信号被完全反射回纤芯，并按此规律发生多次反射，完成远距离传输。

光纤可以分为多模光纤（multi-mode fiber，MMF）和单模光纤（single mode fiber，SMF），多模光纤中光信号具有多种传播模式，而单模光纤中只有一种传播模式。这里的模式是指光线传播的路径。多模光纤允许多个光波在光纤内传播，因而通常具有较大的纤芯直径和数值孔径。光纤的数值孔径描述了光纤从光源获取发生内部全反射光线的能力，孔径越大，获取能力越强。多模光纤通常采用发光二极管（light-emitted diode，LED）作为光源，这种光源不是单色的，包含多种频率成分。由于多模光纤直径较粗，光线的传播路径不同，传输时延也不同，由此可能产生光波脉冲扩展，限制传输带宽。另一方面，LED 光源光谱纯度低，不同波长的光信号在光纤中传播速度不同，因此随着距离的增加，光信号传播会发生色散，造成信号的失真，限制光纤传输的距离。单模光纤仅允许一个光波传播，其纤芯直径一般为 $8 \sim 10$ μm，包层直径为 125 μm。单模光纤通常以激光作为信号光源，激光源的光谱纯度高，因此单模光纤的色散要比多模光纤小得多。

为了使光波在光纤中传输时受到尽量小的衰减，人们研究了光纤损耗与光波波长的关系。研究结果表明，在光波长在 1.31 μm 和 1.55 μm 附近存在两个低损耗波长窗口，因此这两个波长的光波应用非常广泛。Ethernet 中的 1000Base-LX 物理接口采用 1.31 μm 波长的光信号传输，1.55 μm 波长的单模光纤损耗大约为 0.25 dB/km，适合建立跨洋远程长距离大容量光纤传输通道。除此之外，还有一个 0.85 μm 附近的低损耗波长窗口，计算机局域网中的 1 000Base-SX 物理接口就采用这样的光源。

3.1.2　无线信道

无线通信可以利用电磁波、声波、光波等的传播实现信号传输。这里主要讨论电磁波的无线传播。大气和水可视为无线信道。从理论上讲，任何电信号都会向外辐射电磁波，但是为了能够有效地向空间辐射电磁波，通常要求天线尺寸至少与波长的 1/10～1/4 相比拟。因此当电磁波频率过低时，形成有效电磁辐射所需的天线尺寸就可能很大，不利于实现。

微视频：无线
信道-上

微视频：无线
信道-下

1. 电磁波的频段划分和传播模式

电磁波传播过程中可能存在反射、衍射和散射，这些物理现象对无线信道特性有重要影响。下面介绍反射、衍射和散射。

（1）反射

反射的发生与电磁波的波长有关。当尺寸远大于波长的物体处在电磁波传播路径上时，电磁波就会被物体表面反射。反射能量的大小取决于反射材料。具有良好导电性的光滑金属表面是电磁波的有效反射器。地球表面本身就是一个相当好的反射器。值得注意的是：电磁波不是从反射面上的单个点反射，而是从其表面的一个区域反射。发生反射所需的

面积大小取决于电磁波的波长和电磁波入射的角度。

对于电介质来说,电磁波到达其表面时会将能量分散为主要的两部分,即折射的部分以及沿表面反射回原介质的部分,这个比例与电介质的自身性质与电磁波入射角度相关。如果原介质的介电常数小于入射介质,而且入射角超过布鲁斯特角时,电磁波不会发生折射,而会发生全反射。对于理想导体来说,电磁波是无法穿透的,因此没有电介质折射产生的能量损耗,在电磁波接触导体表面时只发生全反射,入射角和反射角关于导体表面法线是对称的。

（2）衍射

在发射端和接收端之间有障碍物遮挡的情况下,电磁波绕到遮挡物后面传播的现象称为衍射,也叫绕射。衍射现象可由惠更斯-菲涅耳原理进行解释:在电磁波的传播过程中,波前的每个点都可以视为次级球面波的点源,这些次级波组合起来形成传播方向上新的波前,从而发生衍射,在障碍物后面产生二次波。在实际的信道传播中,电磁波遇到实际地形中的尖锐建筑物顶端或山脊的阻挡就有可能发生衍射效应。

在电磁波遇到障碍物的传播中,菲涅耳区是一个较为重要的概念。菲涅耳区表示从发射点到接收点次级波的路径长度比直射路径长度大 $n\lambda/2$ 的连续区域,其中 n 为整数,λ 表示波长。当 $n=1$ 时,次级波路径和直射路径的路径差刚好等于半波长,此时两信号相位差为 π,会出现相互抵消的现象。通常认为接收点处第一菲涅耳区的场强占到全部场强的一半。

（3）散射

散射是当传播的电磁波遇到了粗糙的物体表面,向很多方向反射的传播方式。散射发生的条件是其周围的障碍物尺寸小于电磁波的波长,例如电磁波遇到树叶表面就会发生散射现象。日常生活中,建筑物外墙或者突出的窗台都会建模为具有随机粗糙度的表面。为了研究的方便,可以用下式估算表面平整度的高度参数

$$h_e=\frac{\lambda}{8\sin\theta_i} \tag{3-1-1}$$

其中,θ_i 表示入射角。如果平面上最大的突起高度小于 h_e,则表示该平面是近似光滑的;反之,若大于 h_e,则认为表面粗糙。计算粗糙表面的反射时需要乘以散射损耗系数,使得反射场减弱。

电磁波的波长和频率成反比,其乘积为光速。如图 3-4,按照频率由低到高,可以将无线电频率划分成若干频段。

无线信道传播特性需要综合考虑电磁波特性和传播介质特性。一般来说,电磁波频率越高,其穿透能力和绕射能力越弱;反之,电磁波频率越低,则其穿透能力和绕射能力越强。频率范围在 3~30 kHz 的甚低频(very low frequency, VLF),又称为甚长波(very long wave, VLW),具有带宽受限、路径损耗低的特点,通常用作语音传输,还可用于无线电导航。甚低频的波长较大使其即使遇到大型障碍物也可以发生绕射传播。甚低频信号还具有水下通信的特点,随着电磁波频率的降低,穿透海水的能力增强,因而对于潜艇通信具有重要的利用

频率由低到高 ⟶							
3 kHz	30 kHz	300 kHz	3 MHz	30 MHz	300 MHz	3 GHz	30 GHz	300 GHz

VLF 甚低频	LF 低频	MF 中频	HF 高频	VHF 甚高频	UHF 特高频	SHF 超高频	EHF 极高频
VLW 甚长波	LW 长波	MW 中波	SW 短波	VSW 甚短波	分米波	厘米波	毫米波

10^5m	10^4m	10^3m	10^2m	10^1m	1 m	10^{-1}m	10^{-2}m	10^{-3}m

波长由长到短 ⟶

图 3-4　无线电频率划分

价值。频率范围在 30~300 kHz 的低频(low frequency,LF)信号,又称为长波(long wave),常用于固定航海移动通信和无线电导航。频率范围在 300 kHz~3 MHz 的中频(medium frequency)信号又称为中波(medium wave),常用作调幅无线电广播。

　　频率较低的电磁波具有绕射能力,可以沿弯曲的地表传播。因此,对于上述中频和低频无线电波而言,地波传播(ground wave propagation)是一种重要的传播方式。地波传播指电磁波在地球表面和电离层之间传播,主要受到地面和大气影响。大地可以视为良导体,地球表面是弯曲的。在距离地面 60~400 km 的上空,太阳的紫外线和宇宙射线使得稀薄大气发生电离,形成电离层(ionosphere)。电离层对于频率较低的电磁波会产生吸收和衰减的作用,因此对于甚低频(VLF)和低频(LF)无线电信号,由于信号波长与电离层距离地面的高度可比拟,因此地面和电离层对信号的作用形同波导,此时信号将沿地球表面传播,形成地波传播,地波能够传播超过数百千米或数千千米,克服视距传输的限制,如海上通信中就有工作在长波/超长波波段的电台,VLF、LF 波段电台一般可用带宽小、信息传输速率低、天线体积庞大。中频是 AM(amplitude modulation,调幅)广播的主要工作频段,利用地波传播,传播距离可达 150 km。

　　频率范围在 3~30 MHz 短波(short wave,SW)频段,又称为高频(high frequency,HF)的无线电信号不能够穿透电离层,但是可以通过电离层反射实现远距离传输。这种利用电离层反射的传播方式称为天波传播(sky wave propagation),天波传播示意图如图 3-5 所示。发射机发射的短波经过电离层反射到达地面后可能被地面再次反射,这样通过电离层和地面的多次反射可以实现 10 000 km 的远距离传输。短波的长距离传播特性被用于军事上建造短波军用电台,短波电台一般用于传送话音、等幅报和频移电报。

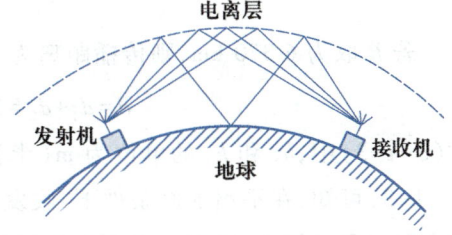

图 3-5　天波传播示意图

　　依靠电离层反射的天波传播是短波通信的主要方式。正因为如此,电离层的结构、特性和变化规律对短波信道有很大的影响。电离层是分层、不均匀和时变的媒介,所以短波信道属于随机变参信道,即传输参数是随机变化的,而且随着电离层随机扰动呈现不稳定特性。短波从不同仰角发射传播,或从不同的电离层高度反射以及多次反射产生的多跳传播都会使得短波经历不同的路径到达接收端,由此产生多径效应。多径效应是指无线信号经过多条路径后被接收端接收。例如在图 3-5 中给出了几个多径分量。接收信号是所有这些多径

分量叠加的结果,这些多径信号传播路径不同,到达接收端的多径信号之间存在时间差和相位差,因而产生信号时延扩展和衰减,电离层随时间的扰动会造成这种衰减随时间而发生变化,从而影响接收信号的质量。

频率高于 30 MHz 的无线电信号可以穿透电离层,不能被反射回来,而且其沿地面的绕射能力也较弱,所以 30 MHz 以上电波的传播方式主要是视距传播(line of sight propagation)。视距传播需要在发射和接收天线之间存在直接连线,在考虑远距离传输时还需要考虑地球的球面特性。在地球表面弯曲的条件下,可以通过提升天线的高度来增大在地面上的视距传播距离,如图 3-6 所示。

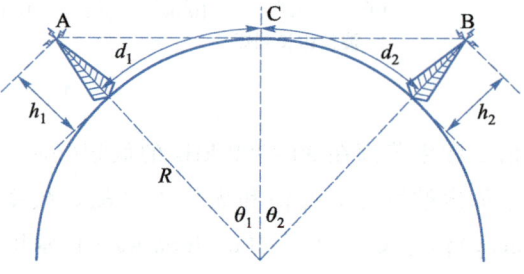

图 3-6　视距传播示意图

根据视距传播示意图,即图 3-6 可以计算出天线高度和传播距离之间的关系。假设在平坦地面条件下,收发天线的高度(相对于平坦地面的高度)分别为 h_1 和 h_2,地球半径为 R,则

$$\theta_1 = \arctan \frac{\sqrt{(R+h_1)^2 - R^2}}{R} \tag{3-1-2}$$

由于 $R \gg h_1$,所以式(3-1-2)可近似为

$$\theta_1 = \arctan \sqrt{2h_1/R} \approx \sqrt{2h_1/R}$$

则

$$d_1 = R\theta_1 \approx \sqrt{2h_1 R}$$

同理,可以计算得到

$$d_2 = \sqrt{2h_2 R}$$

若 R 取为 6 370 km,则传播距离为

$$d = d_1 + d_2 = 3.57(\sqrt{h_2} + \sqrt{h_1}) \ (\text{km}) \tag{3-1-3}$$

式(3-1-3)中,h_1 和 h_2 的单位为 m(米),计算出的视距传播距离单位为 km(千米)。利用(3-1-3)可知,在平坦地面条件下,收发天线高度分别为 50 m,则视距传播距离约为 50 km。在实际工程计算中,需要考虑到大气折射的影响,通常取 4/3 倍物理地球半径作为等效地球半径计算传播距离。

视距传播的典型应用有固定站点之间的陆地微波无线电中继系统、卫星之间的通信等。微波无线电中继系统通常使用 1 GHz 以上的频段。为了能够传输更远的距离,微波站需要建设在海拔较高的地方,其原因除了考虑到地球曲率影响之外,还考虑到了电磁波的衍射效应,因为在发送和接收的视距线附近位于第一菲涅耳带(the first Fresnel zone)内的障碍物即使不会直接阻挡视线也可能严重影响传播能量,因此视线距地面要有足够的余隙,此时信号的衰减近似看作只有由于距离的增加而带来的信号能量的扩散,信道条件比较稳定。

视距传播是超短波(very short wave)信号的主要传播方式。超短波频段是无线通信中极为重要的一个频段,频率为 30~300 MHz,波长为 1~10 m,可用于调频广播、电视广播、军事和应急通信,还可用于航空交通管制通信和导航。不同于短波,超短波信号不会被电离层反射,受大气噪声和其他电子干扰的影响比其他低端频率要小,但其传播会受到山体等地形环境的影响。和更低频段电磁波相比,超短波频段对应的天线尺寸相对较小,可以放置在车辆和手持机上,支持更加灵活的通信终端。如,八木天线常用作民用超短波广播电视的接收天线。

除了上述的地波、天波、视线传播之外,电磁波还可以通过散射方式传播。根据散射传播媒介的不同又可以分为电离层散射、对流层散射和流星余迹散射。

电离层 E 层具有复杂和不均匀的离子云结构,当频率为 30~100 MHz 的电磁波投射至E 层时会发生散射现象,这种散射现象可以用于支持 1 000~2 250 km 的远距离通信。

从地面至高十余千米的大气层称为对流层,我们日常的天气现象就发生在对流层。强烈的上下对流会在对流层中形成不均匀的湍流,对流层散射通信示意图如图 3-7 所示,这种不均匀性可以使电磁波产生散射传播到达接收端,形成对流层散射通信。对流层散射通信使用的频率范围是 100~4 000 MHz,传播距离最大可达 600 km。

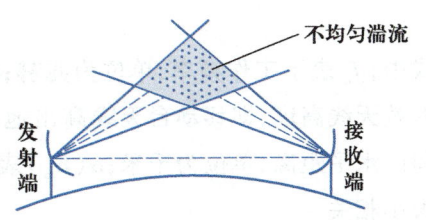

图 3-7 对流层散射通信示意图

在地球轨道附近,每天都会有数亿被称为流星的颗粒状物体进入地球大气层,这些流星燃烧时会产生持续数秒钟的电离离子拖尾,当电磁波投射至流星电离余迹时发生散射现象,可以支持远距离通信。通常流星余迹高度在 80~120 km,余迹长度为 15~40 km,流星余迹通信可支持的频率范围为 30~100 MHz,传播距离可达 1 000 km。第一个用于军事通信的流星余迹散射通信系统是北约的"彗星",它于 1965 年开始运作,用于在欧洲盟国总部之间提供远距离通信,传输速率在 115~310 bit/s 之间。

2. 自由空间传播模型

当只需要考虑信号随着传输距离增大发生的衰减时,常常利用自由空间传播模型研究传播距离对接收信号功率的影响。自由空间传播模型是一种假设模型,假设电波在理想的、均匀的、各向同性的介质中传播,不发生反射、绕射、散射和吸收现象,只存在电磁波能量扩散而引起的传播损耗。在自由空间中设发射机发射功率为 P_t,以球面波辐射,接收的功率为 P_r,则有

$$P_r = P_t \left(\frac{\lambda}{4\pi d}\right)^2 G_t G_r \qquad (3-1-4)$$

式中,G_t,G_r 分别表示发射天线和接收天线的增益,λ 表示波长,d 表示发射和接收天线之间的距离。我们可以定义传播损耗 L_p(path loss),定量分析自由空间传播与距离相关的确定性功率衰减

$$L_p(\text{dB}) = 10\lg \frac{P_t}{P_r} = -20\lg\left(\frac{\lambda}{4\pi}\right) + 20\lg d \tag{3-1-5}$$

在实际通信工程中,路径损耗不仅取决于距离,还取决于一些额外的外部参数,包括:(1) 自然地形,如高原、丘陵、平原、水域等;(2) 建筑物的密集程度、高度和材料以及分布特性;(3) 天线高度;(4) 植被覆盖特征;(5) 自然和人为噪声的分布情况等。下面介绍一种典型的 Okumura-Hata(奥村-哈特)传播损耗预测模型。

Okumura-Hata 模型是根据测试数据统计分析得到的经验模型。奥村是 Okumura 模型的创始人,哈特后续又对此模型的预测曲线采取公式化拟合。Okumura-Hata 模型的适用频率范围为 150~1 500 MHz,小区半径大于 1 km,基站有效天线高度为 30~200 m,移动台有效天线高度为 1~10 m。Okumura-Hata 路径损耗公式如下式所示

$$L_p = 69.55 + 26.16\lg f_c - 13.82\lg h_b - \alpha(h_m) + (44.9 - 6.55\lg h_b)\lg d + C_{\text{cell}} + C_{\text{terrain}}$$

$$\tag{3-1-6}$$

式中,f_c 表示工作频率,单位为兆赫;h_b 表示基站天线的有效高度,单位为米;h_m 表示移动台有效天线高度,即移动台天线高出地表的高度,单位为米;d 表示基站天线和移动台天线之间的水平距离,单位为千米;$\alpha(h_m)$ 表示移动台天线有效高度修正因子,它同时也和覆盖区大小相关

$$\alpha(h_m) = \begin{cases} (1.1 \times \lg f) - 0.7 h_m - 1.56\lg f + 0.8, & \text{中小城市} \\ 8.29 \times [\lg(1.54 h_m)]^2 - 1.1, f \leq 300 \text{ MHz}, & \text{大城市} \\ 3.2 \times [\lg(11.75 h_m)]^2 - 4.97, f > 300 \text{ MMz}, & \text{大城市} \end{cases} \tag{3-1-7}$$

C_{cell} 表示小区类型修正因子

$$C_{\text{cell}} = \begin{cases} 0, & \text{城市} \\ -2[\lg(f/28)]^2 - 5.4, & \text{郊区} \\ -4.78(\lg f)^2 + 18.33\lg f - 40.98, & \text{乡村} \end{cases} \tag{3-1-8}$$

C_{terrain} 表示地形校正因子。地形包括水域、海洋、湿地、郊区开阔地、绿地、树林、40 m 以上高层建筑群、20~40 m 规则建筑群、20 m 以下高密度建筑群、20 m 以下中密度建筑群和 20 m 以下低密度建筑群等。地形校正因子反映了地形环境因素对路径损耗的影响。

随着无线电波频率的增加,信号波长越来越小,此时除了自由空间衰减之外还需要考虑降雨衰减以及大气吸收的作用。当频率达到 20 GHz 以上时,信号波长和雨滴的尺寸可相比拟,雨滴将会对无线信号造成衰减。频率越高衰减越大,如频率达到 100 GHz 时,衰减范围从小雨时的 0.1 dB/km 到大雨时的 6 dB/km。对于采用 Ka 波段以及更高频段的卫星通信,必须考虑雨衰的影响。随着电磁波频率的升高,在一些特定的范围内,空气中分子的谐振现象会使特定频率上出现衰减峰值,如由于水蒸气吸收作用会在 23 GHz、180 GHz 和 350 GHz 处产生第一、第二和第三个吸收谐振点,氧气的第一、第二吸收谐振点在 62 GHz、120 GHz。在大气通信中应尽量避免使用这些吸收衰减严重的频率。对于无线光通信,大气中的雨、雾、烟均会造成一定的衰减,如在无线红外光通信中,大气中的烟雾微粒的直径与红外波长

可相比拟,因此造成较大的衰减,这种情况和雾天能见度降低的现象完全类似。

微视频:信道
的数学模型

3.2 信道的数学模型

通过对有线信道和无线信道的介绍可以看出信道对信号的传输具有重要的影响,是设计和优化通信系统时必须考虑的因素。因此,建立一个能够反映信道传输主要特征的数学模型是十分必要的。信道模型采用数学建模方法对信道输入和输出之间的变换关系进行描述。根据所研究问题的不同,可以定义不同内涵的信道模型。如若从调制解调的观点研究和定义信道,可将调制器输出端至解调器输入端定义为调制信道,其中可能包含放大器、前端滤波器以及具体传输介质,常用加性信道、滤波信道表征其影响;若要重点研究通信系统中的编码和译码时,则可以把编码器输出端至解码器输入端定义为编码信道进行研究更为方便。下面分别做简要介绍。

3.2.1 调制信道模型

1. 加性噪声信道

在实际的通信信道中,存在着大量独立于信道传输信号的加性噪声,如热噪声等。以这种噪声影响为主的信道称之为加性噪声信道,其信道模型是最简单的,也是最常用的通信信道模型,如图 3-8 所示,在通信信道传输过程中发送信号不可避免地发生衰减,因此发送信号 $s(t)$ 首先乘以衰减因子 α,然后叠加加性随机噪声 $n(t)$。接收信号 $r(t)$ 由此可以表示为

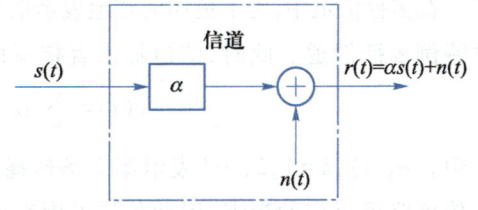

图 3-8 加性噪声信道

$$r(t) = \alpha s(t) + n(t) \tag{3-2-1}$$

这种信道模型应用较为广泛,主要用于理想条件下或者仅存在视线传播条件下信道行为的描述,是通信系统分析和设计中较常使用的简化信道模型。

2. 线性时不变滤波器信道

在有些信道中,除了加性噪声的影响之外,信道对传输信号各个频率成分的响应不同,此时接收信号可以看作是发送信号 $s(t)$ 通过具有某种时域冲激响应特性的信道所输出的结果。如果信道的冲激响应特性不随时间发生变化,则这种信道可以表征为带有加性噪声的线性时不变滤波器,其信道模型如图 3-9 所示。如果发送信号为 $s(t)$,那么信道输出信号为

$$r(t) = s(t) * c(t) + n(t) = \int_{-\infty}^{+\infty} c(\tau)s(t-\tau)\,\mathrm{d}\tau + n(t) \tag{3-2-2}$$

式中,$c(t)$ 为信道的时域冲激响应,符号"＊"表示线性卷积。在有线电话通信中常常采用线性时不变滤波器来表征有线电话信道对信号的影响。

3. 线性时变滤波器信道

除了线性时不变信道之外,还有一些物理信道具有随时间变化的传输特性,例如短波电离层信道、用户快速移动条件下的蜂窝移动通信信道等。在基于电离层反射的传输场景中,电离层高度以及离子浓度随时间不断变化,使得信道特性随之变化;在用户快速移动时,接收端接收到的多个多径分量也在不断变化,因而信道响应特性具有时变特征。这种类型的物理信道可以表征为时变线性滤波器,其冲激响应可以用 $c(\tau,t)$ 表示,$c(\tau,t)$ 表示信道在 $t-\tau$ 时刻加入的冲激脉冲在 t 时刻的响应,因此 τ 表示时间延迟变量。带有加性噪声的<u>线性时变滤波器信道</u>模型如图 3-10 所示。对于信道输入信号 $s(t)$,信道输出信号为

$$r(t)=s(t)*c(\tau,t)+n(t)=\int_{-\infty}^{+\infty}c(\tau,t)s(t-\tau)\,\mathrm{d}\tau+n(t) \tag{3-2-3}$$

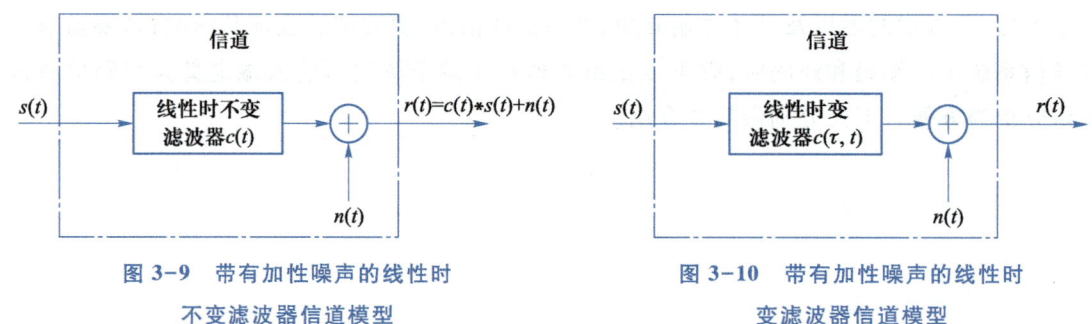

图 3-9　带有加性噪声的线性时
不变滤波器信道模型

图 3-10　带有加性噪声的线性时
变滤波器信道模型

在多径信道中,为了更加清楚地表示信号通过多条路径进行传播,我们也可以用式(3-2-3)的特例表征信道。此时,信道输出直接写成多个多径分量相叠加的形式

$$r(t)=\sum_{k}\alpha_k(t)s[\tau-\tau_k(t)]+n(t) \tag{3-2-4}$$

式中,$\{\alpha_k(t),k=1,2,\cdots\}$ 表示第 k 条传播路径上的时变衰减因子,$\{\tau_k(t),k=1,2,\cdots\}$ 是第 k 条传播路径对应的延迟,因此信道的时变冲激响应可以表示为

$$c(\tau,t)=\sum_{k}\alpha_k(t)\delta[\tau-\tau_k(t)] \tag{3-2-5}$$

上面描述的三种信道模型能够适用于绝大多数物理信道。在本书中,我们将主要分析加性高斯白噪声信道下的接收误码性能,在分析数字基带传输系统的码间干扰和均衡器时,需要使用另外两种信道模型。

3.2.2　编码信道模型

当我们着重研究通信系统中的编码和译码,则采用编码信道模型更为方便,编码信道概念模型如图 3-11 所示,它不仅包含物理信道而且包含发射端的调制器和接收端的解调器。不同于调制信道模型,编码信道模型的描述通常包含输入有限符号集 A、输出有限符号集 B 以及与输入和输出相关的条件概率。假设编码信道输入序列记作 $\boldsymbol{x}=[x_1,x_2,\cdots,x_n]$,任意第 n 时刻发射信号 $x_n\in$ A,编码信道的输出序列记作 $\boldsymbol{y}=[y_1,y_2,\cdots,y_n]$,任意 n 时刻的输出

信号 $y_n \in B$,条件概率 $P(y \mid x)$ 反映了信号在编码信道传输的情况。如果传输前后数字序列发生变化,则序列传输发生错误,错误概率可以由条件概率 $P(y \mid x)$ 描述。

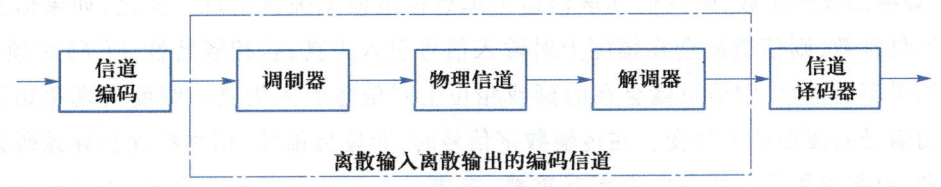

图 3-11 编码信道概念模型

如果任意时刻编码信道的输出只和当前时刻的输入相关而与其他时刻输入无关,则称该编码信道是无记忆的。以最简单的无记忆二进制编码信道为例,编码信道任意时刻的输入都属于输入有限符号集 $A = \{0,1\}$,输出都属于输出有限符号集 $B = \{0,1\}$。概率 $P(y = 1 \mid x = 0)$ 表示发送为 **0** 而接收为 **1** 的概率,概率 $P(y = 0 \mid x = 1)$ 表示发送为 **1** 而接收为 **0** 的概率,这两种概率描述了编码信道传输的错误事件,通常又称为转移概率。显然正确传输的概率可以计算为

$$P(y = 1 \mid x = 1) = 1 - P(y = 0 \mid x = 1)$$
$$P(y = 0 \mid x = 0) = 1 - P(y = 1 \mid x = 0)$$

(3-2-6)

无记忆二进制编码信道可以由图 3-12 描述。

进一步地,如果该二进制编码信道具有对称的错误概率,即

$$P(y = 0 \mid x = 1) = P(y = 1 \mid x = 0) = p$$
$$P(y = 0 \mid x = 0) = P(y = 1 \mid x = 1) = 1 - p$$

(3-2-7)

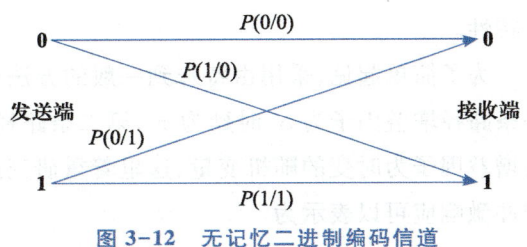

图 3-12 无记忆二进制编码信道

则该编码信道被称为二进制对称信道(binary symmetric channel,BSC)。上述编码信道的概念和定义都可以从二进制扩展到四进制、多进制的情况。

3.3 信道特性对信号传输的影响

3.3.1 信道传输特性及其对信号的影响

这里我们重点研究调制信道的传输特性及其对信号的影响。一般来说,对于有线电话信道等线性时不变信道而言,我们可以利用线性时不变系统的一般分析方法,根据信道的冲激响应 $c(t)$ 及其对应的傅里叶变换 $C(f)$ 来研究其传输特性。频率响应 $C(f)$ 可以从幅频特性 $|C(f)|$ 和相频特性 $\phi(f)$ 两方面进行分析。

微视频:信道特性对信号传输的影响-上

$$C(f) = |C(f)| e^{j\phi(f)} \tag{3-3-1}$$

如果信道频率响应的幅频特性 $|C(f)|$ 对于任意输入频率都保持为常数,且相频特性 $\phi(f)$ 为频率的线性函数,则我们称该信道为理想信道或无失真信道。反之,如果信道的幅频特性不是常数,则信道就会在幅度上对输入信号引入失真;若相频特性 $\phi(f)$ 对频率 f 求导所得结果不是常数,则信道就会在时延或相位上对信号引入失真。幅度失真和相位失真会使传输信号的波形产生畸变。在传输数字信号时,非理想幅频、相频特性会导致码元波形发生弥散,引起相邻码元波形发生相互重叠,造成 码间串扰 (inter-symbol interference, ISI)。一般来说,由于线性非时变滤波器信道产生的幅度和相位失真都是一种线性失真,在接收端可以通过设计另一个相应的线性均衡滤波器对信道的线性失真进行补偿。

在实际电话通信系统中,除了信道引入的振幅和相位线性失真以外,还可能存在其他一些使信号畸变的非理想因素。例如功率放大器和压缩扩张器的非线性特性会产生非线性失真,一般来说非线性失真通常较小,但是很难消除。另外,由于振荡器不稳定可能产生频率漂移和相位抖动,这两种非理想因素在接收端需要通过算法设计予以补偿和一定程度上的消除。

和有线电话信道等不同,在蜂窝移动通信等无线信道环境中,更为适用的是线性时变滤波器信道模型。此时,无线信道保持了线性特性,具有由于丰富散射、反射路径带来的多径现象,同时发射和接收天线的相对运动以及周围电磁波散射体的运动可能导致信道呈现时变特性。

为了简单起见,采用由特殊到一般的方法研究多径现象,考虑一个简单的两径信道。第一条路径增益因子为 α,时延 τ_0,第二条路径增益因子与第一径相同,时延为 τ_1,通常路径的增益因子为时变的随机变量,这里着重研究多径现象,因此先假设 α 为常数。此时该信道的冲激响应可以表示为

$$c(t) = \alpha \cdot \delta(t-\tau_0) + \alpha \cdot \delta(t-\tau_1) \tag{3-3-2}$$

利用傅里叶变换可以求出该两径信道总的传递函数为

$$\begin{aligned} C(f) &= \alpha \cdot e^{-j2\pi f\tau_0} + \alpha \cdot e^{-j2\pi f\tau_1} \\ &= \alpha \cdot e^{-j2\pi f\tau_0} \left[1 + e^{-j2\pi f(\tau_1-\tau_0)} \right] \end{aligned} \tag{3-3-3}$$

从式(3-3-3)可以看出,等增益两径信道会引入信号衰减因子 α 和系统传输时延 τ_0,最后一项是与信号频率 f 和多径时延扩展 $\Delta\tau = \tau_1 - \tau_0$ 相关的复因子。我们可以绘出信道的幅频特性曲线,如图 3-13 所示。

从图 3-13 可以看出,信道的衰减程度随着输入信号频率的不同而不同,在所讨论的等增益两径信道的例子中,当信号频率等于多径时延扩展倒数——$1/\Delta\tau$ 的整数倍时,信道体现出最大的增益;当信号频率等于 $1/(2\Delta\tau)$ 的奇数倍时,信道幅频响应为零。多径信道这种衰落程度随输入频率变化的现象决定了信道对于不同带宽的通信信号影响不同,通常我们定义 信道的相干带宽 (coherent bandwidth) B_c 为

$$B_c = \frac{1}{\Delta\tau} \tag{3-3-4}$$

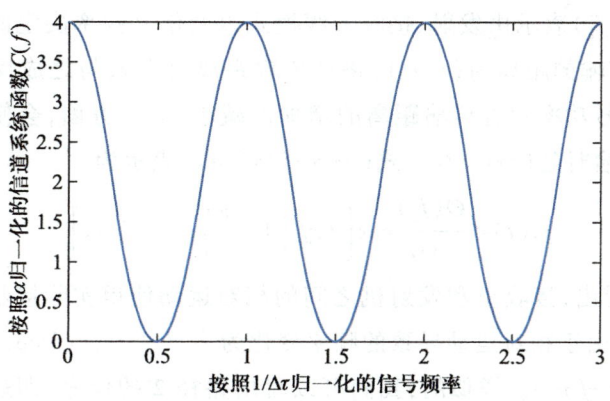

图 3-13 等增益两径信道的幅频特性曲线

对于窄带信号,当信号带宽小于信道相干带宽时,信道对整个带宽内的信号影响近似相同,此时我们称信道为频率非选择性衰落信道或平衰落信道。在平衰落信道中,信道的多径时延扩展往往可以忽略不计,信道对信号的影响可以简化为乘性因子衰减;反之,如果信号带宽大于相干带宽,则信道对信号频谱中不同频率分量的影响具有较大差异,此时,信道被称为频率选择性衰落信道。一般来说,频率选择性衰落意味着信道会引入相对较大的多径时延扩展,给数字信号的传输带来码间串扰。此时如果要保持传输速率,需要在接收端设计相应的均衡算法,从具有码间串扰的信号中恢复原始信息。否则,就必须降低码元传输速率,以减小码间串扰的影响。从频域的角度,码元速率减低,信号带宽减小,频率选择性衰落的影响也随之减轻。

为了更好地理解线性时变信道对信号的影响,首先讨论时变两径信道的实例,如图 3-14 所示。假设发射机向正在运动的接收端发射频率为 f_c 的信号 $\cos(2\pi f_c t)$,接收端此时距离发送端 r 且正在以速度 v 远离发射机。在距离发射机 d 处有一堵墙,它可以将投射到墙体的信号反射给接收机。此时接收机可以接收到两个来自不同传输路径的信号,路径 1 信号 $y_1(t)$ 表示从发射机直接传输到接收机的信号,路径 2 信号 $y_2(t)$ 表示经过反射墙体反射后传输到接收机的信号,这两条路径的信号具有不同的传播路径、时延和增益,接收端收到的总信号是该两径信号的合成信号。

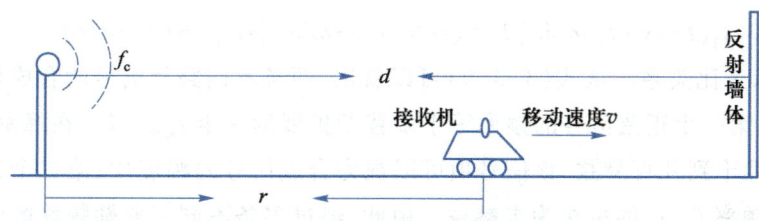

图 3-14 时变两径信道的实例

根据电磁传播基本原理,首先写出运动接收端接收到的直接从发射端发射而来的信号

$$y_1(t) = \frac{\Theta(f_c)}{r+vt}\cos\left[2\pi f_c\left(t-\frac{r+vt}{c}\right)\right] \qquad (3\text{-}3\text{-}5)$$

式中，c 表示光速，$\Theta(f_c)$ 表示由发射、接收天线模式以及信号频率决定的增益因子。注意到电磁波在路径 1 中传输的距离为 $(r+vt)$，路径传输距离会引入与之成反比的信号幅度衰减因子 $1/(r+vt)$，使信号功率随着传输距离的增加而减小，另一方面，会使得信号相位发生变化，变化量正比于传输时延 $(r+vt)/c$。式（3-3-5）还可以表示为

$$y_1(t) = \frac{\Theta(f_c)}{r+vt} \cos\left[2\pi f_c \left(1 - \frac{v}{c} \right) t - 2\pi f_c r/c \right] \tag{3-3-6}$$

从式（3-3-6）可以看出，接收机和发射机之间的相对运动使得实际接收到的信号频率减小了 $f_c v/c$，我们称这种由于相对运动导致的频率变化为多普勒频移（Doppler shift）。路径 1 的多普勒频移记作 $f_{d1} = -f_c v/c$。类似的，我们可以写出路径 2 的信号，即运动接收机接收到的墙体反射波

$$y_2(t) = -\frac{\Theta(f_c)}{2d-r-vt} \cos\left[2\pi\left(f_c - \frac{2d-r-vt}{c} \right) t \right]$$

$$= -\frac{\Theta(f_c)}{2d-r-vt} \cos\left[2\pi f_c(1+v/c)t + 2\pi f_c\left(\frac{r-2d}{c} \right) \right] \tag{3-3-7}$$

在式（3-3-7）中，路径 2 的信号传输距离为 $(2d-r-vt)$，该传输距离产生的时延为 $(2d-r-vt)/c$。由于墙体反射作用使得信号发生反向，因此表达式前面加负号。当接收机朝着入射波方向运动时，接收信号的频率上升，多普勒频率为正；当接收端朝着入射波反方向运动时，接收信号的频率降低，多普勒频率为负。对于路径 2，可以等效认为接收机在朝着来波方向运动，因此多普勒频移为正，$f_{d2} = f_c v/c$。在实际的无线信道中，不同多径信号呈现出不同的多普勒频移，接收机运动方向可能与来波方向成任意夹角 θ，此时多普勒频移值为 $fv\cos\theta/c$，整个接收信号的频谱分布在 $[f_c+f_{d1}, f_c+f_{d2}]$。通常将最大多普勒频移和最小多普勒频移之间的差值定义为多普勒频移扩展（Doppler spread），也称为多普勒扩展。多普勒扩展直观地反映了信道对输入信号的频率展宽作用

$$f_{spread} = f_{d2} - f_{d1} \tag{3-3-8}$$

为了更清楚地分析多普勒扩展所代表的信道特性，假设接收端离反射墙体非常接近，以至于可以认为路径 1 和路径 2 的传输距离损耗大致相等，重点分析由于两条路径的差别所造成的变化，则路径 1 和路径 2 的合成信号可以近似地表示为

$$y_1(t) + y_2(t) \propto \sin\left[2\pi f_c(vt/c+r/c-d/c) \right] \sin\left[2\pi f_c(t-d/c) \right] \tag{3-3-9}$$

式中，"$\propto$"表示正比关系。从式（3-3-9）可以看出，两条不同路径信号的合成信号为两个正弦信号的乘积，第一个正弦信号的频率等于多普勒扩展的一半 $f_{spread}/2$。在蜂窝移动通信中，多普勒扩展为几十到几百赫兹，该信号项可以视为合成信号的幅度项；第二个正弦信号的频率为发射信号频率 f_c，f_c 的量级为吉赫兹。由此，经过多条不同多普勒频移的多径信号合成所生成的信号可以视为一个具有时变包络的正弦信号，包络的变化反映的就是信道的变化。总之，接收端所得到的多条路径信号叠加信号随着时间会经历相长或相消的叠加过程，导致信号包络随着时间起伏变化，从最大幅度值（多径信号正向叠加）到零幅度（多径信号相互抵消）所经历的时间为 $c/(4fv)$，这种信号包络随时间的快速变化就是多径衰落（multipath fa-

ding)。由于多普勒扩展和信道时变之间的对应关系,人们通常定义信道的相干时间(coherent time)T_c 为

$$T_c = 1/(2f_{spread}) \tag{3-3-10}$$

相干时间能大致上反映信道保持时不变的时间,因此常常用于定性衡量信道衰落的快慢。如果通信系统发送符号的时间间隔相对于相干时间较小,则可以认为信号经历慢衰落,反之,认为经历快衰落。

3.3.2 无线信道的统计模型

在实际的通信工程中,无线信道通常需要通过测量获得大量实测数据后,再用统计建模的方法给出信道数学模型。下面我们讨论两种最为基础的信道统计模型。

1. 瑞利(Rayleigh)信道模型

瑞利信道模型是移动无线通信中最为常用的统计模型。该模型假设空中散射体均匀分布,数量足够多,各反射波、散射波相互独立,强度近似相同,相位在 0 到 2π 之间均匀分布。根据中心极限定理,这些丰富的散射、反射且相互独立的信号相互叠加构成的信道系数 C 可以建模为循环对称复高斯随机变量

$$C = C_R + jC_I, \quad C_R, C_I \in N(0, \sigma^2) \tag{3-3-11}$$

其中,实部 C_R 和虚部 C_I 均为均值为 0、方差为 σ^2 的高斯随机变量,而且 C_R 和 C_I 互不相关。信道系数还可以用复指数形式表示,设包络 $r = |C|$,相位为 θ,则 $C = r\exp(-j\theta)$。显然包络 r 服从瑞利分布,相位 θ 服从 $[0, 2\pi)$ 上的均匀分布,概率密度函数为

$$p(r) = \frac{r}{\sigma^2} e^{-\frac{r^2}{2\sigma^2}}, \quad r \geq 0 \tag{3-3-12}$$

此时信道的总功率为 $E(r^2) = 2\sigma^2$,包络均值 $E[r] = \sqrt{\frac{\pi}{2}}\sigma$,方差 $\mathrm{var}[r] = \left(2 - \frac{\pi}{2}\right)\sigma^2$,包络平方 $z = r^2$ 服从指数分布

$$f(z) = \frac{1}{2\sigma^2} e^{-\frac{z}{2\sigma^2}}, \quad z \geq 0 \tag{3-3-13}$$

瑞利衰落信道常用于建模建筑物密集的城镇中心地带的无线信道,因为密集的建筑和其他障碍物使得无线设备的发射机和接收机之间没有直射路径,而且使得无线信号具有丰富反射、折射和衍射。

2. 莱斯(Rician)信道模型

当传输环境中不仅存在丰富散射体带来的大量独立路径,同时还存在明显较强的直射路径时通常使用莱斯信道模型。莱斯信道常用于卫星信道或遮挡较少的郊区环境无线信道建模。

莱斯信道系数可由一个均值为 0,方差为 σ^2 循环对称复高斯变量叠加直射路径分量进行描述

$$C = Ae^{j\phi} + C_R + jC_I, \quad C_R, C_I \in N(0, \sigma^2) \tag{3-3-14}$$

微视频:信道特性对信号传输的影响-下

上式第一项即表示直射路径分量,后两项表达式与瑞利衰落过程相同,代表丰富散射、反射分量。莱斯随机过程的包络 r 服从莱斯分布,概率密度函数为

$$p(r) = \frac{r}{\sigma^2} e^{-\frac{A^2+r^2}{2\sigma^2}} I_0\left(\frac{Ar}{\sigma^2}\right), \quad r \geq 0 \tag{3-3-15}$$

其中,$I_0(\cdot)$ 为零阶第一类修正贝塞尔函数,上述分布可以转化成另外一种表述形式

$$p(r) = \frac{r}{\sigma^2} e^{-K-\frac{r^2}{2\sigma^2}} I_0\left(\frac{\sqrt{2K}\,r}{\sigma}\right) \tag{3-3-16}$$

其中 $K = \dfrac{A^2}{2\sigma^2}$ 为莱斯因子,它描述了直射路径分量的功率与所有散射波功率的比值。当 $K \to 0$ 时直射路径消失,莱斯信道模型退化为瑞利信道模型。

3. Nakagami 信道模型

Nakagami 分布由日本学者中上(Nakagami)在 1960 年提出,用于表征长距离短波信道的快速衰落。基于场测试实验结果进行拟合,人们发现 Nakagami 分布比瑞利、莱斯或对数正态(log-normal)分布都有更好的拟合效果。

若接收信号的复包络服从 Nakagami 分布,则其概率密度函数可以写成

$$p(r) = \frac{2}{\Gamma(m)}\left(\frac{m}{\Omega}\right)^m r^{2m-1} e^{-mr^2/\Omega}, \quad m \geq \frac{1}{2} \tag{3-3-17}$$

其中 m 表示形状因子,取值大于或等于 $1/2$;$\Omega = E(r^2)$,$\Gamma(m) = \int_0^\infty x^{m-1} e^{-x} \mathrm{d}x$ 表示伽马函数。

在 Nakagami 分布中,形状因子 m 有重要的影响,调节 m 的大小可以模拟严重、轻微到无衰落的信道环境。当 $m = 1$ 时,Nakagami 分布退化成为瑞利分布;当 $m = 1/2$ 时成为单边高斯分布;当 $m \to \infty$ 时,分布接近脉冲,表示无衰落。另外,莱斯分布可以通过莱斯因子 K 和 Nakagami 形状因子 m 之间的如下关系来近似

$$m = \frac{(K+1)^2}{2K+1} \tag{3-3-18}$$

Nakagami 信道包络平方 $z = r^2$,概率密度函数可以写为

$$p(z) = \left(\frac{m}{\Omega}\right)^m \frac{z^{m-1}}{\Gamma(m)} \exp\left(-\frac{mz}{\Omega}\right) \tag{3-3-19}$$

在一些实测信道场景中,m 取值小于 1,此时 Nakagami 衰落会引起比瑞利衰落更加严重的性能损失。

3.4　信道中的噪声和干扰

微视频:信道
中的噪声和
干扰

3.4.1　信道中的噪声

噪声总是存在于通信系统之中,即使通信系统不传输有用信号,接收机

也会接收到噪声。噪声以叠加的方式干扰信号,其强度会影响接收机识别信号的能力,并限制信息传输速率。

　　按噪声产生的缘由可分为人为噪声和自然噪声。人类活动造成的噪声称为人为噪声,例如开关接触噪声、家电用具产生的电磁辐射等;自然噪声是指自然界的电磁波源所产生的噪声,例如大气噪声、来自太阳和银河系等的宇宙噪声和热噪声等。热噪声(thermal noise)是一种对于通信系统非常重要的噪声,它来自于电阻性元器件中电子的热运动。在电阻一类的导体中,自由电子含热能而引起热能运动,这些电子与其他粒子碰撞,随机地以曲折路径运动,人们称此运动为布朗运动。在没有外界作用力时,所有这些电子的布朗运动形成了均值为零的电流,该电流中含交流成分,人们称此交流分量为热噪声。测量和分析表明热噪声功率谱密度可以表示为

$$P_N(f) = \frac{N_0}{2} = \frac{k_B T}{2}(\text{W/Hz}) \tag{3-4-1}$$

式中,k_B 为玻尔兹曼常数,其单位为 J/K(焦耳每开尔文,Joules per Kelvin),T 表示以开尔文为单位的环境温度,$k_B = 1.380\ 54 \times 10^{-23}$ J/K。通常高空中非太阳直射下的空气温度大约为 4 K,地球表面温度大约为 300 K,一般研究地面设备的热噪声时可以近似取温度为 300 K。假设已知通信设备的接收带宽为 B,则可以计算出噪声功率为

$$P = N_0 B \tag{3-4-2}$$

　　根据热噪声形成的物理过程看出,大量电子形成电流时满足中心极限定理,因此热噪声可以用高斯随机过程表征,又常称为高斯噪声。从式(3-4-1)可以看出,热噪声功率谱密度在信号频谱范围内是常数,和白光的频谱在可见光频谱范围内均匀分布一致,因此热噪声还被称为高斯白噪声(Gaussian white noise),又因其以加性方式干扰信号,常称为加性高斯白噪声(additive white Gaussian noise,AWGN)。

　　对于具体的通信系统而言,系统解调器输入端都存在带通滤波器,热噪声通过带通滤波器后带宽受到限制,不再是白色的,而成为窄带高斯噪声或称为带限(band-limited)白噪声。假设系统中心频率为 f_c,令白噪声通过以 f_c 为中心的带通滤波器后得到的窄带噪声功率谱密度为 $P_n(f)$,则带限噪声总功率 P_{total} 为

$$P_{\text{total}} = \int_{-\infty}^{\infty} P_n(f)\,\mathrm{d}f \tag{3-4-3}$$

　　为了更加方便地研究窄带噪声,人们通常通过定义噪声等效带宽 B_n 将非矩形的噪声功率谱密度等效为一个矩形进行讨论。如图 3-15 中虚线所示,矩形的高度为实际噪声功率谱密度在中心频率处的取值 $P_n(f_c)$,矩形的宽度,即等效噪声带宽 B_n,需要使得矩形虚线面积和实际功率谱密度曲线下的面积相等。

$$B_n = \frac{\int_{-\infty}^{\infty} P_c(f)\,\mathrm{d}f}{2P_c(f_c)}$$

　　在后面讨论通信系统性能时,窄带高斯噪声都可以看成是带宽为 B_n 的矩形功率谱密度高斯白噪声,以方便分析。

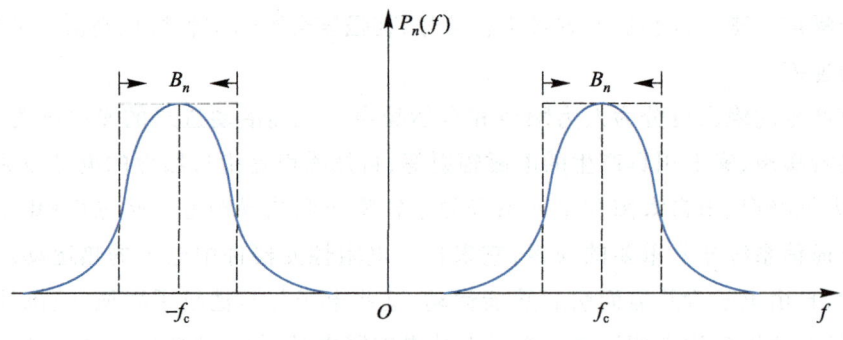

图 3-15 噪声等效带宽

3.4.2 信道中的干扰

干扰是通信链路中除去噪声之外其他不想要的信号的统称。根据干扰产生的来源可以分为无意干扰和恶意干扰。无意干扰主要包含己方设备或是相邻民用设备之间相互造成的干扰,包括同频干扰、邻频干扰、杂散辐射干扰和谐波辐射干扰等。同频干扰又称为同道干扰(co-channel interference),当两个或多个不同的发射机使用相同频率发送时,就有可能使得接收端接收到期望信号之外的同频干扰信号。这种情况在蜂窝移动通信中主要由频率复用(frequency reuse)引起,由于频率资源非常宝贵,人们常常在相距一定地理距离的两个小区中复用相同频率,由于无线信号的广播特性,某一小区的用户很可能接收到从非期望基站发射来的同频信号,造成同频干扰。邻频干扰又称邻道干扰(adjacent-channel interference),是指当前频段接收机受到相邻频段信道发送来非期望干扰信号的干扰。邻频干扰的产生可能有两个原因:一是信号射频滤波不理想,导致邻道信号频谱发生频谱泄漏(adjacent chan-nel leakage),二是信号受到非线性功放或其他非线性处理的影响发生的交调(inter-modula-tion),产生新的频率分量对邻道信号形成干扰。杂散辐射干扰和谐波辐射干扰主要来源于射频器件的非理想性。

恶意干扰在军事通信中研究较多,主要包含定频式干扰、瞄准式干扰、阻塞式干扰以及扫频式干扰。定频式干扰(spot jamming)即具有确定信道或频率的干扰样式,单频干扰属于最简单的定频式干扰,这种干扰通常对定频通信系统具有较好的干扰效果。瞄准式干扰(follow on jamming)是指将干扰信号调整到与被干扰方通信信号频率重合,而且频谱宽度基本相同,功率明显强于被干扰方通信信号的干扰样式。瞄准式干扰利用率较高,干扰效果好,但要求干扰频率重合度较好,因此需要扫描频谱确定干扰位置或者设立专门引导干扰频率的侦查单元。阻塞式干扰(barrage jamming)是指干扰机同时在多个频率或频段发射干扰信号,其优点是可以同时干扰多个频率位置,但干扰功率也会因为干扰频段的扩宽而相应降低。扫频式干扰(sweep jamming)是指干扰机将功率集中在某个频率上,让该频率扫过待干扰的频段。扫频式干扰能集中干扰功率,但是无法同时干扰多个频段,只能顺序干扰各个频率。

3.5　信　道　容　量

信道容量是数字通信系统的重要指标,它代表着在系统信道上以任意小的差错概率能够传递的最大平均信息速率。下面分别针对连续和离散信道的信道容量进行讨论。

3.5.1　连续信道的信道容量

微视频:连续信道的信道容量

连续信道的极限传输能力受到噪声和带宽的限制。对于带宽和平均功率有限的加性高斯白噪声连续信道,理论上最大信息速率由以下公式决定

$$C = B \cdot \log_2\left(1 + \frac{S}{N}\right) \tag{3-5-1}$$

式中,B 为信道带宽(Hz),S 为接收信号功率(W),N 为噪声功率(W)。这就是著名的香农公式,该公式的详细推导是比较复杂的,这里我们只给出结论。需要说明的是,香农公式只是给出了带限加性高斯白噪声连续信道理论上的极限传输速率,并未给出达到该性能极限的方法,实际系统中能达到的传输速率一般小于极限传输速率。

在加性高斯白噪声信道中,进入接收机的噪声功率与信道带宽有关,若假设加性高斯白噪声的单边功率谱密度为 n_0(W/Hz),则进入接收机带宽内的噪声功率为

$$N = n_0 B \tag{3-5-2}$$

由此,香农公式又可以写成

$$C = B \cdot \log_2\left(1 + \frac{S}{n_0 B}\right) \tag{3-5-3}$$

由上式可见,一个信道的传输容量受到三个因素的限制,即接收信号功率、信道带宽和噪声功率密度。从式(3-5-3)可以看出,当信号功率 $S \to \infty$ 或者 $n_0 \to 0$ 都可以使信道容量趋于无穷大。但是当我们增大带宽时,一方面 B 以乘性因子出现在(3-5-3)的第一项,反映了更大的带宽通常意味着更高的传输速率,但同时增大带宽也会增大噪声功率,从而降低信噪比 $S/(n_0 B)$。为了研究带宽趋向无穷大时信道容量的变化规律,我们作如下数学分析

$$\lim_{B \to \infty} C = \lim_{B \to \infty} B \cdot \log_2\left(1 + \frac{S}{n_0 B}\right) = \lim_{B \to \infty}\left[\frac{n_0 B}{S} \cdot \log_2\left(1 + \frac{S}{n_0 B}\right)\right] \cdot \frac{S}{n_0} \tag{3-5-4}$$

利用关系式

$$\lim_{x \to 0} \frac{1}{x}\log_2(1+x) = \log_2 e \approx 1.44 \tag{3-5-5}$$

可得

$$\lim_{B \to \infty} C = \frac{S}{n_0} \cdot \log_2 e \approx 1.44 \frac{S}{n_0} \tag{3-5-6}$$

上式表明,保持 S/n_0 一定,即使信道带宽 B 趋于无穷大,信道容量 C 也并不能趋于无穷大,而是趋于一由信号功率和噪声功率谱密度限定的定值。

假设通信系统的信息传输速率为 R_b,由式(3-5-3)可以得到

$$\frac{R_b}{B} \leqslant \log_2\left(1+\frac{S}{n_0 B}\right) \tag{3-5-7}$$

R_b/B 表示平均每赫兹带宽上支持的信息传输速率,即系统的频带利用率。用 E_b 表示平均每个比特的信号能量,比特持续时间为 T_b,则信号平均功率还可以表示为

$$S = E_b/T_b = E_b R_b \tag{3-5-8}$$

将式(3-5-8)代入式(3-5-7),可得

$$\frac{R_b}{B} \leqslant \log_2\left(1+\frac{E_b R_b}{n_0 B}\right) \tag{3-5-9}$$

上式中 E_b/n_0 称为比特信噪比,由式(3-5-9)可以推导出 E_b/n_0 的最小值

$$\frac{E_b}{n_0} \geqslant \frac{2^{R_b/B}-1}{R_b/B} \tag{3-5-10}$$

当带宽趋于无穷大时,频带利用率趋于 0。此时我们可以计算出比特信噪比的最小值

$$\frac{E_b}{n_0} \geqslant \lim_{R_b/B \to 0} \frac{2^{R_b/B}-1}{R_b/B} = \ln 2 \approx -1.6(\text{dB}) \tag{3-5-11}$$

上式求得的 -1.6 dB 被称为极限信噪比,这是任何通信系统实现可靠传输所需要的最小比特信噪比。换句话说,这个最小的比特信噪比只有在带宽趋于无穷大时才能达到,没有任何系统能在小于此极限的比特信噪比条件下实现可靠传输。

由香农信道容量公式,我们还可以发现当信道容量 C 和噪声功率谱密度 n_0 不变时,带宽与信号功率可以根据系统需要折中选取。例如一个信道带宽为 10 kHz,信噪比为 15,则通过香农公式可以得出信道容量为 40 kbit/s。如果信道带宽增加到 20 kHz,则将信号功率减小为原来的 2/5 仍然可以实现 40 kbit/s 的信道传输容量;如果信道带宽减小到 5 kHz,则需要将信号功率增加到原来的 8.5 倍才能够实现 40 kbit/s 的信道传输容量。这个例子说明带宽和信号功率的互换能够保持信道容量不变,但通常增加较小的带宽可以节省较多的功率,反之,如果通过增加功率的方式来节省信号占用带宽,则往往要付出更多的功率代价。

在通信系统中,通过编码和调制可以实现带宽和信号功率的互换。在实际系统中,究竟如何选取互换,要根据具体情况而定。一般对于功率受限的场合,倾向于选择以带宽换信噪比。如卫星通信系统中,由于卫星上发射功率受限,通常选择以带宽换取信噪比。而对于频率资源十分紧张的场合,则倾向于采用信噪比换带宽,即采用增加发送功率,在保证一定的误比特性能的前提下采用多元传输提高系统频带利用率。

【例 3-1】 假设某图像信号由 60 万相互独立的像素构成,每个像素能独立等概率地取 16 个亮度电平。该图像源每秒钟发送 30 帧图像。为了满意地重现图像,要求输出信噪比为 1 000(即 30 dB)。试计算传输上述信号所需的最小带宽。

【解】 首先计算每一个像素所含的信息量。由于每个像素能以等概率取 16 个亮度电

平,所以每个像素的信息量为 $I=\log_2 16\ \text{bit}=4\ \text{bit}$,则每帧图像的信息量为

$$I_{\text{frame}} = 600\ 000 \times I = 2.4 \times 10^6\ \text{bit}$$

图像源需要每秒传 30 帧,所以每秒内传送的信息量为

$$R = I_{\text{frame}} \times 30 = (2.4 \times 10^6 \times 30)\ \text{bit/s} = 7.2 \times 10^7\ \text{bit/s}$$

为了传输该速率的信号,信道容量 C 至少必须等于 $7.2 \times 10^7\ \text{bit/s}$。根据信道容量公式

$$B = \frac{C}{\log_2(1+S/N)} = \frac{7.2 \times 10^7}{\log_2(1+1\ 000)}\ \text{Hz} \approx 7.2\ \text{MHz}$$

求得所要求的带宽 B 最小约为 7.2 MHz。

微视频:离散
信道的信道容量

3.5.2　离散信道的信道容量

由 3.2.2 节的离散无记忆二进制信道模型加以推广可以得到离散无记忆信道模型如图 3-16 所示。

该模型有 N 个可能的发送节点和接收节点。发送符号 $x_0, x_1, x_2, \cdots, x_{N-1}$ 出现的概率记为 $P(x_i)$,$i=0,1,\cdots,N-1$,接收端收到符号 y_j,$j=0,1,\cdots,N-1$ 的概率记作 $P(y_j)$。依据发送符号概率可以计算发送源的平均信息量

$$H(X) = -\sum_{i=0}^{N-1} P(x_i)\log_2 P(x_i) \qquad (3\text{-}5\text{-}12)$$

$H(X)$ 是 $\{P(x_i)\}$ 的函数,表示每个发送符号的平均信息量,又称为信源熵(entropy)。同样道理,接收端输出符号的平均信息量为

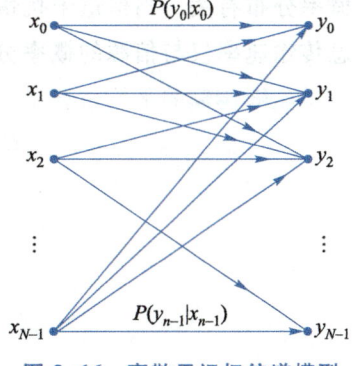

图 3-16　离散无记忆信道模型

$$H(Y) = -\sum_{i=0}^{N-1} P(y_i)\log_2 P(y_i) \qquad (3\text{-}5\text{-}13)$$

类似地,我们还可以定义条件平均信息量或条件熵为

$$H(X/Y) = -\sum_{i=0}^{N-1}\sum_{j=0}^{N-1} P(x_i,y_j)\log_2 P(x_i\,|\,y_j) \qquad (3\text{-}5\text{-}14)$$

式(3-5-14)中,联合概率可以分解为 $P(x_i,y_j)=P(x_i\,|\,y_j)P(y_j)$,其中 $P(x_i\,|\,y_j)$ 表示以接收到符号 y_j 为条件发送 x_i 的概率。从信息量的概念我们可知,式(3-5-14)表示接收端收到 y_j 后依然存在的 x_i 的不确定性,也就是接收端收到 y_j 后符号 x_i 的平均信息量。在经过信道传输之前,x_i 的不确定性由式(3-5-12)计算,因此通过信道传输和接收符号之后所消除的关于 x_i 的不确定性可以表示为

$$H_{\text{CH}} = H(X) - H(X/Y) \qquad (3\text{-}5\text{-}15)$$

显然,H_{CH} 就表示信道传输每个符号的平均信息量。如果没有噪声,则 $H(X/Y)=0$,此时收到符号时获得的平均信息量就是发送符号的平均信息量 $H_{\text{CH}}=H(X)$;反之当信道噪声很大时,有 $H(X/Y)\to H(X)$,此时接收到符号后获得的平均信息量趋近于零。可以看出,$H(X/Y)$ 实际上表示因为信道噪声而损失的平均信息量。

类似于式(3-5-14),人们还可以定义 $H(Y/X)$。此外,还可以定义联合平均信息量

$$H(X,Y) = -\sum_{i=0}^{N-1}\sum_{j=0}^{N-1} P(x_i,y_j)\log_2 P(x_i,y_j) \tag{3-5-16}$$

可以证明, $H(X)$、$H(Y)$ 与 $H(X/Y)$、$H(Y/X)$ 和 $H(X,Y)$ 存在下面的关系式

$$\begin{aligned} H(X,Y) &= H(X/Y) + H(Y)\\ &= H(Y/X) + H(X) \end{aligned} \tag{3-5-17}$$

一个有噪的离散无记忆信道容量可以被定义为通过该信道的每个符号能够传输的平均信息量的最大值。这最大值发生在信源同信道"匹配"时,我们规定该信道容量 C 为

$$C = \max_{P(X)}\{H(X) - H(X/Y)\} \tag{3-5-18}$$

式中,平均信息量最大是相对于信源离散随机变量 X 的所有可能概率分布而言的。假设已知信道中符号传输速率为 R_s,根据式(3-5-15)可以定义信道中平均信息传输速率为

$$R_b = R_s H_{CH} = R_s[H(X) - H(X/Y)] \tag{3-5-19}$$

可以看到,信道平均信息传输速率与单位时间传送的符号数目、信源概率分布以及信道的转移概率分布有关。当信道干扰情况即信道转移概率给定,发送符号速率也给定时,信道平均信息传输速率仅与信源的概率分布有关。信道容量可以基于式(3-5-19)定义为单位时间内信道能够传输的平均信息量的最大值,即

$$C_r = \max_{P(X)}\{[H(X) - H(X/Y)]R_s\} \tag{3-5-20}$$

习　　题

3-1　试列举生活中能见到的有线信道和无线信道,讨论它们的特性、用途和频段。

3-2　电磁波主要有几种传播方式?列举出各个频段信号采用的主要传播方式。

3-3　什么是多径效应?阐述频率选择性衰落、平衰落、快衰落和慢衰落信道的概念。

3-4　解释香农信道容量公式,写出各变量的物理意义和单位。

3-5　假设一条微波中继链路采用视距方式传输信号,收发天线高度为 45 m,求其近似可以达到的最远通信距离。

3-6　考虑图 3-14 所示的反射墙两径传播模型,假设发射信号频率为 900 MHz,接收端以 60 km/h 的速度向反射墙运动,试求该两径信道的多普勒扩展和相干时间。

3-7　假设车载通信链路载波频率为 5.8 GHz,发射机和接收机都位于不同汽车上,发射端车行速度为 40 km/h,接收端车行速度为 120 km/h。计算下列情况接收机收到信号的载波频率:

(1) 发射端和接收端相向而行;

(2) 接收端在前,发射端在后,接收端相对发射端同向行驶;

(3) 发射端和接收端在相互垂直的街道行驶。

3-8　设某接收天线的等效电阻为 300 Ω,接收机的通频带为 6 MHz,环境温度为 17 ℃,

试求该接收机输出的热噪声电压有效值。

3-9 假设有某两径信道,第一条路径的增益为1,时延为5 ns,第二径路径增益为0.5,时延为15 ns,写出该信道的冲激响应和频率响应函数,并求信道的多径时延扩展和相干带宽。

3-10 话带调制解调器使用的信号频带为300~3 400 Hz,对于一个接收信噪比为30 dB的信道,话带调制解调器的信道容量为多少?

3-11 假设某通信系统的信道带宽为10 kHz,信息传输速率为50 kbit/s,试问该系统运行所需的最小信噪比为多少?

第4章

模拟调制

语音、音乐和图像等信源直接转换得到的电信号，其频率通常是很低的。这类信号的频谱特点是低频成分非常丰富，有时还包含直流成分，如语音信号的频率为 300~3 400 Hz，通常称这类信号为基带信号。模拟基带信号可以直接通过架空明线、电缆/光缆等有线信道传输，但不能直接在无线信道中传输。另外，即使可以在有线信道传输，但一对线路上只能传输一路信号，其信道利用率是非常低的。这时需要对基带信号进行调制以适应信道的传输。

第4章
思维导图

所谓调制，就是把信号转换成适合在信道中传输形式的过程。广义的调制分为基带调制和带通调制（也称载波调制）。在大多数场合，人们所说的调制指的是载波调制。

载波调制，就是用基带信号去控制载波的参数的过程，使载波的某一个或某几个参数按照基带信号的规律而变化。未受调制的周期性振荡信号称为载波，它可以是正弦波，也可以是非正弦波（如周期性脉冲序列）。载波调制后称为已调信号，它含有基带信号的全部特征。解调则是调制的逆过程，其作用是将已调信号中的基带信号恢复出来。

微视频：调制
的概念

基带信号对载波的调制可以达到以下目的：第一，在无线传输中，为了获得较高的辐射效率，天线的尺寸必须与发射信号的波长相比拟。而基带信号包含的较低频率分量的波长较长，致使天线过长而难以实现。若通过调制，把基带信号的频谱搬移到较高的载波频率上，使已调信号的频谱与信道的带通特性相匹配，这样就可以减小发射天线的尺寸，提高传输性能。如在 GSM 体制移动通信使用的 950 MHz 频段，所需天线尺寸仅为 8 cm 左右。第二，通过调制可以将多个基带信号搬移到不同载频处，易于实现信道的多路复用，提高信道利用率。第三，通过调制可以扩展信号带宽，提高信号通过信道传输时的抗干扰能力。因此，调制对通信系统的有效性和可靠性有着很大的影响和作用，在通信系统的设计中调制体制至关重要。

调制方式很多，根据调制信号的形式可分为模拟调制和数字调制；根据载波的选择可分为以正弦波作为载波的连续波调制和以脉冲序列作为载波的脉冲调制。对于正弦载波调制，按照所控制载波的参数可分为振幅调制、频率调制和相位调制。

本章重点讨论调制信号为模拟信号时的连续波调制，主要介绍各种调制方法的原理、已调信号的时域波形和频谱结构、调制解调方法、模拟调制系统的抗噪声性能等。最后给出了几个模拟调制技术应用的实例。

4.1 幅度调制基本原理

微视频:幅度
调制基本原理

幅度调制的一般模型如图 4-1 所示。图中 $m(t)$ 为调制信号,它可以是确知信号,也可以是随机信号,通常认为 $m(t)$ 的均值为 0。ω_c 为载波信号的角频率,θ_c 为载波初相,$m(t)$ 与载波相乘输出的信号经过一个带通滤波器,产生已调信号 $s_m(t)$,带通滤波器的传输特性为 $H(\omega)$。为分析的方便,假定载波初相 $\theta_c = 0$。在下面的叙述中,以"↔"表示傅里叶变换对关系。图 4-1 中相乘器的输出为

$$s'(t) = Am(t)\cos\omega_c t \qquad (4-1-1)$$

$m(t)$ 的频谱为 $M(\omega)$,即

$$m(t) \leftrightarrow M(\omega)$$

$s'(t)$ 的频谱为 $S'(\omega)$,可知

$$Am(t)\cos(\omega_c t) \leftrightarrow S'(\omega) \qquad (4-1-2)$$

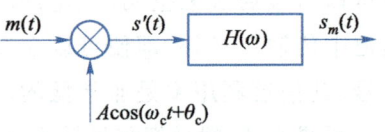

图 4-1 幅度调制的一般模型

变换得

$$S'(\omega) = \frac{1}{2}A[M(\omega+\omega_c)+M(\omega-\omega_c)] \qquad (4-1-3)$$

$$S_m(\omega) = \frac{1}{2}AH(\omega)[M(\omega+\omega_c)+M(\omega-\omega_c)] \qquad (4-1-4)$$

由式(4-1-3)可以看出,相乘器输出信号的频谱密度 $S'(\omega)$ 是调制信号的频谱密度 $M(\omega)$ 平移的结果(差一个常数因子)。由于这里的相乘器输出信号的频谱是调制信号频谱的平移,即在频域中两者之间是线性变换关系,所以也称其为线性调制。应当注意,在时域中调制信号 $m(t)$ 和相乘器输出信号 $s'(t)$ 之间并不存在线性变换关系。

在该模型中,适当选择带通滤波器的特性 $H(\omega)$,便可以得到各种幅度调制信号。

4.1.1 振幅调制(AM)

微视频:常规
调幅

1. AM 信号的时域表达式

振幅调制又称为常规双边带调制,或称为常规调幅。调制信号 $m(t)$ 叠加直流 A_0 后与载波相乘,就可形成调幅(amplitude modulation,AM)信号,AM 调制器模型如图 4-2 所示。

AM 信号的时域表达式为

$$s_{AM}(t) = [A_0+m(t)]\cos\omega_c t \qquad (4-1-5)$$

式中,通常取 $m(t)$ 的平均值 $\overline{m(t)} = 0$。AM 信号的时域波形示例如图 4-3(a)所示。

由图 4-3(a)的时域波形可知,AM 信号的包络与调制

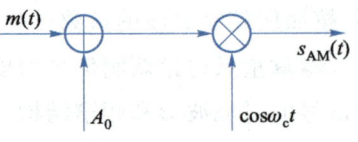

图 4-2 AM 调制器模型

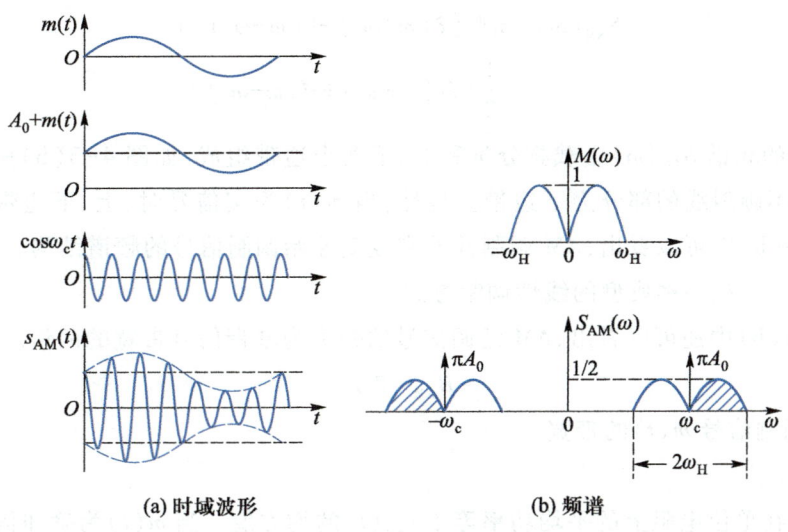

(a) 时域波形　　　　(b) 频谱

图 4-3　AM 信号的时域波形和频谱示例

信号 $m(t)$ 具有线性关系,采用包络检波的方法很容易恢复原始调制信号,但是为了保证解调输出不发生包络失真,必须满足

$$A_0 + m(t) \geq 0$$

当调制信号为单频余弦信号时,令

$$m(t) = A_m \cos(\omega_m t + \theta_m)$$

则

$$
\begin{aligned}
s_{AM}(t) &= [A_0 + A_m \cos(\omega_m t + \theta_m)] \cos \omega_c t \\
&= A_0 [1 + \beta_{AM} \cos(\omega_m t + \theta_m)] \cos \omega_c t
\end{aligned}
\tag{4-1-6}
$$

式中, $\beta_{AM} = \dfrac{A_m}{A_0} \leq 1$,称为调幅指数。对于一般的调幅信号,令 $f(t) = A_0 + m(t)$,调幅指数定义为

$$\beta_{AM} = \frac{[f(t)]_{max} - [f(t)]_{min}}{[f(t)]_{max} + [f(t)]_{min}} \tag{4-1-7}$$

通常 $\beta_{AM} < 1$ 。当 $\beta_{AM} > 1$ 时,称为过调幅;当 $\beta_{AM} = 1$ 时,称为临界调幅或满调幅。

2. AM 信号的频谱

由式(4-1-5)可知

$$
\begin{aligned}
s_{AM}(t) &= [A_0 + m(t)] \cos \omega_c t \\
&= \frac{1}{2} [A_0 + m(t)][e^{j\omega_c t} + e^{-j\omega_c t}]
\end{aligned}
\tag{4-1-8}
$$

已知 $m(t)$ 的频谱为 $M(\omega)$,而且由傅里叶变换理论,可知

$$A_0 \leftrightarrow 2\pi A_0 \delta(\omega)$$

$$m(t) e^{\pm j\omega_c t} \leftrightarrow M(\omega \mp \omega_c)$$

由此可得 $s_{AM}(t)$ 的傅里叶变换为

$$S_{AM}(\omega) = \pi A_0 [\,\delta(\omega+\omega_c) + \delta(\omega-\omega_c)\,] +$$

$$\frac{1}{2}[\,M(\omega+\omega_c) + M(\omega-\omega_c)\,] \tag{4-1-9}$$

AM 信号的频谱 $S_{AM}(\omega)$ 由载频分量和上、下两个边带组成,如图 4-3(b) 所示。斜线部分为上边带,不画斜线的部分为下边带。显然,当 $m(t)$ 为实信号时,上、下边带是完全对称的。从图 4-3(b) 中可以看出,AM 调制并没有改变原始调制信号的频谱结构,只是对其频谱进行了线性搬移,是一种典型的线性调制方式。

从图 4-3(b) 中还可以看出,AM 已调信号的带宽为基带信号带宽的两倍。

$$B_{AM} = 2\omega_H \tag{4-1-10}$$

式中,ω_H 为调制信号 $m(t)$ 的带宽。

3. 功率分配

AM 信号在单位电阻上的平均功率等于 $s_{AM}(t)$ 的均方值。当 $m(t)$ 为确知信号时,$s_{AM}(t)$ 的均方值即为其平方的时间平均,即

$$\begin{aligned} P_{AM} &= \overline{s_{AM}^2(t)} \\ &= \overline{[A_0+m(t)]^2 \cos^2\omega_c t} \\ &= \overline{A_0^2 \cos^2\omega_c t} + \overline{m^2(t)\cos^2\omega_c t} + \overline{2A_0 m(t)\cos^2\omega_c t} \end{aligned}$$

通常假设 $\overline{m(t)} = 0$,此外

$$\cos^2\omega_c t = \frac{1}{2}(1+\cos 2\omega_c t)$$

$$\overline{\cos 2\omega_c t} = 0$$

因此

$$P_{AM} = \frac{A_0^2}{2} + \frac{\overline{m^2(t)}}{2} = P_c + P_f \tag{4-1-11}$$

式中,$P_c = A_0^2/2$ 为载波功率,$P_f = \overline{m^2(t)}/2$ 为边带功率。

由式(4-1-11)可以看出,AM 信号的总功率包括载波功率和边带功率两部分。只有边带功率部分才与调制信号有关,我们定义调制效率为边带功率与总功率之比,即

$$\eta_{AM} = P_f/P_{AM} = \overline{m^2(t)} / [\,A_0^2 + \overline{m^2(t)}\,] \tag{4-1-12}$$

当调制信号为式(4-1-6)所示的单频余弦信号时,$\overline{m^2(t)} = A_m^2/2$,此时

$$\eta_{AM} = \frac{A_m^2}{2A_0^2 + A_m^2} = \frac{\beta_{AM}^2}{2+\beta_{AM}^2} \tag{4-1-13}$$

在刚发生过调幅的临界状态下,$\beta_{AM} = 1$,这时调制效率达到最大值 $\eta_{AM} = 1/3$。

在各种调制信号中,调制效率最高的是幅度为 A_0 的方波,此时 $\eta_{AM} = 1/2$。

从上面的讨论可以看出,AM 信号中载波分量并不携带信息,却占据了大部分功率,如果抑制载波分量的发送,则称为抑制载波双边带调制(double side band-suppressed carrier,DSB-

SC),将在下一节讨论。

4. AM 信号的解调

AM 信号的解调一般有两种方法:一种是相干解调方法,也称作同步解调法;另一种是非相干解调法,就是通常讲的包络检波法。由于包络检波法电路很简单,而且又不需要本地提供同步载波,因此,对 AM 信号的解调大都采用包络检波法。

(1) 相干解调法

用相干解调法接收 AM 信号的原理如图 4-4 所示。相干解调法一般由带通滤波器(band pass filter,BPF)、乘法器和低通滤波器(low pass filter,LPF)组成。AM 信号经信道传输后,接收端接收的信号首先通过 BPF,BPF 的主要作用是滤除带外噪声。AM 信号 $s_{AM}(t)$ 通过 BPF 后与本地载波 $\cos \omega_c t$ 相乘再经过 LPF 隔直流后就完成了 $s_{AM}(t)$ 信号的解调。相干解调时,为了无失真地恢复原基带信号,接收端必须提供一个与接收的已调信号载波严格同频同相的本地载波(称为相干载波)。

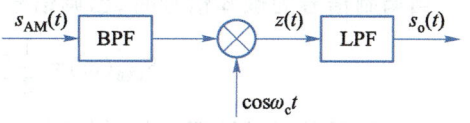

图 4-4 AM 信号的相干解调

图中,$s_{AM}(t)$ 与载波相乘后输出为

$$z(t) = s_{AM}(t) \cdot \cos \omega_c t = [A_0 + m(t)] \cos \omega_c t \cdot \cos \omega_c t$$
$$= \frac{1}{2}(1 + \cos 2\omega_c t)[A_0 + m(t)] \tag{4-1-14}$$

经过低通滤波后的输出信号为

$$s_o(t) = \frac{A_0}{2} + \frac{1}{2}m(t) \tag{4-1-15}$$

在式(4-1-15)中,常数 $A_0/2$ 为直流成分,用一个隔直流电路就能够无失真地恢复原始调制信号。

相干载波 $\cos \omega_c t$ 是通过对接收到的 AM 信号进行同步载波提取而获得的。如何进行同步载波的提取将在第 9 章中介绍。

相干解调法的优点是接收灵敏度高,但实现较为复杂,要求在接收端产生一个与接收信号载波同频同相的载波。

(2) 非相干解调法

AM 信号非相干解调的原理如图 4-5 所示,它由 BPF、线性包络检波器(linear envelop detector,LED)和 LPF 组成。图中 BPF 的作用与相干解调法中的完全相同。LED 直接提取 AM 信号的包络,即把一个高频信号直接变成了低频调制信号,低通滤波器可以对包络检波器的输出起到平滑作用。最简单的包络检波器由二极管和阻容电路构成,具体电路参考高频电子线路有关文献。

图 4-5 AM 信号的非相干解调

包络检波法的优点是实现简单、成本低、不需要同步载波,但系统抗噪声性能较差、接收灵敏度较低。

微视频:双边带调制

4.1.2　抑制载波双边带调制（DSB-SC）

在 AM 信号中,载波分量并不携带信息,仍占据大部分功率,如果抑制载波分量的发送,就能够提高功率效率,这就是抑制载波双边带调制（DSB-SC）,简称双边带调制（DSB）。其时域波形表达式为

$$s_{\text{DSB}}(t) = m(t)\cos \omega_c t \tag{4-1-16}$$

当调制信号为确知信号时,已调信号的频谱为

$$S_{\text{DSB}}(\omega) = \frac{1}{2}\left[M(\omega+\omega_c) + M(\omega-\omega_c)\right] \tag{4-1-17}$$

DSB 信号的时域波形和频谱如图 4-6 所示。

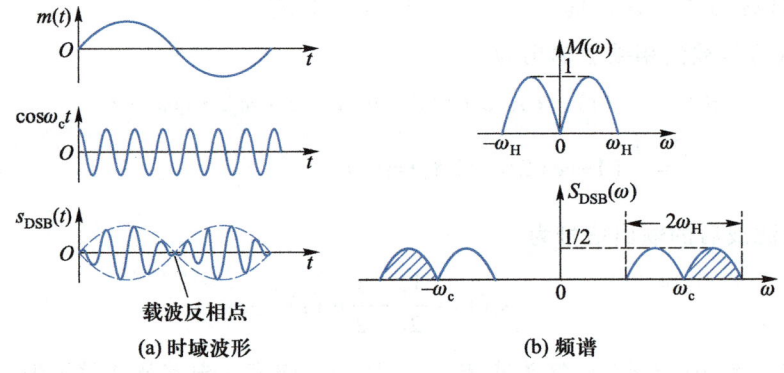

(a) 时域波形　　　　　　(b) 频谱

图 4-6　DSB 信号的时域波形和频谱

由 DSB 信号的时域波形可知,DSB 信号的包络不再与调制信号的变化规律一致,因而不能采用简单的包络检波来恢复调制信号,通常需要采用相干解调。另外,在调制信号 $m(t)$ 的过零点处,已调信号相位有 180° 的突变。DSB 信号的相干解调与 AM 信号相干解调完全相同,如图 4-4 所示。

DSB 信号与本地相干载波相乘后的输出为

$$
\begin{aligned}
z(t) &= s_{\text{DSB}}(t) \cdot \cos \omega_c t \\
&= m(t)\cos \omega_c t \cdot \cos \omega_c t \\
&= \frac{m(t)}{2}(1+\cos 2\omega_c t)
\end{aligned}
\tag{4-1-18}
$$

经过低通滤波后就能够无失真地恢复原始调制信号

$$s_o(t) = \frac{1}{2}m(t) \tag{4-1-19}$$

由于 DSB 信号中 $P_c = 0$, $P_{\text{DSB}} = P_f$,因此 DSB 信号调制效率 $\eta_{\text{DSB}} = 1$,DSB 信号节省了载波

功率,功率利用率提高了,但 DSB 信号的带宽仍是调制信号带宽的两倍。DSB 信号的上、下两个边带是完全对称的,它们都携带了调制信号的相同信息,如果只传输其中一个边带,就能够减小信号占据的带宽,这就是下一节要讨论的单边带调制。

4.1.3　单边带调制（SSB）

微视频:单边
带调制-上

微视频:单边
带调制-下

通信系统中信号发送功率和信号带宽是两个主要指标。在 AM 调制系统中,边带信号功率只占总功率的一小部分,而传输带宽是基带信号的两倍。在双边带调制系统中,虽然载波被抑制后,功率效率达到 100%,但是它的传输带宽仍为基带信号的两倍。前面已经提到,DSB 信号具有上、下两个边带,都携带着相同的关于调制信号的全部信息。因此在传输过程中完全可以使用一个边带传送信息。这就是单边带调制(single side band,SSB)。

单边带调制就是指在传输信号的过程中,只传输上边带或下边带部分,从而达到节省发送功率和系统频带的目的。SSB 与 AM 和 DSB 相比可以节约一半的传输频带宽度。因此提高了通信信道频带利用率,增加了通信的有效性。

产生 SSB 信号最直接的方法是让 DSB 信号通过一个单边带滤波器,保留所需要的一个边带,滤除不要的边带。这种方法称为滤波法,它是最简单也是最常用的方法。

滤波法原理如图 4-7 所示。$H_{SSB}(\omega)$ 为单边带滤波器的传输函数,如图 4-8 所示,对于保留上边带的单边带调制来说,有

$$H_{SSB}(\omega) = H_{USB}(\omega) = \begin{cases} 1, & |\omega| > \omega_c \\ 0 & |\omega| \leqslant \omega_c \end{cases} \quad (4-1-20)$$

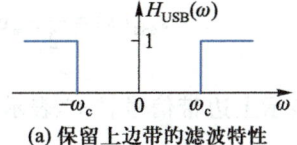

(a) 保留上边带的滤波特性

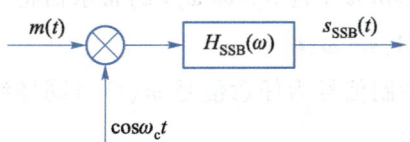

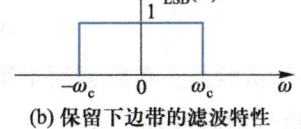

(b) 保留下边带的滤波特性

图 4-7　滤波法产生单边带信号的原理　　图 4-8　形成 SSB 信号的滤波特性

对于保留下边带的单边带调制来说,则取 $H_{SSB}(\omega)$ 为低通滤波器,于是

$$H_{SSB}(\omega) = H_{LSB}(\omega) = \begin{cases} 1, & |\omega| < \omega_c \\ 0, & |\omega| \geqslant \omega_c \end{cases} \quad (4-1-21)$$

单边带信号的频谱为

$$S_{SSB}(\omega) = S_{DSB}(\omega) \cdot H_{SSB}(\omega) \quad (4-1-22)$$

滤波法的频谱变换关系如图 4-9 所示,图中实线部分表示保留的边带,虚线部分表示被滤除的边带。

1. SSB 信号时域表达式

SSB 信号时域表达式的推导比较困难。我们可以从简单的单频调制出发,得到 SSB 信号的时域表达式,然后再推广到一般情况。

设单频调制信号为 $m(t) = A_m \cos \omega_m t$,载波为 $\cos \omega_c t$,DSB 信号的时域表达式为

$$s_{\text{DSB}}(t) = A_m \cos \omega_m t \cos \omega_c t$$

$$= \frac{1}{2} A_m \cos(\omega_c + \omega_m)t + \frac{1}{2} A_m \cos(\omega_c - \omega_m)t \tag{4-1-23}$$

保留上边带,则

$$s_{\text{USB}}(t) = \frac{1}{2} A_m \cos(\omega_c + \omega_m)t$$

$$= \frac{1}{2} A_m \cos \omega_m t \cos \omega_c t - \frac{1}{2} A_m \sin \omega_m t \sin \omega_c t \tag{4-1-24}$$

保留下边带,则

$$s_{\text{LSB}}(t) = \frac{1}{2} A_m \cos(\omega_c - \omega_m)t$$

$$= \frac{1}{2} A_m \cos \omega_m t \cos \omega_c t + \frac{1}{2} A_m \sin \omega_m t \sin \omega_c t \tag{4-1-25}$$

可以统一表示为

$$s_{\text{SSB}}(t) = \frac{1}{2} A_m \cos \omega_m t \cos \omega_c t \pm \frac{1}{2} A_m \sin \omega_m t \sin \omega_c t \tag{4-1-26}$$

式中,"−"表示上边带信号,"+"表示下边带信号。$A_m \sin \omega_m t$ 可以看成是 $A_m \cos \omega_m t$ 相移 $\dfrac{\pi}{2}$,而幅度大小保持不变。由 2.3.1 节内容可知 $A_m \sin \omega_m t$ 是 $A_m \cos \omega_m t$ 的希尔伯特变换,即

$$A_m \widehat{\cos} \omega_m t = A_m \sin \omega_m t \tag{4-1-27}$$

上述关系虽然是在单频调制下得到的,但调制信号为任意信号 $m(t)$ 时同样满足上述关系,即 SSB 信号的时域表示式

$$s_{\text{SSB}}(t) = \frac{1}{2} m(t) \cos \omega_c t \pm \frac{1}{2} \hat{m}(t) \sin \omega_c t \tag{4-1-28}$$

式中,$\hat{m}(t)$ 是 $m(t)$ 的希尔伯特变换。若 $M(\omega)$ 为 $m(t)$ 的傅里叶变换,则 $\hat{m}(t)$ 的傅里叶变换 $\hat{M}(\omega)$ 为

$$\hat{M}(\omega) = M(\omega) \cdot [-\text{jsgn}(\omega)] \tag{4-1-29}$$

式中,符号函数

图 4-9 SSB 信号的频谱

$$sgn(\omega) = \begin{cases} 1, & \omega > 0 \\ 0, & \omega = 0 \\ -1, & \omega < 0 \end{cases} \tag{4-1-30}$$

设

$$H_h(\omega) = \hat{M}(\omega)/M(\omega) = -j sgn(\omega) \tag{4-1-31}$$

我们把 $H_h(\omega)$ 称为希尔伯特滤波器的传递函数,它实质上是一个宽带相移网络,表示把 $m(t)$ 的频率分量相移 $-\dfrac{\pi}{2}$。

2. SSB 信号的频带宽度

由前面的论述可知,单边带信号是通过将双边带调制中的一个边带完全抑制掉而产生的,所以它的传输带宽应该是双边带调制带宽的一半,即对于单边带信号,它的频带宽度为 $B_{SSB} = f_m$, f_m 为调制信号 $m(t)$ 的带宽。

3. SSB 信号的产生

单边带信号的产生方法通常有滤波法和相移法。

（1）用滤波法形成单边带信号

滤波法的原理前面已有讲述。用滤波法形成 SSB 信号的关键是单边带滤波器的设计实现,理想的单边带滤波器要求具有锐截止特性,即具有理想高通或低通特性,这在实际工程中是不可能实现的。实际的单边带滤波器在通带和阻带之间总是存在一定的过渡带,如果调制信号具有丰富的低频成分,则难免对需要保留的边带造成衰减,同时不需要的边带抑制不干净,造成单边带信号的失真,如图 4-10 所示。

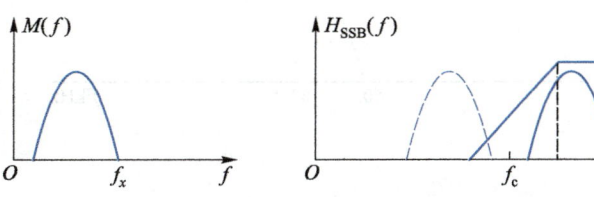

图 4-10 非理想单边带滤波器特性

但是有些基带信号,如话音、音乐等,其低频成分很少或没有,经过双边带调制后上、下两个边带之间存在间隔,因此可以充分利用边带之间的间隔作为单边带滤波器的过渡带。对于话音信号,其频谱范围为 300~3 400 Hz,这样,经过双边带调制后,两个边带间隔为 600 Hz。这个过渡带的存在使得不必采用理想滤波器特性也可以实现单边带滤波。

在实际工程中,单边带滤波器设计的难易程度与过渡带相对于截止频率的归一化值有关,过渡带归一化值越小,则滤波器设计难度越大。对于 600 Hz 的边带间隔,当载频为 60 kHz 时,归一化值为 0.01,这样的单边带滤波器通常易于实现;而当载频为 6 MHz 时,归一化值为 0.000 1,此时单边带滤波器难以实现。因此在实际工程中,往往采用多级单边带滤波调制的方法,降低边带滤波器的设计难度。

在短波话音通信中,有时采用单边带调制方式传输。短波通信工作频率在 2~30 MHz

范围,如果把话音信号用一级单边带调制方法直接调制到这样高的工作频率上,单边带滤波器的设计与实现非常困难。假如设定单边带滤波器的归一化值不能低于 0.01,下面给出一种采用二级滤波的实现方案,图 4-11 给出了这种方案的框图和搬移过程的频谱图。图 4-11 中第一级调制时载波频率 f_{c1} = 60 kHz,第二级调制时载波频率 f_{c2} = 12.06 MHz。第一级经相乘器相乘后,将话音信号频谱搬移到 60 kHz 上,这时输出的 DSB 信号两个边带之间的过渡带带宽为 600 Hz;第二级又经相乘器相乘后,将话音信号频谱搬移到 12.06 MHz 上,相乘器输出的 DSB 信号两个边带之间的过渡带增为 2×60.3 kHz = 120.6 kHz,这样在两级滤波中滤波器的过渡带归一化值都为 0.01,比较容易实现。如果还要调制到更高的载频上,则还需要进一步的多级搬移。这种多级频谱搬移的方法在单边带电台中得到了广泛的应用。

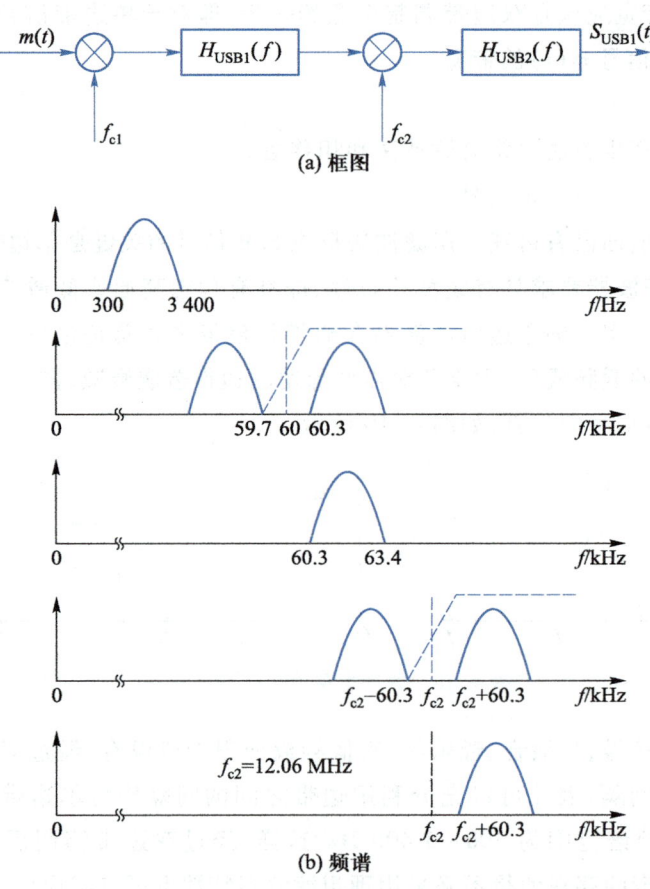

图 4-11　二级滤波的过程示意

对于含有直流分量并且低频分量很丰富的信号,如大多数的数字信号或图像信号,多级调制滤波法不太适用。这种情况下如果仍用单边带滤波器滤除一个边带,抑制另一个边带就更为困难,容易引起单边带信号本身的失真。而在多路复用时,这就容易产生对邻路的干扰,影响通信质量。这时可以采用残留边带调制方法,此内容将在 4.1.4 节中介绍。

（2）用相移法形成单边带信号

由式(4-1-28)可得出相移法形成单边带信号的模型,如图 4-12 所示。

相移法形成 SSB 信号的困难在于宽带相移网络的实现,该网络要求对调制信号 $m(t)$ 的频率分量必须严格相移 $-\dfrac{\pi}{2}$。

4. SSB 信号的解调

（1）相干解调

SSB 信号的解调和 DSB 一样不能采用简单的包络检波,仍需采用相干解调,解调过程如图 4-13 所示。

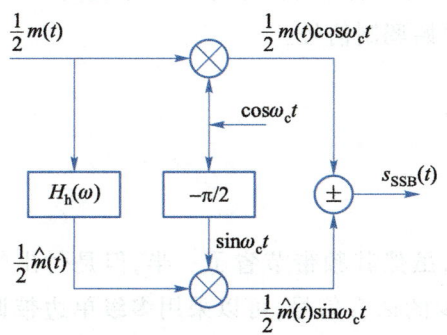

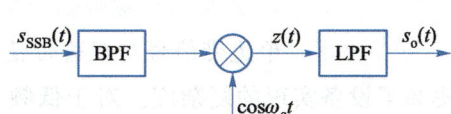

图 4-12　相移法形成单边带信号　　　　图 4-13　单边带信号的相干解调

单边带信号的表达式为

$$s_{\text{SSB}}(t) = \frac{1}{2} m(t) \cos \omega_c t \pm \frac{1}{2} \hat{m}(t) \sin \omega_c t$$

与同频同相载波相乘

$$z(t) = s_{\text{SSB}}(t) \cdot \cos \omega_c t = \frac{1}{2} \left[m(t) \cos \omega_c t \pm \hat{m}(t) \sin \omega_c t \right] \cos \omega_c t$$

$$= \frac{1}{2} m(t) \cos^2 \omega_c t \pm \frac{1}{2} \hat{m}(t) \cos \omega_c t \sin \omega_c t$$

$$= \frac{1}{4} m(t) + \frac{1}{4} m(t) \cos 2\omega_c t \pm \frac{1}{4} \hat{m}(t) \sin 2\omega_c t \tag{4-1-32}$$

经过低通滤波器之后滤除了 $2\omega_c$ 附近的频率成分,输出为

$$s_o(t) = \frac{1}{4} m(t) \tag{4-1-33}$$

（2）插入强载波法

SSB 信号不能采用简单的包络检波方法解调,但是若插入一个很强的载波则仍可以用包络检波的方法进行解调,这个强载波分量可以在接收端解调之前插入,也可以在发送端插入。下面简单推导一下这种方法的原理。

对于 SSB 信号,插入载波后的信号为

$$s_a(t) = \frac{1}{2}m(t)\cos \omega_c t \pm \frac{1}{2}\hat{m}(t)\sin \omega_c t + A_d\cos \omega_c t$$

$$= A(t)\cos[\omega_c t + \varphi(t)]$$

式中,瞬时幅度为

$$A(t) = \left[A_d^2 + \frac{1}{4}m^2(t) + A_d m(t) + \frac{1}{4}\hat{m}^2(t)\right]^{1/2}$$

如果插入载波的幅度 A_d 很大,则

$$A(t) \approx [A_d^2 + A_d m(t)]^{1/2} \approx A_d + \frac{1}{2}m(t)$$

上式中 A_d 为直流分量,因此对 $s_a(t)$ 进行包络检波后输出的信号为 $m(t)$。这样,插入强载波分量后可以采用包络检波的方法近似地恢复原始调制信号。

4.1.4　残留边带调制(VSB)

微视频:残留
边带调制

1. 残留边带信号的产生

　　单边带信号与双边带信号相比,虽然其频带节省了一半,但是付出的代价是提高了设备实现的复杂度。对于低频成分很少的话音信号,可以采用多级单边带调制方法,但是对于具有丰富低频分量并且还包括直流分量的电视信号,不宜采用单边带调制传输。为解决这个问题,可以用介于单边带调制和双边带调制之间的一种调制方式,即残留边带调制(vestigial side band,VSB)。

　　VSB 是介于 SSB 与 DSB 之间的一种调制方式,它既克服了 DSB 信号占用频带宽的缺点,又不需要设计锐截止的单边带滤波器。在 VSB 中,设法让一个边带通过,同时又保留另一个边带的一小部分,因此这种方法称为残留边带调制。

　　将 DSB 信号通过一个残留边带滤波器就可以得到残留边带调制信号,残留边带调制与解调的原理如图 4-14 所示。

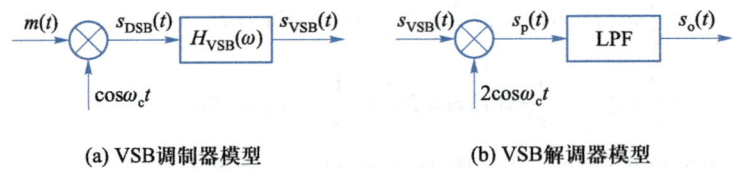

(a) VSB调制器模型　　　　　　　　(b) VSB解调器模型

图 4-14　残留边带调制与解调原理

2. 残留边带信号的解调

　　为了能够无失真地恢复原始的调制信号,残留边带滤波器应当满足互补对称特性,下面具体分析残留边带滤波器的特性。设 $H_{VSB}(\omega)$ 是所需的残留边带滤波器的传输特性。由图 4-14(a)可知,残留边带信号的频谱为

$$S_{VSB}(\omega) = \frac{1}{2}[M(\omega + \omega_c) + M(\omega - \omega_c)]H_{VSB}(\omega) \qquad (4-1-34)$$

为了确定 $H_{VSB}(\omega)$ 应满足的条件,我们来分析一下接收端是如何从该信号中恢复原基带信号的。

对 VSB 信号进行相干解调,如图 4-14(b)所示。图中,残留边带信号 $s_{VSB}(t)$ 与相干载波 $2\cos\omega_c t$ 相乘后信号频谱为

$$2s_{VSB}(t)\cos\omega_c t \leftrightarrow [S_{VSB}(\omega+\omega_c)+S_{VSB}(\omega-\omega_c)]$$

$$=\frac{1}{2}\{[M(\omega-2\omega_c)+M(\omega)]H_{VSB}(\omega-\omega_c)+[M(\omega+2\omega_c)+M(\omega)]H_{VSB}(\omega+\omega_c)\} \quad (4-1-35)$$

由式(4-1-35)可见频谱由四部分组成,通过低通滤波后,滤除了二次谐波 $M(\omega-2\omega_c)$ 和 $M(\omega+2\omega_c)$ 成分,LPF 的输出为

$$S_o(\omega)=\frac{1}{2}M(\omega)[H_{VSB}(\omega+\omega_c)+H_{VSB}(\omega-\omega_c)] \quad (4-1-36)$$

为了保证相干解调无失真地恢复调制信号,只要在 $M(\omega)$ 的频谱范围内,满足

$$H_{VSB}(\omega+\omega_c)+H_{VSB}(\omega-\omega_c)=常数, \quad |\omega|\le\omega_H \quad (4-1-37)$$

式中,ω_H 是调制信号的最高频率。则式(4-1-36)变成

$$S_o(\omega)=\frac{K}{2}M(\omega) \quad (4-1-38)$$

其中,K 为常数。这正好与要恢复的基带信号 $m(t)$ 的频谱成线性关系,由 $s_o(t)$ 进行简单的线性变换即可恢复基带信号 $m(t)$。通常把满足式(4-1-37)的残留边带滤波器的特性称为互补对称特性。

式(4-1-37)就是残留边带滤波器传输特性 $H_{VSB}(\omega)$ 所必须满足的条件。图 4-15(a)所示的低通滤波器形式和图 4-15(b)所示的带通(或高通)滤波器形式,都满足互补对称特性,分别对应于残留上、下边带滤波器。

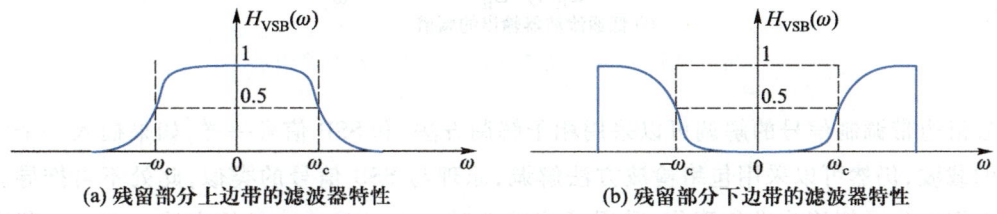

(a) 残留部分上边带的滤波器特性　　　　(b) 残留部分下边带的滤波器特性

图 4-15　残留部分上、下边带的滤波器特性

式(4-1-37)的几何解释如下:以残留上边带的滤波器为例,它是一个低通滤波器。这个滤波器将使上边带小部分残留,而使下边带绝大部分通过。将 $H_{VSB}(\omega)$ 进行 $\pm\omega_c$ 的频移,分别得到 $H_{VSB}(\omega-\omega_c)$ 和 $H_{VSB}(\omega+\omega_c)$,按式(4-1-37)将两者相加,其结果在 $|\omega|\le\omega_H$ 范围内应为常数,为了满足这一要求,必须使 $H_{VSB}(\omega-\omega_c)$ 和 $H_{VSB}(\omega+\omega_c)$ 在 $\omega=0$ 处具有互补对称的滚降特性。由此我们得到如下重要概念:只要残留边带滤波器的特性 $H_{VSB}(\omega)$ 在 $\pm\omega_c$ 处具有互补对称特性,那么,采用相干解调法解调残留边带信号就能够准确地恢复所需的基带信号。

为了更好地理解残留边带调制系统的工作原理,下面把图 4-14 残留边带调制系统中各点的频谱画在图 4-16 中。图 4-16(a)为输入调制信号 $m(t)$ 的频谱,基带信号的最高频率为 ω_H;

图 4-16(b)为双边带信号 $s_{DSB}(t)$ 的频谱;图 4-16(c)为残留边带滤波器的频率特性;图 4-16(d)为残留边带信号 $s_{VSB}(t)$ 的频谱;图 4-16(e)为接收端相乘器输出的频谱;图 4-16(f)为低通滤波器输出的频谱。从各点的频谱可以明显看出残留边带滤波器的互补对称特性。

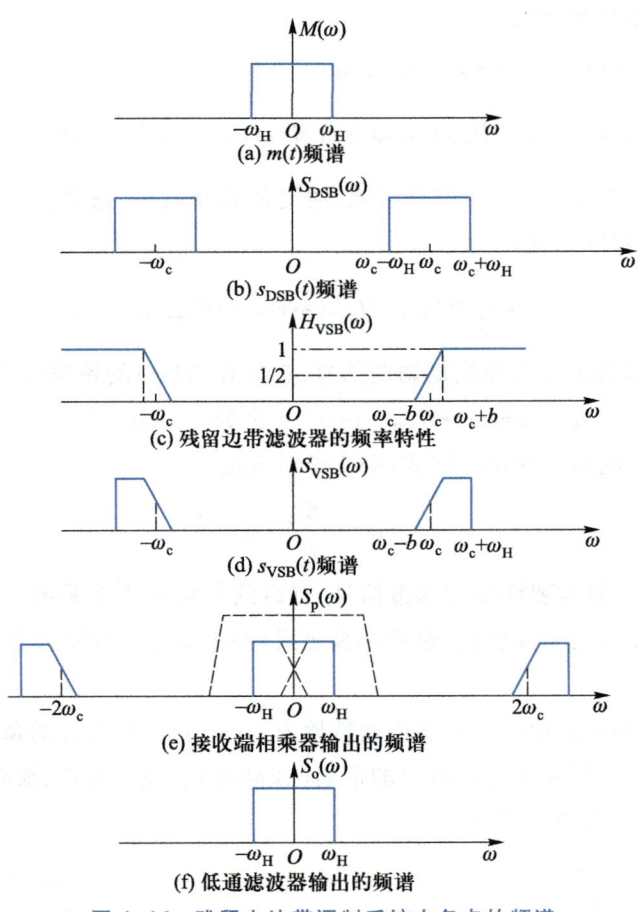

图 4-16　残留上边带调制系统中各点的频谱

　　残留边带调制信号的解调可以采用相干解调方法,和 SSB 信号一样,如果插入一个幅度较大的载波,仍然可以采用包络检波方法解调,原理与 SSB 信号的类似,此处不再推导。在广播电视中为了使接收设备简化,采用了在发送时插入强载波分量的方法。在 4.6 节中将具体介绍这种方法在广播电视中的应用。

﹡ 4.2　幅度调制系统的抗噪声性能

微视频:

分析模型

4.2.1　分析模型

　　分析解调器的抗噪声性能的分析模型如图 4-17 所示。图中,$s_m(t)$ 为已

调信号, $n(t)$ 为传输过程中叠加的高斯白噪声。带通滤波器的作用是滤除已调信号频带以外的噪声,经过带通滤波器后到达解调器输入端的信号为 $s_i(t)$,噪声为 $n_i(t)$ 。解调器输出的有用信号为 $s_o(t)$,噪声为 $n_o(t)$ 。

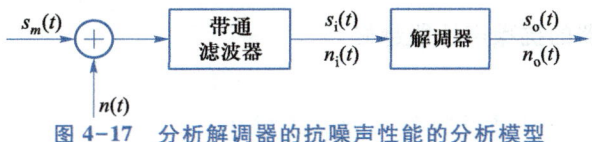

图 4-17 分析解调器的抗噪声性能的分析模型

由第 2 章的讨论可知,当带通滤波器带宽远小于其中心频率时, $n_i(t)$ 即为平稳高斯窄带噪声,它的表示式为

$$n_i(t) = n_c(t)\cos\omega_0 t - n_s(t)\sin\omega_0 t \tag{4-2-1}$$

或者

$$n_i(t) = V(t)\cos[\omega_0 t + \theta(t)] \tag{4-2-2}$$

式中

$$V(t) = \sqrt{n_c^2(t) + n_s^2(t)}$$

$$\theta(t) = \arctan[n_s(t)/n_c(t)]$$

$V(t)$ 的一维概率密度函数为瑞利分布, $\theta(t)$ 的一维概率密度函数为均匀分布。窄带噪声 $n_i(t)$ 及其同相分量 $n_c(t)$ 和正交分量 $n_s(t)$ 的均值都为 0,且具有相同的方差,即

$$\overline{n_i^2(t)} = \overline{n_c^2(t)} = \overline{n_s^2(t)} = N_i \tag{4-2-3}$$

式中, N_i 为解调器输入噪声 $n_i(t)$ 的平均功率。若白噪声的双边功率谱密度为 $n_0/2$,带通滤波器的传输特性是高度为 1、带宽为 B 的理想矩形函数,如图 4-18 所示,则

$$N_i = n_0 B \tag{4-2-4}$$

为了使已调信号无失真地进入解调器,同时又最大限度地抑制噪声,带宽 B 应等于已调信号的频带宽度,当然也是窄带噪声 $n_i(t)$ 的带宽。

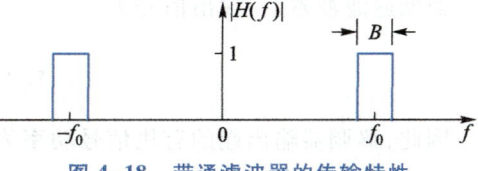

图 4-18 带通滤波器的传输特性

评价一个模拟通信系统质量的好坏,最终是要看解调器的输出信噪比。输出信噪比定义为

$$\frac{S_o}{N_o} = \frac{\text{解调器输出有用信号的平均功率}}{\text{解调器输出噪声的平均功率}} = \frac{\overline{s_o^2(t)}}{\overline{n_o^2(t)}} \tag{4-2-5}$$

在已调信号平均功率相同且信道噪声功率谱密度也相同的情况下,输出信噪比反映了系统的抗噪声性能。

不同调制系统下解调器的抗噪声性能可以用输出信噪比和输入信噪比的比值 G 来度量,即

$$G = \frac{S_o/N_o}{S_i/N_i} \tag{4-2-6}$$

G 称为解调制度增益。式(4-2-6)中,S_i/N_i 为输入信噪比,定义为

$$\frac{S_i}{N_i}=\frac{\text{解调器输入已调信号的平均功率}}{\text{解调器输入噪声的平均功率}}=\frac{\overline{s_m^2(t)}}{\overline{n_i^2(t)}} \qquad (4-2-7)$$

显然,G 越大,则解调器的抗噪声性能越好。

4.2.2　幅度调制相干解调的抗噪声性能

**微视频:幅度
调制相干解调
的抗噪声性能**

幅度调制相干解调系统的抗噪声性能分析模型如图 4-19 所示,下面分别针对 DSB、SSB、VSB 系统进行分析。

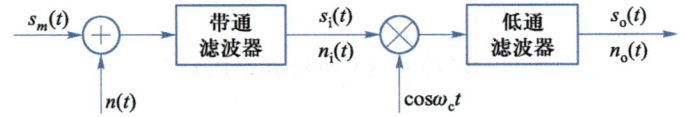

图 4-19　幅度调制相干解调系统的抗噪声性能分析模型

1. DSB 相干解调系统的性能

无噪声时,解调器输入信号为

$$s_i(t)=m(t)\cos \omega_c t \qquad (4-2-8)$$

与相干载波 $\cos \omega_c t$ 相乘后,得

$$m(t)\cos^2 \omega_c t=\frac{1}{2}m(t)+\frac{1}{2}m(t)\cos 2\omega_c t$$

经低通滤波器后,输出信号为

$$s_o(t)=\frac{1}{2}m(t) \qquad (4-2-9)$$

因此,解调器输出端的有用信号功率为

$$S_o=\overline{s_o^2(t)}=\frac{1}{4}\overline{m^2(t)} \qquad (4-2-10)$$

解调 DSB 信号时,带通滤波器的中心频率 ω_0 与调制载频 ω_c 相同,因此解调器输入端的噪声 $n_i(t)$ 可表示为

$$n_i(t)=n_c(t)\cos \omega_c t-n_s(t)\sin \omega_c t \qquad (4-2-11)$$

$$n_i(t)\cos \omega_c t=[n_c(t)\cos \omega_c t-n_s(t)\sin \omega_c t]\cos \omega_c t$$

$$=\frac{1}{2}n_c(t)+\frac{1}{2}[n_c(t)\cos 2\omega_c t-n_s(t)\sin 2\omega_c t]$$

经低通滤波器后

$$n_o(t)=\frac{1}{2}n_c(t) \qquad (4-2-12)$$

故输出噪声功率为

$$N_o = \overline{n_o^2(t)} = \frac{1}{4}\overline{n_c^2(t)} \tag{4-2-13}$$

根据式(4-2-3)和式(4-2-4),有

$$N_o = \frac{1}{4}\overline{n_i^2(t)} = \frac{1}{4}N_i = \frac{1}{4}n_0 B_{DSB} \tag{4-2-14}$$

这里,B_{DSB} 为带通滤波器的带宽,即为 DSB 信号的带宽。

解调器输入信号平均功率为

$$S_i = \overline{s_m^2(t)} = \overline{[m(t)\cos\omega_c t]^2} = \frac{1}{2}\overline{m^2(t)} \tag{4-2-15}$$

由式(4-2-15)及式(4-2-4)可得解调器的输入信噪比

$$\frac{S_i}{N_i} = \frac{\frac{1}{2}\overline{m^2(t)}}{n_0 B_{DSB}} \tag{4-2-16}$$

根据式(4-2-10)和式(4-2-14),可得解调器的输出信噪比

$$\frac{S_o}{N_o} = \frac{\frac{1}{4}\overline{m^2(t)}}{\frac{1}{4}N_i} = \frac{\overline{m^2(t)}}{n_0 B_{DSB}} \tag{4-2-17}$$

因而解调制度增益为

$$G_{DSB} = \frac{S_o/N_o}{S_i/N_i} = 2 \tag{4-2-18}$$

这就是说,DSB 信号的相干解调器使信噪比改善一倍。这是因为采用相干解调,使输入噪声中的一个正交分量 $n_s(t)$ 被消除的缘故。

2. SSB 相干解调系统的性能

单边带信号的解调方法与双边带信号相同,其区别仅在于解调器之前的带通滤波器的带宽和中心频率不同。前者的带通滤波器带宽为后者的一半。

单边带信号解调器的输出噪声与输入噪声的功率可由式(4-2-14)给出,即

$$N_o = \frac{1}{4}N_i = \frac{1}{4}n_0 B_{SSB} \tag{4-2-19}$$

这里,B_{SSB} 为单边带滤波器的带宽。

单边带信号的表达式

$$s_m(t) = \frac{1}{2}m(t)\cos\omega_c t \mp \frac{1}{2}\hat{m}(t)\sin\omega_c t \tag{4-2-20}$$

其中,$\hat{m}(t)$ 为 $m(t)$ 的希尔伯特变换,与相干载波相乘后,再经低通滤波可得解调器输出信号

$$m_o(t) = \frac{1}{4}m(t) \tag{4-2-21}$$

因此,输出信号平均功率

$$S_o = \overline{m_o^2(t)} = \frac{1}{16}\overline{m^2(t)} \tag{4-2-22}$$

输入信号平均功率

$$S_i = \overline{s_m^2(t)} = \frac{1}{4}\overline{\left[m(t)\cos\omega_c t \mp \hat{m}(t)\sin\omega_c t\right]^2}$$

$$= \frac{1}{4}\left[\frac{1}{2}\overline{m^2(t)} + \frac{1}{2}\overline{\hat{m}^2(t)}\right] \tag{4-2-23}$$

由希尔伯特变换的性质可知 $\hat{m}(t)$ 与 $m(t)$ 的平均功率是相等的,因此有

$$S_i = \frac{1}{4}\overline{m^2(t)} \tag{4-2-24}$$

于是,单边带解调器的输入信噪比为

$$\frac{S_i}{N_i} = \frac{\frac{1}{4}\overline{m^2(t)}}{n_0 B_{SSB}} = \frac{\overline{m^2(t)}}{4 n_0 B_{SSB}} \tag{4-2-25}$$

输出信噪比为

$$\frac{S_o}{N_o} = \frac{\frac{1}{16}\overline{m^2(t)}}{\frac{1}{4}n_0 B_{SSB}} = \frac{\overline{m^2(t)}}{4 n_0 B_{SSB}} \tag{4-2-26}$$

因而,单边带信号做相干解调的解调制度增益为

$$G_{SSB} = \frac{S_o/N_o}{S_i/N_i} = 1 \tag{4-2-27}$$

　　这是因为在 SSB 系统中,信号和噪声有相同的正交表示形式。所以,相干解调过程中信号和噪声的正交分量均被抑制,故信噪比没有改善。

　　从前面的推导可以看出 $G_{DSB} = 2G_{SSB}$,这是否说明双边带系统的抗噪声性能比单边带系统好呢? 观察式(4-2-15)及式(4-2-24)可知,上述讨论中双边带调制时输入相干解调器的已调信号平均功率是单边带调制时的 2 倍,因此两种调制方式下的信噪比是在不同输入信号功率下得到的。如果在相同的输入信号功率 S_i、相同的输入噪声功率谱密度 n_0、相同的基带信号带宽 f_H 条件下,对这两种调制方式进行比较,它们的输出信噪比是相等的。因此两者的抗噪声性能是相同的,但双边带信号所需的传输带宽是单边带的两倍。

3. VSB 相干解调系统的性能

　　VSB 相干解调系统的抗噪声性能的分析方法与上面的相似。但是,由于采用的残留边带滤波器的频率特性形状不同,所以,抗噪声性能的计算是比较复杂的。但是残留的边带不是太大的时候,可以近似认为与 SSB 调制系统的抗噪声性能相同。

微视频:AM
信号包络检波
的抗噪声性能

4.2.3　AM 信号包络检波的抗噪声性能

　　AM 信号可采用相干解调和包络检波。相干解调时 AM 系统的性能分析

方法与前面双边带（或单边带）的相同。实际中，AM 信号常用简单的包络检波法解调，AM 信号包络检波的抗噪声性能分析模型如图 4-20 所示。

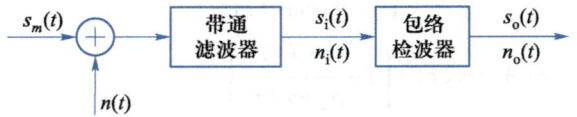

图 4-20　AM 信号包络检波的抗噪声性能分析模型

设解调器的输入信号

$$s_m(t) = [A_0 + m(t)] \cos \omega_c t \tag{4-2-28}$$

式中，A_0 为载波幅度，$m(t)$ 为调制信号。这里仍假设 $m(t)$ 的均值为 0，且 $A_0 \geqslant |m(t)|_{\max}$。对于常规调幅来说，图 4-20 中带通滤波器的中心频率与载频相同，因此输入噪声为

$$n_i(t) = n_c(t) \cos \omega_c t - n_s(t) \sin \omega_c t \tag{4-2-29}$$

显然，若已调信号带宽为 B_{AM}，为调制信号带宽的 2 倍，解调器输入的信号功率 S_i 和噪声功率 N_i 为

$$S_i = \overline{s_m^2(t)} = \frac{A_0^2}{2} + \frac{\overline{m^2(t)}}{2} \tag{4-2-30}$$

$$N_i = \overline{n_i^2(t)} = n_0 B_{AM} \tag{4-2-31}$$

输入信噪比

$$\frac{S_i}{N_i} = \frac{A_0^2 + \overline{m^2(t)}}{2 n_0 B_{AM}} \tag{4-2-32}$$

解调器输入是信号与噪声的混合波形，即

$$s_m(t) + n_i(t) = [A_0 + m(t) + n_c(t)] \cos \omega_c t - n_s(t) \sin \omega_c t$$
$$= E(t) \cos[\omega_c t + \psi(t)]$$

式中，合成包络

$$E(t) = \sqrt{[A_0 + m(t) + n_c(t)]^2 + n_s^2(t)} \tag{4-2-33}$$

合成相位

$$\psi(t) = \arctan\left[\frac{n_s(t)}{A_0 + m(t) + n_c(t)}\right] \tag{4-2-34}$$

理想包络检波器的输出就是 $E(t)$，可以看出有用信号与噪声无法完全分开。因此，计算输出信噪比是件困难的事。我们来考虑两种特殊情况。

（1）大信噪比情况

此时，输入信号幅度远大于噪声幅度，即

$$A_0 + m(t) \gg \sqrt{n_c^2(t) + n_s^2(t)}$$

因而，式（4-2-33）可简化为

$$E(t) = \sqrt{[A_0 + m(t)]^2 + 2[A_0 + m(t)] n_c(t) + n_c^2(t) + n_s^2(t)}$$

$$\approx \sqrt{[A_0+m(t)]^2+2[A_0+m(t)]n_c(t)}$$

$$=[A_0+m(t)]\left[1+\frac{2n_c(t)}{A_0+m(t)}\right]^{1/2}$$

$$\approx[A_0+m(t)]\left[1+\frac{n_c(t)}{A_0+m(t)}\right]$$

$$=A_0+m(t)+n_c(t) \tag{4-2-35}$$

这里利用了近似公式

$$(1+x)^{1/2}\approx 1+\frac{x}{2},\quad 当 |x|\ll 1 时$$

$$S_o=\overline{m^2(t)} \tag{4-2-36}$$

$$N_o=\overline{n_c^2(t)}=\overline{n_i^2(t)}=n_0 B_{AM} \tag{4-2-37}$$

输出信噪比

$$\frac{S_o}{N_o}=\frac{\overline{m^2(t)}}{n_0 B_{AM}} \tag{4-2-38}$$

由式(4-2-32)和式(4-2-38)可得解调制度增益

$$G_{AM}=\frac{S_o/N_o}{S_i/N_i}=\frac{2\overline{m^2(t)}}{A_0^2+\overline{m^2(t)}} \tag{4-2-39}$$

显然,AM 信号的解调制度增益 G_{AM} 随 A_0 的减小而增加。但对包络检波器来说,为了不发生过调幅现象,应有 $A_0\geqslant |m(t)|_{max}$,所以 G_{AM} 总是小于 1。例如:对于 100% 的调制(即 $A_0=|m(t)|_{max}$)且 $m(t)$ 是正弦信号,有

$$\overline{m^2(t)}=\frac{A_0^2}{2}$$

代入式(4-2-39),可得

$$G_{AM}=\frac{2}{3} \tag{4-2-40}$$

这是 AM 系统的最大信噪比增益。这说明包络检波器解调对输入信噪比没有改善,而是恶化了。

可以证明,若采用相干解调法解调 AM 信号,则得到的解调制度增益 G_{AM} 与式(4-2-40)给出的结果相同。由此可见,对于 AM 调制系统,在大信噪比时,采用包络检波器解调时的性能与相干解调时的性能几乎一样。但应该注意,后者的解调制度增益不受信号与噪声相对幅度假设条件的限制。

（2）小信噪比情况

小信噪比指的是噪声幅度远大于信号幅度,即

$$[A_0+m(t)]\ll\sqrt{n_c^2(t)+n_s^2(t)}$$

这时,式(4-2-33)变成

$$E(t) = \sqrt{[A_0 + m(t)]^2 + 2[A_0 + m(t)]n_c(t) + n_c^2(t) + n_s^2(t)}$$

$$\approx \sqrt{n_c^2(t) + n_s^2(t) + 2[A_0 + m(t)]n_c(t)}$$

$$= \sqrt{[n_c^2(t) + n_s^2(t)]\left\{1 + \frac{2n_c(t)[A_0 + m(t)]}{n_c^2(t) + n_s^2(t)}\right\}}$$

$$= R(t)\sqrt{1 + \frac{2[A_0 + m(t)]}{R(t)}\cos\theta(t)} \qquad (4-2-41)$$

式中，$R(t)$ 和 $\theta(t)$ 分别代表噪声 $n_i(t)$ 的包络和相位。

$$R(t) = \sqrt{n_c^2(t) + n_s^2(t)}$$

$$\theta(t) = \arctan\left[\frac{n_s(t)}{n_c(t)}\right]$$

$$\cos\theta(t) = \frac{n_c(t)}{R(t)}$$

$$E(t) \approx R(t)\left[1 + \frac{A_0 + m(t)}{R(t)}\cos\theta(t)\right]$$

$$= R(t) + [A_0 + m(t)]\cos\theta(t) \qquad (4-2-42)$$

这时，$E(t)$ 中没有单独的信号项，只有受到 $\cos\theta(t)$ 调制的 $m(t)\cos\theta(t)$ 项。由于 $\cos\theta(t)$ 是一个随机噪声，因而有用信号 $m(t)$ 被噪声扰乱，致使 $m(t)\cos\theta(t)$ 也只能看作是噪声。因此，输出信噪比急剧下降，这种现象称为解调器的门限效应。开始出现门限效应的输入信噪比称为门限值，这种门限效应是由包络检波器的非线性解调作用所引起的。

有必要指出，用相干解调的方法解调各种线性调制信号时不存在门限效应。原因是信号与噪声可分别进行解调，解调器输出端总是单独存在有用信号项。

由以上分析可得如下结论：在大信噪比情况下，AM 信号包络检波器的性能几乎与相干解调法相同。但随着信噪比的减小，包络检波器将在一个特定输入信噪比值上出现门限效应。一旦信噪比低于门限值，解调器的输出信噪比将急剧恶化。

4.3　模拟角度调制

使高频载波的频率或相位按调制信号的规律变化而振幅保持恒定的调制方式，分别称为频率调制（FM）和相位调制（PM），简称为调频和调相。因为频率或相位的变化都可以看成是载波角度的变化，故调频和调相又统称为角度调制。

在线性调制系统中，已调信号的频谱是调制信号频谱的平移及线性变换。角度调制的已调信号频谱不再是原调制信号频谱的线性搬移，而是频谱的非线性变换，会产生新的频率成分，所以属于非线性调制。由于频率和相位之间存在微分与积分的关系，故调频与调相之间存在密切的关系。

4.3.1　角度调制的基本概念

微视频:角度
调制的基本
概念

角度调制信号的一般表达式为

$$s_m(t) = A\cos[\omega_c t + \varphi(t)] \qquad (4-3-1)$$

式中,A 是载波的振幅,$\omega_c t + \varphi(t)$ 是信号的瞬时相位,而 $\varphi(t)$ 称为相对于载波相位 $\omega_c t$ 的瞬时相位偏移;$\mathrm{d}[\omega_c t + \varphi(t)]/\mathrm{d}t$ 是信号的瞬时角频率,而 $\mathrm{d}[\varphi(t)]/\mathrm{d}t$ 称为相对于载波频率 ω_c 的瞬时角频偏。

所谓相位调制,是指瞬时相位偏移随调制信号 $m(t)$ 线性变化,即

$$\varphi(t) = K_p m(t) \qquad (4-3-2)$$

式中,K_p 称为调相灵敏度,这是取决于具体实现电路的一个比例常数。于是,调相信号可表示为

$$s_{PM}(t) = A\cos[\omega_c t + K_p m(t)] \qquad (4-3-3)$$

所谓频率调制,是指瞬时角频率偏移随调制信号 $m(t)$ 线性变化,即

$$\frac{\mathrm{d}\varphi(t)}{\mathrm{d}t} = K_f m(t) \qquad (4-3-4)$$

式中,K_f 是频偏常数,也称为调频灵敏度,这时瞬时相位偏移为

$$\varphi(t) = K_f \int_{-\infty}^{t} m(\tau)\mathrm{d}\tau \qquad (4-3-5)$$

代入式(4-3-1),则可得调频信号为

$$s_{FM}(t) = A\cos\left[\omega_c t + K_f \int_{-\infty}^{t} m(\tau)\mathrm{d}\tau\right] \qquad (4-3-6)$$

由式(4-3-3)和式(4-3-6)可见,FM 和 PM 非常相似,如果将调制信号先微分,然后进行调频,则得到的是调相波,这种方式称为间接调相;同样,如果将调制信号先积分,然后进行调相,则得到的是调频波,这种方式称为间接调频。直接和间接调相如图 4-21(a)所示,直接和间接调频如图 4-21(b)所示。

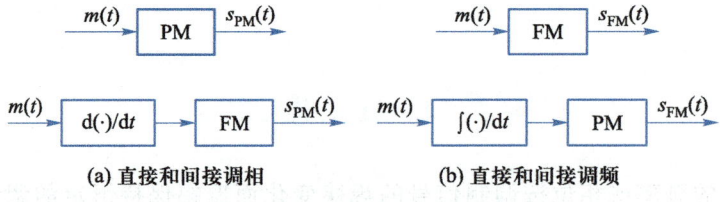

(a) 直接和间接调相　　　　**(b) 直接和间接调频**

图 4-21　直接间接调频和调相

现在我们研究调制信号为单频余弦波的特殊情况。调制信号

$$m(t) = A_m \cos \omega_m t \qquad (4-3-7)$$

当该单频信号对载波进行相位调制时,由式(4-3-3)可得调相信号

$$s_{PM}(t) = A\cos(\omega_c t + K_p A_m \cos \omega_m t)$$

$$= A\cos(\omega_c t + m_p \cos \omega_m t) \qquad (4-3-8)$$

式中，$m_p = K_p A_m$，称为调相指数。

如果进行频率调制，则由式（4-3-6）可得调频信号表达式为

$$s_{FM}(t) = A\cos\left(\omega_c t + K_f A_m \int_{-\infty}^{t} \cos \omega_m \tau d\tau\right)$$

$$= A\cos(\omega_c t + m_f \sin \omega_m t) \tag{4-3-9}$$

式中，$m_f = K_f A_m / \omega_m$ 称为调频指数。$K_f A_m$ 为最大角频率偏移，通常记作 $\Delta\omega_{max} = K_f A_m$，最大频率偏移为 $\Delta f_{max} = K_f A_m / 2\pi$。因而式（4-3-9）变为

$$s_{FM}(t) = A\cos\left(\omega_c t + \frac{\Delta\omega_{max}}{\omega_m}\sin \omega_m t\right) \tag{4-3-10}$$

当调制信号 $m(t) = A_m \cos \omega_m t$ 时，调相信号和调频信号的波形如图 4-22 所示。图中 $\Delta\omega(t)$ 为瞬时角频偏。

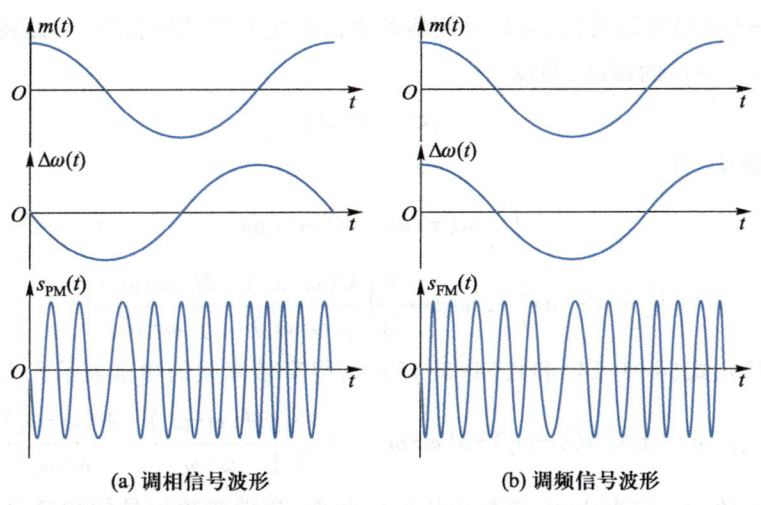

(a) 调相信号波形　　　　　　　　(b) 调频信号波形

图 4-22　调制信号为单频余弦波时的调相信号与调频信号波形

从以上分析可见，调频与调相并无本质区别，两者之间可相互转换。本章着重讨论调频。

4.3.2　窄带调频

微视频：窄带调频和宽带调频

角度调制属于非线性调制，已调信号频谱与调制信号不存在线性对应关系，对于任意形式的调制信号获得其频谱表达式是十分困难的。但是，当限制最大瞬时相位偏移量时，角度调制信号的频谱特性比较容易分析。当最大瞬时相位偏移量较小时，即一般认为满足

$$\left| K_f \int_{-\infty}^{t} m(\tau) d\tau \right|_{max} \ll \frac{\pi}{6} \tag{4-3-11}$$

时，信号占据带宽较窄，称为窄带调频（narrow band frequency modulation，NBFM）；反之，称为宽带调频（wide band frequency modulation，WBFM）。

由调频信号时域表达式可知

$$s_{\mathrm{FM}}(t) = A\cos\left[\omega_c t + K_f\int_{-\infty}^{t} m(\tau)\,\mathrm{d}\tau\right]$$

$$= A\cos\omega_c t\cos\left[K_f\int_{-\infty}^{t} m(\tau)\,\mathrm{d}\tau\right] - A\sin\omega_c t\sin\left[K_f\int_{-\infty}^{t} m(\tau)\,\mathrm{d}\tau\right] \qquad (4\text{-}3\text{-}12)$$

当满足式(4-3-11)时,近似有

$$\sin\left[K_f\int_{-\infty}^{t} m(\tau)\,\mathrm{d}\tau\right] \approx K_f\int_{-\infty}^{t} m(\tau)\,\mathrm{d}\tau$$

$$\cos\left[K_f\int_{-\infty}^{t} m(\tau)\,\mathrm{d}\tau\right] \approx 1$$

式(4-3-12)可以简化为

$$s_{\mathrm{NBFM}}(t) \approx A\cos\omega_c t - \left[AK_f\int_{-\infty}^{t} m(\tau)\,\mathrm{d}\tau\right]\sin\omega_c t \qquad (4\text{-}3\text{-}13)$$

通过式(4-3-13)可以看出,可以采用线性方法产生窄带调频信号,后面将会详细论述。

为了求得 $s_{\mathrm{NBFM}}(t)$ 的频谱,假设

$$m(t) \leftrightarrow M(\omega)$$

由傅里叶变换理论,有

$$\int_{-\infty}^{t} m(\tau)\,\mathrm{d}\tau \leftrightarrow M(\omega)/\mathrm{j}\omega \qquad (4\text{-}3\text{-}14)$$

$$\left[\int_{-\infty}^{t} m(\tau)\,\mathrm{d}\tau\right]\sin\omega_c t \leftrightarrow \frac{1}{2\mathrm{j}}\left[\frac{M(\omega-\omega_c)}{\mathrm{j}(\omega-\omega_c)} - \frac{M(\omega+\omega_c)}{\mathrm{j}(\omega+\omega_c)}\right] \qquad (4\text{-}3\text{-}15)$$

综合式(4-3-13)、式(4-3-14)和式(4-3-15),可得窄带调频的频谱表示式为

$$S_{\mathrm{NBFM}}(\omega) = \pi A\left[\delta(\omega-\omega_c)+\delta(\omega+\omega_c)\right] + \frac{AK_f}{2}\left[\frac{M(\omega-\omega_c)}{\omega-\omega_c} - \frac{M(\omega+\omega_c)}{\omega+\omega_c}\right] \qquad (4\text{-}3\text{-}16)$$

将式(4-3-16)与式(4-1-9)进行对比可以发现,窄带调频信号的频谱表达式与常规调幅具有类似的形式,即有载频分量和两个边带,因此窄带调频信号的带宽与常规调幅的相同,为调制信号 $m(t)$ 带宽的两倍。但是它们之间有两个重要的区别:

(1)窄带调频信号的边带频谱不是调制信号频谱的简单线性搬移,在正频域内 $M(\omega-\omega_c)$ 要乘以频率因子 $1/(\omega-\omega_c)$,而在负频域内 $M(\omega+\omega_c)$ 要乘以频率因子 $1/(\omega+\omega_c)$。

(2)负频域内的边带频谱 $M(\omega+\omega_c)$ 相对于正频域要反转 $180°$,而这是振幅调制中不存在的。

对于单频调制的情况,假设调制信号

$$m(t) = A_m\cos\omega_m t$$

则窄带调频信号为

$$s_{\mathrm{NBFM}}(t) \approx A\cos\omega_c t - AK_f\int_{-\infty}^{t} m(\tau)\,\mathrm{d}\tau\sin\omega_c t$$

$$= A\cos\omega_c t + \frac{AA_m K_f}{2\omega_m}\left[\cos(\omega_c-\omega_m)t - \cos(\omega_c+\omega_m)t\right] \qquad (4\text{-}3\text{-}17)$$

而常规调幅信号为

$$s_{AM}(t) = A\cos \omega_c t + \frac{A_m}{2}\left[\cos(\omega_c - \omega_m)t + \cos(\omega_c + \omega_m)t\right] \tag{4-3-18}$$

它们的频谱图如图 4-23 所示,从图中可以很明显看出窄带调频信号与振幅调制信号的区别。

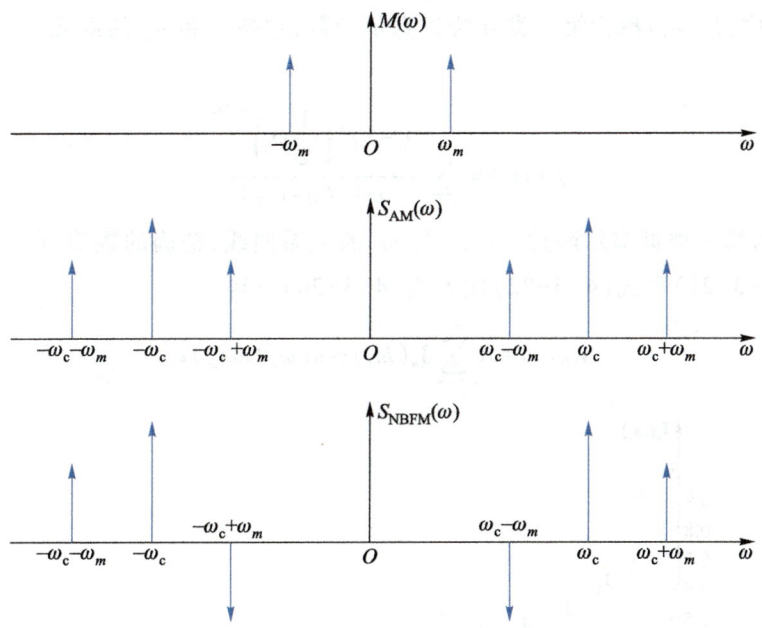

图 4-23　单频调制时 AM 和 NBFM 的频谱

4.3.3　宽带调频

由于分析一般的宽带调频信号相当困难,因此首先考虑在单频余弦信号调制下宽带调频的情况,然后再扩展到一般情况。

对于单频信号的情况,设调制信号为

$$m(t) = A_m\cos \omega_m t = A_m\cos 2\pi f_m t$$

由式(4-3-10)可知

$$\begin{aligned}
s_{FM}(t) &= A\cos\left[\omega_c t + \frac{\Delta\omega_{max}}{\omega_m}\sin \omega_m t\right] \\
&= A\cos\left[\omega_c t + m_f\sin \omega_m t\right]
\end{aligned} \tag{4-3-19}$$

式中

$$m_f = \frac{\Delta\omega_{max}}{\omega_m} = \frac{K_f A_m}{\omega_m} = \frac{\Delta f_{max}}{f_m}$$

为调频指数。利用 $\cos(\alpha+\beta)$ 的三角展开式可以将式(4-3-19)展开为如下形式

$$s_{FM}(t) = A\left[\cos \omega_c t\cos(m_f\sin \omega_m t) - \sin \omega_c t\sin(m_f\sin \omega_m t)\right] \tag{4-3-20}$$

式中, $\cos(m_{\mathrm{f}}\sin \omega_m t)$ 和 $\sin(m_{\mathrm{f}}\sin \omega_m t)$ 可以分别展开为傅里叶级数(雅可比方程)

$$\cos(m_{\mathrm{f}}\sin \omega_m t) = \mathrm{J}_0(m_{\mathrm{f}}) + 2\sum_{n=1}^{\infty} \mathrm{J}_{2n}(m_{\mathrm{f}})\cos 2n\omega_m t \qquad (4\text{-}3\text{-}21)$$

$$\sin(m_{\mathrm{f}}\sin \omega_m t) = 2\sum_{n=1}^{\infty} \mathrm{J}_{2n-1}(m_{\mathrm{f}})\sin(2n-1)\omega_m t \qquad (4\text{-}3\text{-}22)$$

以上两式中, $\mathrm{J}_n(m_{\mathrm{f}})$ 称为第一类 n 阶贝塞尔函数,它是 n 和 m_{f} 的函数,其值可以用无穷级数计算得到

$$\mathrm{J}_n(m_{\mathrm{f}}) = \sum_{m=0}^{\infty} \frac{(-1)^m \left(\dfrac{1}{2}m_{\mathrm{f}}\right)^{n+2m}}{m!\,(n+m)!} \qquad (4\text{-}3\text{-}23)$$

图 4-24 所示为第一类贝塞尔函数 $\mathrm{J}_n(m_{\mathrm{f}})$ 与 m_{f} 的关系曲线,精确的数值可以查阅贝塞尔函数表。将式(4-3-21)和式(4-3-22)代入式(4-3-20)可得

$$s_{\mathrm{FM}}(t) = A\sum_{n=-\infty}^{\infty} \mathrm{J}_n(m_{\mathrm{f}})\cos(\omega_c + n\omega_m)t \qquad (4\text{-}3\text{-}24)$$

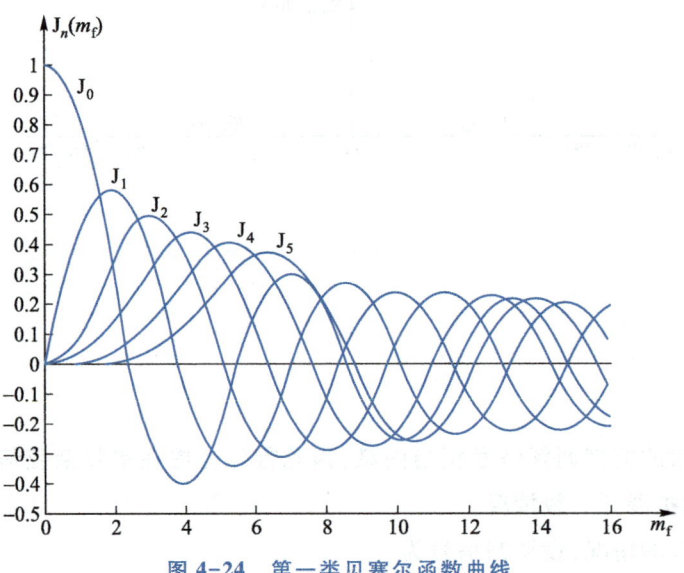

图 4-24　第一类贝塞尔函数曲线

式中

$$\mathrm{J}_{-n}(m_{\mathrm{f}}) = (-1)^n \mathrm{J}_n(m_{\mathrm{f}}) \qquad (4\text{-}3\text{-}25)$$

计算式(4-3-24)的傅里叶变换可得单频余弦调制宽带调频信号的频谱表达式为

$$S_{\mathrm{FM}}(\omega) = \pi A\sum_{n=-\infty}^{\infty} \mathrm{J}_n(m_{\mathrm{f}})\big[\delta(\omega - \omega_c - n\omega_m) + \delta(\omega + \omega_c + n\omega_m)\big] \qquad (4\text{-}3\text{-}26)$$

由上式可见,宽带调频的频谱由载频分量和无穷多个边频分量组成,这些边频分量对称地分布在载频的两侧,相邻频率之间的间隔为 ω_m 。但应注意,虽然同阶边频分量相对于载频项是对称分布的,且幅度的大小也相等,但由式(4-3-25)知道,只有当 n 为偶数时上、下边频幅度才具有相同的符号,而当 n 为奇数时上、下边频幅度具有相反的符号,即奇数阶的

下边频项和相应的上边频项反相180°,这一点在窄带调频中也可以看到。单频余弦调制调频信号的典型频谱如图4-25所示。

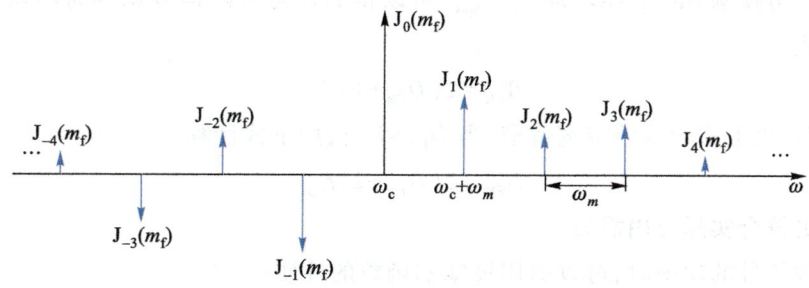

图4-25 单频余弦调制FM信号的频谱

观察图4-24所示的贝塞尔函数曲线可以看出,当 $m_f \ll 1$ 时,只有 $J_0(m_f)$ 和 $J_1(m_f)$ 有明显大于零的数值,其他高阶 $J_n(m_f)$ 都趋于零,所以这时FM信号实际上只由一个载频和一对边频组成,相当于窄带调频的情况。由于FM信号具有无穷多的边频,从理论上讲,调频信号的频带宽度为无限宽,实际上各个频率分量的幅度随着 n 的增大而下降,这一点从图中可以明显看出,当 $m_f \gg 1$ 时, $n > m_f$ 项的贝塞尔函数值趋于零,这时高阶频谱分量可以忽略不计,因此FM波的绝大部分能量包含在有限的频谱中。根据实际过程应用中对于信号失真的要求,通常是按照 $n = m_f + 1$ 来计算带宽,这相当于 $J_n(m_f) \approx 0.1$,这就是说, $n > m_f + 1$ 阶的边频幅度小于未调载波幅度的10%时,边频分量可以忽略不计,用功率来计算,则包括 $n = m_f + 1$ 在内的所有频率分量的功率之和约占信号总功率的98%以上。

根据上述原则,设FM信号的有效频谱取到 $m_f + 1$ 次边频,可以得出调频信号的带宽可近似为

$$B_{FM} = 2(m_f + 1)f_m = 2(\Delta f_{max} + f_m) \tag{4-3-27}$$

式中, m_f 为调频指数, Δf_{max} 为最大频偏。式(4-3-27)说明调频信号的带宽取决于最大频偏和调制信号的频率,该式称为卡森(J. R. Carson)公式。

$$若 m_f \ll 1, \quad 则 B_{FM} \approx 2f_m$$

这就是窄带调频的带宽。

$$若 m_f \gg 1, \quad 则 B_{FM} \approx 2\Delta f_{max}$$

这是宽带调频的情况,此时带宽由最大频偏决定。

在传输高质量的调频波或调制信号是高频信号时,上述条件得出的带宽可能不够。这时可以增加有效边频的数目。例如取 $|J_n(m_f)| > 0.01$,即将边频数目保留到其幅度为未调载波幅度的1%。在实际工程中,用卡森公式计算的带宽稍微偏低。进一步分析表明,若用如下近似式进行计算,可以得到比较精确的结果

$$B_{FM} \approx 2(\Delta f_{max} + 2f_m) \tag{4-3-28}$$

对于多频调制或其他任意信号调制的FM频谱分析是很复杂的。对于任意的带限调制信号,可以定义频偏比

$$D_{\text{FM}} = \frac{\text{峰值(角)频率偏移}}{\text{调制信号的最高(角)频率}} = \frac{\Delta f_{\max}}{f_{\max}} = \frac{\Delta \omega_{\max}}{\omega_{\max}} \tag{4-3-29}$$

这里最大角频偏 $\Delta \omega_{\max} = K_{\text{f}} \mid m(t) \mid_{\max}$,可以得到任意带限信号调制时的调频信号频带宽度估算公式

$$B_{\text{FM}} = 2(D_{\text{FM}} + 1) f_{\max} \tag{4-3-30}$$

实际应用表明,由上式计算的带宽偏窄,当 $D_{\text{FM}} > 2$ 时,用下式计算

$$B_{\text{FM}} = 2(D_{\text{FM}} + 2) f_{\max} \tag{4-3-31}$$

得到的带宽更符合实际应用需要。

讨论调频信号的功率时,可以引用贝塞尔函数的性质

$$\sum_{n=-\infty}^{\infty} \text{J}_n^2(m_{\text{f}}) = 1 \tag{4-3-32}$$

已知信号的平均功率等于信号的均方值,于是由式(4-3-24)可得

$$\begin{aligned}
P_{\text{FM}} &= \overline{s_{\text{FM}}^2(t)} = A^2 \sum_{n=-\infty}^{\infty} \overline{\text{J}_n^2(m_{\text{f}}) \cos\left[(\omega_{\text{c}} + n\omega_m) t \right]^2} \\
&= \frac{A^2}{2} \sum_{n=-\infty}^{\infty} \text{J}_n^2(m_{\text{f}}) \\
&= \frac{A^2}{2}
\end{aligned} \tag{4-3-33}$$

载频功率为

$$P_{\text{c}} = \frac{A^2}{2} \text{J}_0^2(m_{\text{f}}) \tag{4-3-34}$$

第 n 对边频功率为

$$P_n = 2 \times \frac{A^2}{2} \text{J}_n^2(m_{\text{f}}) = A^2 \text{J}_n^2(m_{\text{f}}) \tag{4-3-35}$$

4.3.4　调频信号的产生

微视频:调频信号的产生与解调

调频信号的产生方法可以分为两类:直接法和间接法。在直接法中采用压控振荡器(voltage-controlled oscillator,VCO)作为产生 FM 信号的调制器,使压控振荡器的输出瞬时频率正比于所加的控制电压,即随调制信号 $m(t)$ 的变化而线性变化。直接调频法的优点是可以得到很大的频偏,其主要缺点是载频会发生漂移,因而需要附加的稳频电路。

间接法也称为倍频法,倍频法首先用类似于线性调制的方法产生窄带调频(NBFM)信号,然后用倍频的方法变换为宽带调频(WBFM)信号。

由式(4-3-13)可知,窄带调频信号可看成由正交分量与同相分量合成,即

$$s_{\text{NBFM}}(t) \approx A\cos \omega_{\text{c}} t - \left[AK_{\text{f}} \int_{-\infty}^{t} m(\tau) \text{d}\tau \right] \sin \omega_{\text{c}} t \tag{4-3-36}$$

因此,可以采用图 4-26 来实现窄带调频,图 4-27 给出了窄带调频信号产生宽带调频信号的框图。图 4-27 中,输入信号首先通过窄带调频器,再经过倍频器,倍频器可以用非线性器件实现,然后用带通滤波器滤除不需要的频率分量。以理想平方律器件为例,其输入-输出特性为

$$s_o(t) = a s_i^2(t)$$

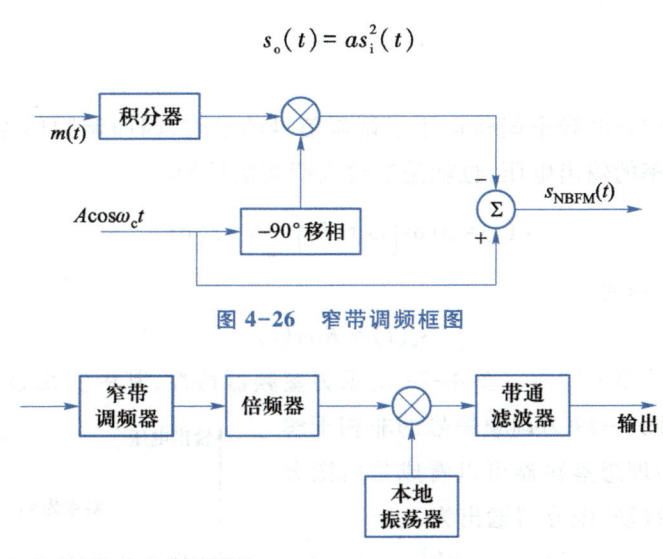

图 4-26　窄带调频框图

图 4-27　宽带调频框图

当输入信号 $s_i(t)$ 为调频信号时,有

$$s_i(t) = A\cos[\omega_c t + \phi(t)]$$

$$s_o(t) = \frac{1}{2}aA^2\{1 + \cos[2\omega_c t + 2\phi(t)]\} \tag{4-3-37}$$

由上式可知,滤去直流分量后即可得到一个新的调频信号,其载频和相位偏移均增为 2 倍。由于相位偏移增为 2 倍,因而调频指数也必然增为 2 倍。通过倍频器之后,一般并不能保证信号的中心频率 $n\omega_c$ 就是所需要的载波频率,在调制器的最后一级通过上变频或者下变频,将已调信号平移到所需的中心频率上来。这一级由一个混频器和一个带通滤波器组成。如果混频器的本地振荡频率是 ω_L,并且采用下变频,则最后的宽带调频信号为

$$s_{WBFM}(t) = A[\cos(n\omega_c - \omega_L)t + n\phi(t)]$$

由于可以自由选取 n 和 ω_L,使用这种方法可以在所需的载波频率上产生任何调制指数的调频信号。

为了进一步说明倍频法的原理,我们以一种调频广播发射机为例。设调频广播的调制信号频率 f_m 从 100 Hz 到 15 kHz,以传输高质量的音乐信号。在这种发射机中首先以 200 kHz 为载频,最高调制信号为 15 kHz 时的频偏仅为 25 Hz,因而调频指数很小,只有 0.001 67。而调频广播的最终频偏为 75 kHz,因此需要经过 $75 \times 10^3 / 25 = 3\ 000$ 倍频。倍频后新载频也提高了 3 000 倍,新的载频频率为 600 MHz,这时可以采用下变频的方法将发射频率搬移到 88~108 MHz 的调频广播频带内。

目前随着数字信号处理技术的快速发展,可以采用直接数字合成技术(direct digital synthesis,DDS)产生调频信号。对于线性调制信号,也可以采用直接数字合成产生。

4.3.5　调频信号的解调

1. 非相干解调

由于调频信号的瞬时频率偏移正比于调制信号的幅度,因而调频信号的解调器必须能产生正比于输入频率的输出电压,也就是当输入调频信号为

$$s_i(t) = A\cos\left[\omega_c t + K_f\int_{-\infty}^{t} m(\tau)\,d\tau\right] \qquad (4\text{-}3\text{-}38)$$

时,解调器的输出应当为

$$s_o(t) \propto K_f m(t) \qquad (4\text{-}3\text{-}39)$$

最简单的解调器是鉴频器。图 4-28 所示为鉴频器特性,其中实线表示实际特性,虚线部分为理想特性。图 4-29 为调频信号的非相干解调过程示意图,图中理想鉴频器可以看成是由微分器与包络检波器的级联,微分器输出为

$$s_d(t) = -A\left[\omega_c + K_f m(t)\right]\sin\left[\omega_c t + K_f\int_{-\infty}^{t} m(\tau)\,d\tau\right]$$
$$(4\text{-}3\text{-}40)$$

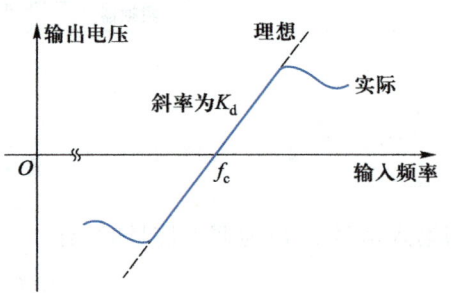

图 4-28　鉴频器特性

这是一个调幅—调频信号,如果我们只取其包络信息,则正比于调制信号 $m(t)$,因而滤去直流后,包络检波器的输出为

$$s_o(t) = K_d K_f m(t) \qquad (4\text{-}3\text{-}41)$$

这里 K_d 称为鉴频器灵敏度。

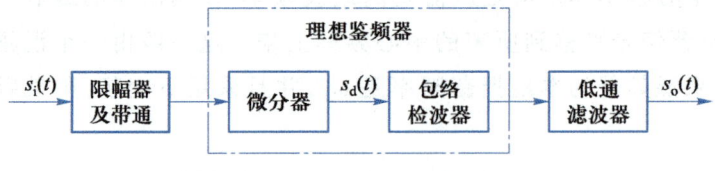

图 4-29　调频信号的非相干解调

上述解调方法称为包络检测,又称为非相干解调,这种解调方法的缺点之一是包络检波器对于信道中噪声和其他原因引起的幅度起伏比较敏感,因而在使用中常在微分器之前加一个限幅器和带通滤波器。微分器实际上是一个 FM→AM 转换器,它可以用一个谐振回路来实现,此处不再赘述,具体可以参考高频电子线路有关文献。

2. 相干解调

由于窄带调频信号可以分解为同相分量和正交分量之和,因而可以采用线性调制中的相干解调法来进行解调,其框图如图 4-30 所示。图中带通滤波器用来限制信道所引入的噪

声,调频信号可以正常通过。设

$$s_i(t) = A\cos\omega_c t - A_c\left[K_f\int_{-\infty}^{t}m(\tau)\,\mathrm{d}\tau\right]\sin\omega_c t \qquad (4-3-42)$$

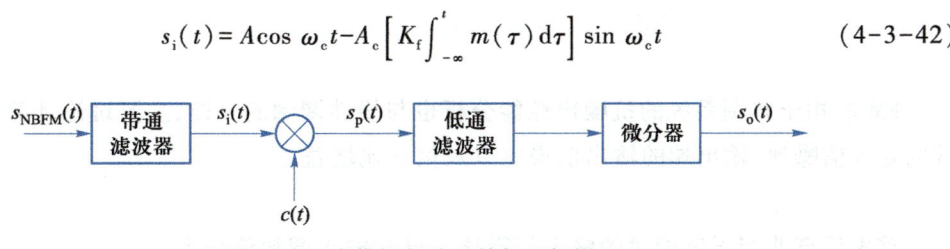

图 4-30 窄带调频信号的相干解调

相乘器的相干载波 $c(t) = -\sin\omega_c t$,则相乘器的输出为

$$s_p(t) = -\frac{A}{2}\sin 2\omega_c t + \left[\frac{AK_f}{2}\int_{-\infty}^{t}m(\tau)\,\mathrm{d}\tau\right](1-\cos 2\omega_c t) \qquad (4-3-43)$$

经低通滤波及微分后,得

$$s_o(t) = \frac{AK_f}{2}m(t) \qquad (4-3-44)$$

因此图 4-30 所示的相干解调器的输出正比于调制信号 $m(t)$。显然,上述相干解调法只适用于窄带调频。

*4.4 调频系统的抗噪声性能分析

调频信号是一种非线性调制信号,其解调方式与线性调制信号一样,有相干解调和非相干解调两种。下面将讨论非相干解调和相干解调情况下调频系统的抗噪声性能,采用的分析方法与线性调制系统相同,调频系统抗噪声性能分析模型如图 4-31 所示。图中,带通滤波器的作用是让信号顺利通过,同时抑制信号带宽之外的噪声,带通滤波器的中心频率就是 FM 信号的载波频率,频带宽度即为 FM 信号的带宽。信道引入的噪声为加性高斯白噪声,其单边功率谱密度为 n_0。

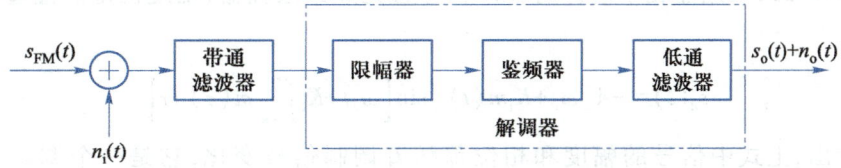

图 4-31 调频系统抗噪声性能分析模型

FM 信号经过信道后自然会受到噪声的影响,信号与噪声合成后的波形振幅自然是不恒定的,是随机变化的,通过限幅器可以消除噪声对振幅的影响。限幅器后面的鉴频器起到鉴频的作用,对于相干解调和非相干解调,鉴频器的形式不一样,通过低通滤波器之后即可得到原始的调制信号。

4.4.1　非相干解调的抗噪声性能

FM 非相干解调系统的抗噪声性能分析也与线性调制的一样,主要讨论计算解调器输入端的输入信噪比、输出端的输出信噪比以及信噪比增益。

1. 输入信噪比

首先计算非相干解调时的输入信噪比。已知输入调频信号为

$$s_{\mathrm{FM}}(t) = A\cos\left[\omega_{\mathrm{c}}t + K_{\mathrm{f}}\int_{-\infty}^{t} m(\tau)\,\mathrm{d}\tau\right] \tag{4-4-1}$$

因而输入信号功率

$$S_{\mathrm{i}} = A^2/2 \tag{4-4-2}$$

输入噪声功率为

$$N_{\mathrm{i}} = n_0 B_{\mathrm{FM}} \tag{4-4-3}$$

其中 B_{FM} 为调频信号的带宽,因而输入信噪比为

$$\frac{S_{\mathrm{i}}}{N_{\mathrm{i}}} = \frac{A^2}{2n_0 B_{\mathrm{FM}}} \tag{4-4-4}$$

2. 输出信噪比

由于调频信号的解调过程是一个非线性过程,因此,严格地讲不能用线性系统的分析方法。在计算输出信号功率和输出噪声功率时,要考虑非线性的作用,即计算输出信号时要考虑噪声对它的影响;而计算输出噪声时,要考虑信号对它的影响。这样,计算过程会大大复杂化,但是在大输入信噪比情况下,已经证明了信号和噪声间的相互影响可以忽略不计。因此在计算输出信号时可以假设噪声为零,而计算输出噪声时可以假设调制信号 $m(t) = 0$,算得的结果和同时考虑信号与噪声时的一样。下面分析大输入信噪比时的输出信号和输出噪声的功率。

假设输入噪声为零,则

$$s_{\mathrm{FM}}(t) = A\cos\left[\omega_{\mathrm{c}}t + K_{\mathrm{f}}\int_{-\infty}^{t} m(\tau)\,\mathrm{d}\tau\right] \tag{4-4-5}$$

观察图 4-29,采用非相干解调时,FM 信号首先经过限幅器,幅度恒定。经过微分器后,输出为

$$s_{\mathrm{d}}(t) = -A\left[\omega_{\mathrm{c}} + K_{\mathrm{f}}m(t)\right]\sin\left[\omega_{\mathrm{c}}t + K_{\mathrm{f}}\int_{-\infty}^{t} m(\tau)\,\mathrm{d}\tau\right] \tag{4-4-6}$$

可以看出,上式中信号的幅度和相位都随着调制信号变化,它是一个调幅调频波,式(4-4-6)经过包络检波器后,取出的包络为

$$s_{\mathrm{o}}(t) = K_{\mathrm{d}}K_{\mathrm{f}}m(t) \tag{4-4-7}$$

式中,K_{d} 为鉴频器灵敏度,如果低通滤波器是理想的,带宽为基带信号的宽度,则低通滤波器的输出应该与包络检波后的输出一样,因此 FM 解调器输出的信号平均功率为

$$S_{\mathrm{o}} = \overline{s_{\mathrm{o}}^2(t)} = (K_{\mathrm{d}}K_{\mathrm{f}})^2 \overline{m^2(t)} \tag{4-4-8}$$

计算解调器输出端噪声的平均功率时,假设调制信号为零,则加到解调器输入端的是未调载波与窄带高斯噪声之和,即为

$$A\cos \omega_c t + n_c(t)\cos \omega_c t - n_s(t)\sin \omega_c t = [A + n_c(t)]\cos \omega_c t - n_s(t)\sin \omega_c t \quad (4\text{-}4\text{-}9)$$

改写上式,得

$$[A + n_c(t)]\cos \omega_c t - n_s(t)\sin \omega_c t = A'(t)\cos[\omega_c t - \varphi(t)] \quad (4\text{-}4\text{-}10)$$

式中,幅度和相位分别为

$$A'(t) = \sqrt{[A + n_c(t)]^2 + n_s^2(t)} \quad (4\text{-}4\text{-}11)$$

$$\varphi(t) = \arctan \frac{n_s(t)}{A + n_c(t)} \quad (4\text{-}4\text{-}12)$$

限幅器已消去幅度变化,感兴趣的是相位变化。当输入大信噪比时,满足 $A \gg n_c(t)$ 和 $A \gg n_s(t)$,所以有

$$\varphi(t) = \arctan \frac{n_s(t)}{A + n_c(t)} \approx \arctan \frac{n_s(t)}{A} \quad (4\text{-}4\text{-}13)$$

当 $x \ll 1$ 时,有 $\arctan x \approx x$,则

$$\varphi(t) \approx \frac{n_s(t)}{A} \quad (4\text{-}4\text{-}14)$$

在实际应用中,鉴频器的输出是与输入调频信号的频偏成比例变化的,频率是相位的微分,因此鉴频器的输出噪声为

$$n_d(t) = K_d \frac{\mathrm{d}\varphi(t)}{\mathrm{d}t} \approx \frac{K_d}{A} \frac{\mathrm{d}n_s(t)}{\mathrm{d}t} \quad (4\text{-}4\text{-}15)$$

则鉴频器输出端的输出噪声的平均功率为

$$N_d = \left(\frac{K_d}{A}\right)^2 \overline{\left[\frac{\mathrm{d}n_s(t)}{\mathrm{d}t}\right]^2} \quad (4\text{-}4\text{-}16)$$

上述噪声功率的计算,关键是噪声正交分量微分的计算,可以看作一个噪声正交分量 $n_s(t)$ 通过一个微分网络的输出,如图 4-32 所示。噪声正交分量的功率谱密度为 $p_i(f)$,在频带范围 B_{FM} 内服从均匀分布,且 $p_i(f) = n_0/2$,如图 4-33(a)所示。所以微分后 $\dfrac{\mathrm{d}n_s(t)}{\mathrm{d}t}$

图 4-32 微分网络特性

的功率谱密度 $p_o(f)$ 为

$$p_o(f) = |\mathrm{j}2\pi f|^2 p_i(f) = (2\pi)^2 f^2 p_i(f), \quad |f| \leqslant B_{FM}/2 \quad (4\text{-}4\text{-}17)$$

结合式(4-4-16)可得,鉴频器的输出噪声功率谱密度为

$$p_d(f) = \begin{cases} \left(\dfrac{K_d}{A}\right)^2 (2\pi f)^2 p_i(f) = \dfrac{4\pi^2 K_d^2}{A^2} f^2 n_0, & |f| \leqslant B_{FM}/2 \\ 0 & |f| > B_{FM}/2 \end{cases} \quad (4\text{-}4\text{-}18)$$

鉴频器的输出噪声功率谱密度 $p_d(f)$ 如图 4-33(b)所示。鉴频器输出的噪声再经过低通滤波器的滤波,只允许频谱中小于 f_m 的成分通过,而滤掉功率谱密度中大于 f_m 的频率成

分,如图 4-33(c)所示,阴影部分的面积即为解调器输出的噪声功率,所以解调器的输出噪声功率为

$$N_o = \int_{-f_m}^{f_m} p_d(f)\,\mathrm{d}f = \int_{-f_m}^{f_m} \frac{4\pi^2 K_d^2}{A^2} f^2 n_0\,\mathrm{d}f = \frac{8\pi^2 K_d^2 n_0 f_m^3}{3A^2} \tag{4-4-19}$$

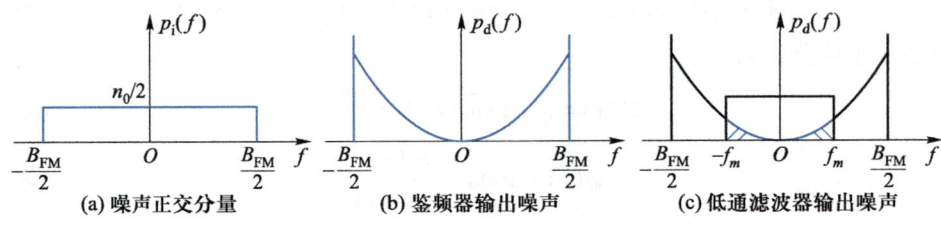

(a) 噪声正交分量 (b) 鉴频器输出噪声 (c) 低通滤波器输出噪声

图 4-33 抗噪声功率谱密度

这样,FM 信号非相干解调器输出端的输出信噪比为

$$\frac{S_o}{N_o} = \frac{3A^2 K_f^2 \overline{m^2(t)}}{8\pi^2 n_0 f_m^3} \tag{4-4-20}$$

由于最大频偏 $\Delta f_{\max} = \dfrac{1}{2\pi} K_f\,|\,m(t)\,|_{\max}$,故上式可以改写为

$$\frac{S_o}{N_o} = 3\left(\frac{\Delta f_{\max}}{f_m}\right)^2 \frac{\overline{m^2(t)}}{|\,m(t)\,|_{\max}^2} \frac{A^2/2}{n_0 f_m} \tag{4-4-21}$$

3. 信噪比增益

由式(4-4-4)和式(4-4-21)可以求得解调的信噪比增益为

$$G_{FM} = \frac{S_o/N_o}{S_i/N_i} = 3\left(\frac{\Delta f_{\max}}{f_m}\right)^2 \frac{\overline{m^2(t)}}{|\,m(t)\,|_{\max}^2} \frac{B_{FM}}{f_m} \tag{4-4-22}$$

当 $\Delta f_{\max} \gg f_m$ 时,$B_{FM} \approx 2\Delta f_{\max}$,上式可以写成

$$G_{FM} = 6\left(\frac{\Delta f_{\max}}{f_m}\right)^3 \frac{\overline{m^2(t)}}{|\,m(t)\,|_{\max}^2} = 6D_{FM}^3 \frac{\overline{m^2(t)}}{|\,m(t)\,|_{\max}^2} \tag{4-4-23}$$

这里,D_{FM} 即为 4.3.3 小节所定义的频偏比。

在单频调制下,频偏比为调频指数,即 $D_{FM} = m_f$,且 $\dfrac{\overline{m^2(t)}}{|\,m(t)\,|_{\max}^2} = \dfrac{1}{2}$,因此有

$$\frac{S_o}{N_o} = \frac{3}{2} m_f^2 \left(\frac{A^2/2}{n_0 B_{FM}}\right) \frac{B_{FM}}{f_m}$$

$$= 3m_f^2(m_f+1)(S_i/N_i) \tag{4-4-24}$$

$$G_{FM} = 3m_f^2(m_f+1) \approx 3m_f^3 \tag{4-4-25}$$

由式(4-4-22)及式(4-4-24)可知,大信噪比时宽带调频系统的解调信噪比增益是很高的,它与频偏比(或调频指数)的立方成正比。例如调频广播中常取 $m_f = 5$,此时信噪比增益为 $G_{FM} = 3m_f^2(m_f+1) = 450$,这表明调频指数越大,信噪比增益越高,同时所需的带宽也就越

宽。这就表明调频系统抗噪声性能的改善是以增加传输带宽为代价的。

下面,我们将非相干调频与包络检波常规调幅做一比较。为简单起见,我们假设调频与调幅信号均为单频调制,而且两者的接收功率 S_i 相等,信道噪声的功率谱密度 n_0 相同。由前面的推导可知,调频波的输出信噪比为

$$\left(\frac{S_o}{N_o}\right)_{FM} = G_{FM}\left(\frac{S_i}{N_i}\right)_{FM} = G_{FM}\frac{S_i}{n_0 B_{FM}} \tag{4-4-26}$$

调幅波的输出信噪比为

$$\left(\frac{S_o}{N_o}\right)_{AM} = G_{AM}\left(\frac{S_i}{N_i}\right)_{AM} = G_{AM}\frac{S_i}{n_0 B_{AM}} \tag{4-4-27}$$

则两者的输出信噪比之比为

$$\frac{(S_o/N_o)_{FM}}{(S_o/N_o)_{AM}} = \frac{G_{FM}}{G_{AM}} \cdot \frac{B_{AM}}{B_{FM}} \tag{4-4-28}$$

调幅取临界调幅的情况,这时 $G_{AM} = 2/3$,$G_{FM} = 3m_f^2(m_f+1)$,$B_{FM} = 2(m_f+1)f_m$,$B_{AM} = 2f_m$,带入式(4-4-28)可得

$$\frac{(S_o/N_o)_{FM}}{(S_o/N_o)_{AM}} = 4.5m_f^2 \tag{4-4-29}$$

由此可见,在高调频指数时,调频信号解调后输出信噪比远大于调幅信号。例如,$m_f = 5$ 时,调频输出信噪比是常规调幅时的 112.5 倍。这也可以理解成当两者输出信噪比相等,电波传播的衰减相同时,调频信号的发射功率可减小为调幅信号的 1/112.5。

应当指出,调频信号的这一优越性是用增加传输频带来获得的。

$$B_{FM} = 2(m_f+1)f_m = (m_f+1)B_{AM} \tag{4-4-30}$$

当 $m_f \gg 1$ 时

$$B_{FM} \approx m_f B_{AM} \tag{4-4-31}$$

代入式(4-4-29)有

$$\frac{(S_o/N_o)_{FM}}{(S_o/N_o)_{AM}} \approx 4.5\left(\frac{B_{FM}}{B_{AM}}\right)^2 \tag{4-4-32}$$

这说明调频与调幅信号的输出信噪比之比与它们的带宽之比的平方成正比。这就意味着,对于调频系统来说,增加传输带宽就可以改善抗噪声性能。调频方式的这种以带宽换取信噪比的特性是十分有益的。在调幅系统中,由于信号带宽是固定的,故无法进行带宽与信噪比的互换,这也是在抗噪声性能方面调频系统优于调幅系统的重要原因。

4.4.2 调频信号解调的门限效应

以上讨论了大信噪比的情形,当输入信噪比很低时,此时解调器输出中已不存在单独的有用信号项,信号完全被噪声淹没了,因而输出信噪比急剧下降。这种情况与常规调幅包络检波时相似,我们也称之为门限效应。

微视频:小信噪比时的门限效应和加重技术

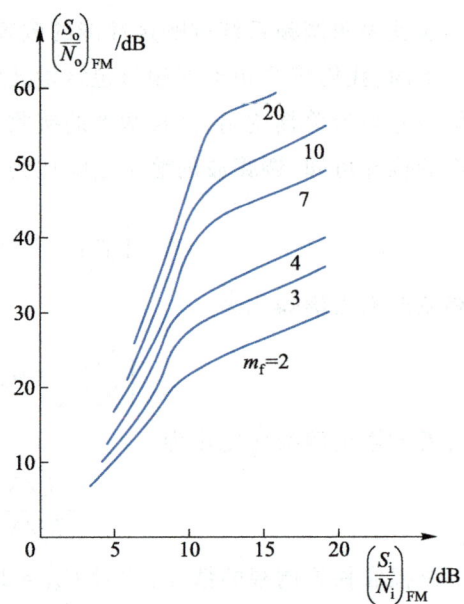

理论分析和实验结果均表明发生门限效应的转折点与调频指数 m_f 有关。图 4-34 给出了单频调制情况下不同 m_f 时输出信噪比与输入信噪比的近似关系曲线,图中的曲线表明,m_f 越高发生门限效应的转折点也越高,即在较大输入信噪比时就产生门限效应,但在转折点以上时输出信噪比的改善则越明显。因此在大输入信噪比时的输出信噪比改善与小输入信噪比时的门限效应是相互矛盾的。

门限值可以有不同的定义方法。在同样的情况下,根据不同的定义可以得出不同的门限电平值。常用的一种定义方法为,把输入信噪比比大输入信噪比时的输出信噪比下降 1 dB 时的 $S_\mathrm{i}/N_\mathrm{i}$ 定义为门限信噪比 $(S_\mathrm{i}/N_\mathrm{i})_\mathrm{th}$,由图 4-34 可见,大致在 $S_\mathrm{i}/N_\mathrm{i}=8\sim11$ dB 范围内,对于不同的

图 4-34　非相干解调的门限效应

m_f 值,门限值变化不大。通常,普通鉴频器的门限信噪比定义为 10 dB。进一步分析表明,门限值几乎与调制信号 $m(t)$ 的类型无关。即当输入信噪比大于 10 dB 时,认为在大信噪比下工作;当输入信噪比小于 10 dB 时,认为在小信噪比下工作。

门限效应是 FM 系统存在的一个实际问题,降低门限值是提高 FM 通信系统性能的一种措施。采用比鉴频器优越的一些解调方法可以改善门限效应,缓和这一对矛盾,目前用得较多的有锁相环鉴频法和调频负反馈解调法,感兴趣的读者可以查阅相关文献。

对于 FM 系统,其抗噪声性能明显优于其他线性调制系统,尽管这种可靠性的提高是通过牺牲系统的有效性(增加传输带宽)为代价的,FM 系统仍然获得了很广泛的应用,一般用于对通信质量要求较高的或者信道噪声比较严重的场合。例如调频广播、空间通信、移动通信以及模拟微波中继通信等。

4.4.3　相干解调的抗噪声性能

窄带调频信号采用相干解调抗噪声性能的分析模型如图 4-35 所示。信号和噪声相加经带通滤波器后,得

$$s_\mathrm{i}(t)+n_\mathrm{i}(t)=s_\mathrm{NBFM}(t)+n_\mathrm{c}(t)\cos\omega_\mathrm{c}t-n_\mathrm{s}(t)\sin\omega_\mathrm{c}t$$

$$=\left[A+n_\mathrm{c}(t)\right]\cos\omega_\mathrm{c}t-\left[AK_\mathrm{f}\int_{-\infty}^{t}m(\tau)\mathrm{d}\tau+n_\mathrm{s}(t)\right]\sin\omega_\mathrm{c}t \tag{4-4-33}$$

经相干解调(与本地载波相乘、低通滤波和微分)得到

$$s_\mathrm{o}(t)+n_\mathrm{o}(t)=\frac{AK_\mathrm{f}}{2}m(t)+\frac{1}{2}\frac{\mathrm{d}n_\mathrm{s}(t)}{\mathrm{d}t} \tag{4-4-34}$$

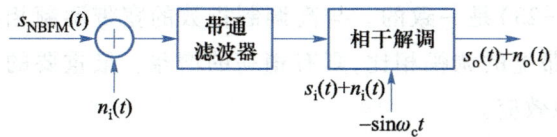

图 4-35　窄带调频相干解调抗噪声性能分析模型

其中,第一项为有用信号,第二项为噪声。因此输出信号功率为

$$S_o = \frac{A^2 K_f^2}{4} \overline{m^2(t)} \tag{4-4-35}$$

已知 $n_s(t)$ 的功率谱密度与 $n_c(t)$ 相同,由式(4-4-17)知,$n_s(t)$ 微分后的功率谱密度变成 $n_0 (2\pi f)^2 / 2$,因而 $\frac{1}{2} \mathrm{d} n_s(t) / \mathrm{d} t$ 的功率谱密度为

$$pn_s(f) = n_0 \pi^2 f^2 \tag{4-4-36}$$

输出噪声功率

$$N_o = \int_{-f_m}^{f_m} pn_s(f) \, \mathrm{d} f = \frac{2 n_0 \pi^2 f_m^3}{3} \tag{4-4-37}$$

这里,f_m 为低通滤波器的截止频率,即调制信号的截止频率,由式(4-4-35)和式(4-4-37)得输出信噪比

$$\frac{S_o}{N_o} = \frac{3 A^2 K_f^2 \overline{m^2(t)}}{8 n_0 \pi^2 f_m^3} \tag{4-4-38}$$

而窄带调频相干解调器的输入信噪比

$$\frac{S_i}{N_i} = \frac{A^2/2}{n_0 B_{\mathrm{NBFM}}} = \frac{A^2/2}{2 n_0 f_m} \tag{4-4-39}$$

因此窄带调频的解调增益

$$G_{\mathrm{NBFM}} = \frac{S_o/N_o}{S_i/N_i} = \frac{3 K_f^2 \overline{m^2(t)}}{2 \pi^2 f_m^2} \tag{4-4-40}$$

由于最大频偏

$$\Delta f_{\max} = \frac{1}{2\pi} K_f \mid m(t) \mid_{\max} \tag{4-4-41}$$

代入式(4-4-40)得

$$G_{\mathrm{NBFM}} = 6 \left(\frac{\Delta f_{\max}}{f_m} \right)^2 \frac{\overline{m^2(t)}}{\mid m(t) \mid_{\max}^2} \tag{4-4-42}$$

单频调制时有

$$\frac{\overline{m^2(t)}}{\mid m(t) \mid_{\max}^2} = \frac{1}{2}, \quad \Delta f_{\max} = f_m$$

此时,由式(4-4-42)可得

$$G_{\mathrm{NBFM}} = 3 \tag{4-4-43}$$

式(4-4-42)与式(4-4-23)是一致的。与高调制指数的宽带调频相比,窄带调频的信噪比增益很低,但与有相同带宽的调幅相比,则有稍高的增益。最重要的是,窄带调频信号采用相干解调时不存在门限效应。

4.4.4　调频中的加重技术

由前面的分析可知,鉴频器输出的噪声功率谱密度为

$$p_d(f) = \frac{4\pi^2 K_d^2}{A^2} f^2 n_0, \quad |f| \leqslant B_{FM}/2 \tag{4-4-44}$$

它在基带信号带宽内是不均匀的,与频率平方成正比。许多实际的消息信号,例如在调频广播中所传送的语音和音乐信号,其大部分能量集中在低频端,其功率谱密度随频率的增加而减小,因而使得输出基带信号的高频分量受噪声的干扰最严重,信噪比很低;而功率谱密度比较大的低频分量则有比较高的信噪比,为了改善这种情况,在发送端调制之前提升输入信号的高频分量,而在接收端解调之后做反变换,压低高频分量,使信号频谱恢复原始形状,这样就能减小在提升信号高频分量后所引入的噪声功率,因为在解调后压低信号高频分量的同时高频噪声功率也受到了抑制。通常把发送端对输入信号高频分量的提升称为预加重(preemphasis),解调后对高频分量的压低称为去加重(deemphasis)。采用加重技术的 FM 系统如图 4-36 所示。

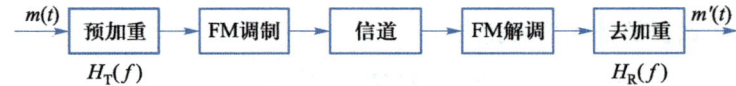

图 4-36　采用加重技术的 FM 系统

通常采用如图 4-37(a)所示的 RC 网络作为预加重网络,它的传输函数的幅频特性近似如图 4-37(b)所示,相应的去加重网络及其幅频特性如图 4-37(c)和图 4-37(d)所示。预加重网络传输函数 $H_T(f)$ 和去加重网络传输函数 $H_R(f)$ 分别为

$$H_T(f) = \frac{V_{out}}{V_{in}} = k \frac{1+jf/f_1}{1+jf/f_2} \tag{4-4-45}$$

$$H_R(f) = \frac{V_{out}}{V_{in}} = \frac{1}{1+jf/f_1} \tag{4-4-46}$$

式中,$k = R_2/(R_1+R_2)$,$f_1 = 1/(2\pi R_1 C)$,$f_2 = 1/(2\pi RC)$,$R = R_1 R_2/(R_1+R_2)$。设计时,通常满足 $f_2 \gg f_m > f_1$,最需要关注的是在信号带宽内(即 $f < f_m$)传输特性对噪声和信号的影响。对 $H_T(f)$ 归一化使得常数 $k = 1$,由图 4-37 可以看出,在 $f_1 < f < f_m$ 范围内,预加重网络近似一个微分器,去加重网络近似一个积分器。

预加重网络和去加重网络的联合特性为

$$H(f) = H_T(f)H_R(f) = \frac{1}{1+jf/f_2} \tag{4-4-47}$$

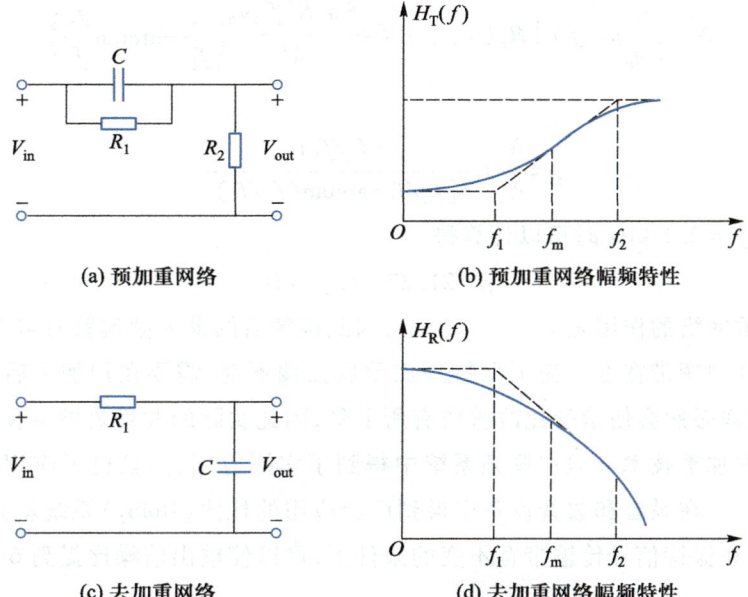

(a) 预加重网络　　　　　(b) 预加重网络幅频特性

(c) 去加重网络　　　　　(d) 去加重网络幅频特性

图 4-37　预加重和去加重网络

当 $f < f_m \ll f_2$ 时,近似有

$$H(f) \approx 1$$

可见,在 $f < f_m$ 范围内预加重网络和去加重网络的存在不影响消息信号的传输。在 $f_1 < f < f_m$ 范围内,去加重网络近似一个积分器,式(4-4-46)可以近似为

$$H_{\mathrm{R}}(f) = \frac{V_{\mathrm{out}}}{V_{\mathrm{in}}} = \frac{f_1}{\mathrm{j}f} \tag{4-4-48}$$

这样,去加重网络的输出噪声功率谱密度在 $f_1 < f < f_m$ 范围内近似为

$$p_{\mathrm{d}}(f) \mid H_{\mathrm{R}}(f) \mid^2 = \frac{4\pi^2 K_{\mathrm{d}}^2}{A^2} f^2 n_0 \frac{f_1^2}{f^2} = \frac{4\pi^2 K_{\mathrm{d}}^2 f_1^2 n_0}{A^2} \tag{4-4-49}$$

可以看出,系统输出噪声功率谱密度变得平坦了,从而有效抑制了消息信号高频部分的噪声。

预加重和去加重技术的典型应用是在调频广播系统中,调频广播系统中的最高信号调制频率为 $f_{\max} = 15\ \mathrm{kHz}$, f_2 一般取值约为 $80\ \mathrm{kHz}$。去加重网络的时间常数一般选择为 $R_1 C = 75\ \mu\mathrm{s}$,此时 $f_1 = \dfrac{1}{2\pi R_1 C} \approx 2.1\ \mathrm{kHz}$,由于满足 $f < f_m \ll f_2$ 的条件,因此预加重网络和去加重网络对于基带信号的影响是很小的。现在考虑去加重网络对于噪声的抑制作用,没有去加重网络时,噪声的功率为

$$N_{\mathrm{o}} = \int_{-f_m}^{f_m} p_{\mathrm{d}}(f)\,\mathrm{d}f = \frac{8\pi^2 K_{\mathrm{d}}^2 f_m^3 n_0}{3A^2} \tag{4-4-50}$$

有去加重网络时,输出的噪声功率为

$$N_o' = \int_{-f_m}^{f_m} p_d(f)\,|\,H_R(f)\,|^2 df = \frac{8\pi^2 K_d^2 f_1^3 n_0}{A^2}\left(\frac{f_m}{f_1} - \arctan\frac{f_m}{f_1}\right) \qquad (4-4-51)$$

噪声减小系数

$$\rho = \frac{N_o}{N_o'} = \frac{(f_m/f_1)^3}{3[f_m/f_1 - \arctan(f_m/f_1)]} \qquad (4-4-52)$$

当 $f_m = 15$ kHz, $f_1 = 2.1$ kHz 时可以计算得

$$\rho = 21.27 = 13.3 \text{ dB}$$

由于预加重网络的作用是提升高频分量,因此调频后的最大频偏就有可能增加,而超出原有信道所容许的频带宽度。为了保持预加重后频偏不变,需要在预加重后将信号衰减一些再去调制,这样必然会使信噪比改善值有所下降,因此实际的改善效果会有所下降。

预加重和去加重技术不但在调频系统中得到了实际应用,而且也可应用在其他音频传输和录音系统中。在录音和放音设备中得到广泛应用的杜比(Dolby)系统就是一个例子,采用加重技术后,在保持信号传输带宽不变的条件下,可以使输出信噪比提高 6 dB 左右。

微视频:
频分复用

4.5　频分复用原理

将多路信息在同一信道中独立传送称为多路复用,多路复用可以充分利用信道带宽,提高传输容量。通信系统中有四种常用的多路复用方式:频分复用、时分复用、码分复用和波分复用。在频分复用系统中,信道被划分成若干个相互不重叠的频带,每路信号占据其中一个频带发送,接收端采用带通滤波器分离出各路信号,分别解调接收。

频分多路复用系统的原理框图如图 4-38 所示,由于各个支路信号往往不是严格的带限信号,因而在发送端各路信号首先经过低通滤波器,各路已调信号合成后送入信道之前,为了避免它们的频谱出现互相交叠,还需要经过带通滤波器,然后合并发送。接收端首先使用带通滤波器将各种信号分别提取,然后经解调器、低通滤波器后输出。

频分多路复用系统中的主要问题是各路信号之间的相互串扰。串扰主要是由系统非线性特性和已调信号的频谱展宽引起的。各路信号之间的串扰主要表现为邻近频带干扰(简称邻道干扰)和各路信号之间的互调干扰。由于调制器的非线性特性,使得已调信号的频谱展宽,虽然经过带通滤波,但是在实际系统中仍然可能有部分带外信号落入到临近频带经过放大后发送出去,从而形成频带之间的串扰,此外接收机的频率选择性不理想也会引入邻道干扰。同样由于调制器和放大器的非线性作用,在系统中会产生互调信号,对频分多路系统造成一定的影响。调制器非线性造成的串扰可以部分地由发送滤波器消除,但是对于射频前端放大以及信道传输中非线性产生的串扰往往无法消除。因此在频分多路复用系统中对系统线性要求很高,同时需要合理地选择载波频率 $f_{C1}, f_{C2}, \cdots, f_{Cn}$,尽量避免产生互调信号,并在各路频带之间留有一定的保护间隔,减小各路信号之间的串扰。

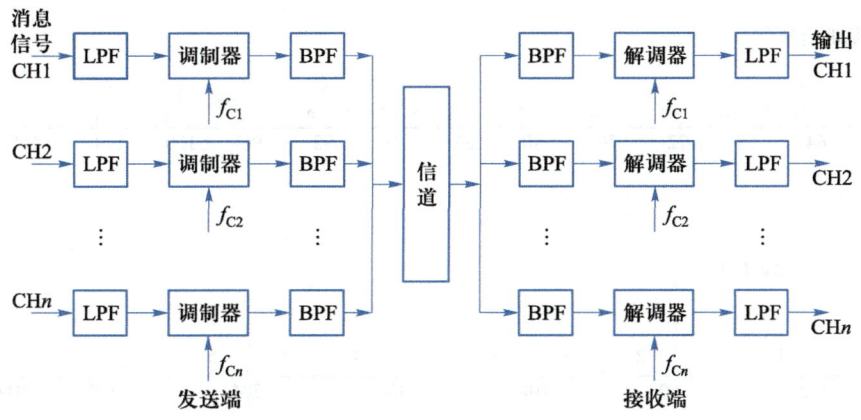

图 4-38　频分多路复用系统的原理框图

频分复用广泛应用于长途载波电话、立体声调频、广播电视和空间遥测等领域。下面以载波多路电话系统为例介绍频分复用技术在实际系统中的应用。

多路载波电话系统可以传送多路电话信号,曾经获得十分广泛的应用。在多路载波电话系统中,话音信号采用单边带调制,因为话音信号占用的频带在 300~3 400 Hz 之间,低频分量少,适合采用单边带调制方式,这样可以最大限度地节省传输频带。单边带调制后的信号带宽与调制信号相同,为了在各路信号之间保留足够的频带间隔,使滤波器易于实现,每路单边带信号之间的频率间隔为 4 000 Hz。

为了能够实现大容量的话音信号的传输,载波电话系统定义了一套标准的分群等级,如表 4-1 所示。

表 4-1　频分多路载波电话分群等级

分群等级	容量（话路数量）	带宽/kHz	基本频带/kHz
基群	12	48	60~108
超群	60＝5×12	240	312~552
基本主群	300＝5×60	1 200	812~2 044
基本超主群	900＝3×300	3 600	8 516~12 388
12 MHz 系统	2 700＝3×900	$1.08×10^4$	
60 MHz 系统	10 800＝12×900	$4.32×10^4$	

基群信号由 12 路电话信号构成,每路电话信号采用单边带调制,占据 4 kHz 的频带。5路基群信号在分别经过一次频谱搬移后(频谱搬移后取出上边带)合成超群。基群和超群信号频谱如图 4-39 所示。

需要说明的是,各种等级的群路信号基本频带并不是在实际信道中传输的频带,在送入信道前往往还需要进行一次频谱搬移,以适应实际信道条件。

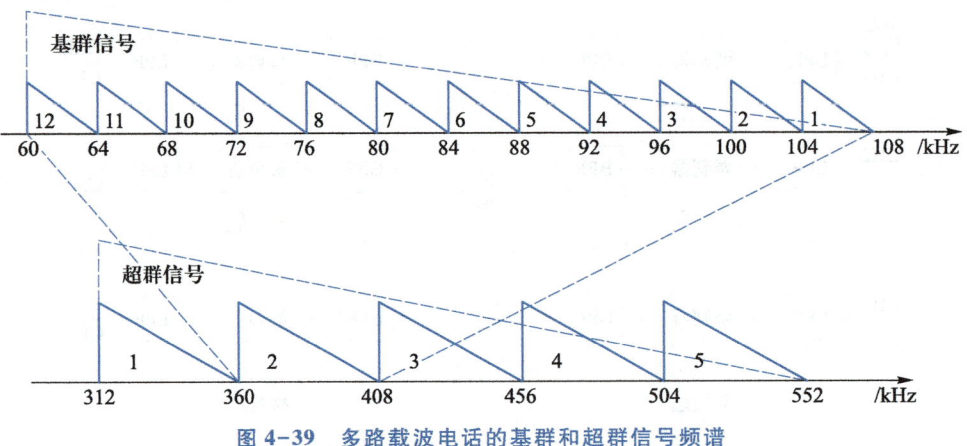

图 4-39　多路载波电话的基群和超群信号频谱

4.6　模拟调制技术的应用

微视频：模拟
调制技术的
应用

　　AM 调制的优点是接收设备简单,缺点是功率利用率低、抗干扰能力差。在传输中如果受到信道的选择性衰落,则在包络检波时会出现过调失真,信号频带较宽,频带利用率不高。因此 AM 只适用于对通信质量要求不高的场合,目前主要用在中波和短波的调幅广播中。

　　DSB 调制的优点是功率利用率高,但带宽与 AM 相同,接收要求相干解调,设备较复杂。只用于点对点的专用通信,通常应用在设备内部作为中间调制过程。

　　SSB 调制的优点是功率利用率和频带利用率都较高,抗干扰能力和抗选择性衰落能力均优于 AM,而带宽只有 AM 的一半;缺点是发送和接收设备复杂。鉴于这些特点,SSB 调制普遍用在频带比较拥挤的场合,如短波波段的无线电广播和频分多路复用系统中,军用的短波电台很多都采用单边带调制。

　　VSB 的好处在于部分抑制了发送边带,同时又补偿了被抑制部分。VSB 解调原则上也需相干解调,但在某些 VSB 系统中,附加一个足够大的载波,就可用包络检波法解调合成信号(VSB+C),这种(VSB+C)方式综合了 AM、SSB 和 DSB 三者的优点。所有这些特点,使 VSB 对商用模拟电视广播系统特别具有吸引力。

　　FM 波的幅度恒定不变,这使它对非线性器件不甚敏感,给 FM 带来了抗快衰落能力。这些特点使得窄带 FM 对微波中继系统颇具吸引力。宽带 FM 的抗干扰能力强,可以实现带宽与信噪比的互换,因而宽带 FM 广泛应用于长距离高质量的通信系统中,如空间和卫星通信、调频立体声广播、超短波电台等。

　　下面通过几个系统实例介绍模拟调制技术的应用:

　　(1) 模拟广播电视;

　　(2) 短波单边带电台;

（3）调频立体声广播；

（4）模拟移动通信系统。

4.6.1 模拟广播电视

由于图像信号的频带很宽，达到 6.5 MHz，而且具有很丰富的低频分量，很难采用单边带调制，因此在模拟电视信号中，图像信号采用残留边带调制，并且插入很强的载波，可以用简单的包络检波的方法来接收图像信号，使电视接收机简化。电视伴音信号采用调频副载波方式，与图像信号采用频分复用的方式合成一个总的电视信号。

我国黑白电视信号的频谱如图 4-40 所示。伴音信号和图像载频信号相差 6.5 MHz，一路电视信号占据的频带宽度为 8 MHz。残留边带信号在载频附近的互补对称特性是在接收端形成的，接收机中频放大器的理想频率响应为一斜切滤波特性，如图 4-41 所示。

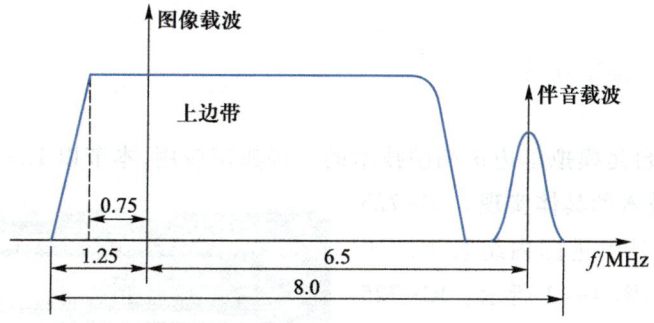

图 4-40 黑白电视信号的频谱

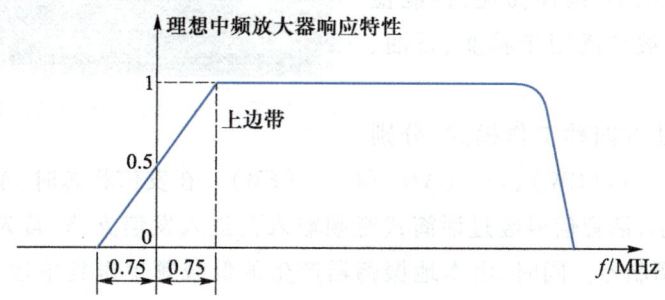

图 4-41 电视接收机的理想中频滤波特性

彩色电视信号是由红、蓝、绿三基色构成的。为了在接收端分出这三种颜色，重现彩色，并且考虑和黑白电视的兼容性，因而在彩色电视信号中除了传送由这三色线性组合得到的亮度信号（黑白电视信号）之外，还需要传送两路色差信号 R-Y（红色与亮度之差）和 B-Y（蓝色和亮度之差）。在我国彩色电视所采用的逐行倒相制（phase alternating line，PAL）中，这两路色差信号用 4.433 618 75 MHz 的副载波进行正交的抑制载波双边带调制，即采用 4.433 618 75 MHz 频率的两个相位相差 90°的载波分别进行抑制载波双边带调制，PAL 制彩色电视信号的频谱如图 4-42 所示。为了克服传输过程中的相位失真对色调的影响，在 PAL

制中,R-Y 这一路色差信号在调制时每隔一个扫描行倒相一次(倒相后两路副载波之间的正交性保持不变),这也是逐行倒相制名称的由来。

广播电视伴音信号采用调频体制,最大频偏规定为 25 kHz,伴音信号最高频率为 15 kHz,根据卡森公式可以计算出伴音信号占据的带宽为 80 kHz。

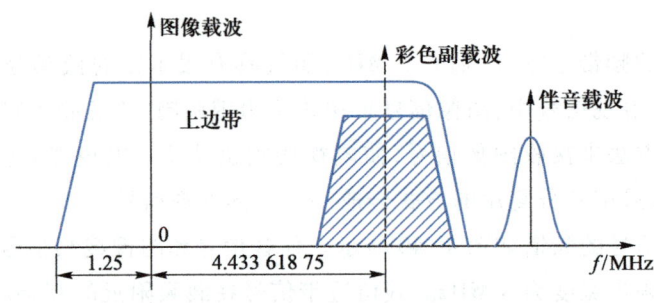

图 4-42　PAL 制彩色电视信号的频谱

4.6.2　短波单边带电台

短波单边带电台是模拟单边带调制技术的一种典型应用,本节以 IC-725 型单边带电台为例,阐述单边带技术的具体实现。IC-725 单边带电台是从国外引进国内组装生产的一种电台,其外观如图 4-43 所示。IC-725 电台体积小,重量轻,操作使用方便,性价比较高。由于电台体积小,操作简便,性能稳定,安装架设简单,被广泛用于林业、石油、煤炭等行业。

图 4-43　IC-725 型短波单边带电台

IC-725 电台共有四种工作模式,分别为单边带(SSB)、连续波(CW)、调幅(AM)和调频(FM)。在发信状态时,单边带模式的工作过程如图 4-44 所示,话音信号经过话筒式音频输入孔进入发信支路,首先经过音频放大器放大,送到单边带调制器。同时,由本地振荡器产生的低载频也送到单边带调制器,进行话音的第一次调制。调制输出的是一个载波被抑制的双边带信号。该信号经过滤波器滤波,提取一个边带作为 SSB 信号。

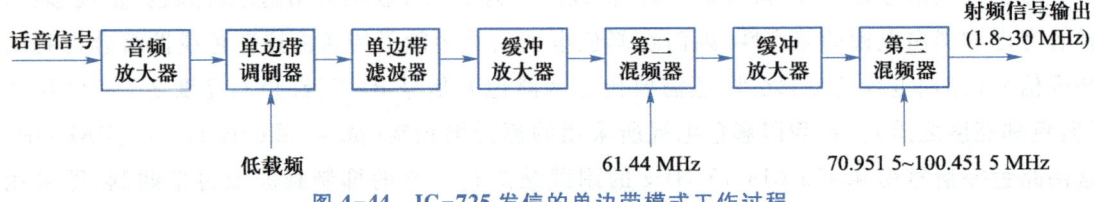

图 4-44　IC-725 发信的单边带模式工作过程

经过调制和滤波,话音信号进行了第一次频率搬移。该 SSB 信号经过一级缓冲放大器

的放大隔离,在第二混频器中与来自频率合成器 61.44 MHz 的第二本振信号进行第二次混频,混频后输出约 70 MHz 的高中频信号。该中频信号经进一步放大后,到达第三混频器,在这里与来自频率合成器的第一本振信号(70.951 5~100.451 5 MHz)进行单边带信号的最后一次混频,确定形成 USB 或 LSB 信号,并将其频率搬移到工作波段内。

IC-725 电台在接收信号时的处理过程与发信时的工作过程相反,信号经过预选滤波器后,进入前置高频放大电路,是否需要放大,根据信号强弱而定。若不需放大,信号则被旁通直接进入低通滤波器,送到第一混频器,与来自频率合成器的第一本振信号(70.951 5~100.451 5 MHz)混频,得到第一中频信号(70.45±Δf MHz)。经第一中频放大后,又进入第二混频器,与来自频率合成器的第二本振信号(61.44 MHz)混频,得到第二中频信号。第二中频信号经晶体滤波器滤除杂波后再经过消噪门及第二中频放大器之后,进入工作种类滤波器滤波,然后到达公共中放,最后送入到 SSB 解调器进行解调恢复基带信号。

4.6.3 调频立体声广播

调频立体声广播使用的频段为 88~108 MHz,各个调频发射频点间隔为 200 kHz。与中波/短波广播相比,调频立体声广播能够提供很好的音质效果,这主要是因为其信号具有以下特点:

(1)调频立体声广播信号中包含了左右两个声道的和信号与差信号;
(2)调频立体声广播信号的音频范围为 0.3~15 kHz,高音成分得到了保留;
(3)调频立体声采用频率调制,与幅度调制技术相比,具有更好的抗干扰性能;
(4)调频立体声使用 VHF 频段,信道稳定。

但是调频立体声广播采用视距传输,信号覆盖的范围有限,建筑物的阻挡和隧道对信号传输质量影响很大,而中波/短波广播信号的覆盖范围通常要比调频立体声广播信号大得多。

调频立体声广播采用频率调制,进行频率调制之前,首先将左右两个声道的差信号(L-R)进行抑制载波双边带调制,再与和信号进行频分复用,在国外的立体声广播中还开辟了供辅助通信用的另一个通道,调频之前的信号频谱如图 4-45 所示。

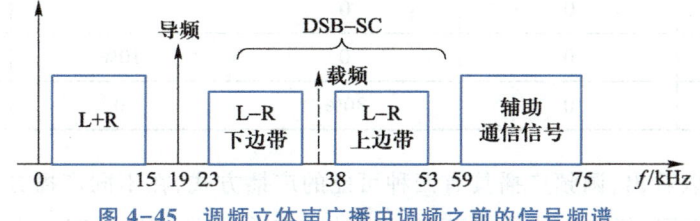

图 4-45 调频立体声广播中调频之前的信号频谱

左右两个声道的和信号(L+R)占据频带 0~15 kHz,两声道的差信号(L-R)采用抑制载波双边带调制,载频为 38 kHz,59~75 kHz 则用作辅助通信信号。在信号的频谱中还包含了 19 kHz 的导频信号,该导频信号被接收端提取后经过倍频处理用作 DSB-SC 信号的相干解

调。调频立体声广播和普通调频广播（非立体声广播）是兼容的，在普通调频广播中，送入频率调制器的信号只包含 0~15 kHz 的和信号。

调频立体声电台信号占据的频率间隔为 200 kHz，因此上述信号经过频率调制器后，产生的调频信号占据的频带必须限制在 200 kHz 以内。对于普通调频广播，调频最大频偏为 75 kHz，调频器输入信号只有和信号，最高调制频率为 15 kHz。根据<u>卡森公式</u>，可以计算出普通调频广播信号的带宽为

$$B = 2(\Delta f_{max} + f_m) = 180 \text{ kHz}$$

此时，调频指数为 $m_f = 75/15 = 5$，可以看出，调频信号的主要频谱分量限制在 200 kHz 以内。

在双声道调频立体声广播中，送入频率调制器的信号包括两路和信号（L+R）、采用 DSB-SC 调制的差信号（L-R）以及辅助通信信号，美国联邦通信委员会（FCC）对频偏的分配做了如下规定：

（1）导频载波（19 kHz）分量在调频时只允许占用最大频偏的 10%（7.5 kHz），因此在节目停顿期间导频的调制指数为 7.5/19 = 0.395，可以认为是窄带调频。

（2）在传送非立体声广播节目时，可以同时传送专供用户（如为商店、医疗机构等播送音乐）使用的辅助通信信号，辅助通信信号也采用窄带调频，由图 4-45 可以看出，辅助通信信号的中心频率为 67 kHz，经过调频后总频偏也应小于 75 kHz。FCC 规定辅助通信信号的频偏不超过最大频偏的 30%，其余 70% 频偏分配给广播节目。

（3）在不带辅助通信信号的立体声广播中，10% 频偏分配给 19 kHz 导频，其余 90% 分配给 L+R 和 L-R 两个声道。

（4）在带有辅助通信信号的立体声广播中，10% 的频偏分配给 19 kHz 导频，另外 10% 频偏分配给辅助通信信号，其余 80% 分配给立体声广播的两个声道。

以上规定可以归纳为表 4-2。

表 4-2　调频立体声广播的频偏分配

信号 ＼ 广播方式	非立体声	非立体声 +辅助通信信号	立体声	立体声 +辅助通信信号
L+R	100%	70%	90%	80%
L-R	0	0		
导频	0	0	10%	10%
辅助通信信号	0	30%	0	10%

从表 4-2 可以看出，调频广播具有四种可能的广播方式，在不同广播方式下各个信号分量分配的频偏比不同，频偏比的控制可以通过改变各个信号分量幅度大小来实现。不管是何种广播方式下的信号，调频收音机都可以正常接收。因为只要调频收音机的鉴频器具有良好的线性特性，鉴频器输出信号的频谱就是如图 4-45 的形式，进一步的滤波和解调处理就能恢复左右声道的节目信号以及辅助信号。

4.6.4 模拟移动通信系统

模拟移动通信系统包括 AMPS(advanced mobile phone system)、TACS(total access communications system)、NMT(nordic mobile telephone)等商用移动通信系统,部分无线集群通信系统以及常规无线对讲机仍然是以模拟制式为主。与模拟线性调制技术相比,由于频率调制和相位调制具有较强的抗干扰能力,能够获得更大的信噪比增益,并且能够减小信号振幅变化引起的附加噪声,因此在模拟制 VHF/UHF 电台和移动通信系统中,频率和相位调制是最常用的调制体制。

表 4-3 是典型模拟移动通信系统的工作频段、功率特性和调制体制参数。

表 4-3   典型模拟移动通信系统的主要参数

典型模拟移动通信系统		TACS	AMPS	NMT	Motorola SmartNet
工作频段	双工工作频段/MHz	890~915	824~849	454~468	806~821
	信道间隔/kHz	25	30	25	25
	双工间隔/MHz	45	45	10	45
	总信道数	1 000	832	180/220	600
功率特性	基站功率/W	40~100	20~100	25/50	150
	用户台功率/W	10/14/1.6/0.6	4/0.6	15	35
	小区覆盖半径/km	5~10	5~20	20~40	50
话音调制	调制方式	FM	FM	FM	FM
	峰值频偏/kHz	9.5	12	5	5
信令调制	调制方式	FSK	FSK	FSK	FSK
	速率/kbps	8	10	1.2	3.6
	纠错编码	BCH	BCH	Hagelbargar	BCH

*说明:

(1)表中所列 TACS 工作频段是我国采用的频段规定,AMPS 的工作频段是北美地区使用的频段规定。

(2)工作频段所列的频率是移动台发射的频率,基站发射频率为移动台频率加上双工间隔。

(3)用户台功率中的数据信息中,10/14/1.6/0.6 表示 TACS 用户台有四个等级的信号功率。其余以此类推。

(4)TACS 曾经在英国、爱尔兰、中国使用;AMPS 是在北美地区以及澳大利亚、新西兰、新加坡、韩国等国家使用的模拟制蜂窝移动通信标准;NMT 最早在北欧国家采用,后来扩展到荷兰、比利时、瑞士等国家。

(5)Motorola SmartNet 是典型的模拟制集群通信系统,采用半双工工作方式,在话音信道中还包含有 150 bit/s 的亚音频信令。

以 Motorola SmartNet 的调制方式为例。调制方式采用频率调制,频率调制器输入的话音信号频率范围为 300~3 400 Hz,调频的峰值频偏为 5 kHz,根据卡森公式,已调信号占据的带宽为

$$B = 2(\Delta f_{\max} + f_m) = 16 \text{ kHz}$$

此时,调频指数 $m_f = 5/3 = 1.67$,属于一种窄带调频。已调信号的主要频率成分限制在 16 kHz 以内,与 25 kHz 的信道间隔相比,保留了一定的保护带,这样可以减小发射信号对邻近信道的干扰。

习　　题

4-1　设一个载波的表达式为 $c(t) = 5\cos 1\,000\pi t$,基带调制信号的表达式为 $m(t) = \cos 200\pi t$,直流分量 $A_0 = 2$。试求出振幅调制时已调信号的频谱,并画出此频谱图。

4-2　在上题中,已调信号的载波分量和各边带分量的振幅分别等于多少?

4-3　请计算对 AM 信号做相干解调时的解调增益。

4-4　试证明:若用一基带余弦波调幅,则调幅信号的两个边带的功率之和最大等于载波功率的一半。

4-5　对一个 DSB-SC 信号进行相干解调,当解调电路中的本地载波与输入 DSB-SC 信号载频存在频率偏差 Δf 时,请推算对解调输出的影响。

4-6　对信号 $m(t)$ 进行 DSB-SC 调制,信号 $m(t)$ 的频谱如题图 4-6 所示,载波信号为 $A_c \cos 2\pi f_c t$。接收机采用相干解调,载波频率为 f_c,幅度为 1 V,接收机低通滤波器的截止频率为 1 kHz。

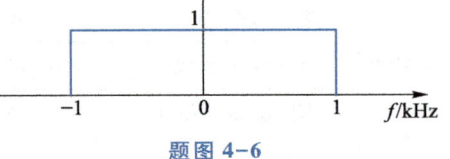

题图 4-6

(1) 若 $f_c = 0.5$ kHz,画出调制器和解调器的输出频谱;

(2) 确定 DSB-SC 信号为避免频谱混叠所需的最小 f_c。

4-7　已知调制信号为 $m(t) = \cos 2\,000\pi t + \cos 4\,000\pi t$,载波为 $\cos 10^4\pi t$,试确定 SSB 调制信号的表达式,并画出其频谱图。

4-8　已知基带信号频带为 300~3 400 Hz,用多级滤波法实现单边带调制,载频为 40 MHz。假设滤波器过渡带只能做到中心频率的 1%,画出单边带调制系统的框图,并画出各点频谱。

4-9　已知一个 PM 已调信号时域表达式为 $s(t) = 100\cos(2\pi f_c t + 10\cos 1\,000\pi t)$,调相灵敏度为 $K_p = 5$,试求:(1) 调制信号 $m(t)$ 的时域表达式;(2) 调相指数 m_p。

4-10　将调幅波通过残留边带滤波器产生残留边带信号,残留边带滤波器的传输特性如题图 4-10 所示,当调制信号为 $m(t) = A[\sin 100\pi t + \sin 6\,000\pi t]$,确定所得残留边带信号的表达式。

4-11　已知某模拟基带系统中调制信号 $m(t)$ 的带宽是 $W = 5$ kHz,发送端发送的已调信号功率是 P_1,接收功率比发送功率低 60 dB。信道中加性高斯白噪声的单边功率谱密度为 $N_0 = 10^{-13}$ W/Hz。

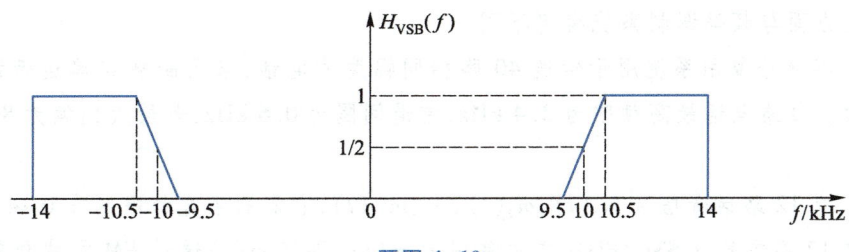

题图 4-10

（1）如果采用 DSB-SC：

① 推导出输出信噪比 $\dfrac{S_o}{N_o}$ 和输入信噪比 $\dfrac{S_i}{N_i}$ 的关系；

② 若要求输出信噪比不低于 30 dB，发送功率至少应该是多少？

（2）如果采用 SSB，重做第（1）问。

4-12　角度调制信号 $s(t)=100\cos(2\pi f_c t+4\sin 2\pi f_m t)$，其中载频 $f_c=10$ MHz，调制信号的频率是 $f_m=1\,000$ Hz。

（1）假设 $s(t)$ 是 FM 调制，求其调制指数及发送信号带宽；

（2）若调频器的调频灵敏度不变，调制信号的幅度不变，但频率 f_m 加倍，重做第（1）题。

4-13　设一个频率调制信号的表达式为 $s(t)=10\cos(2\times10^6\pi t+10\cos 2\,000\pi t)$，试求：
（1）已调信号的最大频移；（2）已调信号的最大相移；（3）已调信号的带宽。

4-14　已知调频信号为 $s_{FM}(t)=10\cos\left[10^6\pi t+8\sin(2\pi\cdot10^3 t)\right]$，调制器的频偏常数 $K_f=2$，试确定：（1）载频；（2）调频指数；（3）最大频偏；（4）调制信号。

4-15　给定调频信号中心频率为 50 MHz，最大频偏为 75 kHz，试求：

（1）调制信号频率为 300 Hz 的指数 m_f 和信号带宽；

（2）调制信号频率为 3\,000 Hz 的指数 m_f 和信号带宽。

4-16　设一个频率调制信号的载频等于 10 kHz，基带调制信号是频率为 2 kHz 的单一正弦波，最大调制频偏等于 5 kHz。试求其调制指数和已调信号带宽。

4-17　设信道引入的加性白噪声双边功率谱密度为 $n_0/2=0.25\times10^{-14}$ W/Hz，路径衰耗为 100 dB，输入调制信号为 10 kHz 单频正弦。若要求解调输出信噪比为 40 dB，求下列情况下发送端最小载波功率：（1）常规调幅，包络检波，$\beta_{AM}=0.707$；（2）调频，鉴频器解调，最大频偏 $\Delta f=10$ kHz；（3）单边带调幅，相干解调。

4-18　设一宽带调频系统，载波振幅为 100，频率为 100 MHz，调制信号 $m(t)$ 的最大频率为 5 kHz，平均功率 $\overline{m^2(t)}=5\,000$，调频灵敏度 $K_f=500\pi$，最大频偏 $\Delta f_{max}=75$ kHz，并设信道引入的加性白噪声双边功率谱密度为 $n_0/2=10^{-3}$ W/Hz，试求：

（1）接收机输入端理想带通滤波器的传输特性 $H(\omega)$；

（2）解调器输入端的信噪比；

（3）解调器输出端的信噪比；

（4）若以振幅调制方法传输，并以包络检波器检波，试比较振幅调制系统在输出信噪比

和所需带宽方面与频率调制系统有何不同。

4-19　某频分复用系统用于传送 40 路相同幅度的电话,采用副载波单边带调制,主载波采用调频。每路电话最高频率为 3.4 kHz,信道间隔为 0.6 kHz,若最大频偏为 800 kHz,求传输带宽。

4-20　有 12 路话音信号 $m_1(t)$,$m_2(t)$,$\cdots$,$m_{12}(t)$,它们的带宽都限制在 0~4 000 Hz 范围内。将这 12 路信号以 SSB/FDM 方式复用为 $m(t)$,再将 $m(t)$ 通过 FM 方式传输,如题图 4-20(a) 所示。其中 SSB/FDM 的频谱安排如题图 4-20(b) 所示。已知调频器的载频为 f_c,最大频偏为 480 kHz。

(1) 试求 FM 信号的带宽;

(2) 画出解调框图;

(3) 假设 FM 信号在信道传输中受到加性高斯白噪声干扰,求鉴频器输出的第 1 路噪声平均功率与第 12 路噪声平均功率之比。

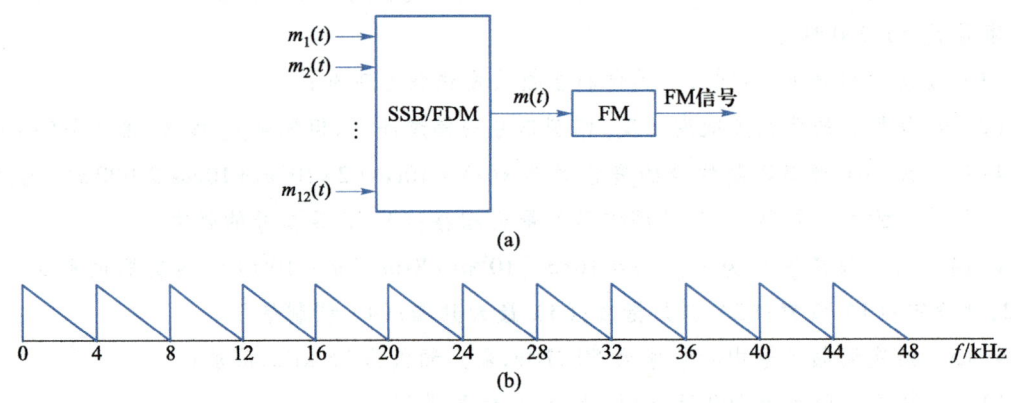

题图 4-20

第5章

模拟信号的数字化

与模拟通信相比,数字通信具有很多优点。而在实际通信中,有些信源发出的信号是模拟信号,所以需要通过抽样(sampling)、量化(quantizing)和编码(encoding)把模拟信号变为数字信号。通过抽样,把时间上连续的模拟信号转换为时间上离散的抽样信号;通过量化,把取值连续的模拟信号转换为取值离散的量化信号;通过编码,把时间离散且取值离散的量化信号用一组二进制码(或多进制码)表示出来。在接收端,再从接收到的数字信号中恢复出模拟信号。

第5章
思维导图

在通信发展历史上,电话业务是最早发展起来的,直到现在通信中大量的业务仍来自话音,因此对语音信号的编码(即语音编码)在现代通信中占有重要的地位,我们以语音编码为主介绍模拟信号的数字化。

现有的语音编码大致可以分为波形编码和语声编码两类。波形编码的思想是尽量保持输入波形不变,重建的语音信号是原始语音信号波形的近似。波形编码数码率比较高,通常在16~64 kbit/s 范围内,接收端重建信号的质量好。语声编码的基本思想是使重建信号听起来与输入语音内容一样,但其波形可以不同。实现语声编码的器件称为声码器。声码器提取语音信号的特征参数,再变换为数字代码序列,传输到接收机,在接收机中利用这些参数合成出语音波形来。

本章中先介绍抽样、量化和编码的基本原理,然后讨论差分脉冲编码调制、增量调制,最后对时分复用技术进行简单介绍。

5.1 模拟信号的抽样

抽样是把时间上连续的模拟信号变成一系列时间上离散的抽样值(时间离散序列)的过程。能否由抽样值序列重建原始模拟信号,是抽样定理要回答的问题。

抽样定理是任何模拟信号数字化的理论基础,下面将分别介绍低通抽样定理和带通抽样定理。

微视频:低通
模拟信号的
抽样定理

5.1.1 低通抽样定理

【定理 5-1】 低通抽样定理:一个频带限制在$(0, f_H)$内的时间连续信号

$x(t)$，如果抽样频率 f_s 大于或等于 $2f_H$，则可以由样值序列 $\{x(nT_s)\}$ 无失真地重建和恢复原始信号，其中 $T_s = 1/f_s$。

由抽样定理可知，当被抽样信号的最高频率为 f_H 时，每秒抽样点数要大于或等于 $2f_H$。如果抽样频率 $f_s < 2f_H$，则接收时重建的信号中会有失真，这种失真称为混叠失真。通常将满足低通抽样定理的最低抽样频率称为奈奎斯特（Nyquist）频率。

下面我们从频域角度来说明低通模拟信号的抽样过程。

设 $x(t)$ 是低通模拟信号，抽样脉冲序列是一个周期性冲激序列 $\delta_T(t)$，则抽样过程是 $x(t)$ 与 $\delta_T(t)$ 相乘的过程，即抽样后信号为

$$x_s(t) = x(t)\delta_T(t) \tag{5-1-1}$$

式中

$$\delta_T(t) = \sum_{n=-\infty}^{\infty} \delta(t-nT_s) \tag{5-1-2}$$

利用傅里叶变换的基本性质，由频域卷积定理可知抽样信号的频谱为

$$X_s(\omega) = \frac{1}{2\pi}[X(\omega) * \delta_T(\omega)] \tag{5-1-3}$$

式中，$X(\omega)$ 为低通信号的频谱，$\delta_T(\omega)$ 是 $\delta_T(t)$ 的频谱，可表示为

$$\delta_T(\omega) = \frac{2\pi}{T_s}\sum_{n=-\infty}^{\infty} \delta(\omega-n\omega_s) \tag{5-1-4}$$

式中，$\omega_s = 2\pi f_s = \dfrac{2\pi}{T_s}$。把上式代入式（5-1-3），有

$$X_s(\omega) = \frac{1}{T_s}\Big[X(\omega) * \sum_{n=-\infty}^{\infty} \delta(\omega-n\omega_s)\Big]$$

$$= \frac{1}{T_s}\sum_{n=-\infty}^{\infty} X(\omega-n\omega_s) \tag{5-1-5}$$

由图 5-1 可见，抽样后信号的频谱是信号的频谱经过周期延拓得到的，在 $\omega_s \geq 2\omega_H$（即 $f_s \geq 2f_H$）的情况下，周期性频谱无混叠现象，于是经过截止频率为 ω_H 的理想低通滤波器后，可无失真地恢复原始信号。如果 $\omega_s < 2\omega_H$，则频谱间出现混叠现象，如图 5-2 所示，这时不可能无失真地重建原始信号。

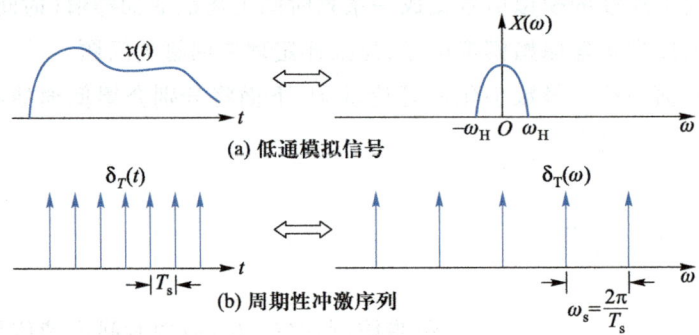

(a) 低通模拟信号

(b) 周期性冲激序列

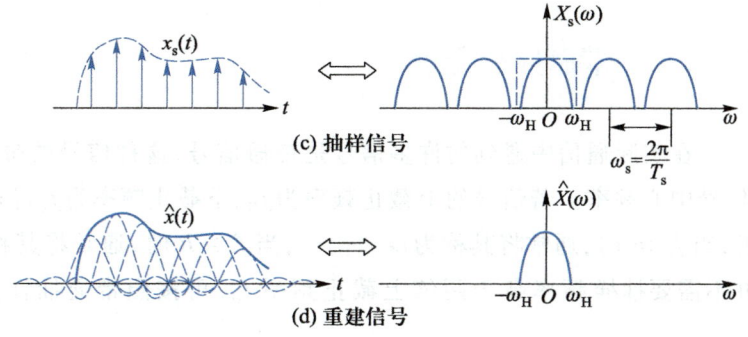

图 5-1　抽样过程的时间函数及其对应频谱图

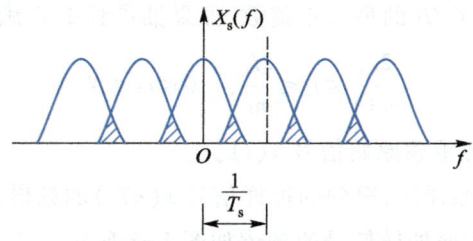

图 5-2　频谱混叠现象

5.1.2　内插公式

在满足低通抽样定理的情况下,使用低通滤波器可以无失真地由抽样值序列恢复原始信号,这种频域上的运算与时域中根据抽样值序列重建原始信号相对应。

从频域上看,抽样后的信号经过传递函数为 $H(\omega)$ 的理想低通滤波器后,其频谱为

$$\hat{X}(\omega) = X_s(\omega)H(\omega)$$

$$= \frac{1}{T_s}\sum_{n=-\infty}^{\infty} X(\omega-n\omega_s)H(\omega) = \frac{1}{T_s}X(\omega) \qquad (5-1-6)$$

式中

$$H(\omega) = \begin{cases} 1, & |\omega| \leqslant \omega_H \\ 0, & |\omega| > \omega_H \end{cases} \qquad (5-1-7)$$

从时域上看,重建信号可以表达为

$$\hat{x}(t) = h(t) * x_s(t) = \frac{1}{T_s}\left(\frac{\sin \omega_H t}{\omega_H t}\right) * \sum_{n=-\infty}^{\infty} x(nT_s)\delta(t-nT_s)$$

$$= \frac{1}{T_s}\sum_{n=-\infty}^{\infty} x(nT_s)\frac{\sin \omega_H(t-nT_s)}{\omega_H(t-nT_s)} \qquad (5-1-8)$$

若 ω_H、T_s 已知,则可由信号样值 $\{x(nT_s)\}$ 利用式(5-1-8)重建信号,式(5-1-8)常称为内插公式(这时的低通滤波器也常称为内插滤波器)。图 5-1(d)中给出了通过内插重建信号的例子。

5.1.3　带通抽样定理

微视频:带通
模拟信号的
抽样定理

在实际通信中遇到的许多信号是带通信号,这种信号的带宽往往远小于信号中心频率。若信号的上截止频率为 f_H,下截止频率为 f_L,信号带宽 $B=f_H-f_L$,当 $f_L<B$ 时,通常将其称为低通信号;当 $f_L\geqslant B$ 时,通常将其称为带通信号。对于带通信号并不需要抽样频率高于两倍上截止频率 f_H,可按照带通抽样定理确定抽样频率。

【定理 5-2】　带通抽样定理:一个频带限制在 (f_L,f_H) 内的时间连续信号 $x(t)$,信号带宽 $B=f_H-f_L$,令 N 为不大于 f_L/B 的最大正整数,如果抽样频率 f_s 满足条件

$$\frac{2f_H}{m+1}\leqslant f_s\leqslant\frac{2f_L}{m},\quad 0\leqslant m\leqslant N \tag{5-1-9}$$

则可以由抽样序列无失真地重建原始信号 $x(t)$。

对信号 $x(t)$ 以频率 f_s 抽样后,得到的抽样信号 $x(nT_s)$ 的频谱是 $x(t)$ 的频谱经过周期延拓而成的,延拓周期为 f_s,带通抽样信号的频谱如图 5-3 所示。为了能够由抽样序列无失真地重建原始信号 $x(t)$,必须选择合适的延拓周期(也就是选择抽样频率),使得位于 (f_L,f_H) 和 $(-f_H,-f_L)$ 内的频带分量不会和延拓分量出现混叠,这样使用带通滤波器就可以由抽样序列重建原始信号。

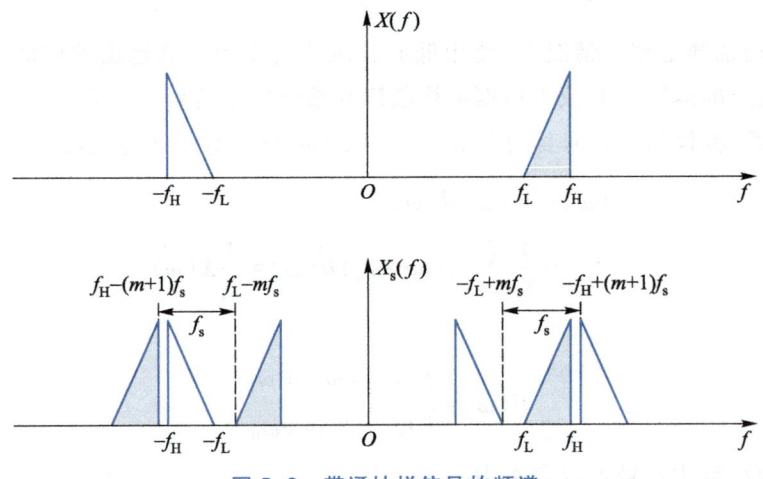

图 5-3　带通抽样信号的频谱

由于正负频率分量的对称性,我们仅考虑 (f_L,f_H) 的频带分量不会出现混叠的条件。

在抽样信号的频谱中,在 (f_L,f_H) 频带的两边,有两个由位于 $(-f_H,-f_L)$ 的频带分量平移后得到的延拓频带分量 $(-f_H+mf_s,-f_L+mf_s)$ 和 $[-f_H+(m+1)f_s,-f_L+(m+1)f_s]$,这里 m 为整数,$m\geqslant0$。为了避免混叠,延拓后的频带分量应满足

$$-f_L+mf_s\leqslant f_L \tag{5-1-10}$$

$$-f_H+(m+1)f_s\geqslant f_H \tag{5-1-11}$$

综合式(5-1-10)和式(5-1-11)并整理得到

$$\frac{2f_H}{m+1} \leqslant f_s \leqslant \frac{2f_L}{m} \qquad (5-1-12)$$

如果 m 取零,则上述条件化为

$$f_s \geqslant 2f_H \qquad (5-1-13)$$

这时,实际上是把带通模拟信号看作低通模拟信号进行抽样。

m 取得越大,符合式(5-1-12)的抽样频率会越低。但是 m 有一个上限,因为 $f_s \leqslant \dfrac{2f_L}{m}$,而为了避免混叠,延拓周期要大于两倍的信号带宽,即 $f_s \geqslant 2B$。

因此

$$m \leqslant \frac{2f_L}{f_s} \leqslant \frac{2f_L}{2B} = \frac{f_L}{B} \qquad (5-1-14)$$

由于 N 为不大于 f_L/B 的最大正整数,故有 $0 \leqslant m \leqslant N$。

综上所述,要无失真地恢复原始信号 $x(t)$,抽样频率 f_s 应满足

$$\frac{2f_H}{m+1} \leqslant f_s \leqslant \frac{2f_L}{m}, \quad 0 \leqslant m \leqslant N \qquad (5-1-15)$$

当 m 值取为 N 时,可以计算出带通抽样信号的最小抽样频率将在 $2B$ 到 $4B$ 之间变化,如图 5-4 所示。

带通抽样定理在频分复用信号的数字化、数字接收机的中频抽样信号数字化中有重要的应用。

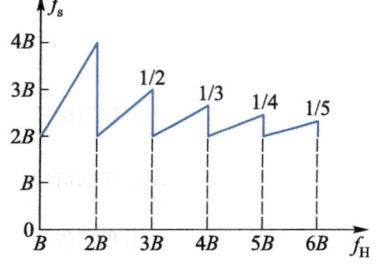

图 5-4　带通抽样的最小抽样频率

【例 5-1】　某中频带通信号的中心频率为 110 MHz,信号带宽为 $B=6$ MHz,对此信号进行带通抽样,在恢复信号时使用理想带通滤波器。试计算能无失真恢复信号的最低抽样频率。

【解】　由题意,该带通信号的上截止频率 $f_H=113$ MHz,下截止频率 $f_L=107$ MHz。因此 $N=\lfloor f_L/B \rfloor = \lfloor 107/6 \rfloor = 17$。以 $m=N=17$ 代入式(5-1-15),有

$$\frac{2\times113}{18} \leqslant f_s \leqslant \frac{2\times107}{17}, \quad 12.56 \leqslant f_s \leqslant 12.59$$

因此,选择的最低抽样频率为 12.56 MHz。

由以上讨论可知,低通信号的抽样和恢复比起带通信号来要简单。当带通信号的带宽 B 大于信号的最低频率 f_L 时,在抽样时把信号当作低通信号处理。模拟电话信号经滤波器限带后的频率范围为 300～3 400 Hz,按低通抽样定理抽样,抽样频率至少为 6 800 Hz。由于在实际实现时滤波器均有一定宽度的过渡带,抽样前的限带滤波器不能对 3 400 Hz 以上频率分量完全予以抑制,在恢复信号时也不可能使用理想的低通滤波器,所以对语音信号的抽样频率取为 8 kHz。这样,在抽样信号的频谱之间便可形成一定间隔的保护带,既防止频谱的混叠,又降低了对低通滤波器的要求。这种以适当高于奈奎斯特频率进行抽样的方法在

实际应用中是很常见的。

微视频：
实际抽样

5.1.4　实际抽样

　　前面介绍的抽样定理中要求抽样脉冲为冲激脉冲，但是实际上真正的冲激脉冲串并不能实现，通常只能采用窄脉冲来实现。本节我们就介绍在实际抽样中以窄脉冲为载波的脉冲调制方式。

　　模拟脉冲调制即脉冲的某一参量随调制信号瞬时值变化的调制方式。周期性脉冲序列有 4 个参量，即脉冲重复周期、脉冲幅度、脉冲宽度和脉冲相位（位置）。脉冲重复周期（抽样周期）一般由抽样定理决定，故只有其他 3 个参量可以受模拟基带信号的调制，对应的 3 种基本脉冲调制方式为脉冲幅度调制（PAM）、脉冲宽度调制（PDM）和脉冲位置调制（PPM）。其调制波形如图 5-5 所示。限于篇幅，我们仅介绍脉冲幅度调制，因为它是脉冲编码调制的基础。

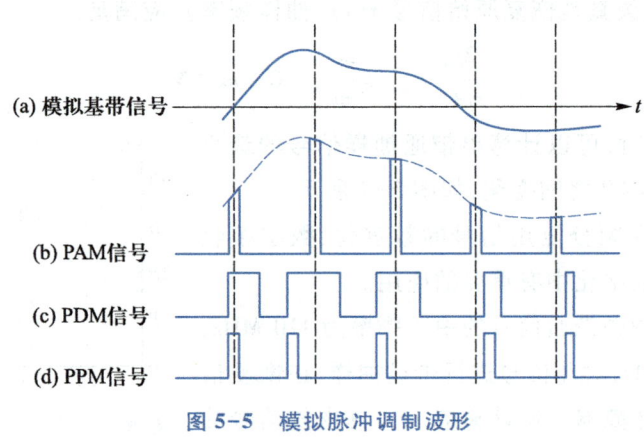

图 5-5　模拟脉冲调制波形

　　假设基带信号波形 $m(t)$ 及其频谱 $M(f)$ 如图 5-6(a) 所示，而脉冲载波以 $s(t)$ 表示，它是由脉宽为 t、重复周期为 T_s 的矩形脉冲组成，其波形和频谱如图 5-6(b) 所示，这样最终得到的抽样信号波形及其频谱如图 5-6(c) 所示。不难推导，若 $s(t)$ 的周期 $T_s \leqslant (1/2f_H)$，或其重复频率 $f_s \geqslant 2f_H$，则采用一个截止频率为 f_H 的低通滤波器仍可以分离出原模拟信号。

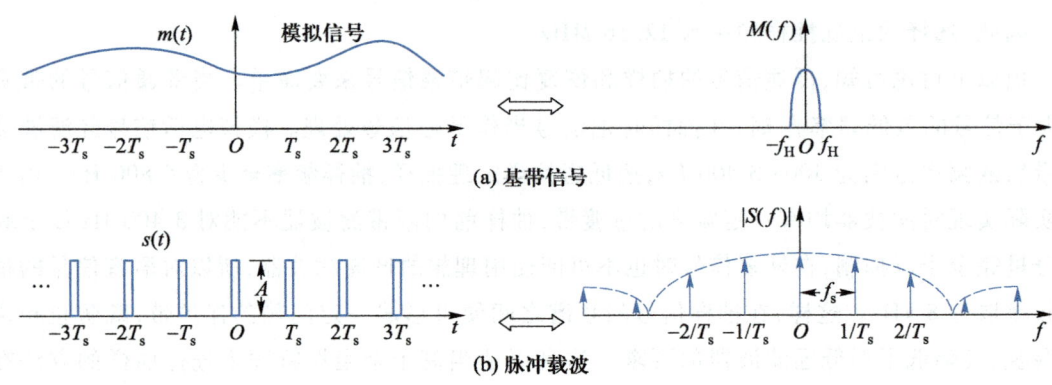

(a) 基带信号

(b) 脉冲载波

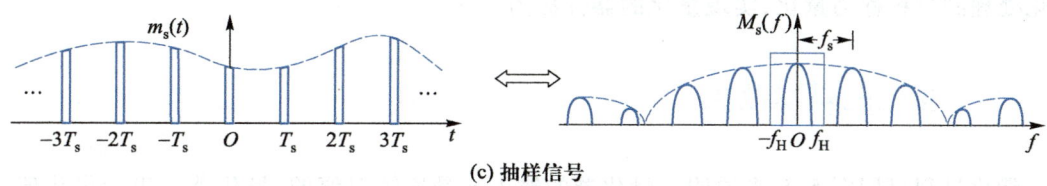

(c) 抽样信号

图 5-6　PAM 调制过程的波形和频谱图

我们看到,上面讨论的已抽样信号 $m_s(t)$ 的脉冲顶部是随着 $m(t)$ 变化的,即其脉冲顶部和原模拟信号 $m(t)$ 波形相同,这是一种"曲顶"的脉冲调幅,也称为自然抽样。在 PAM 方式中,除了上面所说的形式外,还有别的形式,即"平顶"的脉冲调幅,其输出波形如图 5-7 所示。

在实际应用中,常用"抽样保持电路"产生 PAM 信号。这种电路的原理方框图如图 5-8 所示。

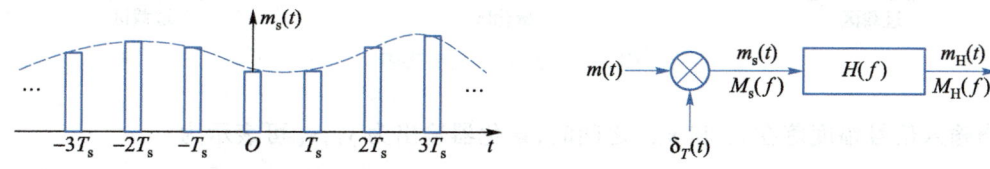

图 5-7　平顶抽样输出波形示意图　　图 5-8　基于抽样保持电路的 PAM 信号产生框图

因此,在平顶抽样中,最终输出信号的频谱可表示为

$$M_H(f) = M_s(f)H(f) \tag{5-1-16}$$

其中,$M_s(f) = \dfrac{1}{T_s}\sum\limits_{n=-\infty}^{\infty} M(f-nf_s)$ 为自然抽样信号的频谱。

于是,我们得到

$$M_H(f) = \frac{1}{T_s}\sum_{n=-\infty}^{\infty} H(f)M(f-nf_s) \tag{5-1-17}$$

比较 $M_H(f)$ 和 $M_s(f)$ 表达式,两式的区别在于和式中的每一项都被 $H(f)$ 加权。不能用低通滤波器恢复(解调)原始模拟信号。从原理上看,若在低通滤波器之前加一个传递函数为 $1/H(f)$ 的修正滤波器,就能无失真地恢复原模拟信号。

5.2　抽样信号的量化

模拟信号 $x(t)$ 经过抽样后得到了样值序列 $\{x(nT_s)\}$(常称为时域离散序列)。样值序列在时间上是离散的,但在幅度的取值上还是连续的,即有无限多种幅度取值。这样的抽样值无法准确用有限位信息比特来表示,因为使用 n 比特码组最多能表示 $M=2^n$ 种电平。这样就必须对样值进一步处理,使它成为在幅度上是有限种取值的离散样值。对幅度进行离

散化处理的过程称为量化,实现量化的器件称为量化器。

5.2.1　量化的基本概念

量化过程可用图 5-9 来说明。量化器的输入 x 是连续取值的,量化器输出为量化值 y,它有 L 种取值。这一过程可以用 $y=Q(x)$ 表示,这里 $Q(x)$ 是量化函数。

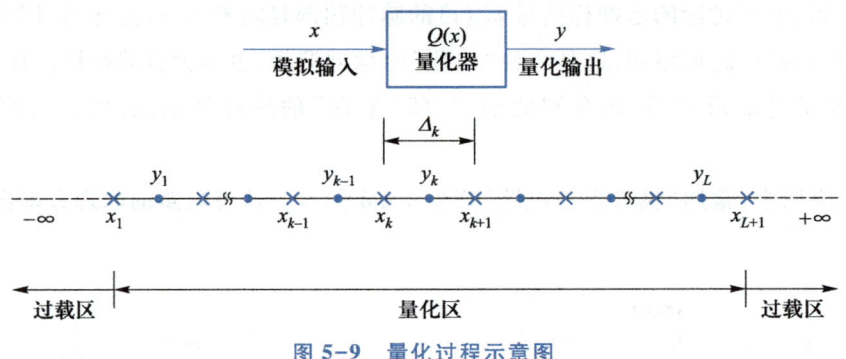

图 5-9　量化过程示意图

当输入信号幅度落在 x_k 和 x_{k+1} 之间时,量化器输出为 y_k,y_k 可表示为

$$y_k = Q\{x_k \leqslant x < x_{k+1}\}, \quad k=1,2,\cdots,L \tag{5-2-1}$$

这里 y_k 称为量化电平或者重建电平,x_k 称为分层电平($k=1,2,\cdots,L+1$),共有 $L+1$ 个分层电平,分层电平之间的间隔 $\Delta_k = x_{k+1} - x_k$ 称为量化间隔,也称量化阶。量化间隔相等时称为均匀量化(或线性量化),不相等时称为非均匀量化(或非线性量化)。量化器输入、输出之间的关系称为量化特性。

由于量化器输入是连续值,输出是量化值,输入、输出之间存在着误差。这种误差是由量化过程引起的,所以称为量化误差,定义为

$$q = x - y = x - Q(x) \tag{5-2-2}$$

q 的取值规律与 x 的取值规律有关。对于确定性输入信号,q 是一个确定性函数。但对于来自语音、图像等消息源的随机信号,q 是一个随机变量。量化误差的存在对信号的恢复会产生影响,这种误差的影响相当于干扰或噪声,通常又把量化误差称为量化噪声。量化噪声通常是零均值随机变量,所以量化噪声的影响可以用平均功率(即 q 的均方误差)来度量。

设输入信号 x 的概率密度为 $p_x(x)$,则量化噪声的平均功率为

$$\sigma_q^2 = E\left[(x-y)^2\right] = \int_{-\infty}^{\infty} \left[x-Q(x)\right]^2 p_x(x)\,\mathrm{d}x \tag{5-2-3}$$

由于有 L 个量化间隔,因此把积分区域分割成 L 个区间,上式可写成

$$\sigma_q^2 = \sum_{k=1}^{L} \int_{x_k}^{x_{k+1}} (x-y_k)^2 p_x(x)\,\mathrm{d}x \tag{5-2-4}$$

这是计算量化误差的基本公式。在给定消息源的情况下,$p_x(x)$ 是已知的。因此量化误差的平均功率与量化间隔分割有关。

在 $L\gg1$ 的情况下,量化分层很密,输入电平落在第 k 层化间隔内的概率为

$$P_k = P\{x_k < x \le x_{k+1}\} = p_x(x_k)(x_{k+1}-x_k) = p_x(x_k)\Delta_k \tag{5-2-5}$$

若量化电平取在分层电平的中点,即

$$y_k = (x_{k+1}+x_k)/2 \tag{5-2-6}$$

则由式(5-2-4),可得量化噪声功率

$$\sigma_q^2 = \sum_{k=1}^{L}\int_{x_k}^{x_{k+1}}(x-y_k)^2 p_x(x)\,\mathrm{d}x \approx \sum_{k=1}^{L}\frac{P_k}{\Delta_k}\int_{x_k}^{x_{k+1}}(x-y_k)^2\,\mathrm{d}x$$

$$= \sum_{k=1}^{L}\frac{P_k}{\Delta_k}\left[\frac{(x_{k+1}-y_k)^3}{3}-\frac{(x_k-y_k)^3}{3}\right] = \sum_{k=1}^{L}\frac{P_k}{\Delta_k}\frac{\Delta_k^3}{12}$$

$$= \frac{1}{12}\sum_{k=1}^{L}p_x(x_k)\Delta_k^2 \tag{5-2-7}$$

当 Δ_k 很小时,上式还可以写成积分形式

$$\sigma_q^2 = \frac{1}{12}\int_{-V}^{V}\Delta_k^2 p_x(x)\,\mathrm{d}x \tag{5-2-8}$$

式中,$(-V,V)$ 为量化器的量化范围,当输入信号超过该范围时,称为量化过载,如图 5-9 所示。由于过载引起的失真称为过载噪声,其方差由 σ_{qo}^2 表示,σ_{qo}^2 可以写成

$$\sigma_{qo}^2 = \int_{-\infty}^{-V}(x+V)^2 p_x(x)\,\mathrm{d}x + \int_{V}^{\infty}(x-V)^2 p_x(x)\,\mathrm{d}x \tag{5-2-9}$$

这时,总的量化噪声功率 σ_{qs}^2 应为不过载量化噪声功率 σ_q^2 和过载量化噪声功率 σ_{qo}^2 之和,即

$$\sigma_{qs}^2 = \sigma_q^2 + \sigma_{qo}^2 \tag{5-2-10}$$

5.2.2 均匀量化

微视频:均匀
量化-上

微视频:均匀
量化-下

均匀量化也称线性量化,是指在整个量化范围 $(-V,V)$ 内量化间隔都相等的量化器。只有在输入信号具有均匀分布的概率密度时,均匀量化器才是最佳的,最佳量化电平取在各量化区间的中点。尽管通常情况下均匀量化器不是最佳量化器,但是均匀量化器的数学分析最简单,而且对于分析设计实际的量化器有很重要的参考价值。

若在量化范围 $(-V,V)$ 内,量化间隔数为 L 个,则均匀量化器的量化间隔为

$$\Delta_k = \Delta = 2V/L, \quad k=1,2,\cdots,L \tag{5-2-11}$$

分层电平数量为 $L+1$ 个

$$x_k = \frac{k-1-L}{L}V, \quad k=1,2,\cdots,L+1 \tag{5-2-12}$$

量化电平

$$y_k = (x_k+x_{k-1})/2 \tag{5-2-13}$$

这时最大量化误差为 $\Delta/2$。

当输入信号不过载,量化电平数量 L 很大时,由式(5-2-7)可以计算不过载量化噪声平均功率为

$$\sigma_q^2 = \frac{1}{12}\sum_{k=1}^{L}P_k\Delta^2 = \frac{\Delta^2}{12}\sum_{k=1}^{L}P_k \tag{5-2-14}$$

由于信号不过载,有

$$\sum_{k=1}^{L}P_k = 1 \tag{5-2-15}$$

因此

$$\sigma_q^2 = \frac{\Delta^2}{12} = \frac{V^2}{3L^2} \tag{5-2-16}$$

可以看出,这时均匀量化器量化噪声与信号统计特性无关,而只与量化间隔有关。

在数字通信系统中,衡量量化器的主要技术指标是信噪比,即信号功率 S 与量化噪声功率之比 S/σ_q^2,通常用 SNR 表示。下面分别以正弦信号与实际语音信号为例来分析均匀量化下的信噪比(SNR)特性。

(1)正弦信号

假设输入是正弦信号,且信号幅度不超过量化器的量化范围$(-V,V)$。若正弦信号幅度为 A_m,则正弦信号功率为 $S=A_m^2/2$。于是量化信噪比

$$SNR = \frac{S}{\sigma_q^2} = \frac{A_m^2/2}{V^2/(3L^2)} = \frac{3A_m^2L^2}{2V^2} = \frac{3}{2}\left(\frac{A_m}{V}\right)^2 L^2 \tag{5-2-17}$$

对均匀量化的量化电平用 n 位码表示,就得到了数字编码信号。若量化值用 n 位二进制码来表示,则量化间隔数 $L=2^n$。令归一化有效值 $D=A_m/(\sqrt{2}V)$,则式(5-2-17)可以表示为

$$SNR = S/\sigma_q^2 = 3D^2L^2 \tag{5-2-18}$$

通常用分贝(dB)为单位来表示信噪比,则

$$[SNR]_{dB} = 10\lg 3 + 20\lg D + 20\lg 2^n \approx 4.77 + 20\lg D + 6.02n \tag{5-2-19}$$

上式中,D 的含义是信号有效值与最大量化电平的比值。当 $A_m=V$ 时,$D=1/\sqrt{2}$,则量化信噪比达到最大,这时有

$$[SNR]_{max\,dB} \approx 1.76 + 6.02n \tag{5-2-20}$$

由式(5-2-19)可以画出信噪比随信号功率变化的曲线,如图 5-10 所示。

(2)语音信号

语音信号幅度不是均匀分布的,其概率密度函数可近似地用拉普拉斯分布表示。

$$p_x(x) = \frac{1}{\sqrt{2}\,\sigma_x}e^{-\sqrt{2}\,|x|/\sigma_x} \tag{5-2-21}$$

这里 σ_x 是信号 x 的均方根值,语音信号的平均功率为 σ_x^2。无论量化器的量化范围如何,总有一部分信号幅度超出量化范围而造成过载。这时量化引起的总的噪声包括量化噪声 σ_q^2 和过载噪声 σ_{qo}^2。在通常的情况下,出现幅度过载的概率很小。令 $D=\sigma_x/V$,若用 dB 值表

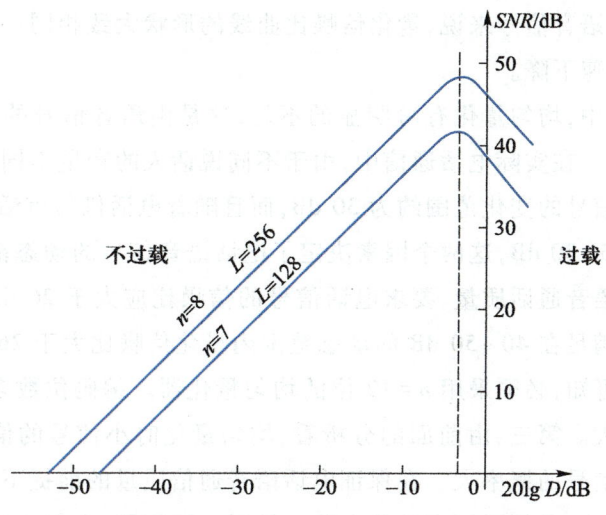

图 5-10　正弦信号均匀量化时的信噪比特性

示,量化信噪比可写为

$$[SNR]_{dB} \approx -10\lg\left[\frac{1}{3D^2L^2} + e^{-\sqrt{2}V/\sigma_x}\right] \qquad (5-2-22)$$

当 $D<0.2$ 时,过载噪声很小,在量化噪声中 σ_q^2 是主要的。这时量化信噪比可近似表示为

$$[SNR]_{dB} \approx -10\lg\left(\frac{1}{3D^2L^2}\right) = 4.77 + 20\lg D + 6.02n \qquad (5-2-23)$$

当信号的有效值很大时,过载噪声功率 σ_{qo}^2 是主要的,这时量化信噪比可近似表示为

$$[SNR]_{dB} \approx -10\lg e^{-\sqrt{2}V/\sigma_x} \approx 6.1\frac{V}{\sigma_x} = \frac{6.1}{D} \qquad (5-2-24)$$

输入为语音信号时的信噪比特性如图 5-11 所示。

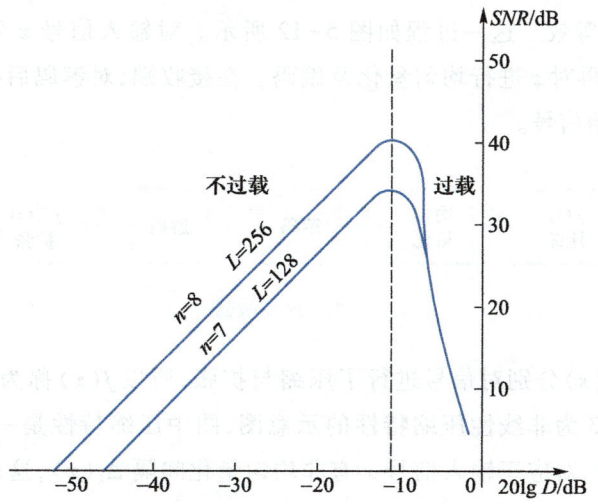

图 5-11　语音信号均匀量化时的信噪比特性

对于正弦信号和语音信号来说,量化信噪比曲线的形状大致相同。在信号过载时,语音信号的量化信噪比快速下降。

在数字电话通信中,均匀量化有着明显的不足,这是由语音信号的特点决定的。首先,语音的变动范围很大。在实际电话通信中,由于不同说话人的音量不同,加上说话人情绪的影响,因此造成电话信号的变化范围约为 30 dB;而且随着电话机与市话交换机的距离不同,最大线路损耗可达 25~30 dB,这两个因素决定了电话语音信号的动态范围可达 40~50 dB。第二,为了实现好的语音通话质量,要求电话信号的信噪比应大于 26 dB。如果对电话信号采用均匀量化,为了满足在 40~50 dB 的动态范围内量化信噪比大于 26 dB,由式(5-2-19)和式(5-2-23)计算可知,必须采用 $n=12$ 位的均匀量化器。编码位数多就意味着编码后信息速率高,传输带宽大。第三,由前面的分析看,均匀量化时小信号的信噪比明显低于大信号,而语音信号取小信号的概率大。在保证电话语音通信质量的前提下,为了减小编码位数和提高小信号的信噪比,必须采用有效的办法。针对上述问题,人们先后提出了一些非均匀量化方法,如对数量化和自适应量化等。

5.2.3　非均匀量化

微视频:非均匀量化-上

通过前一节的讨论我们知道,若信源发送的模拟信号服从均匀分布时,均匀量化器就是一种最佳量化器。均匀量化广泛应用于计算机、测控、仪器仪表和图像处理等系统中的模数转换(A/D)。

当信源发出的信号不是均匀分布时,为了达到最佳的量化效果,需要采用非均匀量化。非均匀量化是指量化间隔不相等的量化,又称为非线性量化。

在实际应用中,对于具有不同概率分布的信源输出信号使用不同的非均匀量化器往往是不现实的,我们通常选用那些对输入信号概率分布特性的变化不太敏感的量化特性。因此,实现非均匀量化的一种方法,就是对信号进行非线性变换(压缩)后再进行均匀量化,它和非均匀量化器完全等效。这一过程如图 5-12 所示。对输入信号 x 先进行一次非线性变换得到 $z=f(x)$,然后再对 z 进行均匀量化及编码。在接收端,对解码后得到的量化电平进行一次逆变换,恢复原始信号。

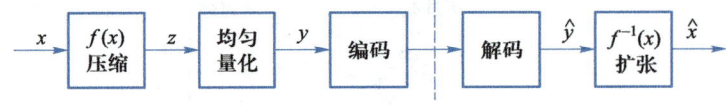

图 5-12　非均匀量化

由于 $f(x)$ 和 $f^{-1}(x)$ 分别对信号进行了压缩与扩张,所以 $f(x)$ 称为压缩特性,$f^{-1}(x)$ 称为扩张特性。图 5-13 为非线性压缩特性的示意图,图中压缩特性是一条曲线,当 z 信号具有均匀量化间隔 Δ 时,对应于输入信号 x 有非均匀量化间隔 $\Delta_k(x)$,这就等效于对输入信号进行了非均匀量化。

设压缩特性为

$$z=f(x) \tag{5-2-25}$$

量化间隔 $\Delta = 2V/L$，其中 V 是量化电平最大值，L 是量化电平数。当 $L \gg 1$ 时，量化分层很密，于是有

$$\frac{\Delta}{\Delta_k(x)} = \frac{\mathrm{d}z}{\mathrm{d}x} = f'(x) \tag{5-2-26}$$

由式(5-2-8)，量化噪声可由下式计算

$$\sigma_q^2 = \frac{1}{12} \int_{-V}^{V} \Delta_k^2 p_x(x)\,\mathrm{d}x$$

$$= \frac{1}{12} \int_{-V}^{V} \frac{\Delta^2}{[f'(x)]^2} p_x(x)\,\mathrm{d}x \tag{5-2-27}$$

考虑到 $f(x)$、$p_x(x)$ 的对称性，上式可写成

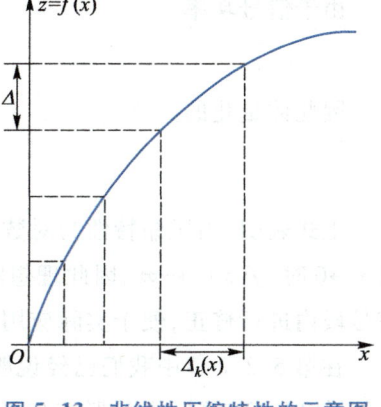

图 5-13　非线性压缩特性的示意图

$$\sigma_q^2 = \frac{\Delta^2}{6} \int_0^V [f'(x)]^{-2} p_x(x)\,\mathrm{d}x \tag{5-2-28}$$

5.2.4　对数量化

研究发现，对数函数对输入信号概率分布特性的变化不太敏感，而且人耳对于音量以及人眼对于光强的响应，也呈现出对数特性，因此常用对数函数作为信号压缩时的非线性函数。对数压缩特性相当于对输入小电平信号的电平值放大倍数大，而对大电平值放大倍数小，在对数压缩后再进行均匀量化。这样在对数量化器中，对于小信号，量化信噪比显著提高，从而在较大的输入信号动态范围内量化信噪比可以保持较高的水平。

例如在数字电话系统中，量化器输入的语音信号的动态范围在 45 dB 左右，在脉冲编码调制系统中使用对数量化器，其目的是在输入信号的动态范围内使量化信噪比尽可能保持平稳。使用编码位数 $n = 8$，$L = 256$ 的对数量化器就能满足电话通信系统的质量要求。

这里我们先介绍理想对数量化的特性。

设压缩特性为

$$z = f(x) = \frac{1}{B} \ln x \tag{5-2-29}$$

式中，B 为常数。则

$$f'(x) = \frac{1}{Bx} \tag{5-2-30}$$

利用式(5-2-28)，可以计算得到量化噪声功率

$$\sigma_q^2 = \frac{\Delta^2}{6} \int_0^V [f'(x)]^{-2} p_x(x)\,\mathrm{d}x$$

$$= \frac{B^2 \Delta^2}{6} \int_0^V x^2 p_x(x)\,\mathrm{d}x \tag{5-2-31}$$

由于信号功率

$$S = 2\int_0^V x^2 p_x(x)\,\mathrm{d}x \qquad (5\text{-}2\text{-}32)$$

因此数量化的量化信噪比

$$SNR = \frac{S}{\sigma_q^2} = \frac{12}{B^2\Delta^2} = \frac{3L^2}{B^2V^2} \qquad (5\text{-}2\text{-}33)$$

上式表明,当压缩特性为对数特性时,量化器输出信噪比保持为常数。对于对数函数,当 $x\to 0$ 时,$f(x)\to-\infty$,因此理想的对数放大是无法实现的,可将对数量化特性在 $x\to 0$ 的小信号段内进行修正,便于实际应用。

在第 5.2.2 节中我们已经说明对语音信号需要使用非均匀量化,基于对语音信号的大量统计和研究,国际电信联盟(ITU-T)建议采用两种压缩特性,即 A 律压缩和 μ 律压缩,它们都是具有对数特性且通过原点呈中心对称的曲线。为了简化图形,通常只画出位于第一象限的部分曲线。

微视频:非均匀量化-下

(1) A 律对数压缩特性

令量化器的满载电压归一化值为 ±1,相当于将输入信号 x_i 对量化器最大电平进行归一化处理,即信号的归一化值为 $x = x_i/V$。

A 律对数压缩特性定义为

$$f(x) = \begin{cases} \dfrac{Ax}{1+\ln A}, & 0 \leqslant x \leqslant \dfrac{1}{A} \\[2mm] \dfrac{1+\ln Ax}{1+\ln A}, & \dfrac{1}{A} \leqslant x \leqslant 1 \end{cases} \qquad (5\text{-}2\text{-}34)$$

式中,A 为压缩系数,A 等于 1 时无压缩,A 越大压缩效果越明显。观察上式可知,在 $0 \leqslant x \leqslant 1/A$ 范围内,$f(x)$ 为线性函数,对应于一段直线,相当于均匀量化特性;在 $1/A \leqslant x \leqslant 1$ 的范围内,$f(x)$ 为对数函数,对应于一段对数曲线。在国际标准中 $A = 87.6$,压缩特性曲线如图 5-14(a)所示。

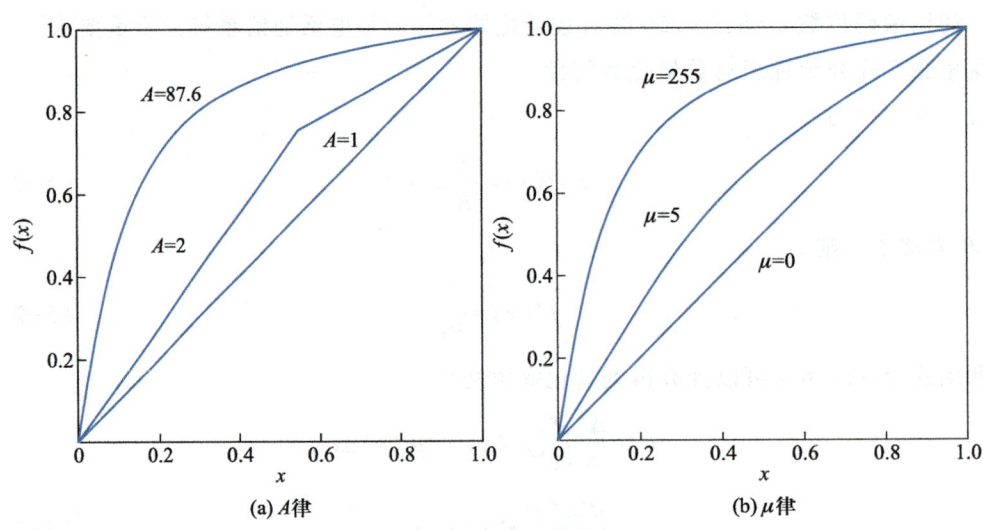

(a) A 律　　　　　　　(b) μ 律

图 5-14　对数压缩特性

由式(5-2-8)和式(5-2-34)可以计算出量化噪声功率和量化信噪比。经计算可知,对于正弦信号,当量化电平数 $L=256$,即编码位数 $n=8$ 时,与均匀量化相比,信噪比大于 25 dB 的动态范围从 25 dB 扩展到 52 dB,对小信号的量化信噪比改善值为 24 dB,如图 5-15 所示。

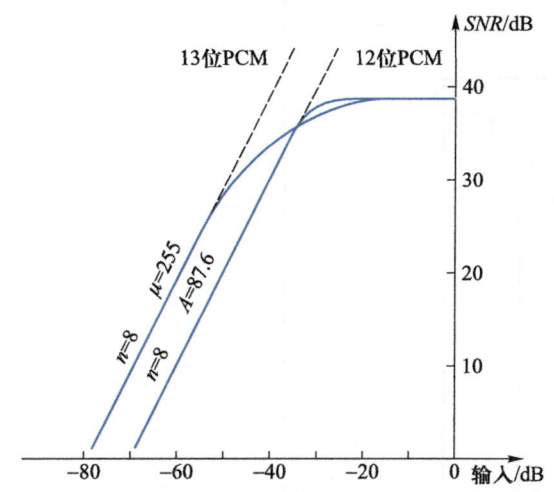

图 5-15 A 律和 μ 律对数压缩特性的信噪比性能比较

(2) μ 律对数压缩特性

μ 律对数压缩特性定义为

$$f(x)=\frac{\ln(1+\mu x)}{\ln(1+\mu)}, \quad 0 \leqslant x \leqslant 1 \tag{5-2-35}$$

式中,x 为归一化输入信号,μ 为压缩参数,当 μ 为零时无压缩,μ 越大压缩效果越明显,如图 5-14(b)所示。在国际标准中取 $\mu=255$。当输入信号是正弦信号时,μ 律对数压缩特性的信噪比曲线如图 5-15 所示。当量化电平数 $L=256$ 时,μ 律压缩对小信号的信噪比改善值为 33.5 dB。从总体上来看,A 律和 μ 律的性能基本接近。μ 律最早由美国提出,A 律后来由欧洲提出,中国大陆使用 A 律。

5.2.5 对数压缩特性的折线近似

早期的 A 律和 μ 律压缩特性是用非线性模拟电路实现的(如利用二极管的非线性实现),要保证压缩特性的一致性与稳定性以及压缩与扩张特性的匹配是很困难的,精度和稳定性都受到限制。但若采用折线段来近似对数压缩特性,则可以使用数字化技术,容易保持一致性与稳定性。随着数字电路技术的发展,采用折线法逼近 A 律和 μ 律压缩特性已成为 ITU-T 标准。

A 律压缩特性采用 13 折线法来逼近。如图 5-16 所示,图中只画出了输入信号为正时的情况。

具体近似方法是:输入信号幅度的归一化范围为(0,1),将它不均匀地划分为 8 个区间,

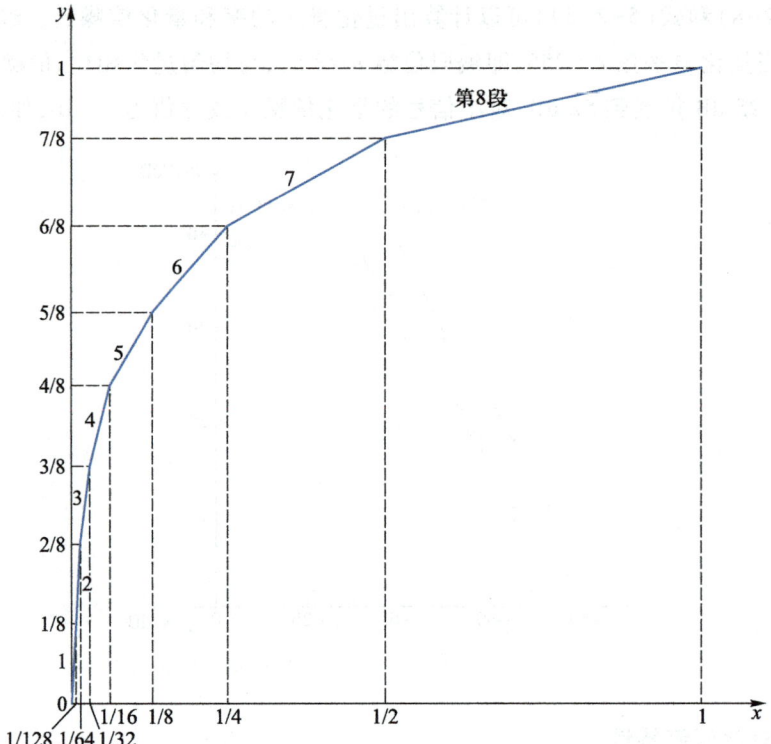

图 5-16　A 律 13 折线法逼近

区间分割点坐标是

$$x_k = [\,0,1/128,1/64,1/32,1/16,1/8,1/4,1/2,1\,] \qquad (5-2-36)$$

输出信号幅度的归一化范围为$(0,1)$,将它均匀地划分为 8 个区间,区间分割点坐标是

$$y_k = [\,0,1/8,1/4,3/8,1/2,5/8,3/4,7/8,1\,] \qquad (5-2-37)$$

将各点$[\,x_k,y_k\,]$用直线段连接起来,可以得到由 8 条直线段连成的一段折线,这 8 段直线的斜率依次为$[\,16,16,8,4,2,1,1/2,1/4\,]$。

对于负向$(-1,0)$同样进行划分,这样在$(-1,1)$范围内折线共 16 段。由于正负方向的前两段斜率相等,这四段视为一条直线段,因此折线共有 13 段直线段,称为 13 折线。

μ 律压缩特性可类似地采用 15 折线法来逼近。

*5.2.6　最佳量化器

给定信源分布时,量化信噪比或者量化噪声的均方误差(mean squared error,MSE)与量化器的具体设计有关。能使 MSE 最小的量化器称为最佳量化器,也叫 Lloyd-Max 量化器,最初由乔尔·马克斯和斯图尔特·劳埃德各自独立提出。它的基本原则适用于 L 取任意值的情况。

若使式$(5-2-4)$给出的量化误差的均方值最小,其必要条件是

$$\frac{\partial \sigma_q^2}{\partial x_k} = 0, \quad k = 2, 3, \cdots, L \tag{5-2-38}$$

$$\frac{\partial \sigma_q^2}{\partial y_k} = 0, \quad k = 2, 3, \cdots, L \tag{5-2-39}$$

将式(5-2-4)代入式(5-2-38),得

$$\frac{\partial}{\partial x_k} \left[\int_{x_{k-1}}^{x_k} (x - y_{k-1})^2 p_x(x) \, dx + \int_{x_k}^{x_{k+1}} (x - y_k)^2 p_x(x) \, dx \right] = 0$$

即

$$(x_k - y_{k-1})^2 p_x(x_k) - (x_k - y_k)^2 p_x(x_k) = 0$$

则有

$$x_{k,\text{opt}} = \frac{1}{2}(y_{k,\text{opt}} + y_{k-1,\text{opt}}), \quad k = 2, 3, \cdots, L \tag{5-2-40}$$

$$x_{1,\text{opt}} \rightarrow -\infty$$

$$x_{L+1,\text{opt}} \rightarrow \infty$$

将式(5-2-4)代入式(5-2-39)得

$$\frac{\partial}{\partial y_k} \left[\int_{x_k}^{x_{k+1}} (x - y_k)^2 p_x(x) \, dx \right] = 0 \tag{5-2-41}$$

则有

$$y_{k,\text{opt}} = \frac{\displaystyle\int_{x_{k,\text{opt}}}^{x_{k+1,\text{opt}}} x p_x(x) \, dx}{\displaystyle\int_{x_{k,\text{opt}}}^{x_{k+1,\text{opt}}} p_x(x) \, dx}, \quad k = 1, 2, \cdots, L \tag{5-2-42}$$

式(5-2-40)表明,分层电平应取在相邻重建电平的中点上;式(5-2-42)表明,重建电平应取在量化间隔的质心上。式(5-2-40)与式(5-2-42)在一般情况下只能通过迭代法求解。其基本步骤如下:

假定 $p_x(x)$ 对称分布,故只需计算 $x>0$ 时的值。

(1)给定初始值 y_1,由式(5-2-42)在给定 $x_1 = 0$ 时求出 x_2;

(2)由式(5-2-40),根据 x_2、y_1 求出 y_2;

(3)由式(5-2-42),根据 y_2、x_2 求出 y_3。

重复(1)至(3)步骤,可求出 $\{x_1, x_2, \cdots, x_L\}$ 及 $\{y_1, y_2, \cdots, y_L\}$,然后代入式(5-2-42)验证 x_k、$x_{k+1} \rightarrow \infty$ 时,右边是否等于 y_L。若不等,则改变初始值 y_1,重复上述步骤,一直到式(5-2-42)两端的误差满足给定的容差时为止。此时 $\{x_k\}$ 和 $\{y_k\}$ 即为最佳量化器的参数值。

式(5-2-40)与式(5-2-42)是最佳量化器的一般公式,适用于 L 取任何值的情况。但当 $L=2$ 时,式(5-2-40)与式(5-2-42)可用解析法求解。

令 $x_1 \rightarrow -\infty$, $x_2 = 0$, $x_3 \rightarrow \infty$,则

$$y_1 = -\delta = -\frac{\Delta}{2}, \quad y_2 = +\delta = \frac{\Delta}{2}$$

且 $p_x(x)$ 为对称分布，如图 5-17 所示。

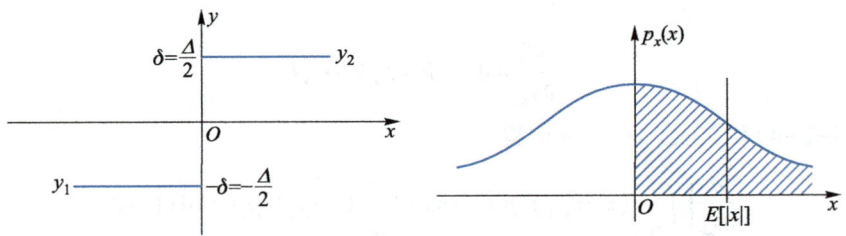

图 5-17　$p_x(x)$ 分布示意图

则式（5-2-42）可写成

$$y_1 = \delta_{\text{opt}} = \frac{\displaystyle\int_0^\infty x p_x(x)\,\mathrm{d}x}{\displaystyle\int_0^\infty p_x(x)\,\mathrm{d}x} = 2\int_0^\infty x p_x(x)\,\mathrm{d}x \tag{5-2-43}$$

代入式（5-2-4），可求得

$$\{\sigma_q^2\}_{\min} = \sigma_x^2 + \delta_{\text{opt}}^2 - 4\delta_{\text{opt}}\int_0^\infty x p_x(x)\,\mathrm{d}x$$

$$= \sigma_x^2 - \delta_{\text{opt}}^2 \tag{5-2-44}$$

5.3　脉冲编码调制

脉冲编码调制（pulse code modulation，PCM）是应用最广泛的一种语音编码方式，属于波形编码，PCM 的概念最早是在 1937 年由英国人亚历克·哈利·里夫斯（Alec Harley Reeves）提出来的，1946 年美国贝尔实验室实现了第一台 PCM 数字电话终端机。20 世纪 70 年代后期以来，随着使用超大规模集成电路（VLSI）的 PCM 编码、解码器的出现，使 PCM 在光纤通信、数字微波通信和卫星通信中获得了广泛的应用。

脉冲编码调制简称脉码调制，脉冲编码调制系统的原理框图如图 5-18 所示。

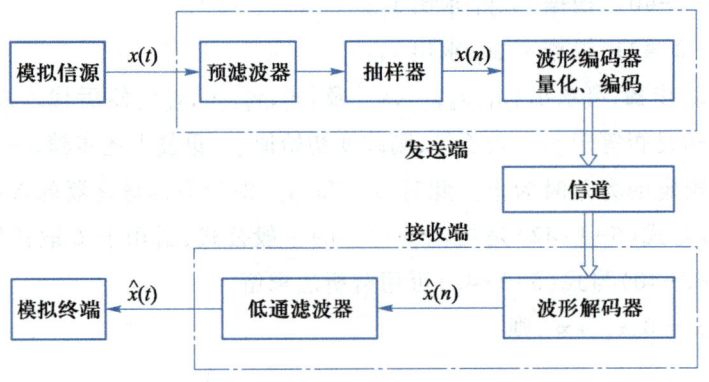

图 5-18　脉冲编码调制系统原理框图

发送端的 PCM 编码，主要包括抽样、量化和编码三个过程，把模拟信号变换为二进制码组。预滤波的目的是把原始语音信号的频带限制在 300~3 400 Hz 标准的电话频带内，抑制带外干扰。国际标准化的 PCM 码组（电话话音）是 8 位码组代表一个抽样值。从调制的角度来看，PCM 编码过程相当于以模拟信号为调制信号，以二进制脉冲序列为载波，通过调制改变脉冲序列中码元的取值，所以把这个过程也称为脉冲编码调制。

编码后的 PCM 码组的数字传输方式，可以是基带传输，也可以是经过数字调制后的频带传输。在接收端，二进制码组经译码后还原为量化后的样值脉冲序列，然后经低通滤波器滤除高频分量，便可得到重建信号 $\hat{x}(t)$。

在第 5.1 节和第 5.2 节中已经讨论了模拟信号的抽样和量化，下面主要讨论 PCM 系统的编码。

5.3.1 脉冲编码调制原理

微视频：脉冲
编码调制
原理-上

在 PCM 系统中，对模拟信号进行抽样、量化，将量化的信号电平值转化为对应的二进制码组的过程称为编码，其逆过程称为译码或解码。在 PCM 中使用的是折叠二进制码。

（1）折叠二进制码

从理论上看，任何一个可逆的二进制码组均可用于 PCM。目前最常见的二进制码组有三类：自然二进制码（natural binary code，NBC）、折叠二进制码（folded binary code，FBC）和格雷二进制码（Gray binary code，GBC）。表 5-1 列出三种码的二进制码型。

表 5-1　二进制码型

电平序号	自然二进制码	折叠二进制码	格雷二进制码
0	0 0 0 0	0 1 1 1	0 0 0 0
1	0 0 0 1	0 1 1 0	0 0 0 1
2	0 0 1 0	0 1 0 1	0 0 1 1
3	0 0 1 1	0 1 0 0	0 0 1 0
4	0 1 0 0	0 0 1 1	0 1 1 0
5	0 1 0 1	0 0 1 0	0 1 1 1
6	0 1 1 0	0 0 0 1	0 1 0 1
7	0 1 1 1	0 0 0 0	0 1 0 0
8	1 0 0 0	1 0 0 0	1 1 0 0
9	1 0 0 1	1 0 0 1	1 1 0 1
10	1 0 1 0	1 0 1 0	1 1 1 1
11	1 0 1 1	1 0 1 1	1 1 1 0

续表

电平序号	自然二进制码	折叠二进制码	格雷二进制码
12	1 1 0 0	1 1 0 0	1 0 1 0
13	1 1 0 1	1 1 0 1	1 0 1 1
14	1 1 1 0	1 1 1 0	1 0 0 1
15	1 1 1 1	1 1 1 1	1 0 0 0

由表 5-1 可见,如果把 16 个量化级分成两部分:0~7 的 8 个量化级对应于负极性的样值,8~15 的 8 个量化级对应于正极性的样值。自然二进制码就是按照量化值大小的自然顺序进行二进制编码。如电平序号 13 用自然码表示就是

$$13 = 2^3 + 2^2 + 0 + 2^0 = (1101)_b \qquad (5-3-1)$$

式中,下标 b 表示是二进制数。

在折叠码中,左边第一位表示信号极性(正负号),第二位开始至最后一位表示信号幅度。第一位用 1 表示正,用 0 表示负。绝对值相同的折叠码,其码组除第一位外都相同,并且相对于零电平(第 7 电平和第 8 电平之间)呈对称折叠关系,因此这种码组形象地称为折叠码。

格雷码的特点是任何相邻电平的码组,只有一位码发生变化。

在信道传输中有误码时,各种码组在解码时产生的后果是不同的。如果第一位码 b_1 发生变化,自然码解码后,引起的幅度误差是信号最大幅度的一半,这样会使恢复出的模拟电话信号出现明显的误码噪声(出现"喀喇"声),在小信号时这种噪声尤为突出。而折叠码在传输中出现误码时,对小信号的影响要小得多,对大信号的影响较大。比如误码发生在小信号,把 1000 误码为 0000,对于自然码误差为 8 个量化级(8 与 0),对于折叠码误差仅有 1 个量化级(8 与 7)。对于大信号,如 1101 误码为 0101,对于自然码误差为 8 个量化级(13 与 5),对于折叠码为 11 个量化级(13 与 2)。由于语音信号中小信号出现的概率大,所以从统计的观点看,折叠码产生的均方误差功率小。另外,折叠码编码电路简单,其第一位表示极性,可由极性判决电路决定,在编码位数相同时,折叠码等效于少编一位码,简化了编码电路。基于上述原因,在常用的 PCM 编码中多采用折叠码。

微视频:脉冲
编码调制
原理-下

(2) PCM 编码规则

电话语音信号的频带为 300~3 400 Hz,抽样速率为 8 000 Hz,对每个抽样值进行 A 律或者 μ 律非均匀量化,在编码时每个样值用 8 位二进制码表示。这样,每路标准话路的比特率为 64 kbit/s。编码时是按照 ITU-T 建议的 PCM 编码规则进行的。

在 A 律 13 折线编码中,正、负方向共 16 个段落,在每一个段落内有 16 个均匀分布的量化间隔,因此总的量化电平数 L=256。编码位数 N=8,每个样值用 8 bit 代码 C_1~C_8 来表示,分为三部分。第 1 位 C_1 为极性码,用 1 和 0 分别表示信号的正、负极性。第 2 到 4 位码 $C_2C_3C_4$ 为段落码,表示信号绝对值处于哪个段落,3 位码可表示 8 个段落,代表了 8 个段落的起始电平值。第 5 到 8 位码 $C_5C_6C_7C_8$ 为段内码,表示信号值具体处于哪个量化级中。

上述编码方法是把非线性压缩、均匀量化、编码结合为一体的方法。在上述方法中,虽然各段内的 16 个量化级是均匀的,但因段落长度不等,故不同段落间的量化间隔是不同的。当输入信号小时,段落小,量化级间隔小;当输入信号大时,段落大,量化级间隔大。第一、二段最短,归一化长度为 1/128,再将它等分 16 段,每一小段长度为 1/2 048,这就是最小的量化级间隔 Δ。根据 13 折线的定义,以最小的量化级间隔 Δ 为最小计量单位,可以计算出 A 律 13 折线每个量化段的电平范围、段落起始电平 I_{si}、段内码对应电平、各段落内量化间隔 Δ_i。具体计算结果如表 5-2 所示。

表 5-2　A 律 13 折线编码表

段落号 $i=1\sim8$	电平范围 (Δ)	段落码 $C_2C_3C_4$	段落起始电平 $I_{si}(\Delta)$	量化间隔 $\Delta_i(\Delta)$	段内码对应电平 $C_5C_6C_7C_8(\Delta)$			
8	1 024~2 048	**1 1 1**	1 024	64	512	256	128	64
7	512~1 024	**1 1 0**	512	32	256	128	64	32
6	256~512	**1 0 1**	256	16	128	64	32	16
5	128~256	**1 0 0**	128	8	64	32	16	8
4	64~128	**0 1 1**	64	4	32	16	8	4
3	32~64	**0 1 0**	32	2	16	8	4	2
2	16~32	**0 0 1**	16	1	8	4	2	1
1	0~16	**0 0 0**	0	1	8	4	2	1

假设以非均匀量化时的最小量化间隔 $\Delta = 1/2\ 048$ 作为均匀量化的量化间隔,那么从 13 折线的第一段到第八段所包含的均匀量化级数共有 2 048 个均匀量化级,而非均匀量化只有 128 个量化级。均匀量化需要编 11 位码,而非均匀量化只要编 7 位码。通常把按非均匀量化特性的编码称为非线性编码,按均匀量化特性的编码称为线性编码。

可见,在保证小信号时的量化间隔相同的条件下,7 位非线性编码与 11 位线性编码等效。

5.3.2　电话信号的 PCM 编译码

微视频:电话
信号的 PCM
编译码-上

这里只讨论常用的逐次比较型编码器原理。

编码器的任务是根据输入的抽样值得到相应的 8 位二进制代码。除第一位极性码外,其他 7 位二进制代码是通过类似于天平称重物的过程来逐次比较确定的。当样值脉冲 I_s 到来后,用逐步逼近的方法有规律地用各标准电流 I_w 去和样值脉冲比较,每比较一次输出一位码,当 $I_s > I_w$ 时,输出 **1** 码,反之输出 **0** 码,直到 I_w 和抽样值 I_s 逼近为止,完成对输入样值的非线性量化和编码。

逐次比较型编码器的原理框图如图 5-19 所示,它由整流器、极性判决、保持电路、比较器及本地译码器等电路组成。

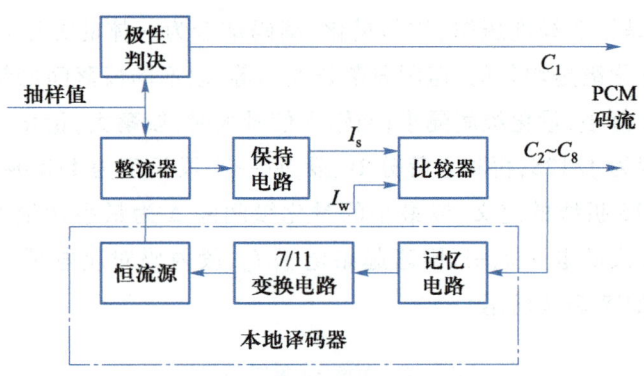

图 5-19   逐次比较型编码器的原理框图

极性判决电路用来确定信号的极性。输入信号样值为正时,输出 1 码;样值为负时,输出 0 码。整流器将双极性脉冲变换为单极性信号。

比较器对样值电流 I_s 和标准电流 I_w 进行比较,从而对输入信号抽样值实现非线性量化和编码。每比较一次输出一位二进制代码,当 $I_s > I_w$ 时,输出 1 码;反之输出 0 码。对一个输入信号的抽样值需要进行 7 次比较。每次所需的标准电流 I_w 均由本地译码电路提供。

本地译码器包括记忆电路、7/11 变换电路和恒流源。记忆电路用来寄存二进制代码,除第一次比较外,其余各次比较都要依据前几次比较的结果来确定标准电流 I_w 值。因此,7 位码组中的前 6 位状态均应由记忆电路寄存下来。

7/11 变换电路就是将 7 位非线性码转换成 11 位线性码,其实质就是完成非线性和线性之间的变换。采用非均匀量化的 7 位非线性编码等效于 11 位线性码,恒流源有 11 个基本权值电流支路,需要 11 个控制脉冲来控制,必须经过变换,把比较器反馈到本地译码器的 7 位码变换为 11 位码。

恒流源用来产生各种标准电流值 I_w。在恒流源中有 11 个基本的权值电流支路,每个支路都有一个控制开关。由前面的比较结果经变换后得到的控制信号,用于控制每次应该由哪几个开关接通形成比较用的标准电流 I_w。

保持电路的作用是在整个比较过程中保持输入信号的幅度不变。由于逐次比较型编码器编 7 位码(极性码除外),需要在一个抽样周期 T_s 内将 I_s 与 I_w 比较 7 次,在整个比较过程中都应保持输入信号的幅度不变,故需要采用保持电路。

PCM 译码就是把收到的 PCM 信号还原成相应的样值信号。图 5-20 所示是电话信号的 PCM 译码器原理框图。译码器的基本结构与逐次比较型编码器中的本地译码器基本相同,从原理上来说,两者都是用来译码。下面简单介绍图 5-20 中各部分电路的作用。

记忆电路的作用是将输入的串行 PCM 码变为并行码,故又称"串/并转换电路"。

极性控制部分的作用是根据收到的极性码 C_1 是 1 还是 0 来控制译码后样值信号的极性,恢复原信号脉冲极性。

微视频:电话
信号的 PCM
编译码-下

7/12 变换电路的作用是将 7 位非线性码转换为 12 位线性码。其转换关

系如表 5-3 所示(表中 1* 项为接收端解码时的补差项)。

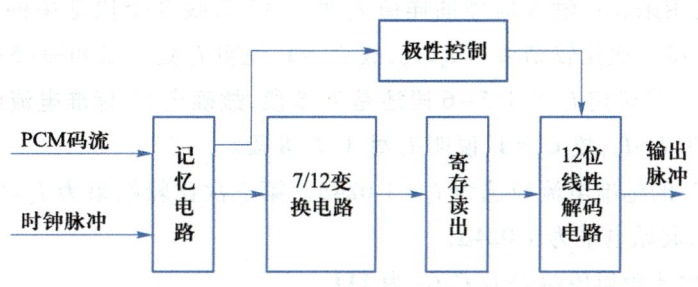

图 5-20　电话信号的 PCM 译码器原理框图

表 5-3　*A* 律 13 折线 7/12 码转换关系

非线性码						线性码											
起始电平(Δ)	段落码 $C_2C_3C_4$	段内码权值 $C_5C_6C_7C_8(\Delta)$				B_1	B_2	B_3	B_4	B_5	B_6	B_7	B_8	B_9	B_{10}	B_{11}	B_{12}
						1 024	512	256	128	64	32	16	8	4	2	1	1/2
1 024	**1 1 1**	512	256	128	64	1	C_5	C_6	C_7	C_8	1*						
512	**1 1 0**	256	128	64	32		1	C_5	C_6	C_7	C_8	1*					
256	**1 0 1**	128	64	32	16			1	C_5	C_6	C_7	C_8	1*				
128	**1 0 0**	64	32	16	8				1	C_5	C_6	C_7	C_8	1*			
64	**0 1 1**	32	16	8	4					1	C_5	C_6	C_7	C_8	1*		
32	**0 1 0**	16	8	4	2						1	C_5	C_6	C_7	C_8	1*	
16	**0 0 1**	8	4	2	1							1	C_5	C_6	C_7	C_8	1*
0	**0 0 0**	8	4	2	1								C_5	C_6	C_7	C_8	1*

在译码时,非线性码与线性码间的关系是 7/12 转换关系,这样做是为减小量化误差。前面介绍的 PCM 编码器实际上是对输入信号所对应的分层电平进行编码,由编码器直接解出的都是分层电平,为了使编码造成的量化误差均小于量化间隔的一半即 $\Delta_i/2$(Δ_i 是输入信号所属的第 i 段的量化阶),在译码器中都有一个加 $\Delta_i/2$ 电路,这相当于将译码输出电平移到两个分层电平的中间。因此,使用带有加 $\Delta_i/2$ 电路的译码器,使得 PCM 编码器的最大量化误差一定不会超过 $\Delta_i/2$。

寄存读出电路把寄存的信号在一定时刻并行输出到 12 位线性解码电路。

12 位线性解码电路主要是由恒流源和电阻网络组成。根据所收到的码组(极性码除外)产生相应的控制脉冲去控制恒流源的标准电流支路,从而输出一个与发送端原抽样值接近的脉冲,脉冲的极性受极性控制电路控制。

【例 5-2】　设输入信号抽样值 $I_s = +1\ 260\Delta$(其中 Δ 为一个量化单位,表示输入信号归一化值的 1/2 048),采用逐次比较型编码器,按 *A* 律 13 折线编成 8 位码 $C_1C_2C_3C_4C_5C_6C_7C_8$。

【解】

(1) 确定极性码 C_1。由于输入信号抽样值 I_s 为正,故 $C_1 = 1$。

（2）确定段落码 $C_2 C_3 C_4$。

段落码 C_2 是用来表示输入信号抽样值 I_s 处于 13 折线 8 个段落中的前四段还是后四段，故 $I_w = 128\Delta$。第一次比较结果为 $I_s > I_w$，故 $C_2 = 1$，说明 I_s 处于后四段（5～8 段）。

C_3 是用来进一步确定 I_s 处于 5～6 段还是 7～8 段，故确定 C_3 标准电流应选为 $I_w = 512\Delta$。第二次比较结果为 $I_s > I_w$，故 $C_3 = 1$，说明 I_s 处于 7～8 段。

同理，确定 C_4 的标准电流应选为 $I_w = 1\,024\Delta$。第三次比较结果为 $I_s > I_w$，所以 $C_4 = 1$，说明 I_s 处于第 8 段，起始电平为 $1\,024\Delta$。

经过以上三次比较得段落码 $C_2 C_3 C_4$ 为 **111**。

（3）确定段内码 $C_5 C_6 C_7 C_8$。

段内码进一步表示 I_s 在该段落处于哪一量化级。第 8 段的 16 个量化间隔均为 $\Delta_8 = 64\Delta$，故确定 C_5 的标准电流为

$$I_w = 段落起始电平 + 8 \times （量化间隔）$$
$$= 1\,024 + 8 \times 64 = 1\,536\Delta$$

第四次比较结果为 $I_s < I_w$，故 $C_5 = 0$，I_s 处于前 8 级。

同理，确定 C_6 的标准电流为 $I_w = 1\,024 + 4 \times 64 = 1\,280\Delta$，第五次比较结果为 $I_s < I_w$，故 $C_6 = 0$，表示 I_s 处于前 4 级（0～4 量化间隔）。

类似地，再经过比较，可以确定 $C_7 = 1$，故 $C_8 = 1$。

经过以上七次比较，对于模拟抽样值 $+1\,260\Delta$，编出的 PCM 码组为 **11110011**。它表示输入信号抽样值 I_s 处于第 8 段 3 量化级，其量化电平为 $1\,216\Delta$。

7 位非线性码 **1110011** 对应的 11 位线性码为 **10011000000**。

译码时，非线性码与线性码间的关系是 7/12 转换关系。I_s 位于第 8 段的序号为 3 的量化级，7 位幅度码 **1110011** 对应的分层电平为 $1\,216\Delta$，第 8 段的量化阶是 64Δ，因此译码输出为

$$1\,216 + \Delta_i/2 = 1\,216 + 64/2 = 1\,248\Delta$$

量化误差为

$$1\,260 - 1\,248 = 12\Delta$$

$12\Delta < 64\Delta/2$，量化误差小于第 8 段量化阶的一半。

这时，7 位非线性幅度码 **1110011** 所对应的 12 位线性幅度码为 **100111000000**。

5.3.3　PCM 系统中噪声的影响

微视频：PCM
系统中噪声的
影响-上

PCM 系统中的噪声可分为加性噪声和量化噪声，下面我们分别对其造成的影响进行分析。

1. 加性噪声

同一码组中出现两个以上错码的概率非常小。例如，当 $P_e = 10^{-5}$ 时，在一个 8 位码组中出现 1 位错码和 2 位错码的概率分别为

$$P_1 = 8P_e = 8 \times 10^{-5}$$

$$P_2 = C_8^2 P_e^2 = \frac{8 \times 7}{2} \times (10^{-5})^2 = 2.8 \times 10^{-9} \tag{5-3-2}$$

可以看出 $P_2 \ll P_1$。因此我们主要分析 1 位错码的影响。

设量化间隔为 Δv，则第 i 位码元代表的信号权值为 $2^{i-1}\Delta v$。若该位码元发生错误，则产生的权值误差将为 $+2^{i-1}\Delta v$ 或 $-2^{i-1}\Delta v$。1 位码元错误引起的码组误差（噪声）功率（统计）平均值为

$$E[Q_\Delta^2] = \frac{1}{N} \sum_{i=1}^{N} (2^{i-1}\Delta v)^2 = \frac{(\Delta v)^2}{N} \sum_{i=1}^{N} (2^{i-1})^2 = \frac{2^{2N}-1}{3N}(\Delta v)^2 \approx \frac{2^{2N}}{3N}(\Delta v)^2 \tag{5-3-3}$$

式中，N 为编码输出位数。由式（5-3-3）可得加性噪声误差的功率在时间上的平均值为

$$NP_e \frac{2^{2N}}{3N}(\Delta v)^2 = \frac{2^{2N}P_e}{3}(\Delta v)^2 \tag{5-3-4}$$

其等效误差电压为

$$Q_{\Delta e} = \left(\frac{2^{2N}P_e}{3}\right)^{1/2} \Delta v \tag{5-3-5}$$

假设发送端发出的是抽样冲激脉冲，则接收端也是对抽样冲激脉冲译码。所以误差电压（冲激脉冲）的频谱等于

$$G(f) = \int_{-\infty}^{\infty} Q_{\Delta e}\delta(t-kT_s)e^{-j\omega t}dt = Q_{\Delta e}e^{-j\omega kT_s} \tag{5-3-6}$$

经过傅里叶变换，可得误差的功率谱密度为

$$P_{\Delta e}(f) = f_s|G(f)|^2 = f_s Q_{\Delta e}^2 \tag{5-3-7}$$

经过接收端截止频率为 f_H 的低通滤波器后，输出加性噪声功率为

$$N_a = \int_{-f_H}^{f_H} P_{\Delta e}(f)df = f_s\left(\frac{2^{2N}P_e}{3}\right)(\Delta v)^2(2f_H) = \frac{2^{2N}P_e(\Delta v)^2}{3T_s^2} \tag{5-3-8}$$

2. 量化噪声

根据与上述加性噪声相同的分析方法和过程，我们对量化噪声进行分析，可以得到量化误差电压

微视频：PCM 系统中噪声的影响-下

$$Q_q = N_q^{1/2} = \frac{\Delta v}{\sqrt{12}} \tag{5-3-9}$$

量化误差的频谱

$$G_q(f) = \int_{-\infty}^{\infty} Q_q\delta(t-kT_s)e^{-j\omega t}dt = Q_q e^{-j\omega kT_s} \tag{5-3-10}$$

量化误差的功率谱密度

$$P_q(f) = f_s|G_q(f)|^2 = f_s Q_q^2 \tag{5-3-11}$$

这样，经过低通滤波器后输出的量化噪声功率可用下式表示

$$N_q = \int_{-f_H}^{f_H} P_q(f)df = f_s\left[\frac{(\Delta v)^2}{12}\right](2f_H) = \frac{1}{T_s^2}\frac{(\Delta v)^2}{12} \tag{5-3-12}$$

3. PCM 系统输出信噪比

通过前面的分析可知,低通滤波前信号(冲激脉冲)的平均功率(S_o)和滤波器输出信号的功率(S)可以分别表示为

$$S_o = \int_{-a}^{a} m_k^2 \left(\frac{1}{2a} \right) \mathrm{d}m_k = \frac{M^2}{12} (\Delta v)^2 \qquad (5-3-13)$$

$$S = \frac{M^2}{12T_s^2} (\Delta v)^2 \qquad (5-3-14)$$

综合加性噪声和量化噪声,PCM 系统的总输出信噪功率比为

$$\frac{S}{N_o} = \frac{S}{N_a + N_q} = \frac{\dfrac{M^2}{12T_s^2} (\Delta v)^2}{\dfrac{2^{2N} P_e (\Delta v)^2}{3T_s^2} + \dfrac{(\Delta v)^2}{12T_s^2}} = \frac{M^2}{2^{2(N+1)} P_e + 1} = \frac{2^{2N}}{1 + 2^{2(N+1)} P_e} \qquad (5-3-15)$$

在大信噪比条件下($2^{2(N+1)} P_e \ll 1$),上式可近似为 $S/N \approx 2^{2N}$;在小信噪比条件下($2^{2(N+1)} P_e \gg 1$),上式可近似为 $S/N \approx 1/(4P_e)$。

而如果只考虑输出量化信噪比,得到

$$\frac{S}{N_q} = M^2 = 2^{2N} \qquad (5-3-16)$$

可以看出,PCM 系统的输出量化信噪比仅和编码位数 N 有关,且随 N 按指数规律增大。对于频带限制在 $0 \sim f_H$ 的低通模拟信号,抽样频率不小于 $2f_H$,则传输速率至少为 $2Nf_H$,传输带宽 B 至少为 Nf_H,即

$$S/N_q = 2^{2(B/f_H)} \qquad (5-3-17)$$

由此,可以得出结论:在给定低通模拟信号的最高截止频率 f_H 时,PCM 系统的输出量化信噪比随着系统传输带宽 B 呈指数增长。

5.4　差分脉码调制

上一节介绍了 PCM 编码,一路电话使用 A 律或者 μ 律对数压扩编码后的速率为 64 kbit/s,传送 64 kbit/s 数字信号的最小带宽为 32 kHz,因此 PCM 信号占用频带宽度比模拟通信系统宽很多倍。这样在频带宽度严格受限的传输系统中,能传输的 PCM 电话路数要比模拟通信方式传送的电话路数少得多,因此需要研究压缩数字化语音占用频带的方法。

通常把信息传输速率低于 64 kbit/s 的语音编码方法称为语音压缩编码。语音压缩编码方法很多,差分脉码调制(differential PCM,DPCM)是其中一种重要技术。本节首先介绍压缩编码的基本思想,然后介绍 DPCM 的基本原理,最后介绍自适应差分脉码调制(adaptive differential PCM,ADPCM)。ADPCM 是语音压缩中复杂度较低的一种编码方法,已在 ITU-T

标准中使用。

5.4.1 压缩编码简介

实际信源输出的信号主要有声音、图像、数据和视频等类型,经过数字化后数据量很大,如果不进行压缩,则传输和存储的代价都很大。

为什么能够对信源进行压缩编码呢? 因为信源普遍存在着冗余度。香农信息论认为,信源符号的冗余度主要来自以下两个方面:一是信源样点之间的相关性,二是信源符号概率分布的不均匀性。压缩编码就是为了去掉信源符号的冗余度。目前去掉信源样点间相关冗余度的有效方法包括预测编码和变换编码,去除信源符号概率分布冗余度的主要方法是统计编码。这三种压缩编码的方法现在已相当成熟,在实际中得到了广泛应用,并被压缩编码的国际标准所采用。

这里简单介绍一下声音信号,特别是语音信号的压缩编码。

声音信号可分为以下三种:① 电话质量的语音,其频率范围为 300~3 400 Hz;② 调幅广播质量的音频,其频率范围为 0.05~7 kHz,又称"7 kHz 音频信号";③ 高保真立体声音频,其频率范围为 0.02~20 kHz。

对声音信号的压缩编码主要有波形编码、参量编码和混合编码三种类型。

(1) 波形编码。利用抽样和量化来表示音频信号的波形,使编码后的信号与原始信号的波形尽可能一致,要求接收端尽量恢复原始声音信号的波形,并以波形的保真度即语言自然度为主要度量指标。波形编码的数据率较高,故可以获得高质量的音频和高保真度的语音和音乐信号。采用的算法有 PCM、DPCM、ADPCM 等,同时还可以使用自适应变换编码(adaptive transform coding,ATC)以及子带编码。

(2) 参量编码。是一种分析/合成编码方法,它先通过分析,提取表征声音信号特征的参数,再对特征参数进行编码,接收端根据声音信号产生过程的机理,将译码后的参数进行合成,重构声音信号。由于声音信号特征参数的数量远远小于原始声音信号的样点数据,所以这种方法压缩比高,但由于计算量大,保真度不高,一般适合于语音信号的编码。

(3) 混合编码。它介于波形编码和参量编码之间,即在参量编码的基础上,引入了一定的波形编码特征,以达到改善自然度的目的。混合编码将波形编码的高保真度与参量编码的低数据速率的优点结合起来,在中低速率编码中得到广泛应用。当前比较成功的混合型编码方法有多脉冲线性预测编码(multi-pulse linear predictive coder,MPLPC)和码激励线性预测编码(code-excited LPC,CELPC)以及矢量和激励线性预测编码(vector sum excited linear predictive,VSELP)等。

ITU-T 先后制定了一系列有关语音压缩编码的标准。如 1972 年提出的 G.711 标准,采用 μ 律或 A 律的 PCM 编码,数据速率为 64 kbit/s。1984 年公布了 G.721 标准,采用 ADPCM 编码,数据率为 32 kbit/s,上述标准可用于公用电话网。1992 年提出 16 kbit/s 的短延时码激励线性预测编码(LD-CELP)的 G.728 标准。

欧洲于 1988 年提出 13 kbit/s 长时线性预测规则码激励（RPE-LTP）语音编码标准,并被全球移动通信系统（GSM）采用。美国 1989 年也提出 CTIA 标准,采用 VSELP,速率为 8 kbit/s。美国国家安全局（NSA）于 1982 年制定了基于 LPC 的 2.4 kbit/s 编码标准,1989 年制定了基于 CELPC 的 4.8 kbit/s 编码标准。表 5-4 中列出了上述电话质量的语音编码标准。

表 5-4　电话质量的语音编码标准

标准	ITU-T			GSM	CITA	NSA	
	G.711	G.721	G.728				
时间	1972 年	1984 年	1992 年	1988 年	1989 年	1982 年	1989 年
算法	PCM	ADPCM	LD-CELP	RPE-LTP	VSELP	LPC	CELPC
数据速率/ kbit/s	64	32	16	13.2	8	2.4	4.8
应用	公共网 ISDN			数字移动语音		保密语音	
质量评估	4.0~4.5（好）			3.7~4.0（较好）		2.5~3.5（一般）	

在表 5-4 中,质量评估标准是利用多人打分的平均值来衡量语音质量的一种主观评估方法,满分为 5 分。

微视频:差分
脉码调制-上

5.4.2　差分脉码调制原理

DPCM 的基本原理是基于信号之间的相关性,大多数信源输出的信号抽样值之间存在一定的相关性。相邻的信号样点间的值比较接近,这意味着信号抽样点之间有很多冗余。一种减小冗余传输的方法是发送相邻样点间的差异。如果用传送差值来代替实际样值,那么码组所需的位数就可以显著减少,因此降低了 DPCM 的数据率。在接收端,根据过去样点值和接收到的差异值恢复当前的信号样点值。这就是 DPCM 的基本思想。

图 5-21 所示为 DPCM 系统原理框图。图中输入样值信号为 $x(n)$,接收端重建信号为 $\hat{x}(n)$,$\tilde{x}(n)$ 是预测信号,$d(n)$ 是输入信号与预测信号的差值,$d_q(n)$ 为量化后的差值,$c(n)$ 是对 $d_q(n)$ 编码后输出的数字编码信号。

编码器中的预测器与解码器中的预测器完全相同。因此,在无传输误码的情况下,解码器输出的重建信号 $\hat{x}(n)$ 与编码器中的 $\hat{x}(n)$ 完全相同。根据图 5-21,差值 $d(n)$ 和重建信号 $\hat{x}(n)$ 可以表示为

$$d(n) = x(n) - \tilde{x}(n) \tag{5-4-1}$$

$$\hat{x}(n) = \tilde{x}(n) + d_q(n) \tag{5-4-2}$$

DPCM 的总量化误差 $e(n)$ 定义为输入信号 $x(n)$ 与解码器输出重建信号 $\hat{x}(n)$ 之差,即

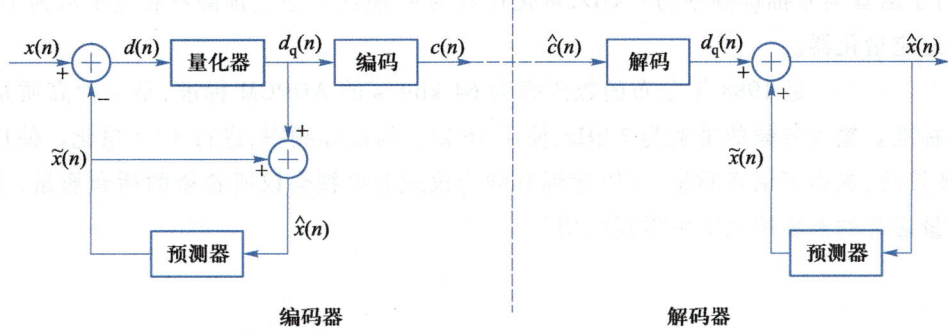

图 5-21 DPCM 系统原理框图

$$e(n) = x(n) - \hat{x}(n)$$
$$= [\tilde{x}(n) + d(n)] - [\tilde{x}(n) + d_q(n)]$$
$$= d(n) - d_q(n) \tag{5-4-3}$$

因此，在这种 DPCM 系统中，总量化误差只和差值信号的量化误差有关。系统总的量化信噪比 SNR 定义为

$$SNR = \frac{E[x^2(n)]}{E[e^2(n)]} = \frac{E[x^2(n)]}{E[d^2(n)]} \frac{E[d^2(n)]}{E[e^2(n)]} = G_p \cdot SNR_q \tag{5-4-4}$$

式中，G_p 和 SNR_q 分别定义为

$$G_p = \frac{E[x^2(n)]}{E[d^2(n)]} \tag{5-4-5}$$

$$SNR_q = \frac{E[d^2(n)]}{E[e^2(n)]} \tag{5-4-6}$$

式(5-4-4)表明，DPCM 系统的 SNR 取决于 G_p 和 SNR_q 的乘积，G_p 可理解为 DPCM 系统相对于 PCM 系统的信噪比增益，称为预测增益。如果能够选择合理的预测器，差值功率 $E[d^2(n)]$ 就能小于样值功率 $E[x^2(n)]$，G_p 就会大于 1，系统就会获得增益。

SNR_q 是把差值序列作为信号时的量化信噪比，与 PCM 系统考虑量化误差时所计算的信噪比相当，要提高 SNR_q，就要寻求最佳的量化器，减小量化误差 $e(n)$ 和 $E[e^2(n)]$。由于语音信号在较大的动态范围内变化，对语音信号进行最佳预测和最佳量化是复杂的技术问题，只有采用自适应系统才能得到最佳性能，有自适应系统的 DPCM 称为自适应差分脉码调制(ADPCM)。

ADPCM 系统中的自适应技术包括自适应预测和自适应量化。自适应预测是指预测器的预测系数能随话音瞬时变化做自适应调整。自适应量化是指量化器的量化阶能随信号的瞬时值变化而做自适应调整。

如果 DPCM 的预测增益为 6~11 dB，进一步使用自适应预测器可使信噪比再改善 4 dB，自适应量化可使信噪比改善 4~7 dB，则 ADPCM 比 PCM 可改善 16~22 dB，相当于编码位数可以减小 3~4 位。

ITU-T G.721 建议提出了能和 PCM 数字电话网络兼容的 32 kbit/s ADPCM 算法。该标准中,对于语音信号抽样频率为 8 kHz,量化位数为 4,使用自适应预测器和电平数为 16 的非均匀自适应量化器。

ITU-T G.722 是 1988 年公布的数码率为 64 kbit/s 的 ADPCM 标准,是一种高质量的音频编码标准。输入音频的带宽为 7 kHz,使用 16 kHz 的抽样频率,进行 4 bit 量化。使用这种 ADPCM 算法,提高了话音质量,可以达到音频会议或者电视会议所希望的话音质量,也在提供高质量话音的多媒体系统中得到应用。

*5.4.3　自适应预测

ADPCM 中的预测信号是用线性预测的方法产生的。线性预测器可分为极点预测器与零点预测器。

（1）极点预测器

N 阶预测器的输出 $\tilde{x}(n)$ 是前 N 个 $\hat{x}(n-i)$ 值 $(i=1,2,\cdots,N)$ 的线性组合,即

$$\tilde{x}(n) = \sum_{i=1}^{N} \alpha_i \hat{x}(n-i) \qquad (5-4-7)$$

式中,$\{\alpha_i\}$ 是一组预测系数。若略去量化误差不计,则图 5-22 所示的 DPCM 系统中预测误差滤波器的传递函数

$$D(Z) = d_q(Z)/\hat{x}(Z) = 1 - \sum_{i=1}^{N} \alpha_i Z^{-i} \qquad (5-4-8)$$

接收端重建信号 $\hat{x}(Z)$ 也就是发送端的信号 $\hat{x}(Z)$,于是有

$$\hat{x}(Z) = d_q(Z)/D(Z) = d_q(Z)H(Z) \qquad (5-4-9)$$

接收端重建逆滤波器的传递函数

$$H(Z) = 1/D(Z) \qquad (5-4-10)$$

由于 $H(Z)$ 只有极点,因此这种预测器是全极点预测器。

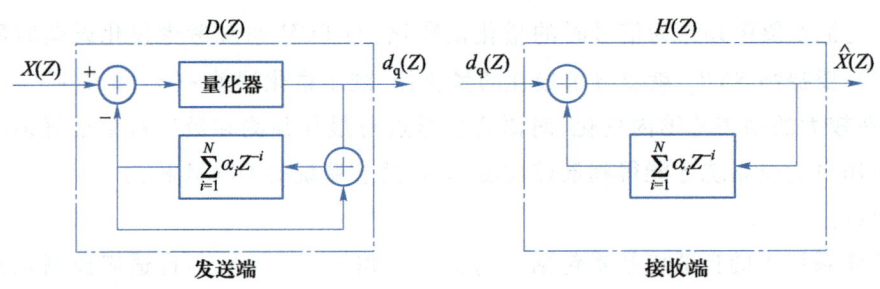

图 5-22　极点预测器 DPCM 系统

（2）零点预测器

如果预测器输出用 M 个差值 $d_q(n-i)$ $(i=1,2,\cdots,M)$ 的线性组合表示,即

$$\tilde{x}(n) = \sum_{i=1}^{M} \beta_i d_q(n-i) \qquad (5-4-11)$$

式中，$\{\beta_i\}$ 是一组预测系数。该系统的重建信号

$$\hat{x}(Z) = d_q(Z) H(Z) = d_q(Z) \left(1 + \sum_{i=1}^{M} \beta_i Z^{-i} \right) \qquad (5-4-12)$$

因 $H(Z)$ 只有零点没有极点，故称零点预测器。其原理框图如图 5-23 所示。

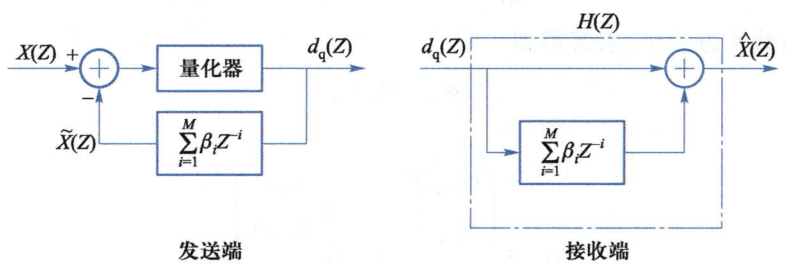

图 5-23 零点预测器 DPCM 系统

（3）零极点预测器

把零点预测器和极点预测器组合在一起，称为零极点预测器，如图 5-24 所示。

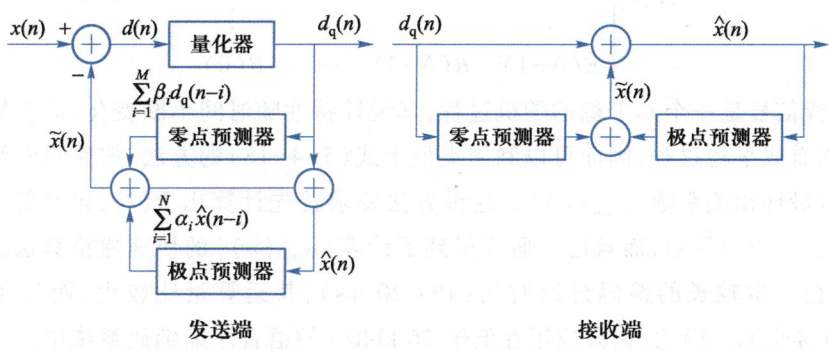

图 5-24 零极点预测器 DPCM 系统

图 5-24 中，输入信号的预测值

$$\tilde{x}(n) = \sum_{i=1}^{N} \alpha_i \hat{x}(n-i) + \sum_{i=1}^{M} \beta_i d_q(n-i) \qquad (5-4-13)$$

重建信号

$$\hat{x}(n) = \tilde{x}(n) + d_q(n) \qquad (5-4-14)$$

重建逆滤波器的传递函数

$$H(Z) = \frac{1 + \sum_{i=1}^{M} \beta_i Z^{-i}}{1 - \sum_{i=1}^{N} \alpha_i Z^{-i}} \qquad (5-4-15)$$

最佳线性预测器是具有最小均方预测误差的预测器，因而能获得最大的预测增益 G_p 和最大的 SNR，也就是要在最小 $E[d^2]$ 的条件下，确定一组最佳预测系数 $\{\alpha_{iopt}\}$。

对于一般的有极点预测器的 DPCM 系统，若略去量化误差，则

 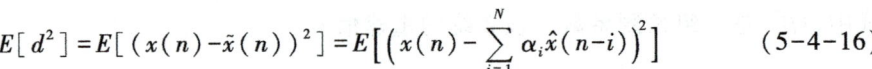

$$E[d^2] = E[(x(n) - \tilde{x}(n))^2] = E\left[\left(x(n) - \sum_{i=1}^{N} \alpha_i \hat{x}(n-i)\right)^2\right] \tag{5-4-16}$$

最佳预测系数 $\{\alpha_{iopt}\}$ 需满足

$$\frac{\partial E[d^2]}{\partial \alpha_i} = 0, \quad i = 1, 2, \cdots, N \tag{5-4-17}$$

由此得到一组线性方程组,求解得到<u>最佳预测系数</u>

$$\boldsymbol{\alpha}_{\text{opt}} = \boldsymbol{R}_{\text{ss}}^{-1} \boldsymbol{r}_{\text{ss}} \tag{5-4-18}$$

式中

$$\boldsymbol{\alpha}_{\text{opt}} = \begin{bmatrix} \alpha_{1\,\text{opt}} \\ \alpha_{2\,\text{opt}} \\ \vdots \\ \alpha_{N\,\text{opt}} \end{bmatrix} \quad \boldsymbol{r}_{\text{ss}} = \begin{bmatrix} R(1) \\ R(2) \\ \vdots \\ R(N) \end{bmatrix}$$

$$\boldsymbol{R}_{\text{ss}} = \begin{bmatrix} R(0) & R(1) & \cdots & R(N-1) \\ R(1) & R(0) & & R(N-2) \\ \vdots & \vdots & \vdots & \vdots \\ R(N-1) & R(N-2) & \cdots & R(0) \end{bmatrix} \tag{5-4-19}$$

实际语音信号是一个非平稳的随机过程,其统计特性随时间不断变化,但在短时间间隔内,可以近似看成平稳过程,因而可以利用类似于式(5-4-18)的方法,按照短时统计相关特性,求出短时最佳预测系数 $\{\alpha_{iopt}(n)\}$。这种方法要求首先计算出 $R(i)$,再计算 $\{\alpha_{iopt}(n)\}$,称为<u>前向自适应预测算法</u>,而且已经研究得到了计算 $\{\alpha_{iopt}(n)\}$ 的快速递推算法。但是前向自适应预测会产生较长的编码延迟时间(15~20 ms),其运算量比较大,而且还要将 $\{\alpha_{iopt}(n)\}$ 传输给接收端。因此,它只应用在低于 16 kbit/s 语音压缩编码系统中。

<u>后向序贯自适应预测算法</u>则采用序贯地不断修正预测系数 $\{\alpha_i(n)\}$ 的方法来减少瞬时平方差值信号 $d_q^2(n)$。使 $\{\alpha_i(n)\}$ 逐渐接近最佳预测系数 $\{\alpha_{iopt}(n)\}$,以达到最佳预测状态。接收解码端可以通过计算获得自适应系数的信息,无须额外传送这些信息。与前向自适应预测算法相比它更易于实现,因而使用更加广泛。

在威德罗(Widrow)提出的<u>最小均方算法</u>(least mean square,LMS)中,预测系数的序贯修正准则朝着负梯度方向修正 $\{\alpha_i(n)\}$。

$$d_q(n) = \hat{x}(n) - \sum_{i=1}^{N} \alpha_i(n) \hat{x}(n-i) \tag{5-4-20}$$

$d_q^2(n)$ 的梯度

$$\nabla d_q^2(n) = 2 d_q(n) \, \nabla d_q(n) \tag{5-4-21}$$

$$\alpha_i(n+1) = \alpha_i(n) + g_i(n) d_q(n) \hat{x}(n-i) \tag{5-4-22}$$

式中,$g_i(n)$ 是梯度系数,它决定了预测系数的自适应速率。从理论上来说,当 $g_i(n)$ 很小时,自适应系数能够使 $\{\alpha_i\}$ 接近于 $\{\alpha_{iopt}\}$。但若 $g_i(n)$ 值太小,当统计信号有很快变化时,预测系数 $\{\alpha_i\}$ 将跟不上信号统计特性的变化。自适应算法的一个关键是通过大量实验来确定最

合理的梯度系数。

为了进一步简化自适应预测算法,有人提出了一种梯度符号算法

$$\alpha_i(n+1) = \lambda_i \alpha_i(n) + g_i(n)\,\text{sgn}[\,d_q(n)\,]\,\text{sgn}[\,\hat{x}(n-i)\,] \tag{5-4-23}$$

式中,$\text{sgn}[\ ]$ 为符号函数,λ_i 是抗误码因子,$\lambda_i = 1-2^{-k_i}(k_i \gg 1)$。

这种符号梯度算法同样适用于零点预测器系数的自适应修正

$$\beta_i(n+1) = \lambda_i \beta_i(n) + g_i(n)\,\text{sgn}[\,d_q(n)\,]\,\text{sgn}[\,d_q(n-i)\,] \tag{5-4-24}$$

*5.4.4 自适应量化

微视频:差分脉码调制-下

在实际电话网中,由于说话人声音强弱不同,传输电路损耗不同,语音信号的功率变化范围可达 45 dB。而最佳量化器的所有量化电平、分层电平均与量化器输入信号的功率有关。为了使量化器始终能够处于最佳状态或接近于最佳状态,量化器的量化电平 $\{d_{qn}\}$、分层电平 $\{d_n\}$ 应能够自适应于输入信号方差 σ_d^2 的变化。

自适应量化方法有很多种,若严格根据输入方差 σ_d^2 来确定 $\{d_{qn}\}$、$\{d_n\}$ 的值,则称为前向自适应量化;若根据前一时刻输出数字码 $I(k)$ 或量化器输出值 $d_{qn}(k-i)$ 来确定 $\{d_{qn}\}$ 和 $\{d_n\}$ 的值,则称为后向自适应量化。显然,后向自适应量化比前向自适应量化易于实现,但必须合理选择算法使其能收敛于最佳量化器参数。在 ITU-T G.721 建议中,采用的自适应量化算法基于贾杨特(Jayant)或古德曼(Goodman)等人提出的实用的后向自适应量化算法。

设均匀量化器的第 k 时刻量化间隔定义为 $\Delta_n(k) = d_{n+1}(k) - d_n(k) = \Delta(k)$,第 k 时刻量化器短时输出方差估值 $\hat{\sigma}_{dq}^2(k)$ 可由以下递推公式导出

$$\hat{\sigma}_{dq}^2(k) = \alpha_l \hat{\sigma}_{dq}^2(k-1) + (1-\alpha_l)d_q^2(k-1) \tag{5-4-25}$$

式中,α_l 是常数,$0 < \alpha_l < 1$。$\hat{\sigma}_{dq}^2(k-1)$ 是 $k-1$ 时刻的估值。将式(5-4-25)两端除以 $\hat{\sigma}_{dq}^2(k-1)$ 项,有

$$\frac{\hat{\sigma}_{dq}^2(k)}{\hat{\sigma}_{dq}^2(k-1)} = \alpha_l + (1-\alpha_l)\frac{d_q^2(k-1)}{\hat{\sigma}_{dq}^2(k)} \tag{5-4-26}$$

假定量化误差比较小,则量化器输入方差估值

$$\hat{\sigma}_d^2(k) \approx \hat{\sigma}_{dq}^2(k) \tag{5-4-27}$$

量化间隔 $\Delta(k)$ 应自适应于输入方差估值 $\hat{\sigma}_d^2(k)$ 的变化,所以式(5-4-26)变为

$$\frac{\Delta(k)}{\Delta(k-1)} = \sqrt{\frac{\hat{\sigma}_d^2(k)}{\hat{\sigma}_d^2(k-1)}} = \sqrt{\alpha_l + (1-\alpha_l)\frac{d_q^2(k-1)}{\hat{\sigma}_{dq}^2(k)}} \tag{5-4-28}$$

由于上式中右端只取决于 $d_q(k-1)$,即输出数字码 $|I(k-1)|$,所以上式又可写成

$$\Delta(k) = \Delta(k-1) \cdot M(\,|I(k-1)|\,) \tag{5-4-29}$$

式(5-4-29)就是 Jayant 后向自适应算法;但是在有传输误码的情况下,它会产生误码扩散问题。因此采用修正式

$$\Delta(k+1) = [\Delta(k)]^\beta \cdot M(\,|I(k)|\,) \tag{5-4-30}$$

式中,β 为抗误码因子,在有传输误码情况下,能使接收端 $\Delta(k)$ 与发送端 $\Delta(k)$ 相接近。M 称为量化间隔调整因子,它取决于量化器输出码字 $I(k)$,即量化电平等级。Jayant 等人根据大量实验确定了不同量化电平 L 时 PCM 与 DPCM 量化器的各种 M 值。

对于非均匀量化器,式(5-4-29)不能直接引用,而要引入定标因子 $y(k)$。固定非均匀量化器的输入信号 $d(k)$ 先进行一次归一化运算

$$d'(k)=d(k)/y(k) \tag{5-4-31}$$

对于语音信号,$y(k)$ 可以采用式(5-4-30)进行自适应。它是一种快速瞬时自适应,能较好地与语音信号电平变化规律相适应。对于数据调制解调器或音频信令信号,其信号功率电平变动范围远小于语音,因而式(5-4-31)的瞬时自适应反而会使得量化器的量化间隔随最佳参数的起伏而引起过大波动,因此应选择慢自适应算法。具体来说,应使量化间隔调整因子 M 值基本都接近于 1。

若要使量化器能对语音信号与数据调制解调器信号都能获得最佳自适应特性,就必须在自适应算法中采用两种不同的定标因子。ITU-T G.721 建议采用的动态锁定量化器就是一种可控自适应速度的量化器。

ITU-T G.721 建议提出了能和 PCM 数字电话网络兼容的 32 kbit/s ADPCM 算法。在建议中使用零极点后向序贯自适应预测器,它有 6 个零点和 2 个极点,并采用符号梯度算法来自适应修正预测系数。语音信号经 ADPCM 编码后,客观测量 SNR 完全符合 PCM 编码系统的指标要求(ITU-T G.712、G.711 建议),其主观听觉测试性能非常接近于 PCM 质量。

5.5　增 量 调 制

增量调制简称 ΔM,是继 PCM 后出现的又一种语音信号的编码方法。与 PCM 相比,ΔM 具有下列优点:

(1) 在比特率较低时,增量调制的量化信噪比高于 PCM;

(2) 增量调制的抗误码性能好,能工作于误比特率为 $10^{-3} \sim 10^{-2}$ 的信道,而 PCM 则要求误比特率为 $10^{-6} \sim 10^{-4}$;

(3) 增量调制的编、译码器比 PCM 简单。

使用增量调制时的通话质量已完全能符合一般军用通信与中等通话质量要求,话音的清晰度和自然度良好,它在军事和工业部门的专用通信网和卫星通信中都得到广泛应用。

5.5.1　简单增量调制原理

微视频:增量
调制-上

简单增量调制(简单 ΔM)减小码速率的方法同样是基于样值点间的相关性。由于样值点之间的相关性,相邻样点之间的幅度变化不会很大,特别是抽样速率增加时,相邻抽样点之间的变化更小,相邻抽样值的差值同样能反映模拟信号的变

化规律。在简单 ΔM 中,只使用一位编码,但这一位不是用来表示信号抽样值的大小,而是表示抽样时刻波形的变化,这是简单 ΔM 与 PCM 的本质区别。由于只使用一位编码,因此简单 ΔM 的实现很简单。

图 5-25 所示是简单 ΔM 实现的原理框图。图 5-25(a)为编码器,图 5-25(b)是解码器。在编码器中,输入信号是模拟信号 $x(t)$,它在第 n 时刻的抽样值为 $x(n)$,$\tilde{x}(n)$ 表示第 n 时刻的预测值,$\hat{x}_1(n)$ 是 $x(n)$ 在第 n 时刻的重建样值。根据预测规则有 $\tilde{x}(n)=\hat{x}_1(n-1)$。为了和接收端的重建信号区别,$\hat{x}_1(n)$ 称为本地重建信号。输入抽样值与预测值之差称为差值信号 $e(n)$,有

$$e(n)=x(n)-\tilde{x}(n)=x(n)-\hat{x}_1(n) \tag{5-5-1}$$

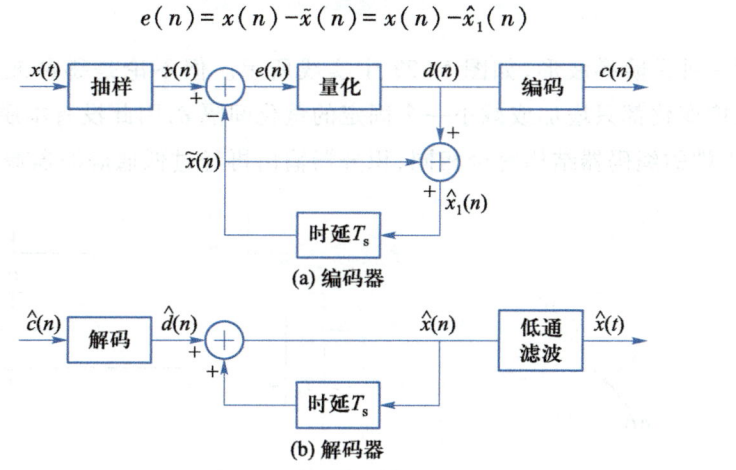

图 5-25   简单增量调制实现的原理框图

量化器对误差信号 $e(n)$ 进行量化,量化器输出 $d(n)$ 只有两个电平:$+\delta$ 和 $-\delta$,编码器把它们分别编码为 **1** 和 **0**,这里把 δ 称为简单 ΔM 的量化间隔。

在接收端,由接收到的码字解出差值信号量化值 $\hat{d}(n)$,经延迟和相加电路后,输出重建信号

$$\hat{x}(n)=d(n)+\hat{x}(n-1) \tag{5-5-2}$$

若传输信道无误码,则接收端重建信号 $\hat{x}(n)$ 应和发送端的本地重建信号 $\hat{x}_1(n)$ 相同。发送端本地重建信号 $\hat{x}_1(n)$ 和预测信号 $\tilde{x}(n)$ 只差一个时延,即 $\tilde{x}(n)=\hat{x}_1(n-1)$。输出重建样值还要通过低通滤波器,才能恢复出原来的信号。

图 5-25 适合于对简单 ΔM 系统进行理论分析或计算机模拟研究。实际实现时,简单 ΔM 的硬件框图如图 5-26 所示,它的工作原理与图 5-25 是一样的,工作过程如下:消息信号 $x(t)$ 与来自积分器的信号 $x_1(t)$ 相减得到量化误差信号 $e(t)$。如果在抽样时刻 $e(t)>0$,判决器(比较器)输出为 **1**,如果 $e(t)<0$ 则输出 **0**。判决器的输出信号一方面经信道送往接收端,另一方面又送往脉冲发生器,**1** 产生一个正脉冲,**0** 产生一个负脉冲,然后积分得到 $x_1(t)$。由于 $x_1(t)$ 与接收端译码器中积分器输出波形是一致的,所以 $x_1(t)$ 常称为本地译码信号。

图 5-26 中积分器输出信号可以有两种形式,一种是折线近似的积分波形,如图 5-27 中

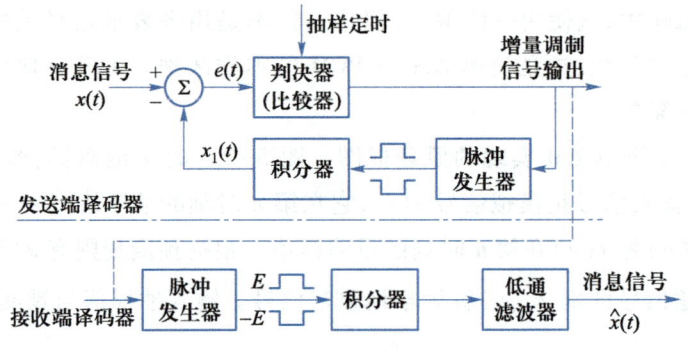

图 5-26 简单增量调制硬件实现框图

虚线所示;另一种是阶梯波形,如图 5-27 中实线所示。但不论是哪种波形,在相邻抽样时刻,其波形幅度变化都只增加或减小一个固定的量化间隔 δ,因此没有本质区别。在接收端,译码器与发送端的编码器结构完全相同,积分器输出再经过低通滤波器滤除高频分量。

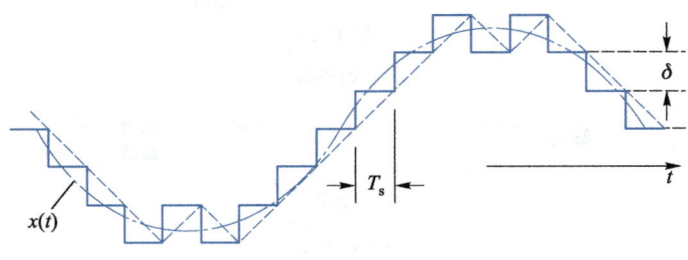

图 5-27 增量调制过程

微视频:增量
调制-中

5.5.2 简单增量调制系统中的量化噪声

当输入信号频率过高时,本地译码器输出信号 $x_1(t)$ 跟不上信号的变化,使误差信号 $e(t)$ 显著增大,这种现象称为过载,如图 5-28 所示,图中 5-28(a) 和图 5-28(b) 分别为不过载和过载时的波形示意图。由于过载现象会引起译码后信号的严重失真,这种失真称为过载失真或过载噪声。为避免过载,应满足条件

$$\left| \frac{\mathrm{d}x(t)}{\mathrm{d}t} \right| \leqslant \frac{d}{T_{\mathrm{s}}} \tag{5-5-3}$$

在给定量化间隔 d 的情况下,能跟踪最大斜率为 δ/T_{s} 的信号,其中 T_{s} 为抽样周期。δ/T_{s} 称为临界过载情况下的最大跟踪斜率。当输入信号为正弦波 $x(t) = A\cos \omega t$,其最大斜率为 $A\omega$,则临界过载时,有

$$A_{\max}\omega = \delta/T_{\mathrm{s}} = \delta f_{\mathrm{s}} \tag{5-5-4}$$

在不过载的情况下,简单 ΔM 的量化噪声为

$$s_{\mathrm{q}}^2 = \int_{-d}^{d} e^2 p(e)\,\mathrm{d}e = \frac{1}{2d}\int_{-d}^{d} e^2 \,\mathrm{d}e = \frac{d^2}{3} \tag{5-5-5}$$

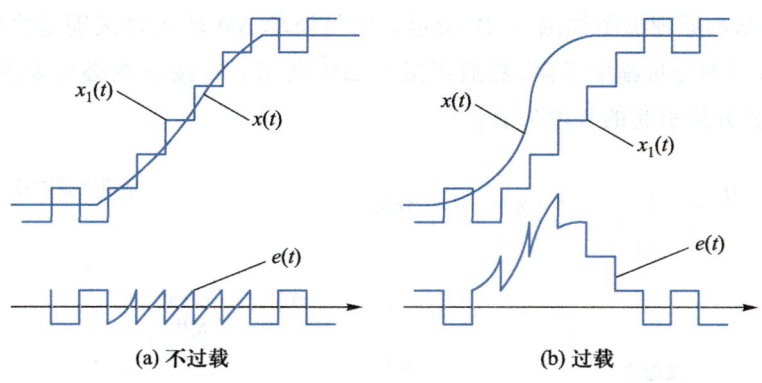

(a) 不过载　　　　　　　　(b) 过载

图 5-28　过载噪声

式中，$e(t)=x(t)-x_1(t)$，并假定其值在 $(-d,+d)$ 之间均匀分布，即 $p(e)=1/(2\delta)$。为简化计算，假定量化噪声功率谱在 $(0,f_s)$ 内均匀分布。若接收端滤波器的带宽为 f_B，则接收端经低通滤波器后输出的量化噪声 σ_q^2 应为

$$\sigma_q^2 \approx \frac{\delta^2 f_B}{3f_s} \tag{5-5-6}$$

在临界过载时，由式（5-5-4）可知信号功率

$$S_{max}=\frac{A_{max}^2}{2}=\frac{\delta^2 f_s^2}{8\pi^2 f^2} \tag{5-5-7}$$

这里，信号频率 $f=\omega/2\pi$。增量调制的最大量化信噪比为

$$SNR_{max}=\frac{S_{max}}{\sigma_q^2}=\frac{3}{8\pi^2}\frac{f_s^3}{f^2 f_B}\approx 0.038\frac{f_s^3}{f^2 f_B} \tag{5-5-8}$$

若用 dB 表示，有

$$[SNR_{max}]_{dB}\approx 30\lg f_s-20\lg f-10\lg f_B-14 \tag{5-5-9}$$

上式是简单 ΔM 中的重要关系式，它表明：

（1）在简单 ΔM 系统中，量化信噪比与 f_s 三次方成正比，即抽样频率每提高一倍，量化信噪比提高 9 dB。因此一般简单 ΔM 的抽样频率至少为 16 kHz 才能使量化信噪比达到 15 dB 以上。在抽样频率为 32 kHz 时，量化信噪比约为 26 dB，只能满足一般通信质量的要求。

（2）量化信噪比与信号频率的平方成反比，即信号频率每提高一倍，量化信噪比下降 6 dB。因此简单 ΔM 在语音高频段的量化信噪比下降。

*5.5.3　增量总和调制

从前面对简单 ΔM 系统过载特性的分析可知，简单 ΔM 的过载电压幅度随信号频率的提高而下降，为了改进这一特性以适应高频段频谱丰富的信号源的要求，提出了增量总和调制（Δ-∑调制）。

$\Delta - \sum$ 调制基本原理框图如图 5-29 所示。它与简单 ΔM 的主要区别是将输入信号先进行积分,使信号高频分量幅度下降,然后再进行 ΔM 调制。在接收端必然要进行一次微分,以补偿发送端积分后引起的频率失真。

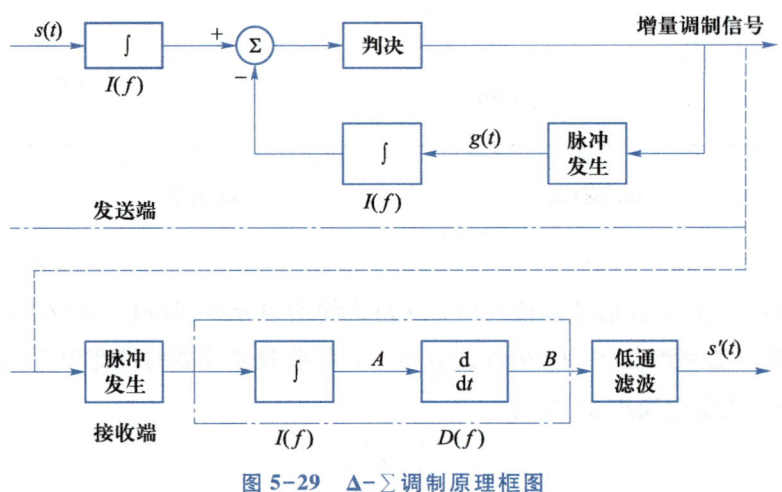

图 5-29　$\Delta - \sum$ 调制原理框图

为了从物理意义上说明这种改进方法的有效性,我们以图 5-30 所示例子进行说明。

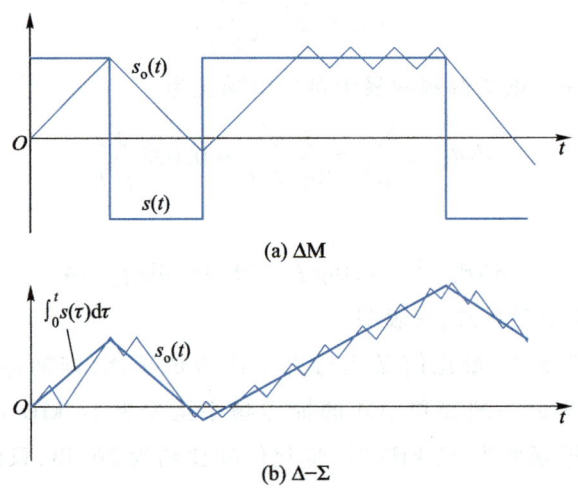

图 5-30　$\Delta - \sum$ 系统工作波形

在图 5-30(a)中,输入信号 $s(t)$ 的高、低频成分都比较丰富,如果利用 ΔM 系统进行编码,在急剧变化时,调制输出 $s_o(t)$ 跟不上 $s(t)$ 的变化,出现比较严重的过载,而在缓慢变化时,如果幅度的变化一直在量化阶以内,将出现连续的 **1** 和 **0** 交替码,这段时间幅度变化的信息也将丢失。但如果对图 5-30(a)中的 $s(t)$ 进行积分,积分后的波形如图 5-30(b)所示。然后,再进行 ΔM 调制。这样原来急剧变化时的过载问题和缓慢变化时信号丢失的问题都将得到解决。

由于图 5-29 中的接收端译码器中有一个积分器,而译码器后面又有一个微分器,若积

分器与微分器是互补的,则接收端积分器与微分器均可省去,使电路得到简化,即只要有一个低通滤波器即可。另外,发送端在相减器前面有两个积分器,这两个积分器可以合并为一个,放在相减器后面,这样可以得到更加简化的系统框图。但在实际应用中,由于积分器是一个很简单的 RC 电路(只有两个元件),因此,往往发送端仍用图 5-29 中所示电路,接收端只用一个低通滤波器(即去掉虚线方框内的部分电路)。

从过载特性看,前面已得到的式(5-5-4)表明,在 ΔM 系统中保证信号不过载的最大幅值 $A_{\max}$ 与信号频率 f_k 有关,随 f_k 增大而减小,此时信噪比也将减小。而在 $\Delta\text{-}\sum$ 系统中,由于先对信号进行积分,再进行 ΔM 调制,因此系统的 $A_{\max}$ 与信号频率无关,这样信号频率不影响信噪比。为了比较 ΔM 和 $\Delta\text{-}\sum$ 系统的性能,图 5-31 分别给出了它们的量化信噪比和误码信噪比曲线。其中,f_s、f_k、f_H 和 f_L 分别为抽样频率、信号频率、信号高端和低端截止频率。

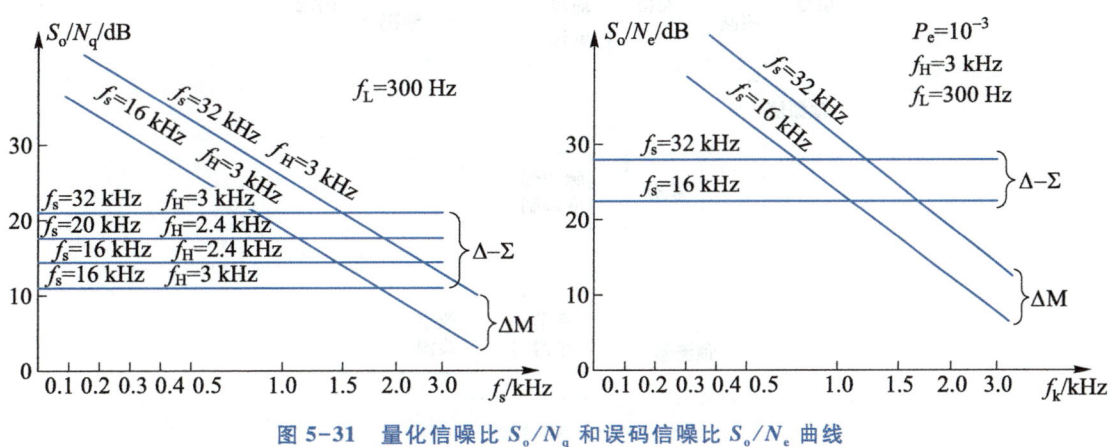

图 5-31　量化信噪比 S_o/N_q 和误码信噪比 S_o/N_e 曲线

我们可以发现,尽管 $\Delta\text{-}\sum$ 系统更能适应高频段频谱丰富的信号源的要求,但它具有与 ΔM 系统相似的缺点,即动态范围小。造成这个缺点的原因是量化阶为固定不变的量,因此改进型是从改变量化阶大小的角度考虑的,只有使量化阶的大小自动跟随信号幅度大小变化,才能增加增量调制系统的动态范围,并能提高小信号时的量化信噪比。前面已经讲过的差分脉码调制(DPCM)和下面介绍的自适应增量调制就是比较有代表性的改进型增量调制系统。

5.5.4　自适应增量调制

微视频:增量
调制-下

在前面介绍的简单 ΔM 中,量阶 d 是固定的,因此称为简单增量调制。它的主要缺点是量化噪声功率是不变的,而量化信噪比可表示为

$$SNR = \frac{S}{\sigma_q^2} = \frac{S}{S_{\max}} \cdot \frac{S_{\max}}{\sigma_q^2} \tag{5-5-10}$$

因此在信号功率 S 下降时,量化信噪比也随之下降。例如当抽样频率为 32 kHz 时,设

信噪比最低限度为 15 dB,则信号的动态范围只有 11 dB 左右,远不能满足通信系统对动态范围的要求(通常为 35~50 dB)。

为了改进简单 ΔM 的动态范围,采用自适应增量调制的方案,类似于 PCM 系统中的压缩扩张方法。自适应增量调制的基本原理是采用自适应方法使量化阶 d 的大小随着输入信号的统计特性而变化。如果量化阶 d 随着信号瞬时压扩,则称瞬时压扩增量调制;如果量化阶 d 随音节时间间隔(5~20 ms)中信号平均功率变化,则称为连续可变斜率增量调制(continuously variable slope delta modulator,CVSD)。

在 CVSD 中信号斜率是根据码流中连续 1 或连续 0 的个数来检测的,所以在欧洲又把 CVSD 称为数字检测、音节压扩的自适应增量调制,简称数字压扩增量调制。这种方法在增量调制设备中得到广泛使用。图 5-32 所示为 CVSD 的原理框图。

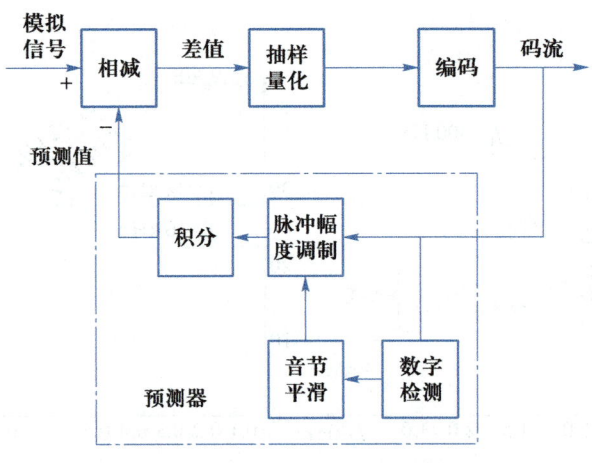

图 5-32　CVSD 的原理框图

图 5-32 与图 5-26 所示的简单增量调制系统相比较,主要差别在于数字检测电路和音节平滑电路,并用脉冲幅度调制器代替了固定幅度的脉冲发生器。

图 5-32 中数字检测电路检测输出码流中连 1 码和连 0 码的数目(如 3 个或 4 个),该数目反映了输入语音信号连续上升或者连续下降的趋势,与输入语音信号的强弱相对应。检测电路根据连码的数目输出宽度变化的脉冲,平滑电路把脉冲平滑为慢变化的控制电压。平滑电路的时间常数为音节周期(5~20 ms),这样得到的控制电压是以音节为时间常数的缓慢变化的电压,电压幅度与语音信号在音节内的平均斜率成正比。控制电压加到脉冲幅度调制电路上的控制端,改变调制电路的增益以改变输出脉冲的幅度,使脉冲幅度随信号平均斜率变化。

由于 CVSD 的自适应信息(即控制电压)是从输出码流中提取的,所以接收端不需要发送端传送专门的自适应信息就能自适应于原始信号。

CVSD 与简单 ΔM 相比,编码器能正常工作的范围有很大的改进。假定脉冲调幅器的输出和平滑直流电压成线性关系,图 5-33 给出了信噪比随输入信号幅度变化的曲线。由图可见,数字压扩 ΔM 的信噪比明显优于简单 ΔM。图中 m 为数字检测连码的数目。

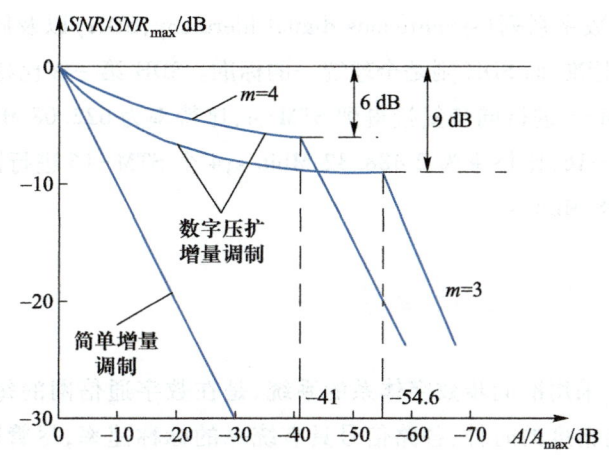

图 5-33 不同连码检测数的 CVSD 和简单 ΔM 的量化信噪比

5.6 时分复用

复用技术可以在单个信道上传送多路信号,常用的多路复用方法有频分复用、时分复用、码分复用和波分复用。这里简要介绍 PCM 系统中的时分复用和 PCM 基群帧结构。

5.6.1 时分复用原理

微视频:时分
复用原理

在数字通信系统中,对模拟信号使用抽样、量化和编码等过程进行数字化后,一般都采用时分复用来提高信道的传输效率。复用就是用同一个信道传输多路信号,例如,用一根同轴电缆传输 1 920 路电话,且各路电话信号的传送是独立的、互不干扰的。

采用时分复用的 PCM 数字电话系统,在国际上已建立标准,称为数字复接序列。数字复接序列形成的原则是先把一定路数的数字电话信号复合为一个标准的数据流,该数据流称为基群,然后再用数字复接技术将基群信号复合成更高速率的数据信号。在数字复接序列中,按传输速率不同,分别称为基群、二次群、三次群和四次群等。每一种群路通常是传送数字电话的,也可以用来传送其他相同速率的数字信号,如电视信号、数据信号等。

现有的四次群以下数字复接序列称为准同步数字系列(plesynchronous digital hierarchy, PDH),之所以称为 PDH,是因为采用了准同步复接技术。PDH 有 A 律和 μ 律两套标准。采用 A 律的 PDH 基群速率是 2.048 Mbit/s,采用 μ 律的 PDH 基群速率是 1.544 Mbit/s。

我国采用的是 A 律 PDH 系列。从技术上来说,A 律系列体制比较单一和完善,复接性能较好。ITU-T 规定,在两种系列互连时,由 μ 律系列的设备负责转换。

随着光纤通信的发展,四次群速率也不能满足大容量高速传输的要求。在美国提出的同步光纤网(synchronous optical net work,SONET)建议的基础上,ITU-T 正式形成建议,确定

四次群以上采用同步数字系列(synchronous digital hierarchy,SDH)以及同步复接技术。

PDH 主要有两套标准,而 SDH 则是全球统一的标准。SDH 第一级比特率为 155.52 Mbit/s,记作 STM-1;4 个 STM-1 进行同步复接得到 STM-4,比特率为 622.08 Mbit/s;4 个 STM-4 进行同步复接得到 STM-16,比特率为 2 488.32 Mbit/s;4 个 STM-16 进行同步复接得到 STM-64,比特率为 9 953.28 Mbit/s。

微视频:准同步数字体系和同步数字体系-上

5.6.2　准同步数字体系

采用准同步数字体系的系统,是在数字通信网的每个节点上都分别设置高精度的时钟,各路信号具有统一的标称速率,尽管时钟精度很高,但仍有微小的差别,在复接过程中需要借助于比特调整(码速调整)和指针处理等方式实现同步,不是严格的同步系统,所以称为准同步数字体系。

准同步数字体系的速率等级如表 5-5 所示。目前 PDH 存在两类 PDH 数字复接等级,第一类是北美和日本采用的以 1.544 Mbit/s 为第一级速率的数字速率系列;第二类是欧洲采用的以 2.048 Mbit/s 为第一级速率的数字速率系列,我国采用的准同步数字系列与欧洲相同。这两类复接等级是逐级复用的。例如从 2.048 Mbit/s 合并到 8.448 Mbit/s,再从 8.448 Mbit/s 合并到 34.368 Mbit/s,这种方式称为 $n \sim (n+1)$ 的数字复接等级。但是第二类准同步数字复接系列中可以采用隔级合并,即从 2.048 Mbit/s 合并到 34.368 Mbit/s,或从 8.448 Mbit/s 合并到 139.264 Mbit/s,这种方式称为 $n \sim (n+2)$ 的数字复接等级。

表 5-5　准同步数字体系的速率等级

	一次群	二次群	三次群	四次群
北美	24 路 1.544 Mbit/s	96 路 (24×4) 6.312 Mbit/s	672 路 (96×7) 44.736 Mbit/s	4032 路 (672×6) 274.176 Mbit/s
日本	24 路 1.544 Mbit/s	96 路 (24×4) 6.312 Mbit/s	480 路 (96×5) 32.064 Mbit/s	1440 路 (480×3) 97.728 Mbit/s
欧洲 中国	30 路 2.048 Mbit/s	120 路 (30×4) 8.448 Mbit/s	480 路 (120×4) 34.368 Mbit/s	1920 路 (480×4) 139.264 Mbit/s

5.6.3　PCM 基群帧结构

国际上通用的 PCM 编码有 A 律和 μ 律标准,在数字复接序列里有两种标准化的基群帧结构。由于对话路信号的抽样速率为 $f_s = 8\,000\text{Hz}$,因此每帧的长度 $T_f = 125\,\mu\text{s}$。一帧周期内

的时隙安排称为帧结构。

我国采用的是 A 律系列,这里我们重点介绍 A 律的基群帧结构,图 5-34 所示为 A 律 PCM 基群帧结构。在 A 律 PCM 基群中,一帧共 32 个时隙。各个时隙按照 0 到 31 顺序编号,分别称为 $TS_0 \sim TS_{31}$。其中 TS_0 用于帧同步,TS_{16} 用于传送话路信令,其余 30 个时隙用于传送 30 路电话信号的编码信号。每个时隙包含 8 位数字比特,一帧内共含有 256 个比特。

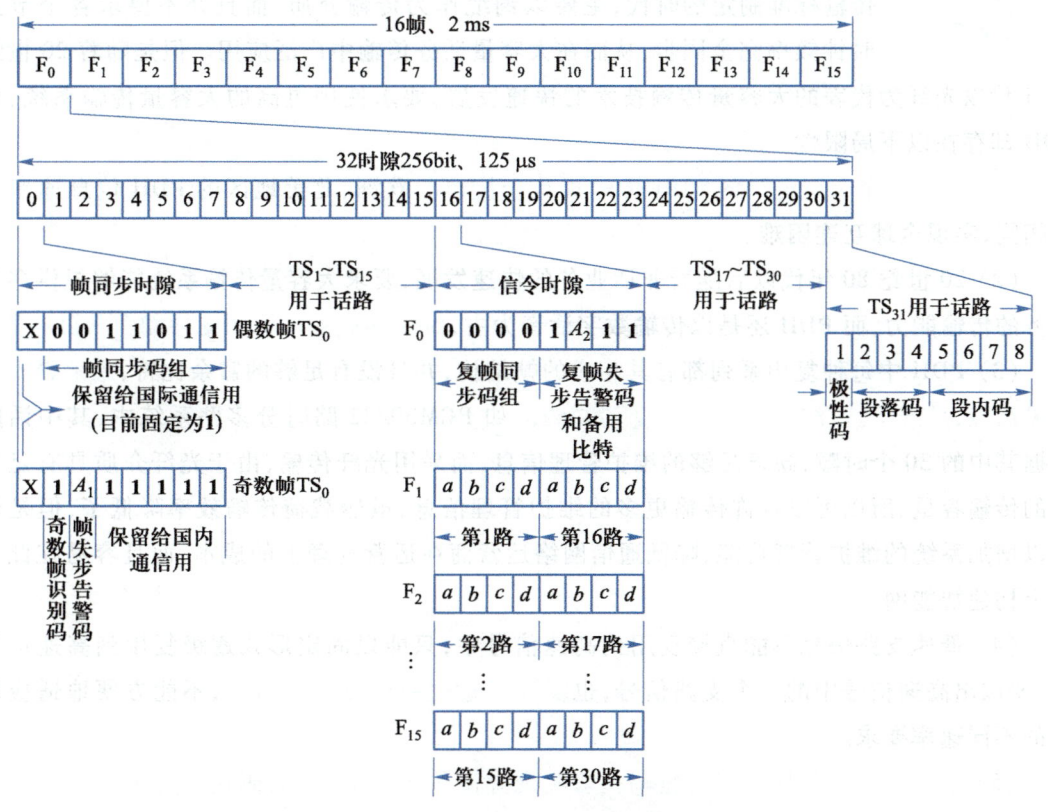

图 5-34 A 律 PCM 基群帧结构

TS_0 用于帧同步,时隙 TS_0 中第一位保留用于国际通信。偶数帧时,在 TS_0 的 2~8 位插入同步码组 0011011,接收端识别出帧同步码组后,即可建立正确的路序。奇数帧时,TS_0 的第 2 位固定为 1,以避免接收端错误识别为帧同步码组;第 3 位是帧失步告警码,本地帧同步时传送 0,失步时传送 1;其余比特保留给国内通信用。

TS_{16} 传送话路信令。话路信令是为电话交换需要编成的特定码组,用以传送占用、摘机、挂机、交换机故障等信息。由于话路信令是慢变化的信号,可以用较低速率的码组表示。话路信令按复帧传送,由 16 帧组成一个复帧,周期为 2 ms,复帧中各帧编号为 $F_0 \sim F_{15}$。话路信令的 8 位码分为前 4 位和后 4 位。在帧 F_0 的 TS_{16} 中前 4 位码用于传送复帧同步码组 0000,后 4 位中的 A_2 位为复帧失步告警码,其余三位为备用比特。在帧 $F_1 \sim F_{15}$ 中 TS_{16} 用于传送各话路的信令,前 4 位和后 4 位分别传送一个话路的信令。

在 A 律基群帧结构中每帧共 32 个时隙,其中有 30 个时隙用于传送 30 电话信号,因此 A

律 PCM 基群也称 PCM 30/32 路制式。

5.6.4　同步数字体系

微视频:准同步
数字体系和同步
数字体系-下

准同步数字系列可提供大容量话务中继传输能力,在准同步数字系列传输标准制定的时代,主要以铜缆作为传输介质,而且并不要求各个节点时钟频率完全同步,从而在大容量话务传输中广泛应用。但是随着 20 世纪 80 年代以光纤为代表的大容量传输技术的快速发展,要求使用更高的大容量传输系统,而 PDH 却存在以下局限性。

(1) 没有一个全球统一的 PDH 传输规范和接口。欧洲、北美地区的 PDH 信息速率各不相同,实现全球互连困难。

(2) 20 世纪 80 年代以后随着非话业务的快速发展,要求大容量传输系统能够提供多种业务的传输能力,而 PDH 还是以传输数字话音为主,对非话业务传输的支持能力十分有限。

(3) PDH 中每种复用系列都有其相应的帧结构,并且没有足够的富余比特,维护管理缺乏灵活性,系统运营、维护管理能力受到制约。如 PCM30/32 路时分多路系统中,其中话路占据其中的 30 个时隙,缺乏足够的维护管理信息,而采用光纤传输,由于光纤介质具有足够大的传输容量,所以可以容许传输更多的维护管理信息,虽然载荷传输效率降低了,但是却可以增加系统的维护管理功能,降低通信网络运营商在运营管理上的成本,而且容易在此基础上构建智能网。

(4) 低速支路信号不能直接复用到高速信号中,只能以固定形式逐级复用到高速信号中,要取出高速信号中的一个支路信号,也需要经过逐级解复用的过程,不能方便地适应用户的不同速率要求。

(5) 准同步数字复接采用码速调整法实现异源信号的同步化,码速调整法在支路速率较低时较容易实现,但是当支路速率提高到 139.264 Mbit/s 或更高时,实现码速调整法将十分困难,因此 PDH 并没有使用更高的信息传输速率。

为克服 PDH 存在的缺点,国际电信联盟以美国电话电报公司(AT&T)提出的同步光网络(synchronous optical network, SONET)为基础,经过修改和完善,使之成为适应于欧美的两种光传输数字系列,将两种光传输数字系列统一于一个传输架构中,并取名为同步数字系列(synchronous digital hierachy, SDH)。

SDH 是由一些网络单元(例如复接器、数字交叉连接设备等)组成,在光纤上进行同步信息传输、复用和定义连接的网络。其主要特点有:

(1) 具有全球统一的网络节点接口(network node interface, NNI)。虽然美国采用的 SONET 和我国及欧洲采用的 SDH 之间有一定的差别,但是在 155 Mbit/s 以上的 NNI 光接口上能够实现全球互连,使用了相同的传输速率接口规范。第一次实现了数字传输体制上的世界性标准。

(2) 有一套标准化的信息等级和模块化的结构,大大方便了网络的构建。

（3）SDH 以字节为单位进行同步复接，在帧结构中通过所设置的指针值的增加、维持和减少进行字节调整，以改变输入数据的频率或相位，从而实现同步，这种方法称为指针处理，它类似于 PDH 中的正/零/负码速调整。采用指针调整技术解决了节点之间的时钟差异带来的问题。

（4）帧结构为页面形式，具有丰富的用于维护管理的比特。在 SDH 的帧结构中安排的维护管理比特大约占信号比特数的 5%，使网络维护管理能力大大加强，增加了诸如故障检测、区段定位、性能管理等各种维护信息。

（5）将标准光接口综合应用到不同的网络单元，所有网络单元都可以提供标准的光接口，可以在光路上实现横向兼容，使得不同厂家的设备能够在光路上实现互通。

（6）SDH 能够和 PDH 完全兼容，在 SDH 中专门制定了 PDH 准同步复用器的标准建议，使得 PDH 信号能够在 SDH 中进行传输和分插处理。SDH 还能够容纳各种新的业务信号，例如局域网中的光纤分布式数据接口（fiber distributed data interface，FDDI）和宽带综合业务数字网（broadband integrated service digital network，B-ISDN）中的异步传输模式（asynchronous transfer mode，ATM）信元等，也能够容纳目前局域网/城域网互连的业务信号。

（7）SDH 的信号结构设计已经充分考虑到网络传输和交换应用的最佳性，因而在电信网的各个部分（长途、市话和用户网）中，都能够提供简单、经济和灵活的信号互连和管理。

（8）大量采用软件进行网络配置和控制。增强了网络管理和配置功能，为构建智能网奠定了基础。

SDH 的基础设备是同步传输模块（synchronous transportation module，STM），同步传输模块的第一级 STM-1 实际上是一个带有线路终端功能的准同步复接器，它将 63 个 2.048 Mbit/s 信号或 3 个 34 Mbit/s 信号或一个 139.264 Mbit/s 信号复接或适配为 155.520 Mbit/s 的信号，在 155.520 Mbit/s 信号帧中预留了相当多的开销比特，从 155.520 Mbit/s 往上更高的速率则完全采用同步字节复接，从而形成速率为 622.080 Mbit/s 的 STM-4 和速率为 2 488.320 Mbit/s 的 STM-16。表 5-6 给出了 SDH 和 SONET 的等级和速率。

表 5-6　SDH 与 SONET 的等级和速率

SDH		SONET	
等级	速率/(Mbit/s)	等级	速率/(Mbit/s)
STM0	51.840	STS-1	51.840
STM-1	155.520	STS-3	155.520
		STS-9	466.560
STM-4	622.080	STS-12	622.080
		STS-18	933.120
		STS-24	1 244.160
		STS-36	1 866.240
STM-16	2 488.320	STS-48	2 488.320

续表

SDH		SONET	
等级	速率/(Mbit/s)	等级	速率/(Mbit/s)
		STS-96	4 976.640
STM-64	9 953.280	STS-102	9 953.280

　　STM 设备除了可作为复接器和线路终端设备外,还可组成分叉复接设备(add-drop multiplexer,ADM)和数字交叉连接设备(digital cross connection,DXC),以 ADM 和 DXC 为基础可以构成 SDH 传送网,ITU 除了对 SDH 速率和复接结构进行了标准,还对 SDH 传送网分层模型、保护与恢复方法、同步原则、网络管理与性能以及引入策略等进行了规范。

　　SDH 已经成为全球统一的传输规范建议。同步数字系列有利于简化网络结构,增强网络管理与维护能力,使用灵活方便,可以有效地提高网络运行效率,降低系统维护成本。目前,SONET/SDH 是世界各国普遍采用的国家光缆干线传输体制,获得了十分广泛的应用。

习　　题

5-1　已知信号 $x(t) = 10\cos(20\pi t)\cos(200\pi t)$,抽样频率 $f_s = 250$ Hz。

(1) 求抽样信号 $x_s(t)$ 的频谱;

(2) 要无失真恢复 $x(t)$,试求出对 $x_s(t)$ 采用的低通滤波器的截止频率。

5-2　一个信号 $x(t) = 2\cos 400\pi t + 6\cos 40\pi t$,用 $f_s = 500$ Hz 的抽样频率对其进行理想抽样,若已抽样后的信号经过一个截止频率为 400 Hz 的理想低通滤波器,则输出端有哪些频率成分?

5-3　若一个信号为 $s(t) = \sin(314t)/(314t)$。试问最小抽样频率为多少才能保证其无失真恢复? 在用奈奎斯特频率对其抽样时,试问为保存 3 min 的抽样,需要保存多少个抽样值?

5-4　若一个带通信号中心频率为 70 MHz,带宽为 5 MHz,对该信号进行带通抽样,使用理想带通滤波器恢复信号,试计算可无失真恢复信号的最低抽样频率。

5-5　正弦信号线性编码时,如果信号动态范围为 40 dB,要求在整个动态范围内信噪比不低于 30 dB,最少需要几位编码?

5-6　如果传送信号 $x(t) = A\sin \omega t, A \leqslant 10$ V。如果使用均匀量化和线性编码,分成 64 个量化级。

(1) 编码位数 n 为多少?

(2) 量化信噪比是多少?

5-7　已知信号 $x(t)$ 的最高频率 $f_m = 2.5$ kHz,振幅均匀分布在 $-4 \sim 4$ V 范围以内,用最小抽样速率进行抽样,量化电平间隔为 1/32 V。进行均匀量化,采用二进制编码后在信道中

传输。假设系统的平均误码率为 $P_e = 10^{-3}$，求传输 10 s 以后的错码数目。

5-8 设信号频率范围为 0~4 kHz，幅值在 -4.096~+4.096 V 间均匀分布。若采用 13 折线 A 律对该信号进行非均匀量化编码。

(1) 试问这时最小量化间隔等于多少？

(2) 假设某时刻信号幅值为 1 V，求这时编码器输出码组，并计算量化误差。

5-9 设 A 律 13 折线 PCM 编码器的设计输入范围是 $[-256, +256]$ mV。

(1) 若编码器输入为 +66 mV，求输出 PCM 码；

(2) 若译码器输入的码字是 **11111111**，求译码器输出的量化电平。

5-10 设输入信号抽样值为 +1 072Δ（Δ 表示一个量化单位），按照 A 律 13 折线进行编码，试确定：

(1) 该抽样值经过编码后得到的 PCM 码；

(2) 编码器中 7/11 变换电路输出的 11 位线性码；

(3) 译码器中 7/12 变换电路输出的 12 位线性码。

5-11 已知简单增量调制系统中低通滤波器的频率范围为 300~3 400 Hz，输入信号为 1 000 Hz 的正弦波，假定抽样频率 f_s 为 10 kHz、16 kHz、32 kHz、64 kHz。求在不过载的条件下，该系统输出的最大信噪比 SNR。

5-12 设简单增量调制系统的量化阶为 50 mV，抽样频率为 32 kHz。当输入信号为 800 Hz 正弦波时，求不过载条件下输入信号最大振幅。

5-13 某一数字电话系统基群采用 PCM 24 路复用系统，每路的抽样频率 f_s 为 8 kHz，每个样值用 8 位表示，每帧共有 24 个时隙，每帧加 1 位作为帧同步信号。试计算每路时隙宽度与基群的数码率。

第6章

数字基带传输

若承载信息的信号是含有丰富低频分量的数字信号,如计算机、数字电话等数字设备输出的数字代码序列,则称为数字基带信号。若信道是基带(低通型)信道,如明线和双绞线等有线信道,数字基带信号可以不经过调制直接在信道中传输,我们称此传输方式为数字基带传输,相应的通信系统称为数字基带传输系统。

若信道是带通信道,如无线信道和光纤信道等,数字基带信号必须经过调制,变成带通信号,然后在带通信道中传输,我们称此传输方式为数字频带传输(或数字调制传输),相应的通信系统称为数字频带传输系统(或数字调制传输系统)。

第6章
思维导图

微视频:引言

虽然目前在远程通信中广泛使用的是数字频带传输系统,但对于数字基带传输的研究仍是十分有意义的。原因是:① 在近距离数据通信系统中仍广泛采用数字基带传输方式;② 数字基带传输和数字频带传输存在着许多需要研究的共性问题,如码间串扰、时域均衡、码元同步和误码性能分析等;③ 如果把调制与解调过程看作是广义信道的一部分,则数字频带传输系统可等效为基带传输系统来研究。因而掌握数字信号的基带传输原理是非常重要的。

本章首先介绍数字基带信号的功率谱密度及其常用码型,然后围绕数字基带信号传输中的误码问题,讨论接收端如何有效地消除码间串扰的理论和技术,最后介绍部分响应和均衡的基本原理。

6.1 数字基带信号及其频谱

6.1.1 几种基本的数字基带信号

数字基带信号可以用不同的电平或脉冲来表示相应的数字信息,包括矩形脉冲、升余弦脉冲、高斯脉冲和平方根升余弦谱脉冲等,其中最基本的是矩形脉冲。下面以矩形脉冲为例,介绍几种基本的数字基带信号波形,如图 6-1 所示。

微视频:几种基本的数字基带信号

1. 单极性不归零码

单极性(unipolar)不归零(non-return-to-zero,NRZ)码是一种最简单的数字基带信号波

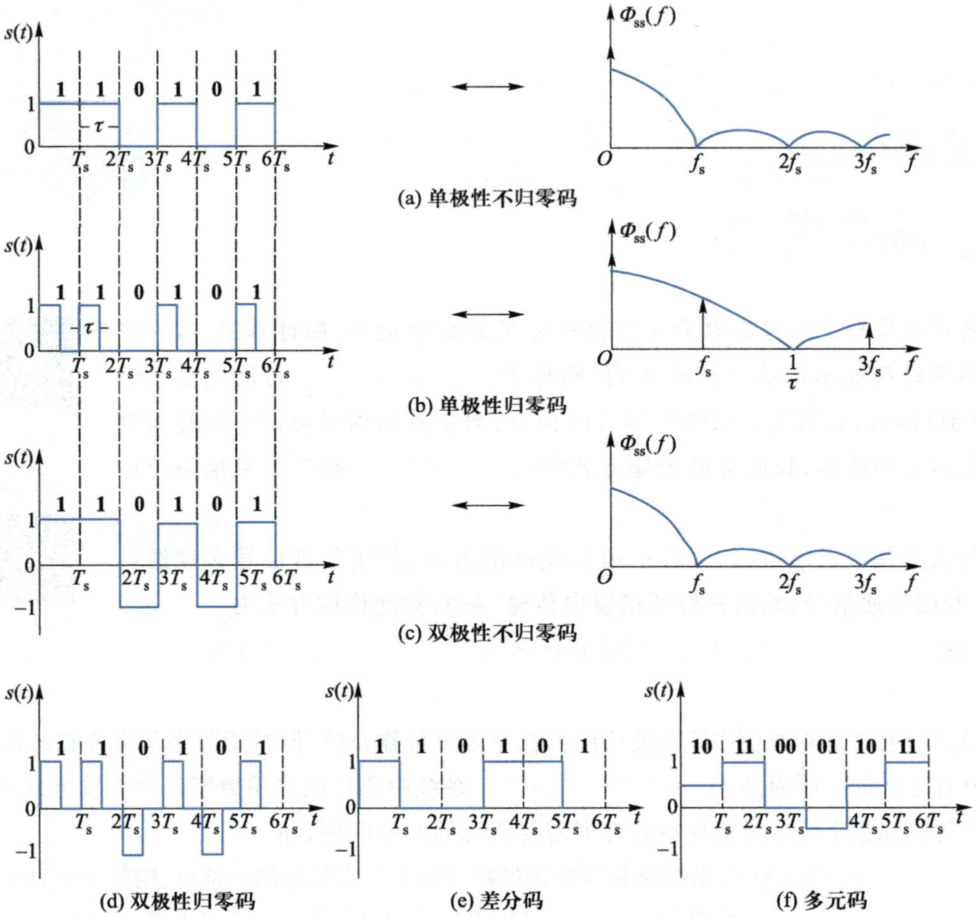

图 6-1　几种基本的数字基带信号波形和部分信号的功率谱密度

形,如图 6-1(a)所示。单极性码采用正电平(或负电平)和零电平表示二进制码,因而只有一种极性。所谓"不归零"是指每个脉冲的电平在整个码元周期 T_s 内保持不变("中途"不回归零电平)。

单极性不归零码的优点是脉冲之间无间隔,极性单一,易于用 TTL、CMOS 电路产生;它的缺点是波形中有直流分量,只能在直流耦合的线路中使用。该波形常用在近距离(如印刷电路板内和机箱内)传输中。

2. 单极性归零码

所谓"归零"(return-to-zero,RZ)是指每个脉冲的电平在一个码元周期 T_s 的"中途"回归到零电平,即脉冲宽度 τ 小于码元周期 T_s,如图 6-1(b)所示。τ/T_s 称为占空比,图6-1(b)给出的 RZ 脉冲波形的占空比为 50%。相应地,单极性 NRZ 码的占空比 $\tau/T_s =$ 100%。

单极性 RZ 码具有丰富的跳变边沿,便于提取定时信息。它是其他形式的数字基带信号提取同步信号时常采用的一种过渡波形,可以先将其他不能直接提取同步信号的数字基带信号变换为单极性归零码再提取同步信号。

3. 双极性不归零码

双极性不归零码采用正电平和负电平表示二进制码,如图 6-1(c)所示。通常,**1** 和 **0** 近似等概率出现,因而,双极性不归零码中基本没有直流分量,传输线路无须具有直流耦合能力。它在接收端的判决电平为零电平,不受信道变换特性的影响,其抗干扰能力也较强。在国际电信联盟(ITU)制定的 V.24 接口标准和美国电子工业协会(EIA)制定的 RS-232C 接口标准中均采用双极性不归零码。

4. 双极性归零码

双极性归零码是双极性码的归零形式,如图 6-1(d)所示。它除了具有双极性脉冲抗干扰能力较强、波形中不含直流成分等优点外,还具有自同步功能。每个脉冲的前沿和后沿起到启动和终止信号的作用,容易识别出每个码元的起止时刻,因此得到了较广泛的应用。

5. 差分码

差分码是用相邻码元之间的电平跳变与否来表示信息码,而与码元自身的电平高低和极性无关,如图 6-1(e)所示。若用相邻码元之间的电平跳变表示 **1**,电平不跳变表示 **0**,则称为传号差分(在电报通信中常把 **1** 称为传号,把 **0** 称为空号)。若用相邻码元之间的电平跳变表示 **0**,电平不变表示 **1**,则称为空号差分。图 6-2(a)和图 6-2(b)分别给出了传号差分码和空号差分码的示例波形。二元差分码的编码规则如下:

$$传号差分:d_k = a_k \oplus d_{k-1}$$

$$空号差分:d_k = \overline{a_k} \oplus d_{k-1}$$

式中,$\{d_k\}$ 为差分码序列,$\{a_k\}$ 为二进制信息码序列。

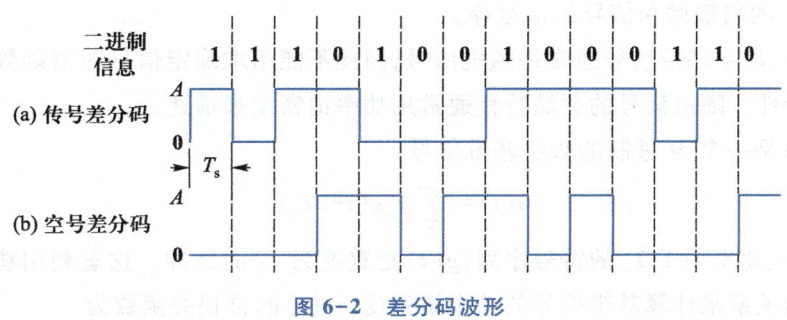

图 6-2 差分码波形

6. 多元码

为了提高频带利用率,可以采用多电平的波形,即多元码,如图 6-1(f)所示。在多元码中,每个符号可以表示一个二进制码组,因而成倍地提高了频带利用率。对于 k 位二进制码组来说,可以用 $M = 2^k$ 元码来传输。在信息速率一定的情况下,与二元码传输相比,M 元码传输时所需要的信号频带可降为二元码传输所需带宽的 $1/k$,即频带利用率提高为二元码传输时的 k 倍。

在 2B1Q 码中,2 个二进制码元用 1 个四元码表示,2B1Q 基带信号波形如图 6-3 所示。为了减小在接收时因错误判定幅度电平而引起的误比特率,通常采用格雷码(相邻幅度电平所对应的码组之间只有 1 个比特不同)表示。

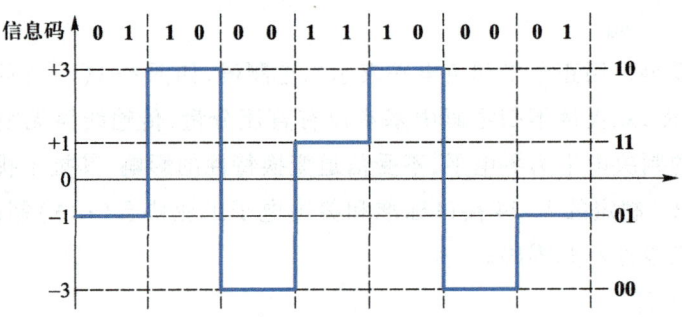

图 6-3　2B1Q 基带信号波形

由于频带利用率高,多元码在频带受限的高速数字传输系统中得到广泛应用。在综合业务数字网中,以电话线为传输媒介的数字用户环路的基本传输速率为 144 kbit/s。在这种频带受限的基带传输系统中,线路码型的选择是个重要问题,ITU 已将四元码 2B1Q 列为建议标准。另外,部分高速 DSL 系统,如对称数字用户线(synchronization digital subscriber line,SDSL)系统和高速率数字用户线(high-data-rate digital subscriber line,HDSL)系统,也采用2B1Q 编码方式。

6.1.2　数字基带信号的频谱分析

微视频:数字
基带信号的
频谱分析-上

研究数字基带信号的频谱是非常有用的。通过频谱分析可以弄清信号传输中一些很重要的问题,如信号中有无直流成分、有无可供提取同步信号的离散谱和信号的带宽等。

在通信中,数字基带信号通常是随机信号,因此不能用求确定信号频谱函数的方法来分析它的频谱特性。随机信号的频域特性通常用功率谱密度来描述。

现设 $s(t)$ 是一个 M 进制的数字基带信号

$$s(t)= \sum_n a_n g(t-nT_s) \tag{6-1-1}$$

式中,$\{a_n\}$ 代表速率为 $1/T_s$ 的符号序列,$g(t)$ 是宽度为 T_s 的脉冲。这里利用功率谱密度与自相关函数的关系来计算基带信号的功率谱密度。$s(t)$ 的自相关函数为

$$\phi_{ss}(t+\tau,t)=E[s^*(t) \cdot s(t+\tau)]$$

$$= \sum_{n=-\infty}^{+\infty} \sum_{m=-\infty}^{+\infty} E[a_n^* \cdot a_m] \cdot g^*(t-nT_s) \cdot g(t+\tau-mT_s) \tag{6-1-2}$$

设 $\{a_n\}$ 所组成的离散随机过程是广义平稳的,其均值为 m_a,自相关函数为

$$\phi_{aa}(m)=E[a_n^* a_{n+m}]$$

则有

$$\phi_{ss}(t+\tau,t)= \sum_{n=-\infty}^{+\infty} \sum_{m=-\infty}^{+\infty} \phi_{aa}(m-n)g^*(t-nT_s)g(t+\tau-mT_s)$$

$$= \sum_{m=-\infty}^{+\infty} \phi_{aa}(m) \sum_{n=-\infty}^{+\infty} g^*(t-nT_s)g(t+\tau-nT_s-mT_s) \tag{6-1-3}$$

上式中的第二个求和项

$$\sum_{n=-\infty}^{+\infty} g^*(t-nT_s)g(t+\tau-nT_s-mT_s)$$

对于变量 t 来说是周期性的,且周期为 T_s,因此 $\phi_{ss}(t+\tau,t)$ 也是周期性的,其周期为 T_s,即

$$\phi_{ss}(t+T_s+\tau,t+T_s)=\phi_{ss}(t+\tau,t) \tag{6-1-4}$$

此外,$s(t)$ 的均值

$$E[s(t)]=m_a\sum_{n=-\infty}^{+\infty} g(t-nT_s) \tag{6-1-5}$$

也是周期为 T_s 的周期函数。

因此,$s(t)$ 是一个具有周期性均值和自相关函数的随机过程,这样的随机过程称为广义周期平稳随机过程。此时可先求自相关函数 $\phi_{ss}(t+\tau,t)$ 在单个周期内的时间平均,然后进行傅里叶变换,即可得到 $s(t)$ 的功率谱密度。

$$\begin{aligned}
\phi_{ss}(\tau)&=\frac{1}{T_s}\int_{-T_s/2}^{T_s/2}\phi_{ss}(t+\tau,t)\,\mathrm{d}t\\
&=\sum_{m=-\infty}^{+\infty}\phi_{aa}(m)\sum_{n=-\infty}^{+\infty}\frac{1}{T_s}\int_{-T_s/2}^{T_s/2}g^*(t-nT_s)g(t+\tau-nT_s-mT_s)\,\mathrm{d}t\\
&=\sum_{m=-\infty}^{+\infty}\phi_{aa}(m)\sum_{n=-\infty}^{+\infty}\frac{1}{T_s}\int_{-T_s/2-nT_s}^{T_s/2-nT_s}g^*(t)g(t+\tau-mT_s)\,\mathrm{d}t
\end{aligned} \tag{6-1-6}$$

令

$$\phi_{gg}(\tau)=\int_{-\infty}^{+\infty}g^*(t)g(t+\tau)\,\mathrm{d}t \tag{6-1-7}$$

从而

$$\phi_{ss}(\tau)=\frac{1}{T_s}\sum_{m=-\infty}^{+\infty}\phi_{aa}(m)\phi_{gg}(\tau-mT_s) \tag{6-1-8}$$

对式(6-1-8)进行傅里叶变换,得到 $s(t)$ 的平均功率谱密度

$$\Phi_{ss}(f)=\frac{1}{T_s}|G(f)|^2\Phi_{aa}(f) \tag{6-1-9}$$

式中,$G(f)$ 是 $g(t)$ 的傅里叶变换,$\Phi_{aa}(f)$ 表示信息序列的功率谱密度,其定义为

$$\Phi_{aa}(f)=\sum_{m=-\infty}^{+\infty}\phi_{aa}(m)\mathrm{e}^{-\mathrm{j}2\pi fmT_s} \tag{6-1-10}$$

式(6-1-9)给出了 $s(t)$ 的功率谱密度与 $g(t)$ 脉冲的频谱和信息序列 $\{a_n\}$ 的功率谱密度之间的关系,因此可以通过设计 $g(t)$ 脉冲的形状和信息序列的特性来实现 $s(t)$ 的频谱成型。

下面我们具体讨论信息序列 $\{a_n\}$ 的相关性对 $\Phi_{ss}(f)$ 产生的影响。

首先,对于任意的自相关函数 $\phi_{aa}(m)$,其对应的功率谱密度 $\Phi_{aa}(f)$ 在频域上是周期性的,周期为 $1/T_s$。实际上,式(6-1-10)可以看作是系数为 $\phi_{aa}(m)$ 的傅里叶级数。因此

$$\phi_{aa}(m)=T_s\int_{-1/(2T_s)}^{1/(2T_s)}\Phi_{aa}(f)\mathrm{e}^{\mathrm{j}2\pi fmT_s}\,\mathrm{d}f \tag{6-1-11}$$

其次,我们讨论序列中的信息符号是实的且互不相关的情况。在这种情况下,自相关函数 $\phi_{aa}(m)$ 可以表示成

$$\phi_{aa}(m)=\begin{cases}\sigma_a^2+m_a^2, & m=0\\ m_a^2, & m\neq 0\end{cases} \tag{6-1-12}$$

式中,σ_a^2 表示信息序列的方差,m_a 表示信息序列的均值。将式(6-1-12)代入式(6-1-10),得到

$$\Phi_{aa}(f)=\sigma_a^2+m_a^2\sum_{m=-\infty}^{+\infty}e^{-j2\pi fmT_s} \tag{6-1-13}$$

式(6-1-13)中的求和项是频率周期为 $1/T_s$ 的周期函数,它可以看作周期冲激序列的指数傅里叶级数。因此,式(6-1-13)也可以写成

$$\Phi_{aa}(f)=\sigma_a^2+m_a^2\sum_{m=-\infty}^{+\infty}\frac{1}{T_s}\delta\left(f-\frac{m}{T_s}\right) \tag{6-1-14}$$

将式(6-1-14)代入式(6-1-9),可得到在实信息符号序列不相关的情况下 $s(t)$ 的功率谱密度,即

$$\Phi_{ss}(f)=\frac{\sigma_a^2}{T_s}|G(f)|^2+\frac{m_a^2}{T_s^2}\sum_{m=-\infty}^{+\infty}\left|G\left(\frac{m}{T_s}\right)\right|^2\delta\left(f-\frac{m}{T_s}\right) \tag{6-1-15}$$

由式(6-1-15)可以看出,数字基带信号的功率谱由连续谱和离散谱两个部分组成。

1. 连续谱

微视频:数字
基带信号的
频谱分析-中

(1)连续谱的形状取决于信号脉冲 $g(t)$ 的频谱特性,可以通过设计 $g(t)$ 脉冲的形状来控制 $s(t)$ 的频谱特性。因此,在数字通信系统中,基带成型滤波器的设计是一个重要的问题。

(2)连续谱的分布规律决定了它的能量主要集中在哪一个频率范围,并由此确定信号的带宽。

2. 离散谱

离散谱由频率间隔为 $1/T_s$ 的离散频率分量组成,每一根谱线功率都与 $f=m/T_s$ 处的 $|G(f)|^2$ 值成正比。当 $m_a\neq 0$ 且 $G(m/T_s)\neq 0$ 时,离散谱一定存在。我们可以根据离散谱是否存在,来确定能否从中提取位同步信号。

下面以矩形脉冲构成的数字基带信号为例对式(6-1-15)的应用做进一步说明,其结果对后续问题的研究具有实用价值。

微视频:数字
基带信号的
频谱分析-下

【例 6-1】　求单极性不归零信号的功率谱密度,假定 0、1 等概分布且互不相关。

【解】　设单极性不归零信号为图 6-1(a)所示的高度为 1,脉宽为 T_s 的矩形脉冲。

$$m_a=E[a_n]=\frac{1}{2}$$

$$\sigma_a^2=E[(a_n-m_a)^2]=\frac{1}{4}$$

$$G(f) = T_s \frac{\sin(\pi f T_s)}{\pi f T_s} = T_s \text{Sa}(\pi f T_s)$$

功率谱密度为

$$\Phi_{ss}(f) = \frac{1}{4T_s} |G(f)|^2 + \frac{1}{4T_s^2} \sum_m |G(mf_s)|^2 \delta(f - mf_s)$$

式中，f_s 数值上等于码元速率 $1/T_s$。

（1）当 $m = 0$ 时，$G(mf_s) = T_s \text{Sa}(0) = T_s$；

（2）当 $m \neq 0$ 时，$G(mf_s) = T_s \text{Sa}(\pi m f_s T_s) = T_s \text{Sa}(m\pi) = 0$。

故可得单极性不归零信号的功率谱密度为

$$\Phi_{ss}(f) = \frac{1}{4T_s} T_s^2 \text{Sa}^2(\pi f T_s) + \frac{1}{4T_s^2} T_s^2 \delta(f)$$

$$= \frac{1}{4} T_s \text{Sa}^2(\pi f T_s) + \frac{1}{4} \delta(f)$$

单极性不归零信号的功率谱密度如图 6-1(a) 所示。

由以上分析可见，单极性不归零信号的功率谱只有连续谱和直流分量，不含有可用于提取同步信息的位于 f_s 处的离散线谱。由连续谱可方便地求出单极性不归零信号功率谱的近似带宽（谱零点带宽）为 $B = 1/T_s$。

【例 6-2】 求占空比为 50% 的单极性归零信号的功率谱密度，假定 0、1 等概分布且互不相关。

【解】 设单极性归零信号为图 6-1(b) 所示的高度为 1，脉宽为 $\tau(\tau = T_s/2)$ 的矩形脉冲。

$$m_a = E[a_n] = \frac{1}{2}$$

$$\sigma_a^2 = E[(a_n - m_a)^2] = \frac{1}{4}$$

$$G(f) = \frac{T_s}{2} \text{Sa}\left(\frac{\pi f T_s}{2}\right)$$

功率谱密度为

$$\Phi_{ss}(f) = \frac{1}{4T_s} |G(f)|^2 + \frac{1}{4T_s^2} \sum_m |G(mf_s)|^2 \delta(f - mf_s)$$

（1）当 $m = 0$ 时，$G(mf_s) = \frac{T_s}{2} \text{Sa}(0) = \frac{T_s}{2}$；

（2）当 m 为奇数时，$G(mf_s) = \frac{T_s}{2} \text{Sa}\left(\frac{\pi m f_s T_s}{2}\right) = \frac{T_s}{2} \text{Sa}\left(\frac{m\pi}{2}\right) \neq 0$；

（3）当 m 为非零偶数时，$G(mf_s) = \frac{T_s}{2} \text{Sa}\left(\frac{\pi m f_s T_s}{2}\right) = \frac{T_s}{2} \text{Sa}\left(\frac{m\pi}{2}\right) = 0$。

故可得单极性归零信号的功率谱密度为

$$\Phi_{ss}(f) = \frac{1}{4T_s} \frac{T_s^2}{4} \mathrm{Sa}^2\left(\frac{\pi f T_s}{2}\right) + \frac{1}{4T_s^2} \frac{T_s^2}{4} \sum_{m=-\infty}^{+\infty} \mathrm{Sa}^2\left(\frac{m\pi}{2}\right) \delta(f - mf_s)$$

$$= \frac{T_s}{16} \mathrm{Sa}^2\left(\frac{\pi f T_s}{2}\right) + \frac{1}{16} \sum_{m=-\infty}^{+\infty} \mathrm{Sa}^2\left(\frac{m\pi}{2}\right) \delta(f - mf_s)$$

单极性归零信号的功率谱密度如图 6-1(b)所示。

由以上分析可见，占空比为 50% 的单极性归零信号的功率谱不但有连续谱，而且在 $f = 0, \pm f_s, \pm 3f_s, \cdots$ 处还存在离散谱，含有可用于提取同步信息的 f_s 离散分量。由连续谱可方便地求出单极性归零信号功率谱的近似带宽为 $B = 1/\tau$。

【**例 6-3**】　求双极性不归零信号的功率谱密度，假定 **0、1** 等概分布且互不相关。

【**解**】　设双极性不归零信号为图 6-1(c)所示的高度为 ±1，脉宽为 T_s 的矩形脉冲。

当 **0、1** 等概分布时，双极性信号的均值为 0，方差为 1，故双极性信号没有直流分量和离散谱。双极性非归零信号的功率谱为

$$\Phi_{ss}(f) = \frac{1}{T_s} |G(f)|^2 = \frac{1}{T_s} T_s^2 \mathrm{Sa}^2(\pi f T_s) = T_s \mathrm{Sa}^2(\pi f T_s)$$

双极性不归零信号的功率谱密度如图 6-1(c)所示。

6.2　数字基带信号的码型

微视频：基带
传输的常用
码型-上

6.2.1　数字基带传输的码型设计原则

数字基带信号脉冲的形状称为**数字基带信号的波形**，而脉冲序列的结构形式称为**数字基带信号的码型**。不同码型的数字基带信号具有不同的频谱结构。合理地设计数字基带信号以使信号的特性符合信道的传输特性要求，从而在传输信道中获得优质的传输性能，是基带传输首先要考虑的问题。

在设计数字基带传输的码型时，应考虑以下原则。

(1) 传输码型的频谱中应不含直流分量且低频分量少。通常在有线传输信道中，对低频衰减比较大，如果传输码型中包含直流成分和较多的低频分量，将会使得传输波形失真。

(2) 尽量减少基带信号频谱中的高频分量。一般来说，传输码型中的高频分量易受信道频带的限制，高频分量被抑制也会引起波形失真。因此，希望传输码型中的高频分量要尽可能少，以节省传输频带。

(3) 便于从基带信号中提取位定时信息。在基带传输系统中，位定时信息是接收端再生原始信息所必需的。在某些应用中位定时信息可以用单独的信道与基带信号同时传输，但在远距离传输系统中这往往是不经济的。因而需要从基带信号中提取位定时信息，这就要求能直接从基带信号或对其做简单的非线性变换后获取位定时信息。

（4）码型具有抗误码检测能力。若传输码型具有一定的规律,则可根据这一规律实时监测信号的传输质量。对于基带传输系统的维护与使用,基带传输码型具有抗误码检测能力是具有实际意义的。

（5）码型变换电路尽量简单,易于实现,且功耗低。

下面介绍几种常用的基带传输码型。

6.2.2 几种常用的基带传输码型

1. AMI 码

AMI（alternate mark inversion）码即传号交替反转码。它将信息码中的 **0** 对应零电平,而信息码中的 **1** 交替对应正、负电平。AMI 码可以分成是 AMI 归零码（AMI-RZ）和 AMI 非归零码（AMI-NRZ）。例如:

微视频:基带传输的常用码型-中

信息码: **1 0 1 1 0 0 0 0 0 0 0 0 1 1 0 0 0 0 0 0 1**

AMI 码: +1 0 -1 +1 0 0 0 0 0 0 0 -1 +1 0 0 0 0 0 -1

上述 AMI 码的波形如图 6-4(a)所示。AMI 码的功率谱密度如图 6-5 所示。

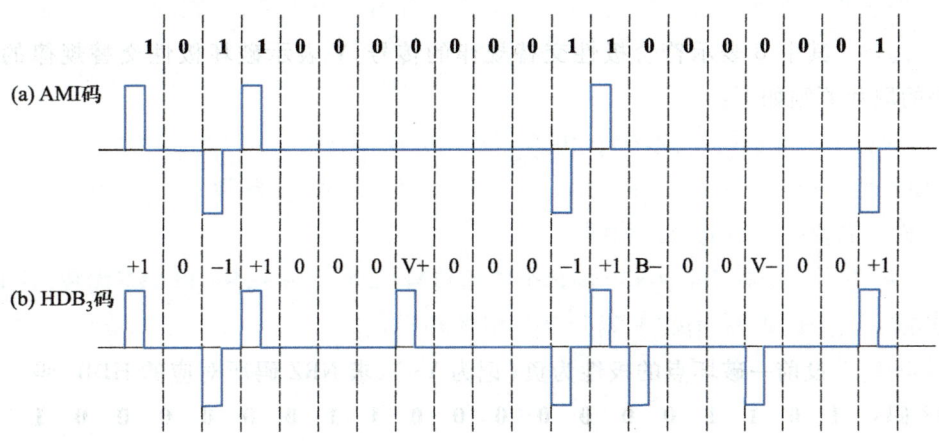

图 6-4 AMI、HDB$_3$ 码波形

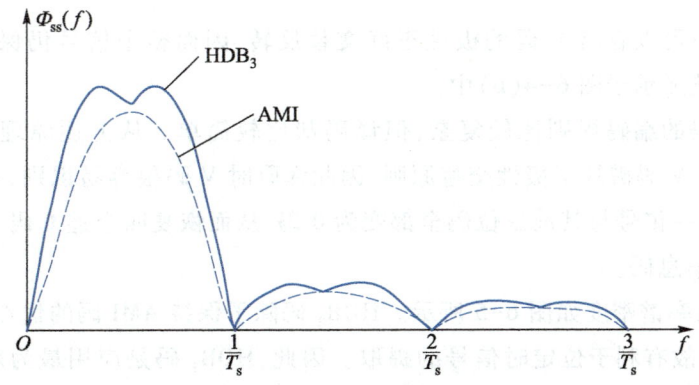

图 6-5 HDB$_3$ 码和 AMI 码的功率谱密度

AMI 码的优点如下：

（1）无直流分量，且低、高频分量都少，传输频带窄，可提高信道的利用率；

（2）具有一定的检错能力，因为在 AMI 码流中，传号 **1** 的极性是交替反转的，利用这一特点可检测部分误码；

（3）对于 AMI-RZ 码，接收后只需通过全波整流就可以变为单极性 RZ 码，从中可以提取位定时信息。

AMI 码的主要缺点是当原二进制信息码序列中出现长连 **0** 时，信号的电平长时间不跳变，造成提取定时信号的困难。解决连 **0** 码问题的一种有效方法是将二进制信息码先进行随机化处理，变为伪随机序列，然后再进行 AMI 编码。ITU 建议的北美系列的一、二、三次群接口码都使用经扰码后的 AMI 码。解决连 **0** 码问题的另一种有效办法是采用 AMI 码的改进码型——HDB$_3$ 码。

2. HDB$_3$ 码

HDB$_3$（high density bipolar of order 3）码的全称是三阶高密度双极性码，它是 AMI 码的一种改进型。HDB$_3$ 码为连 **0** 抑制码。其编码规则如下：

（1）当二进制序列中的连 **0** 码个数不大于 3 时，其编码方法同 AMI 码。

（2）当连 **0** 码个数超过 3 时，则以每四个连 **0** 分为一个小节，分别用"000V"或"B00V"的取代节代替。其中 B 表示符合极性交替规律的传号，V 表示破坏极性交替规律的传号。HDB$_3$ 码的取代原则如下：

① 出现四个连 **0** 码时，用取代节"000V"或"B00V"取代；

② 如果两个相邻破坏点（V 码）中间有奇数个原始传号（B 码除外），用"000V"代替，且 V 码的极性与其前一传号的极性相同；

③ 如果两个相邻破坏点中间有偶数个原始传号（B 码除外），用"B00V"代替，且 B 码和 V 码与其前一传号的极性相反（V 码和 B 码极性相同）。

【例 6-4】 设前一破坏点的极性为负（记为 V-），求 NRZ 码所对应的 HDB$_3$ 码。

NRZ 码：**1 0 1 1 0 0 0 0 0 0 0 0 1 1 0 0 0 0 0 0 1**

【解】 HDB$_3$ 码：+1 0 -1 +1 0 0 0 V+0 0 0 -1 +1 B- 0 0 V- 0 0 +1

从 HDB$_3$ 码中可以看出 V 码的极性正好交替反转，因而整个信号仍保持无直流分量。上述 HDB$_3$ 码的波形示于图 6-4(b)中。

虽然 HDB$_3$ 码的编码规则比较复杂，但译码却比较简单。从上述原理可以看出，由于 HDB$_3$ 码在编码时 V 码破坏了极性交替原则，因此译码时 V 码很容易识别，一经发现两个传号的极性一致，后一传号与其前三位码全部变为 **0** 码，从而恢复四个连 **0** 码。再将+1、-1 变成 **1** 后便得到原信息码。

HDB$_3$ 码的功率谱密度如图 6-5 所示。HDB$_3$ 码除了保持 AMI 码的优点外，还将连 **0** 码限制在 3 个以内，故有利于位定时信号的提取。因此，HDB$_3$ 码是应用最为广泛的码型，ITU 建议 HDB$_3$ 码作为欧洲系列 PCM 一、二、三次群的传输码型。

3. CMI 码

CMI(coded mark inversion)码即传号反转码,它是一种二电平不归零码。表 6-1 给出其编码规则。用 **01** 代表输入二元码的空号 **0**;用 **00** 或 **11** 代表输入原码的传号 **1**,若一个传号编为 **00**,则下一个传号必须编为 **11**。其波形如图 6-6(a)所示。

表 6-1 CMI 码编码表

信息码	CMI 码	
0	01	01
1	00	11

CMI 码的主要优点是没有直流分量,有频繁出现的波形跳变,便于恢复定时信号,具有一定的检测错误的能力。

由于 CMI 码易于实现,且具有上述优点,所以,在高次群脉冲编码调制终端设备中 CMI 码被广泛用作接口码型,在速率低于 8.448Mbit/s 的光纤数字传输系统中也被推荐为线路传输码型。ITU 的 G.703 建议中,将其作为 PCM 四次群 的接口码型。

4. 数字双相码

数字双相码(digital biphase)又称为分相码(split-phase)或曼彻斯特码(Manchester)。它用一个周期的方波表示 **1**,而用它的反相波形表示 **0**。如 0 码用 **01**(零相位的一个周期的方波)表示,则 1 码用 **10**(π 相位的一个周期的方波)表示。其波形如图 6-6(b)所示。

微视频:基带
传输的常用
码型-下

【例 6-5】 求信息码所对应的双相码。

信息码: 1   1   0   0   1   0   1

【解】 双相码: 10 10 01 01 10 01 10

由于数字双相码在每个码元间隔的中心都存在电平跳变,因此频谱中存在很强的定时分量。此外,由于方波周期内正、负电平各占一半,因而不存在直流分量。显然,这些优点是以频带加倍为代价的。

数字双相码适用于数据终端设备在短距离上的中等速率传输,如由 Xerox、DEC 和 Intel 公司共同开发的 10Base-T Ethernet 网中采用了数字双相码作为线路传输码型。

5. 密勒码

密勒(Miller)码又称延迟调制码,它是数字双相码的一种变形。编码规则如下:1 码要求码元起点电平与其前一个相邻码元的末相电平一致,并且在码元间隔中心点出现电平跃变(即根据具体情况选用 **10** 或 **01** 表示)。0 码有两种情况:单个 0 时,在码元周期内不出现电平跃变,且在相邻码元的边界处也不跃变;连 0 时,则在前一个 0 结束(也就是后一个 0 开始)时出现电平跃变。

为了便于理解,图 6-6(b)和图 6-6(c)给出了代码序列为 **1101001** 时,数字双相码和密勒码的波形。由图 6-6(c)可见,若两个 1 码中间有一个 0 时,密勒码流中出现最大宽度,即两个码元周期。这一性质可用来进行宏观检错。

比较图 6-6(b)和图 6-6(c)两个波形可以看出,数字双相码的下降沿正好对应于密勒码的跃变沿。因此,用数字双相码的下降沿去触发双稳电路,即可输出密勒码。密勒码主要应用于磁带记录。

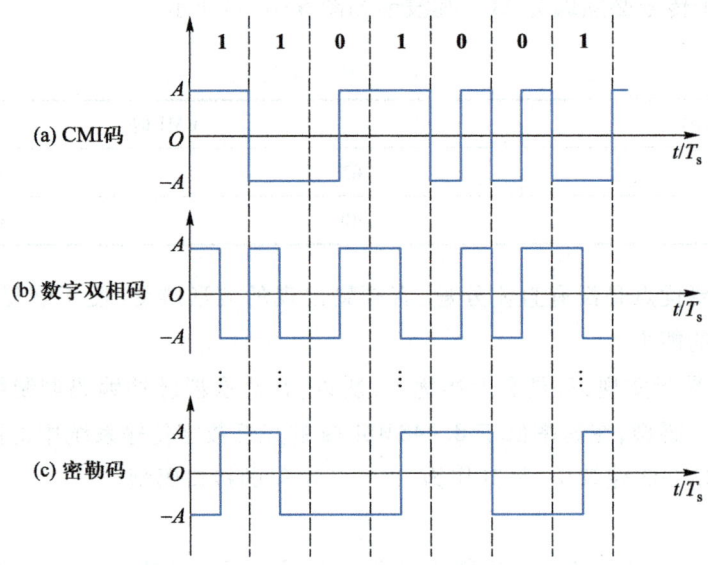

图 6-6　CMI 码、数字双相码和密勒码的波形示例

6. 块编码

为了提高线路编码性能,需要某种冗余来确保码型的同步和检错能力。引入块编码可以在一定程度上达到这两个目的。块编码的形式有"$nBmB$"和"$nBmT$"等。

$nBmB$ 码是把原信息码流的 n 位二进制码分为一组,并置换成 m 位二进制码的新码组,其中 $m>n$。由于 $m>n$,新的码组有更多种组合,比原信息码多出 2^m-2^n 种组合。在 2^m 种组合中,可以采用某种规则选择有利码组作为许可码组,其余作为禁用码组,以获得更好的编码性能。例如,4B5B 编码是用 5 位编码代替 4 位编码,这样新的编码组比原来的 4 位编码组就多了 $2^5-2^4=16$ 种组合。为了实现同步,我们可以按照不超过一个前导 **0** 和两个后缀 **0** 的规则选用码组,其余为禁用码组。这样,如果接收端出现了禁用码组,则表明传输过程中出现了误码,从而提高了系统的检错能力。前面介绍的双相码、密勒码和 CMI 码都可看作 1B2B 码。在光纤通信系统中,常选择 $m=n+1$,即取 1B2B 码、2B3B 码……,其中 5B6B 码已经实用化,用作三次群和四次群以上的线路传输码型。很显然,$nBmB$ 码具有良好的同步和检错功能,但是也会为此付出一定的代价,即所需要的带宽随之增加。

$nBmT$ 码的设计思路是将 n 个二进制的码组变换成 m 个三进制的新码组,其中 $m<n$。例如 4B3T 码就是将 4 个二进制码变换成 3 个三进制码。显然,在相同的码速率下,4B3T 码的信息容量相较于原来的二进制码增大了,因而可以提高频带利用率。4B3T 码和 8B6T 码等适用于较高速率的数据传输系统,如高次群同轴电缆传输系统。

7. 多元码

为了进一步提高频带利用率,可以采用信号幅度具有更多取值的数字基带信号,即多元

码。在多元码中,每个符号可以表示一个二进制码组,因而成倍地提高了频带利用率。对于 k 位二进制码组来说,可以用 $M=2^k$ 元码来传输。在信息速率一定的情况下,与二元码传输相比,M 元码传输时所需要的信号频带可降为 $1/k$,频带利用率提高为原来的 k 倍。

6.3 无码间串扰的基带传输系统

6.3.1 数字基带传输系统

数字基带传输系统的结构可简化为由发送滤波器、信道、接收滤波器和抽样判决电路组成,如图 6-7 所示。

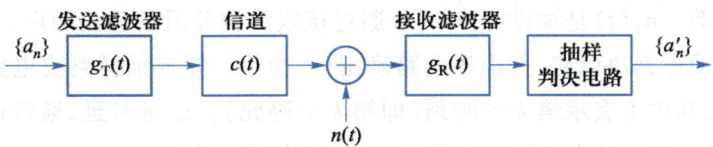

图 6-7 数字基带传输系统的模型

研究数字基带传输系统具体来说就是设法使得原始数字信号序列 $\{a_n\}$ 经过发送滤波器 $g_T(t)$、信道 $c(t)$ 和接收滤波器 $g_R(t)$ 传输后,再经接收端抽样判决后恢复的 $\{a_n'\}$ 数据序列与原始序列 $\{a_n\}$ 的差别越小越好,即接收者能准确恢复原始信息。

信号经信道传输后,由于传输信道的传递函数不理想,频带受限,幅频和相频特性失真,从而使基带信号之间存在着相互干扰(时域波形出现拖尾,这是由于抽样后的样值间存在相互影响而造成的),称之为码间串扰或符号间串扰(inter symbol interference, ISI)。这种串扰是由于传递函数不理想而造成的,所以是一种乘性干扰。

微视频:数字基带传输中的码间串扰

在图 6-7 中,$\{a_n\}$ 为发送滤波器的输入符号序列,在二进制情况下 $\{a_n\}$ 取值为 0、1 或者 +1、−1。对应的信号波形可表示成

$$s_i(t)=\sum_{n=-\infty}^{+\infty} a_n \delta(t-nT_s) \tag{6-3-1}$$

这个信号由时间间隔为 T_s 的一系列冲激脉冲 $\delta(t)$ 组成,而每一个 δ 函数的强度则由 a_n 决定。当用 $s_i(t)$ 激励发送滤波器时,发送滤波器的输出信号为

$$s(t)=s_i(t)*g_T(t)=\sum_{n=-\infty}^{+\infty} a_n g_T(t-nT_s) \tag{6-3-2}$$

其中,$g_T(t)$ 为发送码元波形,它是在单个 $\delta(t)$ 的作用下形成的发送基带信号波形。设发送滤波器的传递函数为 $G_T(\omega)$,则 $g_T(t)$ 由下式确定。

$$g_T(t)=\frac{1}{2\pi}\int_{-\infty}^{\infty} G_T(\omega)e^{j\omega t}d\omega \tag{6-3-3}$$

当信号 $s(t)$ 通过信道时,由于信道响应特性的影响,会使波形发生畸变,同时还要叠加噪声 $n(t)$。因此,若信道的传递函数为 $C(\omega)$,接收滤波器的传递函数为 $G_R(\omega)$,则接收滤波器的输出为

$$y(t) = \sum_{n=-\infty}^{\infty} a_n h(t - nT_s) + n_R(t) \qquad (6\text{-}3\text{-}4)$$

式中

$$h(t) = \frac{1}{2\pi} \int_{-\infty}^{\infty} G_T(\omega) C(\omega) G_R(\omega) e^{j\omega t} d\omega \qquad (6\text{-}3\text{-}5)$$

$$n_R(t) = n(t) * g_R(t)$$

显然,$h(t)$ 就是整个基带传输系统的单位冲激响应。因此式(6-3-5)可以表示为

$$h(t) = \frac{1}{2\pi} \int_{-\infty}^{\infty} H(\omega) e^{j\omega t} d\omega \qquad (6\text{-}3\text{-}6)$$

式中,$H(\omega) = G_T(\omega) C(\omega) G_R(\omega)$ 是从发送滤波器输入端至接收滤波器输出端的整个基带传输系统的传递函数。$n_R(t)$ 是加性噪声 $n(t)$ 通过接收滤波器后的输出噪声。

$y(t)$ 被送入抽样判决电路,并由该电路确定 a_n 的值。假定抽样判决电路对信号的抽样时刻为 $t = kT_s + t_0$,其中 k 表示第 k 个时刻(即第 k 个码元)。t_0 是时延,通常取决于系统的传递函数 $H(\omega)$。因而,为了确定第 k 个码元 a_k 的取值,需根据式(6-3-4)决定 $y(t)$ 在该时刻的抽样值,此时有

$$
\begin{aligned}
y(kT_s + t_0) &= \sum_n a_n h(kT_s + t_0 - nT_s) + n_R(kT_s + t_0) \\
&= a_k h(t_0) + \sum_{n \neq k} a_n h[(k-n)T_s + t_0] + n_R(kT_s + t_0)
\end{aligned}
\qquad (6\text{-}3\text{-}7)
$$

式中,第一项 $a_k h(t_0)$ 是输出基带信号的第 k 个码元在抽样时刻 $t = kT_s + t_0$ 对应的响应值,它是确定 a_k 的依据;第二项 $\sum_{n \neq k} a_n h[(k-n)T_s + t_0]$ 是接收信号中除第 k 个码元以外的所有其他码元在第 k 个抽样时刻响应值的总和(为代数和),它对 a_k 的判决起着干扰的作用,所以式(6-3-7)中的第二项又称为码间串扰项。码间串扰值一般是一个随机变量,通常与第 k 个码元相近的码元产生的干扰较大,反之干扰较小;第三项 $n_R(kT_s + t_0)$ 是输出的加性噪声在抽样时刻的取值,它显然是一个随机变量,也会影响第 k 个码元的正确判决。由于码间串扰和噪声的存在,当 $y(kT_s + t_0)$ 进入判决电路时,对 a_k 取值的判决就可能发生差错。例如,在二进制数字通信中,码元 a_k 的可能取值为 **0** 或 **1**,若判决电路的判决门限为 V_0,则判决规则为

$$y(kT_s + t_0) > V_0 \text{ 时,判 } a_k \text{ 为 } \mathbf{1}$$

$$y(kT_s + t_0) < V_0 \text{ 时,判 } a_k \text{ 为 } \mathbf{0}$$

显而易见,当码间串扰值和噪声很小时,才能保证上述判决的正确;当码间串扰和噪声较大时,就可能发生错误判决。码间串扰值和噪声越大,错判的可能性就越大。

由此可见,为了使数字基带传输获得足够小的误码率,必须最大限度地减小码间串扰和加性噪声的影响。从式(6-3-7)可以看出,只要满足 $\sum_{n \neq k} a_n h[(k-n)T_s + t_0] = 0$,就可以完全消除码间串扰。从码间串扰的影响来说,最好让码元的波形在后一码元的抽样判决时刻已

经完全收敛到 0,即无"拖尾"波形,如图 6-8(a)所示。但这样的波形不易实现,比较合理的是采用如图 6-8(b)所示的波形,即有"拖尾"波形,仅需要在后续码元的抽样判决点上取值为 0。

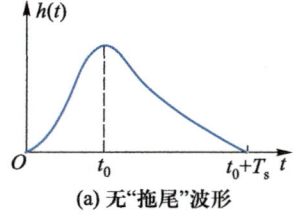 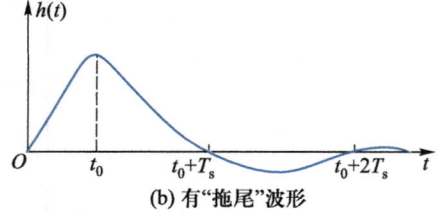

| (a) 无"拖尾"波形 | (b) 有"拖尾"波形 |

图 6-8   无码间串扰的波形示例

在图 6-8(b)中,尽管码元波形有一定拖尾,但在 t_0+T_s, t_0+2T_s, t_0+3T_s, … 时刻的抽样值正好为 0。由于实际应用时,可能存在一定的定时误差,因此除了需要满足无码间串扰条件 $h[(k-n)T_s+t_0]=0$ 以外,还要求 $h(t)$ 波形的拖尾尽可能衰减得快一些。这样,可以减小由于定时偏差引起的码间串扰,从而使基带传输系统获得足够小的误码率。

6.3.2   无码间串扰的基带传输准则

微视频:无码
间串扰的时域
和频域条件-上

我们已经知道,码间串扰的大小取决于系统输出波形 $y(t)$ 在抽样时刻上的取值。而由式(6-3-6)可知,系统响应 $h(t)$ 由发送滤波器至接收滤波器的传输特性 $H(\omega)$ 决定

$$H(\omega) = G_{\mathrm{T}}(\omega) C(\omega) G_{\mathrm{R}}(\omega) \tag{6-3-8}$$

下面暂不考虑噪声的影响(假设无噪声),仅从码间串扰的角度来研究基带传输特性。图 6-9 给出了基带传输特性的分析模型。图中,输入基带信号为

$$s_{\mathrm{i}}(t) = \sum_n a_n \delta(t-nT_s) \tag{6-3-9}$$

数字基带传输系统 $H(\omega)$ 的时域冲激响应为 $h(t)$,故基带传输系统输出的信号为

$$y(t) = \sum_n a_n h(t-nT_s) \tag{6-3-10}$$

式中,$h(t) = \dfrac{1}{2\pi}\displaystyle\int_{-\infty}^{+\infty} H(\omega)\, \mathrm{e}^{\mathrm{j}\omega t}\, \mathrm{d}\omega$。

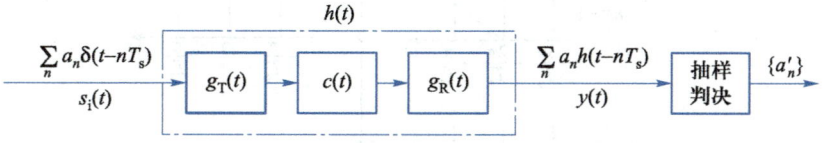

图 6-9   基带传输特性的分析模型

要实现无码间串扰,则系统的单位冲激响应 $h(t)$ 的波形应满足

$$h(kT_s) = \begin{cases} 1, & k=0 \\ 0, & k \text{ 为其他整数} \end{cases} \tag{6-3-11}$$

$h(t)$ 的值除了在抽样时刻 ($t=0$) 不为 0 外,在所有其他码元的抽样时刻 ($t=kT_s, k\neq0$) 均为 0。$h(t)$ 的典型波形见图 6-10。由图可见,虽然 $h(t)$ 的整个波形延迟到其他码元,但由于在其他码元的抽样判决时刻其值为 0,因此不存在码间串扰。

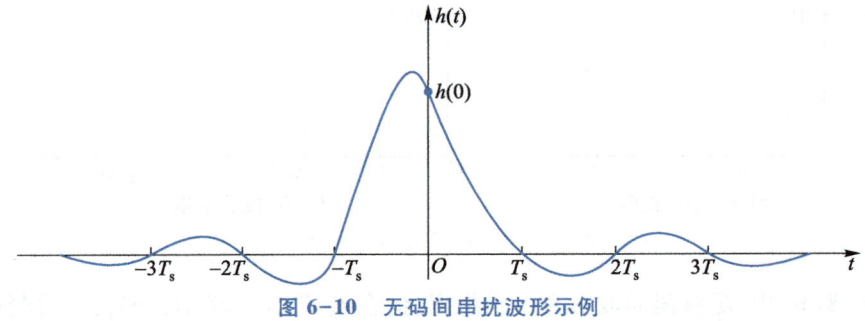

图 6-10　无码间串扰波形示例

但需要注意的是,为了分析方便,在式(6-3-11)中对系统传递函数 $H(\omega)$ 做了两点简化:一是将 $t=0$ 时刻的抽样值 $h(0)$ 归一化为 1,二是设 $H(\omega)$ 的时延 t_0 为 0。

可以证明,$H(\omega)$ 的冲激响应满足式(6-3-11)时,系统传递函数 $H(\omega)$ 应满足

$$H_{eq}(\omega) = \sum_n H\left(\omega + \frac{2\pi n}{T_s}\right) = T_s, \quad |\omega| \leqslant \frac{\pi}{T_s} \qquad (6-3-12)$$

若基带传输系统的总传输特性 $H(\omega)$ 能符合 $H_{eq}(\omega)$ 的要求,则不存在码间串扰。这就为判断一个给定的系统传输特性 $H(\omega)$ 是否会存在码间串扰提供了一种准则。该准则称为奈奎斯特(Nyquist)第一准则。

为了更好地利用上述准则,必须首先理解式(6-3-12)的物理意义。该式的含义可用图 6-11 的实例来帮助理解。

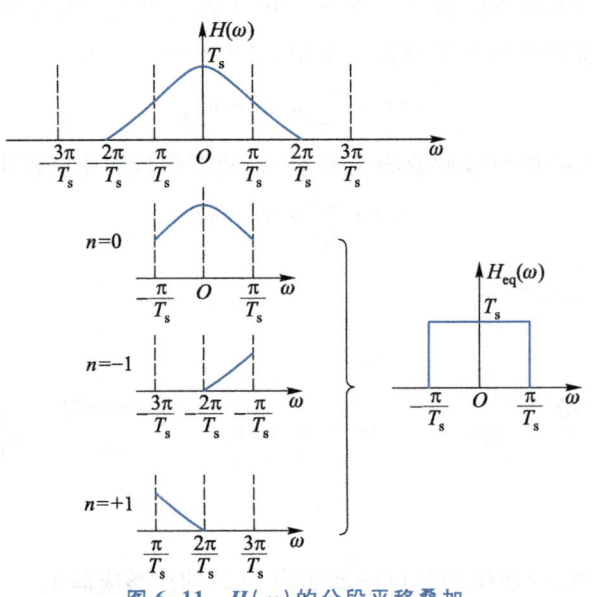

图 6-11　$H(\omega)$ 的分段平移叠加

由图 6-11 可以看出,把 $H(\omega)$ 分为以 $2n\pi/T_s$ ($n=0,\pm1,\pm2,\cdots$) 为中心,角频率宽度为

$2\pi/T_s$ 的不同小段,并将各小段平移到 $(-\pi/T_s, \pi/T_s)$ 区间相加,相加结果可以是一个与角频率 ω 无关的实常数。这个实常数不必一定为 T_s。注意,T_s 为码元间隔,等于码元速率的倒数。判断一个基带传输系统能否实现无码间串扰传输,既与基带传输特性 $H(\omega)$ 有关,又与码元传输速率 $R_s(=1/T_s)$ 有关。

6.3.3 无码间串扰的基带传输特性设计

微视频:无码间串扰的时域和频域条件–下

满足式(6-3-12)要求的系统传递函数有很多,在实际系统中需要选择符合应用需求的数字基带传输系统,充分考虑系统的频带利用率、拖尾衰减特性和物理可实现性等。

微视频:无码间串扰的基带传输特性设计

1. 理想低通基带传输系统

对于理想低通基带传输系统,有

$$H(\omega) = H_{eq}(\omega) = \begin{cases} T_s, & |\omega| \leqslant \dfrac{\pi}{T_s} \\ 0, & |\omega| > \dfrac{\pi}{T_s} \end{cases} \qquad (6\text{-}3\text{-}13)$$

对应的传输特性和单位冲激响应波形 $h(t)$ 如图 6-12 所示。$h(t)$ 可以通过 $H(\omega)$ 的傅里叶反变换求得

$$h(t) = \frac{\sin\dfrac{\pi}{T_s}t}{\dfrac{\pi}{T_s}t} = \mathrm{Sa}(\pi t/T_s) \qquad (6\text{-}3\text{-}14)$$

显然,理想低通传递函数及冲激响应波形是符合无码间串扰条件的。从图 6-12 的理想低通冲激响应波形中可以看出,$h(\pm kT_s)(k \neq 0)$ 为零点,当发送码元波形的时间间隔为 T_s,接收端在 $t = kT_s$ 时抽样,就能实现无码间串扰传输。图 6-13 描述了这种情况下无码间串扰传输的示意图。

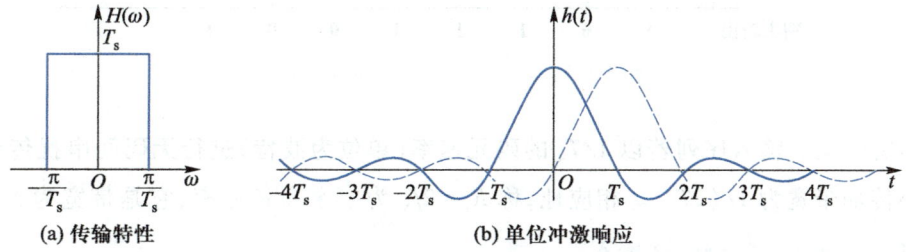

(a) 传输特性　　　　　**(b) 单位冲激响应**

图 6-12　理想低通基带传输系统的传输特性和单位冲激响应波形

在图 6-12 所示的理想低通基带传输系统中,称截止频率

$$f_N = \frac{\pi}{T_s}\frac{1}{2\pi} = \frac{1}{2T_s} \qquad (6\text{-}3\text{-}15)$$

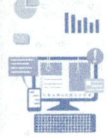

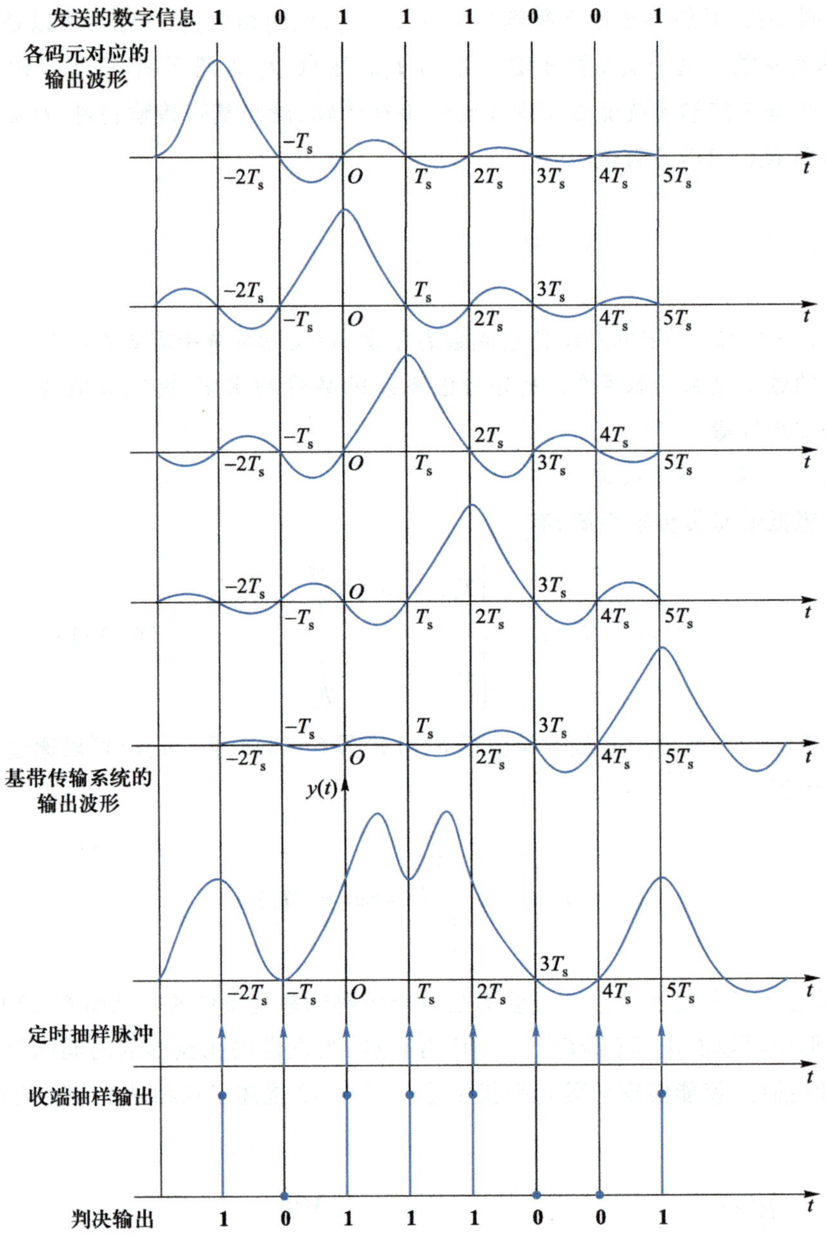
发送的数字信息 1 0 1 1 1 0 0 1
各码元对应的输出波形
基带传输系统的输出波形
y(t)
定时抽样脉冲
收端抽样输出
判决输出 1 0 1 1 1 0 0 1
-2T_s -T_s O T_s 2T_s 3T_s 4T_s 5T_s t

图 6-13　无码间串扰传输的示意图

为奈奎斯特带宽。输入序列若以 $1/T_s$ 的码元速率(单位为波特)进行无码间串扰传输时,所需的最小传输带宽为 $1/(2T_s)$。相应地,称 $R_s=2f_N$ 为奈奎斯特速率,它是带宽为 f_N 的基带传输系统无码间串扰传输时的最大码元速率。

下面再讨论频带利用率的问题。理想低通基带传输系统的频带利用率 η 为

$$\eta=\frac{R_s}{B}=2\ \text{Baud/Hz} \tag{6-3-16}$$

也就是说,无码间串扰基带传输系统所能提供的最大频带利用率是单位频带内每秒传 2 个

码元。

从上面的讨论可知,具有理想低通传输特性的基带系统具有 2 Baud/Hz 的极限频带利用率,但理想低通基带传输系统要求收端定时准确度极高。这是因为理想低通冲激响应波形的尾部衰减特性很差,仅按 $1/t$ 的速度衰减,如果存在定时偏差,将会引入显著的码间串扰,极易造成判决错误。实际上,理想低通传输特性在物理上是无法实现的,所以不能实用。

2. 升余弦滚降频谱特性的基带传输系统

理想低通冲激响应的拖尾振荡幅度较大,这是由它的频谱函数在截止频率 f_N 处的锐截止带来的。这个问题可以通过使理想低通滤波器特性的边沿缓慢下降的方法解决,我们称之为滚降(roll off)。滚降的方法是在原来理想低通的幅度特性上叠加一个对 f_N 这一点奇对称的传输特性 $Y(f)$,如图 6-14 所示。那么其传递函数仍能满足式(6-3-12),即满足奈奎斯特第一准则。

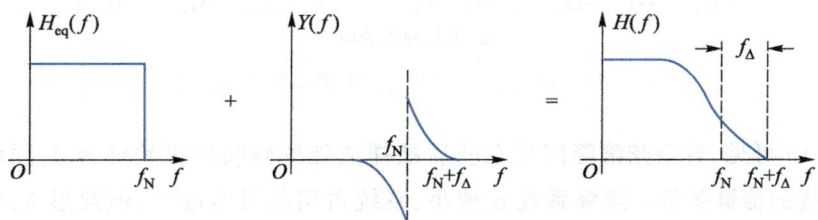

图 6-14 幅度特性的奇对称滚降

定义滚降系数为

$$\alpha = \frac{f_\Delta}{f_N} \tag{6-3-17}$$

其中,f_N 是奈奎斯特带宽,f_Δ 是超出奈奎斯特带宽的扩展量。滚降系数的取值范围是 $0 \leqslant \alpha \leqslant 1$。

奇对称滚降的方法很多,常用的是升余弦滚降,其传递函数为

$$H(\omega) = \begin{cases} T_s, & 0 \leqslant |\omega| \leqslant \dfrac{\pi(1-\alpha)}{T_s} \\ \dfrac{T_s}{2}\left\{1 - \sin\left[\dfrac{T_s}{2\alpha}\left(\omega - \dfrac{\pi}{T_s}\right)\right]\right\}, & \dfrac{\pi(1-\alpha)}{T_s} \leqslant |\omega| \leqslant \dfrac{\pi(1+\alpha)}{T_s} \\ 0, & |\omega| \geqslant \dfrac{\pi(1+\alpha)}{T_s} \end{cases} \tag{6-3-18}$$

对上式进行傅里叶反变换,可求得它的单位冲激响应

$$h(t) = \frac{\sin(\pi t/T_s)}{\pi t/T_s} \frac{\cos(\alpha \pi t/T_s)}{1 - (4\alpha^2 t^2/T_s^2)} \tag{6-3-19}$$

由式(6-3-18)可以看出,升余弦滚降频谱特性是按余弦函数对理想低通传输特性的幅度进行滚降处理的,所以称为升余弦滚降频谱。图 6-15 给出不同 α 值的升余弦滚降基带传输系统的频谱特性 $H(\omega)$ 及其对应的单位冲激响应 $h(t)$。

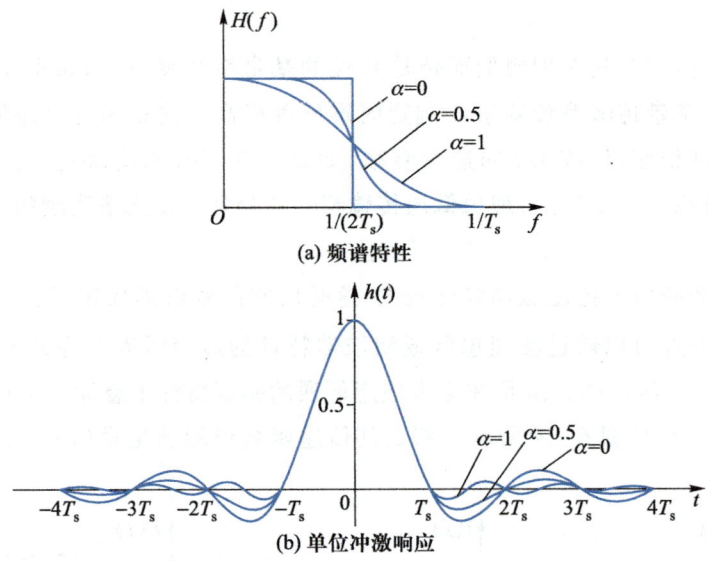

图 6-15　不同 α 值的升余弦滚降基带传输系统

由图 6-15 可见,升余弦滚降信号在前后抽样值处的码间串扰始终为 0,因而满足抽样值无码间串扰的传输条件。滚降系数 α 越小,系统占用的带宽越窄,但波形 $h(t)$ 前后拖尾的振荡幅度却越大;反之,α 越大,系统占用的带宽越宽,但其冲激响应拖尾的振荡幅度越小。当 $\alpha=0$ 时,即得到理想低通响应波形。由图 6-15(b)可见,$\alpha=1$ 时升余弦频谱的冲激响应 $h(t)$ 不仅保持理想低通响应的所有零点,而且还在理想低通响应的两个零点之间增加了新的零点。此外,它的前后拖尾衰减也比理想低通快。这样,对减少码间串扰和降低对定时精度的要求都有好处。当然,这些优点是以增加系统带宽、牺牲频带利用率换取的。

下面讨论频带利用率的问题。引入滚降系数 α 后,系统的最高传码率不变,但是此时系统的带宽扩展为

$$B = f_{\text{N}} + f_{\Delta} = (1+\alpha)f_{\text{N}} \tag{6-3-20}$$

系统的频带利用率为

$$\eta = \frac{R_{\text{s}}}{B} = \frac{2}{1+\alpha} \quad (\text{Baud/Hz}) \tag{6-3-21}$$

升余弦滚降频谱特性的基带传输系统在实际工程中具有十分广泛的应用。

以上讨论并没有涉及 $H(\omega)$ 的相移特性。实际上它的相移特性一般不为零,故在实际应用中需要加以考虑。另外,奈奎斯特第一准则公式不仅适用于 $H(\omega)$ 为实函数的情形,对于具有一般特性的 $H(\omega)$ 也适用。

【例 6-6】　数字基带传输系统以 48 kbit/s 的速率传输二进制信号,传输系统具有升余弦滚降频谱特性。计算滚降系数分别等于 0.5 和 1 时所要求的系统传输带宽。

【解】　二进制信号 $R_{\text{b}} = R_{\text{s}}$

当 $\alpha=0.5$ 时,$B = \dfrac{1+\alpha}{2} R_{\text{s}} = \dfrac{1+0.5}{2} \times 48 \text{ kHz} = 36 \text{ kHz}$

$$当\ \alpha = 1\ 时, B = \frac{1+\alpha}{2}R_s = \frac{1+1}{2} \times 48\ \text{kHz} = 48\ \text{kHz}$$

6.4 基带传输系统的抗噪声性能

微视频:基带传输系统的抗噪声性能-上

上一节讨论了无噪声影响时无码间串扰的基带传输特性。现在,我们分析在无码间串扰的条件下高斯噪声对系统误码性能的影响。

6.4.1 性能分析模型

基带传输系统的性能分析模型如图 6-16 所示,图中 $n(t)$ 为加性高斯白噪声,均值为 0,双边功率谱密度为 $n_0/2$。假设无码间串扰,则抽样判决后的信号为

$$y(kT_s) = a_k h(0) + n_R(kT_s) \tag{6-4-1}$$

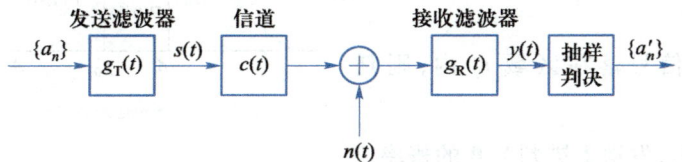

图 6-16 基带传输系统的性能分析模型

现在,我们来看一下 $n_R(t)$ 的统计特性。

这里我们假设信道噪声建模为平稳高斯白噪声,而接收滤波器又是一个线性网络,因此判决电路输入噪声 $n_R(t)$ 也是均值为 0,方差为 σ_n^2 的平稳高斯噪声,它的功率谱密度为

$$\Phi_n(f) = \frac{n_0}{2} |G_R(f)|^2 \tag{6-4-2}$$

$n_R(t)$ 的方差(即噪声功率)为

$$\sigma_n^2 = \int_{-\infty}^{\infty} \frac{n_0}{2} |G_R(f)|^2 \mathrm{d}f \tag{6-4-3}$$

这样,$n_R(t)$ 瞬时幅度值的统计特性可用一维概率密度函数描述

$$f(V) = \frac{1}{\sqrt{2\pi}\,\sigma_n} \mathrm{e}^{-V^2/2\sigma_n^2} \tag{6-4-4}$$

V 代表噪声的瞬时幅度值。

6.4.2 二进制双极性基带传输系统

微视频:基带传输系统的抗噪声性能-中

设二进制双极性信号在抽样时刻的电平取值为 $+A$ 或 $-A$(分别对应信息

码 **1** 或 **0**)，则在一个码元持续时间内，抽样判决器输入端的波形 $y(t)$ 在抽样时刻的值

$$y(kT_s) = \begin{cases} A + n_R(kT_s), & \text{当信息码为 1 时} \\ -A + n_R(kT_s), & \text{当信息码为 0 时} \end{cases} \quad (6\text{-}4\text{-}5)$$

由于 $n_R(t)$ 是高斯噪声，故当发送 **1** 时，$A + n_R(kT_s)$ 的一维条件概率密度函数为

$$f_1(y) = \frac{1}{\sqrt{2\pi}\,\sigma_n} \exp\left(-\frac{(y-A)^2}{2\sigma_n^2}\right) \quad (6\text{-}4\text{-}6)$$

当发送 **0** 时，$-A + n_R(kT_s)$ 的一维条件概率密度函数为

$$f_0(y) = \frac{1}{\sqrt{2\pi}\,\sigma_n} \exp\left(-\frac{(y+A)^2}{2\sigma_n^2}\right) \quad (6\text{-}4\text{-}7)$$

与它们相对应的曲线分别如图 6-17 所示。

在 $-A$ 到 $+A$ 之间选择一个适当的电平 y_0' 作为判决门限，判决规则如下：

（1）若接收信号落在区域 r_1 内，则判为 **0**；

（2）若接收信号落在区域 r_2 内，则判为 **1**。

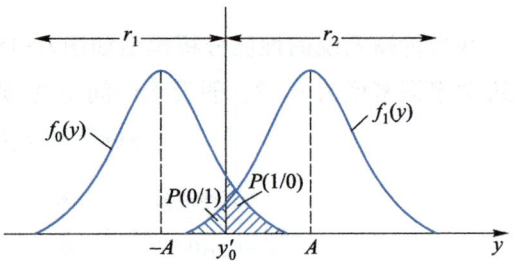

图 6-17　一维条件概率密度函数曲线

根据判决规则，发送 **1** 错判为 **0** 的概率 P (0/1) 和发送 **0** 错判为 **1** 的概率 $P(0/1)$ 可以分别为（它们分别由图 6-17 中的阴影部分所示）

$$P(0/1) = P(y < y_0') = \int_{-\infty}^{y_0'} f_1(y)\,\mathrm{d}y = \int_{-\infty}^{y_0'} \frac{1}{\sqrt{2\pi}\,\sigma_n} \exp\left[\frac{(y-A)^2}{2\sigma_n^2}\right]\mathrm{d}y$$

$$= \frac{1}{2} + \frac{1}{2}\mathrm{erf}\left(\frac{y_0'-A}{\sqrt{2}\,\sigma_n}\right) \quad (6\text{-}4\text{-}8)$$

$$P(1/0) = P(y > y_0') = \int_{y_0'}^{\infty} f_0(y)\,\mathrm{d}y = \int_{y_0'}^{\infty} \frac{1}{\sqrt{2\pi}\,\sigma_n} \exp\left[-\frac{(y+A)^2}{2\sigma_n^2}\right]\mathrm{d}y$$

$$= \frac{1}{2} - \frac{1}{2}\mathrm{erf}\left(\frac{y_0'+A}{\sqrt{2}\,\sigma_n}\right) \quad (6\text{-}4\text{-}9)$$

式中，误差函数 $\mathrm{erf}(x) = \frac{2}{\sqrt{\pi}}\int_0^x \mathrm{e}^{-z^2}\mathrm{d}z$。

假设信源发送 **1** 的概率为 $P(1)$，发送 **0** 的概率为 $P(0)$，则平均错误概率为

$$P_e = P(1)P(0/1) + P(0)P(1/0)$$

$$= \frac{1}{2} + \frac{1}{2}P(1)\mathrm{erf}\left(\frac{y_0'-A}{\sqrt{2}\,\sigma_n}\right) - \frac{1}{2}P(0)\mathrm{erf}\left(\frac{y_0'+A}{\sqrt{2}\,\sigma_n}\right) \quad (6\text{-}4\text{-}10)$$

由上式可知，$P(1)$、$P(0)$ 给定时，平均误码率由 A、σ_n^2 和判决门限 y_0' 决定。在 A 和 σ_n^2 一定

条件下,可以找到一个使误码率最小的判决门限电平,称为最佳判决门限。

由 $\dfrac{\partial P_e}{\partial y_0'}=0$,可得最佳判决门限为

$$y_0^* = \frac{\sigma_n^2}{2A}\ln\frac{P(0)}{P(1)} \qquad (6\text{-}4\text{-}11)$$

若 $P(1)=P(0)=1/2$,则有 $f_1(y_0^*)=f_0(y_0^*)$。

系统的平均误码率

$$P_e = \frac{1}{2}\left[\,P(0/1)+P(1/0)\,\right] = \frac{1}{2}\left[\,1-\mathrm{erf}\left(\frac{A}{\sqrt{2}\,\sigma_n}\right)\right] = \frac{1}{2}\mathrm{erfc}\left(\frac{A}{\sqrt{2}\,\sigma_n}\right) \qquad (6\text{-}4\text{-}12)$$

式中,$\mathrm{erfc}=1-\mathrm{erf}(x)$,称为互补误差函数。由上式我们可以得到如下结论:在发送概率相等,且在最佳门限电平下,二进制双极性基带传输系统的平均误码率仅依赖于信号峰值 A 与噪声均方根值 σ_n 的比值,而与采用什么样的信号形式无关。因为 $\mathrm{erfc}(x)$ 为递减函数,比值 A/σ_n 越大,P_e 越小。

6.4.3 二进制单极性基带传输系统

微视频:基带传输系统的抗噪声性能-下

对于单极性信号,假设它在抽样时刻的电平取值为 $+A$ 或 0(分别对应 1 或 0),发送 1 和 0 时的一维条件概率密度函数分别为

$$f_1(y) = \frac{1}{\sqrt{2\pi}\,\sigma_n}\exp\left[-\frac{(y-A)^2}{2\sigma_n^2}\right] \qquad (6\text{-}4\text{-}13)$$

$$f_0(y) = \frac{1}{\sqrt{2\pi}\,\sigma_n}\exp\left(-\frac{y^2}{2\sigma_n^2}\right) \qquad (6\text{-}4\text{-}14)$$

与上一节同理,可以得到最佳判决门限为

$$y_0^* = \frac{A}{2} + \frac{\sigma_n^2}{A}\ln\frac{P(0)}{P(1)} \qquad (6\text{-}4\text{-}15)$$

当 $P(1)=P(0)=1/2$ 时,$y_0^*=A/2$。

二进制单极性基带传输系统的平均误码率为

$$P_e = \frac{1}{2}\mathrm{erfc}\left(\frac{A}{2\sqrt{2}\,\sigma_n}\right) \qquad (6\text{-}4\text{-}16)$$

对比这两种情况下的系统平均误码率表达式,可以发现在 A、σ_n^2 相同的情况下,双极性基带传输系统的误码性能优于单极性基带传输系统,要获得相同的误码率,单极性系统所需信噪比要比双极性系统高 3 dB。单极性和双极性基带传输系统抗噪声性能比较如图 6-18 所示。

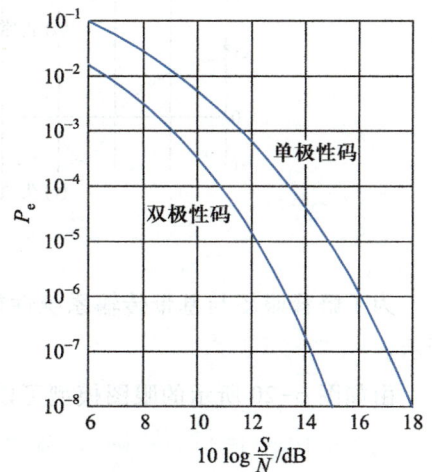

图 6-18　单极性和双极性基带传输系统抗噪声性能比较

6.5 眼 图

微视频:
眼图

理论上,只要按照奈奎斯特第一准则设计基带传输系统的传输函数就能实现无码间串扰传输。在实际工程中,存在滤波器设计误差以及信道随时间变化等不确定因素,很难完全做到无码间串扰,且难以定量分析。如何用简便的实验手段来观察和定性评价信号的质量?除了用专用精密仪器进行定量的测量以外,还可以利用示波器观察接收信号的波形来定性、观察和评价基带传输信号中受到码间串扰和噪声的影响情况,这就是眼图分析法。

观察眼图的方法是:用一个示波器接在接收滤波器的输出端,然后调整示波器扫描周期,使示波器水平扫描周期与接收码元的周期同步,这时示波器屏幕上看到的图形很像人的眼睛,故称之为"眼图"。

观察图 6-19 可以了解双极性二元码的眼图。图 6-19(a)为没有失真的波形,示波器将此波形每隔 T_s 重复扫描一次,利用示波器的余晖效应,扫描所得的波形重叠在一起,结果得到图 6-19(b)所示的"开启"的眼图。图 6-19(c)是有失真的基带信号的波形,重叠后的波形会聚变差,眼图张开程度变小,如图 6-19(d)所示。基带信号波形的失真主要是码间串扰和噪声,所以眼图的形状能定性地反映基带传输信号的质量。

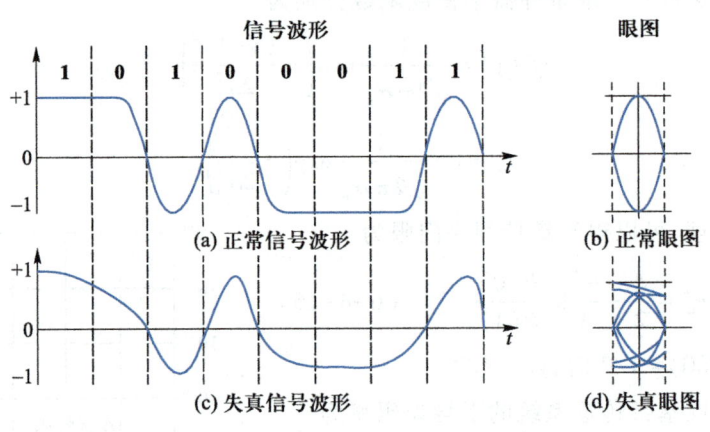

图 6-19 双极性二元码的波形及眼图

为了解释眼图与基带传输系统性能之间的关系,可把眼图抽象为一个模型,如图 6-20 所示。

由如图 6-20 所示的眼图模型可以获得以下信息:

(1)最佳抽样时刻是"眼睛"张开最大的时刻。

(2)眼图斜边的斜率决定了系统对抽样的定时误差灵敏度,斜边越陡,对定时误差越灵敏,对定时稳定度要求越高。

(3)在抽样时刻,上下两个阴影区的高度称为抽样失真,表示抽样时刻信号受噪声干扰

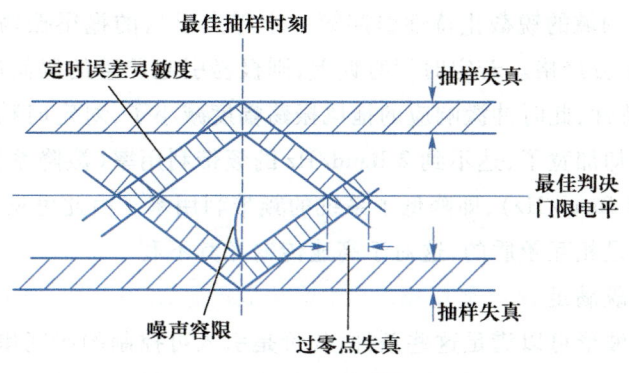

图 6-20 眼图模型

的失真程度。

（4）眼图中央的横轴位置对应于最佳判决门限电平。

（5）抽样时刻上、下两阴影区的间隔距离的一半称为噪声容限，如果噪声瞬时值超过它，则有可能发生错误判决。

（6）眼图中倾斜阴影带与横轴相交的区间表示接收波形零点位置的变化范围，即过零点失真，它对于利用信号零交点的位置来提取定时信息的接收系统有很大影响。

图 6-21 给出了示波器上两张眼图的照片。其中，图 6-21(a)是噪声较小情况下的眼图照片，图 6-21(b)是噪声较大时的眼图照片。

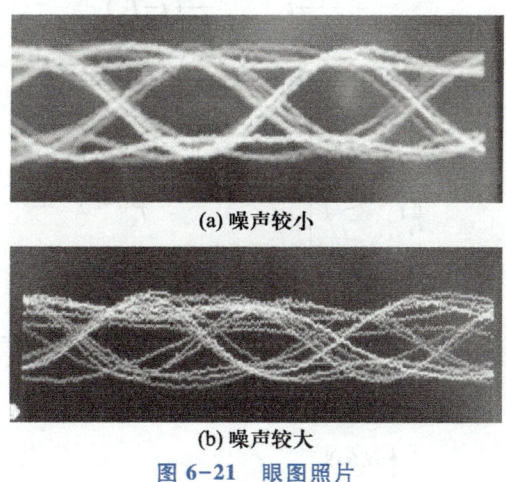

(a) 噪声较小

(b) 噪声较大

图 6-21 眼图照片

6.6 部分响应基带传输系统

在前面的讨论中，为了消除码间串扰，要求把基带传输系统的总特性 $H(\omega)$ 设计成理想低通特性，或者等效的理想低通传输特性。然而，对于理想低通传输特性而言，其冲激响应为 $\sin x/x$ 波形。这个波形的特点是频谱窄，而且能达到理论上的极限频带利用率 2 Baud/

Hz,但其缺点是由于频域的锐截止特性引起第一个零点以后的拖尾振荡幅度大、收敛慢,从而对定时精度要求十分严格。若定时稍有偏差,则极易引起严重的码间串扰。于是,又提出了采用升余弦频谱特性,此时冲激响应的拖尾振荡幅度减小了,对定时精度要求可适当放松一些,但所需的频带却加宽了,达不到 2 Baud/Hz 的频带利用率(滚降系数 $\alpha=1$ 的升余弦特性时频带利用率为 1 Baud/Hz),即降低了系统的频带利用率。由此可见,高的频带利用率与拖尾衰减快、拖尾小是相互矛盾的,这对于高速传输尤其不利。

那么,能否找到既满足频带利用率高,又满足拖尾振荡幅度小、收敛快的传输波形呢?事实证明,部分响应波形可以满足这些条件,代价是引入可控制的码间串扰。通常把利用部分响应波形进行信息传送的基带传输系统称为部分响应基带传输系统。

6.6.1　第Ⅰ类部分响应波形

微视频:第Ⅰ
类部分响应
波形-上

下面通过一种最简单的部分响应波形来说明部分响应波形的一般特性。

将两个时间上相隔一个码元间隔 T_s 的 $\sin x/x$ 波形相加,如图 6-22(a)所示,则相加后的波形 $h_p(t)$ 为

$$h_p(t) = \frac{\sin\frac{\pi}{T_s}t}{\frac{\pi}{T_s}t} + \frac{\sin\frac{\pi}{T_s}(t-T_s)}{\frac{\pi}{T_s}(t-T_s)} \tag{6-6-1}$$

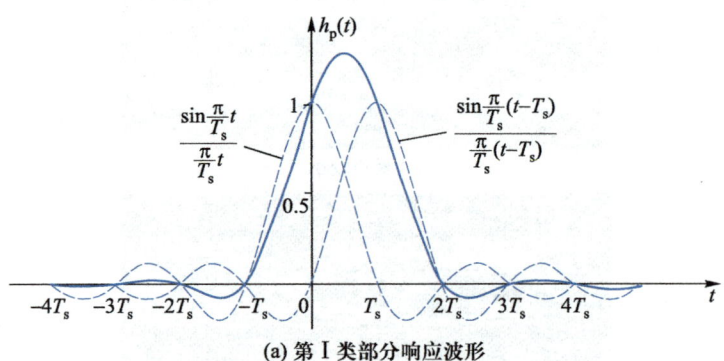

(a) 第Ⅰ类部分响应波形

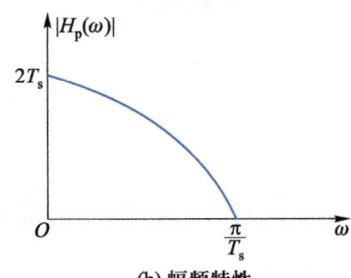

(b) 幅频特性

图 6-22　$h_p(t)$ 及其频谱函数的幅频特性

化简后可得

$$h_p(t) = \frac{T_s^2 \sin\dfrac{\pi t}{T_s}}{\pi t(T_s - t)} \tag{6-6-2}$$

我们称图 6-22 中的 $h_p(t)$ 为**第 I 类部分响应波形**。由式 (6-6-2) 可知，$h_p(t)$ 波形衰减快 (按照 $1/t^2$ 的速度衰减)，拖尾起伏小。从图 6-22(a) 也可以看到，相距一个码元间隔的 $\sin x/x$ 波形的拖尾因正负相反而相互抵消，从而使得合成波形的拖尾迅速衰减。

对式 (6-6-2) 进行傅里叶变换，可得 $h_p(t)$ 的频谱函数为

$$H_p(\omega) = \begin{cases} 2T_s \cos\dfrac{\omega T_s}{2} e^{-j\frac{\omega T_s}{2}}, & |\omega| \leqslant \dfrac{\pi}{T_s} \\[4mm] 0, & |\omega| > \dfrac{\pi}{T_s} \end{cases} \tag{6-6-3}$$

由式 (6-6-3) 可得到如图 6-22(b) 所示的 $h_p(t)$ 频谱函数的幅频特性曲线。由图 6-22(b) 可见，$h_p(t)$ 的频谱限制在 $(-\pi/T_s, \pi/T_s)$ 内，且呈余弦型。这种缓变的滚降过渡特性与陡峭衰减的理想低通特性有明显的不同，更易于实现。这时的传输带宽为

$$B = \frac{1}{2\pi}\frac{\pi}{T_s} = \frac{1}{2T_s} \tag{6-6-4}$$

频带利用率为

$$\eta = \frac{R_s}{B} = \frac{1/T_s}{1/2T_s} = 2 \text{ Baud/Hz} \tag{6-6-5}$$

达到基带传输系统在传输时的理论极限值。

如果用 $h_p(t)$ 作为传输信号的波形，在抽样时刻，发送码元的样值将受到前一个发送码元的干扰，而与其他码元不发生干扰。表面上看，此系统似乎无法按 $1/T_s$ 的码元速率可靠传送数字信号，但由于这种码间串扰是确定的、可控的，在接收端可以消除掉，故此系统仍可按 $1/T_s$ 的码元速率可靠传送数字信号，并达到 2 Baud/Hz 的极限频带利用率。

下面讨论第 I 类部分响应基带传输系统的实现。$h_p(t)$ 的形成过程可分为两步，首先形成相邻码元的干扰，然后再经过相应的网络形成所需的波形。这种有控制地引入码间串扰，使原先互相独立的码元变成相关码元的运算称为相关编码。相关编码的规则为

$$c_n = a_n + a_{n-1} \tag{6-6-6}$$

假设 $\{a_n\}$ 序列的可能电平值为 **0** 和 **1**，则根据式 (6-6-6) 得到的 c_n 的可能取值为 0、1、2 三种电平。由 $\{a_n\}$ 到 $\{c_n\}$ 的形成过程如下

a_n	1 0 1 1 0 0 0 1 0 1 1
a_{n-1}	1 0 1 1 0 0 0 1 0 1
$c_n = a_n + a_{n-1}$	1 1 2 1 0 0 1 1 1 2

上述过程的波形示意图如图 6-23 所示。

在接收端，经抽样判决得到 $\hat{c}_n$，再用反变换得到 a_n 的估计值 $\hat{a}_n$，即 $\hat{a}_n = \hat{c}_n - \hat{a}_{n-1}$，其中，$\hat{a}_{n-1}$ 是前一码元的估计值，然后不断递推运算下去。但递推运算会带来严重的差错传播问

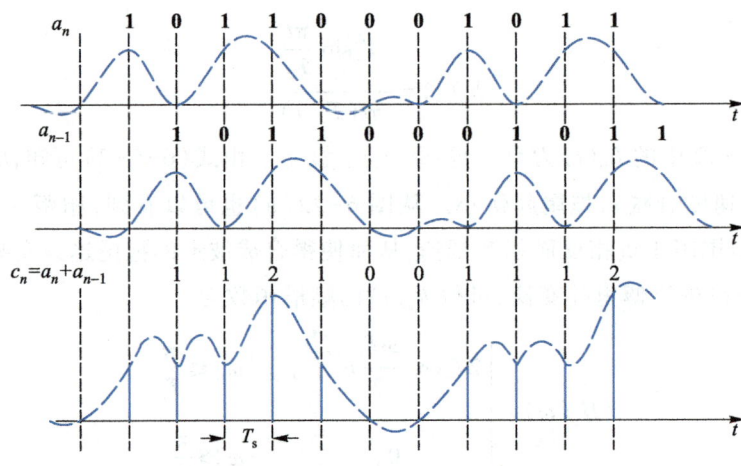

图 6-23　第 I 类部分响应信号波形示意图

题。如果在传输过程中，$\{c_n\}$ 序列中某个抽样值因干扰而发生差错，则不但会造成当前恢复的 $\hat{a}_n$ 值错误，而且会影响到以后所有的 $\hat{a}_{n+1}$，$\hat{a}_{n+2}$，…。这种现象就称为部分响应系统的差错传播现象。

为了解决差错传播问题，可在发送端相关编码之前进行预编码。预编码规则为

$$a_n = b_n \oplus b_{n-1}$$

即

$$b_n = a_n \oplus b_{n-1} \tag{6-6-7}$$

然后，再按如下规则对 b_n 进行相关编码

$$c_n = b_n + b_{n-1} \tag{6-6-8}$$

由式（6-6-7）和式（6-6-8）可知，在接收端对 $\hat{c}_n$ 进行模 2 处理，便可直接得到 $\hat{a}_n$。

$$\hat{a}_n = \hat{c}_n \quad (\bmod 2) \tag{6-6-9}$$

这正是我们所希望看到的结果。其物理意义是：预编码后的部分响应信号各抽样值之间已解除了相关性，由当前 c_n 值可直接得到当前的 a_n 值。

【例 6-7】

a_n	1	0	1	1	0	0	0	1	0	1	1
b_n	0	1	1	0	1	1	1	1	0	0	1	0
c_n		1	+2	1	1	+2	+2	+2	1	0	1	1
									↓			
$\hat{c}_n$		1	+2	1	1	+2	+2	+2	1	1	1	1
$\hat{a}_n$	1	0	1	1	0	0	0	1	1	1	1

由例 6-7 可知，当接收到的 $\{\hat{c}_n\}$ 在某些时刻发生判决错误时，恢复出来的 $\{\hat{a}_n\}$ 不存在差错传播现象。

上面讨论的第 I 类部分响应基带传输系统组成框图如图 6-24（a）所示。预编码器和相

关编码器可以合并简化,如图 6-24(b)所示。

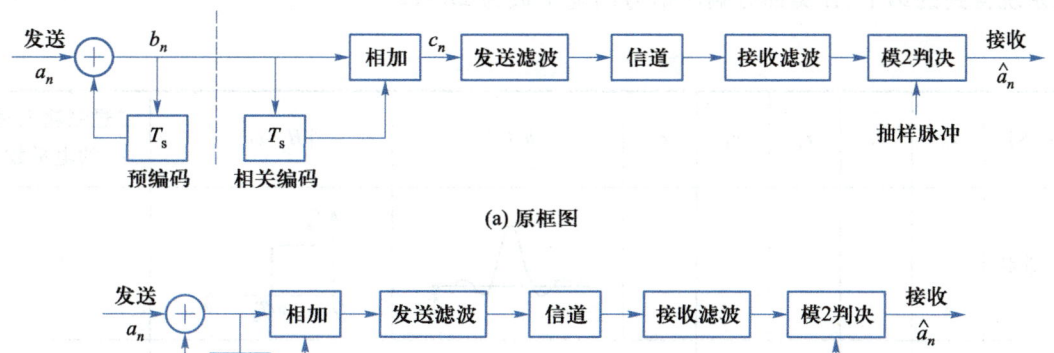

(a) 原框图

(b) 简化框图

图 6-24　第 I 类部分响应基带传输系统组成框图

微视频:第 I 类
部分响应
波形-下

微视频:部分
响应波形的一
般形式

6.6.2　部分响应波形的一般形式

部分响应波形的一般形式可以是 N 个 $\sin x/x$ 波形之和,其表达式为

$$h_p(t) = r_0 \frac{\sin \dfrac{\pi}{T_s}t}{\dfrac{\pi}{T_s}t} + r_1 \frac{\sin \dfrac{\pi}{T_s}(t-T_s)}{\dfrac{\pi}{T_s}(t-T_s)} + r_2 \frac{\sin \dfrac{\pi}{T_s}(t-2T_s)}{\dfrac{\pi}{T_s}(t-2T_s)} + \cdots + $$

$$r_{N-1} \frac{\sin \dfrac{\pi}{T_s}[t-(N-1)T_s]}{\dfrac{\pi}{T_s}[t-(N-1)T_s]} \qquad (6-6-10)$$

式中,加权系数 $r_0, r_1, \cdots, r_{N-1}$ 为整数。式(6-6-10)所示部分响应波形的频谱函数为

$$H_p(\omega) = \begin{cases} T_s \displaystyle\sum_{k=0}^{N-1} r_k e^{-j\omega T_s k}, & |\omega| \leqslant \dfrac{\pi}{T_s} \\ 0, & |\omega| > \dfrac{\pi}{T_s} \end{cases} \qquad (6-6-11)$$

表 6-2 中给出了 5 类部分响应信号的波形、频谱特性及加权系数 r_k。各类部分响应信号的频谱在 π/T_s 处均为 0,有的在 $\omega=0$ 处也出现零点,其带宽都不超过理想低通信号的带宽。但是它们的频谱结构以及对相邻码元抽样时刻的干扰情况不同。目前应用最广泛的是第 I 类和第 IV 类部分响应信号。第 I 类部分响应信号的频谱能量主要集中在低频段,适用于传输系统中信道频带高端受限的情况,这种信号又称为双二进制编码信号。第 IV 类部分响应信号具有无直流分量且低频分量很小的特点。以上两类部分响应信号的抽样值电平数

比其他类别的少,这也是它们得到广泛应用的原因之一。当输入为 L 进制信号时,经部分响应系统得到的第 I、IV 类部分响应信号的电平数为 $2L-1$。

表 6-2　常见的部分响应波形

类别	r_0	r_1	r_2	r_3	r_4	$h_\mathrm{p}(t)$	$\lvert H_\mathrm{p}(\omega)\rvert$	二进制输入时 c_n 的电平数
二进制	1							2
I	1	1						3
II	1	2	1					5
III	2	1	−1					5
IV	1	0	−1					3
V	−1	0	2	0	−1			5

对于一般形式的部分响应信号,如果输入的数字序列为 $\{a_n\}$,当抽样时刻 $t=nT_s$ 时,对应的部分响应信号为 c_n,它与其他码元的干扰有关,可以表示为

$$c_n = r_0 a_n + r_1 a_{n-1} + r_2 a_{n-2} + \cdots + r_{N-1} a_{n-(N-1)} \tag{6-6-12}$$

式(6-6-12)称为部分响应信号的相关编码。显然,不同类别的部分响应信号有不同的相关编码方式,即 r_k 的取值不同。相关编码是为了得到预期的部分响应信号所必需的。由于使用了相关编码,在传输系统接收端由接收到的抽样值序列 $\{c_n\}$ 恢复出原来的 $\{a_n\}$,必须做如下运算

$$a_n = \frac{1}{r_0}\left[c_n - \sum_{i=1}^{N-1} a_{n-i} r_i \right] \tag{6-6-13}$$

如第 6.6.1 节所述,为了避免出现因相关编码而引起的差错传播问题,应在相关编码之

前进行预编码

$$a_n = r_0 b_n + r_1 b_{n-1} + \cdots + r_{N-1} b_{n-(N-1)} \quad (\bmod\ M) \tag{6-6-14}$$

这里,设 $\{a_n\}$ 为 M 进制序列,$\{b_n\}$ 为预编码后得到的新序列,mod M 表示模 M 运算。

将预编码后的 $\{b_n\}$ 序列进行相关编码,由式(6-6-12)可知

$$c_n = r_0 b_n + r_1 b_{n-1} + r_2 b_{n-2} + \cdots + r_{N-1} b_{n-(N-1)} \tag{6-6-15}$$

将式(6-6-14)和式(6-6-15)进行比较,可得

$$a_n = c_n \quad (\bmod\ M) \tag{6-6-16}$$

以第 IV 类部分响应信号为例,第 IV 类部分响应基带传输系统的组成框图如图 6-25 所示,假设输入信号采用四进制,a_n 的取值为 0、1、2、3,由表 6-2 可知,采用第 IV 类部分响应信号时,$r_0 = 1$,$r_1 = 0$,$r_2 = -1$。因此由式(6-6-14)可得预编码规则为

$$\begin{aligned} a_n &= r_0 b_n + r_1 b_{n-1} + r_2 b_{n-2} \quad (\bmod\ 4) \\ &= b_n - b_{n-2} \quad (\bmod\ 4) \end{aligned} \tag{6-6-17}$$

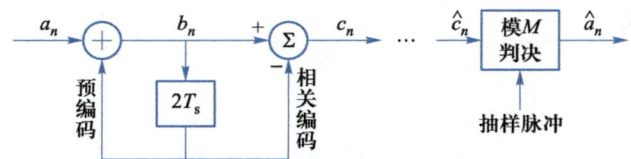

图 6-25 第 IV 类部分响应基带传输系统的组成框图

即

$$b_n = a_n + b_{n-2} \quad (\bmod\ 4) \tag{6-6-18}$$

由式(6-6-15)得相关编码规则为

$$c_n = b_n - b_{n-2} \tag{6-6-19}$$

由式(6-6-16)得接收端解码规则为

$$\hat{a}_n = \hat{c}_n \quad (\bmod\ 4) \tag{6-6-20}$$

图 6-26 给出了一个第 IV 类部分响应系统(假设输入信号为四进制)的示例,其中各序列值是由式(6-6-18)、式(6-6-19)和式(6-6-20)计算得到的。

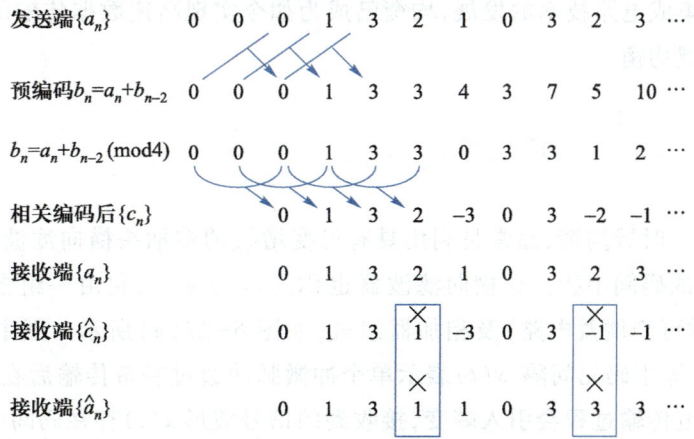

图 6-26 第 IV 类部分响应信号编解码过程

【例 6-8】　设第 Ⅳ 类部分响应基带传输系统的输入二进制序列为 $\{a_n\}$ = **1011101100**，试求出预编码后的序列 $\{b_n\}$ 和相关编码输出序列 $\{c_n\}$。设该序列前的数字信息码均为 **0**。

【解】　第 Ⅳ 类部分响应信号的预编码和相关编码规则分别为

预编码规则　　　　　　　　　　$b_n = a_n + b_{n-2}$　（mod 2）

相关编码规则　　　　　　　　　$c_n = b_n - b_{n-2}$

根据相应规则，可知预编码后的序列 $\{b_n\}$ 和相关编码输出序列 $\{c_n\}$ 为

a_n		**1**	**0**	**1**	**1**	**1**	**0**	**1**	**1**	**0**	**0**
b_n	**0**	**0**	**0**	**1**	**0**	**0**	**1**	**1**	**1**	**0**	**0**	**0**
c_n		**1**	**0**	**-1**	**1**	**1**	**0**	**-1**	**-1**	**0**	**0**

需要指出的是，部分响应基带传输系统是由预编码器、相关编码器、发送滤波器、信道和接收滤波器共同形成的。由于部分响应信号的频谱是平滑滚降的，因此易于实现。但部分响应的电平数进一步增加，造成了多电平传输的情况，为防止干扰造成的接收错误，对传输特性仍有较高的要求。

6.7　均　衡　原　理

一个实际的数字基带传输系统不可能完全满足无码间串扰的传输条件，因而码间串扰几乎是不可避免的。当码间串扰造成严重影响时，有必要对整个系统的传递函数进行校正，使其尽可能满足无码间串扰的条件。为了减小码间串扰的影响，通常需要在接收机中插入一个可调的滤波器，用以校正（或补偿）系统传输特性。这个对系统特性进行校正的过程称为均衡。

均衡可分为频域均衡与时域均衡。频域均衡是使整个系统总的传输特性满足无码间串扰的传输条件，往往用来校正幅频特性和相频特性。时域均衡是直接从时域响应出发，使包括均衡器在内的整个系统的冲激响应函数满足无码间串扰的时域条件。随着数字信号处理理论和超大规模集成电路技术的发展，均衡已成为如今实现高速数据传输的关键技术之一。这里主要讨论时域均衡。

6.7.1　时域均衡原理

微视频：时域
均衡原理

　　时域均衡，通常是利用具有可变增益的多抽头横向滤波器来减少接收波形的码间串扰。该横向滤波器也称时域均衡器，它由一组多抽头的时延线、系数相乘器（或称可变增益电路）及相加器组成，如图 6-27（a）所示。图中，T_s 是每两个抽头之间的延时，它等于码元间隔，$x(t)$ 表示单个冲激脉冲通过基带传输后在接收端得到的冲激响应。因为信道传输过程会引入畸变，接收到的信号波形 $x(t)$ 存在码间串扰，此时每隔时间 T_s 的非零时刻的抽样值不为零，如图 6-27（b）所示。当 $x(t)$ 输入到时域均衡器时，通过

调整抽头系数使横向滤波器的输出信号 $y(t)$ 在非零时刻的抽样值为零。这样,就可以消除(或减弱)抽样时刻的码间串扰值,码间串扰减弱的程度与抽头数的多少密切相关。

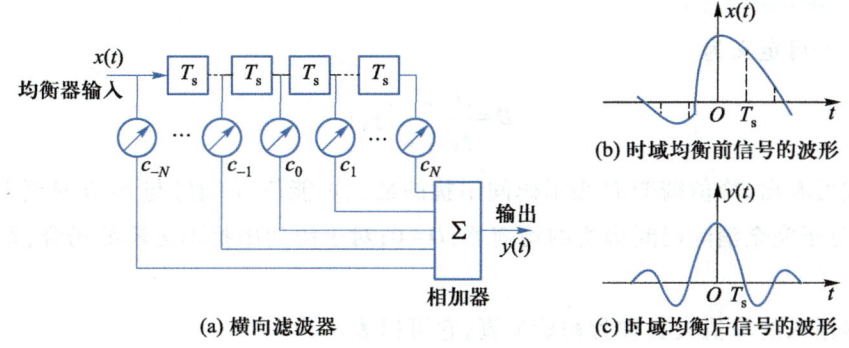

图 6-27　时域均衡器及其均衡波形示例

均衡器的输出波形为

$$y(t) = x(t) * e(t) \tag{6-7-1}$$

式中,$e(t)$ 为横向滤波器的单位冲激响应。

由图 6-27(a)可知,均衡器的时域冲激响应为

$$e(t) = \sum_{i=-N}^{N} c_i \delta(t - iT_s) \tag{6-7-2}$$

式中,c_i 为图 6-27(a)中第 i 个抽头的系数($i = -N, -N+1, \cdots, -1, 0, 1, \cdots, N-1, N$)。

由式(6-7-1)和式(6-7-2)可得到均衡器的输出为

$$y(t) = \sum_{i=-N}^{N} c_i x(t - iT_s) \tag{6-7-3}$$

于是,在抽样时刻 $t = kT_s + t_0$,有

$$
\begin{aligned}
y(kT_s + t_0) &= \sum_{i=-N}^{N} c_i x(kT_s + t_0 - iT_s) \\
&= \sum_{i=-N}^{N} c_i x\left[(k-i)T_s + t_0\right]
\end{aligned}
\tag{6-7-4}
$$

上式说明,均衡器在第 k 抽样时刻上得到的抽样值 y_k 将由 $2N+1$ 个 c_i 与 x_{k-i} 乘积之和来确定。当输入波形 $x(t)$ 给定,通过调整抽头系数 c_i 可使指定 y_k 等于零,但要同时使除 $k=0$ 外的所有 y_k 都等于零则很难实现。当 N 的取值有限时不可能完全消除码间串扰,而当 $N \to \infty$ 时消除码间串扰在理论上是可能的。然而,N 不可能无穷大,而且抽头越多成本越高,而且各抽头调节误差的积累,反而可能影响调节精度。因此,应寻求合适的抽头数及抽头系数 c_i,使码间串扰尽可能小。

6.7.2　均衡准则与实现

微视频:均衡
准则与实现-上

横向滤波器的特性完全取决于各抽头系数,而抽头系数的确定则依据

均衡的效果。为此,首先要建立度量均衡效果的标准。常用的均衡准则主要有最小峰值畸变准则和最小均方畸变准则。

1. 最小峰值畸变准则

峰值畸变可定义为

$$D = \frac{1}{y_0} \sum_{\substack{k=-\infty \\ k \neq 0}}^{+\infty} |y_k| \tag{6-7-5}$$

由上式可看出,峰值畸变 D 表示码间串扰的最大可能值(峰值)与 $k=0$ 时刻上的样值之比。显然,对于完全消除码间串扰的均衡器,$D=0$;对于码间串扰不为零的场合,希望 D 有最小值。

均衡器输入的峰值失真称为初始失真,它可以表示为

$$D_0 = \frac{1}{x_0} \sum_{\substack{k=-\infty \\ k \neq 0}}^{+\infty} |x_k| \tag{6-7-6}$$

均衡的目的是设计 c_i,使 D 最小。Lucky(腊吉)曾证明,当初始失真 $D_0 \leqslant 1$ 时,调整 $2N+1$ 个抽头增益(系数)c_i,使 $2N$ 个抽头的样值 $y_k=0$(除 $k=0$ 外)时,有最小的峰值失真 D。也就是说,如果均衡器前的二进制眼图不闭合,调整均衡器的抽头系数使输出冲激响应在相应的位置上迫零,此时的峰值畸变最小。从数学意义来说,抽头系数 $\{c_i\}$ 应该是

$$y_k = \begin{cases} 0, & 1 \leqslant |k| \leqslant N \\ 1, & k = 0 \end{cases} \tag{6-7-7}$$

的 $2N+1$ 个联立方程构成的方程组的解。按照这一准则去调整抽头系数的均衡器称为迫零均衡器。它能保证 y_0 前后 N 个抽样点上无码间串扰,但不能消除所有抽样时刻上的码间串扰。式(6-7-7)又可写成

$$\sum_{i=-N}^{N} c_i x_{k-i} = \begin{cases} 0, & 1 \leqslant |k| \leqslant N \\ 1, & k = 0 \end{cases} \tag{6-7-8}$$

上式写成矩阵形式,则有

$$\begin{bmatrix} x_0 & x_{-1} & \cdots & x_{-2N} \\ x_1 & x_0 & \cdots & x_{-2N+1} \\ x_2 & x_1 & \cdots & x_{-2N+2} \\ & & \vdots & \\ x_{2N} & & \cdots & x_0 \end{bmatrix} \begin{bmatrix} c_{-N} \\ c_{-N+1} \\ \vdots \\ c_0 \\ \vdots \\ c_{N-1} \\ c_N \end{bmatrix} = \begin{bmatrix} 0 \\ \vdots \\ 0 \\ 1 \\ 0 \\ \vdots \\ 0 \end{bmatrix} \begin{array}{l} \left.\rule{0pt}{20pt}\right\} N \text{ 个} \\ \\ \left.\rule{0pt}{20pt}\right\} N \text{ 个} \end{array} \tag{6-7-9}$$

或简写成

$$XC = I \tag{6-7-10}$$

如果 $x_{-2N}, \cdots, x_0, \cdots, x_{2N}$ 已知,则求解上式线性方程组可以得到 $c_{-N}, \cdots, c_0, \cdots, c_N$ 等 $2N+1$ 个抽头系数值。

【例 6-9】 已知输入信号 $x(t)$ 的抽样值为 $x_{-1}=0.2, x_0=1, x_1=-0.3, x_2=0.1$，其他 $x_k=0$。设计一个三抽头的迫零均衡器，求三个抽头的系数，并计算均衡前后的峰值失真。

【解】 因为 $2N+1=3$，根据式（6-7-9）可列出方程组

$$\begin{cases} c_{-1}+0.2c_0=0 \\ -0.3c_{-1}+c_0+0.2c_1=1 \\ 0.1c_{-1}-0.3c_0+c_1=0 \end{cases}$$

解联立方程组，可得

$$c_{-1}=-0.1779, \quad c_0=0.8897, \quad c_1=0.2847$$

再利用式（6-7-4）可计算得到均衡器的输出为

$$y_{-3}=0, \quad y_{-2}=-0.0356, \quad y_{-1}=0, \quad y_0=1,$$
$$y_1=0, \quad y_2=0.00356, \quad y_3=0.0285, \quad y_4=0$$

初始失真（输入峰值失真）D_0 为

$$D_0=\frac{1}{x_0}\sum_{\substack{k=-\infty \\ k\neq 0}}^{+\infty}|x_k|=0.6$$

输出峰值失真为

$$D=\frac{1}{y_0}\sum_{\substack{k=-\infty \\ k\neq 0}}^{+\infty}|y_k|=0.0679$$

均衡后的峰值失真减小为未均衡前的 $1/8.8$。

可见，三抽头均衡器可以使 y_0 两侧各有一个零点，但在远离 y_0 的一些抽样点上仍会有码间串扰。此例形象地说明了若用抽头数有限的横向滤波器作为均衡器，存在码间串扰的各个码元信号经过均衡后确实可以减小码间串扰，但不能完全消除码间串扰，适当增加抽头数可以将码间串扰减小到相当小的程度。

2. 最小均方畸变准则

均方畸变被定义为

$$e^2=\frac{1}{y_0^2}\sum_{\substack{k=-\infty \\ k\neq 0}}^{+\infty}y_k^2 \qquad (6-7-11)$$

微视频：均衡
准则与实现-下

式中

$$y_k=\sum_{i=-N}^{+N}c_ix_{k-i} \qquad (6-7-12)$$

设发送序列为 $\{a_n\}$，则每个 a_n 的取值是随机的。该序列通过基带系统后，在均衡器的输入端为 $\{x_k\}$ 序列，在均衡器的输出端将获得输出样值序列 $\{y_k\}$。此时对任意 k，有

$$\overline{\mu^2}=E[(y_k-a_k)^2] \qquad (6-7-13)$$

式中，$E[\cdot]$ 表示求统计平均，$\overline{\mu^2}$ 为均方误差。若 $\overline{\mu^2}$ 最小，则表明均衡效果最好。将式（6-7-12）代入式（6-7-13），可得

$$\overline{\mu^2}=E\left[\left(\sum_{i=-N}^{N}c_ix_{k-i}-a_k\right)^2\right] \qquad (6-7-14)$$

可见，$\overline{\mu^2}$ 是各抽头增益的函数。

$$Q(c) = \frac{\partial \overline{\mu^2}}{\partial c_i} \qquad (6-7-15)$$

为 $\overline{\mu^2}$ 对第 i 个抽头增益 c_i 的偏导数。将式（6-7-14）代入上式有

$$Q(c) = 2E[e_k x_{k-i}] \qquad (6-7-16)$$

式中

$$e_k = y_k - a_k = \sum_{i=-N}^{N} c_i x_{k-i} - a_k \qquad (6-7-17)$$

要使 $\overline{\mu^2}$ 最小，就应使式（6-7-16）给出的 $Q(c) = 0$。由式（6-7-16）可知，只有在 e_k 与 x_{k-i} 互不相关时才有 $E[e_k x_{k-i}] = 0$。因而可得到下述重要概念：若要使 $\overline{\mu^2}$ 为最小，误差 e_k 与均衡器输入样值 $x_{k-i}(|i| \leq N)$ 应互不相关。这就说明，抽头增益的调整可以借助误差 e_k 和样值 x_{k-i} 乘积的统计平均值。若这个平均值不等于零，则应通过增益调整使其向零值变化，直至等于零为止。图 6-28 所示为利用这种原理构成的一种自适应均衡器。图中，统计平均器可以由一个求算术平均的部件来近似。

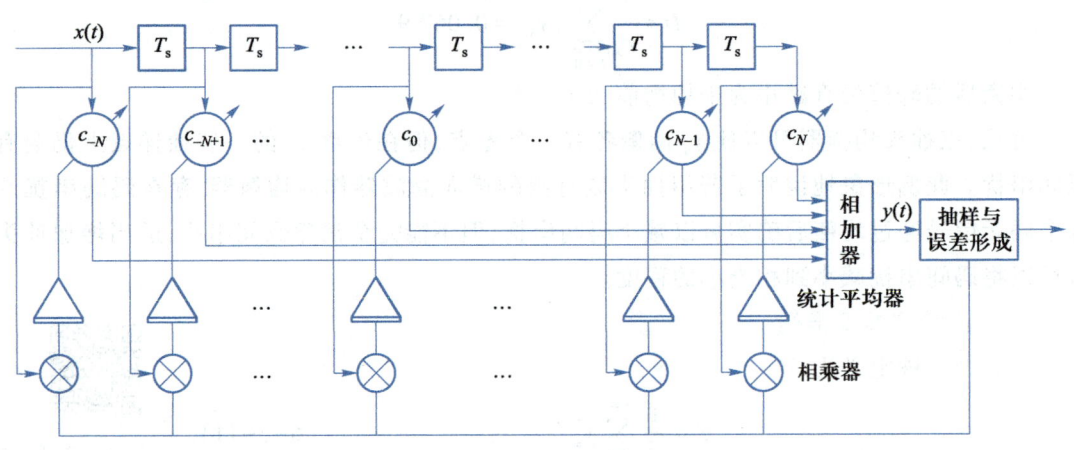

图 6-28　自适应均衡器原理框图

习　　题

6-1　基带传输码型和波形的设计目的是什么？试给出码型设计中应考虑的原则。

6-2　已知二元信息序列为 **10100110**。（1）画出单极性 NRZ 波形和 RZ 波形（占空比 50%）；（2）画出双极性 NRZ 波形和 RZ 波形（占空比 50%）。

6-3　已知二元信息序列为 **10011000001100000101**，试以矩形脉冲为例，（1）画出 AMI 码波形；（2）画出 HDB₃ 码波形（设序列前面的第一个码为负极性的 V 码）。

6-4 已知二元信息序列为 **1101001**,试给出相应的传号差分码、CMI 码和数字双相码的波形。

6-5 数字基带信号的功率谱有什么特点?它的带宽主要取决于什么?

6-6 某数字基带系统速率为 2 400 Baud,试问:

(1)以四进制和八进制码元传输时系统的比特速率分别为多少?

(2)采用双极性 NRZ 矩形脉冲传输时,基带信号的带宽估计是多少?

6-7 设数字基带传输系统的发送滤波器、信道及接收滤波器组成的总特性为 $H(\omega)$,若要求以 $2/T_s$ 的速率进行数据传输,试检验题图 6-7 各种 $H(\omega)$ 是否满足消除抽样点上码间串扰的条件。

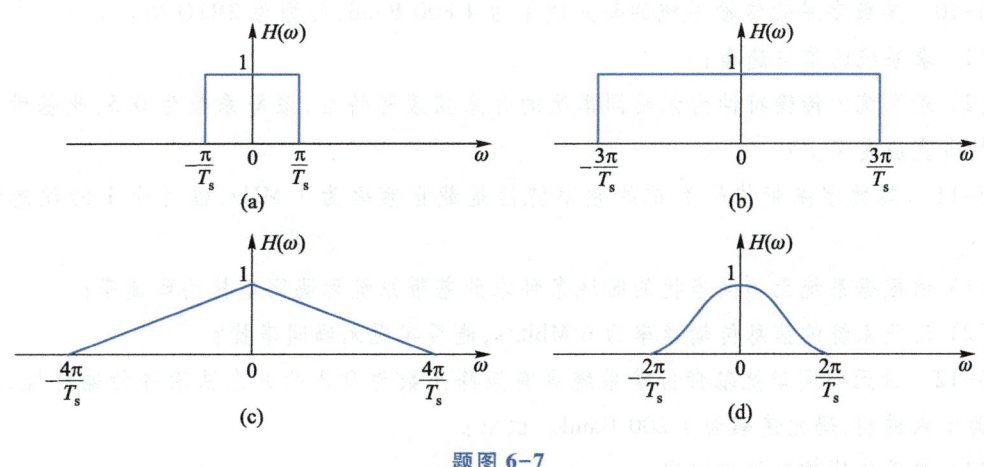

题图 6-7

6-8 具有升余弦频谱特性的信号可用题图 6-8 所示电路产生。图中的运算放大器起相加的作用。使 $R_1 = 2R$,以保证相加器的输出点对点 a、b、c 三个分量的加权值分别为 1/2、1、1/2。图中低通滤波器的截止频率为 $2f_s$。试证明该电路的传递函数为

$$H(f) = \begin{cases} 1 + \cos \dfrac{\pi f}{2f_s}, & 0 \leqslant f \leqslant 2f_s \\ 0, & f > 2f_s \end{cases}$$

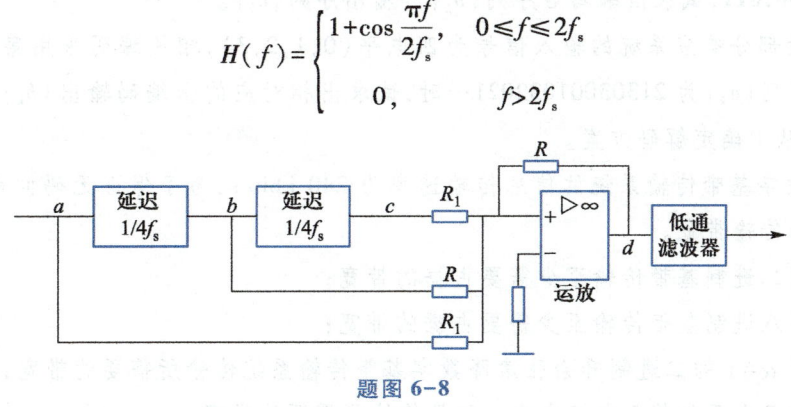

题图 6-8

6-9 设某数字基带传输系统的传输特性 $H(\omega)$ 如题图 6-9 所示。其中 α 为某个常数 $(0 \leqslant \alpha \leqslant 1)$。

(1)试检验该系统能否实现无码间串扰传输;

（2）试求该系统的最大码元传输速率，这时的系统频带利用率为多大？

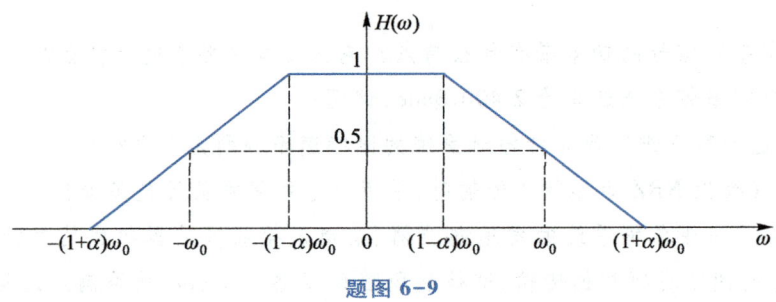

题图 6-9

6-10　某数字基带传输系统的码元速率为 4 800 Baud，码型为 2B1Q 码。

（1）求系统的信息速率；

（2）若系统的传输特性为无码间串扰的升余弦滚降特性，滚降系数为 0.5，此基带传输系统的带宽应是多少？

6-11　某数字基带传输系统的频率特性是截止频率为 1 MHz、幅度为 1 的理想低通特性。

（1）试根据系统无码间串扰的时域条件求此基带系统无码间串扰的码速率；

（2）设此系统的信息传输速率为 6 Mbit/s，能否实现无码间串扰？

6-12　设无码间串扰基带传输系统具有滚降系数为 0.3 的升余弦滚降传输特性，基带码元为十六进制，码元速率为 1 200 Baud。试求：

（1）该系统的信息传输速率；

（2）传输系统的截止频率；

（3）该系统的频带利用率。

6-13　设采用预编码的第 Ⅳ 类部分响应形成网络的输入序列 $\{a_k\}$ 为 **00011110101001011**，试求预编码后序列 $\{b_k\}$ 和输出序列 $\{c_k\}$。

6-14　设部分响应系统的输入信号为四电平（0，1，2，3），相关编码采用第 Ⅳ 类部分响应。当输入序列 $\{a_k\}$ 为 21303001032021… 时，试求出相对应的预编码输出 $\{b_k\}$ 及相关编码输出 $\{c_k\}$，并从中确定解码方案。

6-15　数字基带传输系统的信息传输速率为 240 kbit/s，为了保证无码间串扰，求下列情况下所需的传输带宽。

（1）采用二进制基带传输至少需要占据的带宽；

（2）采用八进制基带传输至少需要占据的带宽；

（3）采用 $\alpha=1$ 的二进制升余弦滚降数字基带传输系统传输所需要的带宽；

（4）采用 7 电平的第 Ⅰ 类部分响应信号传输所需要的带宽。

6-16　什么是最佳判决门限电平？解释其意义。

6-17　当 $P(1)=P(0)=1/2$ 时，对于传送单极性和双极性基带波形的最佳判决门限电平各为多少？为什么？

6-18　什么是眼图？由眼图模型可以说明基带传输系统的哪些性能？

6-19　已知三抽头横向滤波器的抽头增益分别为 $c_{\pm 1} = -1/3$，$c_0 = 6/5$，输入信号的样值为 $x_1 = 1/3$，$x_0 = 1$，$x_{-1} = 1/5$，其他 x 值为 0，试求均衡输出信号 y 的样值。

6-20　输入波形 $x(t)$ 的样值序列 $x_{-2} = 1/8$，$x_{-1} = 1/3$，$x_0 = 1$，$x_1 = 1/16$，其他样点值为 0，三抽头的增益值为 $c_{-1} = -1/3$，$c_0 = 1$，$c_1 = -1/4$，求输出序列 $y(t)$，并利用峰值畸变准则评价均衡效果。

第7章

数字调制

前一章我们讨论了数字基带传输原理。然而,实际通信中不少信道(如无线信道)不能直接传送基带信号,必须利用调制器将数字信息映射成与实际信道特性相匹配的信号波形。映射过程一般是这样的:先从信息序列$\{a_n\}$中一次提取$k=\log_2 M$个二进制数字比特形成一个分组,对应该分组从M个确定的信号波形$\{s_m(t),m=1,2,\cdots,M\}$中选择一个进行传输。理论上,信号波

第7章
思维导图

形的选择只要适合于信道传输即可。数字通信系统多数采用正弦信号作为载波,原因在于正弦信号易于产生和接收。近年来,随着软件无线电和数字信号处理技术的发展,以正弦信号以外的波形(如脉冲波形)为载波的调制方式也受到越来越多的关注。

以正弦信号为载波的数字调制就是用数字基带信号改变正弦型载波的幅度、频率或相位,或是这些参数中的两个或多个的组合,分别称为数字幅度调制(幅移键控)、数字频率调制(频移键控)、数字相位调制(相移键控)以及派生出的多种其他混合式数字调制方式。

本章着重讨论二进制数字调制的原理和抗噪声性能、多进制数字调制原理以及恒包络调制。

7.1 二进制数字调制

最常见的二进制数字调制方式有二进制幅移键控、频移键控、相移键控和差分相移键控。下面分别讨论这几种二进制数字调制的原理。

微视频:二进
制振幅键控-上

7.1.1 二进制幅移键控

幅移键控(amplitude shift keying,ASK)是载波的振幅随着数字基带信号变化而变化的数字调制方式。当数字基带信号为二进制时,则为二进制幅移键控(2ASK)。

1. 2ASK 信号及其产生方法

2ASK 信号可以表示成具有一定波形形状的二进制序列(二进制数字基带信号)与正弦型载波(不失一般性,令其初相为 0)的乘积,即

$$e_{2\mathrm{ASK}}(t)=\left[\sum_n a_n g(t-nT_s)\right]\cos\omega_c t \tag{7-1-1}$$

式中,$g(t)$是基带脉冲波形,T_s为二进制码元间隔,$\omega_c=2\pi f_c$,f_c为载波频率。a_n为第n个码

元的电平,取值满足

$$a_n = \begin{cases} \boldsymbol{0}, & \text{概率为 } P \\ \boldsymbol{1}, & \text{概率为 } 1-P \end{cases} \tag{7-1-2}$$

二进制数字基带信号用 $s(t)$ 表示,则

$$s(t) = \sum_n a_n g(t-nT_s) \tag{7-1-3}$$

式(7-1-1)变为

$$e_{2ASK}(t) = s(t)\cos \omega_c t \tag{7-1-4}$$

通常,二进制幅移键控信号的产生方法有两种,如图 7-1 所示。图 7-1(a)是一般的模拟幅度调制方法,这里的单极性不归零二进制脉冲序列 $s(t)$ 由式(7-1-3)得到;图 7-1(b)是采用数字键控方法实现的,这里的开关电路受 $s(t)$ 的控制;图 7-1(c)为 $s(t)$ 和 $e_{2ASK}(t)$ 的波形示例,2ASK 信号的波形 $e_{2ASK}(t)$ 随着开关电路的通断而变化,所以又称为通断键控信号(on off keying,OOK)。

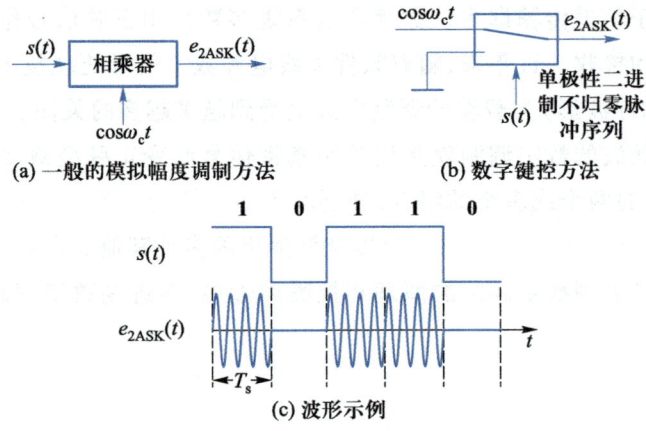

图 7-1 2ASK 信号的产生方法和波形示例

2. 2ASK 信号的解调方法

微视频:二进制
振幅键控-下

2ASK 信号有两种基本的解调方法:非相干解调和相干解调。

(1)非相干解调

2ASK 信号的非相干解调过程如图 7-2 所示。半波或全波整流器和低通滤波器一起实现包络检波的功能,这种非相干解调的方法也称为包络检波法,其原理和 AM 信号的包络检波类似。

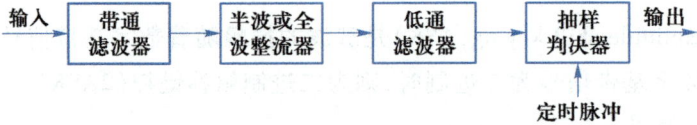

图 7-2 2ASK 信号的非相干解调过程

接收端接收的信号中包含已调信号和噪声,带通滤波器的作用是让已调信号尽可能无失真通过的同时尽可能抑制带外噪声。通常,带通滤波器的中心频率为 f_c,带宽等于或略大于已调信号的带宽。抽样判决器在定时脉冲的控制下,对低通滤波器的输出信号进行抽样,并与设定的门限值(由于噪声的影响,该门限的最优值是变化的)相比较,得到判决输出。

（2）相干解调

2ASK 信号的相干解调过程如图 7-3 所示。相干解调要求在接收端产生一个与已调信号载波同频同相的信号（由载波同步电路实现，将在第 9 章中详细讨论），这个信号称为本地载波。

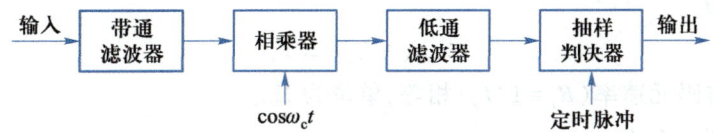

图 7-3　2ASK 信号的相干解调过程

带通滤波器与非相干解调中的带通滤波器作用相同。带通滤波器的输出与本地载波信号相乘后，输出到低通滤波器。低通滤波器的带宽通常等于或略大于基带信号的带宽，这样低通滤波器就可以滤除相乘器输出信号中的高频分量，同时保留基带信号。

2ASK 是 20 世纪初最早应用于无线电报系统的数字调制方式之一，但由于其抗噪声性能较差，现已较少使用。

3. 功率谱密度与带宽

设 $e_{2ASK}(t)$ 和 $s(t)$ 的功率谱密度分别为 $\Phi_{2ASK}(f)$ 和 $\Phi_{ss}(f)$，由式（7-1-4）可得到（假设 $\Phi_{ss}(f+f_c)$ 和 $\Phi_{ss}(f-f_c)$ 在频率轴上没有重叠部分）

$$\Phi_{2ASK}(f) = \frac{1}{4}\left[\Phi_{ss}(f-f_c) + \Phi_{ss}(f+f_c)\right] \qquad (7-1-5)$$

当 1 和 0 出现的概率相等，$s(t)$ 是单极性不归零矩形脉冲序列且互不相关时，利用 6.1 节基带信号功率谱密度的计算方法求得 $\Phi_{ss}(f)$，代入式（7-1-5）可得到

$$\Phi_{2ASK}(f) = \frac{T_s}{16}\left[\left|\frac{\sin \pi(f+f_c)T_s}{\pi(f+f_c)T_s}\right|^2 + \left|\frac{\sin \pi(f-f_c)T_s}{\pi(f-f_c)T_s}\right|^2\right]$$
$$+ \frac{1}{16}\left[\delta(f+f_c) + \delta(f-f_c)\right] \qquad (7-1-6)$$

根据式（7-1-6）可画出该单极性不归零矩形脉冲信号及其对应的 2ASK 信号的功率谱密度示意图，如图 7-4 所示。

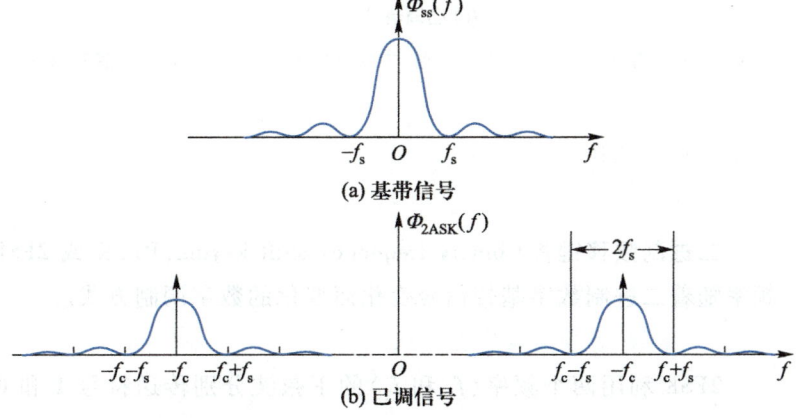

(a) 基带信号

(b) 已调信号

图 7-4　单极性不归零矩形脉冲信号及其对应的 2ASK 信号的功率谱密度

由图 7-4 可以看出,2ASK 信号的功率谱密度由连续谱和离散谱两部分组成,连续谱主要取决于脉冲波形 $g(t)$,而离散谱由载波分量构成;2ASK 信号的带宽是基带信号带宽的 2 倍,若只计算功率谱密度的主瓣宽度(谱零点带宽),则单极性不归零矩形脉冲信号对应的 2ASK 信号带宽为

$$B_{2ASK} = 2f_s = 2/T_s \tag{7-1-7}$$

式中,f_s 数值上与码元速率($R_s = 1/T_s$)相等,单位为 Hz。

此时,频带利用率为

$$\eta_{2ASK} = \frac{R_s}{B_{2ASK}} = \frac{1}{2} \ \text{Baud/Hz} \tag{7-1-8}$$

图 7-5 给出了脉冲波形 $g(t)$ 为平方根升余弦滚降谱信号时的基带信号和 2ASK 信号的功率谱密度示意图。此时,基带信号带宽为 $B = (\alpha+1)f_s/2$,对应的 2ASK 信号谱零点带宽

$$B_{2ASK} = 2B = (\alpha+1)f_s = (\alpha+1)/T_s \tag{7-1-9}$$

式中,α 为滚降系数。此时,频带利用率

$$\eta_{2ASK} = \frac{R_s}{B_{2ASK}} = \frac{1}{\alpha+1} \ \text{Baud/Hz} \tag{7-1-10}$$

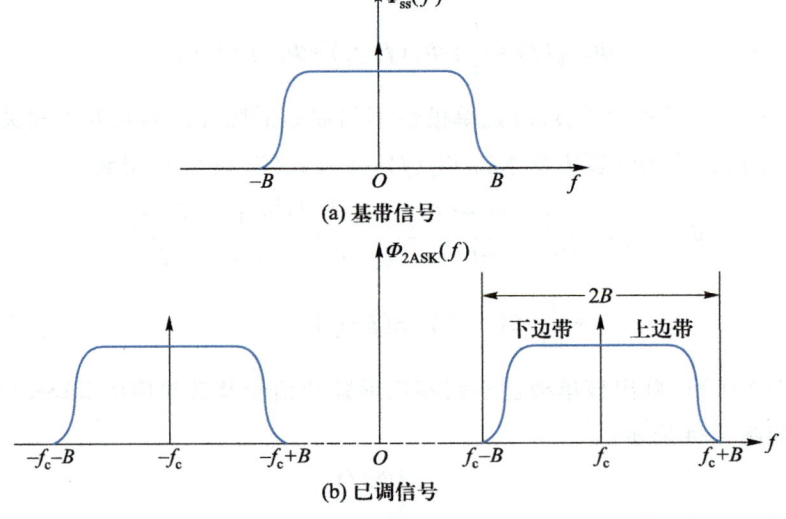

图 7-5　$g(t)$ 为平方根升余弦滚降谱信号时的基带信号和 2ASK 信号的功率谱密度

7.1.2　二进制频移键控

二进制频移键控(binary frequency shift keying,BFSK 或 2FSK)是载波的频率随着二进制数字基带信号变化而变化的数字调制方式。

1. 2FSK 信号及其产生方法

2FSK 利用两个频率(f_1 和 f_2)的正弦波分别传送符号 **1** 和 **0**,2FSK 信号可表示为

$$e_{2FSK}(t) = \sum_n a_n g(t-nT_s) \cos(\omega_1 t + \varphi_n) + \sum_n \bar{a}_n g(t-nT_s) \cos(\omega_2 t + \theta_n) \quad (7-1-11)$$

式中,$g(t)$ 是脉冲波形,T_s 为二进制码元间隔,$\omega_1 = 2\pi f_1$,$\omega_2 = 2\pi f_2$。a_n 的取值为

$$a_n = \begin{cases} 0, & \text{概率为 } P \\ 1, & \text{概率为 } 1-P \end{cases} \quad (7-1-12)$$

$\bar{a}_n$ 是 a_n 的反码,若 $a_n = 0$,则 $\bar{a}_n = 1$;若 $a_n = 1$,则 $\bar{a}_n = 0$。φ_n 和 θ_n 表示第 n 个码元间隔上的载波初相,在讨论 2FSK 原理时可令它们为 0。

2FSK 信号的产生方法主要有两种。一种是利用模拟调频电路来实现,即模拟调频法;另一种是利用不归零矩形脉冲序列控制的开关电路对两个独立的载波发生器进行选通,称为键控法。这两种调制方法及其波形示例如图 7-6 所示。采用键控法得到的 2FSK 信号相邻码元之间的相位一般是不连续的。利用二进制数字基带信号 $s(t)$ 对载波振荡器进行模拟调频,可以得到相位连续的 2FSK 信号,如图 7-6(c)所示。

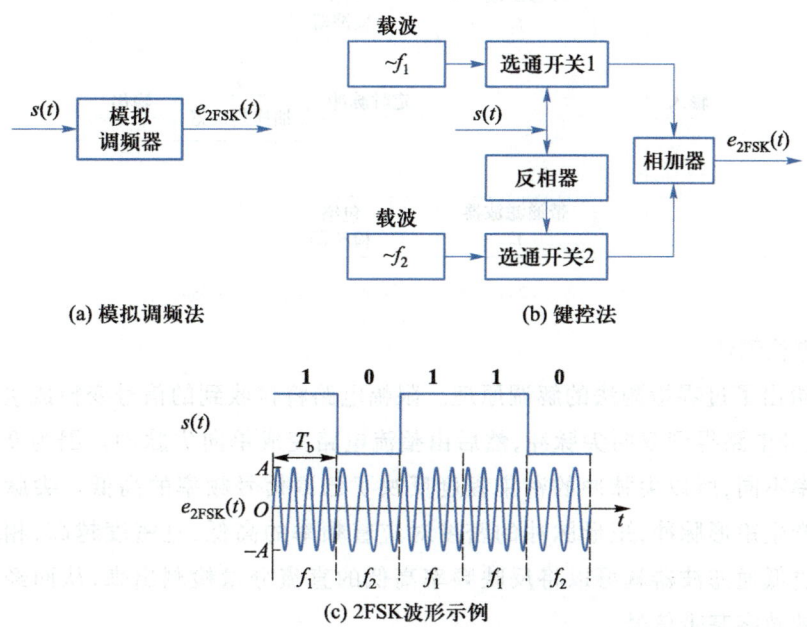

(a) 模拟调频法　　　　　　　　　(b) 键控法

(c) 2FSK 波形示例

图 7-6　2FSK 信号的产生方法及其波形示例

2. 2FSK 信号的解调方法

2FSK 信号的常用解调方法分为相干解调和非相干解调。非相干解调方法又可分为包络检波法、过零检测法、差分检测法和鉴频法等。这里主要介绍相干解调法、包络检波法和过零检测法。

（1）相干解调

相干解调的原理如图 7-7 所示,将 2FSK 信号分解为上下两路 2ASK 信号分别进行相干解调,然后进行抽样判决,直接比较两路信号抽样值的大小。判决规则与调制规则相对应,调制时若规定符号 **1** 对应载波频率 f_1,则接收时上支路的抽样值较大,应判为 **1**;反之,则判为 **0**。

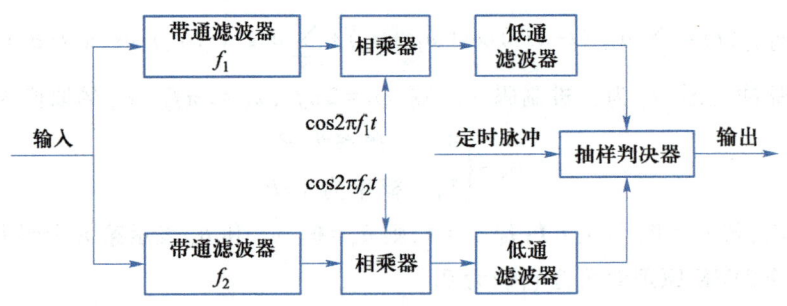

图 7-7 2FSK 信号的相干解调原理

（2）包络检波法

包络检波法的解调原理如图 7-8 所示。与相干解调类似,将 2FSK 信号分解为上下两路 2ASK 信号分别进行包络检波,然后进行抽样判决,恢复出数字基带信号。

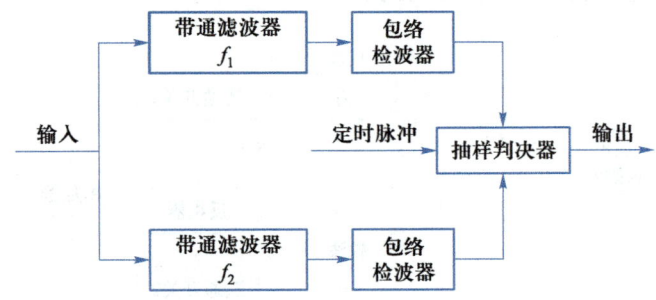

图 7-8 2FSK 信号的包络检波法解调原理

*（3）过零检测法

图 7-9 给出了过零检测法的解调原理。限幅电路将接收到的信号变换成接近方波形式的信号,经微分电路得到双向尖脉冲,然后由整流电路变成单向尖脉冲。因为 0 和 1 对应的载波信号频率不同,所以尖脉冲的密集程度反映了已调信号频率的高低。尖脉冲经过脉冲形成电路后产生矩形脉冲,矩形脉冲的密度对应着频率的高低,且密度越高,相应的直流分量越多。经过低通滤波器就可以将反映频率高低的直流分量检测出来,从而经过抽样判决输出所传送的数字基带信号。

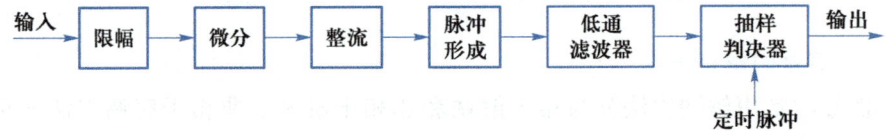

图 7-9 2FSK 信号的过零检测法解调原理

3. 功率谱密度与带宽

对于相位不连续的 2FSK 信号,可以看成由两个不同频率载波的二进制幅移键控信号的叠加,因此 2FSK 信号的功率谱密度可以近似表示成两个不同载频的 2ASK 信号功率谱密度的叠加。不考虑初始相位的影响,由式(7-1-11)可得

$$e_{2\text{FSK}}(t) = s(t)\cos \omega_1 t + \bar{s}(t)\cos \omega_2 t \qquad (7-1-13)$$

式中，$s(t) = \sum\limits_n a_n g(t-nT_s)$，$\bar{s}(t) = \sum\limits_n \bar{a}_n g(t-nT_s)$。

由式(7-1-13)可得 2FSK 信号的功率谱密度为

$$\Phi_{2FSK}(f) = \frac{1}{4}\left[\Phi_{ss}(f-f_1) + \Phi_{ss}(f+f_1) + \Phi_{\bar{s}\bar{s}}(f-f_2) + \Phi_{\bar{s}\bar{s}}(f+f_2) \right] \tag{7-1-14}$$

式中，$\Phi_{ss}(f)$ 和 $\Phi_{\bar{s}\bar{s}}(f)$ 分别表示 $s(t)$ 和 $\bar{s}(t)$ 的功率谱密度。

当 **1** 和 **0** 出现的概率相等，$g(t)$ 是不归零矩形脉冲时，可推导得到

$$\Phi_{2FSK}(f) = \frac{T_s}{16}\left[\left| \frac{\sin \pi(f+f_1)T_s}{\pi(f+f_1)T_s} \right|^2 + \left| \frac{\sin \pi(f-f_1)T_s}{\pi(f-f_1)T_s} \right|^2 \right.$$

$$\left. + \left| \frac{\sin \pi(f+f_2)T_s}{\pi(f+f_2)T_s} \right|^2 + \left| \frac{\sin \pi(f-f_2)T_s}{\pi(f-f_2)T_s} \right|^2 \right]$$

$$+ \frac{1}{16}\left[\delta(f+f_1) + \delta(f-f_1) + \delta(f+f_2) + \delta(f-f_2) \right] \tag{7-1-15}$$

根据式(7-1-15)可得到不同载波频差下的功率谱密度示意图，如图 7-10 所示。由式(7-1-15)和图 7-10 可以看出，相位不连续的二进制频移键控信号的功率谱密度由离散谱和连续谱组成，其中离散谱位于两个载频 f_1 和 f_2 处；连续谱由两个中心位于 f_1 和 f_2 处的双边谱叠加形成。在两个载波频差较小时，则连续谱在 f_0 处出现单峰；若载波频差较大，则连续谱出现双峰。由这些特点可以看出，若以谱零点带宽来计算，$g(t)$ 是不归零矩形脉冲时，2FSK 信号的带宽可近似为

$$B_{2FSK} \approx |f_2 - f_1| + 2f_s \tag{7-1-16}$$

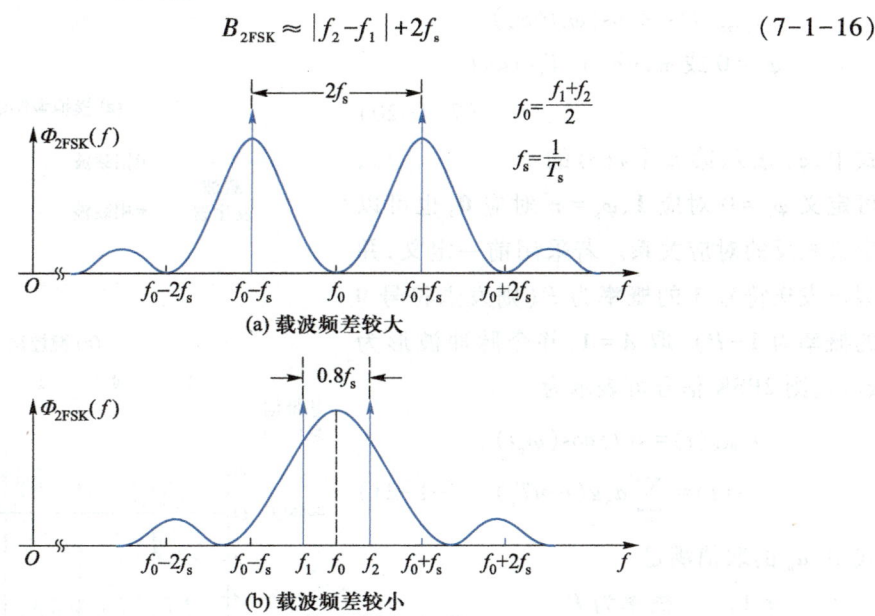

图 7-10 不同载波频差下相位不连续 2FSK 信号的功率谱密度（单边谱）

图 7-10 给出的功率谱密度图中的谱幅度是示意的，而且是单边的。图 7-10(a)对应的 $f_1 = f_0 - f_s$，$f_2 = f_0 + f_s$。图 7-10(b)对应的 $f_1 = f_0 - 0.4f_s$，$f_2 = f_0 + 0.4f_s$。

实际应用中，对于相位不连续的 2FSK 信号，为了便于接收端进行非相干解调，通常要求

f_1 和 f_2 之间要有足够的间隔,例如频移指数 h 取值为

$$h \approx |f_2 - f_1| / f_s = 5 \qquad (7-1-17)$$

此时,2FSK 信号的带宽和频带利用率分别为

$$B_{2FSK} \approx |f_2 - f_1| + 2f_s = 7f_s \qquad (7-1-18)$$

$$\eta_{2FSK} \approx \frac{1/T_s}{7f_s} = \frac{1}{7} \qquad (7-1-19)$$

由上述实例可以看出,传输速率、脉冲波形等其他条件相同的情况下,2FSK 信号占用的带宽要比 2ASK 信号占用的带宽更大。

相位连续的 2FSK 信号,当 $h = 0.5$ 时,称为最小频移键控(minimum shift keying,MSK)信号,我们将在 7.4.1 节详细讨论。

7.1.3　二进制相移键控

微视频:二进制相移键控

二进制相移键控(binary phase shift keying,BPSK 或 2PSK)是载波的相位随着二进制数字基带信号变化而变化,振幅和频率保持不变的数字调制方式。这种以载波的不同相位直接表示相应二进制数字信号的调制方式,通常称为绝对相移键控。

1. 2PSK 信号及其产生方法

2PSK 信号的时域表达式为

$$e_{2PSK}(t) = A\cos(\omega_c t + \varphi_n),$$
$$\varphi_n = 0 \text{ 或 } \pi, (n-1)T_s < t < nT_s$$
$$(7-1-20)$$

式中,φ_n 表示第 n 个符号的瞬时相位偏移,可定义 $\varphi_n = 0$ 对应 **1**、$\varphi_n = \pi$ 对应 **0**,也可以定义相反的对应关系。若采用前一定义,并假设发送符号 **1** 的概率为 P(则发送符号 **0** 的概率为 $1-P$),取 $A = 1$,并令脉冲波形为 $g(t)$,则 2PSK 信号可表示为

$$e_{2PSK}(t) = s(t)\cos(\omega_c t),$$
$$s(t) = \sum_n a_n g(t - nT_s) \quad (7-1-21)$$

式中,a_n 的取值满足

$$a_n = \begin{cases} 1, & \text{概率为 } P \\ -1, & \text{概率为 } 1-P \end{cases} \qquad (7-1-22)$$

2PSK 信号的产生也可分为模拟调制法和键控法两种,两种产生方法以及 2PSK 信号波形示例如图 7-11 所示。

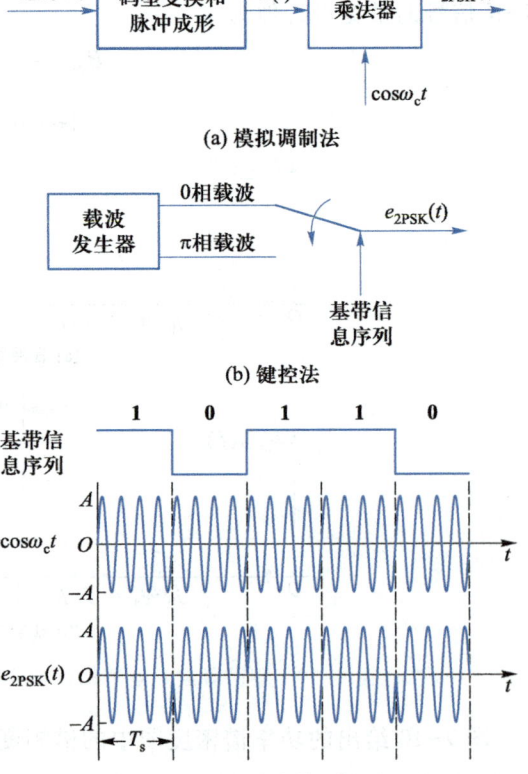

(a) 模拟调制法

(b) 键控法

(c) 2PSK 波形示例

图 7-11　2PSK 信号的产生方法及其波形示例

2. 2PSK 信号的解调方法

2PSK 信号的解调需要采用相干解调法。相干解调的原理框图和各点的波形示例如图 7-12 所示。在相干解调过程中,如何得到与接收到的 2PSK 信号同频同相的本地相干载波是问题的关键。这一问题将在第 9 章讨论载波同步问题时详细讨论。

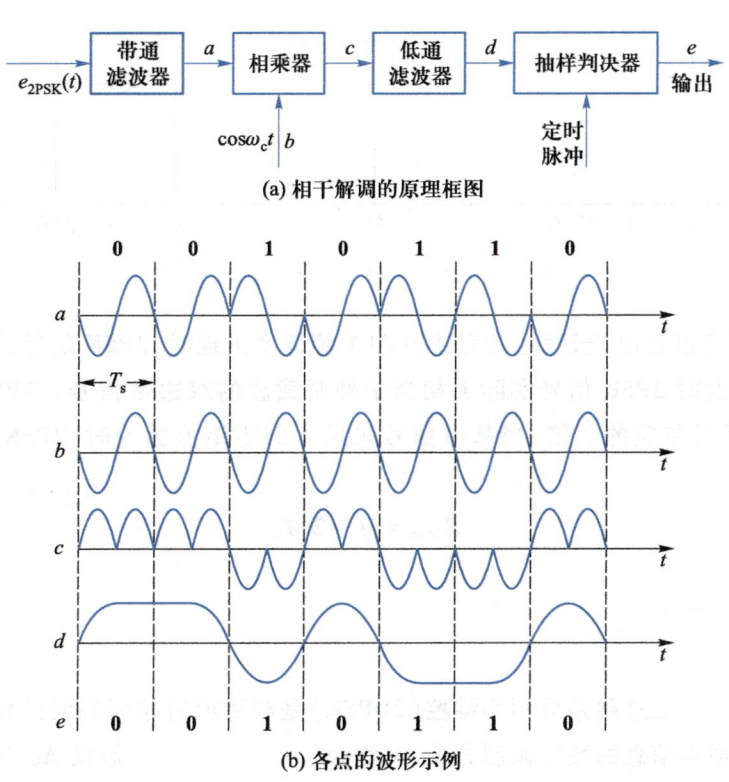

图 7-12   2PSK 信号的相干解调的原理框图和各点的波形示例

图 7-12 中,正确解调的前提是假设相干载波与 2PSK 信号的载波同频同相。但是,由于在 2PSK 信号的载波恢复过程中存在着 π 的相位模糊(phase ambiguity)(原因详见第 9 章),即恢复的本地载波和所需的相干载波可能同相,也可能反相,这种相位关系的不确定性将会导致解调出的数字基带信号和发送的数字基带信号可能正好相反,即 **0** 判为 **1**,**1** 判为 **0**,从而导致错误的判决。这种现象常称为"倒 π"现象或"反向工作"现象。

克服相位模糊影响最常用且有效的方法是在调制器输入的数字基带信号中引入差分编码,即采用二进制差分相移键控(binary differential phase shift keying,BDPSK 或 2DPSK)。

3. 功率谱密度与带宽

比较式(7-1-21)和式(7-1-1)可以发现,2PSK 信号和 2ASK 信号的形式完全相同,不同的只是 a_n 的取值。因而,可以采用求 2ASK 信号功率谱密度的方法求得 2PSK 信号的功率谱密度。当 **0** 和 **1** 等概率($P=1/2$)出现,$g(t)$ 为不归零矩形脉冲时,可推导得到 2PSK 信号功率谱密度为

$$\Phi_{2PSK}(f) = \frac{T_s}{4}\left[\left|\frac{\sin\pi(f-f_c)T_s}{\pi(f-f_c)T_s}\right|^2 + \left|\frac{\sin\pi(f+f_c)T_s}{\pi(f+f_c)T_s}\right|^2\right] \tag{7-1-23}$$

根据式(7-1-23)可画出 **0** 和 **1** 等概率出现时采用不归零矩形脉冲的 2PSK 信号功率谱密度示意图,如图 7-13 所示。

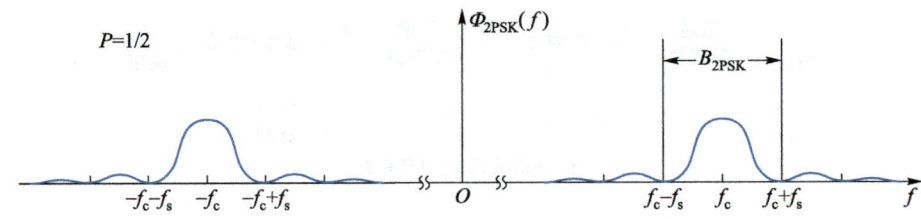

图 7-13 采用不归零矩形脉冲的 2PSK 信号功率谱密度

从图 7-13 可以看出,当发送信号中 **0** 和 **1** 等概率出现时,2PSK 信号的功率谱密度中不存在离散谱,此时 2PSK 信号实际上相当于抑制载波的双边带信号。2PSK 信号的谱零点带宽是基带信号带宽的 2 倍,当基带信号采用不归零矩形脉冲时,2PSK 信号的谱零点带宽为

$$B_{2PSK} = 2f_s = 2/T_s \tag{7-1-24}$$

7.1.4 二进制差分相移键控

微视频:二进制
差分相移键控

二进制差分相移键控(2DPSK)是利用前后相邻码元的相位变化来表示数字信息的数字调制方式,又称为相对相移键控。假设 $\Delta\varphi$ 为当前码元与前一码元的载波相位差,可定义数字信息符号与 $\Delta\varphi$ 之间的关系为

$$\Delta\varphi = \begin{cases} 0, & \text{表示符号 0} \\ \pi, & \text{表示符号 1} \end{cases} \tag{7-1-25}$$

也可定义为

$$\Delta\varphi = \begin{cases} 0, & \text{表示符号 1} \\ \pi, & \text{表示符号 0} \end{cases} \tag{7-1-26}$$

1. 2DPSK 信号的产生方法

2DPSK 信号的产生可采用以下方法:首先对二进制数字基带信号进行差分编码,将信息码变换为差分码,然后再对差分码进行绝对相移键控,从而产生二进制差分相移键控信号,如图 7-14 所示。

图 7-15 给出了 2DPSK 信号的典型波形示意。

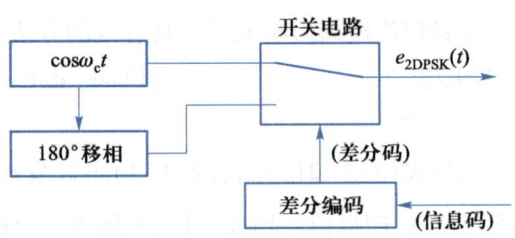

图 7-14 2DPSK 信号的产生

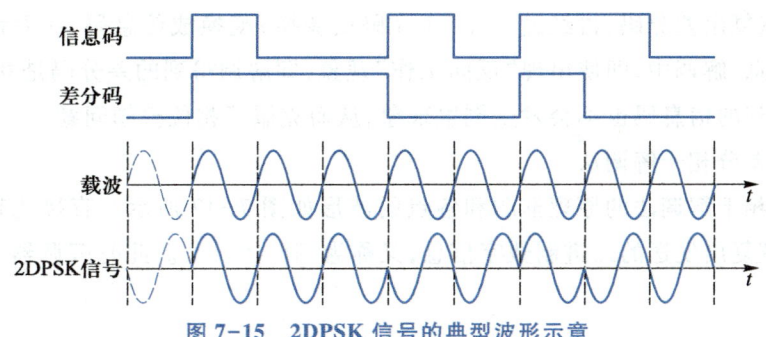

图 7-15 2DPSK 信号的典型波形示意

差分码可以分为传号差分和空号差分两类,在 2DPSK 调制中分别对应着式(7-1-25)和(7-1-26)。其中,传号差分码的编码规则为

$$b_n = a_n \oplus b_{n-1} \tag{7-1-27}$$

式中,$\oplus$ 为模 2 加运算,b_{n-1} 为 b_n 的前一码元。

图 7-15 中 2DPSK 信号波形采用的就是传号差分,即 2DPSK 信号的相位遇 **1** 跳变,遇 **0** 不跳变。式(7-1-27)称为差分编码,即把信息码变换为差分码;其逆过程称为差分译码,即

$$a_n = b_n \oplus b_{n-1} \tag{7-1-28}$$

2. 2DPSK 信号的解调方法

2DPSK 信号可以采用相干解调加码反变换法解调,也可以采用延迟差分相干解调法解调。

（1）相干解调加码反变换法

相干解调加码反变换法的原理框图和各点波形如图 7-16 所示。首先对 2DPSK 信号进

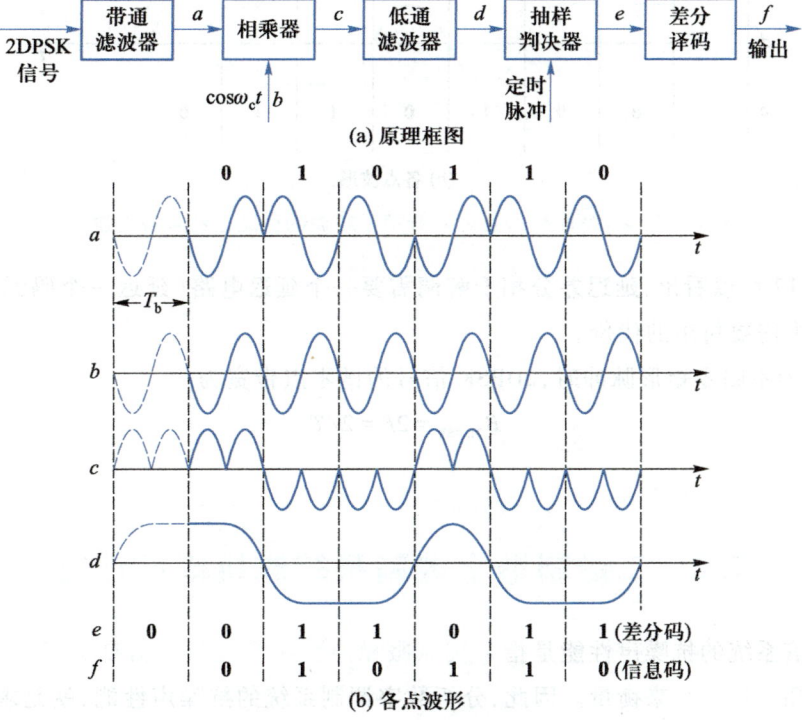

图 7-16 2DPSK 信号相干解调的原理框图和各点波形

行相干解调,恢复出差分码,再经过差分译码(码反变换)变换成信息码,从而恢复出发送的二进制数字信息,解调中,即使出现"反向工作"现象,即解调得到的差分码是 **0** 和 **1** 倒置的,经差分译码得到的信息码也不会发生倒置现象,从而克服了相位模糊问题。

（2）延迟差分相干解调法

延迟差分相干解调法的原理框图和各点的波形如图 7-17 所示。直接比较前后码元的相位差,从而恢复出发送的二进制数字信息,又称为相位比较法。此时解调器中不需要码反变换器。

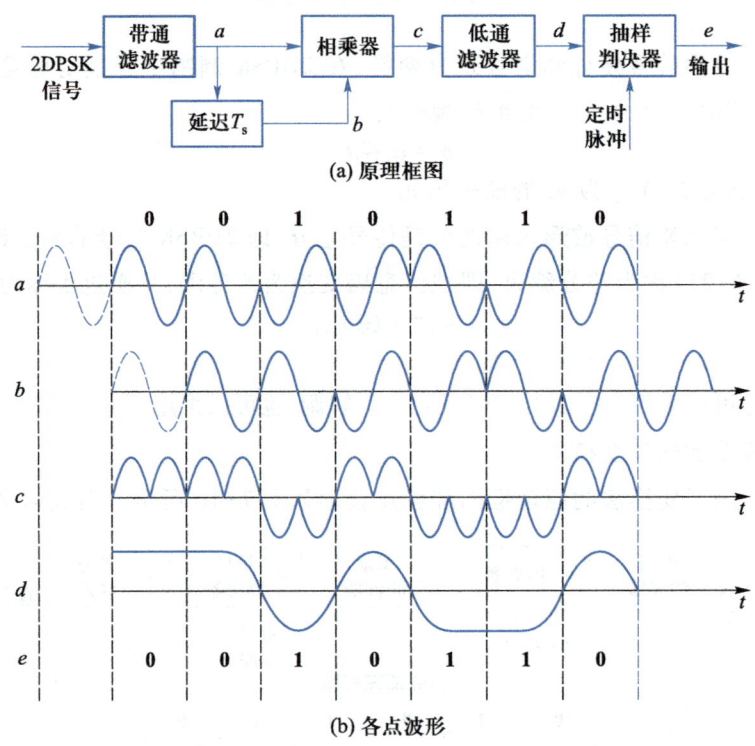

图 7-17　2DPSK 信号延迟差分相干解调的原理框图和各点波形

从图 7-17 可以看出,延迟差分相干解调需要一个延迟电路(延迟一个码元间隔 T_s),这是具体实现中需要付出的代价。

在 $g(t)$ 为不归零矩形脉冲时,2DPSK 信号的谱零点带宽为

$$B_{2DPSK} = 2f_s = 2/T_s \tag{7-1-29}$$

7.2　二进制数字调制系统的抗噪声性能

数字通信系统的抗噪声性能是指系统克服噪声影响实现数字信息可靠传输的能力,通常用误码率和误比特率来衡量。因此,分析数字调制系统的抗噪声性能,就是求解一定传输速率下系统平均误码率随着信噪比变化的规律。

为了简化分析,本节假设信道为恒参信道,在已调信号的有效频带范围内具有理想矩形的传输特性(取其传输系数为 K),信道噪声是加性高斯白噪声。由于只考虑由信道引入的噪声,所以分析系统抗噪声性能主要在接收端进行。下面分析讨论 2ASK、2FSK、2PSK 和 2DPSK 系统的抗噪声性能。

7.2.1 2ASK 系统的抗噪声性能

由 7.1.1 节的讨论可知,2ASK 信号的解调方法可分为相干解调和非相干解调(重点讨论包络检波法),下面分别讨论 2ASK 相干解调系统和包络检波系统的抗噪声性能。

微视频:2ASK 相干解调系统的抗噪声性能-上

1. 2ASK 相干解调系统的抗噪声性能

要分析系统抗噪声性能,首先要建立系统性能分析模型。2ASK 相干解调系统的抗噪声性能分析模型如图 7-18 所示。

微视频:2ASK 相干解调系统的抗噪声性能-下

图 7-18 2ASK 相干解调系统的抗噪声性能分析模型

图 7-18 中,$n_i(t)$ 是均值为 0,方差为 σ_n^2 的高斯白噪声,$s_{\mathrm{T}}(t)$ 为发送端输出的信号波形。对于 2ASK 系统,$s_{\mathrm{T}}(t)$ 可表示为

$$s_{\mathrm{T}}(t)=\begin{cases} u_{\mathrm{T}}(t), & \text{发送 1 时} \\ 0, & \text{发送 0 时} \end{cases} \tag{7-2-1}$$

式中

$$u_{\mathrm{T}}(t)=\begin{cases} A\cos \omega_c t, & 0<t \leqslant T_s, \\ 0, & \text{其他} \end{cases} \tag{7-2-2}$$

经过信道传输后,带通滤波器的输入信号波形

$$r_i(t)=\begin{cases} u_i(t)+n_i(t), & \text{发送 1 时} \\ n_i(t), & \text{发送 0 时} \end{cases} \tag{7-2-3}$$

式中

$$u_i(t)=\begin{cases} a\cos \omega_c t, & 0 \leqslant t \leqslant T_s \\ 0, & \text{其他} \end{cases} \quad (a=AK) \tag{7-2-4}$$

由于考虑的是恒参信道,所以信号经过信道传输后只受到固定的幅度衰减,未产生波形失真,信道传输系数为常数 K。假设接收端的带通滤波器具有理想传输特性,恰好使信号无失真通过,则带通滤波器的输出信号波形

$$r(t) = \begin{cases} u_i(t) + n(t), & \text{发送 } 1 \text{ 时} \\ n(t), & \text{发送 } 0 \text{ 时} \end{cases} \qquad (7\text{-}2\text{-}5)$$

式中，$n(t)$ 是高斯白噪声 $n_i(t)$ 经过带通滤波器的输出噪声，为窄带高斯噪声，其均值为 0，方差为 σ_n^2。根据第 2 章关于窄带随机过程的分析可知，$n(t)$ 可表示为

$$n(t) = n_c(t) \cos \omega_c t - n_s(t) \sin \omega_c t \qquad (7\text{-}2\text{-}6)$$

式中，$n_c(t)$ 和 $n_s(t)$ 分别为窄带高斯噪声 $n(t)$ 的同相和正交分量，均服从高斯分布，且均值为 0，方差为 σ_n^2。将式 (7-2-4) 和式 (7-2-6) 代入式 (7-2-5)，可得

$$r(t) = \begin{cases} [a + n_c(t)] \cos \omega_c t - n_s(t) \sin \omega_c t, & \text{发送 } 1 \text{ 时} \\ n_c(t) \cos \omega_c t - n_s(t) \sin \omega_c t, & \text{发送 } 0 \text{ 时} \end{cases} \qquad (7\text{-}2\text{-}7)$$

$r(t)$ 与相干载波 $2\cos \omega_c t$ 相乘，再经低通滤波器滤除高频分量，得到抽样判决器的输入信号 $y(t)$ 为

$$y(t) = \begin{cases} a + n_c(t), & \text{发送 } 1 \text{ 时} \\ n_c(t), & \text{发送 } 0 \text{ 时} \end{cases} \qquad (7\text{-}2\text{-}8)$$

对 $y(t)$ 进行抽样，则其在 kT_s 时刻的抽样值

$$y(kT_s) = \begin{cases} a + n_c(kT_s), & \text{发送 } 1 \text{ 时} \\ n_c(kT_s), & \text{发送 } 0 \text{ 时} \end{cases} \qquad (7\text{-}2\text{-}9)$$

式中，a 为信号分量，$n_c(kT_s)$ 是窄带高斯噪声 $n_c(t)$ 在 kT_s 时刻的抽样值，是均值为 0，方差为 σ_n^2 的高斯随机变量。所以，抽样值 $y(kT_s)$ 也是一个高斯随机变量。为了简化表达式，用 y 替代 $y(kT_s)$。

当发送符号 1 时，y 的一维条件概率密度函数

$$f_1(y) = \frac{1}{\sqrt{2\pi}\,\sigma_n} \exp\left[-\frac{(y-a)^2}{2\sigma_n^2}\right] \qquad (7\text{-}2\text{-}10)$$

当发送符号 0 时，y 的一维条件概率密度函数

$$f_0(y) = \frac{1}{\sqrt{2\pi}\,\sigma_n} \exp\left(-\frac{y^2}{2\sigma_n^2}\right) \qquad (7\text{-}2\text{-}11)$$

由式 (7-2-10) 和式 (7-2-11) 可画出 $f_1(y)$ 和 $f_0(y)$ 的分布曲线，如图 7-19 所示。

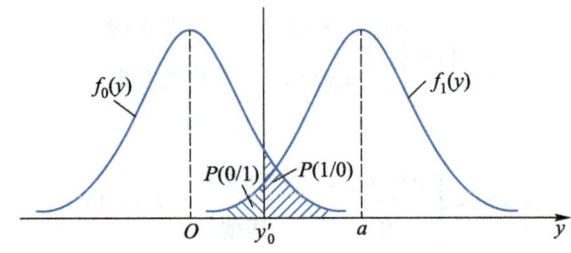

图 7-19　2ASK 相干解调时抽样值 y 的条件概率密度函数分布曲线

选取判决门限为 y_0'，判决规则为

$$\begin{cases} y > y_0', & \text{判为 } \mathbf{1} \\ y \leqslant y_0', & \text{判为 } \mathbf{0} \end{cases} \tag{7-2-12}$$

发送 **1** 时错判为 **0** 的概率

$$P(0/1) = \int_{-\infty}^{y_0'} f_1(y)\, \mathrm{d}y = 1 - \frac{1}{2}\mathrm{erfc}\left(\frac{y_0' - a}{\sqrt{2}\,\sigma_n}\right) \tag{7-2-13}$$

发送 **0** 时错判为 **1** 的概率

$$P(1/0) = \int_{y_0'}^{-\infty} f_0(y)\, \mathrm{d}y = \frac{1}{2}\mathrm{erfc}\left(\frac{y_0'}{\sqrt{2}\,\sigma_n}\right) \tag{7-2-14}$$

其中，$\mathrm{erfc}(y) = \dfrac{2}{\sqrt{\pi}}\displaystyle\int_{y}^{\infty} \mathrm{e}^{-z^2}\, \mathrm{d}z$，称为互补误差函数。

所以，**2ASK 相干解调系统的平均误码率**

$$P_e = P(1)P(0/1) + P(0)P(1/0) = P(1)\int_{-\infty}^{y_0'} f_1(x)\, \mathrm{d}x + P(0)\int_{y_0'}^{\infty} f_0(x)\, \mathrm{d}x \tag{7-2-15}$$

当 $P(1)$、$P(0)$ 及 $f_1(x)$、$f_0(x)$ 一定时，系统的平均误码率与判决门限密切相关，误码率是图 7-19 中的阴影部分面积的加权平均。使误码率 P_e 取得最小值的判决门限称为<u>最佳判决门限</u>，这里用 y_0^* 表示。最佳判决门限 y_0^* 既可以利用几何图形法求得，也可以通过数学推导求解。对图 7-19 中的条件概率密度函数分布曲线进行加权变换，得到如图 7-20 所示的曲线，图中曲线的交点 y_0^* 取为判决门限时阴影部分面积最小，即<u>平均错误概率最小</u>。所以，y_0^* 就是<u>最佳判决门限</u>。

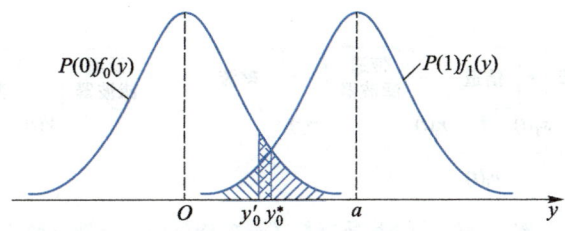

图 7-20　利用几何图形法求解最佳判决门限

利用数学推导求解最佳判决门限，就是使误码率 P_e 关于 y_0' 的偏导数等于零，从而求得使 P_e 最小的最佳判决门限 y_0^*，即

$$\frac{\partial P_e}{\partial y_0'} = 0 \tag{7-2-16}$$

可得

$$P(1)f_1(y_0^*) - P(0)f_0(y_0^*) = 0 \tag{7-2-17}$$

将式（7-2-10）和式（7-2-11）代入式（7-2-17），有

$$\frac{P(1)}{\sqrt{2\pi}\,\sigma_n}\exp\left[-\frac{(y_0^* - a)^2}{2\sigma_n^2}\right] = \frac{P(0)}{\sqrt{2\pi}\,\sigma_n}\exp\left[-\frac{(y_0^*)^2}{2\sigma_n^2}\right] \tag{7-2-18}$$

整理后可得最佳判决门限为

$$y_0^* = \frac{a}{2} + \frac{\sigma_n^2}{a} \ln \frac{P(0)}{P(1)} \tag{7-2-19}$$

若发送 **1** 和 **0** 的概率相等,即 $P(1) = P(0)$,则最佳判决门限为

$$y_0^* = \frac{a}{2}$$

此时,2ASK 相干解调系统的误码率

$$P_e = \frac{1}{2} \mathrm{erfc}(\sqrt{r/4}) \tag{7-2-20}$$

式中,$r = \dfrac{a^2}{2\sigma_n^2}$ 为解调器的输入信噪比。需要注意,式中的信号功率是以振幅为 A 的发送信号来计算的,而另一个发送信号振幅为 0,所以在 **0** 和 **1** 等概时平均信噪比 $\bar{r} = r/2$。此时,误码率可表示为 $P_e = \dfrac{1}{2} \mathrm{erfc}(\sqrt{\bar{r}/2})$。

当信噪比很大($r \gg 1$)时,式(7-2-20)可近似为

$$P_e \approx \frac{1}{\sqrt{\pi r}} \mathrm{e}^{-r/4} = \frac{1}{\sqrt{2\pi\bar{r}}} \mathrm{e}^{-\bar{r}/2} \tag{7-2-21}$$

微视频:2ASK
包络检波系统
的抗噪声性能

2. 2ASK 包络检波系统的抗噪声性能

与 2ASK 相干解调系统不同,2ASK 包络检波系统性能分析模型中以整流器取代了相乘器,如图 7-21 所示。

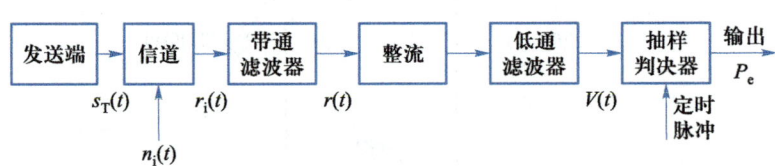

图 7-21　2ASK 包络检波系统的抗噪声性能分析模型

根据式(7-2-7),带通滤波器的输出信号波形为

$$r(t) = \begin{cases} [a + n_c(t)] \cos \omega_c t - n_s(t) \sin \omega_c t, & \text{发送 }\mathbf{1}\text{ 时} \\ n_c(t) \cos \omega_c t - n_s(t) \sin \omega_c t, & \text{发送 }\mathbf{0}\text{ 时} \end{cases} \tag{7-2-22}$$

发送 **1** 时,包络检波器(整流+低通滤波器)的输出信号为

$$V(t) = \sqrt{[a + n_c(t)]^2 + n_s^2(t)} \tag{7-2-23}$$

发送 **0** 时,包络检波器的输出信号为

$$V(t) = \sqrt{n_c^2(t) + n_s^2(t)} \tag{7-2-24}$$

由随机信号分析的知识可以得到,发送 **1** 时,$V(t)$ 信号波形的抽样值 V 服从广义瑞利分

布，V的一维概率密度函数为

$$f_1(V) = \frac{V}{\sigma_n^2} I_0\left(\frac{aV}{\sigma_n^2}\right) e^{-(V^2+a^2)/(2\sigma_n^2)} \tag{7-2-25}$$

发送 **0** 时，$V(t)$ 的抽样值 V 服从瑞利分布，V 的一维概率密度函数为

$$f_0(V) = \frac{V}{\sigma_n^2} e^{-V^2/(2\sigma_n^2)} \tag{7-2-26}$$

假设判决门限为 y'，判决规则为

$$\begin{cases} V > y', & \text{判为 } \mathbf{1} \\ V \leqslant y', & \text{判为 } \mathbf{0} \end{cases} \tag{7-2-27}$$

发送 **1** 时错判为 **0** 的概率为

$$P(0/1) = \int_{-\infty}^{y'} f_1(V)\,dV = 1 - \int_{y'}^{\infty} f_1(V)\,dV$$

$$= 1 - \int_{y'}^{\infty} \frac{V}{\sigma_n^2} I_0\left(\frac{aV}{\sigma_n^2}\right) e^{-(V^2+a^2)/2\sigma_n^2}\,dV \tag{7-2-28}$$

根据马库姆（Marcum）Q 函数的定义

$$Q(\alpha,\beta) = \int_{\beta}^{\infty} t I_0(\alpha t) e^{-(t^2+\alpha^2)/2}\,dt$$

式中，$I_0(\cdot)$ 为零阶修正贝塞尔函数。令 $\alpha = \dfrac{a}{\sigma_n}$，$\beta = \dfrac{y'}{\sigma_n}$，$t = \dfrac{V}{\sigma_n}$，则

$$P(0/1) = 1 - Q\left(\frac{a}{\sigma_n}, \frac{y'}{\sigma_n}\right) = 1 - Q(\sqrt{2r}, y_0) \tag{7-2-29}$$

式中，$r = a^2/(2\sigma_n^2)$ 为解调器的输入信噪比，$y_0 = y'/\sigma_n$ 为归一化门限值。

发送 **0** 时错判为 **1** 的概率为

$$P(1/0) = P(V > y') = \int_{y'}^{\infty} f_0(V)\,dV \tag{7-2-30}$$

所以，2ASK 包络检波系统的平均误码率为

$$P_e = P(1)P(0/1) + P(0)P(1/0)$$

$$= P(1)\left[1 - Q(\sqrt{2r}, y_0)\right] + P(0) e^{-y_0^2/2} \tag{7-2-31}$$

在发送 **1** 和 **0** 的概率相等时，有

$$P_e = \frac{1}{2}\left[1 - Q(\sqrt{2r}, y_0)\right] + \frac{1}{2} e^{-y_0^2/2} \tag{7-2-32}$$

由式（7-2-32）可以看出，此时包络检波法的系统误码率取决于信噪比 r 和归一化门限值 y_0。若以几何图形描述，误码率 P_e 等于图 7-22 中阴影部分面积的一半，若判决门限 y_0 变化，则阴影部分的面积也随之变化。当 y_0 取为 $f_0(V)$ 和 $f_1(V)$ 两条曲线的交点 y_0^* 时，阴影部分的面积最小，系统的平均误码率最小。

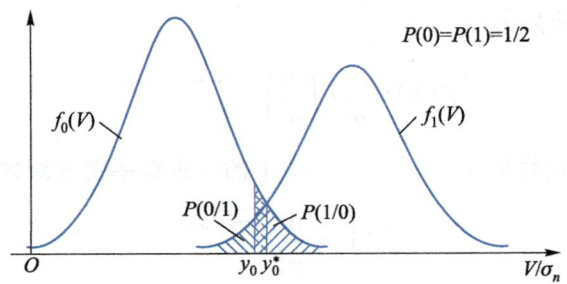

图 7-22　2ASK 包络检波系统误码率的几何图形表示

通过数学推导求解最佳判决门限,令

$$\frac{\partial P_e}{\partial y'} = 0 \tag{7-2-33}$$

则有

$$P(1)f_1(y^*) = P(0)f_0(y^*) \tag{7-2-34}$$

若 $P(1) = P(0)$,则 $f_1(y^*) = f_0(y^*)$ 。$f_1(V)$ 和 $f_0(V)$ 两条曲线交点处的包络值 V 就是最佳判决门限值记为 y^* ,y^* 和归一化最佳门限值 y_0^* 的关系为 $y^* = y_0^* \sigma_n$ 。

将式(7-2-25)和式(7-2-26)代入 $f_1(y^*) = f_0(y^*)$,可得到

$$r = \frac{a^2}{2\sigma_n^2} = \ln I_0\left(\frac{ay^*}{\sigma_n^2}\right) \tag{7-2-35}$$

式(7-2-35)是一个超越方程,求解最佳判决门限比较复杂,可近似得到

$$y^* \approx \frac{a}{2}\sqrt{1 + \frac{8\sigma_n^2}{a^2}} = \frac{a}{2}\sqrt{1 + \frac{4}{r}}$$

在大信噪比($r \gg 1$)的情况下, $y^* \approx a/2$ 。在 $r \ll 1$ 时, $y^* \approx \sqrt{2}\sigma_n$ 。对应的归一化最佳门限值 y_0^* 为

$$y_0^* = \frac{y^*}{\sigma_n} = \begin{cases} \sqrt{r/2}, & r \gg 1 \text{ 时} \\ \sqrt{2}, & r \ll 1 \text{ 时} \end{cases} \tag{7-2-36}$$

在 $P(1) = P(0)$ 的前提下,将大信噪比下的归一化最佳门限值 $y_0^* \approx \sqrt{r/2}$ 代入误码率表达式(7-2-32),可得

$$P_e = \frac{1}{2}\left[1 - Q(\sqrt{2r}, \sqrt{r/2})\right] + \frac{1}{2}e^{-r/4} = \frac{1}{4}\text{erfc}\left(\sqrt{\frac{r}{4}}\right) + \frac{1}{2}e^{-r/4} \tag{7-2-37}$$

需要注意,式中 r 是由振幅为 A 的发送信号计算得到的,而没有考虑振幅为 0 的发送信号,所以在 **0** 和 **1** 等概时平均信噪比为 $\bar{r} = r/2$ 。这样,误码率可表示为

$$P_e = \frac{1}{4}\text{erfc}\left(\sqrt{\frac{\bar{r}}{2}}\right) + \frac{1}{2}e^{-\bar{r}/2}$$

若 $r \to \infty$,则

$$P_e = \frac{1}{2}e^{-r/4} = \frac{1}{2}e^{-\bar{r}/2} \qquad (7-2-38)$$

对比式(7-2-20)、式(7-2-21)和式(7-2-37)可以发现,在相同的信噪比条件下,相干解调法的抗噪声性能优于包络检波法,但在大信噪比时,两者性能相差不大。包络检波法不需要相干载波,因而设备比较简单,但是包络检波法存在门限效应,相干解调法无门限效应。

7.2.2　2FSK 系统的抗噪声性能

由 7.1.2 节的讨论可知,2FSK 信号的解调方法有相干解调法、包络检波法、过零检测法、差分检测法和鉴频法等,下面主要讨论 2FSK 相干解调法和包络检波法的系统抗噪声性能。

微视频:2FSK 系统的抗噪声性能

1. 相干解调法的系统抗噪声性能

2FSK 相干解调系统的抗噪声性能分析模型如图 7-23 所示。

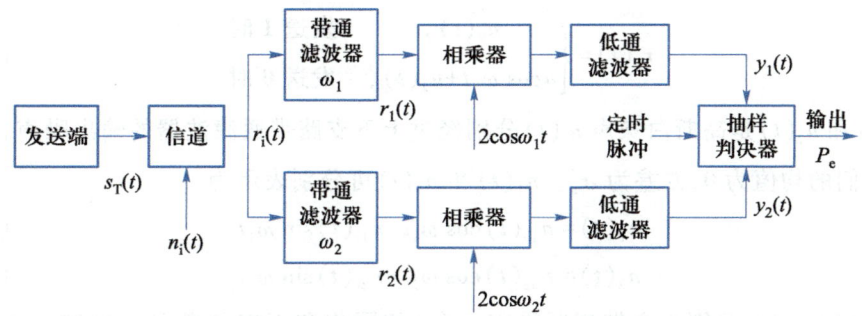

图 7-23　2FSK 相干解调系统的抗噪声性能分析模型

图中,$n_i(t)$ 是均值为 0,方差为 σ_n^2 的高斯白噪声,$s_T(t)$ 为发送端输出的信号波形。

设 1 对应角频率为 ω_1 的载波,0 对应角频率为 ω_2 的载波,则在一个码元间隔 T_s 内,发送端产生的 2FSK 信号 $s_T(t)$ 可表示为

$$s_T(t) = \begin{cases} u_{1T}(t), & \text{发送 1 时} \\ u_{0T}(t), & \text{发送 0 时} \end{cases} \qquad (7-2-39)$$

式中

$$u_{1T}(t) = \begin{cases} A\cos\omega_1 t, & 0 < t \leqslant T_s \\ 0, & \text{其他} \end{cases} \qquad (7-2-40)$$

$$u_{0T}(t) = \begin{cases} A\cos\omega_2 t, & 0 < t \leqslant T_s \\ 0, & \text{其他} \end{cases} \qquad (7-2-41)$$

经过信道传输后,带通滤波器的输入信号波形

$$r_i(t) = \begin{cases} Ku_{1T}(t) + n_i(t), & \text{发送 1 时} \\ Ku_{0T}(t) + n_i(t), & \text{发送 0 时} \end{cases} \qquad (7\text{-}2\text{-}42)$$

式中，K 为恒参信道的传输系数。将式（7-2-40）和式（7-2-41）代入上式，有

$$r_i(t) = \begin{cases} a\cos\omega_1 t + n_i(t), & \text{发送 1 时} \\ a\cos\omega_2 t + n_i(t), & \text{发送 0 时} \end{cases} \qquad (7\text{-}2\text{-}43)$$

式中，$a = AK$，$n_i(t)$ 是均值为 0 的加性高斯白噪声。

图 7-23 给出的分析模型中，上下支路各有一个带通滤波器，中心角频率分别为 ω_1 和 ω_2。中心角频率为 ω_1 的带通滤波器只允许载波角频率为 ω_1 的信号主要频谱分量（通常至少是主瓣频谱）通过，而滤除其他信号频谱成分；中心角频率为 ω_2 的带通滤波器只允许载波角频率为 ω_2 的信号的主要频谱分量通过。

假设上下支路的带通滤波器均具有理想的传输特性，则两个带通滤波器的输出信号波形分别为

$$r_1(t) = \begin{cases} a\cos\omega_1 t + n_1(t), & \text{发送 1 时} \\ n_1(t), & \text{发送 0 时} \end{cases} \qquad (7\text{-}2\text{-}44)$$

$$r_2(t) = \begin{cases} n_2(t), & \text{发送 1 时} \\ a\cos\omega_2 t + n_2(t), & \text{发送 0 时} \end{cases} \qquad (7\text{-}2\text{-}45)$$

式中，$n_1(t)$ 和 $n_2(t)$ 是高斯白噪声 $n_i(t)$ 分别经过上下支路带通滤波器的输出噪声，为窄带高斯噪声，它们的均值为 0，方差为 σ_n^2。$n_1(t)$ 和 $n_2(t)$ 可分别表示为

$$n_1(t) = n_{1c}(t)\cos\omega_1 t - n_{1s}(t)\sin\omega_1 t \qquad (7\text{-}2\text{-}46)$$

$$n_2(t) = n_{2c}(t)\cos\omega_2 t - n_{2s}(t)\sin\omega_2 t \qquad (7\text{-}2\text{-}47)$$

式中，$n_{1c}(t)$ 和 $n_{1s}(t)$ 分别为窄带高斯噪声 $n_1(t)$ 的同相和正交分量，$n_{2c}(t)$ 和 $n_{2s}(t)$ 分别是 $n_2(t)$ 的同相和正交分量。根据窄带高斯噪声的性质，这些分量均服从高斯分布，且均值为 0，方差为 σ_n^2。

当发送 1 时，上下支路的带通滤波器输出信号波形分别为

$$r_1(t) = \left[a + n_{1c}(t)\right]\cos\omega_1 t - n_{1s}(t)\sin\omega_1 t \qquad (7\text{-}2\text{-}48)$$

$$r_2(t) = n_{2c}(t)\cos\omega_2 t - n_{2s}(t)\sin\omega_2 t \qquad (7\text{-}2\text{-}49)$$

$r_1(t)$ 和 $r_2(t)$ 分别与相干载波 $2\cos\omega_1 t$ 和 $2\cos\omega_2 t$ 相乘，再经低通滤波器滤除高频分量，可得

$$y_1(t) = a + n_{1c}(t) \qquad (7\text{-}2\text{-}50)$$

$$y_2(t) = n_{2c}(t) \qquad (7\text{-}2\text{-}51)$$

上下支路分别对 $y_1(t)$ 和 $y_2(t)$ 在 kT_s 时刻进行抽样，则抽样值 $y_1(kT_s)$ 和 $y_2(kT_s)$ 均服从高斯分布，分别用 y_1 和 y_2 表示。y_1 和 y_2 的一维概率密度函数分别为

$$f(y_1) = \frac{1}{\sqrt{2\pi}\,\sigma_n}\exp\left[-\frac{(y_1-a)^2}{2\sigma_n^2}\right] \qquad (7\text{-}2\text{-}52)$$

$$f(y_2) = \frac{1}{\sqrt{2\pi}\,\sigma_n}\exp\left[-\frac{y_2^2}{2\sigma_n^2}\right] \tag{7-2-53}$$

根据 2FSK 相干解调系统的判决规则,当 $y_1 < y_2$ 时,则判为 **0**,出现发送 **1** 而判为 **0** 的情况,错误概率为

$$P(0/1) = P(y_1 < y_2) = P(y_1 - y_2 < 0) = P(z < 0) \tag{7-2-54}$$

式中,$z = y_1 - y_2$。由于 y_1 和 y_2 相互独立,所以 z 也是一个高斯随机变量,且均值为 a,方差为 $2\sigma_n^2$。令 z 的一维概率密度函数为 $f(z)$,则发送 **1** 错判为 **0** 的概率可表示为

$$P(0/1) = P(z < 0) = \int_{-\infty}^{0} f(z)\,\mathrm{d}z = \frac{1}{\sqrt{2\pi}\,\sigma_z}\int_{-\infty}^{0}\exp\left[-\frac{(x-a)^2}{2\sigma_z^2}\right]\mathrm{d}z = \frac{1}{2}\mathrm{erfc}(\sqrt{r/2}) \tag{7-2-55}$$

式中,$r = a^2/(2\sigma_n^2)$ 为解调器的输入信噪比。

同理可得,发送 **0** 错判为 **1** 的概率为

$$P(1/0) = \frac{1}{2}\mathrm{erfc}(\sqrt{r/2}) \tag{7-2-56}$$

因而,采用相干解调时 2FSK 系统的平均误码率为

$$P_e = P(0)P(1/0) + P(1)P(0/1) = \frac{1}{2}\mathrm{erfc}(\sqrt{r/2}) \tag{7-2-57}$$

当信噪比很大($r \gg 1$)时,式(7-2-57)可近似为

$$P_e \approx \frac{1}{\sqrt{2\pi r}}\mathrm{e}^{-r/2} \tag{7-2-58}$$

2. 包络检波法的系统抗噪声性能

2FSK 包络检波系统的抗噪声性能分析模型如图 7-24 所示。

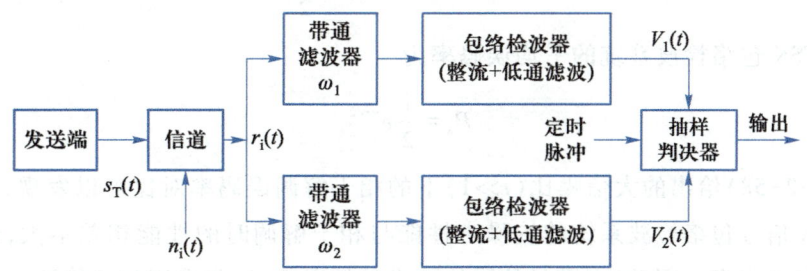

图 7-24 2FSK 包络检波系统的抗噪声性能分析模型

假设发送 **1**(对应 ω_1),上下支路包络检波器的输出信号分别为

$$V_1(t) = \sqrt{[a + n_{1c}(t)]^2 + n_{1s}^2(t)} \tag{7-2-59}$$

$$V_2(t) = \sqrt{n_{2c}^2(t) + n_{2s}^2(t)} \tag{7-2-60}$$

$V_1(t)$ 的抽样值 V_1 服从广义瑞利分布,V_1 的一维概率密度函数为

$$f(V_1) = \frac{V_1}{\sigma_n^2}\mathrm{I}_0\left(\frac{aV_1}{\sigma_n^2}\right)\mathrm{e}^{-(V_1^2 + a^2)/2\sigma_n^2} \tag{7-2-61}$$

$V_2(t)$ 的抽样值 V_2 服从瑞利分布,V_2 的一维概率密度函数为

$$f(V_2) = \frac{V_2}{\sigma_n^2} e^{-V_2^2/2\sigma_n^2} \tag{7-2-62}$$

发送 **1** 时,若 V_1 小于 V_2,则发生判决错误,错误概率为

$$
\begin{aligned}
P(0/1) = P(V_1 \leqslant V_2) &= \iint_c f(V_1) f(V_2) \, \mathrm{d}V_1 \mathrm{d}V_2 \\
&= \int_0^\infty f(V_1) \left[\int_{V_2=V_1}^\infty f(V_2) \, \mathrm{d}V_2 \right] \mathrm{d}V_1 \\
&= \int_0^\infty \frac{V_1}{\sigma_n^2} \mathrm{I}_0\left(\frac{aV_1}{\sigma_n^2} \right) \exp\left[(-2V_1^2 - a^2)/2\sigma_n^2 \right] \mathrm{d}V_1 \\
&= \int_0^\infty \frac{V_1}{\sigma_n^2} \mathrm{I}_0\left(\frac{aV_1}{\sigma_n^2} \right) e^{-(2V_1^2+a^2)/2\sigma_n^2} \mathrm{d}V_1
\end{aligned}
\tag{7-2-63}
$$

令 $t = \sqrt{2} V_1/\sigma_n$,$z = a/(\sqrt{2}\sigma_n)$,则式(7-2-63)可简化为

$$P(0/1) = \frac{1}{2} e^{-z^2/2} \int_0^\infty t \mathrm{I}_0(zt) e^{-(t^2+z^2)/2} \mathrm{d}t \tag{7-2-64}$$

由 Marcum Q 函数的性质可知

$$Q(z,0) = \int_0^\infty t \mathrm{I}_0(zt) e^{-(t^2+z^2)/2} \mathrm{d}t = 1 \tag{7-2-65}$$

所以,式(7-2-64)可简化为

$$P(0/1) = \frac{1}{2} e^{-z^2/2} = \frac{1}{2} e^{-r/2} \tag{7-2-66}$$

同理,可求得发送 **0** 时错判为 **1** 的概率为

$$P(1/0) = P(V_1 > V_2) = \frac{1}{2} e^{-r/2} \tag{7-2-67}$$

所以,2FSK 包络检波系统的平均误码率为

$$P_e = \frac{1}{2} e^{-r/2} \tag{7-2-68}$$

与式(7-2-58)给出的大信噪比($r \gg 1$)下的相干解调误码率对比可以发现,在大信噪比条件下,2FSK 信号包络检波系统的抗噪声性能与相干解调时的性能相差不大,但相干解调法的设备却复杂得多。因此,在满足信噪比要求的情况下,通常采用包络检波法。

【例 7-1】　采用 2FSK 方式在等效带宽为 2 400 Hz 的信道上传输二进制数字序列。2FSK 信号的载波频率分别为 $f_1 = 980$ Hz,$f_2 = 1\,580$ Hz,码元速率 $R_s = 300$ Baud。接收端输入(即信道输出端)的信噪比为 6 dB。试求:

(1) 2FSK 信号的带宽;

(2) 包络检波法解调时系统的误码率;

(3) 相干解调法解调时系统的误码率。

【解】　(1) 2FSK 信号的带宽为

$$B_{2FSK} = |f_2 - f_1| + 2f_s = (1\,580 - 980 + 2 \times 300)\,Hz = 1\,200\,Hz$$

FSK 接收系统中,上下支路带通滤波器的带宽近似为

$$B = 2f_s = 2R_s = 600\,Hz$$

带通滤波器带宽仅是信道等效带宽(2 400 Hz)的 1/4,因而带通滤波器输出端的信噪比是输入信噪比的 4 倍。又由于接收端输入信噪比为 6 dB,即 4 倍,故带通滤波器输出端的信噪比为

$$r = 4 \times 4 = 16$$

（2）包络检波法解调时 2FSK 系统的误码率为

$$P_e = \frac{1}{2}e^{-r/2} = \frac{1}{2}e^{-8} = 1.7 \times 10^{-4}$$

（3）相干解调法解调时 2FSK 系统的误码率为

$$P_e \approx \frac{1}{\sqrt{2\pi r}}e^{-\frac{r}{2}} = \frac{1}{\sqrt{32\pi}}e^{-8} = 3.39 \times 10^{-5}$$

7.2.3　2PSK 和 2DPSK 系统的抗噪声性能

从信号表达形式来看,2PSK 和 2DPSK 信号表达式的形式是完全一样的,均可表示为

$$s_T(t) = \begin{cases} u_{1T}(t), & \text{发送 1 时} \\ u_{0T}(t) = -u_{1T}(t), & \text{发送 0 时} \end{cases} \tag{7-2-69}$$

式中

$$u_{1T}(t) = \begin{cases} A\cos\omega_c t, & 0 < t < T_s \\ 0, & \text{其他} \end{cases} \tag{7-2-70}$$

不同的是,$s_T(t)$ 表示 2PSK 信号时,式（7-2-69）中的 **1** 和 **0** 是原始信息码;当 $s_T(t)$ 表示 2DPSK 信号时,**1** 和 **0** 是信息码变换成差分码后的 **1** 和 **0**。

下面分别分析 2PSK 相干解调系统、2DPSK 相干解调系统和 2DPSK 差分相干解调系统的抗噪声性能。

1. 2PSK 相干解调系统的抗噪声性能

2PSK 相干解调系统的抗噪声性能分析模型如图 7-25 所示。

微视频:2PSK
相干解调系统
的抗噪声性能

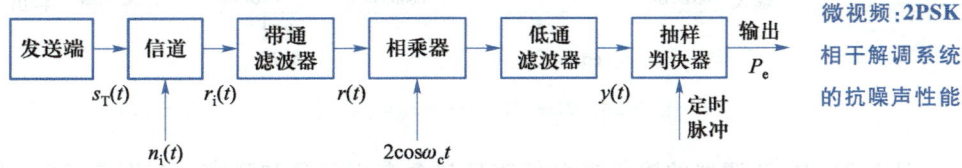

图 7-25　2PSK 相干解调系统的抗噪声性能分析模型

假设发送端输出的信号如式（7-2-69）所示,则接收端带通滤波器的输出信号波形

$$r(t) = \begin{cases} [a+n_c(t)]\cos\omega_c t - n_s(t)\sin\omega_c t, & \text{发送 } 1 \text{ 时} \\ [-a+n_c(t)]\cos\omega_c t - n_s(t)\sin\omega_c t, & \text{发送 } 0 \text{ 时} \end{cases} \quad (7-2-71)$$

$r(t)$ 经过相乘和低通滤波后得到的信号波形

$$y(t) = \begin{cases} a+n_c(t), & \text{发送 } 1 \text{ 时} \\ -a+n_c(t), & \text{发送 } 0 \text{ 时} \end{cases} \quad (7-2-72)$$

$n_c(t)$ 是窄带高斯噪声的同相分量,均值为 0,方差为 σ_n^2。所以,$y(t)$ 的抽样值 y 的一维条件概率密度函数为

$$\begin{cases} f_1(y) = \dfrac{1}{\sqrt{2\pi}\,\sigma_n}\exp\left\{-\dfrac{(y-a)^2}{2\sigma_n^2}\right\}, & \text{发送 } 1 \text{ 时} \\[3mm] f_0(y) = \dfrac{1}{\sqrt{2\pi}\,\sigma_n}\exp\left\{-\dfrac{(y+a)^2}{2\sigma_n^2}\right\}, & \text{发送 } 0 \text{ 时} \end{cases} \quad (7-2-73)$$

由最佳判决门限分析可知,在发送 1 和发送 0 的概率相等时,最佳判决门限 $y^* = 0$。此时,发送 1 而错判为 0 的概率为

$$P(0/1) = \int_{-\infty}^{0} f_1(y)\,\mathrm{d}y = \frac{1}{2}\mathrm{erfc}(\sqrt{r}) \quad (7-2-74)$$

式中 $r = a^2/(2\sigma_n^2)$。

发送 0 而错判为 1 的概率为

$$P(1/0) = \int_{0}^{\infty} f_0(y)\,\mathrm{d}y = \frac{1}{2}\mathrm{erfc}(\sqrt{r}) \quad (7-2-75)$$

所以,2PSK 相干解调系统的平均误码率

$$P_e = P(1)P(0/1) + P(0)P(1/0) = \frac{1}{2}\mathrm{erfc}(\sqrt{r}) \quad (7-2-76)$$

在大信噪比条件下,上式可近似为

$$P_e \approx \frac{1}{2\sqrt{\pi r}}\mathrm{e}^{-r} \quad (7-2-77)$$

2. 2DPSK 相干解调系统的抗噪声性能

2DPSK 相干解调系统的抗噪声性能分析模型如图 7-26 所示。

微视频:2DPSK 系统的抗噪声 性能-上

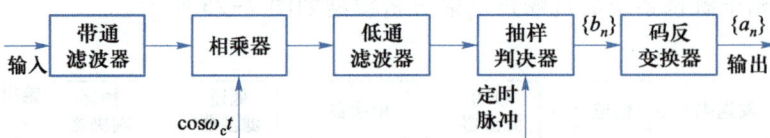

图 7-26 2DPSK 相干解调系统的抗噪声性能分析模型

图 7-26 中,解调器的输入来自信道且包含有用信号和噪声。与图 7-25 比较会发现,2DPSK 信号的相干解调过程是先对 2DPSK 信号进行相干解调,恢复出差分码,再通过码反变换器变换为信息码,从而恢复出发送的二进制数字信息,准确地说是采用相干解调-码反变换法。计算该系统的误码率只需在 2PSK 信号相干解调误码率的基础上,再考虑码反变换

器对误码率的影响即可。所以,可得到如图 7-27 所示的误码率分析简化模型。

差分码$\{b_n\}$ ┌──────┐ 信息码$\{a_n\}$
P_e → │码反变换器│ → P_e'
└──────┘

图 7-27　2DPSK 相干解调系统误码率分析简化模型

码反变换器的作用就是将差分码变为信息码。假设输入到码反变换器的差分码序列$\{b_n\}$的误码率是P_e,且每个码出错概率相等且统计独立,码反变换器的输出信息码序列$\{a_n\}$的误码率为P_e'。差分码$\{b_n\}$出现不同错码数时信息码$\{a_n\}$的错码分布如图 7-28 所示。

$\{b_n\}$ **1 0 1 1 0 0 1 1 1 0**
$\{a_n\}$ **1 1 0 1 0 1 0 0 1**　　无误码时

$\{b_n\}$ **1 0 1 × 0 0 1 1 1 0**
$\{a_n\}$ **1 1 × × 0 1 0 0 1**　　1个错码时

$\{b_n\}$ **1 0 1 × × 0 1 1 1 0**
$\{a_n\}$ **1 1 × 1 × 1 0 0 1**　　连续2个错码时

$\{b_n\}$ **1 0 1 × × × ⋯ × 0**
$\{a_n\}$ **1 1 × 1 0 1 ⋯ 0 ×**　　连续n个错码时

图 7-28　差分码出现不同错码数时信息码的错码分布

假设P_n为码反变换器输入端差分码序列$\{b_n\}$连续出现n个错码的概率。进一步讲,P_n是"n个码元同时出错,而其两端都有 1 个码元不出错"这一事件的概率。则

$$P_1 = (1-P_e)P_e(1-P_e) = (1-P_e)^2 P_e$$
$$P_2 = (1-P_e)P_e^2(1-P_e) = (1-P_e)^2 P_e^2$$
$$\vdots$$
$$P_n = (1-P_e)P_e^n(1-P_e) = (1-P_e)^2 P_e^n \tag{7-2-78}$$

根据图 7-28 可以得到

$$P_e' = 2(1-P_e)^2(P_e + P_e^2 + \cdots + P_e^n + \cdots) = 2(1-P_e)P_e \tag{7-2-79}$$

若P_e很小$(P_e \ll 0.5)$,则$P_e' \approx 2P_e$;若P_e很大$(P_e \approx 0.5)$,则$P_e' \approx P_e$。

3. 2DPSK 差分相干解调系统的抗噪声性能

2DPSK 差分相干解调系统的抗噪声性能分析模型如图 7-29 所示。

微视频:2DPSK
系统的抗噪声
性能-下

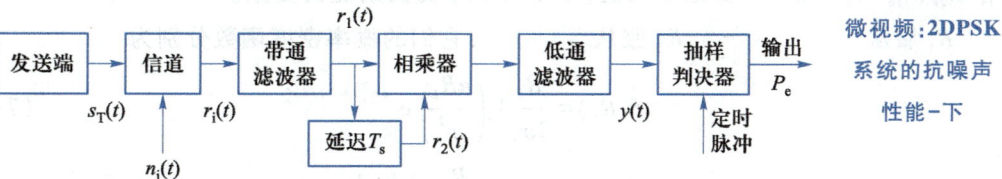

图 7-29　2DPSK 差分相干解调系统的抗噪声性能分析模型

关于输入信号和噪声的假设与上述关于 2DPSK 相干解调系统的相同。另外,假设当前发送的信息码为 **0**,且差分码的前一个码元和当前码元都是 **1**(采用传号差分),码元周期是载波周期的整数倍,则相乘器的两个输入信号$r_1(t)$和$r_2(t)$分别为

$$r_1(t) = a\cos \omega_c t + n_1(t) = [a + n_{1c}(t)]\cos \omega_c t - n_{1s}(t)\sin \omega_c t \tag{7-2-80}$$

$$r_2(t) = a\cos \omega_c t + n_2(t) = [a + n_{2c}(t)]\cos \omega_c t - n_{2s}(t)\sin \omega_c t \tag{7-2-81}$$

则低通滤波器的输出信号

$$y(t) = \frac{1}{2}\{[a + n_{1c}(t)][a + n_{2c}(t)] + n_{1s}(t)n_{2s}(t)\} \tag{7-2-82}$$

抽样后得到

$$y = \frac{1}{2}[(a + n_{1c})(a + n_{2c}) + n_{1s}n_{2s}] \tag{7-2-83}$$

假设判决规则为

$$\begin{cases} 若\ y > 0, & 则判为\ \mathbf{0} \\ 若\ y \leqslant 0, & 则判为\ \mathbf{1} \end{cases} \tag{7-2-84}$$

则发送 **0** 而错判为 **1** 的概率为

$$P(1/0) = P\{y < 0\} = P\left\{\frac{1}{2}[(a + n_{1c})(a + n_{2c}) + n_{1s}n_{2s}] < 0\right\} \tag{7-2-85}$$

利用恒等式

$$x_1 x_2 + y_1 y_2 = \frac{1}{4}\{[(x_1 + x_2)^2 + (y_1 + y_2)^2] - [(x_1 - x_2)^2 + (y_1 - y_2)^2]\} \tag{7-2-86}$$

并取 $x_1 = a + n_{1c}, x_2 = a + n_{2c}, y_1 = n_{1s}, y_2 = n_{2s}$，则式（7-2-85）变为

$$P(1/0) = P\{[(2a + n_{1c} + n_{2c})^2 + (n_{1s} + n_{2s})^2 - (n_{1c} - n_{2c})^2 - (n_{1s} - n_{2s})^2] < 0\} \tag{7-2-87}$$

令

$$R_1 = \sqrt{(2a + n_{1c} + n_{2c})^2 + (n_{1s} + n_{2s})^2}$$

$$R_2 = \sqrt{(n_{1c} - n_{2c})^2 + (n_{1s} - n_{2s})^2}$$

则式（7-2-87）简化为

$$P(1/0) = P\{R_1 < R_2\} \tag{7-2-88}$$

因为 n_{1c}、n_{2c}、n_{1s}、n_{1s} 是相互独立的高斯随机变量，且均值为 0，方差为 σ_n^2。根据相互独立的高斯随机变量的代数和仍为高斯随机变量，且均值为各随机变量的均值的代数和，方差为各随机变量方差之和的性质，则 $n_{1c} + n_{2c}$ 是零均值，方差为 $2\sigma_n^2$ 的高斯随机变量。同理，$n_{1s} + n_{2s}$、$n_{1c} - n_{2c}$、$n_{1s} - n_{2s}$ 都是零均值，方差为 $2\sigma_n^2$ 的高斯随机变量。

R_1 服从广义瑞利分布，R_2 服从瑞利分布，它们的概率密度函数分别为

$$f(R_1) = \frac{R_1}{2\sigma_n^2}I_0\left(\frac{aR_1}{\sigma_n^2}\right)e^{-(R_1^2 + 4a^2)/4\sigma_n^2} \tag{7-2-89}$$

$$f(R_2) = \frac{R_2}{2\sigma_n^2}e^{-R_2^2/4\sigma_n^2} \tag{7-2-90}$$

则

$$P(1/0) = P\{R_1 < R_2\} = \int_0^{+\infty} f(R_1)\left[\int_{R_2 = R_1}^{+\infty} f(R_2)\,dR_2\right]dR_1$$

$$= \int_0^{+\infty} \frac{R_1}{2\sigma_n^2} I_0\left(\frac{aR_1}{\sigma_n^2}\right) e^{-(2R_1^2+4a^2)/4\sigma_n^2} dR_1 = \frac{1}{2} e^{-r} \qquad (7-2-91)$$

同理,可以求得发送 **1** 错判为 **0** 的概率

$$P(0/1) = P(1/0) = \frac{1}{2} e^{-r} \qquad (7-2-92)$$

所以,2DPSK 信号差分相干解调系统的平均误码率

$$P_e = \frac{1}{2} e^{-r} \qquad (7-2-93)$$

7.3 多进制数字调制

与二进制数字调制不同,多进制数字调制是利用多进制数字基带信号去改变载波的振幅、频率和相位中的一个或它们的组合。相应地,有 M 进制幅移键控(M-ary amplitude shift keying,MASK)、M 进制频移键控(M-ary frequency shift keying,MFSK)、M 进制相移键控(M-ary phase shift keying,MPSK)、M 进制幅度和相位联合键控(M-ary amplitude phase keying,MAPK)等调制方式。下面首先讨论数字调制的一般形式,然后分别讨论 MASK,MFSK,MPSK,MDPSK、OQPSK、$\pi/4-$QPSK,以及幅度和相位组合调制的特殊形式正交幅度调制(QAM)的原理。

7.3.1 数字调制的一般形式

M 进制数字调制可以看作一个映射过程,首先将信息序列 $\{a_n\}$ 中的每 $k = \log_2 M$ 个数字比特构成一个比特组(Block),然后将这些比特组(共 M 种)映射到 M 个确定的信号波形 $\{s_m(t), m = 1, 2, \cdots, M\}$,已调信号经过信道传输后引入了噪声,接收端根据接收到的含噪声信号 $r(t)$ 判断发送的是哪一个信号波形,最后恢复出对应的比特组。由此可得到数字调制传输系统的一般形式,如图 7-30 所示。

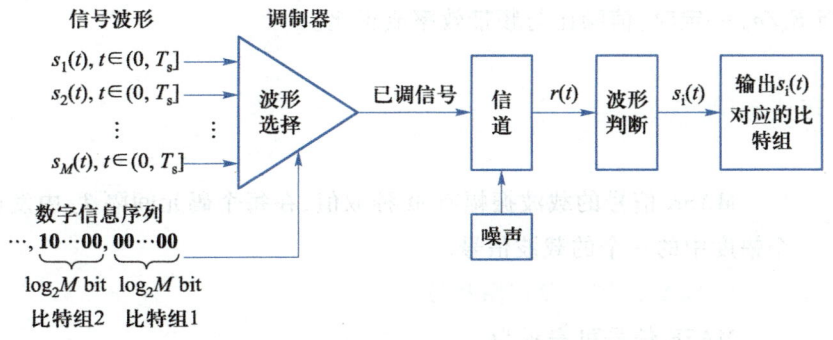

图 7-30 M 进制数字调制传输系统的一般形式

信号波形 $\{s_m(t), m = 1, 2, \cdots, M\}$ 可以根据一组完备正交基函数 $\phi_i(t)(i = 1, 2, \cdots, K)$ 构造而成，也就是说 $s_m(t)$ 可以表示为完备正交基函数 $\phi_i(t)(i = 1, 2, \cdots, K)$ 的线性组合，这样每个信号波形 $s_m(t)$ 就对应一个矢量 $s_m = \{s_{m1}, s_{m2}, \cdots, s_{mK}\}$，$s_m$ 也可以看作 K 维信号空间中的一个点，这些信号点的集合就是 M 进制数字调制的星座图，也称为信号空间图。星座图中，星座点之间距离越大，则信号之间差异性越大，出现错误判决的概率越小。所以，通过星座图中的星座点间的最小欧式距离可定性分析系统的抗噪声能力。

为了比较不同数字调制方式的性能，通常采用 E_b/n_0 作为基础参数。其中，E_b 为单位比特的平均信号能量，n_0 为噪声单边功率谱密度。在实际应用中，人们能够直接测量到的是信号功率 P_s 和噪声平均功率 N，并由此得到信噪比 P_s/N。下面讨论 P_s/N 和 E_b/n_0 的关系。

假设每间隔 T_s 发送一个信号波形，则符号传输速率为 $R_s = 1/T_s$，对于二进制调制，R_s 与信息传输速率 R_b 相等，即 $R_b = R_s$（单位为 bit/s）。对于 M 进制调制，则有

$$R_b = \frac{1}{T_s}\log_2 M = R_s \log_2 M \qquad (7\text{-}3\text{-}1)$$

因此，平均信号功率

$$P_s = \frac{E_s}{T_s} = E_s R_s = E_s R_b / \log_2 M \qquad (7\text{-}3\text{-}2)$$

式中，E_s 是平均信号码元能量。

对于二进制调制，发送 1 个比特所需要的能量 E_b 与发送一个符号的能量 E_s 相同，即 $E_b = E_s$。对于 M 进制调制，则有

$$E_s = E_b \log_2 M \qquad (7\text{-}3\text{-}3)$$

每个符号所携带的信息为 $\log_2 M$ bit，将式（7-3-3）代入式（7-3-2），可得

$$P_s = E_b R_b \qquad (7\text{-}3\text{-}4)$$

另一方面，若接收机带宽为 B，则接收到的噪声功率为

$$N = n_0 B$$

因此，信噪比可表示为

$$\frac{P_s}{N} = \frac{E_b}{n_0} \cdot \frac{R_b}{B} \qquad (7\text{-}3\text{-}5)$$

式中，R_b/B 为单位频带的比特率，它表示特定调制方式下的频带利用率，又称频带效率。

式（7-3-5）给出了信噪比与 E_b/n_0 的关系。当信噪比一定时，E_b/n_0 随着频带效率的变化而变化；当 E_b/n_0 一定时，信噪比与频带效率成正比。

7.3.2　多进制幅移键控

微视频：多进制
振幅键控-上

MASK 信号的载波振幅有 M 种取值，在每个码元间隔 T_s 内发送振幅为 M 个幅度中的一个的载波信号。

1. MASK 信号星座图和波形

MASK 信号可表示为

$$s_{\text{MASK}}(t) = \left[\sum_n a_n g(t-nT_s)\right] \cos \omega_c t \tag{7-3-6}$$

式中,T_s 为 M 进制码元间隔,$g(t)$ 为基带信号脉冲,可以是矩形脉冲,也可以是平方根升余弦谱脉冲或者其他形状的脉冲。a_n 为发送信号电平,取值为

$$a_n = \begin{cases} A_1 & \text{发送概率为 } P_1 \\ A_2 & \text{发送概率为 } P_2 \\ A_3 & \text{发送概率为 } P_3 \\ \vdots & \vdots \\ A_M & \text{发送概率为 } P_M \end{cases} \tag{7-3-7}$$

且

$$\sum_{n=1}^{M} P_n = 1 \tag{7-3-8}$$

令

$$A_i = (2i-1-M)d, \quad i=1,2,\cdots,M \tag{7-3-9}$$

则相邻码元之间的幅度差为 $2d$。

利用二阶算术级数求和公式 $1^2+3^2+\cdots+(2n-1)^2 = \dfrac{n}{3}(2n-1)(2n+1)$,这里 $n=M/2$,

MASK 信号码元的平均功率为

$$P_s = 2\sum_{i=1}^{M/2} \left[d(2i-1)\right]^2 = d^2 \frac{M^2-1}{6} \tag{7-3-10}$$

MASK 信号的星座图示例如图 7-31 所示。

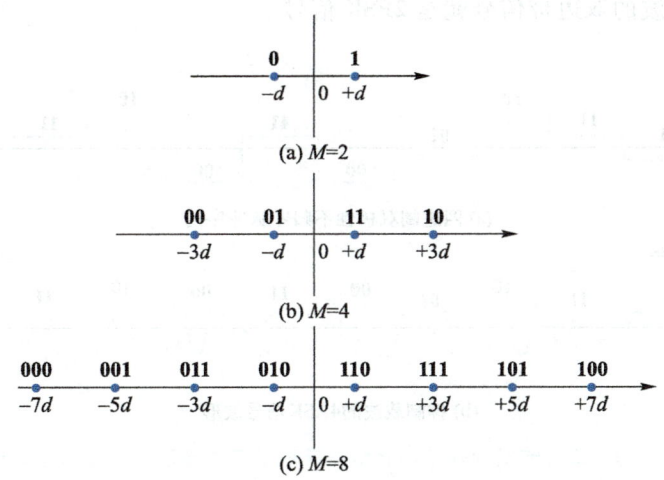

图 7-31　MASK 信号的星座图示例

从图 7-31 可以看出,各星座点的编码采用了格雷(Gray)码,即相邻星座点只相差一个比特,由于相邻星座点之间出现判决错误的概率最大,所以引入格雷码可以有效减小比特错误概率。图中的星座点分布在一条直线上,且以原点为中心对称地等距离分布,这种星座图

称为最佳一维星座图(在平均码元能量相等、星座点数相同的情况下在所有一维星座图分布中具有最佳的抗噪声能力)。若同样是最佳一维星座图分布,在平均码元能量相等的情况下,星座点数越多(进制数越大),则相邻幅值的间距越小,也就意味着在传输过程中受到同样的噪声干扰时更容易出现差错。

图 7-31 给出的 MASK 信号对应的基带信号脉冲序列是<u>多进制双极性不归零脉冲序列</u>。理论上,MASK 信号的基带信号脉冲序列也可以是多进制单极性不归零脉冲,如图 7-32 给出了一种四进制单极性不归零脉冲序列及其对应的 4ASK 信号波形。由于基带信号脉冲序列有直流分量,所以得到的是包含有载波的 MASK 信号。OOK 信号就是这种非抑制载波 MASK 信号在 $M=2$ 时的特例。

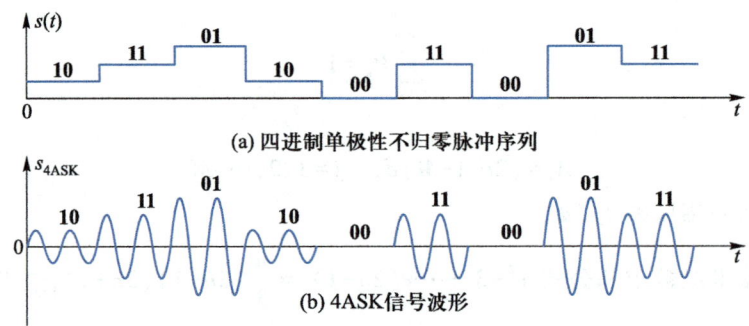

图 7-32　四进制单极性不归零脉冲序列及其对应的 4ASK 信号波形

对应图 7-31(b)中的星座图,图 7-33 给出了一种四进制双极性不归零脉冲序列及其对应的 4ASK 信号波形,在不同码元出现概率相等的条件下,得到的是抑制载波的 MASK 信号。二进制抑制载波的双边带信号就是 2PSK 信号。

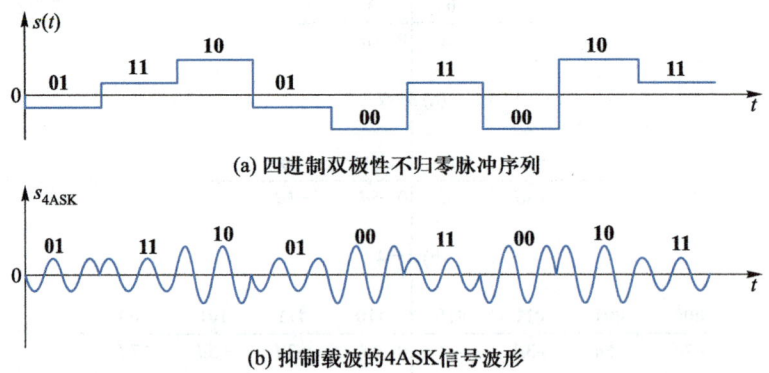

图 7-33　四进制双极性不归零脉冲序列及其对应的 4ASK 信号波形

微视频:多进制
振幅键控-下

2. MASK 信号带宽与频带利用率

对比式(7-3-6)与式(7-1-1)可以看出,MASK 信号与 2ASK 信号具有相似的形式。在信息传输速率 R_b 相同时,码元速率降低为 2ASK 信号码元速率的 $1/k(k=\log_2 M)$,此时 MASK 信号的带宽是 2ASK 信号带宽的 $1/k$。

当基带信号采用不归零矩形脉冲时,MASK 信号的谱零点带宽为

$$B_{\text{MASK}} = \frac{2f_{\text{b}}}{k} = \frac{B_{\text{2ASK}}}{k} \tag{7-3-11}$$

式中,f_{b} 数值上等于信息传输速率 R_{b},单位是 Hz。

在多进制数字调制中,通常定义频带利用率为 单位带宽内的信息传输速率。根据该定义,当基带信号采用不归零矩形脉冲时 MASK 系统的频带利用率为

$$\eta_{\text{MASK}} = \frac{R_{\text{b}}}{B_{\text{MASK}}} = \frac{R_{\text{b}}}{2f_{\text{b}}/k} = \frac{k}{2} \text{ bit/s/Hz} \tag{7-3-12}$$

MASK 系统的频带利用率是 2ASK 系统的 k 倍。

MASK 系统与 2ASK 的区别在于发送端输入的二进制数字基带信号需变换为 M 电平的基带脉冲再去调制,而接收端则需要将解调得到的 M 电平基带脉冲变换成二进制基带信号。MASK 信号可以采用包络检波法解调(适用于基带信号是单极性脉冲序列的情况),也可以采用相干解调法解调。其原理与 2ASK 信号的解调原理完全相同,不同的是需要确定多个判决门限,当接收信号电平受噪声影响存在起伏时,则所有判决门限都需要做相应的调整。

3. MASK 系统的误码性能

下面讨论加性高斯白噪声信道下抑制载波的 MASK 信号相干解调时的误码性能。MASK 信号由式(7-3-6)定义给出。抑制载波的 MASK 信号相干解调系统的误码性能分析模型如图 7-34 所示。

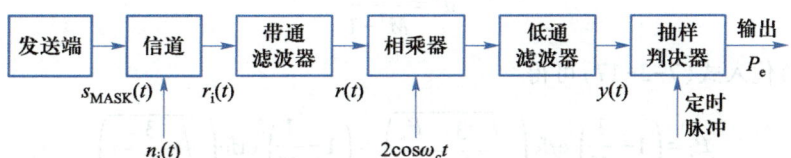

图 7-34 抑制载波的 MASK 信号相干解调系统的误码性能分析模型

假设接收端的解调前信号仅附加有窄带高斯噪声,无其他失真。忽略常数衰减因子后可得到带通滤波器的输出信号

$$r(t) = s_{\text{MASK}}(t) + n(t) \tag{7-3-13}$$

式中,窄带高斯噪声 $n(t) = n_{\text{c}}(t) \cos \omega_{\text{c}} t - n_{\text{s}}(t) \sin \omega_{\text{c}} t$。

$r(t)$ 与载波相乘,并滤除高频分量之后得到低通滤波器的输出信号

$$y(t) = \begin{cases} \pm d + n_{\text{c}}(t), & \text{当 } a_n = \pm d \text{ 时} \\ \pm 3d + n_{\text{c}}(t), & \text{当 } a_n = \pm 3d \text{ 时} \\ \vdots & \vdots \\ \pm(M-1)d + n_{\text{c}}(t), & \text{当 } a_n = \pm(M-1)d \text{ 时} \end{cases} \tag{7-3-14}$$

式中忽略了相干解调过程中产生的常数因子 1/2。

对信号 $y(t)$ 抽样然后进行判决,判决电平选择为 $0, 2d, \cdots, \pm(M-2)d$ 根据式(7-3-14),当

信号电平 $-(M-1)d<a_n<+(M-1)d$，噪声抽样值的绝对值 $|n_c|$ 超过 d 时会发生错误判决。当信号电平 $a_n=+(M-1)d$ 时，仅在噪声抽样值 $n_c<-d$ 时发生错误判决，$n_c>d$ 时不会发生错判；当信号电平 $a_n=-(M-1)d$ 时，仅在 $n_c>d$ 时发生错误判决，$n_c<-d$ 时不会发生错判。所以，当抑制载波 MASK 的各种信号波形以相同的概率 $1/M$ 发送时，平均误码率等于

$$P_e = \frac{M-2}{M}P(|n_c|>d) + \frac{2}{M}\frac{1}{2}P(|n_c|>d) = \left(1-\frac{1}{M}\right)P(|n_c|>d) \qquad (7\text{-}3\text{-}15)$$

式中，$P(|n_c|>d)$ 表示噪声抽样值的绝对值大于 d 的概率。

根据 7.2 节中关于相干解调过程中噪声的分析，噪声抽样值 n_c 是均值为 0，方差为 σ_n^2 的高斯随机变量，所以有

$$P(|n_c|>d) = \frac{2}{\sqrt{2\pi}\,\sigma_n}\int_d^{+\infty} e^{-x^2/2\sigma_n^2}dx \qquad (7\text{-}3\text{-}16)$$

上式代入式（7-3-15），可得

$$P_e = \left(1-\frac{1}{M}\right)\frac{2}{\sqrt{2\pi}\,\sigma_n}\int_d^{+\infty} e^{-x^2/2\sigma_n^2}dx = \left(1-\frac{1}{M}\right)\mathrm{erfc}\left(\frac{d}{\sqrt{2}\,\sigma_n}\right) \qquad (7\text{-}3\text{-}17)$$

式中 $\mathrm{erfc}(x) = \frac{2}{\sqrt{\pi}}\int_x^{+\infty} e^{-z^2}dz$，称为互补误差函数。

为了得到误码率和接收信噪比之间的关系，需要将式（7-3-17）中 P_e 与 d/σ_n 的关系换算成 P_e 与 $r=P_s/\sigma_n^2$ 的关系。根据式（7-3-10），可得

$$d^2 = \frac{6P_s}{M^2-1} \qquad (7\text{-}3\text{-}18)$$

将式（7-3-18）代入式（7-3-17）可得

$$P_e = \left(1-\frac{1}{M}\right)\mathrm{erfc}\left(\sqrt{\frac{3}{M^2-1}\frac{P_s}{\sigma_n^2}}\right) = \left(1-\frac{1}{M}\right)\mathrm{erfc}\left(\sqrt{\frac{3}{M^2-1}r}\right) \qquad (7\text{-}3\text{-}19)$$

当 $M=2$ 时，则上式变为

$$P_e = \frac{1}{2}\mathrm{erfc}(\sqrt{r}) \qquad (7\text{-}3\text{-}20)$$

此时给出的误码率公式与式（7-2-76）完全相同，原因是当 $M=2$ 时抑制载波的 MASK 信号就变成了 2PSK 信号。

如果要把（7-3-18）中的 P_e 与 r 的关系换算成 P_e 与 E_b/n_0 的关系，就需要考虑接收机带宽。考虑理想情况，假设 MASK 系统的基带信号采用奈奎斯特带宽传输，则 MASK 系统的接收机带宽为 $1/T_s$。所以，噪声功率

$$\sigma_n^2 = n_0/T_s \qquad (7\text{-}3\text{-}21)$$

将 $P_s = E_s/T_s = kE_b/T_s$ 和式（7-3-21）代入式（7-3-19），可得

$$P_e = \left(1-\frac{1}{M}\right)\mathrm{erfc}\left(\sqrt{\frac{6E_s}{2(M^2-1)T_s}\frac{T_s}{n_0}}\right)$$

$$= \left(1 - \frac{1}{M} \right) \mathrm{erfc}\left(\sqrt{\frac{3k}{(M^2-1)} \frac{E_b}{n_0}} \right) \tag{7-3-22}$$

式中，E_b 表示平均比特能量，$k = \log_2 M$，$\mathrm{erfc}(x) = 1 - \mathrm{erf}(x)$。根据式（7-3-22）画出的误码率曲线如图 7-35 所示。

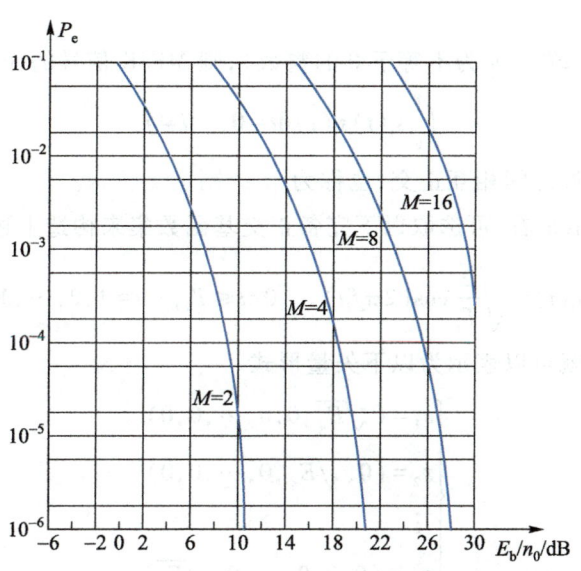

图 7-35　MASK 的误码率曲线

从图 7-35 可以看出，在 E_b/n_0 一定时，随着 M 的增加，误码率 P_e 会增大。为了达到 10^{-6} 的误码率，$M = 2, 4, 8$ 时所需的 E_b/n_0 分别为 10.53 dB、20.67 dB 和 28.72 dB。

MASK 系统在将二进制数字基带信号变换成 M 电平基带脉冲时通常采用如图 7-31 中所示的格雷码进行编码，其特点是表示相邻电平的二进制码组之间只有一个比特不同，由于噪声引起的相邻 MASK 信号的判决错误概率远大于非相邻信号之间的判决错误概率，所以可以近似认为一个包含 $\log_2 M$ 比特的符号错误仅包含单个比特错误。此时误比特率可以近似为

$$P_b \approx \frac{P_e}{\log_2 M} = \frac{M-1}{M \log_2 M} \mathrm{erfc}\left[\sqrt{\frac{3(\log_2 M)}{M^2-1} \frac{E_b}{n_0}} \right] \tag{7-3-23}$$

MASK 信号的振幅在传输过程中受到信道衰落的影响比较大，所以它一般只适宜在恒参信道中采用，在衰落信道下（尤其是远距离传输中）应用较少。

7.3.3　多进制频移键控

MFSK 是 2FSK 的推广。原则上，MFSK 具有多进制调制的一切特点，但由于 MFSK 信号要占据较宽的频带，因此 MFSK 系统的频带利用率不高。

1. MFSK 信号及其波形

MFSK 信号可表示为

微视频：多进
制频移键控

$$s_i(t) = \sqrt{\frac{2E_s}{T_s}} \cos(2\pi f_i t), \quad 0 < t \leqslant T_s, \quad i = 1, 2, \cdots, M \quad\quad (7\text{-}3\text{-}24)$$

式中，T_s 为码元间隔，f_i 表示载波频率，具有 M 种可能的取值 $f_1, f_2, \cdots, f_M$，相邻载波的频率间隔通常是相等的，用 Δf 表示。信号幅度取为 $\sqrt{2E_s/T_s}$，是构造 MFSK 信号波形采用的基函数能量归一化的结果。

通常选取 $\Delta f = n/(2T_s)$（n 为不等于 0 的整数），则 MFSK 信号的任意两个载波之间满足

$$\int_0^{T_s} s_i(t) s_j(t)\, \mathrm{d}t = 0, \quad i \neq j \quad\quad (7\text{-}3\text{-}25)$$

从而可知，MFSK 各载波之间相互正交，也称为 *M 进制正交调制*。

从信号的矢量表示来看，可选取以下完备正交基函数集来构造上述 MFSK 信号

$$\phi_i(t) = \sqrt{\frac{2}{T_s}} \cos(2\pi f_i t), \quad 0 < t \leqslant T_s, \quad i = 1, 2, \cdots, M$$

这样，MFSK 信号就可以表示为以下矢量形式

$$\begin{cases} \boldsymbol{s}_1 = (\sqrt{E_s}, 0, 0, \cdots, 0, 0) \\ \boldsymbol{s}_2 = (0, \sqrt{E_s}, 0, \cdots, 0, 0) \\ \vdots \\ \boldsymbol{s}_M = (0, 0, 0, \cdots, 0, \sqrt{E_s}) \end{cases} \quad\quad (7\text{-}3\text{-}26)$$

从上式的信号矢量表示可以看出，上述 MFSK 信号的维数为 M。在由上式信号矢量构成的星座图上，所有的星座点都分布在半径为 $\sqrt{E_s}$ 的球面上，且任意两个星座点之间距离都是 $\sqrt{2E_s}$。若比特能量 E_b 不变，随着进制数 M 的增大，球面的半径 $\sqrt{E_s} = \sqrt{\log_2 M E_b}$ 将增大，星座点之间距离 $\sqrt{2E_s}$ 也将增大，所以抗噪声能力将随之增强。

MFSK 应用的一个简单实例是无线寻呼系统，采用 4FSK 调制，已调信号波形如图 7-36 所示。载波频率设置的一个案例是在所分配的中心载频（如 160 MHz）的基础上分别增加或减少 1.6 kHz 和 4.8 kHz。

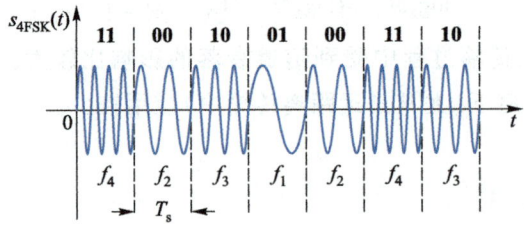

图 7-36　某无线寻呼系统采用的 4FSK 信号波形

2. MFSK 信号带宽和频带利用率

当 $g(t)$ 是不归零矩形脉冲时，MFSK 的信号带宽近似为

$$B_{\mathrm{MFSK}} \approx |f_M - f_1| + 2f_s = (M - 1)\Delta f + 2/T_s \quad\quad (7\text{-}3\text{-}27)$$

其中，f_M 为最高选用载频，f_1 为最低选用载频。

假设 MFSK 各载波之间相互正交,并取 $\Delta f = 1/T_s$,考虑基带采用不归零矩形脉冲(基带脉冲序列的谱零点带宽为 $1/T_s$)的情况,可得到此时 MFSK 信号的带宽

$$B_{\mathrm{MFSK}} = (M-1)\frac{1}{T_s} + \frac{1}{T_s} + \frac{1}{T_s} = \frac{M+1}{T_s} \qquad (7-3-28)$$

相应的频带利用率为

$$\eta_{\mathrm{MFSK}} = \frac{R_b}{B_{\mathrm{MFSK}}} = R_b \frac{T_s}{M+1} = R_b \frac{kT_b}{M+1} = \frac{k}{M+1} \ \mathrm{bit/s/Hz} \qquad (7-3-29)$$

式中,T_b 是二进制码元间隔,R_b 是信息传输速率,数值上等于 $1/T_b$,$k = \log_2 M$。

与式(7-3-5)相比,MFSK 比 MASK 的频带利用率低,且 MFSK 的频带利用率随着 M 的增大而减小。

3. MFSK 的调制与解调

MFSK 调制器的原理与 2FSK 基本相同,在此不另作讨论。MFSK 的解调器也可分为相干解调和非相干解调两类。MFSK 非相干解调的原理框图如图 7-37 所示。图中,M 路带通滤波器用于分离 M 个不同载频的码元。当某个 MFSK 信号输入时,M 路带通滤波器的输出中仅有一路是信号加噪声,其他各路都只有噪声。通常有信号的一路包络检波器的输出电压最大,故在判决时按照输出电压进行判决。注意采用非相干解调时,载频之间的间隔应足够大,否则不同载频承载信息的功率谱成分无法分离,也就无法实现有效解调。

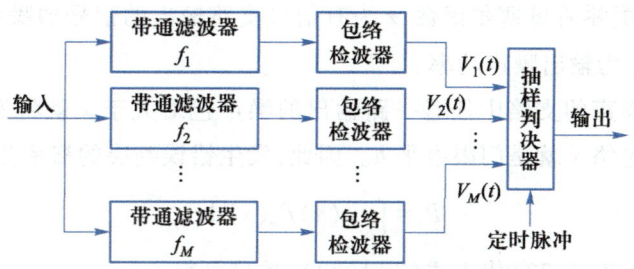

图 7-37　MFSK 非相干解调的原理框图

MFSK 相干解调的原理框图与上述非相干解调的原理框图类似,只是用相乘器加低通滤波器代替图中的包络检波器。相干解调需要提取 M 个严格同步的本地载波,复杂度较高,实际应用中较少采用。

4. MFSK 系统的误码性能

下面分别讨论 MFSK 系统非相干解调和相干解调时的误码性能。假设 MFSK 的各信号波形 $\{s_i(t), i=1,2,\cdots,M\}$ 等概率且等能量,信道为加性高斯白噪声信道。

（1）MFSK 非相干解调系统的误码率

MFSK 非相干解调的误码性能分析采用图 7-37 给出的模型,假设 MFSK 信号各载频的间隔满足非相干解调的要求。图中,M 路带通滤波器的输出中

微视频:MFSK
系统的抗噪声
性能

仅有一路是信号加噪声,其他 $M-1$ 路输出的都只是噪声。由于信道噪声是加性高斯白噪声,所以这 $M-1$ 路带通滤波器输出的噪声是相互独立的窄带高斯噪声,其包络服从瑞利分布,令 $P(h)$ 是其中任意一路的输出噪声包络超过门限 h(取决于有信号支路的输出信号加噪声的包络值)的概率,则

$$P(h) = \int_h^\infty \frac{N}{\sigma_n^2} e^{-N^2/2\sigma_n^2} dN = e^{-h^2/2\sigma_n^2} \qquad (7-3-30)$$

式中,N 为带通滤波器输出噪声的包络,σ_n^2 为滤波器输出噪声的功率。

所以,这 $M-1$ 路输出噪声的包络都不超过门限电平 h 的概率等于 $[1-P(h)]^{M-1}$,任意一路(或一路以上)噪声输出的包络超过门限 h 就将发生错误判决,判决错误的概率等于

$$P_e(h) = 1 - [1 - P(h)]^{M-1} = 1 - [1 - e^{-h^2/2\sigma_n^2}]^{M-1}$$

$$= \sum_{n=1}^{M-1} (-1)^{n-1} \binom{M-1}{n} e^{-nh^2/2\sigma_n^2} \qquad (7-3-31)$$

式中,$\binom{M-1}{n}$ 表示二项式展开系数,即 $M-1$ 个中取 n 个的组合数。显然,错误概率与门限电平 h 相关。下面讨论如何确定 h。

有信号支路输出的信号加噪声的包络服从<u>广义瑞利分布</u>

$$p(x) = \frac{x}{\sigma_n^2} I_0\left(\frac{Ax}{\sigma_n^2}\right) \exp\left[-\frac{1}{2\sigma_n^2}(x^2 + A^2)\right], x \geq 0 \qquad (7-3-32)$$

式中,$I_0(\cdot)$ 为第一类零阶贝塞尔函数,x 为有信号支路输出的信号加噪声之和的包络,A 为信号码元的振幅,σ_n^2 为输出噪声功率。

由于其他输出噪声的支路中任意一路输出的噪声包络大于 x 就将发生错误判决,所以有信号支路输出的包络 x 就是门限电平 h。因此,发生错误判决的概率为

$$P_e = \int_0^\infty p(x) P_e(x) dx \qquad (7-3-33)$$

将式(7-3-31)和式(7-3-32)代入式(7-3-33),推导可得

$$P_e = \sum_{n=1}^{M-1} (-1)^{n-1} \binom{M-1}{n} \frac{1}{n+1} e^{-nA^2/2(n+1)\sigma_n^2} \qquad (7-3-34)$$

推导中利用了以下公式

$$\int_0^\infty t I_0(\alpha t) e^{-(\alpha^2+t^2)/2} dt = 1 \qquad (7-3-35)$$

式(7-3-34)是一个正负交替的多项式,且随着 n 的增大,对应项的绝对值在减小,所以

$$P_e \leq \frac{M-1}{2} e^{-A^2/(4\sigma_n^2)} = \frac{M-1}{2} e^{-r/2} \qquad (7-3-36)$$

式中,r 是信号码元功率和噪声功率之比。由于每个码元携带 $k = \log_2 M$ bit 信息,所以平均每个比特的信噪比为 $r_b = r/k$,代入式(7-3-36)可得

$$P_e \leq \frac{M-1}{2} e^{-(kr_b/2)} \qquad (7-3-37)$$

当 $k \to \infty$ 时，有 $M \approx M-1$，则上述不等式变为

$$P_e \leqslant \frac{1}{2} M \cdot e^{-\left(k\frac{r_b}{2}\right)} = \frac{1}{2} 2^k e^{-\left(k \cdot \frac{r_b}{2}\right)} = \frac{1}{2} e^{-k\left(\frac{r_b}{2}-\ln 2\right)} \tag{7-3-38}$$

由上式可以看出，当 $k \to \infty$ 时，P_e 可以按指数趋近于 0，条件是保证

$$\frac{r_b}{2} - \ln 2 > 0 \tag{7-3-39}$$

即

$$r_b > 2\ln 2 = 1.39 = 1.42 \text{ dB} \tag{7-3-40}$$

以上分析表明，只要保证比特信噪比 r_b 大于 1.42 dB，则不断增大 k，就能得到任意小的误码率。当然，随着 k 的增大，MFSK 信号占用的带宽必然会增大，所以 MFSK 系统误码率的降低是以占用带宽的增大为代价的。另外需要说明的是，这并不意味着当比特信噪比小于 1.42 dB 时就不能通过增大 k 得到任意小的误码率，也就是说 1.42 dB 不是一个紧的边界。

以上讨论的是误码率，下面讨论误码率 P_e 和误比特率 P_b 之间的关系。由于各信号波形之间存在正交性，假定一个 M 进制码元发生错误，它将随机且等概率地错成其他 $M-1$ 个码元之一。由于 M 进制已调信号共有 M 种不同的信号码元，每个码元中包含 k 个比特，$M = 2^k$。在一个码元中的任一给定比特的位置上，出现 1 和 0 的码元数各占一半，即出现信息比特 1 的码元有 $M/2$ 种，出现信息比特 0 的码元有 $M/2$ 种。在一个给定的码元中，任一比特位置上的信息比特和其他 $2^{k-1}-1$ 种码元在同一位置上的信息比特相同，和其他 2^{k-1} 种码元在同一位置上的信息比特不同。所以，误比特率 P_b 和误码率 P_e 之间的关系为

$$P_b = \frac{2^{k-1}}{2^k-1} P_e = \frac{P_e}{2[1-(1/2^k)]} \tag{7-3-41}$$

当 k 很大时，$P_b \approx P_e/2$。

根据式（7-3-34）可画出如图 7-38 所示的误码率曲线。图中横坐标是比特信噪比 r_b。从图中可以看出，在 M 一定的情况下，信噪比越大，则误码率 P_e 越小；在 r_b 一定的情况下，M 越大，则误码率 P_e 越小，当然 MFSK 信号占用的带宽也越大。

（2）MFSK 相干解调系统的误码率

MFSK 相干解调是用相乘器加低通滤波器代替图 7-37 中的包络检波器，由于实现复杂度高，所以应用较少。其误码率计算方法和 2FSK 相干解调类似，这里仅给出结果

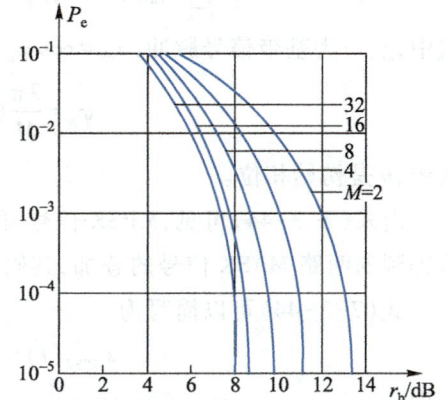

图 7-38 MFSK 非相干解调系统的误码率

$$P_e = 1 - \frac{1}{\sqrt{2\pi}} \int_{-\infty}^{\infty} e^{-\frac{1}{2}(x-\sqrt{2kr_b})^2} \left(\frac{1}{\sqrt{2\pi}} \int_{-\infty}^{x} e^{-u^2/2} du\right)^{M-1} dx \tag{7-3-42}$$

由于式(7-3-42)较难得到误码率的精确解,为了简化分析,可以通过误码率上界来粗略估计 MFSK 相干解调系统的误码率,上界表达式为

$$P_e \le \frac{1}{2}(M-1)\mathrm{erfc}\left(\sqrt{\frac{kr_b}{2}}\right) \qquad (7-3-43)$$

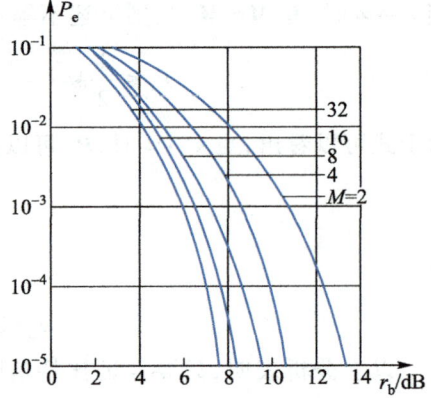

图 7-39　MFSK 相干解调系统的误码率

由式(7-3-42)可得到 MFSK 相干解调系统的误码率曲线,如图 7-39 所示。与图 7-38 相比较,同样在 M 一定的情况下,信噪比越大,误码率 P_e 越小;在 r_b 一定的情况下,M 越大,则误码率 P_e 越小。通过式(7-3-36)和式(7-3-43)来比较二者的误码率上界可知,在 $k>7$ 时 MFSK 非相干解调和相干解调误码性能的区别可以忽略。

7.3.4　多进制相移键控和多进制差分相移键控

微视频:多进
制相移键控

MPSK 是利用载波的多种不同相位来表征数字信息的调制方式,也称为多进制绝对相移键控。MDPSK 是利用前后码元之间的相对相位变化来表示数字信息,也称为多进制相对相移键控。

1. MPSK 信号的表达式

由于 M 种相位可以用来表示 k 比特码元的 2^k 种状态,故有 $2^k = M$。假设 k 比特码元的持续时间仍为 T_s,则 MPSK 信号可以表示为

$$s_{\mathrm{MPSK}}(t) = \sum_{n=-\infty}^{\infty} g(t-nT_s)\cos[\omega_c t + \varphi_n]$$

$$= \left[\sum_{n=-\infty}^{\infty} a_{cn}g(t-nT_s)\right]\cos\omega_c t - \left[\sum_{n=-\infty}^{\infty} a_{sn}g(t-nT_s)\right]\sin\omega_c t \qquad (7-3-44)$$

式中,$g(t)$ 为基带信号脉冲,$a_{cn} = \cos\varphi_n$,$a_{sn} = \sin\varphi_n$,φ_n 的 M 种相位取值通常是等间隔的,即

$$\varphi_n = \frac{2\pi}{M}(i-1)+\theta, i=1,2,\cdots,M \qquad (7-3-45)$$

式中,θ 是初始相位。

由式(7-3-44)可见,MPSK 信号可以看成是对两个正交载波进行多电平双边带调制后所得到的两路 MASK 信号的叠加,其码元间隔 $T_s = kT_b$。

式(7-3-44)可以简写为

$$s_{\mathrm{MPSK}}(t) = I(t)\cos\omega_c t - Q(t)\sin\omega_c t \qquad (7-3-46)$$

式中

$$I(t) = \sum_{n=-\infty}^{\infty} a_{cn}g(t-nT_s) \qquad (7-3-47a)$$

$$Q(t) = \sum_{n=-\infty}^{\infty} a_{sn}g(t-nT_s) \qquad (7-3-47b)$$

通常把式(7-3-46)中的 $I(t)$ 称为同相分量，$Q(t)$ 称为正交分量。

2. MPSK 信号星座图与带宽

不同的数字传输系统对应着不同的信号点集。信号点集可以用星座图(或信号空间图)来表示，如图 7-40 所示。星座图中的点到坐标原点的距离表示信号的幅度，星座点到坐标原点的连线与正 x 轴的夹角表示信号的相位。若用复数表示星座点，则复数的实部就是星座点的横坐标，虚部就是星座点的纵坐标。

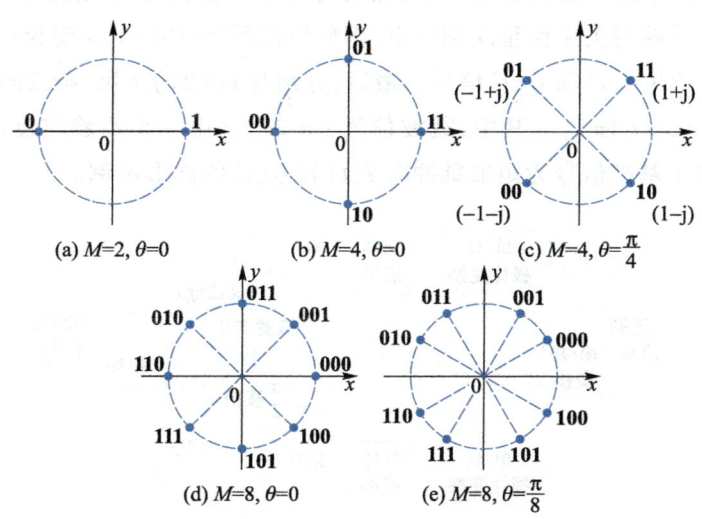

图 7-40　MPSK 信号的星座图

图 7-40 给出的是 $M=2$、4、8 和不同初始相位时的 MPSK 星座图。从各星座图可以看出，MPSK 信号是相位不同的等幅度信号。对于 2PSK 信号，相位只有 0 和 π 两种取值，分别对应信息比特 **1** 和 **0**[如图 7-40(a)]；对于 4PSK 信号，可以有 0、π/2、π 和 3π/2 四种相位，分别对应比特组 **11**、**01**、**00** 和 **10**[如图 7-40(b)，也称为 A 方式]；也可以采用 π/4、3π/4、5π/4 和 7π/4 四种相位，分别对应比特组 **11**、**01**、**00** 和 **10**[如图 7-40(c)，也称 B 方式]，如果用复数表示，则分别为 1+j、−1+j、−1−j、1−j。对于 8PSK 信号，8 种相位可以是 0、π/4、π/2、3π/4、π、5π/4、3π/2 和 7π/4[如图 7-40(d)]，也可以是 π/8、3π/8、5π/8、7π/8、9π/8、11π/8、13π/8 和 15π/8[如图 7-40(e)]。图 7-40(a)、图 7-40(b)和图 7-40(d)所示的星座图相当于式(7-3-45)中的 $\theta=0$，而图 7-40(c)和图 7-40(e)中的星座图中 $\theta=\pi/M$。不同初始相位 θ 的 MPSK 原理上没有差别，只是实现方法不同。产生 π/M 初始相位的 MPSK 信号时同相支路 $I(t)$ 和正交支路 $Q(t)$ 都是 M/2 个电平信号。

MPSK 信号的功率谱特性与 2PSK 信号类似。在基带信号为不归零矩形脉冲时，采用 I/Q 正交调制，MPSK 信号的带宽为

$$B_{\mathrm{MPSK}}=2f_s=2/T_s=2f_b/\log_2 M \tag{7-3-48}$$

式中，f_b 数值上等于信息传输速率 R_b，单位是 Hz。

此时，MPSK 系统的频带利用率为

$$\eta_{\text{MPSK}} = \frac{R_b}{B_{\text{MPSK}}} = \frac{1}{2}\log_2 M \text{ bit/s/Hz} \tag{7-3-49}$$

显然,MPSK 与 MASK 一样,频带利用率随着 M 的增大而提高。

3. MPSK 信号的产生

常用的 MPSK 调制是 4PSK(也称为 QPSK)和 8PSK。QPSK 可以看作两路相互正交的 2PSK 信号的叠加,其正交调制原理如图 7-41 所示。输入的二进制信息序列经过串/并变换,分成两路速率减半的二进制序列(码元宽度增加了 1 倍),单/双极性变换电路将单极性码变换成双极性码[映射关系由星座图确定,例如根据图 7-40(c),0 变为 −1,1 变为 +1],然后进行脉冲成形,产生 $I(t)$ 和 $Q(t)$ 信号。最后,分别与 $\cos 2\pi f_c t$ 和 $-\sin 2\pi f_c t$ 相乘后相加得到 QPSK 信号[$f_c = \omega_c/(2\pi)$]。其中,载波信号 $\cos 2\pi f_c t$ 由一个高稳定度的晶体振荡器产生。图 7-42 给出了基带信号为矩形脉冲时 $I(t)$ 和 $Q(t)$ 的波形示例。

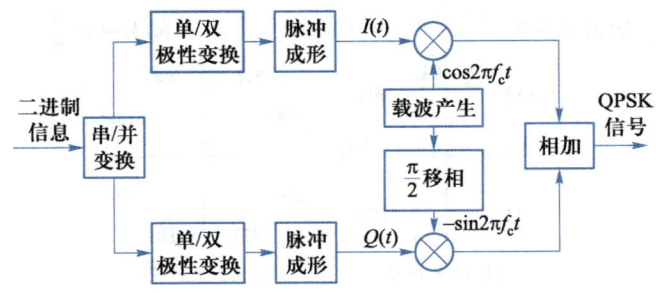

图 7-41　QPSK 信号的正交调制原理

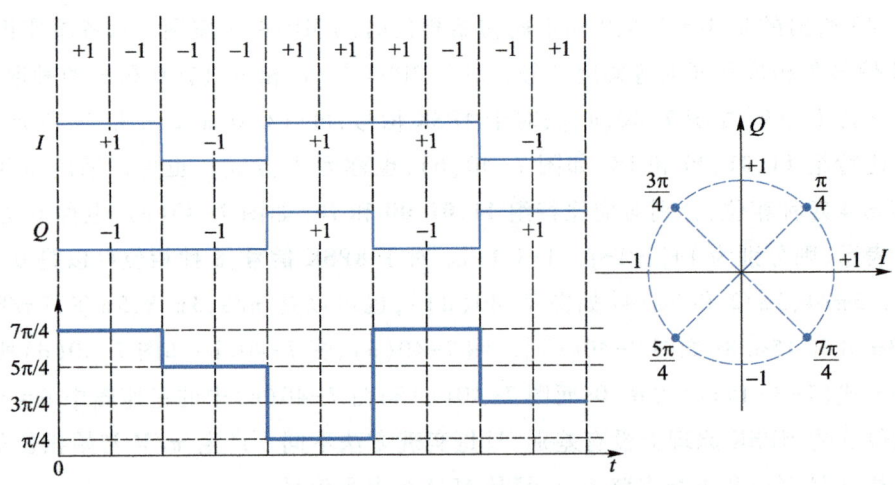

图 7-42　QPSK 的 $I(t)$ 和 $Q(t)$ 的波形示例

8PSK 信号的正交调制原理如图 7-43 所示,其中星座映射关系由表 7-1 给出[对应图 7-40(d)所示的星座图,并取各信号点幅度为 1]。输入的二进制信息序列经过串/并变换每次产生一个 3 位码组 $b_2 b_1 b_0$,因此码元间隔是比特间隔的 3 倍。根据表 7-1 给出的星座映射关系,得到 a_{cn} 和 a_{sn},然后进行脉冲成形,产生 $I(t)$ 和 $Q(t)$ 信号。最后,分别与 $\cos 2\pi f_c t$

和 $-\sin 2\pi f_c t$ 相乘后相加得到 8PSK 信号。

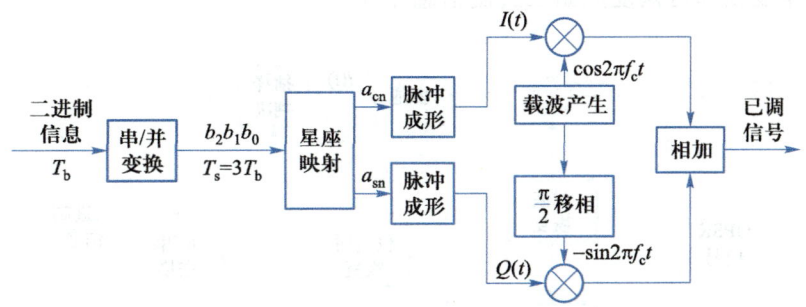

图 7-43 8PSK 信号的正交调制

表 7-1 一种 8PSK 信号的星座映射关系

8 进制符号值	$b_2 b_1 b_0$	(a_{cn}, a_{sn})
0	**000**	$(1, 0)$
1	**001**	$(0.707, 0.707)$
2	**011**	$(0, 1)$
3	**010**	$(-0.707, 0.707)$
4	**110**	$(-1, 0)$
5	**111**	$(-0.707, -0.707)$
6	**101**	$(0, -1)$
7	**100**	$(0.707, -0.707)$

MPSK 也可以采用其他方法实现调制。图 7-44 给出了 QPSK 信号的相位选择法调制器〔对应于图 7-40(c)中的星座图〕。四相载波发生器分别送出相位调制所需的四种不同相位的载波。按照串/并变换器输出信息的不同,逻辑选相电路选择相应相位的载波,然后经过带通滤波器后输出。

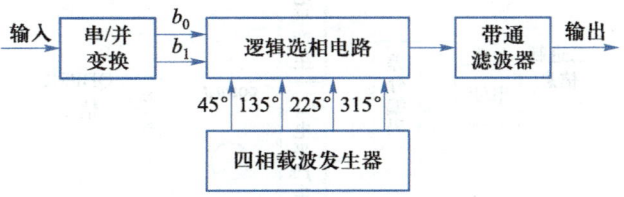

图 7-44 相位选择法产生 QPSK 信号

4. MPSK 信号的解调

根据式(7-3-46)可知,MPSK 信号可以用两个正交的载波信号分别对 I 路和 Q 路进行相干解调来实现二进制数字信息的恢复。

QPSK 信号的相干解调原理如图 7-45 所示。输入信号包含 QPSK 信号和噪声,同相支路(I 路)和正交支路(Q 路)分别经过相乘器和低通滤波器,得到 $I(t)$ 和 $Q(t)$,然后经过抽样判决和并/串变换即可恢复原始二进制信息序列。

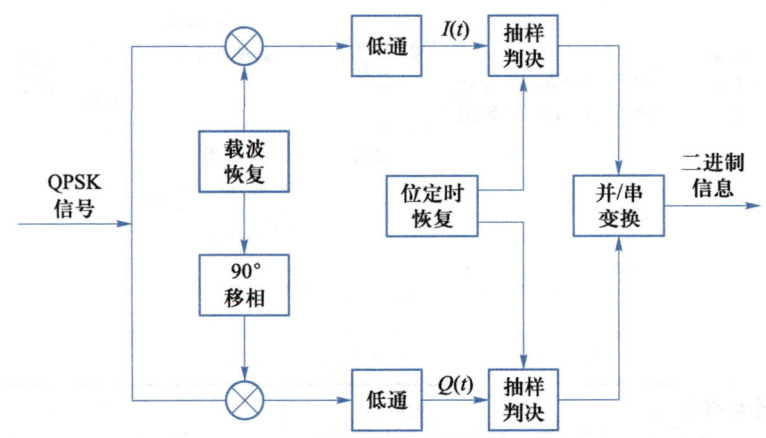

图 7-45　QPSK 信号的相干解调原理

8PSK 信号的相干解调与 QPSK 基本原理相同,区别在于判决方法,它是根据星座图对 I 路和 Q 路的输出信号进行解映射得到对应的比特组。这一解调方法可以推广到任意 MPSK 系统。

在 2PSK 信号相干解调的载波恢复过程中采用平方环等方法会产生 180°的相位模糊。同样,在 MPSK 信号相干解调过程中若采用 M 方环等方法恢复载波也会产生 M 重的相位模糊,可以采用 MDPSK 来有效克服载波相位模糊问题。

微视频:多进制
差分相移键控

5. MDPSK 信号的产生与解调

MDPSK 信号的产生方法是在将输入的二进制信息序列进行串/并变换后,进行差分编码,然后再对差分码进行绝对相移键控,从而得到 MDPSK 信号。以 QDPSK 为例,其信号产生过程如图 7-46 所示。

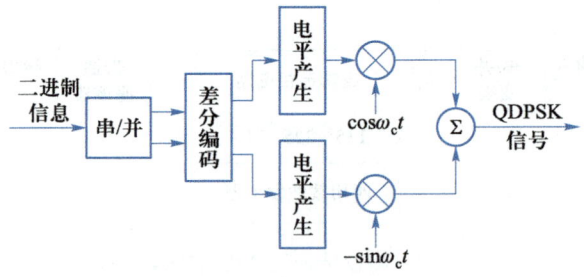

图 7-46　QDPSK 信号的产生

MDPSK 信号的解调方法与 2DPSK 信号解调相类似,可采用相干解调法和差分相干解调法。图 7-47 给出了 QDPSK 信号的相干解调原理框图。

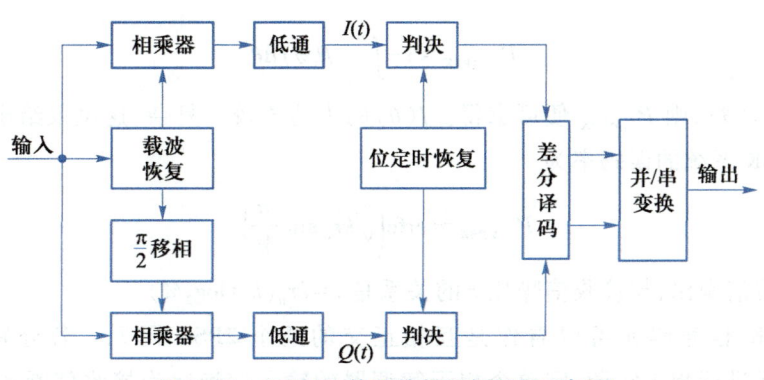

图 7-47 QDPSK 信号的相干解调原理框图

QDPSK 信号的差分相干解调的原理框图如图 7-48 所示。这种解调方法与相干解调法相比,主要区别在于:它利用延迟电路将前一码元信号延迟一个码元间隔后,分别移相 π/4 和 -π/4,再将它们分别作为上、下支路的相干载波。另外它不需要采用差分译码,这是因为 QDPSK 信号的信息包含在前、后码元相位差中,而差分相干解调的原理就是直接比较前、后码元的相位。

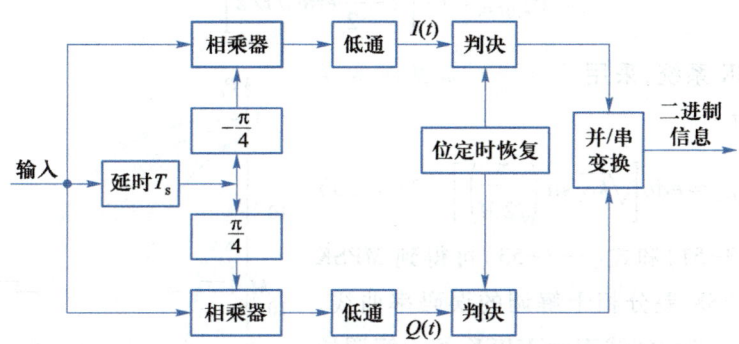

图 7-48 QDPSK 信号的差分相干解调的原理框图

6. MPSK 和 MDPSK 系统的误码性能

在 MPSK 中,我们可以认为这 M 个信号把相位平面划分成 M 等分。在没有噪声时,每一个信号相位都有相应的确定值。例如 $M = 8$ 时,每一个信号间隔为 $\pi/4$,如图 7-49 所示。在有噪声叠加时,则信号和噪声合成波形的相位将按一定的统计规律随机变化。若发送信号的基准相位为零相位,则合成波形相位 θ 在 $-\pi/M < \theta < \pi/M$ 范围内变化时(如图 7-49 中的阴影区: $-\pi/8 < \theta < \pi/8$),该信号点可以正确接收。如果在这个范围之外,将造成判决错误。

假设发送每一个信号的概率是相等的,且令合成波形相位的一维概率密度函数为 $f(\theta)$,则系统的误码率为

微视频:MPSK 和 MDPSK 系统的抗噪声性能

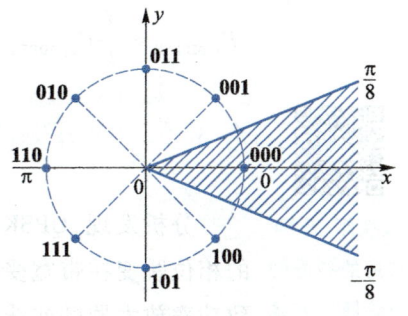

图 7-49 $M = 8$ 时的一种信号相位分布

$$P_{e,\text{MPSK}} = 1 - \int_{-\frac{\pi}{M}}^{\frac{\pi}{M}} f(\theta)\,\mathrm{d}\theta \qquad (7\text{-}3\text{-}50)$$

只要给定 $f(\theta)$，则 $P_{e,\text{MPSK}}$ 便可求得。$f(\theta)$ 的表达式较为复杂，这里仅给出近似结果，相干解调时 MPSK 系统的误码率为

$$P_{e,\text{MPSK}} \approx \text{erfc}\left(\sqrt{kr_b}\,\sin\frac{\pi}{M}\right) \qquad (7\text{-}3\text{-}51)$$

式中，r_b 是比特信噪比，与接收信噪比 r 的关系是 $r = kr_b\,(k = \log_2 M)$。

对于 QPSK，信号码元可以看作是互相正交的两个 2PSK 码元。若分别针对这两路 2PSK 信号码元进行相干解调，则单个相干解调器的输入信噪比为接收信噪比的一半，即 $r/2$。将 $r/2$ 代入式（7-2-76），可得同相和正交支路相干解调后的误码率均为 $(1/2)\,\text{erfc}\sqrt{r/2}$，也就是说每一路 2PSK 信号相干解调判决输出正确的概率为 $1 - (1/2)\,\text{erfc}\sqrt{r/2}$。而只有两路相互正交的 2PSK 信号的相干检测都正确，QPSK 信号的检测输出才正确。由于两路信号相干检测都正确的概率为 $[1 - (1/2)\,\text{erfc}\sqrt{r/2}]^2$，所以 QPSK 信号相干解调系统的误码率为

$$P_{e,\text{QPSK}} = 1 - \left[1 - \frac{1}{2}\text{erfc}\sqrt{r/2}\right]^2 \qquad (7\text{-}3\text{-}52)$$

对于 MDPSK 系统，采用差分相干解调时的误码率近似公式为

$$P_{e,\text{MDPSK}} \approx \text{erfc}\left[\sqrt{kr_b}\,\sin\left(\frac{\pi}{\sqrt{2}\,M}\right)\right] \quad (7\text{-}3\text{-}53)$$

根据式（7-3-51）式（7-3-53）可得到 MPSK 相干解调和 MDPSK 差分相干解调的误码率曲线，如图 7-50 所示。图中实线表示 MPSK 相干解调的误码率曲线，虚线表示 MDPSK 差分相干解调的误码率曲线。

从图 7-50 可以看出，对于给定的误码率，随着 M 的增大，所需的 E_b/n_0 也越大。MPSK 系统通常采用格雷码进行编码，所以此时系统的误比特率可近似为

$$P_{b,\text{MDPSK}} \approx \frac{1}{k}P_{e,\text{MDPSK}} \qquad (7\text{-}3\text{-}54)$$

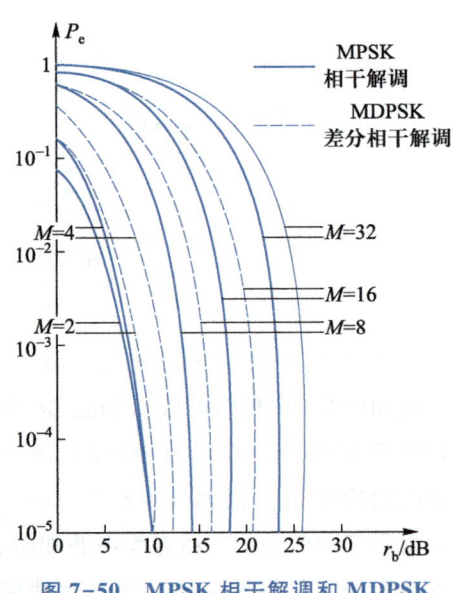

图 7-50　MPSK 相干解调和 MDPSK 差分相干解调的误码率曲线

微视频：几种常用的多进制相移键控方式

7.3.5　OQPSK 和 π/4-QPSK

分析发现，QPSK 信号相邻码元的最大相位变化达到 $\pm 180°$，这种大幅度的相位跳变在带宽受限条件下会造成明显的包络起伏。这种包络起伏将导致功率放大器的非线性失真，从而导致时域上信号波形失真，解调性能恶化，

误码率升高;频域上信号功率谱旁瓣升高,从而对相邻信道的通信产生干扰。

1. 偏移四相相移键控(OQPSK)

一种减小相位变化的有效方法是让两路数据流在时间上错开半个码元周期。在任何时刻只有一个二进制分量可能改变状态,合成的相移信号只可能出现$\pm 90°$的相位跳变,不会出现$180°$的相位跳变。这种调制方式称为偏移(或偏置)四相相移键控(offset-QPSK),缩写为OQPSK。由于时间上的错开,滤波后的已调信号包络不会出现零点(深调幅)。当信号通过非线性器件时,OQPSK信号的幅度波动比QPSK信号小,最大波动只有3dB;而QPSK信号会出现100%的包络波动。因此,在非线性的卫星通信系统和视距微波通信系统中,OQPSK系统比QPSK系统性能优越。

OQPSK信号的调制原理框图如图7-51所示,图中的$T_s/2$延迟电路就是为了使上、下两路数据流偏移半个码元周期。输入的信息序列经过串/并变换后分为两路数据流,其中一路相对于另一路延迟了半个码元周期,如图7-52所示。调制器各合成相位状态与QPSK情况相同,但由于加到乘法器上的两路数据流不会同时改变,这样调制器输出信号只可能发生$\pm 90°$的相位跳变,而QPSK信号则可能发生$\pm 180°$的相位跳变。反映在星座图上,OQPSK信号点只能沿正方形的四边变化,而QPSK信号点可以在任意点之间跳变,如图7-53所示。

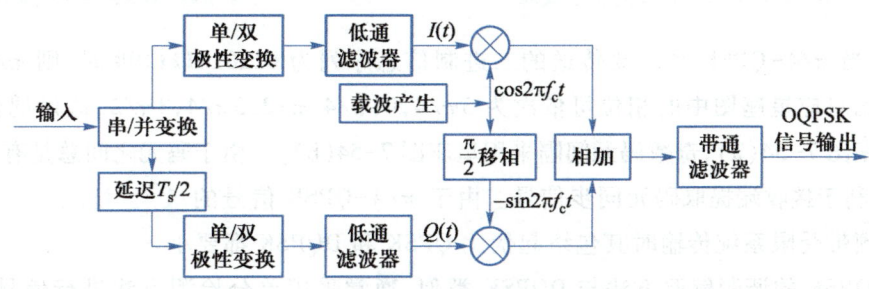

图 7-51 OQPSK 信号的调制原理框图

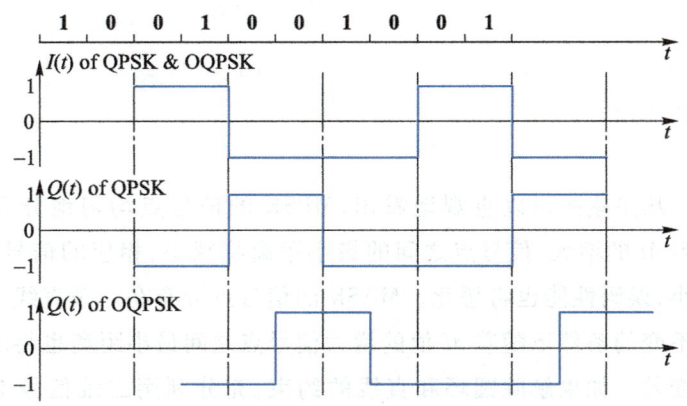

图 7-52 QPSK 和 OQPSK 同相和正交基带信号

OQPSK信号的解调与QPSK信号的解调原理基本相同,不同之处仅在于对正交支路的判决时刻比同相支路延迟$T_s/2$,这样可以使两支路判决以后一起送入并/串变换器恢复出原

基带二进制信息序列。相同条件下,OQPSK 系统的误码性能与 QPSK 完全相同。

2. π/4 相移 QPSK(π/4-QPSK)

π/4 相移 QPSK 信号是由两个相位差 π/4 的 QPSK 星座图(如图 7-54 所示,图 7-54(b)中的每个信号点的相位都可看作图 7-54(a)中对应的信号点相移 π/4 后得到的)交替使用产生的。例如在偶数码元间隔采用星座图 7-54(a),奇数码元间隔采用星座图 7-54(b)。这种交替使用会导致每一个码元间隔都会相对于前一个码元产生相位跳变,当前码元的相位相对于前一个码元的相位总会发生跳变,类似于差分相移键控,所以也有的教材称之为 π/4 差分正交相移键控(π/4-DQPSK)。

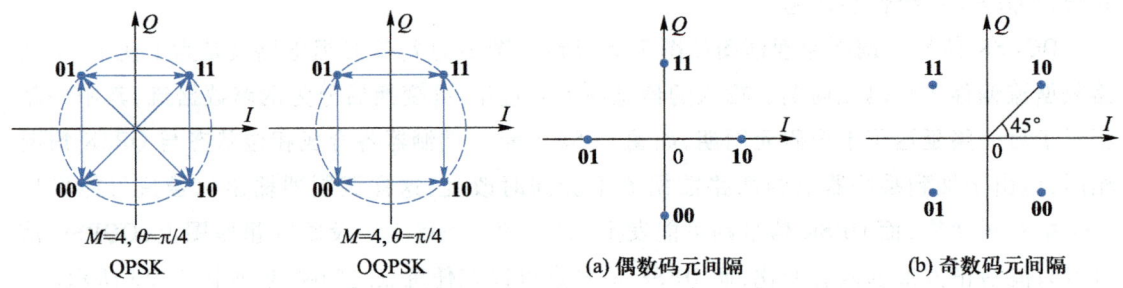

图 7-53 QPSK 和 OQPSK 信号的相位转移   图 7-54 π/4 相移 QPSK 信号星座图

例如,当 π/4-QPSK 系统要传送的二进制信息序列为 **011010111100** 时,则 π/4-QPSK 各信号码元对应星座图中的相位可依次为 5π/4,0,π/4,π/2,3π/4,3π/2[假设偶数码元间隔采用星座图 7-54(a),奇数码元间隔采用星座图 7-54(b)]。由于码元之间总是有相位的变化,所以有利于接收端提取码元同步信号。由于 π/4-QPSK 信号的最大相位变化为 ±3π/4,所以通过频带受限系统传输时其包络起伏比 QPSK 和 DQPSK 都要小。

π/4-QPSK 的调制解调方法与 DQPSK 类似,通常采用差分检测方法进行信号的接收。π/4-QPSK 已成功应用于北美第二代数字蜂窝网络、欧洲中继无线 TETRA 和数字音频广播(DAB)等系统中。

7.3.6 正交幅度调制

微视频:正交
幅度调制-上

从星座图可以直观地看出,MPSK 的信号点均匀地分布在一个圆环上。随着 M 的增大,信号点之间的最小距离将减小,相应的信号判决区域也随之减小,误码性能也将恶化。MASK 的信号点分布在一条直线上,在信号平均功率不变的条件下随着 M 值的增大信号点之间最小距离也将减小,误码性能也将变差。如果解除圆环和直线的约束,充分利用二维信号空间,使信号点重新分布,就可能在不减小信号点之间最小距离的条件下,增加信号点的数目。基于这一概念,可以引出幅度与相位相结合的调制方式。正交幅度调制(quadrature amplitude modulation,QAM)就是一种典型的幅度/相位混合调制方式。

1. 信号星座图

若采用幅度和相位结合的 16 个信号点的调制方法,图 7-55 给出了两种可能的星座图,其中图 7-55(a)是一种典型的 16QAM 星座图。图 7-55(b)是话路频带在 300~3 400 Hz 内,传送速率为 9 600 bit/s 的一种国际标准星座图,也称为 16 进制幅相键控(amplitude and phase keying,APK)。在图 7-55(a)所示的 16QAM 信号星座图中,第 i 个信号可表示为

$$s_i(t) = A_i \cos(2\pi f_c t + \varphi_i), i = 1, 2, \cdots, 16 \tag{7-3-55}$$

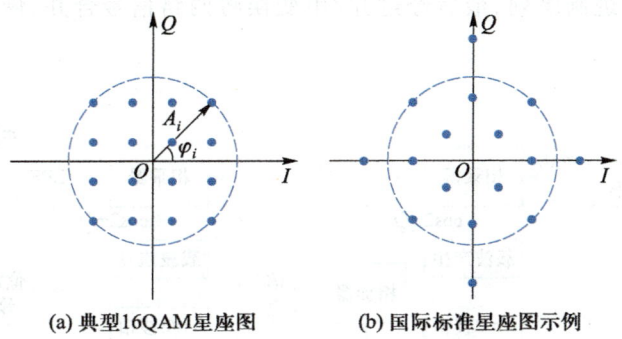

(a) 典型16QAM星座图　　(b) 国际标准星座图示例

图 7-55　16QAM 的信号星座图

MQAM 的星座图常为方形或十字形,如图 7-56 所示。其中 $M = 4, 16, 64, 256$ 时星座图为矩形,$M = 32, 128$ 时则为十字形。前者的每个符号携带偶数个比特信息,后者的每个符号携带奇数个比特信息。MQAM 的星座图也可以是圆形或其他形式。星座图的形式不同,信号点之间的最小距离也不同。

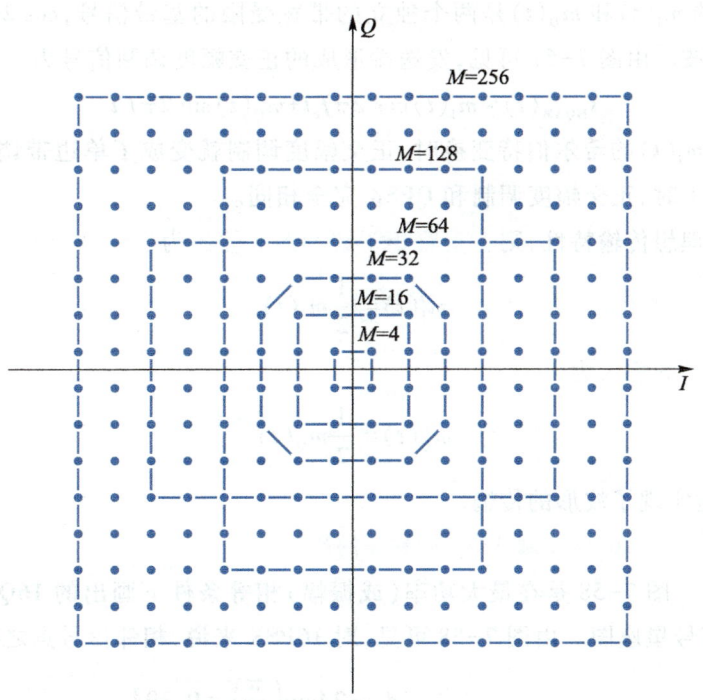

图 7-56　MQAM 的信号星座图

2. MQAM 信号的调制与解调

MQAM 信号的调制与解调过程如图 7-57 所示(这里考虑星座图为矩形, M 是 2 的偶次方的情况)。串/并变换器将输入的二进制序列分成两个速率为原序列一半的二进制序列, 2-L 电平转换器将二进制信号转换成 $L(L=\sqrt{M})$ 进制电平信号, 然后分别进行脉冲成形并与两个正交的载波相乘, 相加后即产生 MQAM 信号。MQAM 信号的解调采用正交的相干解调方法, 同相支路和正交支路的 L 电平基带信号用有 $L-1$ 个门限电平的判决器判决后, 分别恢复出二进制序列, 最后经过并/串变换将两路信号合并, 恢复出发送的二进制信息序列。

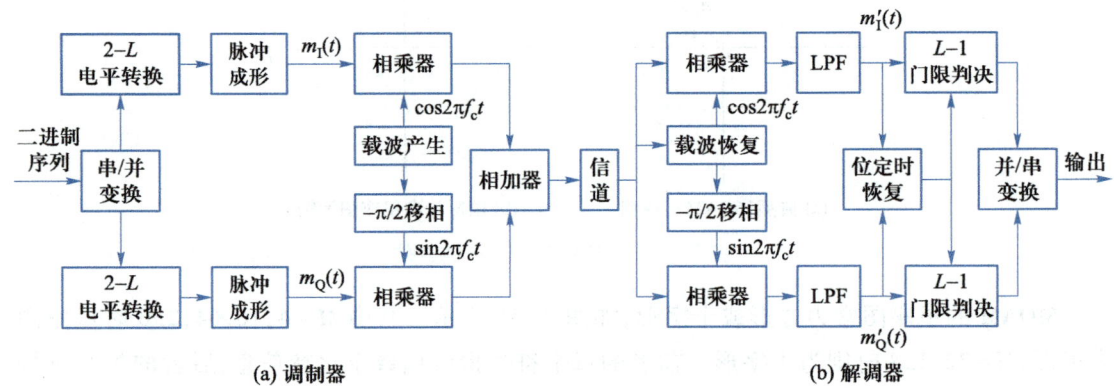

图 7-57 　MQAM 信号的调制与解调过程

图 7-57 中的 $m_I(t)$ 和 $m_Q(t)$ 是两个独立的带宽受限的基带信号, $\cos 2\pi f_c t$ 和 $\sin 2\pi f_c t$ 是相互正交的载波。由图 7-57 可见, 发送端形成的正交幅度调制信号为

$$s_{MQAM}(t) = m_I(t)\cos 2\pi f_c t + m_Q(t)\sin 2\pi f_c t \tag{7-3-56}$$

当 $m_Q(t)$ 是 $m_I(t)$ 的希尔伯特变换时, 正交幅度调制就变成了单边带调制。当 $m_I(t)$ 与 $m_Q(t)$ 的取值为 ±1 时, 正交幅度调制和 QPSK 完全相同。

若信道具有理想传输特性, 则上支路相干解调器的输出为

$$m_I'(t) = \frac{1}{2}m_I(t) \tag{7-3-57}$$

下支路相干解调器的输出为

$$m_Q'(t) = \frac{1}{2}m_Q(t) \tag{7-3-58}$$

这样, 便无失真地实现了波形的传输。

3. 16QAM 和 16PSK 信号的比较

微视频:正交
幅度调制-下

图 7-58 是在最大功率(或振幅)相等条件下画出的 16QAM 和 16PSK 的信号星座图。由图 7-58 可见, 对 16PSK 来说, 相邻信号点之间的最小距离为

$$d_1 \approx 2A\sin\left(\frac{\pi}{16}\right) = 0.39A \tag{7-3-59}$$

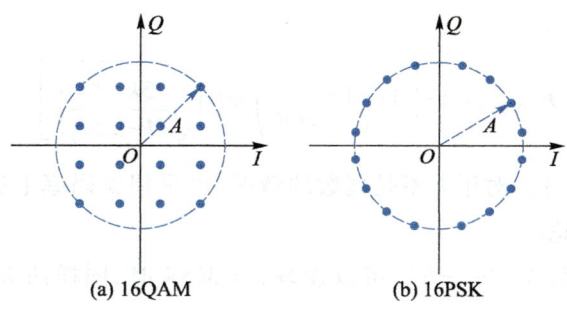

(a) 16QAM (b) 16PSK

图 7-58 16QAM 和 16PSK 的信号星座图

对于 16QAM 来说,相邻信号点的最小距离为

$$d_2 = \frac{\sqrt{2}A}{L-1} \tag{7-3-60}$$

式中,L 是在两个正交方向(I 或 Q)上信号的电平数。这里,$L = \sqrt{16} = 4$,故式(7-3-60)变成

$$d_2 = \frac{\sqrt{2}A}{3} = 0.47A$$

上述结果表明,d_2 超过 d_1 约 1.64 dB。

实际上,应该以信号的平均功率相等为条件来比较上述信号的距离才是合理的。可以证明,方形星座图的 MQAM 信号的最大功率与平均功率之比为

$$\xi_{\text{MQAM}} = \frac{\text{最大功率}}{\text{平均功率}} = \frac{L(L-1)^2}{2\sum_{i=1}^{L/2}(2i-1)^2} \tag{7-3-61}$$

对于 16QAM 来说,$L = 4$,所以 $\xi_{16\text{QAM}} = 1.8$。至于 16PSK 信号的平均功率,因为其包络恒定,故其平均功率就等于它的最大功率,因而 $\xi_{16\text{PSK}} = 1$。这说明 $\xi_{16\text{QAM}}$ 比 $\xi_{16\text{PSK}}$ 约大 2.55 dB。这样,在平均功率相等的条件下,16QAM 的相邻信号距离超过 16PSK 约 4.19 dB。

4. MQAM 信号的带宽和频带利用率

MQAM 和 MPSK 信号一样,其功率谱都取决于同相支路和正交支路基带信号的功率谱。当基带信号采用不归零矩形脉冲时,MQAM 信号的带宽为

$$B_{\text{MQAM}} = 2f_s = 2f_b/k \tag{7-3-62}$$

式中,$f_s = 1/T_s$,$k = \log_2 M$,f_b 数值上等于信息传输速率 R_b,单位是 Hz。在信息传输速率 R_b 不变时,MQAM 信号的带宽随着 M 的增大而减小。

此时,MQAM 系统的频带利用率为

$$\eta_{\text{MQAM}} = \frac{R_b}{B_{\text{MQAM}}} = \frac{1}{2}\log_2 M \ \text{bit}/(\text{s} \cdot \text{Hz}) \tag{7-3-63}$$

显然,与 MPSK 和 MASK 一样,MQAM 的频带利用率随着 M 的增大而提高。

5. MQAM 的误码性能

考虑 M 为 2 的偶次方的矩形星座图,MQAM 信号可以看作由两个相互独立且正交的多电平 ASK 信号叠加而成,此时 MQAM 的误码性能可以由多电平基带信号的错误概率确定。

此时，MQAM 系统的误码率为

$$P_{e,\text{MQAM}} = 1 - \left[1 - \left(1 - \frac{1}{\sqrt{M}} \right) \text{erfc}\left(\sqrt{\frac{3k}{M-1} \frac{\overline{E_b}}{2n_0}} \right) \right]^2 \qquad (7-3-64)$$

式中，$\overline{E_b}$ 为平均比特能量。对于 k 不是偶数的情况，可采用误码率上边界的方法分析，由于
比较复杂，这里不予讨论。

比较式（7-3-51）和式（7-3-64）可以发现，当 $M>4$ 时，同样的 E_b/n_0，MQAM 比 MPSK
系统的误码率低得多。

7.4 最小频移键控和高斯最小频移键控

对于 QPSK，假设信号包络是恒定的。为了适合在有限带宽的信道中传输，发送 QPSK
信号时需要经过带通滤波，限带后的 QPSK 信号已不能保持恒包络，如图 7-59 所示。

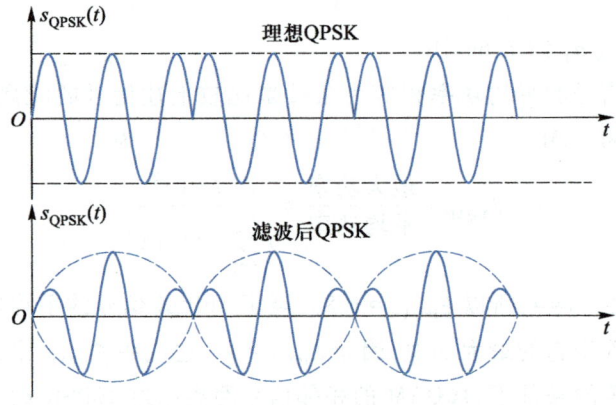

图 7-59 限带前、后的 QPSK 信号波形

从图 7-59 可以看出，当相邻信号的相位跳变是 ±180° 时，经限带后的包络会出现显著起
伏，甚至会出现零点。这种信号经过非线性放大器后，包络中的起伏可以减弱或消除，但信
号的频谱却被扩展了，其旁瓣会对邻近频道的信号形成较强的干扰。

本节将讨论最小频移键控（MSK）和高斯最小频移键控（GMSK）。

7.4.1 最小频移键控

微视频：最小
频移键控-上

OQPSK 虽然消除了 QPSK 信号中的 ±180° 跳变，但信号仍然可能有 ±90°
的相位变化，没有从根本上解决包络起伏的问题。为了使信号功率谱尽可能
集中于主瓣之内，主瓣之外的功率谱衰减速度快，就要求信号的相位不能突
变。最小频移键控（ninimum shift keying，MSK）就是一种能够产生恒定包络、
连续相位信号波形的频移键控方式。

1. MSK 信号表达式

最小频移键控(MSK)信号是一种包络恒定、相位连续、载频正交且占用带宽最小的 2FSK 信号。MSK 是一种特殊的二进制连续相位 FSK 信号,它具有保证 2FSK 的两个载频信号正交的最小频率间隔 $1/(2T_b)$(T_b 表示二进制码元间隔),所以称之为最小频移键控。

MSK 信号的峰值频偏为 $f_d = 1/(4T_b)$,定义 MSK 信号的调制指数为

$$h = 2f_d T_b = \frac{2}{4T_b}T_b = 0.5 \qquad (7-4-1)$$

MSK 信号通常由数字基带信号 $s(t)$ 去控制压控振荡器来产生,如图 7-60 所示。

图 7-60 中,VCO(voltage control oscillator)表示压控振荡器,用作调制器,其中心频率为 f_c,调制指数为 0.5。二进制数字基带信号 $B(t)$ 为双极性不归零矩形脉冲序列,其表达式为

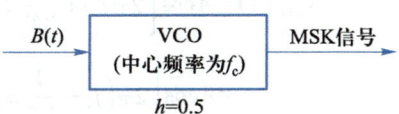

图 7-60　利用 $h = 0.5$ 的 VCO 产生 MSK 信号

$$B(t) = \sum_{-\infty}^{+\infty} a_n g(t-nT_b) \qquad (7-4-2)$$

式中,$\{a_n\}$ 为二进制序列,取值为 ±1,T_b 表示二进制码元间隔,$g(t)$ 为不归零矩形脉冲。

压控振荡器(VCO)输出的信号频率为

$$f = f_c + K_f B(t) \qquad (7-4-3)$$

式中,K_f 为频偏常数。为了确保调频器的峰值频偏 $f_d = 1/(4T_b)$,取 $K_f = 1/2$,则

$$f = f_c + \frac{1}{2}B(t) \qquad (7-4-4)$$

MSK 信号的表达式为

$$s_{\text{MSK}}(t) = A\cos\left[2\pi f_c t + \pi \int_{-\infty}^{t} B(\tau)\,\mathrm{d}\tau\right] \qquad (7-4-5)$$

设

$$\theta(t) = \pi \int_{-\infty}^{t} B(\tau)\,\mathrm{d}\tau$$

$$= \pi \int_{-\infty}^{t} \sum_{-\infty}^{+\infty} a_n g(\tau - nT_b)\,\mathrm{d}\tau$$

$$= \frac{\pi}{2}\sum_{-\infty}^{n-1} a_n + \pi a_n q(t-nT_b) \qquad (7-4-6)$$

式中

$$q(t) = \int_{-\infty}^{t} g(\tau)\,\mathrm{d}\tau$$

在 $g(t)$ 为矩形脉冲的情况下,$q(t)$ 的波形如图 7-61 所示。

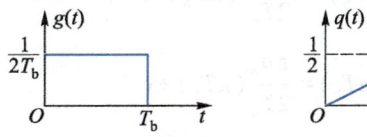

图 7-61　矩形脉冲 $g(t)$ 及其积分 $q(t)$ 的波形

$q(t)$ 可表示为

$$q(t)=\begin{cases} 0, & t<0 \\ \dfrac{t}{2T_b}, & 0\leqslant t<T_b \\ 1/2, & t>T_b \end{cases} \tag{7-4-7}$$

将式(7-4-7)代入式(7-4-6),再代入式(7-4-5),得到

$$s_{MSK}(t)=A\cos\left[2\pi f_c t+\frac{\pi a_n}{2T_b}(t-nT_b)+\frac{\pi}{2}\sum_{n=-\infty}^{n-1}a_n\right],nT_b<t<(n+1)T_b$$

$$=A\cos\left[2\pi\left(f_c+\frac{1}{4T_b}a_n\right)t+\frac{\pi}{2}\sum_{n=-\infty}^{n-1}a_n-\frac{n\pi a_n}{2}\right],nT_b\leqslant t\leqslant(n+1)T_b \tag{7-4-8}$$

设

$$x_n=\frac{\pi}{2}\sum_{n=-\infty}^{n-1}a_n-\frac{n\pi}{2}a_n \tag{7-4-9}$$

则式(7-4-5)变为

$$s_{MSK}(t)=A\cos\left[2\pi\left(f_c+\frac{1}{4T_b}a_n\right)t+x_n\right],nT_b\leqslant t\leqslant(n+1)T_b \tag{7-4-10}$$

MSK 信号可以表示成在 $nT_b\leqslant t\leqslant(n+1)T_b$ 时间间隔内具有两个频率之一的正弦波。可定义这两个频率为

$$f_1=f_c-\frac{1}{4T_b},(a_n=-1) \tag{7-4-11}$$

$$f_2=f_c+\frac{1}{4T_b},(a_n=+1) \tag{7-4-12}$$

*2. MSK 信号的相位网格

MSK 信号可以看作是调制指数 $h=1/2$ 的 2FSK 信号,这两个信号可表示为

$$\begin{cases} s_1(t)=A\cos[2\pi f_1 t+x_n],nT_b\leqslant t\leqslant(n+1)T_b \\ s_2(t)=A\cos[2\pi f_2 t+x_n],nT_b\leqslant t\leqslant(n+1)T_b \end{cases} \tag{7-4-13}$$

根据上述分析,相位

$$\theta(t)=\frac{\pi t}{2T_b}a_n+x_n,nT_b\leqslant t\leqslant(n+1)T_b \tag{7-4-14}$$

MSK 信号在 $t=nT_b$ 时刻的载波相位 $\theta(t)$ 连续,所以前一码元 a_{n-1} 在 nT_b 时刻的载波相位 $\theta_{n-1}(nT_b)$ 与当前码元 a_n 在 nT_b 时刻的载波相位 $\theta_n(nT_b)$ 相等,即

$$\theta_{n-1}(nT_b)=\frac{\pi a_{n-1}}{2T_b}(nT_b)+x_{n-1} \tag{7-4-15}$$

$$\theta_n(nT_b)=\frac{\pi a_n}{2T_b}(nT_b)+x_n \tag{7-4-16}$$

因为相位连续,所以式(7-4-15)和式(7-4-16)相等,得到

$$x_n = \frac{n\pi}{2}(a_{n-1} - a_n) + x_{n-1}$$

$$= \begin{cases} x_{n-1}, & a_{n-1} = a_n \\ x_{n-1} \pm n\pi, & a_{n-1} \neq a_n \end{cases} \tag{7-4-17}$$

设 $x_0 = 0$，则

$$x_n = 0 \text{ 或 } \pi(\bmod 2\pi), n = 0,1,2,3,\cdots$$

由式（7-4-14）可知，在 $nT_b \leqslant t \leqslant (n+1)T_b$ 区间内，$\theta(t)$ 是斜率为 $\pi a_n/(2T_b)$，截距为 x_n 的直线段，在每个码元周期内 $\theta(t)$ 变化 $\pm\pi/2$，因此 MSK 的相位网格［附加相位 $\theta(t)$ 取模 2π］是由间隔为 T_b 的一系列线段构成的，如图 7-62 所示。图中假设 $\theta(0) = 0$，粗线对应的二进制信息序列是 **1101000**。

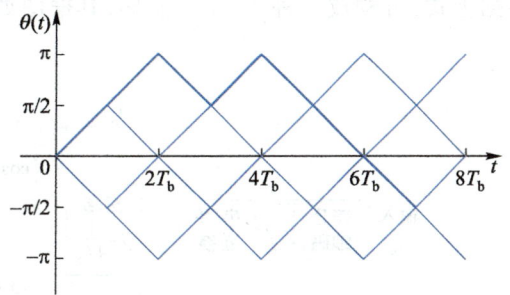

图 7-62 MSK 信号的相位网格图

由以上讨论可知，MSK 信号具有如下特点：

（1）已调信号的振幅是恒定的；

（2）信号的频率偏移严格地等于 $\pm 1/(4T_b)$，相应的调制指数 $h = 0.5$；

（3）附加相位 $\theta(t)$ 在一个码元时间内准确地线性变化 $\pm\pi/2$；

（4）MSK 信号在码元转换时刻相位是连续的，或者说信号的波形没有突跳。

3. MSK 信号的调制和解调

由于 $\cos[2\pi f_c t + \theta(t)] = \cos\theta(t)\cos 2\pi f_c t - \sin\theta(t)\sin 2\pi f_c t$，故 MSK 信号也可以看作是由两个彼此正交的载波 $\cos 2\pi f_c t$ 与 $\sin 2\pi f_c t$ 分别被函数 $\cos\theta(t)$ 与 $\sin\theta(t)$ 进行幅度调制而合成的。

微视频:最小频
移键控-下

已知

$$\theta(t) = \frac{\pi a_n}{2T_b}t + x_n, a_n = \pm 1, x_n = 0 \text{ 或 } \pi(\bmod 2\pi)$$

因而

$$\begin{cases} \cos\theta(t) = \cos\left(\dfrac{\pi t}{2T_b}\right)\cos x_n \\ -\sin\theta(t) = -a_n \sin\left(\dfrac{\pi t}{2T_b}\right)\cos x_n \end{cases}$$

故 MSK 信号可表示为

$$s_{\text{MSK}}(t) = A\left[\cos x_n \cos\left(\frac{\pi t}{2T_b}\right)\cos 2\pi f_c t - a_n \cos x_n \sin\left(\frac{\pi t}{2T_b}\right)\sin 2\pi f_c t\right], nT_b \leqslant t \leqslant (n+1)T_b$$

$$\tag{7-4-18}$$

式中，等号后面的第一项是同相分量，也称 I 分量；第二项是正交分量，也称 Q 分量。

$\cos[\pi t/(2T_b)]$ 和 $\sin[\pi t/(2T_b)]$ 称为加权函数(或称调制函数)。$\cos x_n$ 是同相分量的等效数据, $-a_n\cos x_n$ 是正交分量的等效数据,它们都与原始输入数据有确定的关系。令 $\cos x_n = I_n$, $-a_n\cos x_n = Q_n$,代入式(7-4-18)可得

$$s_{MSK}(t) = A\left[I_n\cos\left(\frac{\pi t}{2T_b}\right)\cos 2\pi f_c t + Q_n\sin\left(\frac{\pi t}{2T_b}\right)\sin 2\pi f_c t\right], nT_b \leqslant t \leqslant (n+1)T_b$$

$$(7-4-19)$$

根据上式,可构成一种 MSK 调制器,其框图如图 7-63 所示。

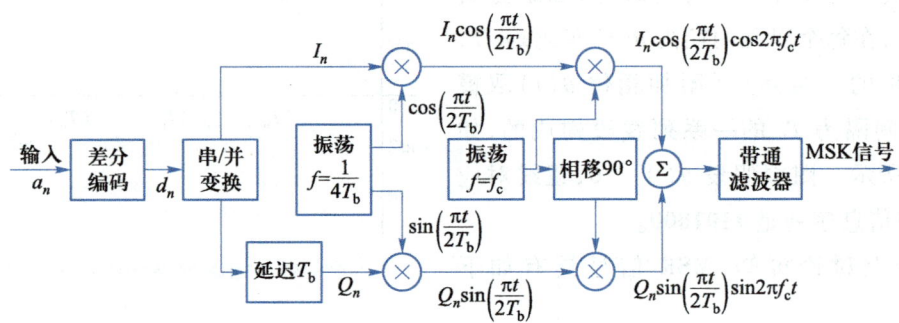

图 7-63　MSK 调制器框图

MSK 信号的解调与 FSK 信号相似,可以采用相干解调,也可以采用非相干解调。图 7-64 给出了一种采用延迟判决的相干解调原理框图。关于相干解调的原理与 2FSK 信号的相干解调没有什么区别。这里,着重讨论延迟判决法的原理。现在我们举例说明在$(0,2T_b)$时间内判决一次(判出一个码元信息)的基本原理。

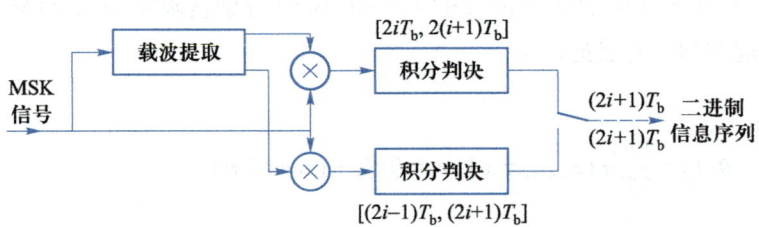

图 7-64　MSK 信号的延迟判决法相干解调原理框图

设$(0,2T_b)$时间内 $\theta(0) = 0$,则 MSK 信号的 $\theta(t)$ 的变化规律可用图 7-65(a)表示,在 $t = 2T_b$ 时刻, $\theta(t)$ 的可能相位为 $0, \pm\pi$。现若接收信号 $\cos[2\pi f_c t+\theta(t)]$ 与相干载波 $\cos(2\pi f_c t+\pi/2)$ 相乘,则相乘输出为

$$\cos[2\pi f_c t+\theta(t)]\cos\left(2\pi f_c t+\frac{\pi}{2}\right) = \cos\left[\theta(t)-\frac{\pi}{2}\right] + 频率为 2f_c 的项$$

这里,没有考虑常数 1/2。滤出第一项,可得

$$v(t) = \cos\left[\theta(t)-\frac{\pi}{2}\right] = \sin\theta(t), 0 \leqslant t \leqslant 2T_b \tag{7-4-20}$$

由以上分析可得 $\theta(t)$ 和 $v(t)$ 的示意图,如图 7-65 所示。

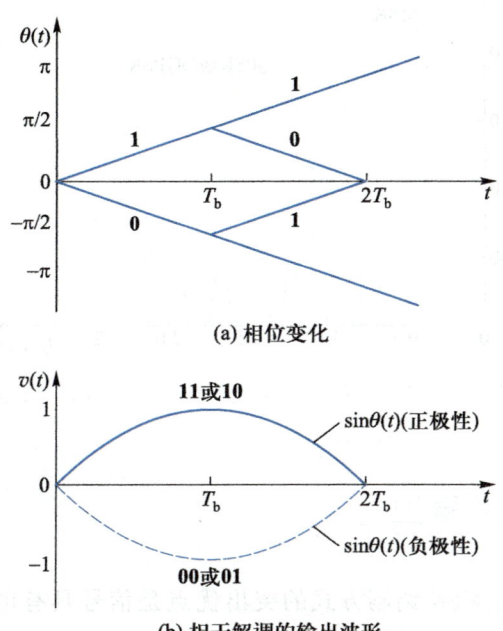

(a) 相位变化

(b) 相干解调的输出波形

图 7-65   MSK 信号在 $(0,2T_b)$ 内的相位变化及相干解调的输出波形

由图 7-65(a)可知,当输入数据为 **11** 或 **10** 时,$\sin\theta(t)$ 为正极性;而当输入数据为 **00** 或 **01** 时,$\sin\theta(t)$ 为负极性。$v(t)$ 的示意波形如图 7-65(b)所示。由此,我们得到:若 $v(t)$ 经判断(比如经积分抽样判决)为正极性,则可断定数字信息不是 **11** 就是 **10**,于是可判定第一个比特为 **1**,而第二个比特留待下一次再作决定。这里,由于利用了第二个码元提供的信息,故判决的第一个码元所含信息的正确性会提高。这就是 延迟判决法 的基本含义。

由图 7-65 可以看出,MSK 信号分别与两路相干载波相乘,并分别进行积分判决。这里的积分判决器是交替工作的,每次积分时间为 $2T_b$。若一支路的积分在 $[(2i-1)T_b,(2i+1)T_b]$ 上进行,则另一积分将在 $[2iT_b,2(i+1)T_b]$ 上进行,两者错开 T_b 时间。

4. MSK 信号的功率谱密度

按照式(7-4-8)定义的 MSK 信号,其平均功率谱密度可表示为

$$\Phi_{\text{MSK}}(f)=\frac{16A^2T_b}{\pi^2}\left\{\frac{\cos[2\pi(f-f_c)T_b]}{1-16(f-f_c)^2T_b^2}\right\}^2 \tag{7-4-21}$$

MSK 和 QPSK 或 OQPSK 的功率谱密度如图 7-66 所示。

与 QPSK 或 OQPSK 相比,MSK 信号的能量更加集中,功率谱密度的旁瓣衰减得更快,MSK 信号的功率谱密度近似与 f^4 成反比,QPSK 或 OQPSK 信号的功率谱密度近似与 f^2 成反比。若以 **99%** 的能量集中度为标准,MSK 信号的频带宽度约为 $1.2/T_b$,而 QPSK 或 OQPSK 信号的频带宽度约为 $10.3/T_b$。MSK 信号的谱零点带宽为 $1.5/T_b$。

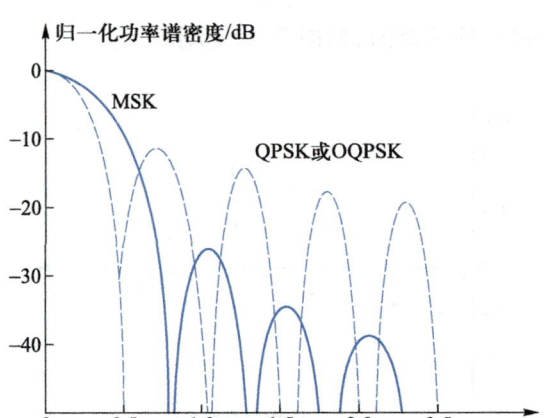

图 7-66　MSK 和 QPSK 或 OQPSK 的功率谱密度

7.4.2　高斯最小频移键控

由以上讨论可以看出,MSK 调制方式的突出优点是信号具有恒定的振幅及信号的功率谱密度在主瓣以外衰减较快。然而,在一些通信场合(例如移动通信),对信号带外辐射功率的限制是十分严格的,比如,必须衰减 70~80 dB 以上。MSK 信号仍不能满足这样苛刻的要求。高斯最小频移键控(GMSK)方式就是针对上述要求提出的。

GMSK 是在 MSK 调制器之前加入一高斯低通滤波器。也就是说,用高斯低通滤波器作为 MSK 调制的前置滤波器,如图 7-67 所示。图中的前置滤波器必须满足下列要求:

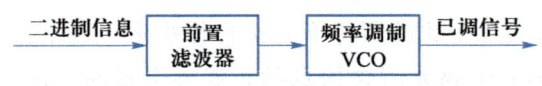

图 7-67　GMSK 信号的调制

(1) 带宽窄,且具有平滑的过渡带;

(2) 具有较低峰值突变的脉冲响应;

(3) 能保持输出脉冲的面积对应 π/2相移。

以上要求分别是为了抑制高频成分,防止过量的瞬时频率偏移以及进行相干解调所需要的。GMSK 信号的产生与 MSK 完全相同。

图 7-68 给出了 GMSK 信号的功率谱密度。图中,横坐标为归一化频率 $(f-f_c)T_b$,纵坐标为功率谱密度,参变量 B_bT_b 为高斯低通滤波器的归一化 3 dB 带宽 B_b 与码元间隔 T_b 的乘积。$B_bT_b \to \infty$ 的曲线是 MSK 信号的功率谱密度。由

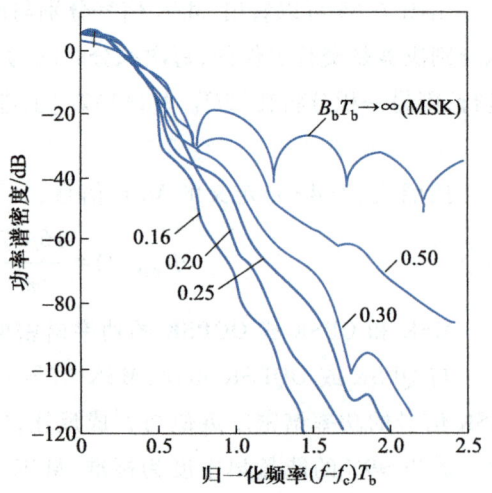

图 7-68　GMSK 信号的功率谱密度

图可见,GMSK 信号的功率谱密度随着 B_bT_b 值的减小变得紧凑起来。

需要指出,GMSK 信号功率谱特性的改善是通过降低误比特率性能换来的。前置滤波器的带宽越窄,输出功率谱密度就越紧凑,误比特率性能就变得越差。欧洲数字蜂窝通信系统中采用了 $B_bT_b = 0.3$ 的 GMSK。

7.5 数字调制方式的比较

衡量和比较不同数字调制系统性能的指标有很多种,主要有传输效率、抗噪声性能、对信道变化的敏感性和实现复杂度等。下面分别从频带利用率、误码率、包络起伏和设备复杂度等方面对一些常用的数字调制方式进行比较。

1. 频带利用率

不同调制方式占用不同的带宽,有着不同的频带利用率,如表 7-2 所示。数字已调信号的带宽与码元速率(符号速率)$R_s = 1/T_s$ 成正比。对于 MASK、MPSK、MDPSK 和 MQAM(包括 $M=2$)等一维调制或二维 I/Q 调制,在给定信息传输速率的条件下,带宽随进制数 M 的增加而减小,因此提高进制数可以提高频带利用率。但对 MFSK 来说,进制数 M 增加时带宽也增加,频带利用率随进制数的增加而减小。频带利用率可以是码元速率与带宽的比值,也可以是信息传输速率与带宽的比值,如表 7-2 所示。

表 7-2 不同数字调制方式的带宽和频带利用率

调制方式	带宽	频带利用率 /(Baud/Hz)	频带利用率 /[bit/(s·Hz)]
不归零矩形脉冲成形的 MASK、MPSK、MDPSK、MQAM 等(含 $M=2$)	$2/T_s$(谱零点带宽)	0.5	$\dfrac{1}{2}\log_2 M$
滚降系数为 α 平方根升余弦脉冲成形的 MASK、MPSK、MDPSK、MQAM 等	$\dfrac{(1+\alpha)}{T_s}$	$\dfrac{1}{1+\alpha}$	$\dfrac{1}{1+\alpha}\log_2 M$
矩形脉冲成形的多维正交调制 MFSK(含 2FSK),令 $\Delta f = 1/T_s$	$\dfrac{M+1}{T_s}$	$\dfrac{1}{M+1}$	$\dfrac{1}{M+1}\log_2 M$

需要注意的是,谱零点带宽(主瓣带宽)或者平方根升余弦滚降的绝对带宽属于易于计算的简单带宽定义,虽然可以用来比较不同的系统,但不是实际工程中适合使用的带宽定义。工程中的带宽定义视具体情况而不同,例如许多系统对发送信号频谱的设计主要考虑是对相邻信道的干扰,此时需要关注功率谱旁瓣高度,可以采用功率比例带宽。

2. 误码率

数字调制传输系统的抗噪声性能可以用误码率或误比特率和信噪比的关系来衡量,误码率既与调制和解调方式有关,又与传输速率(等价于限定了传输带宽)和噪声类型有

关。表 7-3 给出了加性高斯白噪声信道下不同数字调制方式相干解调时的误码率计算公式。其中,r_b 为比特信噪比 E_b/n_0,对于 2ASK 信号,r_b 为所发送的两种不同幅度信号的平均信噪比。r_b 为平均比特信噪比,$k = \log_2 M$。MASK、MPSK、MDPSK 和 MQAM 的比特错误概率是在采用格雷编码和高信噪比条件下的近似式。当进制数大于 2 时,MFSK 的误码率(误符号率)没有闭式解,表 7-3 中给出的误码率是一种称为联合界(union bound)的误码率上界。

表 7-3　加性高斯白噪声信道下不同数字调制方式相干解调时的误码率表达式

调制方式 （相干解调）	误码率	误比特率
2ASK、2FSK	$\dfrac{1}{2}\mathrm{erfc}(\sqrt{r_b/2})$	
BPSK	$\dfrac{1}{2}\mathrm{erfc}(\sqrt{r_b})$	
2DPSK	$\mathrm{erfc}(\sqrt{r_b})\left(1-\dfrac{1}{2}\mathrm{erfc}(\sqrt{r_b})\right)$	
MASK	$\left(1-\dfrac{1}{M}\right)\mathrm{erfc}\left(\sqrt{\dfrac{3k}{(M^2-1)}r_b}\right)$	$\approx\dfrac{M-1}{Mk}\mathrm{erfc}\left[\sqrt{\dfrac{3k}{M^2-1}r_b}\right]$
QPSK	$1-\left[1-\dfrac{1}{2}\mathrm{erfc}\sqrt{r_b}\right]^2$	$\dfrac{1}{2}\mathrm{erfc}\sqrt{r_b}$
MPSK	$\approx\mathrm{erfc}\left[\sqrt{kr_b}\sin\left(\dfrac{\pi}{M}\right)\right]$	$\approx\dfrac{1}{k}\mathrm{erfc}\left[\sqrt{kr_b}\sin\left(\dfrac{\pi}{M}\right)\right]$
MDPSK	$\approx\mathrm{erfc}\left[\sqrt{kr_b}\sin\left(\dfrac{\pi}{\sqrt{2}M}\right)\right]$	$\approx\dfrac{1}{k}\mathrm{erfc}\left[\sqrt{kr_b}\sin\left(\dfrac{\pi}{\sqrt{2}M}\right)\right]$
MQAM （k 为偶数的 矩形星座）	$\approx 1-\left\{1-\left(1-\dfrac{1}{\sqrt{M}}\right)\mathrm{erfc}\left[\sqrt{\dfrac{3k}{M-1}\dfrac{\bar{r}_b}{2}}\right]\right\}^2$	$\approx\dfrac{1}{k}\left\{1-\left[1-\left(1-\dfrac{1}{\sqrt{M}}\right)\mathrm{erfc}\left(\sqrt{\dfrac{3k}{M-1}\dfrac{\bar{r}_b}{2}}\right)\right]^2\right\}$
MFSK	$\leqslant\dfrac{1}{2}(M-1)\mathrm{erfc}\left(\sqrt{\dfrac{kr_b}{2}}\right)$	$\leqslant\dfrac{M}{4}\mathrm{erfc}\left(\sqrt{\dfrac{kr_b}{2}}\right)$

3. 包络起伏

有些应用场合需要使用成本低、功率效率高的非线性放大器,要求已调信号对信道引起的非线性失真不敏感,为此需要采用包络起伏较小的调制方式。表 7-4 列出了不同数字调制方式的包络起伏情况。

表 7-4　不同数字调制方式的包络起伏情况

数字调制方式	包络起伏情况
MSK、GMSK、2FSK、MFSK 采用矩形脉冲成形的 MPSK、DPSK	恒包络
采用升余弦滚降脉冲成形的 OQPSK、$\pi/4$-QPSK	包络起伏较小
MQAM、MASK、2ASK 采用升余弦滚降脉冲成形的 BPSK、QPSK、MPSK	包络起伏较大

4. 设备复杂度

设备复杂度与系统实现成本、可靠性和可维修性等密切相关。设备复杂度和系统传输性能通常是系统设计中需要折中考虑的两个方面。同样是 MASK、MPSK 或 MQAM,随着进制数 M 的增大,设备复杂度必然增大,换来的好处是频带利用率的提高;对于发送端而言,对于进制数 M 相同的 MASK、MPSK、MFSK 和 MQAM,实现复杂度差异不大。对于接收端,采用相干解调和非相干解调复杂度有很大差异,一般来说,相干解调具有更高的接收灵敏度和更强的抗噪声性能,但是相干解调需要精确的载波同步,设备复杂度明显高于非相干解调。所以,在信道条件较好或传输性能要求较低的情况下可以尽量考虑采用非相干解调方法;另外多进制调制系统(尤其是 M 取值较大时的高阶调制)的接收机在码元同步、信道估计均衡、抽样判决等方面复杂度较高,尤其在多径衰落信道下,接收机的复杂度会大大增加。

习　　题

7-1　已知某 2ASK 系统的码元传输速率为 10^3 Baud,所用的载波信号为 $A\cos(4\pi \times 10^3 t)$:

(1) 设数字信息为 **011001**,试画出相应的 2ASK 信号波形示意图;

(2) 求 2ASK 信号的谱零点带宽。

7-2　设某 2FSK 调制系统的码元传输速率为 1 000 Baud,已调信号的载频为 1 500 Hz 或 2 000 Hz:

(1) 若发送数字信息为 **011010**,试画出相应的 2FSK 信号波形;

(2) 试画出它的功率谱密度草图。

7-3　已知发送数字信息为 **011010**,分别画出下列两种情况下的 2PSK、2DPSK 和差分码的波形:

(1) 码元速率为 1 200 Baud,载波频率为 1 200 Hz。2DPSK 时,假设前一差分码为 **0**;

(2) 码元速率为 1 200 Baud,载波频率为 1 800 Hz。2DPSK 时,假设前一差分码为 **0**。

7-4　分别计算以下两种情况下 2DPSK 信号的频带利用率:

(1) 基带发送滤波器采用矩形脉冲,以谱零点带宽计算 2PSK 信号占据的带宽;

（2）基带发送滤波器采用滚降系数为 α 的平方根升余弦谱滤波器。

7-5 设发送的二进制信息序列为 **10101**，码元速率为 1 200 Baud：

（1）当载波频率为 2 400 Hz 时，试分别画出 2ASK、2PSK、2DPSK 信号的波形，并简述各波形的特点；

（2）2FSK 的两个载频分别为 2 400 Hz 和 3 600 Hz 时，画出其波形；

（3）计算 2ASK、2PSK、2DPSK 和 2FSK 信号的谱零点带宽和频带利用率。

7-6 对 2ASK 信号进行非相干解调方式接收，已知发送信号的峰值为 5 V，带通滤波器输出端的正态噪声功率为 3×10^{-6} W。试问：

（1）若 $P_e = 10^{-4}$，则发送信号传输到解调器输入端共衰减多少分贝？这时最佳判决门限为多少？

（2）若改用相干解调方式接收，误码率 P_e 大约是多少？

7-7 某 2FSK 系统速率为 $R_b = 2$ Mbit/s，两个载波信号频率分别为 $f_1 = 10$ MHz 与 $f_0 = 12$ MHz，接收机输入信号的振幅为 $A = 40$ μV，AWGN 信道单边功率谱密度为 $N_0 = 5 \times 10^{-18}$ W/Hz。求 2FSK 信号的带宽、工作频带与系统接收误码率。

7-8 若采用 2PSK 方式传送二进制数字信息，已知码元传输速率 $R_B = 10^6$ Baud，接收端解调器输入信号的振幅 $a = 40$ μV，信道加性噪声为高斯白噪声，且其单边功率谱密度 $n_0 = 8 \times 10^{-18}$ W/Hz。试求系统的误码率。

7-9 已知信源输出二进制序列为 **1011001001**。假设 4PSK 和 4DPSK 信号相位与二进制码组之间的对应关系为

$$\varphi = \begin{cases} 0° \text{——} \mathbf{00} \\ 90° \text{——} \mathbf{10} \\ 180° \text{——} \mathbf{11} \\ 270° \text{——} \mathbf{01} \end{cases}, \quad \Delta\varphi = \begin{cases} 0° \text{——} \mathbf{00} \\ 90° \text{——} \mathbf{10} \\ 180° \text{——} \mathbf{11} \\ 270° \text{——} \mathbf{01} \end{cases}$$

试画出相应的 4PSK 及 4DPSK 信号波形（每个码元间隔对应一个载波周期，参考载波取初相为 0 的正弦波）。

7-10 某 8PSK 数字频带传输系统，信息传输速率为 4 800 bit/s。

（1）试求无码间串扰传输所需的最小信道带宽；

（2）若传输带宽不变，而信息传输速率加倍，则调制方式应做何改变？为达到相同误比特率，发送功率应如何变化？

7-11 对最高频率为 6 MHz 的模拟信号进行线性 PCM 编码，量化电平数 $L = 8$，编码信号通过 $\alpha = 0.2$ 的升余弦滚降滤波器，再对载波进行 2PSK 调制。

（1）求 2PSK 信号的带宽和频带利用率；

（2）将调制方式改为 8PSK，求 8PSK 信号带宽和频带利用率。

7-12 使用一个带宽为 1 400 kHz 的无线信道进行 MPSK 调制传输，已知信息传输速率为 2 Mbit/s，采用平方根升余弦滚降谱基带脉冲成形，试回答以下问题：

（1）说明采用 QPSK 调制方式能否实现无码间串扰传输；

（2）确定采用 QPSK 传输时，基带脉冲滚降系数和码元传输速率。

（3）给出星座图中信号点与比特分组的格雷码映射关系。

7-13　采用多元数字调制方式传输信息速率为 2 Mbit/s 的数字信号，基带脉冲波形采用矩形波，计算分别采用 2PSK、QPSK、8PSK 和 16QAM 传输时的信号谱零点带宽和频带利用率。

7-14　一个 8PSK 和 8QAM 的星座图如题图 7-14 所示。

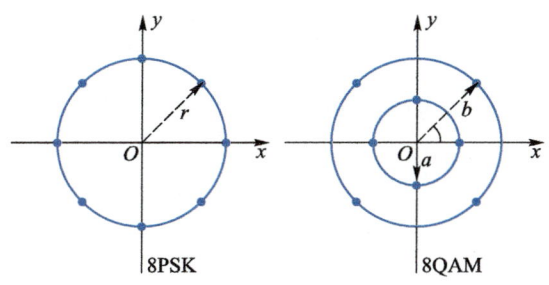

题图 7-14

（1）若 8PSK 星座图中两相邻星座点之间的最小欧式距离为 A，求圆的半径 r；

（2）若 8QAM 星座图中两相邻星座点之间的最小欧式距离为 A，求其内圆和外圆的半径 a 和 b；

（3）假设星座图上的各信号点等概率出现，求出两信号星座图对应的信号平均功率，在相邻星座点之间的最小欧式距离均为 A 的条件下比较这两种星座图对应的 8PSK 和 8QAM 信号的发送功率差异。

7-15　某数字通信系统在接收端抽样时刻的抽样值为

$$r = s_j + n, \quad j = 1, 2, 3, \quad 0 \leq t \leq T$$

其中，s_j 是发送端对应的 3 个可能值之一，$s_1 = -A$，$s_2 = 0$，$s_3 = +A$，它们出现概率依次为 0.25、0.5 与 0.25；n 是均值为零、方差为 σ_n^2 的高斯随机变量。现在根据 r 的统计特性来进行判决，使平均错误判决概率最小。试计算：

（1）发 s_1 时的错误判决概率 $P(e|s_1)$；

（2）发 s_2 时的错误判决概率 $P(e|s_2)$；

（3）发 s_3 时的错误判决概率 $P(e|s_3)$；

（4）系统的平均错误判决概率（误符号率）P_e。

7-16　什么是最小频移键控？MSK 信号具有哪些特点？

7-17　采用 MSK 数字调制方式传输信息速率为 2 Mbit/s 的数字信号，计算信号的谱零点带宽和频带利用率。

7-18　设发送数字信息序列为 +1-1-1-1-1-1+1，试画出 MSK 信号的相位变化图形。若信息速率为 1 000 bit/s，载频为 1 750 Hz，试画出 MSK 信号的波形。

第 8 章

数字信号的最佳接收

在实际数字通信中,信号在传输过程中会受到噪声的干扰。在信号和噪声同时存在的情况下,怎样的接收系统才是最佳的?这是我们关心的问题。所谓最佳,实际上并不是一个绝对的概念,而是指遵循某一个判决准则下的最佳。因此,在讨论数字信号的最佳接收问题时,一般思路是首先建立数字信号接收的统计模型,然后依据某种"最佳"准则,推导出相应的最佳接收机结构,分析不同类型最佳接收机的性能。

第 8 章
思维导图

本章首先介绍数字通信中信号接收的统计模型,然后讨论相关型最佳接收机和匹配滤波型最佳接收机,分析确知数字信号和随机相位信号的最佳接收性能,最后讨论最佳基带传输系统。

8.1 数字信号接收的统计模型

在数字通信过程中,发送端传送的消息和信号具有一定的随机性。接收端接收到的信号包含因信道传输特性不理想而发生失真的有用信号和传输过程中引入的噪声,接收信号同样具有一定的随机性。从统计检测的观点来看,数字通信系统可以用一个统计模型来描述,如图 8-1 所示。图 8-1 中,消息空间、信号空间、噪声空间、观察空间和判决空间分别表示消息、发送信号、噪声、接收信号和判决结果的所有可能状态的集合。

微视频:数字
信号接收的
统计模型

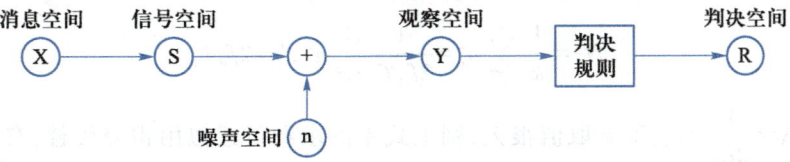

图 8-1 数字通信系统的统计模型

1. 消息空间

数字通信中消息源产生的消息是离散的。若消息集合中每一消息的发送是统计独立的,第 i 个状态 x_i 出现的概率为 $P(x_i)$,则消息空间可用概率分布集合来描述

$$\begin{pmatrix} x_1, & x_2, & \cdots, & x_m \\ P(x_1), & P(x_2), & \cdots, & P(x_m) \end{pmatrix}$$

其中,$P(x_i)$ 为消息 x_i 出现的概率,则有

$$\sum_{i=1}^{m} P(x_i) = 1$$

若 $x_1, x_2, \cdots, x_m$ 出现的概率相等,则 $P(x_i) = 1/m$。

2. 信号空间

发送信号和消息之间通常是一一对应的,且信号集合中的状态 $s_i(i=1,2,\cdots,m)$ 出现的概率 $P(s_i)$ 与对应消息集合中的消息 x_i 出现的概率 $P(x_i)$ 相等。同样,信号空间可以用以下概率分布集合描述

$$\begin{pmatrix} s_1, & s_2, & \cdots, & s_m \\ P(s_1), & P(s_2), & \cdots, & P(s_m) \end{pmatrix}, \sum_{i=1}^{m} P(s_i) = 1$$

$P(s_i)$ 是发送信号出现的概率,也称先验概率。若 $s_1, s_2, \cdots, s_m$ 出现的概率相等,则 $P(s_i) = 1/m$。

3. 噪声空间

假设信道建模为加性高斯噪声信道,噪声 $n(t)$ 是加性高斯噪声。可采用 $n(t)$ 抽样值的多维联合概率密度函数来描述噪声的统计特性。一个码元内噪声的 k 个抽样值构成的矢量 $\boldsymbol{n}$ 的 k 维联合概率密度函数为

$$f_k(\boldsymbol{n}) = f_k(n_1, n_2, \cdots, n_k)$$

若噪声是高斯白噪声,则它在任意两个时刻得到的抽样值都是互不相关的,同时也是统计独立的。若噪声是带限的高斯噪声,按奈奎斯特抽样定理对其抽样,则它在抽样时刻上的样值也是互不相关的,同时也是统计独立的。由于 n_i 是高斯分布的随机变量,则其一维概率密度函数为

$$f(n_i) = \frac{1}{\sqrt{2\pi}\,\sigma_n} \exp\left(-\frac{n_i^2}{2\sigma_n^2}\right)$$

式中,σ_n^2 是噪声方差,噪声的均值为零。

噪声 $\boldsymbol{n}$ 的 k 维联合概率密度函数为

$$f_k(n_1, n_2, \cdots, n_k) = \frac{1}{(\sqrt{2\pi}\,\sigma_n)^k} \exp\left(-\frac{1}{2\sigma^2}\sum_{i=1}^{k} n_i^2\right) \tag{8-1-1}$$

若接收信号的最高截止频率为 f_H,则奈奎斯特抽样频率为 $2f_H$,则在 $(0, T_s)$ 的时间间隔内共有 $2f_H T_s$ 个抽样值,则这些噪声抽样值的平均功率为

$$N_o = \frac{1}{k}\sum_{i=1}^{k} n_i^2 = \frac{1}{2f_H T_s}\sum_{i=1}^{k} n_i^2, k = 2f_H T_s \tag{8-1-2}$$

令抽样间隔 $\Delta t = \dfrac{1}{2f_H} \ll T_s$,即 k 取值很大,则上式中的求和可近似用积分代替,有

$$N_o = \frac{1}{T_s}\sum_{i=1}^{k} n_i^2 \Delta t \approx \frac{1}{T_s}\int_0^{T_s} n^2(t)\,\mathrm{d}t \tag{8-1-3}$$

代入式(8-1-1),得

$$\begin{aligned} f_k(n_1, n_2, \cdots, n_k) &= \frac{1}{(\sqrt{2\pi}\,\sigma_n)^k} \exp\left(-\frac{2f_H}{2\sigma_n^2}\int_0^{T_s} n^2(t)\,\mathrm{d}t\right) \\ &= \frac{1}{(\sqrt{2\pi}\,\sigma_n)^k} \exp\left(-\frac{1}{n_0}\int_0^{T_s} n^2(t)\,\mathrm{d}t\right) \end{aligned} \tag{8-1-4}$$

式中，$n_0 = \sigma_n^2/f_H$ 为单边噪声功率谱密度。

需要注意，$f_k(n_1, n_2, \cdots, n_k)$ 并不是时间的函数，尽管式(8-1-4)包含时间函数 $n(t)$，但是在定积分后，积分结果与时间变量 t 无关。定义 $\boldsymbol{n} = (n_1, n_2, \cdots, n_k)$ 是一个 k 维矢量，可以看作是 k 维空间中的一个点。

4. 观察空间

发送信号通过信道叠加噪声后到达观察空间。在观察空间，接收信号是有用信号和噪声之和。考虑加性高斯噪声恒参信道，假设信号通过信道时不存在乘性失真，有

$$y(t) = s_i(t) + n(t), \quad i = 1, 2, \cdots, m \tag{8-1-5}$$

由于 $n(t)$ 为高斯噪声，接收信号 $y(t)$ 可以看成是均值为 $s_i(t)$ 的高斯信号。当发送信号为 $s_i(t)$ 时，$y(t)$ 的条件概率密度函数为

$$f_{s_i}(y) = \frac{1}{(\sqrt{2\pi}\,\sigma_n)^k} \exp\left(-\frac{1}{n_0}\int_0^{T_s} [y(t) - s_i(t)]^2 dt\right), \quad i = 1, 2, \cdots, m \tag{8-1-6}$$

$f_{s_i}(y)$ 又称为似然函数。

根据 $y(t)$ 的统计特性，并遵循一定的最佳接收准则，即可得到最佳判决结果。观察空间得到的接收信号与判决空间可能出现的状态一一对应。

8.2　数字信号的最佳接收准则

在数字通信中，由于信道噪声的存在，接收端抽样判决时会出现错误。在数字通信中最常用的最佳接收准则是最小错误概率准则和最大输出信噪比准则。前者以"判决错误概率最小"为准则，后者以"使输出信号在某一时刻(判决时刻)的瞬时功率与噪声平均功率之比达到最大"为准则。下面以二进制数字通信为例讨论最小错误概率准则及该准则下的最佳接收问题，最大输出信噪比准则将在 8.6 节中讨论。

微视频：数字信号的最佳接收

在二进制数字传输中，设接收信号 $y(t)$ 为发送信号 $s_i(t)$ 与噪声 $n(t)$ 之和

$$y(t) = s_i(t) + n(t), \quad i = 1, 2 \tag{8-2-1}$$

在发送信号 $s_i(t)$ 确定之后，接收信号 $y(t)$ 的随机性将完全由噪声决定。假设 $n(t)$ 为高斯白噪声，则 $y(t)$ 服从高斯分布，其方差为 σ_n^2，均值为 $s_i(t)$ 在观测时刻的取值。假设发送信号 $s_1(t)$ 和 $s_2(t)$ 的先验概率分别为 $P(s_1)$ 和 $P(s_2)$。$s_1(t)$ 和 $s_2(t)$ 在观察时刻的取值分别为 a_1 和 a_2，则接收信号 $y(t)$ 的条件概率密度函数分别为

$$f_{s_1}(y) = \frac{1}{(\sqrt{2\pi}\,\sigma_n)^k} \exp\left\{-\frac{1}{n_0}\int_0^{T_s} [y(t) - a_1]^2 dt\right\} \tag{8-2-2}$$

$$f_{s_2}(y) = \frac{1}{(\sqrt{2\pi}\,\sigma_n)^k} \exp\left\{-\frac{1}{n_0}\int_0^{T_s} [y(t) - a_2]^2 dt\right\} \tag{8-2-3}$$

式中，k 为一个码元周期内的抽样点数，对应着接收信号矢量的维数。

$f_{s_1}(y)$ 和 $f_{s_2}(y)$ 的分布曲线如图 8-2 所示。

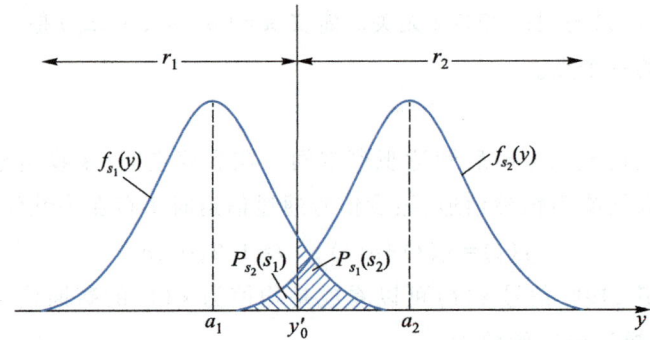

图 8-2　二进制数字传输时的条件概率密度函数 $f_{s_1}(y)$ 和 $f_{s_2}(y)$ 的分布曲线

图 8-2 中，a_1 和 a_2 分别为 $s_1(t)$ 和 $s_2(t)$ 在观测时刻的取值，不失一般性，令 $a_1 < a_2$。由图 8-2 可知，将判决空间划分为 r_1 和 r_2 两个区域，判决门限为 y_0'，并将判决规则定为

（1）若接收信号观测值 y 小于 y_0'，位于区域 r_1，则判发送信号为 $s_1(t)$；

（2）若接收信号观测值 y 大于 y_0'，位于区域 r_2，则判发送信号为 $s_2(t)$。

判决门限 y_0' 确定后，判决错误概率也随之确定。发送信号 $s_1(t)$ 和 $s_2(t)$ 时的判决错误概率分别为

$$P_{s_1}(s_2) = \int_{y_0'}^{\infty} f_{s_1}(y)\,\mathrm{d}y \tag{8-2-4}$$

$$P_{s_2}(s_1) = \int_{-\infty}^{y_0'} f_{s_2}(y)\,\mathrm{d}y \tag{8-2-5}$$

式中，$P_{s_1}(s_2)$ 表示发送 $s_1(t)$ 而错判为 $s_2(t)$ 的概率，$P_{s_2}(s_1)$ 表示发送 $s_2(t)$ 而错判为 $s_1(t)$ 的概率。因此，平均错误概率为

$$
\begin{aligned}
P_e &= P(s_1)P_{s_1}(s_2) + P(s_2)P_{s_2}(s_1) \\
&= P(s_1)\int_{y_0'}^{\infty} f_{s_1}(y)\,\mathrm{d}y + P(s_2)\int_{-\infty}^{y_0'} f_{s_2}(y)\,\mathrm{d}y
\end{aligned} \tag{8-2-6}
$$

假设先验概率 $P(s_1)$ 和 $P(s_2)$ 是已知的，此时平均错误概率 P_e 仅与 y_0' 有关。为了求出最佳判决门限，只需解下列方程

$$\frac{\partial P_e}{\partial y_0'} = -P(s_1)f_{s_1}(y_0') + P(s_2)f_{s_2}(y_0') = 0 \tag{8-2-7}$$

由上式可得，最佳判决时必须满足

$$\frac{f_{s_1}(y_0^*)}{f_{s_2}(y_0^*)} = \frac{P(s_2)}{P(s_1)} \tag{8-2-8}$$

式中，y_0^* 称为最佳判决门限。若 $P(s_1) = P(s_2)$，则 $f_{s_1}(y_0^*) = f_{s_2}(y_0^*)$。

因此，为了达到最小错误概率，可以按如下规则进行判决

$$\begin{cases} \dfrac{f_{s_1}(y)}{f_{s_2}(y)} > \dfrac{P(s_2)}{P(s_1)}, 判为 s_1(t) \\[3mm] \dfrac{f_{s_1}(y)}{f_{s_2}(y)} < \dfrac{P(s_2)}{P(s_1)}, 判为 s_2(t) \end{cases} \tag{8-2-9}$$

通常把 $f_{s_1}(y)$、$f_{s_2}(y)$ 称为似然函数，$\dfrac{f_{s_1}(y)}{f_{s_2}(y)}$ 称为似然比。如果发送信号 $s_1(t)$ 和 $s_2(t)$ 是等概率出现的，即 $P(s_1) = P(s_2)$，则上式可变为

$$\begin{cases} f_{s_1}(y) > f_{s_2}(y), 判为 s_1(t) \\ f_{s_1}(y) < f_{s_2}(y), 判为 s_2(t) \end{cases} \tag{8-2-10}$$

这一判决规则通常称为最大似然准则(maximum likelihood criterion)。

以上概念可以推广到多进制的情况。假设可能发送的信号有 M 个，且它们出现的概率相等，则最大似然准则可以表示为

$$f_{s_i}(y) > f_{s_j}(y), i = 1, 2, \cdots, M; j = 1, 2, \cdots, M, i \neq j, 判为 s_i(t) \tag{8-2-11}$$

8.3 确知数字信号的最佳接收机

确知数字信号是指取值在任何时间都是确定的、可以预知的数字信号。本节将讨论如何根据最小错误概率准则来构造最佳接收机。

微视频：确知数字信号的最佳接收机

假设在一个二进制数字通信系统中，对应符号 **0** 和 **1** 的发送信号波形分别为 $s_0(t)$ 和 $s_1(t)$，为确知的电压信号。$s_0(t)$ 和 $s_1(t)$ 的波形持续时间是 T_s，且信号功率相等。假设信道噪声为带限高斯白噪声，噪声均值为零，方差为 σ_n^2，单边功率谱密度为 n_0。为了区别于一般信号的最佳接收，这里用 $r(t)$ 取代 $y(t)$，来表示接收到的电压信号。

$$r(t) = s_i(t) + n(t), i = 0, 1$$

根据式(8-1-6)可得到 $r(t)$ 的 k 维条件概率密度函数。当发送符号 **0**[设对应的发送信号波形为 $s_0(t)$] 时，条件概率密度函数为

$$f_0(r) = \frac{1}{(\sqrt{2\pi}\,\sigma_n)^k} \exp\left\{ -\frac{1}{n_0} \int_0^{T_s} [r(t) - s_0(t)]^2 \mathrm{d}t \right\} \tag{8-3-1}$$

当发送符号 **1**[设对应的发送信号波形为 $s_1(t)$] 时，条件概率密度函数为

$$f_1(r) = \frac{1}{(\sqrt{2\pi}\,\sigma_n)^k} \exp\left\{ -\frac{1}{n_0} \int_0^{T_s} [r(t) - s_1(t)]^2 \mathrm{d}t \right\} \tag{8-3-2}$$

将式(8-3-1)和式(8-3-2)代入判决式(8-2-9)，得

$$P(0) \exp\left\{ -\frac{1}{n_0} \int_0^{T_s} [r(t) - s_0(t)]^2 \mathrm{d}t \right\} > P(1) \exp\left\{ -\frac{1}{n_0} \int_0^{T_s} [r(t) - s_1(t)]^2 \mathrm{d}t \right\}, 判为 s_0(t)$$

$$\tag{8-3-3a}$$

$$P(0)\exp\left\{-\frac{1}{n_0}\int_0^{T_s}[r(t)-s_0(t)]^2\mathrm{d}t\right\}<P(1)\exp\left\{-\frac{1}{n_0}\int_0^{T_s}[r(t)-s_1(t)]^2\mathrm{d}t\right\},判为\ s_1(t)$$

$$(8-3-3\mathrm{b})$$

对上述不等式两边取自然对数,则有

$$n_0\ln\frac{1}{P(0)}+\int_0^{T_s}[r(t)-s_0(t)]^2\mathrm{d}t<n_0\ln\frac{1}{P(1)}+\int_0^{T_s}[r(t)-s_1(t)]^2\mathrm{d}t,判为\ s_0(t)$$

$$(8-3-4\mathrm{a})$$

$$n_0\ln\frac{1}{P(0)}+\int_0^{T_s}[r(t)-s_0(t)]^2\mathrm{d}t>n_0\ln\frac{1}{P(1)}+\int_0^{T_s}[r(t)-s_1(t)]^2\mathrm{d}t,判为\ s_1(t)$$

$$(8-3-4\mathrm{b})$$

假设发送信号 $s_0(t)$ 和 $s_1(t)$ 的能量相同,即

$$\int_0^{T_s}s_0^2(t)\mathrm{d}t=\int_0^{T_s}s_1^2(t)\mathrm{d}t=E_s \qquad (8-3-5)$$

令

$$\begin{cases}W_0=\dfrac{n_0}{2}\ln P(0)\\[2mm] W_1=\dfrac{n_0}{2}\ln P(1)\end{cases} \qquad (8-3-6)$$

则式(8-3-4a)和式(8-3-4b)可化简为

$$W_0+\int_0^{T_s}r(t)s_0(t)\mathrm{d}t>W_1+\int_0^{T_s}r(t)s_1(t)\mathrm{d}t,判为\ s_0(t) \qquad (8-3-7\mathrm{a})$$

$$W_0+\int_0^{T_s}r(t)s_0(t)\mathrm{d}t<W_1+\int_0^{T_s}r(t)s_1(t)\mathrm{d}t,判为\ s_1(t) \qquad (8-3-7\mathrm{b})$$

由式(8-3-7)可得到,最小错误概率准则下的二进制确知数字信号的最佳接收机如图 8-3(a)所示,W_0 和 W_1 可以看作是由先验概率决定的加权因子。若 $P(0)=P(1)$,即 $s_0(t)$

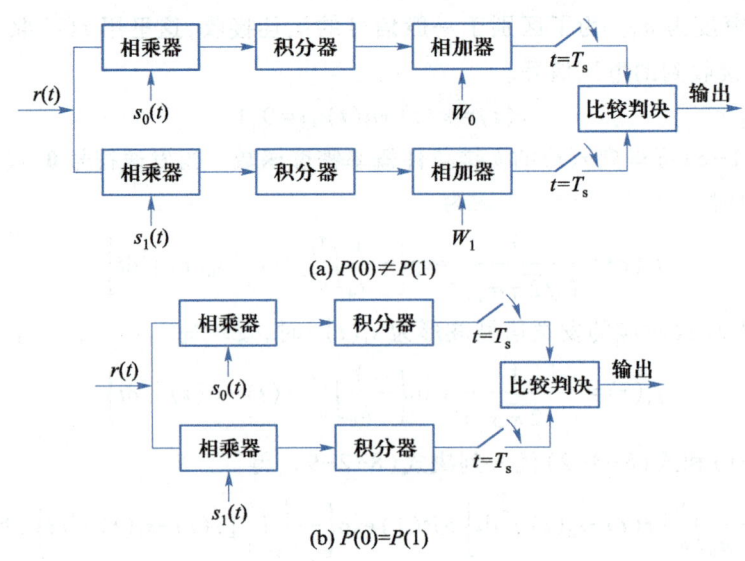

图 8-3　最小错误概率准则下的二进制确知数字信号的最佳接收机

和 $s_1(t)$ 等概率出现,则最佳接收机可进一步简化为如图 8-3(b)所示的形式。图中开关表示在 $t=T_s$ 时刻进行抽样,将两路抽样结果进行比较,即可判决发送信号是 $s_0(t)$ 还是 $s_1(t)$。

由图 8-3 可知,由相乘器和积分器构成的相关器是最小错误概率准则下的最佳接收机的核心模块,实质是比较 $r(t)$ 与 $s_0(t)$ 和 $s_1(t)$ 的相关性,与哪个信号的相关性更强则判为哪个信号。所以,最小错误概率准则下的最佳接收机也称为相关型最佳接收机,对应的接收算法也称为相关接收法。

以上关于二进制数字信号的最佳接收可推广到 M 进制的情况。假设先验概率相等,则可得到如图 8-4 所示的相关器形式的最佳接收机。

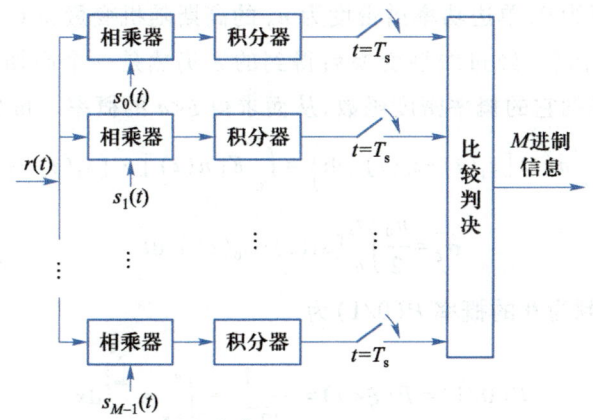

图 8-4 先验概率相等时的 M 进制相关器形式的最佳接收机

该接收机包含 M 个相关器,每个相关器分别对应 M 个发送信号的一种,最后通过比较不同相关运算器的输出,判决得到 M 进制的数字信息。

8.4 确知数字信号最佳接收的误码性能

由最佳接收机得到的误码率是数字通信系统理论上可能达到的最小误码率。本节主要分析二进制确知数字信号最佳接收时的误码性能,给出多进制正交信号最佳接收时的误码率表达式。

微视频:确知
数字信号最佳
接收的误码
性能-上

由式(8-3-4)可知,最小错误概率准则下二进制确知数字信号最佳接收的判决准则为

$$n_0\ln\frac{1}{P(1)}+\int_0^{T_s}[r(t)-s_1(t)]^2\mathrm{d}t>n_0\ln\frac{1}{P(0)}+\int_0^{T_s}[r(t)-s_0(t)]^2\mathrm{d}t,判为 s_0(t)$$

当发送信号为 $s_1(t)$ 时,若上式成立,则判决错误。将 $r(t)=s_1(t)+n(t)$ 代入上式,则判决式变为

$$n_0\ln\frac{1}{P(1)}+\int_0^{T_s}n^2(t)\mathrm{d}t>n_0\ln\frac{1}{P(0)}+\int_0^{T_s}[s_1(t)-s_0(t)+n(t)]^2\mathrm{d}t \qquad (8-4-1)$$

所以,发送符号 **1** 而错判为 **0** 的概率就等于式(8-4-1)成立的概率。式(8-4-1)化简后可得到

$$\int_0^{T_s} n(t)[s_1(t)-s_0(t)]dt < \frac{n_0}{2}\ln\frac{P(0)}{P(1)} - \frac{1}{2}\int_0^{T_s}[s_1(t)-s_0(t)]^2dt \qquad (8-4-2)$$

令

$$a = \frac{n_0}{2}\ln\frac{P(0)}{P(1)} - \frac{1}{2}\int_0^{T_s}[s_1(t)-s_0(t)]^2dt \qquad (8-4-3)$$

$$\xi = \int_0^{T_s} n(t)[s_1(t)-s_0(t)]dt \qquad (8-4-4)$$

式中,$n(t)$ 是一个均值为 0,单边功率谱密度为 n_0 的高斯随机变量,$s_1(t)-s_0(t)$ 是确知信号。积分是一种线性变化,$n(t)$ 经过线性变换后得到的 ξ 仍然是一个高斯随机变量。若求得 ξ 的均值和方差,即可得到它的概率密度函数,从而求得 $\xi<a$ 的概率。推导可得

$$E(\xi) = E\left\{\int_0^{T_s} n(t)[s_1(t)-s_0(t)]dt\right\} = \int_0^{T_s} E[n(t)] \cdot [s_1(t)-s_0(t)]dt = 0 \quad (8-4-5)$$

$$\sigma_\xi^2 = \frac{n_0}{2}\int_0^{T_s}[s_1(t)-s_0(t)]^2dt \qquad (8-4-6)$$

发送符号 **1** 时错判为 **0** 的概率 $P(0/1)$ 为

$$P(0/1) = P(\xi<a) = \frac{1}{\sqrt{2\pi}\sigma_\xi}\int_{-\infty}^{a} e^{-\frac{x^2}{2\sigma_\xi^2}}dx \qquad (8-4-7)$$

同理,发送符号 **0** 时错判为 **1** 的概率 $P(1/0)$ 为

$$P(1/0) = P(\xi<b) = \frac{1}{\sqrt{2\pi}\sigma_\xi}\int_{-\infty}^{b} e^{-\frac{x^2}{2\sigma_\xi^2}}dx \qquad (8-4-8)$$

式中

$$b = \frac{n_0}{2}\ln\frac{P(1)}{P(0)} - \frac{1}{2}\int_0^{T_s}[s_0(t)-s_1(t)]^2dt \qquad (8-4-9)$$

因此,平均误码率为

$$P_e = P(1)P(0/1) + P(0)P(1/0)$$

$$= P(1)\left[\frac{1}{\sqrt{2\pi}\sigma_\xi}\int_{-\infty}^{a} e^{-\frac{x^2}{2\sigma_\xi^2}}dx\right] + P(0)\left[\frac{1}{\sqrt{2\pi}\sigma_\xi}\int_{-\infty}^{b} e^{-\frac{x^2}{2\sigma_\xi^2}}dx\right] \qquad (8-4-10)$$

由式(8-4-3)、式(8-4-9)和式(8-4-10)可以看出,平均误码率主要与发送信号的先验概率、发送信号的差值和噪声方差等有关。下面分别讨论先验概率和信号的差异对误码率的影响。

1. 先验概率对误码率的影响

当先验概率 $P(0)=0$ 及 $P(1)=1$ 时,$a\to-\infty$ 及 $b\to\infty$,由式(8-4-10)计算得到平均误码率 $P_e=0$。在物理意义上,这时由于发送码元只有一种可能性,即是确定的 **1**,因此不会发生错误。同理,若 $P(0)=1$ 及 $P(1)=0$,平均误码率也为 0。

当先验概率相等，即 $P(0) = P(1) = 1/2$ 时，$a = b$。此时，平均误码率可表示为

$$P_e = \frac{1}{\sqrt{2\pi}\,\sigma_\xi} \int_{-\infty}^{c} e^{-\frac{x^2}{2\sigma_\xi^2}} dx \tag{8-4-11}$$

式中

$$c = -\frac{1}{2} \int_0^{T_s} \left[s_0(t) - s_1(t) \right]^2 dt \tag{8-4-12}$$

由式(8-4-11)和式(8-4-12)可以看出，当先验概率相等时，对于给定的噪声功率 σ_ξ^2，误码率和两种信号码元波形之差 $s_0(t) - s_1(t)$ 的能量有关，而与波形本身无关。波形差别越大，则 c 越小，误码率 P_e 也越小。先验概率不等时，系统平均误码率将小于先验概率相等时的误码率。

为了定量描述信号码元波形的相似程度，可引入归一化相关系数 ρ，其定义为

$$\rho = \frac{\int_0^{T_s} s_0(t) s_1(t)\, dt}{\sqrt{E_{s_0} E_{s_1}}} \tag{8-4-13}$$

式中，E_{s_0} 和 E_{s_1} 为信号码元的能量，$E_{s_0} = \int_0^{T_s} s_0^2(t)\, dt$，$E_{s_1} = \int_0^{T_s} s_1^2(t)\, dt$。

ρ 的取值范围为 $[-1, 1]$，取决于 $s_0(t)$ 和 $s_1(t)$ 的相似程度。当 $s_0(t) = s_1(t)$ 时，$\rho = 1$；当 $s_0(t) = -s_1(t)$ 时，$\rho = -1$。当信号码元 $s_0(t)$ 和 $s_1(t)$ 的能量相等时，令 $E_{s_0} = E_{s_1} = E_b$（对于二进制数字传输，比特能量和码元能量相等），则式(8-4-13)可写成

$$\rho = \frac{\int_0^{T_s} s_0(t) s_1(t)\, dt}{E_b} \tag{8-4-14}$$

假设某二进制确知数字信号传输系统，先验概率相等且发送信号 $s_0(t)$ 和 $s_1(t)$ 的码元能量相等（$E_{s_1} = E_{s_2} = E_b$），将式(8-4-14)代入式(8-4-12)可得

$$c = -E_b(1 - \rho) \tag{8-4-15}$$

将式(8-4-15)代入式(8-4-11)得到

$$P_e = \frac{1}{\sqrt{2\pi}\,\sigma_\xi} \int_{-\infty}^{-E_b(1-\rho)} e^{-\frac{x^2}{2\sigma_\xi^2}} dx$$

令 $z = \dfrac{x}{\sqrt{2}\,\sigma_\xi}$，则 $z^2 = \dfrac{x^2}{2\sigma_\xi^2}$，$dz = \dfrac{dx}{\sqrt{2}\,\sigma_\xi}$，平均误码率表达式可简化为

$$P_e = \frac{1}{\sqrt{2\pi}\,\sigma_\xi} \int_{-\infty}^{-E_b(1-\rho)/(\sqrt{2}\sigma_\xi)} e^{-z^2} \sqrt{2}\,\sigma_\xi\, dz$$

$$= \frac{1}{\sqrt{\pi}} \int_{E_b(1-\rho)/(\sqrt{2}\sigma_\xi)}^{\infty} e^{-z^2} dz = \frac{1}{2} \left[\frac{2}{\sqrt{\pi}} \int_{E_b(1-\rho)/(\sqrt{2}\sigma_\xi)}^{\infty} e^{-z^2} dz \right]$$

$$= \frac{1}{2} \text{erfc} \left[\frac{E_b(1-\rho)}{\sqrt{2}\,\sigma_\xi} \right] \tag{8-4-16}$$

式中,erfc($\cdot$)称为<u>互补误差函数</u>(complementary error function),定义为

$$\text{erfc}(b)=\frac{2}{\sqrt{\pi}}\int_{b}^{\infty}\text{e}^{-z^{2}}\text{d}z \tag{8-4-17}$$

对应地,<u>误差函数</u>(error function)的定义为

$$\text{erf}(b)=\frac{2}{\sqrt{\pi}}\int_{0}^{b}\text{e}^{-z^{2}}\text{d}z=1-\text{erfc}(b) \tag{8-4-18}$$

由式(8-4-6)可知,$\sigma_{\xi}=\sqrt{\dfrac{n_{0}}{2}\int_{0}^{T_{s}}\left[s_{1}(t)-s_{0}(t)\right]^{2}\text{d}t}=\sqrt{n_{0}E_{b}(1-\rho)}$,代入(8-4-16)可得

$$P_{e}=\frac{1}{2}\text{erfc}\left[\sqrt{\frac{E_{b}}{2n_{0}}(1-\rho)}\right] \tag{8-4-19}$$

式(8-4-19)给出了先验概率相等、发送信号等能量的二进制数字确知信号最佳接收时的误码率,是<u>理论上的最小误码率</u>。从该式可以看出,误码率仅和 E_{b}/n_{0} <u>以及相关系数 ρ 有关</u>,与信号波形及噪声功率无直接关系。

若系统带宽 B 数值上与码元速率 $1/T_{s}$ 相等,则二进制码元能量(对于二进制,码元能量等于比特能量)和噪声功率谱密度之比 E_{b}/n_{0} 与信号噪声功率比 P_{s}/P_{n} 之间存在如下关系

$$\frac{E_{b}}{n_{0}}=\frac{P_{s}T_{s}}{n_{0}}=\frac{P_{s}}{n_{0}(1/T_{s})}=\frac{P_{s}}{n_{0}B}=\frac{P_{s}}{P_{n}} \tag{8-4-20}$$

若要实现无码间串扰的数字基带传输,所需的奈奎斯特带宽为 $1/(2T_{s})$。若采用的是 2PSK 或 2ASK 数字调制传输,则已调信号占用带宽是基带信号带宽的两倍,恰好是 $1/T_{s}$。实际接收机中,所采用的基带信号带宽会大于奈奎斯特带宽,所以相同的 E_{b}/n_{0} 下实际接收机的误码率会大于由式(8-4-19)计算得到的误码率。下面分析归一化相关系数 ρ 对误码率的影响。

微视频:确知
数字信号最佳
接收的误码
性能-下

2. 二进制数字确知信号最佳接收的误码率

当发送信号 $s_{0}(t)$ 和 $s_{1}(t)$ 的波形相同,相关系数最大时,$\rho=1$,误码率最大,误码率 $P_{e}=1/2$,这是信息传输中可靠性最差的情况。当两种信号码元的波形相反时,$\rho=-1$,误码率最小。

对于 2PSK 信号,有

$$\begin{cases} s_{0}(t)=\sqrt{\dfrac{2E_{b}}{T_{s}}}\cos 2\pi f_{c}t, & 0\leqslant t\leqslant T_{s}\\[3mm] s_{1}(t)=-\sqrt{\dfrac{2E_{b}}{T_{s}}}\cos 2\pi f_{c}t, & 0\leqslant t\leqslant T_{s} \end{cases} \tag{8-4-21}$$

可求得 $\rho=-1$,代入式(8-4-19)可得 2PSK 最佳接收时的误码率(等于误比特率)为

$$P_{e\_2\text{PSK}}=\frac{1}{2}\text{erfc}(\sqrt{E_{b}/n_{0}}) \tag{8-4-22}$$

对于 2FSK 信号,有

$$\begin{cases} s_0(t) = \sqrt{\dfrac{2E_b}{T_s}} \cos 2\pi f_0 t, & 0 \leqslant t \leqslant T_s \\[4mm] s_1(t) = \sqrt{\dfrac{2E_b}{T_s}} \cos 2\pi f_1 t, & 0 \leqslant t \leqslant T_s \end{cases} \tag{8-4-23}$$

其归一化相关系数为

$$\rho = \frac{1}{E_b} \int_0^{T_b} \frac{2E_b}{T_s} \cos 2\pi f_0 t (\cos 2\pi f_1 t)\, dt$$

$$= \frac{1}{T_s} \int_0^{T_s} \left[\cos 2\pi (f_1 + f_0) t + \cos 2\pi (f_1 - f_0) t \right] dt \tag{8-4-24}$$

假设 $f_0 + f_1 \gg 1/T_s$（即载波频率远大于所传送信息的速率），则式（8-4-24）积分中第一项可近似为 0，有

$$\rho \approx \frac{\sin 2\pi (f_1 - f_0) t}{2\pi (f_1 - f_0) T_s} \Bigg|_0^{T_s} = \frac{\sin 2\pi (f_1 - f_0) T_s}{2\pi (f_1 - f_0) T_s} \tag{8-4-25}$$

由此可知，相关系数 ρ 与 $(f_1 - f_0) T_s$ 有关，ρ 值不可能达到 -1，其最小值发生在

$$f_1 - f_0 \approx 0.7 (1/T_s) \tag{8-4-26}$$

此时，$\rho = -0.22$。此外，当 $f_1 - f_0 = n/(2T_s)$ 时，$s_0(t)$ 与 $s_1(t)$ 相互正交，$\rho = 0$。对于 $\rho = 0$ 的 2FSK 信号，最佳接收时的 2FSK 系统的误码率（等于误比特率）为

$$P_{e\_2FSK} = \frac{1}{2} \mathrm{erfc}\left(\sqrt{\frac{E_b}{2n_0}} \right) \tag{8-4-27}$$

对于 2ASK 信号，$s_0(t) = 0$，$s_1(t) = A\cos 2\pi f_c t$，由于 $E_{s_0} = 0$，$E_{s_1} = \int_0^{T_s} s_1^2(t)\, dt$，平均比特能量 $E_b = \dfrac{1}{2}(E_{s_0} + E_{s_1})$，因此必有 $A = 2\sqrt{E_b/T_s}$，$\rho = 0$。

由式（8-4-19），可得最佳接收时 2ASK 系统的误码率（等于误比特率）为

$$P_{e\_2ASK} = \frac{1}{2} \mathrm{erfc}\left(\sqrt{\frac{E_b}{2n_0}} \right) \tag{8-4-28}$$

比较式（8-4-22）、式（8-4-27）和式（8-4-28），在平均比特能量相同的情况下 $\rho = 0$ 时的 2FSK 系统的误码率与 2ASK 系统的误码率相同。在相同的误比特率下，2PSK 最佳接收时所要求的 E_b/n_0 比 2ASK 和 2FSK（$\rho = 0$ 时）低 3 dB，即发送信号能量可以降低一半。2PSK 的抗白噪声能力优于 2FSK 和 2ASK。

3. 多进制数字确知信号最佳接收的误码率

这里考虑各码元之间相互正交的 MFSK 系统，且各码元信号先验概率相等、码元能量也相等，信道为加性高斯白噪声信道。由式（8-2-11）给出的判决准则和图 8-4 的最佳接收机结构，可计算得到 MFSK 系统最佳接收时的误码率为

$$P_{e\_MFSK} = 1 - \frac{1}{\sqrt{2\pi}} \int_{-\infty}^{\infty} e^{-\frac{1}{2}\left(x - \sqrt{\frac{2kE_b}{n_0}}\right)^2} \left(\frac{1}{\sqrt{2\pi}} \int_{-\infty}^{x} e^{-u^2/2}\, du \right)^{M-1} dx \tag{8-4-29}$$

式中, M 为进制数, $k = \log_2 M$ 表示每个码元包含的比特数, E_b 是单位比特的能量, n_0 为单边噪声功率谱密度。由式（8-4-29）可得到 P_{e_MFSK} 与 E_b/n_0 的关系曲线, 如图 8-5 所示。

由图 8-5 可见, 在误码率较低时, 所要求的 E_b/n_0 随着 M 的增加而减小。在 E_b/n_0 一定的情况下, 误码率随着 M 的增加而减小, 这与 MASK 系统不同, 事实上这是以增加所占用的带宽为代价的。

由于各信号之间存在正交性, 一个符号可能误判为另外 $M-1$ 个符号中的任何一个。推导可得误比特率与误码率之间的关系为

$$P_{b\_MFSK} = \frac{M}{2(M-1)} P_{e\_MFSK} \quad （8-4-30）$$

当 M 很大时

$$P_{b\_MFSK} \approx \frac{1}{2} P_{e\_MFSK} \quad （8-4-31）$$

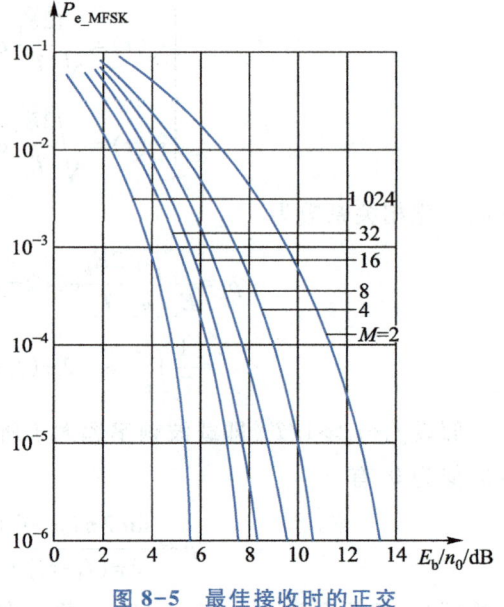

图 8-5　最佳接收时的正交 MFSK 系统误码率曲线

应当指出, 式（8-4-22）、式（8-4-27）、式（8-4-28）和式（8-4-29）所给出的误码率公式都是在最佳接收条件下得到的。现将第 7 章中讨论的实际接收机性能和本章讨论的最佳接收机性能进行对比, 如表 8-1 所示。

表 8-1　实际接收机和最佳接收机的误码性能对比

调制解调方式	实际接收机的 P_e	最佳接收机的 P_e
相干解调 2ASK	$\frac{1}{2}\mathrm{erfc}\sqrt{r/2}$	$\frac{1}{2}\mathrm{erfc}\sqrt{E_b/(2n_0)}$
非相干解调 2ASK	$\frac{1}{2}\exp(-r/2)$	$\frac{1}{2}\exp(-E_b/2n_0)$
相干解调 2FSK	$\frac{1}{2}\mathrm{erfc}\sqrt{r/2}$	$\frac{1}{2}\mathrm{erfc}\sqrt{E_b/(2n_0)}$
非相干解调 2FSK	$\frac{1}{2}\exp(-r/2)$	$\frac{1}{2}\exp(-E_b/2n_0)$
相干解调 2PSK	$\frac{1}{2}\mathrm{erfc}\sqrt{r}$	$\frac{1}{2}\mathrm{erfc}\sqrt{E_b/n_0}$
差分相干 2DPSK	$\frac{1}{2}\exp(-r)$	$\frac{1}{2}\exp(-E_b/n_0)$
同步检测+码反变换 2DPSK	$\mathrm{erfc}\sqrt{r}\left(1 - \frac{1}{2}\mathrm{erfc}\sqrt{r}\right)$	$\mathrm{erfc}\sqrt{\frac{E_b}{n_0}}\left(1 - \frac{1}{2}\mathrm{erfc}\sqrt{\frac{E_b}{n_0}}\right)$

从表中可以看出, 实际接收机误码率表达式中的信号噪声功率比 r 相当于最佳接收机中的 E_b/n_0。要达到相同的误码率就需要 r 在数值上等于 E_b/n_0。而实际工程中采用的接收

机占用的带宽会大于最佳接收机带宽,从而使通过的噪声功率增大,因而要使得 r 和 E_b/n_0 取得相同的数值,实际接收机需要增大发送信号功率。

8.5 随机相位数字信号的最佳接收

本节讨论随机相位数字信号的最佳接收问题,特点是接收信号的载波相位具有不确定性。造成这种不确定性的原因有多种,可能是由于接收机和发射机中的振荡器产生的载波相位不同步造成的,也可能是因为信道传播延迟的不确定性造成的。由于载波频率值较大,传播延迟的小变化就会引起较大相位变化。这里以带限高斯白噪声信道下的能量相等、先验概率相等、互不相关的 2FSK 信号为例,讨论随机相位信号的最佳接收问题。假设接收信号码元的相位概率密度函数服从均匀分布。此时,随机相位信号可以表示为

微视频:随相
数字信号的
最佳接收

$$\begin{cases} s_0(t,\varphi_0) = A\cos(\omega_0 t + \varphi_0) \\ s_1(t,\varphi_1) = A\cos(\omega_1 t + \varphi_1) \end{cases} \tag{8-5-1}$$

式中,$s_0(t,\varphi_0)$ 对应发送码元为 **0**,$s_1(t,\varphi_1)$ 对应发送码元为 **1**。随机相位 φ_0 和 φ_1 的概率密度函数可表示为

$$f(\varphi_0) = \begin{cases} 1/2\pi, & 0 \leqslant \varphi_0 < 2\pi \\ 0, & \text{其他} \end{cases} \tag{8-5-2}$$

$$f(\varphi_1) = \begin{cases} 1/2\pi, & 0 \leqslant \varphi_1 < 2\pi \\ 0, & \text{其他} \end{cases} \tag{8-5-3}$$

由于码元能量相等(对于二进制信号,码元能量等于比特能量),所以有

$$\int_0^{T_s} s_0^2(t,\varphi_0)\,\mathrm{d}t = \int_0^{T_s} s_1^2(t,\varphi_1)\,\mathrm{d}t = E_b \tag{8-5-4}$$

由于接收信号矢量 r 具有随机相位,r 的条件概率密度函数为

$$f_0(\boldsymbol{r}) = \int_0^{2\pi} f(\varphi_0) f_0(\boldsymbol{r}/\varphi_0)\,\mathrm{d}\varphi_0 \tag{8-5-5}$$

$$f_1(\boldsymbol{r}) = \int_0^{2\pi} f(\varphi_1) f_1(\boldsymbol{r}/\varphi_1)\,\mathrm{d}\varphi_1 \tag{8-5-6}$$

上述两式中,$f_0(\boldsymbol{r}/\varphi_0)$ 和 $f_1(\boldsymbol{r}/\varphi_1)$ 分别表示给定 φ_0 和 φ_1 条件下的概率密度函数,只由噪声的统计特性决定。由于噪声为加性带限高斯白噪声,参照式(8-1-6),有

$$f_0(\boldsymbol{r}/\varphi_0) = \frac{1}{(\sqrt{2\pi}\,\sigma_n)^k} \exp\left(-\frac{1}{n_0}\int_0^{T_s} [r(t) - s_0(t,\varphi_0)]^2 \mathrm{d}t \right) \tag{8-5-7}$$

$$f_1(\boldsymbol{r}/\varphi_1) = \frac{1}{(\sqrt{2\pi}\,\sigma_n)^k} \exp\left(-\frac{1}{n_0}\int_0^{T_s} [r(t) - s_1(t,\varphi_1)]^2 \mathrm{d}t \right) \tag{8-5-8}$$

将式(8-5-7)和式(8-5-8)分别代入式(8-5-5)和式(8-5-6),并利用上述随机相位均匀分布和码元等能量的条件积分得到

$$f_0(\boldsymbol{r}) = C\frac{1}{2\pi}\int_0^{2\pi} \exp\left[\frac{2V}{n_0}M_0\cos(\varphi_0 + \theta_0) \right]\mathrm{d}\varphi_0 \tag{8-5-9}$$

$$f_1(\boldsymbol{r}) = C \frac{1}{2\pi} \int_0^{2\pi} \exp\left[\frac{2V}{n_0}M_1\cos(\varphi_1+\theta_1)\right]\mathrm{d}\varphi_1 \tag{8-5-10}$$

式中

$$C = \frac{1}{(\sqrt{2\pi}\,\sigma_n)^k}\exp\left[-\frac{1}{n_0}\left(E_b+\int_0^{T_s}r^2(t)\,\mathrm{d}t\right)\right] \tag{8-5-11}$$

$$X_0 = \int_0^{T_s}r(t)\cos(\omega_0 t)\,\mathrm{d}t \tag{8-5-12}$$

$$Y_0 = \int_0^{T_s}r(t)\sin(\omega_0 t)\,\mathrm{d}t \tag{8-5-13}$$

$$M_0 = \sqrt{X_0^2+Y_0^2} \tag{8-5-14}$$

$$\theta_0 = \arctan(Y_0/X_0) \tag{8-5-15}$$

$$X_1 = \int_0^{T_s}r(t)\cos(\omega_1 t)\,\mathrm{d}t \tag{8-5-16}$$

$$Y_1 = \int_0^{T_s}r(t)\sin(\omega_1 t)\,\mathrm{d}t \tag{8-5-17}$$

$$M_1 = \sqrt{X_1^2+Y_1^2} \tag{8-5-18}$$

$$\theta_1 = \arctan(Y_1/X_1) \tag{8-5-19}$$

根据式(8-2-10),可得到判决准则

$$\begin{cases}\text{若接收矢量 } \boldsymbol{r} \text{ 使 } f_1(\boldsymbol{r})<f_0(\boldsymbol{r}),\text{则判为 } \mathbf{0}\\ \text{若接收矢量 } \boldsymbol{r} \text{ 使 } f_0(\boldsymbol{r})<f_1(\boldsymbol{r}),\text{则判为 } \mathbf{1}\end{cases} \tag{8-5-20}$$

将式(8-5-9)和式(8-5-10)代入式(8-5-20),经化简后得到最终的判决准则为

$$\begin{cases}\text{若接收矢量 } \boldsymbol{r} \text{ 使 } M_1^2<M_0^2,\text{则判为 } \mathbf{0}\\ \text{若接收矢量 } \boldsymbol{r} \text{ 使 } M_0^2<M_1^2,\text{则判为 } \mathbf{1}\end{cases} \tag{8-5-21}$$

式中,M_0 和 M_1 可分别根据式(8-5-14)和式(8-5-18)求得。

由式(8-5-21)给出的判决准则,可得到如图 8-6 所示的先验概率相等下的 2FSK 随机相位信号最佳接收机。

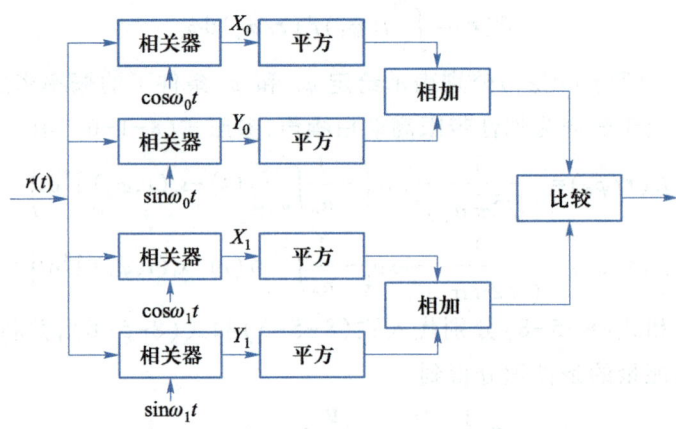

图 8-6 先验概率相等下的 2FSK 随机相位信号最佳接收机

采用类似于 8.4 节的分析方法,可计算得到随机相位数字信号最佳接收的误码率为

$$P_e = \frac{1}{2}\exp\left(-\frac{E_b}{2n_0}\right) \tag{8-5-22}$$

上述最佳接收机及其误码率对应着 2FSK 确知信号的非相干接收机和误码率。因为随机相位信号带有由信道引入的相位随机变化,所以在接收端不可能采用相干接收方法。也就是说,相干接收只适用于相位确知的信号。对于随机相位信号而言,非相干接收已经是最佳接收方法。

还有一类信号,在相位随机变化的同时信号的包络也是随机起伏的,这类信号称为**起伏信号**。经过多径信道传输的信号就具有这一特性,下面仍以 2FSK 信号为例讨论起伏数字信号的最佳接收问题。

假设通信系统中的噪声是带限高斯白噪声,信号是互不相关、码元能量相等、先验概率相等的 2FSK 信号,信号可表示为

$$s_0(t,\varphi_0,A_0) = A_0\cos(\omega_0 t + \varphi_0)$$
$$s_1(t,\varphi_1,A_1) = A_1\cos(\omega_1 t + \varphi_1) \tag{8-5-23}$$

微视频:起伏数字信号的最佳接收

式中,A_0 和 A_1 是由于多径效应引起的随机起伏振幅,假设它们均服从**瑞利分布**

$$f(A_i) = \frac{A_i}{\sigma_s^2}\exp\left(-\frac{A_i^2}{2\sigma_s^2}\right), A_i \geq 0, i = 1,2 \tag{8-5-24}$$

式中,σ_s^2 表示信号的功率,由式(8-5-23)可知振幅 A_i 的均方值与 σ_s^2 之间的关系是 $E[A_i^2] = 2\sigma_s^2$。随机相位 φ_0 和 φ_1 服从**均匀分布**,它们的概率密度函数为

$$f(\varphi_i) = 1/(2\pi), \quad 0 \leq \varphi_i < 2\pi, \quad i = 0,1 \tag{8-5-25}$$

由于接收矢量不但具有随机相位,还具有随机起伏的振幅,所以接收矢量的**条件概率密度函数**可表示为

$$f_0(\mathbf{r}) = \int_0^{2\pi}\int_0^{\infty} f(A_0)f(\varphi_0)f_0(\mathbf{r}/\varphi_0, A_0)\,\mathrm{d}A_0\mathrm{d}\varphi_0 \tag{8-5-26}$$

$$f_1(\mathbf{r}) = \int_0^{2\pi}\int_0^{\infty} f(A_1)f(\varphi_1)f_1(\mathbf{r}/\varphi_1, A_1)\,\mathrm{d}A_1\mathrm{d}\varphi_1 \tag{8-5-27}$$

将上述条件分别代入式(8-5-26)和式(8-5-27)并经过复杂运算,得到

$$f_0(\mathbf{r}) = C'\frac{n_0}{n_0+T_s\sigma_s^2}\exp\left[\frac{2\sigma_s^2 M_0^2}{n_0(n_0+T_s\sigma_s^2)}\right] \tag{8-5-28}$$

$$f_0(\mathbf{r}) = C'\frac{n_0}{n_0+T_s\sigma_s^2}\exp\left[\frac{2\sigma_s^2 M_1^2}{n_0(n_0+T_s\sigma_s^2)}\right] \tag{8-5-29}$$

式中,$C' = \exp\left[-\frac{1}{n_0}\int_0^{T_s} r^2(t)\,\mathrm{d}t\right]/(\sqrt{2\pi}\,\sigma_n)^k$,$M_0$ 和 M_1 的定义可分别由式(8-5-14)和式(8-5-18)求得,不同的是这里接收信号的相位和振幅都存在随机性。

综合分析最大似然判决准则和式(8-5-28)以及式(8-5-29),可得到与式(8-5-21)相同的判决准则,即通过比较 M_0^2 和 M_1^2 的大小来判断发送符号是 **0** 还是 **1**。所以起伏信号的

最佳接收机结构与随相信号相同。但是,最佳接收得到的误码率不同。此时的误码率是

$$P_e = \frac{1}{2+(\overline{E}/n_0)} \qquad (8\text{-}5\text{-}30)$$

式中,$\overline{E}$ 表示接收信号码元的平均能量。

　　为了直观地了解衰落对系统误码率的影响,图 8-7 给出了有衰落和无衰落时 2FSK 信号非相干接收时的误码率曲线。

　　从图 8-7 可以看出,有衰落时的 2FSK 系统误码性能与无衰落时相比严重恶化。要达到 10^{-2} 的误码率,有衰落时要增加约 10 dB 的信噪比;要达到 10^{-3} 的误码率,需要增加约 20 dB 的信噪比。

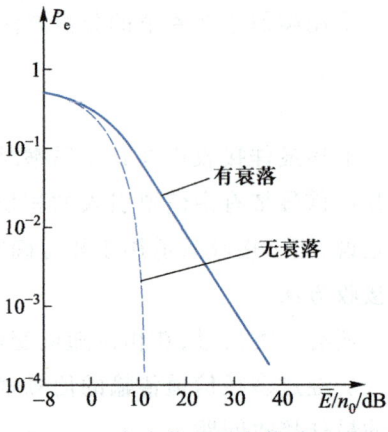

图 8-7　有衰落和无衰落时 2FSK 信号非相干接收时的误码率

8.6　数字信号的匹配滤波接收

　　在数字信号的最佳接收中,既可以采用 8.2 节中讨论的最小错误概率准则,又可以采用最大输出信噪比准则。理论和实践表明,判决时刻的输出信噪比越大,越有利于得到正确的判决。所谓的"最大输出信噪比准则"就是在输入信噪比相同的情况下,使得在判决时刻的输出信噪比最大,从而实现最佳接收。用线性滤波器对接收信号滤波时,使得抽样时刻输出信号的瞬时功率与噪声平均功率之比达到最大的线性滤波器,被称为匹配滤波器。由匹配滤波器可构成最大输出信噪比准则下的最佳接收机。

1. 匹配滤波原理

微视频:匹配
滤波原理

　　设接收滤波器的传递函数为 $H(f)$,冲激响应为 $h(t)$。滤波器的输入信号为发送信号与噪声的叠加,即

$$r(t) = s(t) + n(t), 0 \leqslant t \leqslant T_s \qquad (8\text{-}6\text{-}1)$$

式中,$s(t)$ 为发送信号,它的频谱函数为 $S(f)$,码元持续时间为 T_s。$n(t)$ 为高斯白噪声,其双边功率谱密度为 $\Phi_n(f) = n_0/2$。由于滤波器是线性的,根据线性电路叠加定理,当滤波器输入电压 $r(t)$ 中包括信号和噪声两部分时,滤波器的输出信号 $y(t)$ 中也包含相应的输出信号 $s_o(t)$ 和输出噪声 $n_o(t)$ 两部分,即

$$y(t) = s_o(t) + n_o(t) \qquad (8\text{-}6\text{-}2)$$

式中,输出信号 $s_o(t)$ 为

$$s_o(t) = \int_{-\infty}^{\infty} S(f) H(f) e^{j2\pi ft} df \qquad (8\text{-}6\text{-}3)$$

在 $t = t_0$ 时刻输出信号的抽样值为

$$s_o(t_0) = \int_{-\infty}^{\infty} S(f) H(f) e^{j2\pi ft_0} df \qquad (8\text{-}6\text{-}4)$$

滤波器输出噪声的功率谱密度为

$$\Phi_{n_o}(f) = \Phi_n(f) \, |H(f)|^2 \tag{8-6-5}$$

输出噪声功率为

$$N_o = \int_{-\infty}^{\infty} \Phi_{n_o}(f) \, \mathrm{d}f = \int_{-\infty}^{\infty} \Phi_n(f) \, |H(f)|^2 \, \mathrm{d}f = \frac{n_0}{2} \int_{-\infty}^{\infty} |H(f)|^2 \, \mathrm{d}f \tag{8-6-6}$$

因此，$t = t_0$ 时刻滤波器输出的信号瞬时功率和噪声平均功率之比为

$$\gamma_0 = \frac{s_o^2(t_0)}{N_o} = \frac{\left| \int_{-\infty}^{\infty} H(f) S(f) \, \mathrm{e}^{\mathrm{j}2\pi f t_0} \, \mathrm{d}f \right|^2}{\dfrac{n_0}{2} \int_{-\infty}^{\infty} |H(f)|^2 \, \mathrm{d}f} \tag{8-6-7}$$

使信噪比达到最大的 $H(f)$ 是我们所要设计的最佳接收滤波器的传递函数。一般来说，这是一个泛函求极值的问题。但这里可以利用施瓦兹(Schwartz)不等式来求解。施瓦兹不等式告诉我们，两个函数乘积的积分有如下性质

$$\left| \int_{-\infty}^{\infty} f_1(x) f_2(x) \, \mathrm{d}x \right|^2 \leqslant \int_{-\infty}^{\infty} |f_1(x)|^2 \, \mathrm{d}x \int_{-\infty}^{\infty} |f_2(x)|^2 \, \mathrm{d}x \tag{8-6-8}$$

当且仅当 $f_1(x) = k f_2^*(x)$ 时等号成立，其中 k 为任意常数，$[\ ]^*$ 表示复共轭。

将式(8-6-8)应用于式(8-6-7)，经整理可得

$$\gamma_0 \leqslant \frac{\int_{-\infty}^{\infty} |H(f)|^2 \, \mathrm{d}f \int_{-\infty}^{\infty} |S(f)|^2 \, \mathrm{d}f}{\dfrac{n_0}{2} \int_{-\infty}^{\infty} |H(f)|^2 \, \mathrm{d}f} = \frac{\int_{-\infty}^{\infty} |S(f)|^2 \, \mathrm{d}f}{\dfrac{n_0}{2}} = \frac{2E}{n_0} \tag{8-6-9}$$

式中，$E = \int_{-\infty}^{\infty} |S(f)|^2 \, \mathrm{d}f$ 为码元能量。

当且仅当

$$H(f) = k S^*(f) \, \mathrm{e}^{-\mathrm{j}2\pi f t_0} \quad (k \text{ 为常数}) \tag{8-6-10}$$

时，式(8-6-9)中的等号成立，此时得到最大的输出信噪比为 $2E/n_0$。该输出信噪比最大的最佳滤波器，其传递函数 $H(f)$ 与信号码元频谱 $S(f)$ 的复共轭成正比，称为匹配滤波器。

匹配滤波器的冲激响应为

$$h(t) = \int_{-\infty}^{\infty} k S^*(f) \, \mathrm{e}^{-\mathrm{j}2\pi f(t_0 - t)} \, \mathrm{d}f \tag{8-6-11}$$

对于实信号 $s(t)$，有 $S^*(f) = S(-f)$。因此

$$h(t) = \int_{-\infty}^{\infty} k S(-f) \, \mathrm{e}^{-\mathrm{j}2\pi f(t_0 - t)} \, \mathrm{d}f = k s(t_0 - t) \tag{8-6-12}$$

由上式可知，匹配滤波器的冲激响应是输入信号 $s(t)$ 的镜像 $s(-t)$ 在时间轴上(向右)平移 t_0。

2. 匹配滤波器

一个实际的匹配滤波器应该是物理可实现的，其冲激响应必须符合因果关系，即要求

$$h(t) = 0, \quad t < 0 \tag{8-6-13}$$

由式(8-6-11)和式(8-6-12)，可知

微视频：匹配滤波器

 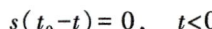

$$s(t_0-t) = 0, \quad t<0$$

即

$$s(t) = 0, \quad t>t_0 \tag{8-6-14}$$

上式说明,滤波器输入端的信号码元 $s(t)$ 在抽样时刻 t_0 之后必须为零,所以通常选择在码元结束时刻进行抽样,即选择 $t_0 = T_s$。则匹配滤波器的冲激响应为

$$h(t) = ks(T_s-t) \tag{8-6-15}$$

若匹配滤波器的输入信号码元为 $s(t)$,匹配滤波器输出信号码元的波形可计算如下

$$s_o(t) = \int_{-\infty}^{\infty} s(t-\tau)h(\tau)\,\mathrm{d}\tau = k\int_{-\infty}^{\infty} s(t-\tau)s(T_s-\tau)\,\mathrm{d}\tau$$

$$= k\int_{-\infty}^{\infty} s(-\tau')s(T_s-t-\tau')\,\mathrm{d}\tau' = kR(T_s-t) \tag{8-6-16}$$

式中,$R(T_s-t)$ 为 $s(t)$ 的自相关函数。由此可见,匹配滤波器输出信号码元的波形是输入信号码元波形自相关函数的 k 倍。k 是一个任意常数,通常可取为 1。

匹配滤波器的最大输出信噪比为

$$\gamma_{\max} = \frac{\int_{-\infty}^{\infty} |S(f)|^2\,\mathrm{d}f}{n_0/2} = \frac{2E}{n_0} \tag{8-6-17}$$

式中,E 为输入信号码元的能量。

【例 8-1】　设匹配滤波器的输入信号码元 $s(t)$ 为

$$s(t) = \begin{cases} 1, & 0 \leqslant t \leqslant T_s \\ 0, & \text{其他} \end{cases} \tag{8-6-18}$$

试求该匹配滤波器的传递函数和输出信号码元的波形。

【解】　输入信号码元 $s(t)$ 是一个矩形脉冲,如图 8-8(a)所示。

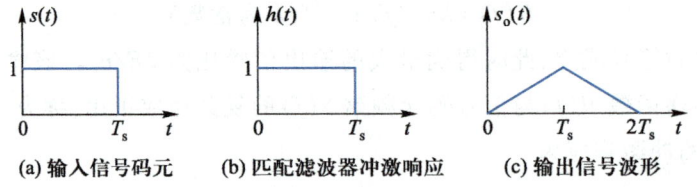

(a) 输入信号码元　　　(b) 匹配滤波器冲激响应　　　(c) 输出信号波形

图 8-8　矩形脉冲的输入信号码元、匹配滤波器冲激响应和输出信号波形

$s(t)$ 的频谱为

$$S(f) = \int_{-\infty}^{\infty} s(t)\mathrm{e}^{-\mathrm{j}2\pi ft}\,\mathrm{d}t = \frac{1}{\mathrm{j}2\pi f}(1-\mathrm{e}^{-\mathrm{j}2\pi fT_s}) \tag{8-6-19}$$

由式(8-6-10),令 $k=1, t_0 = T_s$,可得匹配滤波器的传递函数为

$$H(f) = \frac{1}{\mathrm{j}2\pi f}(\mathrm{e}^{\mathrm{j}2\pi fT_s}-1)\mathrm{e}^{-\mathrm{j}2\pi fT_s} = \frac{1}{\mathrm{j}2\pi f}(1-\mathrm{e}^{-\mathrm{j}2\pi fT_s}) \tag{8-6-20}$$

由式(8-6-15)可得该匹配滤波器的冲激响应为

$$h(t) = s(T_s-t), 0 \leqslant t \leqslant T_s \tag{8-6-21}$$

匹配滤波器冲激响应波形如图 8-8(b) 所示, 从响应波形形状来看与 $s(t)$ 的形状完全相同。实际上, $h(t)$ 是 $s(t)$ 的镜像波形 $s(-t)$ 经过 T_s 的平移得到的, 由于 $s(t)$ 的波形关于 $t = T_s/2$ 对称, 所以反转平移后波形不变。

此匹配滤波器的输出信号波形可以由式 (8-6-16) 给出, 如图 8-8(c) 所示。

$$s_o(t) = kR(T_s - t) \tag{8-6-22}$$

【例 8-2】 图 8-9(a) 为一矩形波已调信号, 试求接收该信号的匹配滤波器的冲激响应及输出波形。

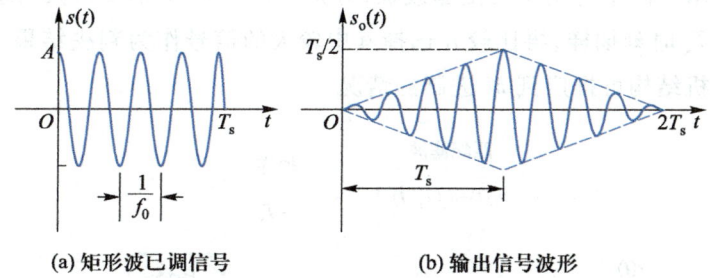

(a) 矩形波已调信号　　　　(b) 输出信号波形

图 8-9　矩形波已调信号的匹配滤波器冲激响应和输出信号波形

【解】 矩形波已调信号的波形可表示为

$$s(t) = \begin{cases} \cos 2\pi f_0 t, & 0 \leqslant t \leqslant T_s \\ 0, & \text{其他} \end{cases} \tag{8-6-23}$$

令 $T_s = nT_0 = \dfrac{n}{f_0}$, n 为正整数。

匹配滤波器的冲激响应为

$$h(t) = s(T_s - t) = \begin{cases} \cos 2\pi f_0(T_s - t), & 0 \leqslant t \leqslant T_s \\ 0, & \text{其他} \end{cases} \tag{8-6-24}$$

即冲激响应与输入信号码元的波形相同。

输出信号的波形可由 $s(t)$ 与 $h(t)$ 卷积求得。该卷积运算可采用分段计算的方法, 当 $t < 0$ 和 $t > 2T_s$ 时, 式中的 $s(\tau)$ 和 $h(t - \tau)$ 取非零值的区域不重叠, 故 $s_o(t)$ 等于零; 当 $0 \leqslant t \leqslant T_s$ 时

$$s_o(t) = \int_0^t \cos 2\pi f_0 \tau \cos 2\pi f_0(t - \tau) \mathrm{d}\tau = \frac{t}{2}\cos 2\pi f_0 t + \frac{1}{4\pi f_0}\sin 2\pi f_0 t \tag{8-6-25}$$

当 $T_s \leqslant t \leqslant 2T_s$ 时

$$s_o(t) = \int_{t-T_s}^{T_s} \cos 2\pi f_0 \tau \cos 2\pi f_0(t - \tau) \mathrm{d}\tau = \frac{2T_s - t}{2}\cos 2\pi f_0 t - \frac{1}{4\pi f_0}\sin 2\pi f_0 t \tag{8-6-26}$$

因为 f_0 通常远远大于 1, 则式 (8-6-25) 和式 (8-6-26) 中的后一项近似为 0, 所以

$$s_o(t) = \begin{cases} \dfrac{t}{2}\cos 2\pi f_0 t, & 0 \leqslant t < T_s \\ \dfrac{2T_s - t}{2}\cos 2\pi f_0 t, & T_s \leqslant t \leqslant 2T_s \\ 0, & \text{其他} \end{cases} \tag{8-6-27}$$

由式(8-6-27)画出的输出信号波形如图 8-9(b)所示。

根据上述讨论可知,最大输出信噪比和信号波形的形状无关,只取决于信号能量 E 与噪声功率谱密度 n_0 之比,所以匹配滤波法对于任何一种数字信号波形都适用,不论是数字基带信号还是数字频带信号。例 8-1 中给出的是数字基带信号的例子,而例 8-2 中给出的信号则是数字频带信号的例子。

微视频:匹
配滤波型最
佳接收机

3. 匹配滤波型最佳接收机

根据匹配滤波原理构成的二进制确知数字信号的最佳接收机如图 8-10 所示。图中有两个匹配滤波器,分别与信号 $s_0(t)$ 和 $s_1(t)$ 匹配,滤波输出后在 $t=T_s$ 时刻抽样,再比较并选择其中较大的信号作为判决结果。该匹配滤波接收机结构可推广到 M 进制的情况。

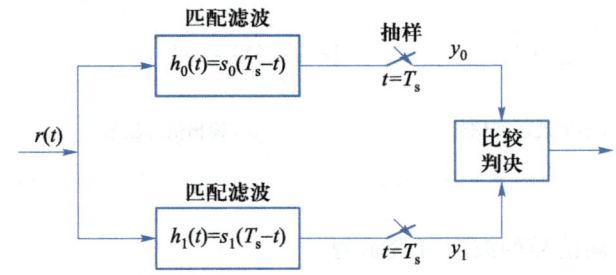

图 8-10 二进制确知数字信号的匹配滤波型最佳接收机

匹配滤波器的冲激响应 $h(t)$ 应该和信号码元波形 $s(t)$ 严格匹配,包括对相位也有严格要求。对于确知信号的接收,这是可以做到的。对于随机相位信号,就不可能使 $h(t)$ 的相位响应和信号的随机相位严格匹配。但是,匹配滤波器也可以用于接收随机相位信号,其最佳接收机结构如图 8-11 所示。

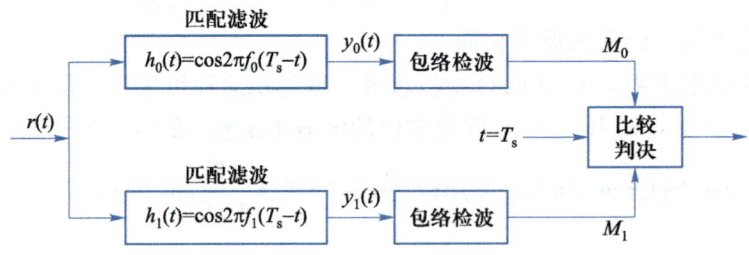

图 8-11 二进制随机相位信号的匹配滤波型最佳接收机

图 8-11 中,以 2FSK 随机相位信号为例,根据式(8-5-21)的判决准则,比较 M_0 和 M_1,相当于比较匹配滤波器输出信号 $y_0(t)$ 和 $y_1(t)$ 的包络。

在数字通信中,通常发送信号码元 $s(t)$ 只在 $(0,T_s)$ 时间内出现,因而当 $s(t)$ 的匹配滤波器输入为 $x(t)$ 时,匹配滤波器的输出信号 $y(t)$ 可表示为

$$y(t) = x(t) * h(t) = k \int_0^{T_s} x(t-\tau) h(\tau) \mathrm{d}\tau$$

$$= k \int_0^{T_s} x(t-\tau) s(T_s-\tau) \, \mathrm{d}\tau = k \int_{t-T_s}^t x(z) s(T_s-t+z) \, \mathrm{d}z \qquad (8\text{-}6\text{-}28)$$

当 $t=T_s$ 时,有

$$y(T_s) = k \int_0^{T_s} x(z) s(z) \, \mathrm{d}z = k \int_0^{T_s} x(t) s(t) \, \mathrm{d}t$$
$$(8\text{-}6\text{-}29)$$

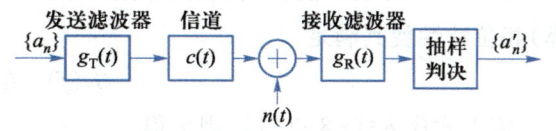

由式(8-6-29)可得到另一种形式的最佳接收机结构,如图 8-12 所示。图中相乘

图 8-12　与匹配滤波器等效的相关型最佳接收机

器与积分器完成相关运算的功能,它在 $t=T_s$ 时的抽样值与匹配滤波型最佳接收机在 $t=T_s$ 时刻的输出值是相等的。此时,匹配滤波法和相关接收法完全等效。

8.7　最佳基带传输系统

数字基带传输系统模型如图 8-13 所示,数字信号在基带传输中主要受到两个方面的影响:一是由于<u>系统的传输特性不理想</u>,码元之间会发生干扰;二是<u>系统中存在的噪声会使信号产生失真</u>。其最终结果是导致码元的判决发生错误。

图 8-13　数字基带传输系统模型

若要获得良好的基带传输性能,则必须使码间串扰和加性噪声的综合影响足够小,从而使系统的平均误码率足够小。码间串扰值的大小取决于 a_n 和系统输出波形 $h(t)$ 在抽样时刻上的取值。a_n 总是以某种概率随机地取值,而 $h(t)$ 依赖于发送滤波器、信道和接收滤波器的传输特性 $G_T(f)$、$C(f)$ 和 $G_R(f)$。本节讨论的主要问题是:在基带传输系统总的传输特性 $H(f)=G_T(f)C(f)G_R(f)$ 满足无码间串扰条件的前提下,如何设计 $G_T(f)$ 和 $G_R(f)$,使得系统在加性高斯白噪声条件下误码率最小。如果一基带传输系统能够消除码间串扰且误码率最小,则称该系统为<u>最佳基带传输系统</u>。

由于信道传输特性 $C(f)$ 对系统设计有重要影响,通常分两种情况研究最佳基带传输系统的设计问题,第一种是假设信道具有理想传输特性;第二种则考虑信道的非理想传输特性。

8.7.1　理想信道下的最佳基带传输系统

理想信道,可简化为 $C(f)=1$ 的信道。这时,基带传输系统的频谱特性为 $H(f)=G_T(f)G_R(f)$,若 $H(f)$ 满足奈奎斯特准则,就能保证消除码间串扰。通常可根据码元速率的要求和传输带宽,选择某一特定的升余弦滚降谱特性,使其满足奈奎斯特准则。

但是,这时只确定了发送和接收滤波器的总传输特性 $H(f)=G_T(f)G_R(f)$,尚有自由选择 $G_T(f)$、$G_R(f)$ 的余地,可通过使加性噪声导致的

微视频:理想信道下的最佳基带传输系统

误码率最小来设计。

1. 理想信道下最佳基带传输系统的设计

在加性噪声下,要使误码率最小,就要使接收滤波器输出信噪比最大。为了满足这一条件,滤波器的频率响应应与输入信号频谱的复共轭成正比。由这两个条件,可写出如下联立方程

$$\begin{cases} H(f) = G_{\mathrm{T}}(f)\, G_{\mathrm{R}}(f) \\ G_{\mathrm{R}}(f) = G_{\mathrm{T}}^*(f)\, \mathrm{e}^{-\mathrm{j}2\pi f t_0} \end{cases} \tag{8-7-1}$$

可以得出

$$G_{\mathrm{R}}(f)\, G_{\mathrm{R}}^*(f) = G_{\mathrm{T}}^*(f)\, \mathrm{e}^{-\mathrm{j}2\pi f t_0}\, G_{\mathrm{R}}^*(f) = H^*(f)\, \mathrm{e}^{-\mathrm{j}2\pi f t_0} \tag{8-7-2}$$

即

$$\left| G_{\mathrm{R}}(f) \right|^2 = H^*(f)\, \mathrm{e}^{-\mathrm{j}2\pi f t_0}$$

上式左端是一个实数,所以右端也必须是实数。所以

$$\left| G_{\mathrm{T}}(f) \right| = \sqrt{\left| H(f)\, \mathrm{e}^{\mathrm{j}2\pi f t_0} \right|} = \sqrt{\left| H(f) \right|}$$

式(8-7-2)表示使输出信噪比最大的发送滤波器的幅频特性,可以选择(并非唯一选择)相位特性使其满足

$$G_{\mathrm{T}}(f) = H^{1/2}(f) \tag{8-7-3}$$

将上式代入式(8-7-1),则可得

$$G_{\mathrm{R}}(f) = H(f)/H^{1/2}(f) = H^{1/2}(f) \tag{8-7-4}$$

式(8-7-3)和式(8-7-4)即为所要求的最佳发送滤波器和接收滤波器的传输特性。这时,所选择的相位特性使两个滤波器具有相同的频谱特性,从而可简化设计和实现。

【例 8-3】　设计一个理想信道条件下的最佳基带传输系统,要求基带传输系统的频谱满足 100% 的升余弦滚降特性(全滚降升余弦特性),即

$$H(f) = \begin{cases} \dfrac{T_{\mathrm{s}}}{2}\left(1 + \cos \dfrac{\pi f}{1/T_{\mathrm{s}}} \right), & |f| \leqslant 1/T_{\mathrm{s}} \\ 0, & \text{其他} \end{cases}$$

式中,T_{s} 为发送码元周期。试求此时设计的发送滤波器和接收滤波器的传递函数。

【解】　根据式(8-7-3)和式(8-7-4)可知

$$G_{\mathrm{T}}(f) = G_{\mathrm{R}}(f) = \sqrt{H(f)}$$

将 $H(f)$ 代入上式,可得

$$G_{\mathrm{T}}(f) = G_{\mathrm{R}}(f) = \sqrt{T_{\mathrm{s}}} \cos\left(\dfrac{1}{2}\pi f T_{\mathrm{s}} \right), \ |f| \leqslant 1/T_{\mathrm{s}}$$

发送滤波器和接收滤波器均为平方根升余弦频谱特性。

在话带调制解调器的 V. 29 标准中,需要在话带内传输 9 600 bit/s 的信息,为减小码间串扰和约束发送信号的频谱,并使信道噪声引起的差错概率最小,发送滤波器和接收滤波器都采用了滚降系数 $\alpha = 0.25$ 的平方根升余弦频谱特性。

2. 理想信道下最佳基带传输系统的误码性能

设基带传输系统的传递函数 $H(f)$ 为升余弦滚降特性,且

$$\int_{-\infty}^{\infty} |H(f)| \mathrm{d}f = 1 \qquad (8-7-5)$$

微视频:理想信道下最佳基带传输系统的误码性能

假设基带传输系统所传输的数字信号序列 $\{a_k\}$ 共有 L 种电平,各种电平出现的概率相等,序列符号相互之间统计独立。令这 L 种电平分别为 $\pm d$, $\pm 3d, \cdots, \pm(L-1)d$($L$ 为 2 的整数次幂),d 为相邻两个电平差值的 $1/2$,如图 8-14 所示。

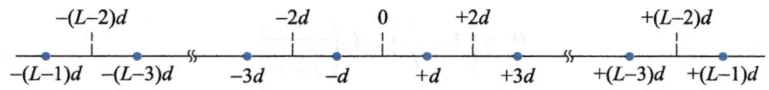

图 8-14 数字基带传输的电平分布和最佳判决门限值

在接收端,最佳判决门限值显然应选择为 $0, \pm 2d, \cdots, \pm(L-2)d$。在抽样判决时刻,信号抽样值可表示为

$$y_k = a_k + \xi \qquad (8-7-6)$$

式中,ξ 为噪声抽样值。

当抽样时刻的噪声抽样值 ξ 超过判决距离 d,就发生判决错误。不过,对于 L 个电平来说,最外侧的两个电平,即绝对值最大、极性相反的两个电平,只会在各自的一个方向上出现判决错误。也就是说,对于最外边的两个电平,出现判决错误的概率只是中间电平的 $1/2$,这种情况的出现只占所有可能的 $1/L$。这样,平均误码率为

$$P_e = \left(1 - \frac{1}{L}\right) P(|\xi| > d) \qquad (8-7-7)$$

式中,$P(|\xi| > d)$ 即为 $|\xi| > d$ 的概率。已知信道噪声是双边功率谱密度为 $n_0/2$ 的加性高斯白噪声,所以经过接收滤波器(线性系统)后,输出噪声为带限高斯噪声,其方差为

$$\sigma^2 = \frac{n_0}{2} \int_{-\infty}^{\infty} |G_R(f)|^2 \mathrm{d}f = \frac{n_0}{2} \int_{-\infty}^{\infty} |H^{1/2}(f)|^2 \mathrm{d}f \qquad (8-7-8)$$

将式(8-7-5)代入上式可得 $\sigma^2 = n_0/2$。

因此,噪声抽样值 ξ 的一维概率密度函数为

$$p(\xi) = \frac{1}{\sqrt{2\pi}\,\sigma} \mathrm{e}^{-\frac{\xi^2}{2\sigma^2}}$$

所以

$$P(|\xi| > d) = 2 \int_d^{\infty} p(\xi) \mathrm{d}\xi \qquad (8-7-9)$$

令 $z^2 = \xi^2/(2\sigma^2)$,则有

$$P(|\xi| > d) = \frac{2}{\sqrt{\pi}} \int_{d/(\sqrt{2}\sigma)}^{\infty} \mathrm{e}^{-z^2} \mathrm{d}z = \mathrm{erfc}\left(\frac{d}{\sqrt{2}\,\sigma}\right) \qquad (8-7-10)$$

式中

$$\mathrm{erfc}(y) = \frac{2}{\sqrt{\pi}} \int_y^\infty \mathrm{e}^{-z^2} \mathrm{d}z = 1 - \mathrm{erf}(y)$$

称为互补误差函数。

$$\mathrm{erf}(y) = \frac{2}{\sqrt{\pi}} \int_0^y \mathrm{e}^{-z^2} \mathrm{d}z \tag{8-7-11}$$

称为误差函数。

将式(8-7-10)代入式(8-7-7),得

$$P_e = \left(1 - \frac{1}{L}\right) \mathrm{erfc}\left(\frac{d}{\sqrt{2}\,\sigma}\right) \tag{8-7-12}$$

通常人们习惯将上式中的 P_e 和 d/σ 的关系变换成 P_e 和 E/n_0 的关系。在 L 进制基带多电平最佳传输系统中,发送信号码元的频谱由发送滤波器的特性决定。考虑式(8-7-3)给出的最佳基带传输系统实例,令

$$G_{\mathrm{T}}(f) = H^{1/2}(f) \tag{8-7-13}$$

发送信号码元为多电平信号,表示为 $Ax(t)$。其中,$x(t)$ 为成形脉冲,其频域形式为 $X(f) = G_{\mathrm{T}}(f) = H^{1/2}(f)$,最大值等于 1。$A$ 的取值为

$$A = \pm d, \pm 3d, \cdots, \pm(L-1)d \tag{8-7-14}$$

为了从频域计算信号码元的能量,可利用帕斯瓦尔定理(Parseval's theorem)

$$\int_{-\infty}^{+\infty} x^2(t) \mathrm{d}t = \int_{-\infty}^{+\infty} |X(f)|^2 \mathrm{d}f \tag{8-7-15}$$

根据式(8-7-5)和式(8-7-15),可得到单个发送信号码元的能量为

$$A^2 \int_{-\infty}^\infty x^2(t) \mathrm{d}t = A^2 \int_{-\infty}^\infty |H(f)| \mathrm{d}f = A^2 \tag{8-7-16}$$

对于 L 进制等概率多电平码元,其平均码元能量 E 等于

$$E = \frac{2}{L} \sum_{i=1}^{L/2} [d(2i-1)]^2 = d^2 \frac{2}{L} [1 + 3^2 + 5^2 + \cdots + (L-1)^2] \tag{8-7-17}$$

利用二阶算术级数求和公式 $1^2 + 3^2 + \cdots + (2n-1)^2 = \frac{n}{3}(2n-1)(2n+1)$,这里 $n = L/2$,可得

$$E = \frac{d^2}{3}(L^2 - 1) \tag{8-7-18}$$

将上式和 $\sigma^2 = n_0/2$ 代入式(8-7-12),可得

$$P_e = \left(1 - \frac{1}{L}\right) \mathrm{erfc}\left(\frac{d}{\sqrt{2}\,\sigma}\right) = \left(1 - \frac{1}{L}\right) \mathrm{erfc}\left[\left(\frac{3}{L^2-1} \frac{E}{n_0}\right)^{1/2}\right] \tag{8-7-19}$$

若 $L = 2$,则 $P_e = \frac{1}{2} \mathrm{erfc}\sqrt{E/n_0}$。

为了比较不同进制传输方式的误码性能,通常用 E_b/n_0 来替代式(8-7-19)中的 E/n_0,E_b 是单位比特的信号平均能量,且 $E = E_b \log_2 L$。则式(8-7-19)变为

$$P_e = \left(1 - \frac{1}{L}\right) \text{erfc} \left[\left(\frac{3\log_2 L}{L^2 - 1} \frac{E_b}{n_0} \right)^{1/2} \right] \qquad (8-7-20)$$

图 8-15 给出了最佳基带传输系统的误码率与 E_b/n_0 的关系曲线。可以看出，对 L 进制系统，信噪比要用因子 $3\log_2 L/(L^2-1)$ 做修正，因此在同样的噪声干扰下，四进制系统的信号功率要比二进制系统大 2.5 倍（约 4 dB），才能获得相同的误码率。L 越大，要保持同样的误码率所需的信号功率也越大。由此可见，多电平基带传输系统传输速率的提高是以增加信号功率为代价来换取的，否则就会使误码率增大，可靠性下降。

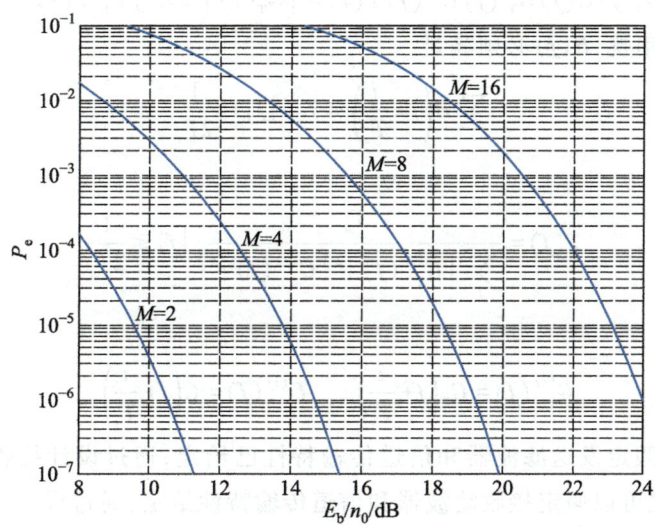

图 8-15　最佳基带传输系统的误码率与 E_b/n_0 的关系曲线

8.7.2　非理想信道下的最佳基带传输系统

当信号通过非理想信道，即 $C(f) \neq 1$ 时，一方面要受到噪声的干扰，另一方面还将产生码间串扰，结果势必会造成系统误码率的增大。如果确知信道特性 $C(\omega)$，那么设计合适的发送滤波器和接收滤波器，就可以使其输出信号在抽样时刻无码间串扰且由噪声引起的误码率达到最小值。这样构成的基带传输系统称为非理想信道下的最佳基带传输系统。

微视频：非理想信道下的最佳基带传输系统

在非理想信道下，假定 $C(\omega)$ 已知或可以估计得到，并先设定发送滤波器的传递函数 $G_T(f)$，则最佳接收滤波器的传递函数为

$$G_R(f) = [G_T(f) C(f)]^* T(f) \qquad (8-7-21)$$

相应的最佳基带传输系统如图 8-16 所示。此时，最佳接收滤波器由两个滤波器组成：一个是与接收滤波器输入信号频谱 $G_T(f) C(f)$ 的共轭成正比的匹配滤波器，它的传递函数为 $G_T^*(f) C^*(f)$，能在白噪声条件下获得最大的输出信噪比；另一个是传递函数为 $T(f)$ 的均衡滤波器，目标是消除码间串扰。

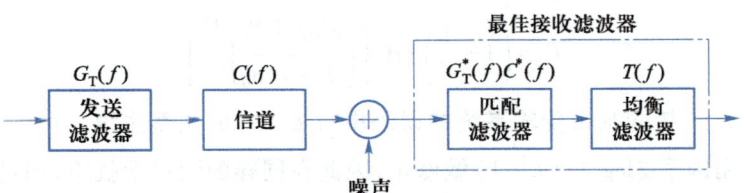

图 8-16　非理想信道下的最佳基带传输系统

从图 8-16 可以看出,系统总的传输特性为

$$H(f) = G_{\rm T}(f) C(f) G_{\rm T}^{*}(f) C^{*}(f) T(f) = |G_{\rm T}(f)|^{2} |C(f)|^{2} T(f) \tag{8-7-22}$$

为了消除码间串扰,$H(f)$ 必须满足

$$\sum_{i} H\left(f + \frac{i}{T_{\rm s}}\right) = T_{\rm s}, \quad |f| \leqslant \frac{1}{2T_{\rm s}} \tag{8-7-23}$$

所以,$T(f)$ 应满足

$$T(f) = \frac{T_{\rm s}}{\sum_{i} |G_{\rm T}^{(i)}(f)|^{2} |C^{(i)}(f)|^{2}}, \quad |f| \leqslant \frac{1}{2T_{\rm s}} \tag{8-7-24}$$

式中

$$G_{\rm T}^{(i)}(f) = G_{\rm T}\left(f + \frac{i}{T_{\rm s}}\right), \quad C^{(i)}(f) = C\left(f + \frac{i}{T_{\rm s}}\right)$$

上面的讨论是假定发送滤波器和信道传输特性已给定,通过设计接收滤波器使系统达到最佳。理论上,也可以假定接收滤波器和信道传输特性给定,通过设计发送滤波器使系统达到最佳;或者只给定信道特性,联合设计发送和接收滤波器使系统达到最佳。但是分析结果表明,这两种方法设计的效果和仅设计接收滤波器达到最佳化的结果差别不大。在工程实现中,以设计最佳接收滤波器的方法较为实用。

非理想信道下的最佳基带传输系统的误码率仍可用式(8-7-20)来计算,只需把非理想信道的传递函数 $C(f)$ 合并到发送滤波器的传递函数 $G_{\rm T}(f)$ 中即可,非理想信道下的最佳基带传输系统误码率为

$$P_{\rm e} = \left(1 - \frac{1}{L}\right) {\rm erfc}\left[\left(\frac{3\log_{2}L}{L^{2}-1} \lambda \frac{E_{\rm b}}{n_{0}}\right)^{1/2}\right] \tag{8-7-25}$$

式中,λ 为信道传输特性 $C(f)$ 不理想引起的信噪比下降因子,可由下式计算得到

$$\lambda = \frac{\displaystyle\int_{-\infty}^{\infty} |C(f)|^{2} |G_{\rm T}(f)|^{2} {\rm d}f}{\displaystyle\int_{-\infty}^{\infty} |G_{\rm T}(f)|^{2} {\rm d}f} \tag{8-7-26}$$

习　　题

8-1　假设某数字通信系统在一个码元周期 $T_{\rm s}$ 内发送信号 $s(t)$,接收信号为 $r(t) = s(t) +$

$n(t)$,其中 $n(t)$ 为单边功率谱密度为 n_0 的高斯白噪声,试写出发送 $s(t)$ 时的接收信号 $r(t)$ 条件概率密度函数。

8-2 试写出两种常用的数字通信系统的最佳接收准则。

8-3 试推导得到二进制数字信号的最大似然判决准则。

8-4 试推导得到最小错误概率准则下的二进制确知数字信号最佳接收机。

8-5 在采用矩形脉冲 2PSK 调制的最佳相干解调系统中,已知符号速率为 10^5 Baud,载波频率为 12 MHz,解调器输入信号的振幅 $A=100\ \mu V$,高斯型白噪声的双边功率谱密度为 4×10^{-16} W/Hz。

(1)试画出已调信号的功率谱密度示意图;

(2)求其相干解调的系统误码率。

8-6 何谓匹配滤波?试给出匹配滤波器的冲激响应和信号波形的关系。

8-7 设输入信号为如题图 8-7 所示的占空比为 1/4 的矩形脉冲,要设计其匹配滤波器,试求:

(1)该滤波器的冲激响应(求表达式,或者画图,但需标明有关参数);

(2)该滤波器的输出信号(求表达式,或者画图,但需标明有关参数);

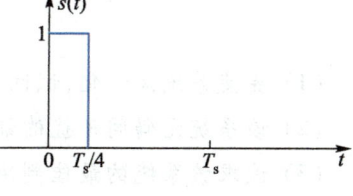

题图 8-7

(3)设 AWGN 的单边功率谱密度为 n_0,求该滤波器的最大输出信噪比。

8-8 已知矩形脉冲波形 $g(t)=A[U(t)-U(t-T_s)]$,$U(t)$ 为阶跃函数,求

(1)匹配滤波器的冲激响应;

(2)匹配滤波器的输出波形;

(3)在什么时刻和什么条件下输出信噪比可以达到最大值。

8-9 已知脉冲信号为

$$f(t)=\begin{cases} e^{-t}, & 0\leqslant t\leqslant T_s \\ 0, & 其他 \end{cases}$$

求此信号在 $(0,T_s)$ 区间的匹配滤波器冲激响应及输出信号。

8-10 某二进制数字传输系统的发送信号 $s_1(t)$ 和 $s_2(t)$ 的波形如题图 8-10 所示,假设信道加性高斯白噪声的双边功率谱密度为 $n_0/2$。

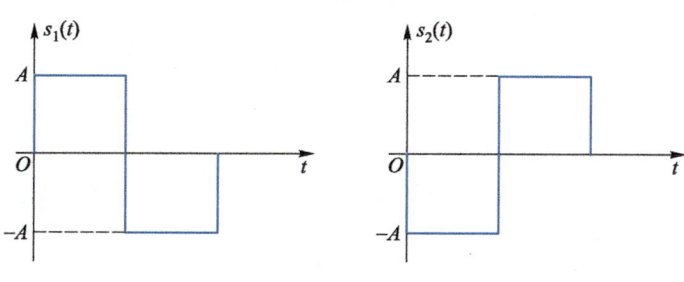

题图 8-10

（1）画出匹配滤波接收机的框图和两个匹配滤波器的冲激响应；

（2）当发送信号 $s_1(t)$ 和 $s_2(t)$ 等概率时，求接收机输出的最小误码率。

【注】　以上两问要求给出详细推导过程。可能会用到的公式如下所示。

$$p(x) = \frac{1}{\sqrt{2\pi}\,\sigma} \exp\left[-\frac{(x-m_x)^2}{2\sigma^2} \right]$$

$$\text{erfc}(x) = \frac{2}{\sqrt{\pi}} \int_x^\infty e^{-u^2} du$$

8-11　设二进制数字基带传输系统由发送滤波器、信道和接收滤波器等构成，已知发送 **0** 和 **1** 的概率分别为 0.3 和 0.7，是单极性基带波形，系统总的传递函数为

$$H(\omega) = G_T(\omega)C(\omega)G_R(\omega) = \begin{cases} T, & |\omega| \le \dfrac{2\pi}{T} \\[2mm] 0, & |\omega| > \dfrac{2\pi}{T} \end{cases}$$

（1）要使系统最佳化，试问 $G_T(\omega)$ 和 $G_R(\omega)$ 应如何选择？

（2）该系统无码间串扰的最高码元传输速率为多少？

（3）试求该系统的最佳判决门限和最小误码率。

8-12　设 2PSK 的最佳接收机与相干接收机有相同的输入信噪比 $E_b/n_0 = 10$ dB。

（1）若相干通信系统的频带利用率为 2/3 [bit/(s·Hz)]，求两种接收机的误码率；

（2）两种接收机的误码率能否相等？相等的条件是什么？

8-13　设一个数字基带传输系统的单位冲激响应 $h(t)$ 的波形如题图 8-13 所示。

（1）试求该基带传输系统的传递函数 $H(\omega)$；

（2）假设信道的传递函数 $C(\omega) = 1$，且发送滤波器和接收滤波器具有相同的传递函数，即 $G_T(\omega) = G_R(\omega)$，试求此时的 $G_T(\omega)$ 和 $G_R(\omega)$ 表达式。

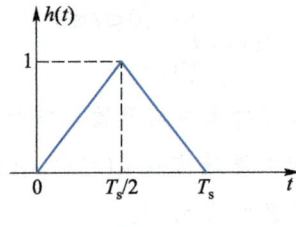

题图 8-13

第9章

同步原理

同步是指让通信的双方(多方)在时间上步调一致,它是信息可靠传输的必要前提。另外,在大容量通信传输中,需要把各个低容量的数字信息合并成一路大容量数字信息进行传输,以充分利用信道带宽减小设备复杂度,这就是数字复接,同步也是实现数字复接的基础。在实际系统中,不论是振荡源、时钟(提供基准频率的设备)、定时信号(用于控制设备的周期性信号)或数字通信信号的频率不可能是绝对稳定不变的,同步技术可以使通信双方(多方)相互之间的频率差异在限定时间内不超出规定的指标,因而是通信系统中一个非常重要的问题。

第9章
思维导图

本章主要讨论同步的基本概念和分类,载波同步、码元同步、帧同步和网同步原理。

9.1 同步的概念和分类

按照同步的功能分,同步包括载波同步、码元同步、帧同步和网同步。按照同步实现的方式可以分为外同步和自同步,其中外同步是指由发送端发送专门的同步信息,而自同步则设法从传送信号中提取同步信息。

微视频:同步
的概念和分类

在通信系统中,接收端进行相干解调时,需要在本地产生与接收信号中的载波同频同相的本地振荡信号,这就是载波同步的作用,载波同步也称作载波恢复。如果接收信号中包含载频分量,接收端通过载波锁相环提取该信号作为相干载波,如果接收信号中没有载频分量,相干载波也可以从接收到的信号中通过某种变换处理恢复出载波信号。

在数字通信系统中,发送的信号是一串相继的信号码元序列,接收端为了正确地再现所传输的信息,必须产生一个时间上与发端信号码元同步的时钟信号。在这个时钟信号的控制下,通过抽样和判决等接收环节,恢复出所传输的数字信息。我们把接收端产生与信号的码元重复频率和相位一致的定时脉冲序列的过程称为码元同步或位同步。

在多路通信中,常常把各路信号按一定的帧格式编排复合起来,然后进行传输。在接收端为了从合路信号中将各路信号正确地分开,需要一个准确的时间标志,用以表示一帧的起始时刻。根据这个起始标志,才能够正确地识别各路信号的时间位置,为此在发端合路群信号中,需要循环地插入一个特殊的帧定位信号(帧同步信号),接收端将正确地检测识别它,这种同步称为帧同步。

在数字传输和数字交换构成的综合数字网中,为了使网内各交换节点的数字流都能够实现有效的交换,必须在交换节点中实现来自不同源的帧信号之间的对准和同步,以便这些不同源的数字流能够与交换机内部的数字流交替插入。这种同步称为网同步。

应当指出,载波同步、码元同步、帧同步和网同步分别处在接收机的不同部分,通常发送端需要将发送信息进行适当的组织形成数据帧,然后通过编码、调制后发送,接收端如果采用相干解调,必须恢复载波,并且提取码元同步信号,恢复出比特信息,从恢复出的比特流中捕获帧同步就能够分离出具体的逻辑信息。在进行数字复接时,还需要在帧同步的基础上对各个支路信号进行同步调整。网同步对全网的时钟进行调整,减小通信网内节点时钟差异对通信业务造成的损伤。

9.2　载 波 同 步

相干解调接收需要产生本地相干载波,在模拟通信系统中,DSB-SC、SSB 和 VSB 信号通常采用相干解调,在数字通信系统中,MPSK、QAM 等信号通常也采用相干解调方式。载波同步的方法可以分为两类,一类是导频辅助法,发送端通过某种方式发送载频信号(或者信号本身就包含了载频信息,如 AM 信号)给接收端用作相干载波恢复;另一类是无导频辅助的载波提取,只能通过对接收信号进行某种处理后提取载波信号,如平方环法、Costas 环载波提取。数字通信中的载波恢复既可以通过模拟技术实现,也可以通过数字方法实现。所有载波恢复方法的共同特点是首先从接收信号中去除调制信息,然后再经过某种变换恢复载波。下面主要介绍有导频辅助的载波恢复、平方环法和 Costas 环法。

9.2.1　有导频辅助时的载波提取

微视频:有导频辅助时的载波提取

发送端通过某种方式发送载频信号,接收端通过提取载波中的载频分量进行相干解调。有些信号本身就包含了载频分量,如 AM 信号,载频信号可以被接收端提取进行相干解调。在实际系统中,往往再把直接提取的载频分量经过一个锁相环处理后获得相干载波,以减小信道噪声对解调性能的影响。

有导频辅助时的锁相环提取相干载波过程如图 9-1 所示。窄带滤波器的作用是从接收信号 $s(t)$ 中提取载波导频信号 $s_p(t)$,如果接收信号的频谱

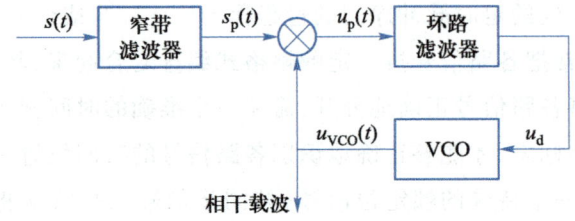

图 9-1　有导频辅助时的锁相环提取相干载波过程

（或功率谱）在载频处正好存在零点，直接采用窄带滤波器就能够提取导频载波。如果信号频谱（或功率谱）在载频及其倍数处不存在谱零点，需要在窄带滤波之前进行必要的非线性处理，如从 AM 信号中，通过放大–限幅–窄带滤波就能够提取导频载波信号。

接收端提取的导频载波为

$$s_p(t) = A_p \cos \omega_c t \tag{9-2-1}$$

假设锁相环频率锁定在 ω_c 频率上，压控振荡器（voltage controlled oscillator，VCO）输出信号为

$$u_{VCO}(t) = A \sin(\omega_c t + \Delta\phi)$$

式中，$\Delta\phi$ 为 VCO 产生的相干载波信号与导频载波之间的相位差，相乘器输出为

$$u_p(t) = K_p s_p(t) u_{VCO}(t)$$

$$= \frac{K_p A_p A}{2} \left[\sin \Delta\phi + \sin(2\omega_c t + \Delta\phi) \right]$$

这里，K_p 为相乘器系数。经过低通滤波后获得反映相差量的压控振荡器 VCO 的控制信号

$$u_d = \frac{K_p A_p A}{2} \sin \Delta\phi = K_d \sin \Delta\phi \tag{9-2-2}$$

式（9-2-2）也称作锁相环的鉴相特性。图 9-1 中的锁相环的鉴相特性如图 9-2 所示。

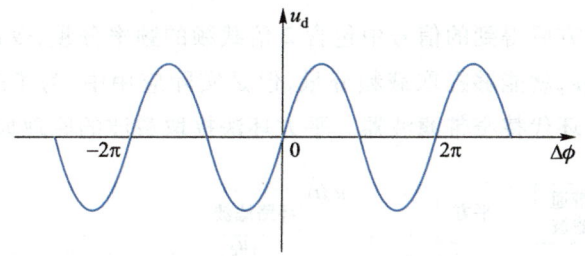

图 9-2 锁相环的鉴相特性

由图 9-2 可知，$\Delta\phi = 2n\pi$（n 为任意整数）的各点都是稳定的平衡点。说明存在导频载波的条件下，本地锁相环输出的相干载波与接收信号载波同相。在实际系统中，特别是初始工作条件下，VCO 输出振荡信号往往与接收信号载波既存在相位差也存在频率差，频率偏差随着时间的累积同样反映为随时间变化的相位差 $\Delta\phi$，因此存在频差的情况下上面的推导过程仍然是成立的。

在 IS-95 CDMA 移动通信系统中，基站向移动台发射下行链路信号采用的调制方式为 QPSK，移动台对基站信号的接收采用相干解调法。下行链路包括 64 个信道，其中一个信道发送载波导频信号，为移动台的信号接收提供相干载波相位参考，移动台通过锁相环提取该信号后进行其他信道信号的相干解调。由此可见，导频信道无疑是十分重要的，接收端一旦不能正确捕获导频载波信号，其他信道信号都不能够正常接收，因此导频信道功率要比其他信道高。在 IS-95 CDMA 系统中，基站发送的导频信号除提供相干参考相位以外，还被移动台用于区分基站。

9.2.2 无导频辅助时的载波提取

微视频:无导频辅助时的载波提取

当发送信号中不包含载频分量时,必须令信号经过某种变换恢复载波信号进行相干解调,很显然,只要能够通过某种处理去除调制信息并经过适当的变换后就能够实现载波恢复,常用的无导频辅助的载波恢复方法包括平方环、Costas 环、判决反馈环和松尾环等。本节介绍平方环和 Costas 环。

1. 平方环法

下面以 2PSK 信号为例,介绍平方环法的工作原理。2PSK 信号的表达式为

$$s(t) = \left[\sum_n a_n g(t-nT_s) \right] \cos \omega_c t \tag{9-2-3}$$

式中,$a_n = \pm 1$,$g(t)$ 为成形脉冲,当码元序列 $\{a_n\}$ 均值为零时,此时 2PSK 信号频谱中不存在角频率为 ω_c 的离散分量,对 $s(t)$ 平方,就能去除调制信息的影响,得到

$$u(t) = s^2(t) = \left[\sum_n a_n g(t-nT_s) \right]^2 \cos^2 \omega_c t$$

如果 $g(t)$ 为矩形脉冲,则

$$u(t) = s^2(t) = \cos^2 \omega_c t = \frac{1}{2} \left[1 + \cos(2\omega_c t) \right]$$

可以看出,经过平方后得到的信号中包含 2 倍载频的频率分量,令此信号经过窄带滤波器提取后再经过二分频,就能够提取载频分量,但是实际应用中,为了改善相干解调的抗噪声性能,通常采用锁相环代替窄带滤波器。平方环法提取载波的原理如图 9-3 所示。

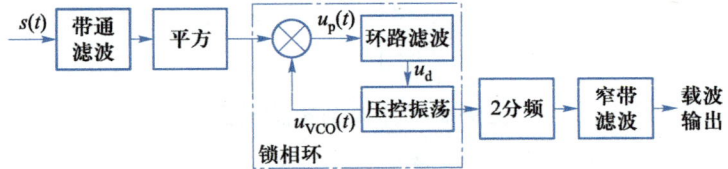

图 9-3 平方环法提取载波的原理

假设锁相环压控振荡器 VCO 的频率锁定在 $2\omega_c$ 角频率上,VCO 输出信号为

$$u_{VCO}(t) = A \sin(2\omega_c t + 2\Delta\phi) \tag{9-2-4}$$

这里 $\Delta\phi$ 表示相位差,相乘器的输出为

$$u_p(t) = K_p u(t) u_{VCO}(t)$$
$$= \frac{K_p A}{4} \sin(2\Delta\phi) + \frac{K_p A}{2} \sin(2\omega_c t + 2\Delta\phi) + \frac{K_p A}{4} \sin(4\omega_c t + 2\Delta\phi)$$

其中 K_p 为相乘器系数,$u_p(t)$ 经过低通滤波器后得到

$$u_d = \frac{K_L K_p A}{4} \sin(2\Delta\phi) = K_d \sin(2\Delta\phi) \tag{9-2-5}$$

这里 K_L 为环路滤波器系数,对于特定的接收机,K_d 是一个常数。式(9-2-5)是平方环的鉴相特性,环路滤波器输出为 VCO 跟踪接收信号相位提供了所需的控制电压。平方环的鉴相特性如图 9-4 所示。

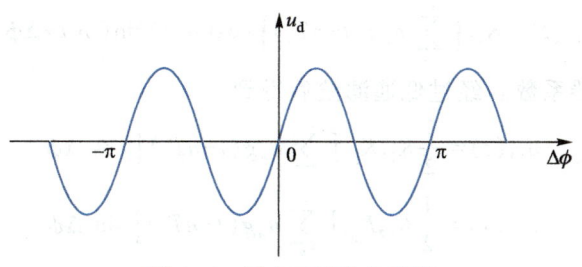

图 9-4 平方环的鉴相特性

由图 9-4 可知，$\Delta\phi = n\pi$（n 为任意整数）的各点都是稳定的平衡点。锁相环在实际工作中可能锁定在任何一个稳定平衡点上。这意味着恢复出的相干载波可能与接收信号中的载波同相，也有可能反相。这种相干载波相位的不确定性，称为相位模糊。平方环具有二重相位模糊度，相位模糊不仅在平方环中存在，而且在其他无导频辅助的载波恢复环路，如 Costas 环中也同样存在。

对于 2PSK，如果相干载波和接收信号载波反相，则相干解调后的二进制信息将会出现完全相反的情况。平方环工作在 $\Delta\phi = 0$ 还是工作在 $\Delta\phi = \pi$ 平衡点上，通常取决于初始条件，虽然受噪声等各种干扰的影响，锁相环工作点可能会发生跳变，但是相对于码元间隔而言，会长时间停留在一个平衡点上。克服相位模糊的方法可以采用差分编码，通过相邻两个码元之间载波相位跳变或不跳变来携带信息。

对于 MPSK 信号，可以采用 M 方环进行载波恢复，通过 M 方环就能够去除调制信息的影响，此时 VCO 工作在 M 倍载频上，对 VCO 做 M 分频即能产生相干载波。需要指出的是，MPSK 中会存在 M 重相位模糊度，在多进制调制中可以通过多元差分编码克服相位模糊问题。

2. Costas 环法

我们先考虑 2PSK 的相干载波恢复。Costas 环载波恢复原理框图如图 9-5 所示，VCO 输出信号作为同相载波，同时经过 90°移相后形成正交相载波。接收信号分别与同相载波和正交相载波相乘后获得的两路信号经低通滤波后，将两路滤波输出相乘经过环路滤波器就能够得到 VCO 的控制电压。由于 VCO 控制电压分别来自同相和正交支路相乘的结果，因此 Costas 环又称为同相-正交环。

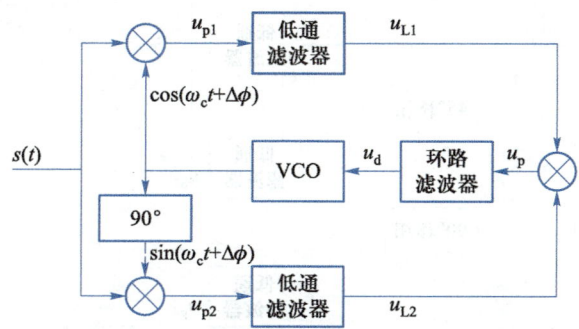

图 9-5 Costas 环载波恢复原理框图

Costas 环路中，上、下两路相乘器的输出为

$$u_{p1}(t) = K_{p1} \left[\sum_n a_n g(t-nT_s) \right] \cos(\omega_c t) \cos(\omega_c t + \Delta\phi)$$

$$u_{p2}(t) = K_{p2}\Big[\sum_n a_n g(t-nT_s)\Big]\cos(\omega_c t)\sin(\omega_c t+\Delta\phi)$$

式中，K_{p1}、K_{p2} 为相乘器系数。经过低通滤波后得到

$$u_{L1}(t) = \frac{1}{2}K_{L1}K_{p1}\Big[\sum_n a_n g(t-nT_s)\Big]\cos\Delta\phi \tag{9-2-6}$$

$$u_{L2}(t) = \frac{1}{2}K_{L2}K_{p2}\Big[\sum_n a_n g(t-nT_s)\Big]\sin\Delta\phi \tag{9-2-7}$$

式中，K_{L1}、K_{L2} 为低通滤波系数。滤波后相乘为

$$\begin{aligned}
u_p &= K_p u_{L1}(t) u_{L2}(t)\\
&= \frac{1}{8}K_p K_{p1}K_{p2}K_{L1}K_{L2}\Big[\sum_n a_n g(t-nT_s)\Big]^2\sin(2\Delta\phi)\\
&= K\Big[\sum_n a_n g(t-nT_s)\Big]^2\sin(2\Delta\phi)
\end{aligned}$$

式中，K_p 为相乘器系数，$K=\frac{1}{8}K_p K_{p1}K_{p2}K_{L1}K_{L2}$，对于特定的接收机为常数。当 $g(t)$ 为矩形脉冲时，$\Big[\sum_n a_n g(t-nT_s)\Big]^2=1$，因此可以得到 Costas 环的鉴相特性为

$$u_d = K_d\sin 2\Delta\phi \tag{9-2-8}$$

式中，K_d 为鉴相器系数。与式（9-2-5）比较可以看出，Costas 环的鉴相特性与平方环鉴相特性相同，Costas 环同样存在二重相位模糊度。如果 $g(t)$ 为其他形状，如具有平方根升余弦频谱特性，经过相乘处理和低通滤波，Costas 环仍然具有以上的鉴相特性。与平方环相比，Costas 环具有两个优点。首先，Costas 环工作在一倍载频，而平方环需要工作在二倍频；其次，Costas 环路可以利用接收端正交解调的结构实现相干解调。但是，为了得到 Costas 环法在理论上给出的性能，要求两路低通滤波器的性能完全相同。

对于 QPSK 信号的载波提取，也可以采用类似的同相正交法，图 9-6 给出了四相 Costas 环载波提取的原理框图。

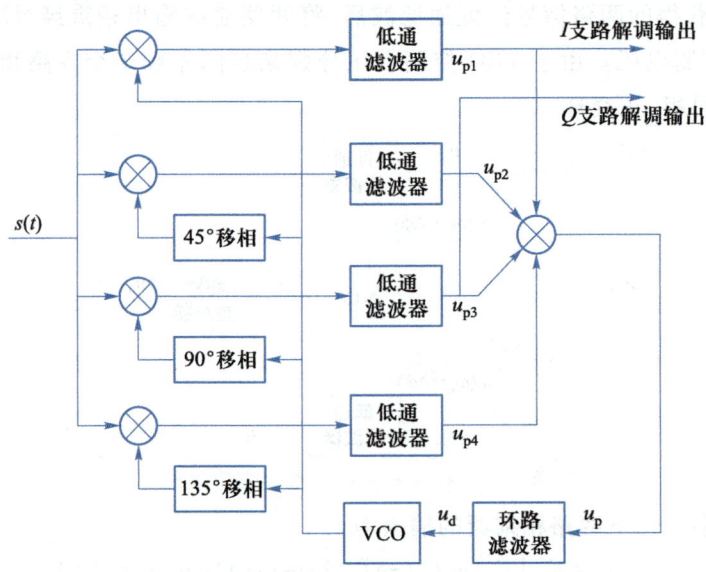

图 9-6　四相 Costas 环载波提取的原理框图

对于 QPSK 信号

$$s(t) = A_s \cos(\omega_c t + \varphi_n) \tag{9-2-9}$$

式中，φ_n 是由于调制信息的引入而使载波相位发生的改变量，φ_n 的取值为四个相移量 $\left\{0, \dfrac{\pi}{2}, \pi, -\dfrac{\pi}{2}\right\}$ 之一。

假设锁相环压控振荡器 VCO 的频率锁定在 ω_c 角频率上，VCO 输出本地载波和接收信号载波之间的相位差为 $\Delta\phi$，即

$$u_{VCO}(t) = A\cos(\omega_c t + \Delta\phi) \tag{9-2-10}$$

经过移相后的四路相干载波分别为 $A\cos(\omega_c t + \Delta\phi)$，$A\cos(\omega_c t + \Delta\phi + \pi/4)$，$A\cos(\omega_c t + \Delta\phi + \pi/2)$，$A\cos(\omega_c t + \Delta\phi + 3\pi/4)$。四路相乘器的输出经过低通滤波后的信号分别为

$$u_{p1} = \frac{1}{2} K_{p1} A_s A \cos(\Delta\phi - \varphi_n)$$

$$u_{p2} = \frac{1}{2} K_{p2} A_s A \cos\left(\Delta\phi - \varphi_n + \frac{\pi}{4}\right)$$

$$u_{p3} = \frac{1}{2} K_{p3} A_s A \cos\left(\Delta\phi - \varphi_n + \frac{\pi}{2}\right) = -\frac{1}{2} K_{p3} A_s A \sin(\Delta\phi - \varphi_n)$$

$$u_{p4} = \frac{1}{2} K_{p4} A_s A \cos\left(\Delta\phi - \varphi_n + \frac{3\pi}{4}\right) = -\frac{1}{2} K_{p4} A_s A \sin\left(\Delta\phi - \varphi_n + \frac{\pi}{4}\right)$$

式中，K_{p1}、K_{p2}、K_{p3}、K_{p4} 为相乘器系数，以上四路信号相乘后的结果为

$$u_d = \frac{1}{128} K_p K_{p1} K_{p2} K_{p3} K_{p4} (A_s A)^4 \sin[4(\Delta\phi - \varphi_n)]$$

式中，K_p 为相乘器常数，注意到 φ_n 的取值为四个相移量 $\left\{0, \dfrac{\pi}{2}, \pi, -\dfrac{\pi}{2}\right\}$ 之一，因此四相 Costas 环的鉴相特性为

$$u_d = K_d \sin(4\Delta\phi) \tag{9-2-11}$$

式中，K_d 为鉴相器系数。因此，$0, \dfrac{\pi}{2}, \pi, -\dfrac{\pi}{2}$ 都是稳定的平衡点，四相 Costas 环的鉴相特性存在四重相位模糊。

9.2.3 载波同步的主要性能指标

衡量一个载波同步系统的性能经常使用随机相位方差、响应速度等指标。

1. 随机相位方差

由于噪声的影响，实际系统中接收信号中的载波和相干载波之间的相位或频率会存在一定的偏差，在鉴相特性上反映为相位差量 $\Delta\phi$ 会在平衡点附近随机抖动，相当于在载波相位上叠加了附加的相位噪声，可以用相位方差来表示这种

微视频：载波同步的性能指标

相差量的抖动。

在加性高斯白噪声信道条件下,噪声的单边功率谱密度为 n_0,接收信号为

$$x(t)=A_c\cos[2\pi f_c t+\phi(t)]+n(t) \tag{9-2-12}$$

在大信噪比条件下,随机相位 $\Delta\phi$ 的方差为

$$\sigma_\phi^2=\frac{n_0 B_{eq}}{A_c^2} \tag{9-2-13}$$

式中,B_{eq} 为载波跟踪环路等效噪声带宽。$n_0 B_{eq}$ 实际上是进入环路的噪声功率,因此载波跟踪环路输出信噪比为

$$\gamma=\frac{A_c^2/2}{n_0 B_{eq}} \tag{9-2-14}$$

可以将随机相位的方差写成以下形式

$$\sigma_\phi^2=\frac{1}{2\gamma} \tag{9-2-15}$$

由式(9-2-15)可以看出,载波跟踪环路输出信噪比越大,则随机相位方差越小,环路滤波器带宽越窄,则进入环路的噪声功率越低,随机相位的方差越小。

2. 同步建立时间和同步保持时间

同步建立时间是指从开始接收到信号(或从系统失步状态)到提取出稳定的载频所需要的时间。环路滤波器的带宽越大,则相位的任何变化都会反映在 VCO 的控制电压上,因此锁相环响应速度越快,建立同步的实际时间就越短,但是环路带宽大意味着更多的噪声进入锁相环,造成相位方差增加,实际系统中需要在相位方差和响应速度之间取折中,选择合适的环路滤波器带宽。

同步保持时间是指从开始失去信号到失去载波同步的时间。显然我们希望同步保持时间越长越好。长的同步保持时间在信号短暂丢失或接收断续信号时,不需要重新建立同步,保持连续提供稳定的本地载频。

载波同步电路中的低通滤波器和环路滤波器都是通频带很窄的电路。一个滤波器的通频带越窄,其惰性越大。当在其输入端加入一个正弦振荡时,其输出端振荡的建立时间变长;当输入振荡截止时,输出端振荡的保持时间也变长。显然,这个特性和我们对于同步性能的要求是相左的。建立时间短和保持时间长是互相矛盾的要求,在设计同步系统时只能折中处理。

9.2.4　载波相位误差对系统性能的影响

MPSK 和 QAM 信号可以表示为

$$s(t)=I(t)\cos(2\pi f_c t+\phi)-Q(t)\sin(2\pi f_c t+\phi) \tag{9-2-16}$$

假设经过载波同步恢复的两个正交载波为

$$c_1(t)=\cos(2\pi f_c t+\hat{\phi})$$

$$c_Q(t) = -\sin(2\pi f_c t + \widehat{\phi}) \qquad (9-2-17)$$

令 $\Delta\phi = \phi - \widehat{\phi}$ 为信号中载波和本地恢复载波的相位差。$s(t)$ 与 $c_1(t)$ 相乘,再经过低通滤波,获得同相分量

$$y_1(t) = \frac{1}{2}I(t)\cos(\phi - \widehat{\phi}) - \frac{1}{2}Q(t)\sin(\phi - \widehat{\phi}) \qquad (9-2-18)$$

$s(t)$ 与 $c_Q(t)$ 相乘,再经过低通滤波,得到正交分量

$$y_Q(t) = \frac{1}{2}I(t)\sin(\phi - \widehat{\phi}) + \frac{1}{2}Q(t)\cos(\phi - \widehat{\phi}) \qquad (9-2-19)$$

如果本地恢复载波和信号中的载波存在频差,由于频率随时间的累积反映为载波相位,因此上述分析结果仍然是适用的,此时同相和正交相基带信号相当于被一个低频正弦信号所调制。

从信号解调的结果来看,如果本地恢复载波和信号载波之间存在相位差,不仅期望信号分量功率减少为原来的 $\cos^2(\phi - \widehat{\phi})$ 倍,而且在同相分量和正交相分量之间还会存在交互干扰,因为 MPSK 和 QAM 信号中 $I(t)$ 和 $Q(t)$ 的平均功率十分接近,因此较小的相位误差即会引起较大的性能下降。

分析式(9-2-18)和式(9-2-19),从星座图上来看,解调后的信号点相对原始信号点旋转了角度 $\Delta\phi$。如果本地恢复载波存在相位模糊,则相当于信号星座图产生了固定的相位旋转。如 QPSK 采用四相 Costas 环载波恢复。稳定工作点处本地载波相位和信号载波相差可能为 $\left\{0, \dfrac{\pi}{2}, \pi, -\dfrac{\pi}{2}\right\}$ 四个值之一,它们与星座图的固定旋转角度相对应。因此在自同步载波恢复相干解调系统中,除了随机相位误差的影响之外,还需要考虑相位模糊所带来的固定相位差的影响。

对于 2PSK,由于相位误差的存在,接收信号功率需要乘以因子 $\cos^2\Delta\phi$,此时信号的误比特率为

$$P_{b\_2PSK} = Q\left(\sqrt{\frac{2E_b\cos^2\Delta\phi}{n_0}}\right) \qquad (9-2-20)$$

上式表明,载波同频不同相会使接收信噪比下降,从而导致数字通信系统的误比特率增加。

对于 QPSK,除了解调期望分量功率降低以外,还需要考虑两路分量之间的串扰。分析较为复杂,有兴趣的读者可以参阅有关的文献。

9.3 码 元 同 步

码元同步,又称位同步或码元定时,实现码元同步的方法基本上可以分为两大类:一类是外同步法,另一类是自同步法。外同步法就是在发送端除了发送有用的数字信息以外,还专门传送码元同步信号,接收端采用窄带滤波器或锁相环提取该信号作为同步之用。自同步法中,发端不专门向接收端传送码元同步信号,收端所需要的码元同步信号直接从接收的

数字基带信号中提取出来。

9.3.1　外同步法

微视频：码元同
步中的外同步法

　　外同步法在发送的信号中插入频率为码元速率或码元速率倍数的同步信号，接收端通过一个窄带滤波器或其他处理方式分离出该信号实现码元同步。这种同步方法容易实现并且设备简单，但是需要占用一定的带宽或发送功率。在多路通信系统中，由于码元同步信息占用的频带和功率为各路信号所分担，因此外同步方法在多路通信系统中得到了广泛的应用。

1. 插入导频法

　　插入导频法是在被传送的信号频谱中插入码元同步导频，在接收端使用窄带滤波器提取该信号获得同步。实现这种方法的关键在于解决码元同步导频与传送信号之间的相互干扰问题。为减小发送信号对码元同步的干扰，希望码元同步导频处于发送信号功率谱密度为零的位置。此外码元同步导频对接收端信号判决引起的干扰应设法消除。

　　如图 9-7(a)所示，在数字基带传输系统中，可以将码元同步导频插在基带信号功率谱的零点处，以便提取。若信号为经过某种相关编码的基带信号，如果其功率谱第一个零点在 $f=1/(2T_s)$，则插入导频也应在 $1/(2T_s)$ 处，如图 9-7(b)所示。

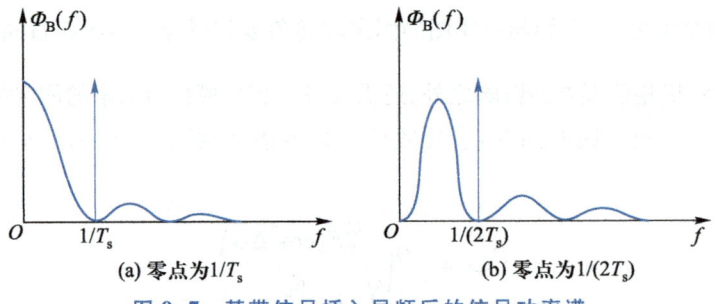

图 9-7　基带信号插入导频后的信号功率谱

　　图 9-8 为插入位定时导频的接收框图。对于图 9-7(a)所示的信号，在接收端，经中心频率为 $f=1/T_s$ 的窄带滤波器就可以从基带信号中提取码元同步信号。而 9-7(b)所示的信号必须经过中心频率为 $f=1/(2T_s)$ 的窄带滤波器将插入导频取出，再经过 2 倍频，得到码元同步脉冲。

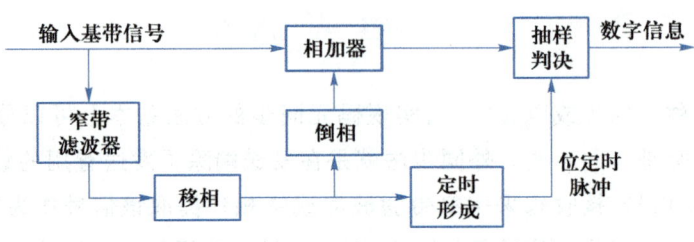

图 9-8　插入位定时导频的接收框图

图 9-8 中,用频带足够窄的窄带滤波器从接收信号中滤出码元同步导频信号,经过移相,一路信号输入到位定时形成电路,形成码元同步脉冲,提供给接收端抽样判决作为定时脉冲;另一路经过倒相后与接收信号相加,从而消除导频对基带信号判决的干扰,其中移相电路是为了补偿窄带滤波对导频的相移而设定的。

插入导频法的另外一种形式是使数字调制信号的包络根据码元同步信号的波形而发生变化,通常这种插入导频的方法只能够使用在采用恒定包络调制的信号中,如 FSK 信号和 PSK 信号理论上都属于恒定包络信号。因此可以将导频信号调制在它们的包络上,接收端只需要采用普通的包络检波器便可以恢复导频信号作为码元同步信号。

2. 独立通道键控法

独立通道键控法多用于多路并发的通信系统中。例如短波数据传输系统,为了克服多径传播造成的码间干扰,选择的码元时间间隔越大,则多径影响越小。因此,为了达到所要求的信号速率,就要采用多路并发。在多路并发的体制中,可以安排一路用来传送码元同步信号。

独立通道键控法的发送端框图如图 9-9(a)所示。根据传输频带及调制方式情况,将整

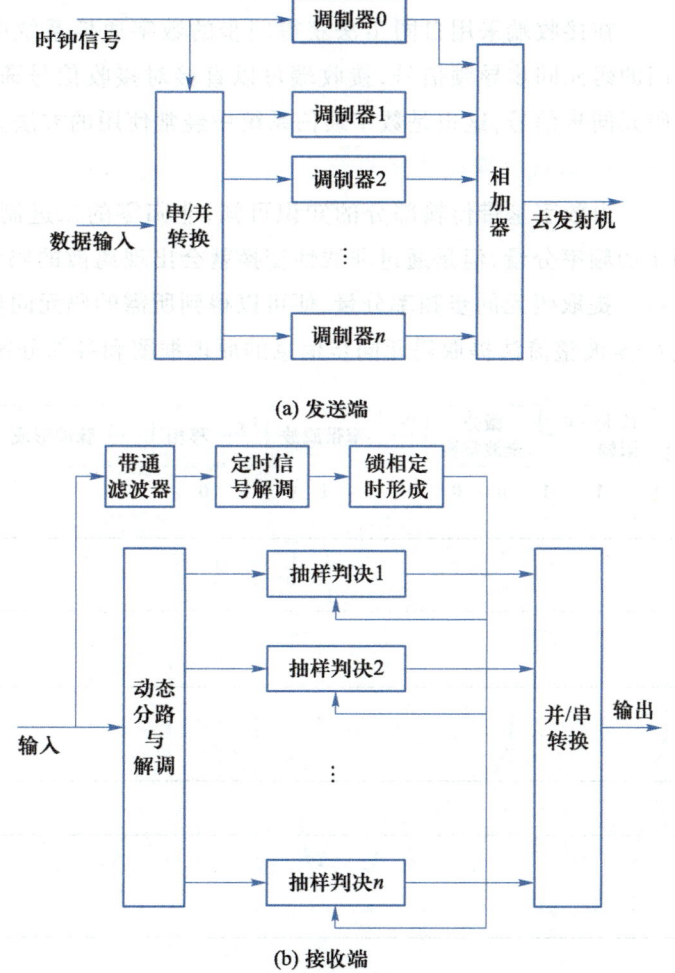

(a) 发送端

(b) 接收端

图 9-9 独立通道键控法发送端和接收端框图

个系统分为 $n+1$ 路,第 0 路用来传送码元同步信息,第 1 路至第 n 路用来传送数字信息。这 $n+1$ 路分别对应不同的副载波 $f_0,f_1,\cdots,f_n$ 进行调制(通常采用移相键控),从而得到频分多路信号,然后通过相加器合成后采用单边带调制器发送。

接收端框图如图 9-9(b)所示。接收机采用一个带通滤波器可以将码元同步键控信号分离出来,采用多个滤波器可以将其他 n 路信号分离出来进行进一步的解调处理。码元同步键控信号经过解调后送至锁相环,然后由定时形成电路形成所需要的定时信号,供给各分路信号进行抽样判决。抽样判决后得到的 n 路数据信息经过并/串转换后变成串行数据输出。为了保证同步有更高的可靠性,在功率和频带分配上都要给予码元同步支路优先的安排。

在 IS-95 CDMA 移动通信系统中,基站向移动台发射的下行链路的 64 个信道中,除了安排其中一个信道发送导频载波信号之外,还专门安排一个信道为移动台提供码元同步导频信号,供接收端进行码元同步之用,这也是独立通道键控法在实际应用中的一个典型实例。

9.3.2 自同步法

微视频:码元同
步中的自同步法

在接收端采用自同步法获得同步的数字通信系统中,不需要发送专门的码元同步导频信号,接收端可以直接对接收信号通过某种变换提取码元同步信号,这也是数字通信系统中经常使用的方法。

1. 非线性变换滤波法

由数字基带传输部分的知识可知,非归零的二进制随机脉冲序列的频谱中没有码元同步的频率分量,但是通过非线性变换就会出现离散的码元同步分量,然后用窄带滤波器或锁相环提取码元同步频率分量,便可以得到所需的码元同步信号。

图 9-10 为微分-全波整流法提取码元同步信息的原理框图和各部分输出波形。当非归

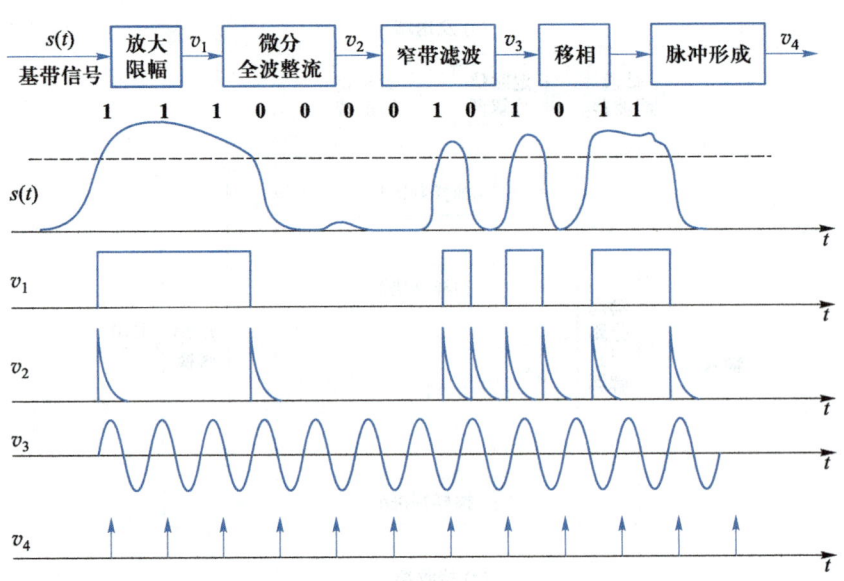

图 9-10 微分-全波整流法提取码元同步信息的原理框图和各部分输出波形

零的脉冲信号序列通过微分和全波整流电路后,就可以得到尖顶脉冲的归零码序列,它含有码元同步频率分量,然后用窄带滤波器或锁相环滤除该信号的连续谱部分和噪声干扰,取出稳定的码元同步频率分量,经脉冲成型后产生位定时脉冲。

2. 码元同步锁相环

码元同步锁相环利用鉴相器比较接收码元和本地产生的码元同步信号之间的相位,若两者相位不一致(超前或滞后),鉴相器就产生误差信号去调整码元同步信号的相位,直至获得准确的码元同步信号为止。码元同步锁相环可在其他码元同步提取方法中用作定时脉冲生成电路,如前面讨论的非线性变换滤波法中,也可以使用码元同步锁相环代替窄带滤波来获取定时同步脉冲。

码元同步数字锁相环的原理框图如图 9-11 所示。高稳定频率度的振荡器(晶振)输出的脉冲经过控制器和分频器,产生位定时脉冲序列。鉴相器比较接收码元序列和码元同步脉冲之间的相位,获得与码元同步相位误差成比例的电压信号,该电压信号并不直接用于控制振荡源的频率,而是通过控制器在信号钟输出的脉冲序列中附加或扣除一个或几个脉冲,调整加到鉴相器上的码元同步脉冲序列的相位以达到码元同步的目的。

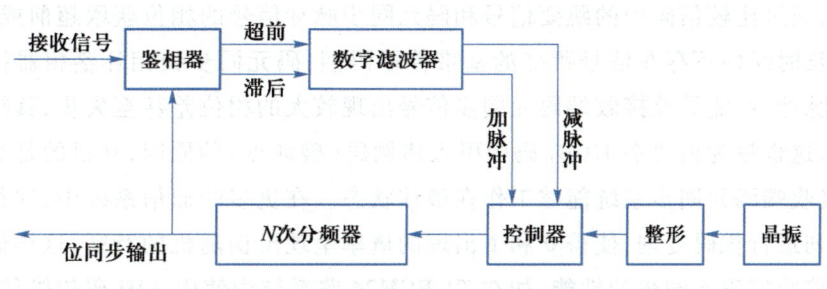

图 9-11　码元同步数字锁相环原理框图

通过图 9-11 可以看出,码元同步数字锁相环由以下几部分构成。

(1)信号钟。它包括一个高稳定度的振荡器和整形电路,若输入信号码元速率 $R_s = 1/T_s$,那么振荡器频率设计在 $f_o = N/T_s = NR_s$,经整流电路成型后,输出周期性序列,其周期 $T_o = 1/f_o = T_s/N$。

(2)控制器与分频器。控制器根据滤波器输出的控制脉冲(如"加脉冲"或"减脉冲")对信号中输出的序列实施加(或减)脉冲。分频器实际上是一个计数器,每当控制器输出 N 个脉冲时,分频器就输出一个脉冲,控制器与分频器共同作用的结果就是调整了加至鉴相器的码元同步信号的相位,其原理如图 9-12 所示。若准确同步,滤波器无加脉冲和减脉冲控制信号输出,加至鉴相器的码元同步信号与码元同步输出相位关系保持不变;若码元同步信号滞后,滤波器输出加脉冲控制信号,控制器在信号钟输出序列中加入一个脉冲,经过分频器后码元同步信号的相位就会前移;若码元同步信号超前,滤波器输出减脉冲控制信号,分频器输出的码元同步信号的相位就会后移,每次相位调整量的大小取决于信号钟的周期,每个加或减脉冲信号控制的相移量为 $\Delta\phi = 2\pi T_o/T_s = 2\pi/N$。

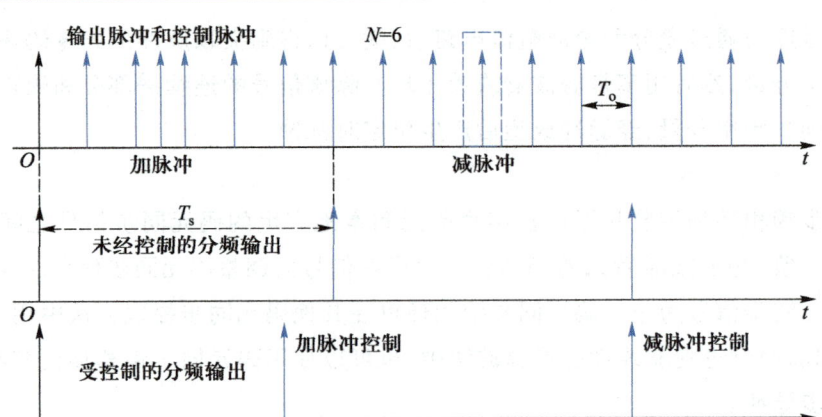

图 9-12　数字锁相环相位调整原理

（3）鉴相器。鉴相器将输入基带信号与码元同步信号进行相位比较,判别码元同步信号究竟是超前还是滞后,若超前就输出减脉冲,反之则输出加脉冲控制信号。通常有两种判决相位关系的方法:微分型和积分型。微分型鉴相器通过对输入信码进行微分处理,提取信号阶跃跳变,通过比较信码中的跳变信号和码元同步脉冲信号的相位获取超前或滞后信息,因此对于较长时间内不存在信号跳变的基带传输码型,码元同步锁相环鉴相器将长时间不能获得比相脉冲,可能导致接收端码元同步信号出现较大的相位差甚至失步,其结果是接收端产生误码,这也是为何要在 HDB$_3$ 码中引入违例码（破坏点）的原因,其目的是克服长连零的出现,使接收端码元同步系统能够工作在最佳状态。在更多的通信系统中,往往首先对发送的信息序列进行扰码处理,使得 0 和 1 出现的概率呈现出伪随机的特征,这样做的目的之一也是提高接收端码元同步的性能,如在 T1 PCM24 路系统中使用 AMI 码传输信息时,首先就对发送信息进行了扰码处理。

（4）数字滤波器。数字滤波器的作用是滤除噪声对锁相环路的影响,提高相位校正的准确性。因为输入的信息码在信道传输过程中总会受到噪声的干扰,使得码元转换时间发生随机的抖动甚至产生虚假的转换。相应地,在鉴相器的输出端有随机的超前或滞后脉冲,会对码元同步性能带来影响,数字滤波器的作用就是尽可能滤除这些干扰,以减小随机噪声对码元同步的影响。

锁相环能够跟踪接收信号的相位变化,这是提高码元同步准确性的原因。当接收信号发生短暂中断时,由于环路滤波器的时间常数很大,使压控振荡器的输出基本保持不变,这样原来的定时信号会得到保持,就避免了同步中断对系统造成的影响。

3. 早迟门同步算法

早迟门同步算法是一种利用信号波形的对称性进行定时同步的自同步算法。考虑如 9-13(a)所示的矩形成形脉冲,该信号在接收端经过匹配滤波器后,用于抽样判决的信号是图 9-13(b)所示的对称三角信号,也就是说接收信号的最佳抽样时刻就是码元结束的时刻 $t = T_s$,此时输出信噪比达到最大值。

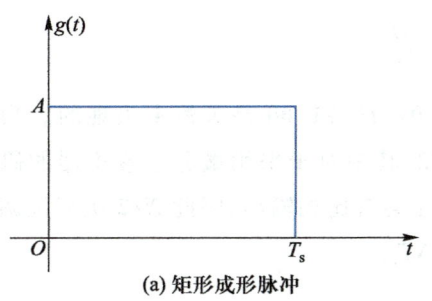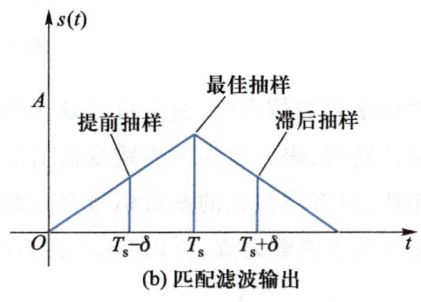

图 9-13 早迟门同步算法原理示意图

早迟门利用了匹配滤波输出波形关于码元结束时刻 T_s 对称的规律搜索并最终确定最佳的抽样时刻。如果当前抽样时刻对准了最佳抽样时刻,则根据对称性必然有 $s(T_s-\delta)=s(T_s+\delta)$。假设当前的抽样时刻不是最佳抽样时刻,而是在如图 9-13(a) 所示的超前 T_s 的 T 时刻进行抽样,那么在 $T+\delta$ 和 $T-\delta$ 处的两个样本就不再对称相等,而是呈现出 $|s(T+\delta)|<|s(T-\delta)|$ 的特征;反之,如果当前的抽样时刻落后于最佳抽样时刻,则呈现出 $|s(T+\delta)|>|s(T-\delta)|$ 的特征。早迟门同步算法就是通过提取 $T_1=T-\delta$ 和 $T_2=T+\delta$ 处的抽样值,统计其早晚样本的大小关系,决定定时同步信号的调整需要往前还是往后。

9.3.3 码元同步的主要性能指标

数字通信设备的码元同步性能主要有以下衡量指标。

微视频:码元同步的主要性能指标

1. 码元同步相位误差

码元同步相位误差是指接收机建立稳定的码元同步后,码元同步信号的平均相位和最佳相位(通常指最佳抽样时刻)之间的偏差为静态误差。在最佳接收机中,为使抽样值信噪比达到最大,通常抽样时刻应取眼图张开最大的位置,此时码元同步静态误差为零。但是由于发射机和接收机时钟源的振荡频率不可能总是固定不变的,如晶振的振荡频率总会随着温度发生漂移,因此实际系统中总会存在随机的码元同步相位误差。

衡量码元同步相位误差的影响,主要考虑它对接收误码的影响。码元同步误差会导致接收机抽样时刻的信噪比相比最佳时刻的信噪比有所降低,同时带来码间干扰,因此码元同步误差将导致系统接收的误码率上升。

对于码元同步数字锁相环,码元同步误差位为 $2\pi/N$,显然为减小码元同步误差的影响,分频次数应当越大越好。但是分频次数越大,会使同步建立时间增大,因为在建立同步的过程中,每次相位比较能够调整的相位改变量为 $2\pi/N$。因此 N 越大,同步建立的时间就越长,所以 N 值的选取要折中考虑这两个方面的要求。

2. 同步建立时间

同步建立时间为失去同步后重新建立同步所需的最长时间。考虑建立同步最不利的情况,码元同步脉冲与输入信号的相位误差为 π,位定时脉冲和最佳抽样时刻相差 $T_s/2$,锁相环每调整一步仅能使位定时脉冲向最佳抽样时刻靠近 T_s/N,故所需的最大调整次数为

$$K = \frac{T_s/2}{T_s/N} = \frac{N}{2}$$

接收数字基带信号时,通常可以认为码元中 **01**、**10**、**11**、**00** 是等概率出现的。当采用二进制基带传输时,码元之间发生跳变的情况占 1/2,其中对于采用微分型鉴相器的码元同步数字锁相环,只有当接收的基带信号存在跳变时才会有比相输出,因此 $N/2$ 次相位调整需要 N 个码元周期才能够完成,所以同步建立时间为 NT_s。

3. 同步保持时间

除相位误差外,同步保持时间也是系统的一个重要指标。从接收信号消失或接收信号中的码元同步信息消失开始,到码元同步信号中断为止的这一段时间,称为码元同步保持时间。在系统已经建立同步的情况下,由于某种原因使信号中断。或出现长连 0、长连 1 码时,因为长时间没有信号跳变,因此码元同步锁相环的分频器就会不受控。如果再考虑收发两端的振荡器不可避免地存在一定的频率偏移,也会使收端定时脉冲的相位逐渐偏离同步的位置。因此要求接收端在失去同步的情况下,码元同步脉冲仍然在同步保持时间内保持一定的精度。显然收发两端振荡器的频率稳定度越高,同步保持时间就越长,越有利于码元的同步。

4. 同步门限信噪比

在保证一定的码元同步质量的前提下(如保证一定同步相位差或接收误码率),接收机输入端所允许的最小信噪比,称为同步门限信噪比。当接收信号信噪比低于此门限,则码元同步系统性能会显著降低并导致接收误码低于系统设计要求。该指标说明了码元同步系统对深衰落信道的适应能力,与此项指标相对应的是接收机的同步门限电平,它是保证同步门限信噪比所需的最小接收信号电平。

9.4 帧 同 步

9.4.1 帧同步的概念和实现方法

微视频:帧同步的
概念和实现方法

接收端码元同步的作用是产生定时抽样脉冲,对抽样信号进行判决,恢复出二进制信息比特序列,通常发送端总是把要发送的比特信息流以某种逻辑形式或具体格式进行组织,接收端完成比特信息恢复后,就需要进一步判断信息流的逻辑格式。如在 E1 PCM30/32 路时分多路复用信号中,发送端将 30 路 PCM 话音信号按照一定的帧格式进行编排,并且插入同步时隙和信令时隙形成 2.048 Mbit/s 的信号进行传输。接收端通过码元同步,进行码元判决后恢复出 2.048 Mbit/s 的比特流后,还需要进一步确定哪一个比特是一帧的起始,才能够最终确定每一个话路的 PCM 码字,这就是帧同步系统所需要完成的任务。

在计算机网络中,帧同步通常是数据链路层需要完成的工作。如 Ethernet 的帧格式中,包括同步比特、48 位媒体接入控制(media access control,MAC)地址等信息,Ethernet 收发器要从接收的比特流中实现帧定位或帧同步,只有实现了帧同步,才能够获得 Ethernet 数据帧中的源 MAC 地址和目的 MAC 地址,才能够完成数据包的转发和交换。ATM 传输中的信元定界同样是帧同步的问题,ATM 中的信元定界从顺序接收的比特流中确定从哪一个比特开始连续的 424(53Octets)个比特为一个信元,只不过此时的"帧"变成了信元,仍然是属于帧同步的内容。

数据帧实际上是按照一定的逻辑形式或数据格式组成的连续比特流,通信系统发送信号时往往将信息组成帧后进行发送,数据帧中不仅包含了要传输的用户信息,还包含了专门供接收端用于捕获帧同步的信息,还可能包含其他的重要信息,如 E1 PCM30/32 帧结构中的信令时隙指示 30 个话路时隙的状态(占用、空闲等)。因此帧同步是实现信息恢复的一个重要的步骤。

接收端实现帧同步的方法主要有两类。第一类方法是在发送的比特序列中插入帧同步信息或帧同步码,接收端通过捕获同步码获得同步,E1 PCM30/32 在偶帧的 TS0 时隙中插入同步码 **0011011**,就属于这种同步方式,这种方法也称为外同步法;另一类方法是利用数字信息本身的特性来恢复帧同步信号,这种方法又称为自同步法。例如某些具有纠错能力的抗干扰编码便具有这方面的特性,典型的例子是 ATM 的信元定界,在 ATM 信元的 53 个字节中,前 5 个字节的信元头内部存在循环冗余校验关系,接收端通过检测这种校验关系是否存在来获得 ATM 的信元定界或信元同步。本书中,我们只介绍数字通信中应用较多的外同步法。

帧同步的问题实质上是对帧同步标志进行检测的问题,对于帧同步系统的基本要求如下。

(1) 正确建立同步的概率大,错误同步的概率小。

(2) 捕获时间要短。无论初始捕获还是失步后重新进入捕获,都要求捕获时间要短,数字通信系统所传输的不同业务信息,对捕获时间的要求不尽相同。在数字电话系统中,帧同步的丢失会造成话音的中断,人耳对小于 100 ms 的短暂中断并不敏感,因此要求数字电话系统中一旦帧失步后,重新建立帧同步的时间应小于 100 ms。

(3) 稳定地保持同步。接收端的帧同步系统一旦进入同步状态以后,应当稳定地保持同步,而不被信道干扰引起的误码破坏同步,传输过程中的随机误码可能会导致帧同步信息发生错误,导致一帧或多帧的同步信息丢失,因此帧同步还要求具有检测判别这种"漏同步"的能力。

9.4.2 帧同步码的插入方式

帧同步码的插入方式是指发送端如何将帧同步码插入到信息码流中作为帧起始标志的。通常有集中插入和分散插入两种插入方式。

1. 集中插入方式

这种插入方式将帧同步码以集中的方式插入到信息比特流中,集中插入方式如图 9-14 所示,在接收端只要检测出帧同步码的位置,就可以确定帧的起始位置,这种方法的优点是能够迅速地建立帧同步。E1 PCM30/32 路时分多路基群信号就是采用这种帧同步方式,在偶帧 TS₀ 时隙中插入 7 位帧同步码组 **0011011**。

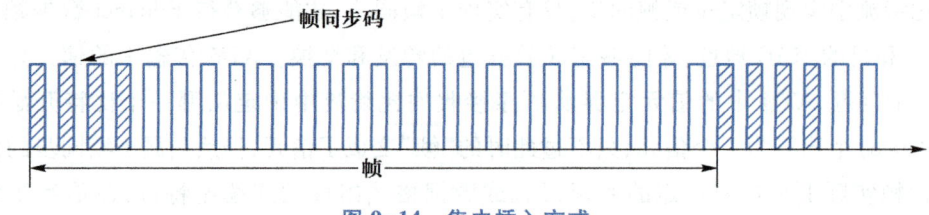

图 9-14 集中插入方式

2. 分散插入方式

分散插入方式将帧同步码以分散的形式插入到信息码流中,其示意图如图 9-15 所示。帧同步码可以是 **1**、**0** 交替码或其他码型。如果发生了帧失步,则需要逐位进行比较,直到重新收到帧同步码,才能恢复帧同步。因此,恢复同步所需要的时间要比集中插入方式长一些,这也是分散插入方式的缺点。T1 PCM24 路基群设备采用这种帧同步码插入方式,在北美和日本广泛使用。

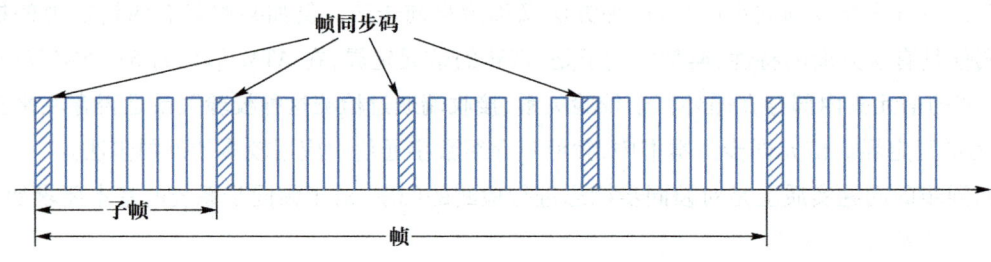

图 9-15 分散插入方式

帧同步码插入方式的选择主要考虑传输效率、建立帧同步时间、可靠系数等各种因素,这些因素之间往往相互制约,如集中插入方式虽然具有建立同步时间短的优点,但是却需要额外安排一个时隙专门用来传输帧同步码,使系统载荷信息的传输效率有所降低。

9.4.3 帧同步码的选择

微视频:帧同步码的选择和帧同步性能指标

在帧同步系统中,需要从顺序接收的比特流中快速捕获帧同步码,这就需要帧同步码能够具有快速准确识别能力,选择合适的帧同步码型能够有效提高帧同步系统性能。如果帧同步码型具有良好的相位辨别能力,即具有尖锐的自相关特性,则有利于接收端帧同步码的快速捕获识别,巴克(Barker)码就是具有这种尖锐自相关特性的码型。

对于一个 l 位长的码组 $\{x_1, x_2, \cdots, x_l\}$,$x_i = \pm 1$,其自相关函数定义为

$$c_z(j) = \sum_{i=1}^{l-j} x_i x_{i+j}, \quad 1 \leqslant j \leqslant l \tag{9-4-1}$$

显然,当 $j=0$ 时,$c_z(0)=l$。自相关函数的计算实际是一个码组和其经过循环移位后的码序列之间相乘求和的结果,如果某个码组在 $c_z(0)$ 处出现峰值,而其他的 $c_z(j)$ 值很小,则这种尖锐的自相关特性使得接收端容易通过循环移位相关的方法在信息码流中识别出该码组。

如果一个有限长的码组 $\{x_1,x_2,\cdots,x_l\}$,$x_i=\pm1$,其自相关函数满足

$$c_z(j)=\sum_{i=1}^{l-j}x_ix_{i+j}=\begin{cases}l, & j=0 \\ 0\text{ 或}\pm1, & 0<j<l \\ 0, & j\geq l\end{cases} \qquad (9-4-2)$$

则这种码组就称为巴克码。由式(9-4-2)可以看出,巴克码的 $c_z(0)=l$,而其他 $c_z(j)$ 的绝对值都不大于1。根据这个定义已经找到的巴克码示例如表9-1所示。其中的"+"表示 $x_i=+1$;"–"表示 $x_i=-1$,在二进制中它们分别对应 **1** 码和 **0** 码。表9-1中码组的反码也是巴克码。以长度为7的巴克码+++――+–为例,根据公式很容易计算出巴克码的自相关函数值。

$$j=0,c_z(0)=\sum_{i=1}^{7}x_i^2=1+1+1+1+1+1+1=7$$

$$j=1,c_z(1)=\sum_{i=1}^{6}x_ix_{i+1}=1+1-1+1-1-1=0$$

$$j=2,c_z(2)=\sum_{i=1}^{5}x_ix_{i+2}=1-1-1-1+1=-1$$

$$j=3,c_z(3)=\sum_{i=1}^{4}x_ix_{i+3}=-1-1+1+1=0$$

$$j=4,c_z(4)=\sum_{i=1}^{3}x_ix_{i+4}=-1+1-1=-1$$

$$j=5,c_z(5)=\sum_{i=1}^{2}x_ix_{i+5}=1-1=0$$

$$j=6,c_z(6)=\sum_{i=1}^{1}x_ix_{i+6}=-1$$

$$j=6,c_z(7)=0$$

表9-1 巴 克 码

巴克码		
码长	+1,-1 表示法	二进制表示法
2	++	**11**
3	++-	**110**
4	+++-,++-+	**1110,1101**
5	+++-+	**11101**
7	+++--+-	**1110010**
11	+++---+--+-	**11100010010**
13	+++++--++-+-+	**1111100101011**

图 9-16 给出了 7 位巴克码的自相关函数值。

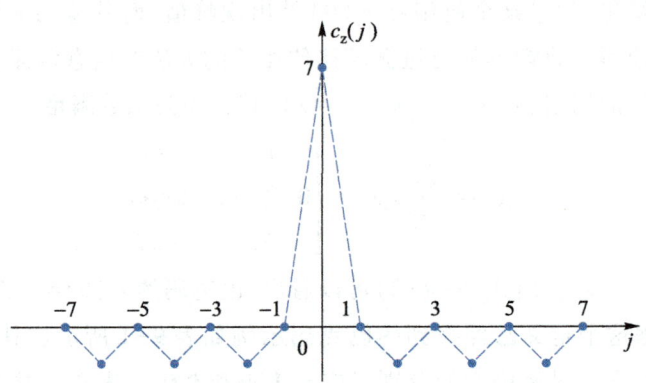

图 9-16　7 位巴克码的自相关函数值

帧同步系统中,将巴克码与按位顺序移位的接收信息比特进行相关计算,通过最大相关峰就能够快速识别信息流中的巴克码。实际实现中,可以采用二进制相关计算,此时两个码组之间的相关函数为对应位置相同的位数减去不同的位数,如图 9-17 给出了 7 位巴克码和接收信息序列的循环移位相关计算的过程。图中"$\oplus$"表示二进制**异或**,c_z 表示相关计算结果。当 $b_i = 1$ 时,表示对应比特不同;当 $b_i = 0$ 时,表示对应比特相同。

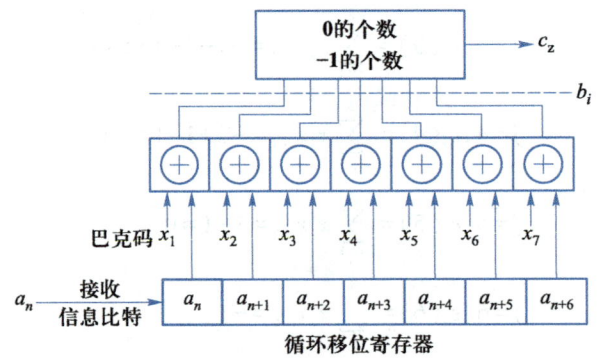

图 9-17　7 位巴克码和接收信息序列的循环移位相关计算

在实际系统中,应当考虑到接收信息 a_n 出现误码的情况,对于长度为 l 的巴克码,若信息帧中的巴克码出现一位误码时,相关峰值变为 $l-2$,因此在判断是否出现相关峰时需要充分考虑误码的影响。漏同步是指帧同步码受到传输中噪声或偶发干扰的影响产生误码,使得接收机无法在正常位置上检出同步码的现象。为了提高检测的鲁棒性,通常会设计接收门限使之能够容忍若干位错误。假设同步码组码元数量为 N,码元错误概率为 p,系统最多允许同步码发生 m 位错误,则漏同步概率等于 1 减去能够正确判定同步的概率,即

$$P_m = 1 - \sum_{j=0}^{m} C_N^j p^j (1-p)^{N-j}$$

式中 C_N^j 表示从 N 位中取出 j 位的组合。

此外,在载荷信息序列中完全可能会出现巴克码组的情况,此时,序列经过检测会被误以为是同步码组,发生假同步。假设信息码流中的 **0、1** 等概率出现,若同步码组允许错误的位数为 0,则只有当信息序列与同步码序列完全相同时才会发生假同步。这种信息码序列的个数为 $C_N^0 = 1$ 个。若同步码组允许错误的位数为 1,则与同步码组仅仅有 1 位不同的信息码组会引起假同步,可能的码组数量为 $C_N^1 = N$ 个;依次类推,当同步码组允许错误位数为 m 时,可能引起假同步的码组数量为 $\sum_{j=0}^{m} C_N^j$。因此假同步概率 P_f 为

$$P_f = \frac{\sum_{j=0}^{m} C_N^j}{2^N}$$

从上面的讨论可以看出,码组允许错误位数 m 直接影响着假同步和漏同步的概率,而 m 由帧同步检测门限确定,因此在帧同步检测器中需要设计合适的门限,使得假同步和漏同步的概率满足性能要求。在计算机通信网络中,信息帧结构设计通常是数据链路层需要处理的工作。

9.4.4　PCM30/32 路基群信号的帧同步码

我国的数字程控电话交换网络中采用 PCM30/32 时分复用标准建议。PCM30/32 路基群信号的偶帧 TS_0 时隙插入帧同步码型 **0011011**,有关 ITU 对 PCM30/32 路基群信号的 TS_0 同步时隙的分配建议如表 9-2 所示。

表 9-2　ITU 对 PCM30/32 路基群信号的 TS_0 同步时隙的分配建议

	比特编号							
	1	2	3	4	5	6	7	8
包含帧定位信号的时隙 TS_0	保留给国际使用(目前固定为 1)	**0**	**0**	**1**	**1**	**0**	**1**	**1**
		帧定位信号						
不包含帧定位信号的时隙 TS_0	保留给国际使用(目前固定为 1)	监视码	帧失步对告码	保留给国内使用(目前固定为 1)				

奇帧 TS_0 时隙插入码的分配如下:

(1)第一位码保留给国际使用,目前为 **1**;

(2)第二位码用作监视码,用以检验帧定位码;

(3)第三位码用作帧失步对告码,同步时为 **0**,一旦出现失步,即变为 **1** 告诉对方,本端 PCM30/32 路收信号出现帧失步;

(4)第四位到第八位目前固定为 **1**,留给国内使用。

9.4.5　帧同步系统的性能指标

同步系统的稳定可靠工作对于通信设备来说十分重要,而数字信号在传输过程中总会

出现误码。误码对同步的影响可以分两种情况来考虑：一种是由于信道噪声等原因引起的随机误码，另一种是突发性干扰造成的误码。正常的随机误码尽管会造成信息码的丢失或错误，只要满足一定的误码率要求，就不会对通信质量造成大的影响。因此像这类误码造成的同步丢失往往是一种漏同步现象，希望同步系统不要立即转入同步捕获状态。当突发性干扰或传输链路性能恶化，往往会造成信息码大量丢失，直接影响通信质量，甚至会造成通信中断。此时同步系统因连续检测不到同步码而处于帧失步状态，必须重新开始同步捕获，重建帧同步。为了使同步系统具有识别漏同步的功能，特别引入了前方保护时间。前方保护时间定义为从第一个帧同步丢失到同步系统进入同步捕捉状态的时间。前方保护时间的长短与帧同步码插入方式有关，集中插入方式一般规定连续几帧同步码丢失才能判断为帧失步。

当同步系统捕获同步码时，需要从比特流中检测同步码。载荷信息中很有可能会出现与同步码图案相同的码组，这种情况就是假同步。为避免进入假同步，引入后方保护时间，它是指从同步系统捕捉到第一个帧同步码到进入同步状态为止的这一段时间。

不同的同步码插入方式对保护时间具有不同的规定，ITU 对 PCM30/32 路时分多路系统对前、后方保护时间的规定如表 9-3 所示。表 9-3 中在前、后方保护时间中所指的同步帧长为两组同步码之间的比特数（时间间隔），PCM30/32 基群信号只在偶帧插入同步码，因此两组同步码之间的间隔为 512 bit，即 250 μs。如果连续 3 个以上同步帧丢失，则判断 PCM30/32 基群信号出现帧失步，否则判断为漏同步，不需要重新捕获帧同步。在 PCM30/32 基群信号帧同步捕获过程中，第一次捕获到同步码 **0011011** 后，如果下一个同步帧间隔后，仍然能够捕获到同步码，则系统进入正确帧同步。

表 9-3　ITU 对 PCM30/32 路时分多路系统的前、后方保护时间的规定

序号	名称	码率/kbit/s	帧长/bit	同步码位数	同步码型	前方保护时间（同步帧）	后方保护时间（同步帧）
1	PCM30/32 路基群设备	2,048	512	7	**0011011**	连续 3 或 4 帧	1
2	二次群设备（120 路）	8,448	848	10	**1111010000**	连续 4 帧	3
3	三次群设备（480 路）	34,368	1536	10	**1111010000**	连续 4 帧	3
4	二次群设备（1920 路）	139,264	2928	12	**111110100000**	连续 4 帧	3

9.4.6　起止同步法

数字电传机中广泛使用的是起止同步法。在电传机中，常用的是五单位码。为标志每

个字的开头和结尾,在五单位码的前后分别加上一个单位的起码(低电平)和1.5个单位的止码(高电平),共7.5个码元组成一个字,如图9-18所示。收端根据高电平第一次转换到低电平的这一标志确定帧起始,由于帧起始的脉冲宽度与码元宽度不一致,会给同

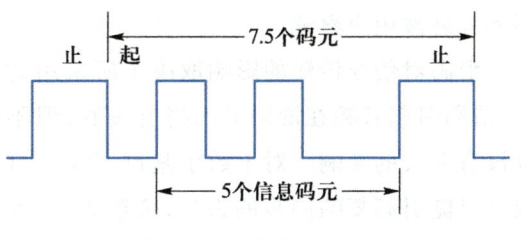

图9-18　起止同步法

步传输带来不便。在这种同步方式中,7.5个码元中只有5个码元用于信息传递,因此传输效率较低。起止同步法的优点是结构简单,易于实现,特别是用于异步低速数字传输方式。

9.5　网　同　步

9.5.1　网同步的基本概念

在由多个通信对象组成的数字通信网中,要使通信网内各个节点之间的信息有效地进行转接和交换,需要对通信网内各个节点的时钟频率和相位进行统一协调,这就是网同步需要解决的问题。网同步在时分制数字通信和时分多址(TDMA)通信网中尤为重要。

微视频:网同步

在电话网络中,交换机通过多个中继链路与不同的交换机进行互连,构成电信网。程控数字交换机收到的来自其他交换机的信号往往经过不同的路由并具有各自交换机的时钟频率,虽然信号的标称速率相同,但由于交换机的时钟频率不可能完全相同,因此各路信号到达接收点的频率不可能完全相同,如交换机之间通过2.048 Mbit/s的E1链路中继互连,对于其他交换机到达A交换机的E1信号,其速率总会与A交换机内的时钟有一定的偏差。偏差的影响主要体现在两个方面:一是各信号帧到达的相位不一致,主要是由于传输的路径不同造成的,各路E1信号帧起始位置不可能完全对准。相位不一致问题可以通过接收缓存来解决,使来自各个交换机的信号帧与本地帧控制信号对齐,缓冲区用外来时钟频率写入,用本地时钟频率读取;二是各路信号与本地信号的频率偏差,如果外来时钟频率大于本地时钟频率,此时缓冲区处于"快写慢读"状态,随着时间的累积,可能会存在缓冲区数据比特尚未读取,新的数据比特已经到达,出现缓冲区"溢出";如果外来时钟频率小于本地时钟频率,此时形成缓冲区"慢写快读"的情况,缓冲区内的信息尚未写入,而读出信号又将已读出的信息重读。"慢写快读"和"快写慢读"都会造成信息的失真,这种失真称为滑动(slip),一般也称作滑码。滑码会对通信业务造成一定的损伤,其影响要看通信网络所传输的业务种类和业务性质。

首先,对于普通电话来说,如果交换机链路(通常称为局间链路)传输PCM语音,一次滑码在64 kbit/s速率通道中会造成一个PCM码字的错误,对于语音信号而言,通常这样的错

误不容易被用户察觉。

滑码对信令传输的影响取决于所采用的信令形式,对于话路时隙中携带的带内多频信令,滑码引起音频在滑码瞬间稍有失真,但不会妨碍信令的解码,因此滑码对于带内多频信令没有太大的影响。对于数字基群 TS16 时隙所传输的随路信令,由于采用了复帧结构,滑码将可能引起复帧同步的丢失,会造成 TS16 时隙 5 ms 的突发误码,所有话路的信令信息会在下一个复帧中重新获得,所以滑码对随路信令的影响很小。对于使用共路信令的情况,由于信令系统本身就采用了一些纠错和检错的措施,滑码造成信息丢失的可能性很小,一般仅仅存在出错重传所造成的延迟。

对于数据传输而言,滑码造成数据传输过程中出现差错,但是通常数据传输过程中都使用了纠错码,而且上层应用通常要对出错的数据进行重传,因此总的来说,滑码对于数据业务通常只会造成一定的时延。

实现网同步的目标就是使滑码控制在系统规定的指标以内。对于国际电话网,要求其发生滑码的时间间隔大于 70 天,对于国内电话网,考虑四个数字中继段的接续,要求滑码的发生至多每小时一次,70 天出一次滑码相当于时钟频率稳定度为 2×10^{-11},这样高的精度不是一般的晶振所能够提供的,因此必须采用适当的方法解决时钟频率同步的问题。

实现网同步的主要任务是:① 将滑码减小到最小,减小滑码对信号的损伤;② 对外来信号使用本地时钟进行帧调整,以供时隙交换处理;③ 减少传输中产生的相位抖动和漂移的影响,将漂移转化为滑码,避免帧失步。

9.5.2　网同步的基本实现方式

实现网同步的方式主要有两大类:准同步法和同步法。准同步法中各个时钟是彼此独立的,但是其精度要求控制在一定的容差范围内。同步法中各交换节点的时钟是受控的,因此它们的频率是相同的。同步法又分为主从同步方式、相互同步方式。

1. 准同步方式

采用准同步方式实现网同步时,通信网中各交换节点的时钟各自独立,主要依靠各交换节点时钟的准确性保证两个交换节点间的滑码不超过规定的范围,以达到同步的目的。由于晶振时钟远远不能满足准同步的要求,所以采用准同步方式时,一般都要求采用高精度的铯(或铷)原子钟,它的频率精度为 1×10^{-11}。准同步方式具有网络结构简单的优点,交换局间不需要控制信号来校准时钟精度,不受其他交换局时钟故障的影响,因而工作稳定、可靠,网络的增设和变动都很灵活。但是原子钟价格昂贵,而且寿命不长,所以在国内网全部采用准同步方式是不经济的。在电话网中,准同步方式主要在国际交换局间使用,即在各国数字网之间使用。

2. 主从同步方式

主从同步方式是以通信网内一个特定的主节点时钟为基准,将其产生的高稳定时钟通过树状结构的时钟分配网络分配给各从属节点,强制各从属节点时钟与主控节点时钟同步。

这种方式具有结构简单、经济等优点,其缺点是可靠性差。一旦主节点的基准时钟或链路发生故障,则从属节点只有依靠自身的时钟,临时形成与准同步相类似的形式。但由于得不到定时信息,可能会导致全网或局部丧失网同步的能力。为了克服主从同步方式可靠性差的缺点,可采用等级主从同步方式,如图 9-19 所示。这种同步方式在网络中增加了备用主控时钟和备用链路。当某级时钟发生故障时,其从属节点的主时钟将由同级的其他节点经由备用链路提供,如图 9-19 中节点 4 发生故障,其下属的节点 7 和节点 8 的主时钟将由节点 3 通过备份链路提供。

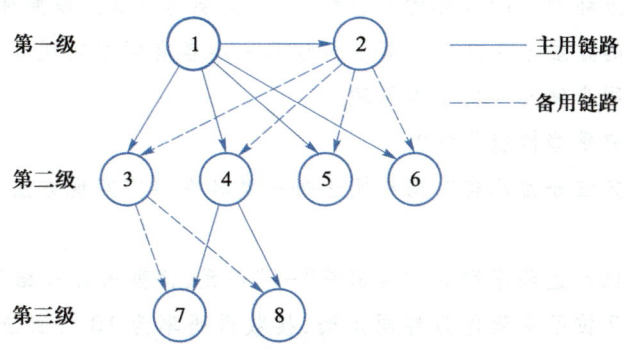

图 9-19 等级主从同步方式

为进一步提高可靠性,从属节点时钟可以采用软件控制频率、频率记忆技术,使从节点具有主时钟频率记忆功能,一旦输入的主时钟消失,从节点仍然能够在一段时间内以主时钟消失之前存储的频率工作,这段时间可达数天之久,这样就有足够的时间修复故障,并且可以适当减小备份链路的配置数量。

在具有频率记忆功能的从节点中,从节点时钟频率虽然可以取自输入的主时钟,但不是取自输入主时钟的瞬时值,而是取自它在若干时间内的平均值,使从节点的时钟频率更加平稳,这种时钟同步机制称为松耦合。这种主从方式的费用较高,一般用于较重要的从节点。由于主从同步方式的缺点不断得到克服,而且其结构简单、成本较低,特别适合汇接式通信网,并且有利于不同制式的数字程控交换机在同步功能上的配合,因而得到了广泛的应用。

我国的数字通信网采用分等级的主从同步方式,将网同步分为 4 个等级:

(1)第一级为基准主时钟。它使用铯原子钟,是同步网的最高基准源,可设置在国际交换局或指定的一级长途中心,并设有主用和备用时钟。

(2)第二级为长途局时钟。它使用有记忆功能、松耦合的高稳定度晶体时钟,受第一级时钟或第二级时钟控制,其频率偏移应小于 $5×10^{-10}$ 或 $1×10^{-9}$。

(3)第三级为本地网时钟。它使用具有记忆功能的一般高稳定度晶体时钟,受第二级时钟或第三级时钟控制,其频率偏移应小于 $2×10^{-8}$。

(4)第四级为一般晶体时钟。它受第三级时钟的控制,设置在本地网中的远端模块、数字程控用户交换机,其频率准确度为应小于 $50×10^{-6}$。

3. 相互同步方式

所谓相互同步方式是指在数字通信网内不设主时钟,各节点的时钟频率工作在一个平

均值上,该平均值是由每个节点的时钟频率和输入该节点的其他时钟频率求出的。相互同步方式的优点是可靠性高,稳定性好,可降低对时钟的要求,缺点是电路复杂。随着时钟频率稳定度的提高,大部分趋向采用主从同步方式工作,相互同步方式已经很少采用。

习　题

9-1　试画出平方环和 Costas 环的原理框图,并简要描述其工作原理。

9-2　码元同步的方法分为几类? 简要阐述每一类各有哪些实现方法。

9-3　简述码元同步锁相环的工作原理。

9-4　码元同步有哪些性能指标?

9-5　帧同步的方法分为几类? 简要阐述每一类各有哪些实现方法,并对比各种方法的优缺点。

9-6　设一个 5 位巴克码序列的前后都是"-1"码元,试画出其自相关函数曲线。

9-7　设用一个 7 位巴克码作为群同步码,接收误码率为 10^{-4},试分别求出容许错码数为 0 和 1 时的漏同步概率、假同步概率。

9-8　设用一个 13 位巴克码作为帧同步码,接收误码率为 10^{-4},试分别求出容许错码数为 1 时的漏同步概率、假同步概率。

9-9　在 PCM 时分多路复用系统中,前、后方保护时间的作用是什么?

9-10　网同步有哪些基本方式,各自的优缺点是什么?

第10章

多载波和多天线传输

在高速宽带无线通信系统中,多径效应引起的频率选择性信道会引起不同时延的发送信号混叠,带来码间串扰(inter-symbol interference, ISI)。为了恢复信号,传统单载波系统不得不在信道均衡上耗费大量资源,导致接收机复杂度增加。正交频分复用(orthogonal frequency division multiplexing, OFDM)技术属于一种特殊的多载波传输技术,它可以将频率选择性衰落信道转化为各个子载波上的平坦衰落,通过加入循环前缀和简单的频域均衡有效对抗多径,因此非常适合宽带无线传输。同时,OFDM各个子载波在频谱上混叠并保持相互正交,因此具有较一般的频分复用技术更高的频谱利用率。

第10章
思维导图

多输入多输出(multiple-input multiple-output, MIMO)系统在发射和接收端配置多根天线实现信号的发射和接收,从而构成多个并行数据链路实现共享时间和频段的传输。MIMO技术使得空间成为一种并列于时间、功率和频率的通信资源,用于提高通信系统的可靠性和有效性。与传统的单入单出(single-input single-output, SISO)系统相比,MIMO技术可以利用空间资源显著提高系统的信道容量或有效改善通信系统的可靠传输性能。

OFDM和MIMO技术都是第四代移动通信的物理层关键技术,适用于在复杂多径传输环境和有限频谱资源条件下提供宽带高速传输。本章主要介绍OFDM和MIMO的基本概念和原理。

10.1 正交频分复用(OFDM)

数字调制可以分为单载波调制和多载波调制。单载波调制系统通常需要设计合适的均衡算法应对信道带来的多径效应影响,多载波调制则通过将数据流分解为若干个低速数据流,延长码元周期,增强对码间串扰的鲁棒性。OFDM是一种简单高效的多载波调制技术,下面首先介绍多载波调制。

10.1.1 多载波调制

通过第6章对奈奎斯特第一准则的讨论,我们知道,在数字调制系统中,为了支持码元速率为R_s的数据传输,所需要的最小带宽值为R_s。这意味着在传统的单载波调制系统中,更高的传输速率需要更大的带宽。为了支持更

微视频:多载波调制

高速的数据传输,信号带宽需要不断增大,当信号带宽增加到大于信道的相干带宽时,通信链路就会受到多径衰落信道的影响,产生码间串扰。此时,多径时延长度明显大于符号持续时间,接收端需要采用均衡技术来减小码间串扰的影响。在宽带高速传输场景下,码间串扰随着数据速率的增大而增加,如果再考虑信道时变等条件,信道均衡很可能因为复杂度太高而无法实现或者性能下降,因此在高速数据传输中,单载波传输方案面临均衡过于复杂的挑战。

为了克服频率选择性信道对单载波传输系统的影响,可以采用多载波传输方案。多载波调制具有多种实现方式,其中最为简单的方式是将高速数据流分成多个低速并行数据流,分别调制到以不同子载波频率为中心的正交子信道上,即发射信号占据带宽相等的多个子信道,每个子信道具有不同的载波频率,通过将宽带传输分解为多个并行的低速子信道传输,可以使得子信道的带宽远小于信道的相干带宽,从而使得每个子信道上的数据经历平坦衰落,避免了码间串扰导致的高复杂度均衡处理。例如,用单载波调制实现高速传输时,码元持续时间 T_s 较短,导致信号带宽 B 很大,由于信道特性不理想,信号带宽 B 大于信道相干带宽 B_c,这使得信号在传输过程中产生码间串扰。如果改用多载波调制,则可以将高速数据流分解为 N 个并行子数据流,码元持续时间变为原来的 N 倍,子信道带宽 B_N 只有原来的 $1/N$,只要子信道数目 N 足够大,就可以保证 B_N 小于信道的相干带宽,从而保证每个子信道的信号经历平坦衰落,克服码间串扰的影响。多载波发射机结构如图 10-1 所示。

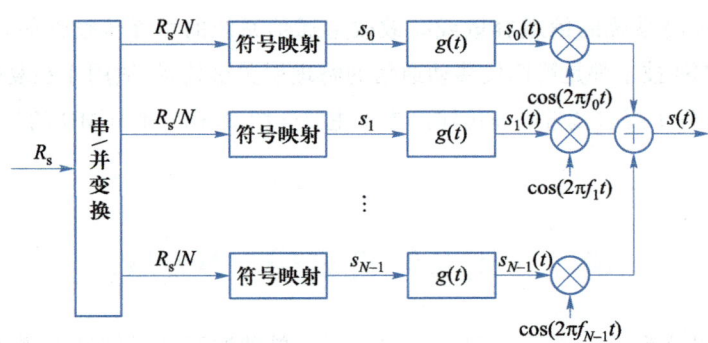

图 10-1　多载波发射机结构

从图 10-1 可以看出,速率为 R_s 的高速数据流通过串/并变换分成 N 个子数据流,其中第 n 个子数据流 s_n 经 QAM/PSK 等线性调制后通过成形滤波器 $g(t)$ 得到信号 $s_n(t)$,$s_n(t)$ 被调制到频率为 f_n 的子载波上,单个子信道上数据速率为 $R_N = R_s/N$,占据带宽为 B_N。所有子信道上的调制信号通过求和生成多载波信号发射出去。

$$y(t) = \sum_{i=0}^{N-1} x_i g(t) \cos(2\pi f_i t + \phi_i) \qquad (10\text{-}1\text{-}1)$$

式中,x_i 表示第 i 个子载波的发射信号,ϕ_i 表示第 i 个子载波的相位。如果多载波调制

的各个子信道相互不重合,则我们可以选择 $f_i = f_c + iB_N$,$i = 0,\cdots,N-1$。每个子数据流占据带宽为 B_N,则系统总的频带带宽为 $B_{\text{Total}} = NB_N$,由此可知数据速率 $R_{\text{Total}} \approx NR_N$。可见,在理想条件下,多载波调制方式和单载波传输方式相比,具有相同的总数据速率和系统带宽,但是通过多载波调制方式调整每个子信道上的带宽可以完全消除码间串扰,从而大大简化每个子载波上的接收处理。

多载波调制系统的接收端如图 10-2 所示。首先通过设置以子载波频率 f_i 为中心的带通滤波器滤取出各个子信道上的信号,即 $s_i(t) + n_i(t)$,其中 $n_i(t)$ 为噪声。然后,针对每个子信道利用本地载波 $\cos(2\pi f_i t)$ 进行相干接收,最后通过并/串变换恢复原始数据流。

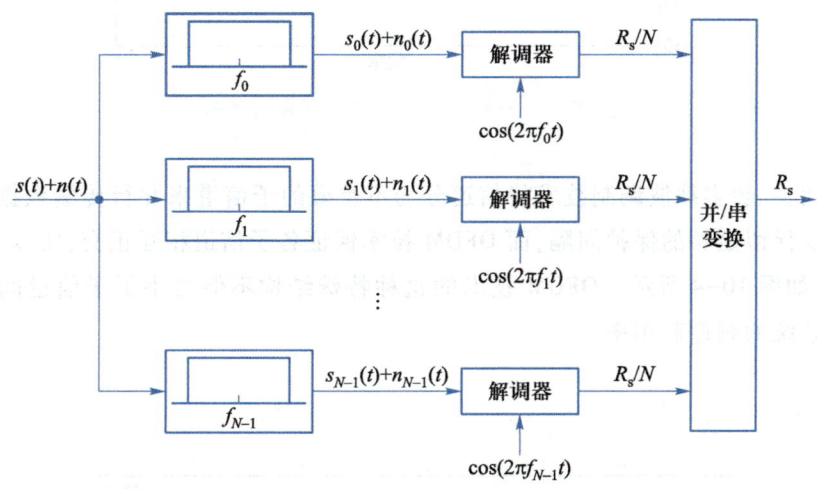

图 10-2　多载波调制系统的接收端

上面描述的就是子载波相互不重叠的多载波调制过程。这种多载波调制在实际实现中存在如下缺陷:

（1）为了避免子信道之间的信号相互串扰,需要设置子信道保护带,这会加大多载波调制系统所需的带宽,降低频谱效率。

（2）为了保证各个子信道的解调性能,接收端滤波器设计要求很高。

（3）发射端和接收端需要 N 个相互独立的调制和解调器,这会大大增大系统的复杂度、功耗和体积。

OFDM 可以看作是一种特殊的多载波调制技术,也可以看成是一种特殊的频分复用（frequency division multiplexing,FDM）技术。与传统多载波调制技术类似,OFDM 调制将有用信道划分为多个并行的子信道来传输数据,每个子信道的频谱特性都近似平坦,如图 10-3 所示,从而大大降低了 ISI 干扰的影响。因此,接收机只需进行简单的单抽头均衡,就能有效抑制 ISI 干扰,有些应用场合甚至没有均衡的必要,由此带来的好处是大大简化了接收机的设计。

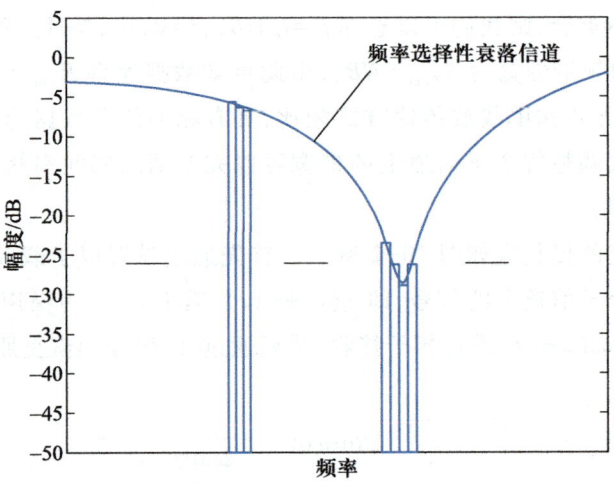

图 10-3　OFDM 调制子信道划分示意图

另一方面,一般多载波调制技术将信道分为不重叠的子信道来并行传输数据,需要在各子信道之间要保留足够的保护间隔,而 OFDM 技术保证各子信道相互正交,所以子信道间可以相互重叠,如图 10-4 所示。OFDM 技术的这种特殊结构不但减小了子信道间的干扰,还大大提高了系统的频谱利用率。

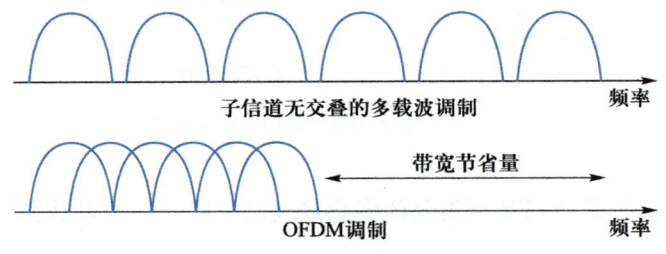

图 10-4　OFDM 调制节省带宽示意图

10.1.2　OFDM 信号模型

微视频:正交
频分复用
原理-上

　　OFDM 是一种子载波之间相互重叠的特殊多载波调制,为了避免载波间干扰,需要使各个子载波满足相互正交的条件。假设共有 N 路叠加的子载波信号 $\{\cos[2\pi(f_c+f_i)t+\phi_i], i=0,1,2\cdots,N-1\}$,则在码元持续时间 T 内任意两个子载波都正交的条件是

$$\int_0^T \cos[2\pi(f_c+f_i)t+\phi_i]\cos[2\pi(f_c+f_j)t+\phi_j]\mathrm{d}t=0 \qquad (10\text{-}1\text{-}2)$$

将上式展开,可得

$$\int_0^T \cos[2\pi(f_c+f_i)t+\phi_i]\cos[2\pi(f_c+f_j)t+\phi_j]\mathrm{d}t$$

$$= \frac{1}{2} \int_0^T \cos\left[2\pi(f_i - f_j)t + \phi_i - \phi_j\right] dt + \frac{1}{2} \int_0^T \cos\left[2\pi(2f_c + f_i + f_j)t + \phi_i + \phi_j\right] dt$$

$$= \frac{\sin\left[2\pi(f_i - f_j)T + \phi_k - \phi_i\right]}{2\pi(f_i - f_j)} - \frac{\sin(\phi_k - \phi_i)}{2\pi(f_i - f_j)} + \frac{\sin\left[2\pi(f_i + f_j)T + \phi_k + \phi_i\right]}{2\pi(f_i + f_j)} - \frac{\sin(\phi_k + \phi_i)}{2\pi(f_i + f_j)}$$

$$= 0 \tag{10-1-3}$$

在上述推导过程中我们没有限定子载波相位的取值。为了满足正交条件，可知子载波频率需要满足

$$(f_i - f_j)T = n, \quad i \neq j$$

式中，n 为非零整数，上式表明在码元间隔 $[0, T]$ 内不同子载波保持正交的条件是要求子载波之间的频率差为 n/T。显然，可取的最小频率间隔为 $\Delta f = 1/T$。该正交条件保证了子信道中信号即使相互交叠，也不会发生载波间干扰（inter-carrier interference, ICI）。

同理，可以证明存在正交关系

$$\int_0^T \sin\left[2\pi(f_c + m\Delta f)t + \phi_m\right] \sin\left[2\pi(f_c + n\Delta f)t + \phi_n\right] dt = \begin{cases} \dfrac{T}{2}, & m = n \\[2mm] 0, & m \neq n \end{cases}$$

$$\int_0^T \sin\left[2\pi(f_c + m\Delta f)t + \phi_m\right] \cos\left[2\pi(f_c + n\Delta f)t + \phi_n\right] dt = 0 \tag{10-1-4}$$

在每个子载波上可以调制不同的 PSK 或 QAM 符号，令 X_k 是第 $k(k = 0, 1, \cdots, N-1)$ 个子载波的数据符号 $X_k = a_k + \mathrm{j}b_k$，则第 k 个子载波上的实带通已调信号可以写成

$$\left\{ a_k \cos\left[2\pi(f_c + k\Delta f)t + \phi_k\right] - b_k \sin\left[2\pi(f_c + k\Delta f)t + \phi_k\right] \right\} g\left(t - t_s - \frac{T}{2}\right), \quad 0 \leqslant t \leqslant T \tag{10-1-5}$$

式中，t_s 表示多载波符号起始时间，$g(t)$ 表示数据符号的成形脉冲。在 OFDM 系统中的成形脉冲 $g(t)$ 取为矩形脉冲

$$g(t) = \begin{cases} 1, & |t| \leqslant T/2 \\ 0, & \text{其他} \end{cases} \tag{10-1-6}$$

假设第 k 个子载波的频率为 $f_k = f_c + \left(k - \dfrac{N-1}{2}\right)\Delta f$，那么 OFDM 符号的时域表达形式可以写成

$$s(t) = \mathrm{Re}\left\{ \sum_{k=0}^{N-1} X_k g\left(t - t_s - \frac{T}{2}\right) \exp\left[\mathrm{j}2\pi\left(f_c + \left(k - \frac{N-1}{2}\right)\Delta f\right)(t - t_s)\right] \right\} \tag{10-1-7}$$

上式中矩形脉冲 $g\left(t - t_s - \dfrac{T}{2}\right)$ 取值为 1，可以忽略。符号 $s(t)$ 的等效低通表示形式可以写为

$$s(t) = \sum_{k=0}^{N-1} X_k \exp\left[\mathrm{j}2\pi k\Delta f(t - t_s)\right] \tag{10-1-8}$$

OFDM 符号任意两个子载波的相互正交关系也可由等效低通表示形式推出，第 k 个子载波和第 $l(k \neq l)$ 个子载波的内积必须满足下述条件

$$\frac{1}{T} \int_{t_s}^{t_s + T} X_k X_l^* \exp\left[\mathrm{j}2\pi k\Delta f(t - t_s)\right] \exp\left[-\mathrm{j}2\pi l\Delta f(t - t_s)\right] dt = 0 \tag{10-1-9}$$

从式(10-1-9)同样可以得出:任意两个子载波的间隔为 $1/T$ 的整数倍时,各个子载波相互正交。为了节省带宽资源,OFDM 相邻子载波的频率间隔取最小值 $\Delta f = 1/T$。

OFDM 子载波之间的正交性可以从频域角度得到直观的认识。OFDM 每个子载波都采用矩形脉冲成形,时间宽度为 T 的矩形脉冲信号频谱形状为 $\mathrm{sinc}(fT)$ 函数。因此,OFDM 信号频谱可以看成 N 个以子载波频率 f_k 为中心的多个 sinc 函数的叠加,由于子载波间隔刚好为 $1/T$,因此每个子载波频域上的最大值处刚好也是其他子载波频谱的零点。图 10-5 给出了 3 个 OFDM 子载波的频谱正交示意图。从图中可以看出,OFDM 子载波在频域相互交叠,当前子载波的频域最大值点正好是其他子载波的零点,即子载波在频域相互正交,在理想条件下不存在子载波间干扰。

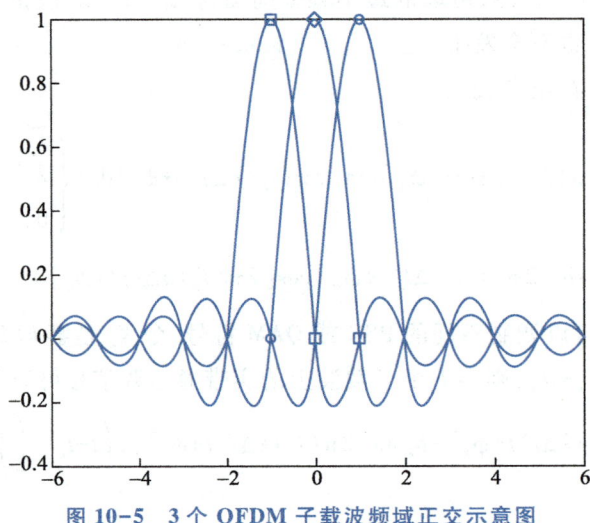

图 10-5 3 个 OFDM 子载波频域正交示意图

取子载波间隔 $\Delta f = 1/T$,OFDM 符号 $s(t)$ 的等效低通形式可表示为

$$s(t) = \sum_{k=0}^{N-1} X_k \exp\left[\frac{\mathrm{j}2k\pi}{T}(t-t_\mathrm{s})\right] \tag{10-1-10}$$

接收端解调第 l 个子载波信号的过程为:首先将接收信号 $s(t)$ 与第 l 个解调载波 $\exp\left[-\dfrac{\mathrm{j}2l\pi}{T}(t-t_\mathrm{s})\right]$ 相乘,然后在持续时间 T 内积分,利用子载波的正交性条件就可获得发送信号估计 $\hat{X}_l$,即

$$
\begin{aligned}
\hat{X}_l &= \frac{1}{T}\int_{t_\mathrm{s}}^{t_\mathrm{s}+T}\left\{\exp\left[-\frac{\mathrm{j}2l\pi}{T}(t-t_\mathrm{s})\right]\sum_{k=0}^{N-1} X_k \exp\left[\frac{\mathrm{j}2k\pi}{T}(t-t_\mathrm{s})\right]\right\}\mathrm{d}t \\
&= \sum_{k=0}^{N-1} X_k \frac{1}{T}\int_{t_\mathrm{s}}^{t_\mathrm{s}+T}\exp\left[\frac{\mathrm{j}2(k-l)\pi}{T}(t-t_\mathrm{s})\right]\mathrm{d}t \\
&= X_l
\end{aligned}
\tag{10-1-11}
$$

图 10-6 给出了 OFDM 系统的基本框图,发送端将各子载波发送信号与相应载波相乘后相加,信号经过信道后到达接收端,接收端将接收信号分别与各子载波相乘积分,完成子载波解调。

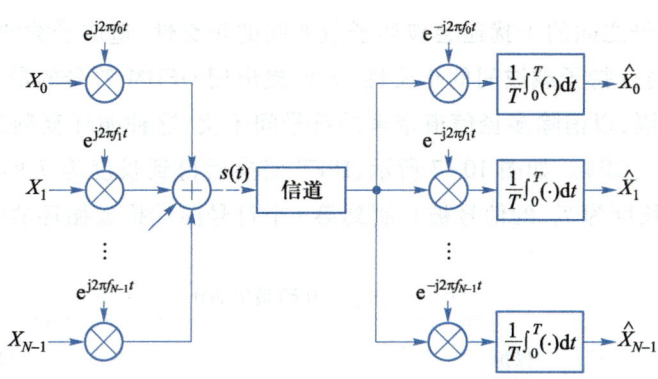

图 10-6　OFDM 系统的基本框图

10.1.3　OFDM 系统的 FFT 实现

OFDM 技术诞生之初，调制和解调所需的指数函数由同频且严格正交的正弦和余弦信号合成，这种模拟实现方式使得 OFDM 系统中存在大量振荡器，系统复杂度过高，实现难度很大，因此并没有引起人们的重视。直到 1971 年，贝尔（Bell）实验室的韦恩斯坦（S. B. Weinstein）和埃伯特（P. M. Ebert）提出了用离散傅里叶变换技术实现多载波调制解调功能，极大简化了 OFDM 系统的实现过程，促进了 OFDM 技术的飞速发展和广泛应用。

微视频：正交
频分复用
原理-中

对式（10-1-10）表示的连续 OFDM 信号 $s(t)$ 以 T/N 的时间间隔抽样获得离散信号。从 $t=t_s$ 开始的信号 $s(t)$ 在 $t=t_s+\dfrac{nT}{N}(n=0,1,\cdots,N-1)$ 时刻的抽样信号可以表示为

$$s(n)=s(t_s+nT)=\sum_{k=0}^{N-1}X_k e^{j\frac{2\pi}{N}kn} \qquad (10-1-12)$$

式（10-1-12）表明，OFDM 调制信号 $s(n)$ 是发送信号 $X_k(k=0,1,\cdots,N-1)$ 的离散傅里叶反变换（inverse discrete Fourier transform，IDFT）。忽略信道和噪声的影响，在接收机收到信号 $\{s(n),n=0,1,\cdots,N-1\}$ 后，式（10-1-11）对应的离散域接收端的解调过程可以写成

$$X_k=\frac{1}{N}\sum_{k=0}^{N-1}s(n)e^{-j\frac{2\pi}{N}kn} \qquad (10-1-13)$$

式（10-1-13）表明，OFDM 解调信号 X_k 可以看成 $s(n)(n=0,1,\cdots,N-1)$ 的离散傅里叶变换（discrete Fourier transform，DFT）。在实际应用中，通常将子载波数目 N 取为 2 的整数次幂，此时 OFDM 通信系统可采用更高效快捷的快速傅里叶反变换（inverse fast Fourier transform，IFFT）和快速傅里叶变换（fast Fourier transform，FFT）实现。

10.1.4　循环前缀

微视频：正交
频分复用
原理-下

OFDM 通过将符号时间间隔扩展为原来的 N 倍，可以减小多径衰落信道对 OFDM 符号的影响，但是多径时延的影响依然存在。实际上，多径时延不

但会引发 OFDM 符号之间的干扰还会破坏子载波间的正交性,造成子载波间干扰(ICI)。为了在克服 ISI 的同时保持子载波间的正交性,人们提出用 OFDM 符号的最后一部分复制到符号前端作为保护间隔,以消除多径信道带来的符号间干扰,这种循环复制的保护间隔称为循环前缀(cyclic prefix,CP)。如图 10-7 所示,IFFT 变换后得到长度为 T 的 OFDM 符号,任意第 i 个符号中最后长度为 T_C 的信号被复制到第 i 个符号前端构成循环前缀。

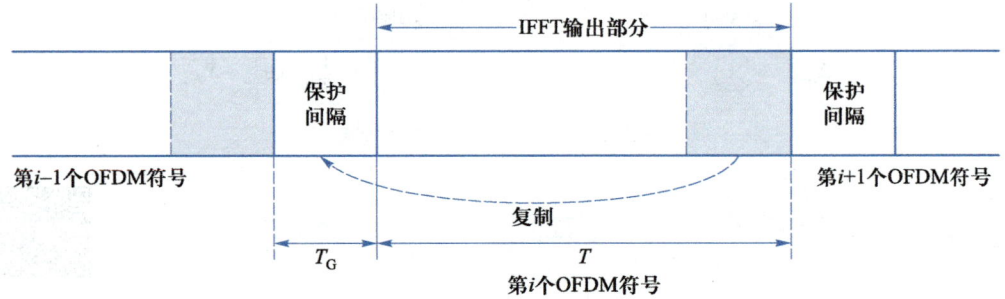

图 10-7　OFDM 保护间隔与循环前缀示意图

下面进一步说明循环前缀的作用。考虑以 T/N 为抽样间隔的离散 OFDM 系统,假设信道在一个 OFDM 持续时间 T 内保持不变,信道多径时延长度为 L,则信道冲激响应矢量可以表示为 $\boldsymbol{h}^{(i)}=[h^{(i)}(0),h^{(i)}(1),\cdots,h^{(i)}(L-1)]^{\mathrm{T}}$,第 i 个 OFDM 符号的第 n 个时域样点记作 $s^{(i)}(n),0\leqslant n\leqslant N-1$,加入长度为 N_g 的循环前缀后发送信号可以写成

$$x^{(i)}(n)=s^{(i)}([n]_N),\ -N_g\leqslant n\leqslant N-1 \tag{10-1-14}$$

上式中,$[\ \cdot\ ]_N$ 表示取模 N 运算,第 i 个 OFDM 符号变为

$$
\begin{aligned}
\boldsymbol{x}^{(i)}&=[x^{(i)}(-N_g),\cdots,x^{(i)}(-1),x^{(i)}(0),\cdots,x^{(i)}(N-1)]^{\mathrm{T}}\\
&=[s^{(i)}(N-N_g),\cdots,s^{(i)}(N-1),s^{(i)}(0),\cdots,s^{(i)}(N-1)]^{\mathrm{T}}
\end{aligned}
$$

不考虑噪声影响,将 $\boldsymbol{x}^{(i)}$ 通过信道 $\boldsymbol{h}^{(i)}$ 后输出信号 $y^{(i)}(n),0\leqslant n\leqslant N-1$ 为 $\boldsymbol{x}^{(i)}$ 与信道冲激响应的线性卷积

$$y^{(i)}(n)=\sum_{l=0}^{L-1}x^{(i)}(n-l)h^{(i)}(l) \tag{10-1-15}$$

显然,当循环前缀长度满足 $N_g\geqslant L-1$ 时,$x^{(i)}(n-l)=x^{(i)}[n-l]_N$,其中 $0\leqslant l\leqslant L-1,0\leqslant n\leqslant N-1$。由此可见,式(10-1-15)实际上可以写成循环卷积

$$y^{(i)}(n)=\sum_{l=0}^{L-1}x^{(i)}[n-l]_N h^{(i)}(l)=x^{(i)}(n)\otimes h^{(i)}(n) \tag{10-1-16}$$

式中,$\otimes$ 表示循环卷积运算。式(10-1-16)写成矩阵形式,为

$$
\begin{bmatrix} y^{(i)}(0) \\ \vdots \\ y^{(i)}(N-1) \end{bmatrix} =
\begin{bmatrix}
h^{(i)}(L-1) & \cdots & h^{(i)}(0) & 0 & \cdots & 0 \\
0 & h^{(i)}(L-1) & \cdots & h^{(i)}(0) & \cdots & 0 \\
\vdots & \cdots & \cdots & \cdots & \cdots & \vdots \\
0 & \cdots & h^{(i)}(L-1) & \cdots & \cdots & h^{(i)}(0)
\end{bmatrix}_{N\times(N+L-1)}
\begin{bmatrix} x^{(i)}(-L+1) \\ \vdots \\ x^{(i)}(0) \\ \vdots \\ x^{(i)}(N-1) \end{bmatrix}_{(N+L-1)\times 1}
$$

$$\tag{10-1-17}$$

当 $N_g \geq L-1$ 时,可知式(10-1-17)等式右边的输入信号矢量中元素满足

$$x^{(i)}(-l) = x^{(i)}(N-l), \quad l=1,\cdots,L-1 \tag{10-1-18}$$

将式(10-1-18)代入式(10-1-17)可得

$$\begin{bmatrix} y^{(i)}(0) \\ \vdots \\ y^{(i)}(N-1) \end{bmatrix} = \boldsymbol{\Psi}_{N\times N}^{(i)} \begin{bmatrix} x^{(i)}(0) \\ \vdots \\ x^{(i)}(N-1) \end{bmatrix} \tag{10-1-19}$$

$$\boldsymbol{\Psi}^{(i)} = \begin{bmatrix} h^{(i)}(0) & 0\cdots & h^{(i)}(L-1) & \cdots & \cdots & h^{(i)}(1) \\ h^{(i)}(1) & h^{(i)}(0) & 0\cdots & h^{(i)}(L-1) & \cdots & h^{(i)}(2) \\ \vdots & h^{(i)}(1) & h^{(i)}(0) & \cdots & \cdots & \vdots \\ h^{(i)}(L-1) & \cdots & \cdots & \ddots & \cdots & \vdots \\ \vdots & \ddots & \cdots & \cdots & h^{(i)}(0) & 0 \\ 0 & \cdots & h^{(i)}(L-1) & \cdots & h^{(i)}(1) & h^{(i)}(0) \end{bmatrix}_{N\times N}$$

$$\tag{10-1-20}$$

注意到矩阵 $\boldsymbol{\Psi}^{(i)}$ 为循环矩阵,它可以被 FFT 变换矩阵对角化,即

$$\boldsymbol{H}^{(i)} = \boldsymbol{F}\boldsymbol{\Psi}^{(i)}\boldsymbol{F}^{\mathrm{H}} \tag{10-1-21}$$

式中, $\boldsymbol{H}^{(i)} = \mathrm{diag}[H^{(i)}(N-1),\cdots,H^{(i)}(0)]$ 为对角阵,其对角线元素为信道冲激响应 $\boldsymbol{h}^{(i)}$ 的 FFT 变换值。$\boldsymbol{F}$ 为 FFT 变换酉矩阵,它的第 (k,l) 个元素为

$$[\boldsymbol{F}]_{k,l} = \frac{1}{\sqrt{N}} e^{-j\frac{2\pi(k-1)(l-1)}{N}}, \quad 1 \leq k,l \leq N$$

添加循环前缀之前的信号矢量可以写成 $\boldsymbol{s}^{(i)} = [s^{(i)}(0),s^{(i)}(1),\cdots,s^{(i)}(N-1)]^{\mathrm{T}}$,注意到 $\boldsymbol{s}^{(i)} = \sqrt{N}\boldsymbol{F}^{\mathrm{H}}\boldsymbol{X}^{(i)}$,其中 $\boldsymbol{X}^{(i)} = [X^{(i)}(0),X^{(i)}(1),\cdots,X^{(i)}(N-1)]^{\mathrm{T}}$。在等式(10-1-19)左右乘以 $\sqrt{N}\boldsymbol{F}$ 进行 FFT 变换,可得

$$\begin{bmatrix} Y^{(i)}(0) \\ \vdots \\ Y^{(i)}(N-1) \end{bmatrix} = \begin{bmatrix} H^{(i)}(0) & & & \\ & H^{(i)}(1) & & \\ & & \ddots & \\ & & & H^{(i)}(N-1) \end{bmatrix} \begin{bmatrix} X^{(i)}(0) \\ \vdots \\ X^{(i)}(N-1) \end{bmatrix} \tag{10-1-22}$$

这里 $X^{(i)}(k)$ 和 $Y^{(i)}(k)$($k=0,\cdots,N-1$)分别为第 k 个子载波频域的发送和接收信号。式(10-1-22)意味着对任意 k 都有

$$Y^{(i)}(k) = H^{(i)}(k)X^{(i)}(k) \tag{10-1-23}$$

上式表明,第 k 个子载波的频域接收信号为该子载波上的信道频率响应与频域发送信号的乘积,与其他子载波的发送信号无关。从而,在 OFDM 解调过程中,在每个子载波位置只需要单个简单的频域均衡即可。换句话说,在多径信道下采用循环前缀能保证子载波间的正交性,避免产生载波间干扰(ICI),从而保证了 OFDM 的性能优势。

从上述的分析可见,循环前缀抗多径衰落的能力主要体现在其时间长度上。当多径时延扩展 L 小于循环前缀的时间长度 N_g 时,接收端可实现无 ICI;当多径时延扩展 L 超过循环

前缀的时间长度 N_g,且超过部分达到 T 的 10% 时,ICI 将非常严重。

　　除了能够消除多径信道引起的符号间干扰,这里总结下循环前缀(CP)的作用:① 消除多径引起的不同 OFDM 符号之间的干扰;② 有效抵抗多径引起的子载波间干扰(ICI);③ 增强了 OFDM 信号对符号定时误差的容忍度;④ 借助循环前缀的重复结构,还可以用于同步、信道估计等。

10.1.5　OFDM 的特点和关键技术

　　目前,OFDM 在宽带高速传输领域应用广泛,是因为它有着诸多优点,具体如下。

　　(1) 有效对抗多径衰落

　　OFDM 技术使用并行的正交多载波传输,子载波上的符号持续长度大大增加,减小了信道时延扩展造成的 ICI 影响。同时,OFDM 技术使用长于信道时延扩展的循环前缀,可以完全消除 ISI,信道均衡在频域变得非常简单,极大地减小了宽带高速率数据传输系统中设备的复杂度。

　　(2) 频谱效率高

　　OFDM 是一种频分多路传输系统。但与传统的频分多路传输系统不同的是 OFDM 各个子载波之间存在正交性,允许子信道的频谱相互叠加,因此 OFDM 系统的频谱利用率高,可以有效利用有限的频谱资源。

　　(3) 硬件实现复杂度低

　　OFDM 系统调制解调可以使用基带 IFFT 和 FFT 处理来实现,不需要使用多个发送和接收滤波器组,设备复杂度较传统的多载波系统大大下降。

　　(4) 可以动态分配子载波

　　OFDM 系统各子载波上的调制方式可以灵活控制,OFDM 可以根据每个子载波上的信道衰落特性和信噪比动态分配调制方式和每个子载波上传输的比特,充分利用衰落小的子载波信道,避免深衰落子载波信道对系统性能带来的不利影响。

　　(5) 有效支持非对称传输

　　无线数据业务一般都存在非对称性,即下行链路中传输的数据量要远远大于上行链路中的数据量。OFDM 系统可以很容易地通过使用不同数量的子信道来实现上行和下行链路中不同的传输速率。

　　除了上述优点之外,OFDM 系统的多个子载波可以分配给不同的用户,构成灵活的正交频分多址(orthogonal frequency division multiple access,OFDMA),使得多个用户可以同时利用 OFDM 技术进行通信。

　　另一方面,由于 OFDM 系统的发送信号是由多个正交子载波上的发送信号叠加而成,所以,OFDM 技术还存在如下挑战。

　　(1) 对频率和定时偏差具有敏感性

　　由于 OFDM 系统中子信道的频谱是相互交叠的,这就对它们之间的正交性提出了严格

的要求。无线信道的时变性在传输过程中造成的无线信号频率偏移,或发射机与接收机本地振荡器之间存在的频率偏差,都会使得 OFDM 系统子载波之间的正交性遭到破坏,从而导致载波间干扰,降低 OFDM 系统的性能。举例而言,假设不考虑子载波上调制的数据符号,OFDM 系统采用矩形成形,则第 i 个子载波上信号可以简记为

$$s_k(t) = \exp\left[j\frac{2\pi}{T}kt\right], \quad 0 \leq t \leq T \tag{10-1-24}$$

相隔 m 个子载波上的信号可以记作

$$s_{k+m}(t) = \exp\left[j\frac{2\pi}{T}(k+m)t\right], \quad 0 \leq t \leq T \tag{10-1-25}$$

如果发生载波频率偏移 ε/T,则相隔 m 个子载波上的信号变为

$$s_{k+m}(t) = \exp\left[j\frac{2\pi}{T}(k+m+\varepsilon)t\right], \quad 0 \leq t \leq T \tag{10-1-26}$$

解调时产生的载波间干扰可以通过子载波信号之间的内积表示

$$I_m = \int_0^T s_i(t)s_{i+m}^*(t)\,dt = \frac{T}{j2\pi(m+\varepsilon)}\left[1 - e^{-j2\pi(m+\varepsilon)}\right] \tag{10-1-27}$$

从式(10-1-27)可以看出,当载波偏移 $\varepsilon = 0$ 时,子载波之间能保持正交,但如果因为晶振频率偏移或是信道多普勒频移导致 $\varepsilon \neq 0$ 就会破坏子载波之间的正交性,使得解调性能下降。

除了频率偏差,符号定时偏差也会影响 OFDM 系统的性能。在离散信号域,OFDM 系统可以通过 IFFT 和 FFT 完成调制解调。为了在接收端正确恢复信号,接收机需要通过符号同步确定 FFT 窗口的起始位置。正确的运算起始位置是循环前缀后的第一个样值点。若存在定时偏差,符号定时的起始位置可能出现提前或滞后,二者将会给系统性能带来不同的影响。图 10-8 给出了四种不同定时位置的情况。为了表述方便,这里的分析忽略信道和噪声的影响。

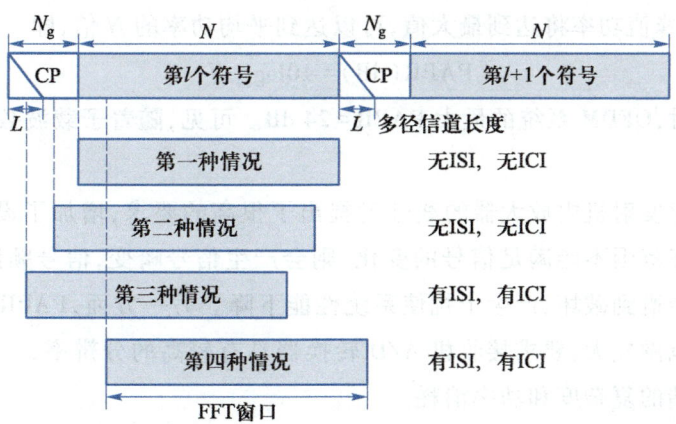

图 10-8　四种不同 OFDM 定时位置示意图(L 为信道多径时延长度)

第一种情况下,OFDM 信号起始位置为理想位置,子载波间的正交性得到保证,接收端

可以完美地恢复信号,且没有任何干扰。

第二种情况下,定时位置超前,但是起始位置位于未受信道多径时延扩展污染的循环前缀内。此时,第 l 个符号与前一个符号不会重叠,因此不存在由前一个符号引起的 ISI。根据离散傅里叶变换的性质,接收信号 $x(n)$ 在定时偏差 δ 的影响下变为 $x(n-\delta)$,则接收信号经过 FFT 解调之后频域信号变为 $X(k)\mathrm{e}^{-j\frac{2\pi}{N}k\delta}$,也就是说,此时定时偏差不会引发 ICI,但是会在子载波上产生相位旋转。这个相位旋转通过信道均衡即可克服。

第三种情况下,定时位置超前,而且超前的量使得 FFT 解调窗口数据受到前一个 OFDM 符号的影响,此时,子载波之间的正交性被破坏,同时产生 ISI。

第四种情况下,定时位置滞后,而且滞后的量使得 FFT 解调窗口数据受到后一个 OFDM 符号的影响,此时,子载波之间的正交性被破坏,同时产生 ISI。

已经有很多学者针对 OFDM 系统时频同步算法展开研究。已有的时频同步算法主要可以分为数据辅助类算法和非数据辅助类算法两类。数据辅助类同步算法利用训练符号或导频等辅助信息对定时和频率偏差进行估计,然后再对信号进行定时和频率补偿;非数据辅助类同步算法从 OFDM 数据信号自身特性入手,借助循环前缀的重复性、虚子载波的正交性以及信号的循环平稳特性完成同步。

（2）信号峰均功率比(PAPR)过高

与单载波系统相比,由于 OFDM 符号是由多个独立的经过调制的子载波信号相加而成的,这样的合成信号有可能产生较大的峰值功率,即 OFDM 发射机的输出信号的瞬时值会有较大的波动,从而带来较大的峰均功率比(peak-to-average power ratio,PAPR)。离散时间信号 $\{s_n\}$ 峰均功率比可以被定义为信号的瞬时峰值功率与平均功率的比值(以 dB 为单位),即

$$\mathrm{PAPR(dB)}=10\log_{10}\frac{\max_n\{\,|\,s_n\,|^2\}}{E\{\,|\,s_n\,|^2\}} \tag{10-1-28}$$

对于包含 N 个子载波信道的 OFDM 系统来说,当这 N 个子载波信号以相同的相位叠加时,所得到信号的峰值功率将达到最大值,可以达到平均功率的 N 倍,即

$$\mathrm{PAPR(dB)}=10\log_{10}N$$

例如,当 $N=256$ 时,OFDM 系统的最大 PAPR=24 dB。可见,随着子载波数 N 的增加,PAPR 会增大。

高的 PAPR 对发射机内放大器的线性度提出了很高的要求,增加了设备的代价。如果放大器的线性动态范围不能满足信号的变化,则会产生信号畸变,信号频谱泄露,各子载波之间的正交性也会遭到破坏,产生干扰使系统性能下降。另一方面,PAPR 较高的信号意味着接收信号动态范围较大,要求接收机 A/D 转换器具有较高的分辨率,高分辨率的 A/D 转换器会增加接收端的复杂度和功率消耗。

目前已提出的 OFDM 降峰均功率比算法有很多,如信号畸变技术、编码类技术和概率类技术等。这里仅简要介绍其中最为简单的限幅降峰均功率比算法。在 OFDM 系统中,较大的峰值信号出现的概率相对较小,限幅类算法直接对 OFDM 信号幅度进行削波操作来降低

信号的 PAPR 值。但削波操作是一种非线性过程,会引起信号的畸变,导致信号的带内失真和带外扩展。因此,该算法在限幅之后还需要进行滤波以降低带外频谱畸变。

10.1.6　OFDM 技术的应用

信道多径衰落是影响宽带数字通信系统性能的主要因素之一。为了降低 ISI 的影响,传统单载波通信系统采用均衡处理或与扩频结合进行 Rake 接收,然而这些方法在高速率通信中面临严峻挑战。因此,人们不得不寻求更有效的抗多径衰落的方法,其中最受瞩目的就是 OFDM 技术。

20 世纪 60 年代,多载波调制技术最早被应用到军事通信系统中,如 KINEPLEX 高频多载波调制系统。1966 年 Bell 实验室的罗伯特·张(R. W. Chang)首次提出了 OFDM 的思想,并申请了专利。但是由于射频电路的硬件实现复杂,OFDM 技术一直未得到广泛的应用。在 1971 年,Bell 实验室的 S. B. Weinstein 和 P. M. Ebert 首次提出利用离散傅里叶变换来实现 OFDM 传输。到了 20 世纪 80 年代,随着现代数字信号处理技术(digital signal processing, DSP)和超大规模集成电路(very large scale integration, VLSI)的发展,人们利用快速傅里叶变换技术实现 OFDM。此时,OFDM 技术作为一种有效对抗 ISI 的高速传输技术引起了广泛的关注,逐渐在众多高速数据传输领域得到了应用,例如:数字音频广播(digital audio broadcast, DAB)、数字视频广播(digital video broadcast, DVB)、高清电视(high definition television, HDTV)、高速无线局域网(wireless local area network, WLAN),以及欧洲的 HIPERLAN-2 标准和 IEEE802.11a/b/n 标准、无线城域网 IEEE802.16 系列标准及高比特率数字用户线(xDSL)等。OFDM 还被采纳为第四代移动通信系统的物理层核心技术。

*10.2　多输入多输出(MIMO)技术

MIMO 系统通过在收发两端配置多根天线以利用空间资源来获取分集与复用两方面的增益,能够在不增加带宽的情况下成倍提高系统的容量和频谱利用率。MIMO 的提出,使得之前以单天线系统研究为主的通信领域产生了大量新的概念与内容。本节就 MIMO 系统的一些基本概念展开论述。

10.2.1　MIMO 技术的提出

相对于 MIMO 系统,传统的单输入单输出(SISO)系统采用一根天线发射,一根天线接收。在高斯白噪声信道条件下,SISO 系统在信道容量上受到香农(Shannon)容量的限制,这里的信道容量 C 表示高斯白噪声条件下信道能提供的最大无差错传输速率。由 Shannon 信息论可知,当接收端信噪比为 S/N 时,高斯信道下 SISO 系统的信道容量为 $C=\log_2(1+S/N)$

[bit/(s·Hz)]。也就是说在 SISO 系统中,不管采用哪种调制体制、编码体制或其他接收端处理算法,信息传输速率总是受到信道容量的约束。为了进一步提升传输速率,人们只能加大带宽或者提升发射功率。但是带宽的增加受到频谱资源受限的约束,而增大发射功率会增加能耗,还可能产生较大辐射影响人体健康。

为了突破单天线传输架构的瓶颈,20 世纪 90 年代,Bell 实验室的泰拉塔尔(Telatar)与福斯基尼(Foschini)等分别独立提出了 MIMO 的概念,这种传输架构突破了以往在限定信道下优化系统的观念,通过构造一个本身容量很大的信道来提高数据传输效率。MIMO 系统依据天线架构的不同可以分为单入多出(single input multiple output,SIMO)、多入单出(multiple input single output,MISO)和多输入多输出(multiple input multiple output,MIMO)系统。SIMO 采用单根发射天线、多根接收天线;MISO 采用多根发射天线、一根接收天线;MIMO 采用多个发射和接收天线,系统架构如图 10-9 所示。

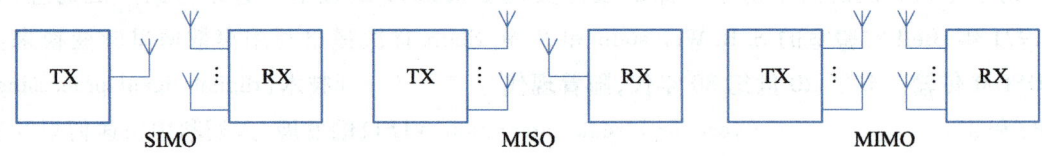

图 10-9　MIMO 系统的不同天线架构

考虑如图 10-10 所示的具有 N_T 个发射天线、N_R 个接收天线的平坦衰落 MIMO 系统,输入信号矢量为 $\boldsymbol{x}=[x_1,x_2,\cdots,x_{N_T}]^T$,元素 x_i 表示从第 i 个发送天线上发射的信号,均为独立同分布的零均值高斯随机变量。假设发射端发送信号总功率为 P,该发射功率在各个发射天线之间均匀分布,则有

$$E(\boldsymbol{x}\boldsymbol{x}^H)=\frac{P}{N_T}\boldsymbol{I}_{N_T} \tag{10-2-1}$$

式中,$\boldsymbol{I}_{N_T}$ 表示 N_T 维的单位矩阵。假设发送信号的带宽足够窄,信道为平坦衰落信道,用 $N_R \times N_T$ 维矩阵 $\boldsymbol{H}$ 表示信道矩阵

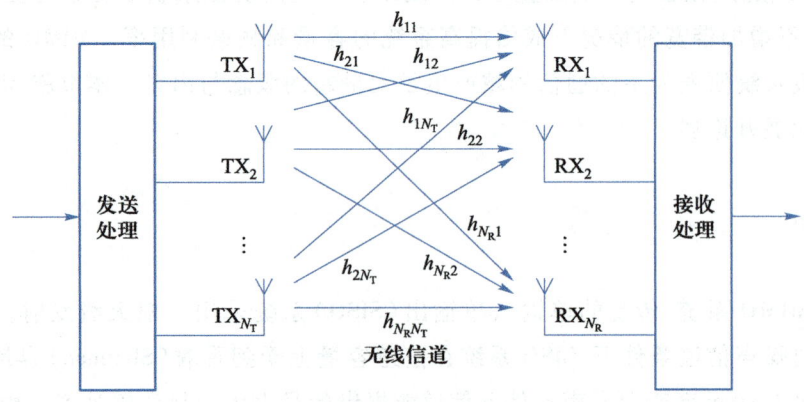

图 10-10　MIMO 系统模型

$$H = \begin{bmatrix} h_{11} & \cdots & h_{1N_T} \\ \vdots & \ddots & \\ h_{N_R 1} & & h_{N_R N_T} \end{bmatrix} \qquad (10\text{-}2\text{-}2)$$

式中，$h_{ij}(1 \leqslant i \leqslant N_R, 1 \leqslant j \leqslant N_T)$ 表示第 j 根发射天线到第 i 根接收天线之间的信道衰落系数。为了简单起见，这里忽略信道对信号的衰减以及天线增益对信号产生的放大效应，假设每根接收天线上接收信号的功率都等于总的发射功率，即认为信道各个元素满足归一化约束

$$\sum_{j=1}^{N_T} |h_{i,j}|^2 = N_T, \quad i = 1, 2, \cdots, N_R \qquad (10\text{-}2\text{-}3)$$

在 MIMO 系统的研究分析中，我们可以假设各个信道元素为确定量或随机变量。若假设其为随机变量，则式（10-2-3）的左端需要增加求均值符号 $E(\cdot)$。

假设接收信号矢量记作 $\boldsymbol{y} = [y_1, y_2, \cdots, y_{N_R}]^T$，则有

$$\boldsymbol{y} = \boldsymbol{Hx} + \boldsymbol{n} \qquad (10\text{-}2\text{-}4)$$

式中，$\boldsymbol{n} = [n_1, n_2, \cdots, n_{N_R}]^T$ 表示零均值的复高斯噪声矢量，元素 n_i 表示第 i 个接收天线上的噪声，元素 n_i 之间互不相关，而且具有相同的噪声功率 N_0。

MIMO 系统通过配置多根天线引入的空间资源一方面可以用来加入信号冗余保护以提高传输可靠性，即利用分集获得性能增益；另一方面，也可以通过多天线建立多条独立数据通道（data pipes），利用空间复用（spatial multiplexing）技术提高信息传输速率，即信道容量。分集和复用是 MIMO 系统中的两个基本应用方式，下面分别进行阐述。

1. 分集（diversity）

无线信道中，信号功率随时间、频率和空间而波动，信道的不稳定多径衰落可能导致通信系统性能严重降低，甚至无法正常通信。无线通信系统通常采用分集技术来对抗衰落。分集的基本思想是：在衰落链路中增加独立的信号传输途径，使接收端获得多个发送信号的副本（分集分支）。随着副本数量的增加，任何时刻某个或多个副本没有经历深衰落的概率相应增加。这样在接收端采用一定的合并方式，就能有效克服衰落的影响。通信系统广泛采用的分集技术有时间分集（temporal diversity）、频率分集（frequency diversity）和空间分集（spatial diversity）等。

时间分集技术通过获得发送信号在足够大时间间隔下的独立副本增强信号传输性能，常用时间分集技术包括交织、前向纠错编码以及自动请求重传等；频率分集技术通常通过扩频通信或者多载波调制技术来实现，通过获得发送信号在足够大频率间隔内的独立副本增强信号接收性能。时间和频率分集通常需要在时间或频率上引入冗余，从而导致信息传输效率的降低。

MIMO 系统在发送端或接收端引入多天线为利用空间分集提供了可能。空间分集又可称为天线分集，当天线间距足够大（一般认为大于 10 倍波长）时，可以近似认为多根天线可以实现独立信道传输，相同发送符号经过多天线间信道传输后就可以在接收端收到经历独立衰落的信号副本，多个统计独立衰落信道同时处于深衰落的概率非常低，因此可以获得分

集增益。以 SIMO 系统接收天线分集为例,发射天线发射的同一信号经历多条空间衰落信道后被多天线接收端接收,如果这些信号副本经历相互独立的信道衰落,那么当其中一个路径的信号遇到深衰落时,另一个路径的相同信号同样经历深衰落的概率就会很小,由此在一个路径上由于深衰落产生的信号损失便通过接收到独立衰落的另一路信号而得到补偿。

MIMO 系统的分集增益通常用分集阶数(diversity order)来衡量。在无线通信系统中,分集阶数指的是独立衰落的分支数。如果假设每一对收发天线对之间的信道衰落都独立,从直观来看,在 SIMO 系统中分集阶数通常等于接收天线数;在单一发送分集的 MISO 系统中,分集阶数通常等于发送天线数;在 MIMO 系统中,分集阶数就等于发送天线数和接收天线数的乘积。空时编码(space-time coding,STC)技术是 MIMO 系统中最为典型的获取空间分集的技术,该技术可以联合考虑空间分集和时间分集,在发送信号中引入相关性,既可以获得分集增益,又没有带宽损失。

除此之外,多天线系统还可以提供极化分集(polarization diversity),在这种分集中水平极化和垂直极化信号通过不同极化的发射天线发射,在接收端再通过不同极化的接收天线接收,由于极化不同,使得这些收发天线对之间接收的信号之间没有相关性,因此即使在天线间隔较近的条件下也可以获得极化分集增益。

2. 复用(multiplexing)

除了获得分集增益外,与非 MIMO 系统相比,MIMO 系统的一个独特优势是能提高系统的吞吐率(或信道容量),由此获得的传输速率增益我们称之为复用增益。具体来说,将高速信源数据流分成多个并行子数据流,独立地进行编码调制,通过不同发送天线发射不同的数据信息,这种数据传输在空间上的复用,称为空间复用技术。我们可以通过 MIMO 信道容量来描述空间复用增益。

Bell 实验室的 Foschini 和 Telatar 最早针对 MIMO 信道容量进行了理论分析,他们的研究成果表明,若信道为丰富散射的空间独立平坦衰落信道,发送端未知信道状态信息,接收端已知信道状态信息(channel state information,CSI),在相同带宽和功率消耗的前提下,空间复用技术可以使得信道容量[bit/(s·Hz)]随着发射与接收天线数中的最小值 $\min\{N_T, N_R\}$ 呈线性增长。该理论分析成果预示着通过利用空间资源,MIMO 系统能够获得传统单天线系统无法比拟的信道容量。Foschini 等人提出的 BLAST 多天线实验系统是空间复用方案的典型实例,空分复用在不增加带宽和传输功率的条件下追求传输速度的极大化,有效地提高了频谱利用率。

当然,MIMO 系统的空间资源无法同时将复用增益与分集增益进行最大化。因此,根据具体的应用场景,MIMO 系统需要在能获得的分集增益与复用增益之间进行折中考虑。

10.2.2　MIMO 信道的容量

系统容量可以定义为传输错误概率任意小时系统可以达到的最大可能传输速率。依据 MIMO 信号表达式(10-2-4)分析,假设发送端未知信道信息,接收端已知信道信息。MIMO

信道容量可以定义为发送和接收信号之间的最大互信息。

$$C = \max_{f(x)} I(x;y) \qquad (10\text{-}2\text{-}5)$$

式中，$f(x)$ 表示发送信号 x 的概率密度函数，$I(x;y)$ 表示发送信号 x 和接收信号 y 之间的互信息，根据互信息概念

$$I(x;y) = h(y) - h(y \mid x) \qquad (10\text{-}2\text{-}6)$$

式中，$h(y)$ 表示接收信号矢量 y 的微分熵（differential entropy），$h(y|x)$ 表示接收信号矢量在已知发送信号 x 条件下的条件微分熵（conditional differential entropy）。由于发送信号矢量 x 和噪声矢量 n 是相互独立的，因此 $h(y|x) = h(n)$，可知

$$I(x;y) = h(y) - h(n) \qquad (10\text{-}2\text{-}7)$$

令接收信号矢量 y 的协方差矩阵为 $R_y = E\{yy^H\}$，噪声的协方差矩阵为 $R_n = N_0 I_{N_R}$，则

$$R_y = HR_x H^H + N_0 I_{N_R} \qquad (10\text{-}2\text{-}8)$$

其中 $R_x = E\{xx^H\}$ 表示发送信号 x 的协方差矩阵。给定协方差矩阵 R_y，当接收信号矢量 y 为零均值循环对称复高斯矢量时可以最大化 $h(y)$，这意味着要求发送信号 x 也为零均值循环对称复高斯矢量。此时接收信号矢量 y 和噪声矢量 n 的微分熵可以写成

$$\begin{cases} h(y) = \log_2 \left[\det(\pi e R_y) \right] \text{bit}/(\text{s} \cdot \text{Hz}) \\ h(n) = \log_2 \left[\det(\pi e N_0 I_{N_R}) \right] \text{bit}/(\text{s} \cdot \text{Hz}) \end{cases} \qquad (10\text{-}2\text{-}9)$$

将上式代入（10-2-7），可知

$$I(x;y) = \log_2 \left[\det \left(I_{N_R} + \frac{1}{N_0} HR_x H^H \right) \right] \quad \text{bit}/(\text{s} \cdot \text{Hz}) \qquad (10\text{-}2\text{-}10)$$

由式（10-2-5）可知

$$C = \max_{Tr(R_x)=P} \log_2 \left[\det \left(I_{N_R} + \frac{1}{N_0} HR_x H^H \right) \right] \quad \text{bit}/(\text{s} \cdot \text{Hz}) \qquad (10\text{-}2\text{-}11)$$

式（10-2-11）即为高斯 MIMO 信道的对数行列式容量公式。

当发送端未知信道信息时，通常只能选择发送功率在各个发送天线上均匀分布，即认为 $R_x = \dfrac{P}{N_T} I_{N_T}$，此时式（10-2-11）变为

$$C = \log_2 \left[\det \left(I_{N_R} + \frac{P}{N_0 N_T} HH^H \right) \right] \quad \text{bit}/(\text{s} \cdot \text{Hz}) \qquad (10\text{-}2\text{-}12)$$

由于 HH^H 为 $N_R \times N_R$ 的 Hermitian（厄米特）矩阵，因此可以对其进行特征值分解（eigen-decomposition），即 $HH^H = U\Lambda U^H$，其中 U 为 $N_R \times N_R$ 的酉矩阵，而 $\Lambda = \text{diag}\{\lambda_1, \lambda_2, \cdots, \lambda_{N_R}\}$ 为所有的特征值 λ_i 按照降序排列构成的 N_R 阶对角矩阵，其对角元素为 HH^H 的特征值，又因为矩阵 HH^H 为半正定矩阵，因此 $\lambda_i \geqslant 0$，假设

$$\lambda_i = \begin{cases} \sigma_i^2, & i = 1, 2, \cdots, r \\ 0, & i = r+1, r+2, \cdots, N_R \end{cases}$$

式中，σ_i 表示矩阵 H 的非零奇异值，r 表示信道矩阵的秩。将 $HH^H = U\Lambda U^H$ 代入式（10-2-12）

可知

$$C = \log_2\left[\det\left(I_{N_R} + \frac{P}{N_0 N_T} U \Lambda U^H\right)\right]$$

$$= \log_2\left[\det\left(I_{N_R} + \frac{P}{N_0 N_T} \Lambda\right)\right] \quad (10-2-13)$$

上式的推导应用到了公式 $\det(I+AB) = \det(I+BA)$，因为 Λ 为对角阵，因此

$$C = \sum_{i=1}^{r} \log_2\left[\left(1 + \frac{P}{N_0 N_T}\lambda_i\right)\right] \quad (10-2-14)$$

从式（10-2-14）可以看出，MIMO 信道容量可以看成 r
个 SISO 信道容量之和，其中每个 SISO 信道的信号功
率平均分配 $p_i = P/N_T$，信道功率增益为 λ_i。如图 10-11
所示，MIMO 系统构建的多天线传输链路相当于在发
射和接收机之间建立了 r 条并行的空间传输链路，r
为信道矩阵的秩。注意这里假设的条件是发射端未
知信道信息，接收端已知信道信息。

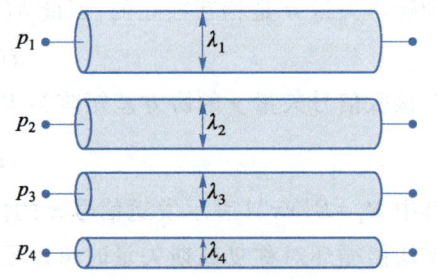

图 10-11　MIMO 等效并行信道

　　如果假设发送端已知信道信息，则可以进一步依据所谓的"注水原理"，在不同的发射天
线上更合理地分配发射功率，使得信道容量进一步提升。注水原理简单而言就是要在好状
态的信道中分配更多的信号功率，在状态较差的信道中分配相对少的信号功率。

　　假设多天线发射端的发射信号为零均值循环对称复高斯信号 $\tilde{x}$，如果发送端已知信道
信息，根据矩阵的奇异值分解原理 $H = U\Sigma V^H$，其中 U 为 N_R 阶酉矩阵，V 为 N_T 阶酉矩阵，Σ
为 $N_R \times N_T$ 的对角矩阵，其 r 个非零对角元素为 H 矩阵的奇异值。

$$\Sigma = \begin{bmatrix} \sigma_1 & & & \cdots & & 0 \\ & \ddots & & & & \vdots \\ & & \sigma_r & & & \\ & & & 0 & & \\ \vdots & & & & \ddots & \\ 0 & \cdots & & & & 0 \end{bmatrix}_{N_R \times N_T} \quad (10-2-15)$$

　　发射端和接收端都已知信道信息时，根据信道矩阵分解的传输结构如图 10-12 所示。$\tilde{x}$
发射之前可以先乘以酉矩阵 V，通过信道传输再乘以矩阵 U^H，由此利用 MIMO 矩阵分解完

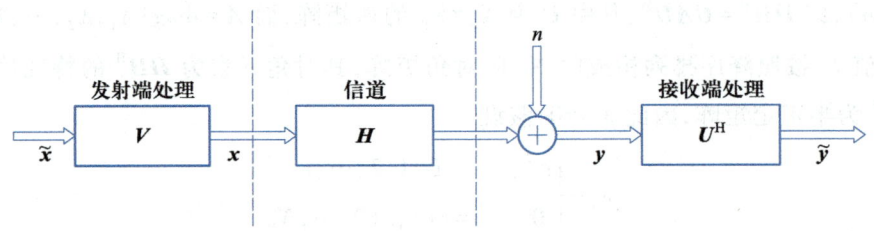

图 10-12　发射端和接收端都已知信道信息时根据信道矩阵分解的传输结构

成等效的并行传输,此时发射和接收信号关系可以写成

$$\tilde{\boldsymbol{y}} = \boldsymbol{U}^{\mathrm{H}}\boldsymbol{H}\boldsymbol{V}\tilde{\boldsymbol{x}} + \boldsymbol{U}^{\mathrm{H}}\boldsymbol{n}$$
$$= \boldsymbol{\Sigma}\tilde{\boldsymbol{x}} + \boldsymbol{n}' \tag{10-2-16}$$

上式中,$\tilde{\boldsymbol{y}}$ 为 $N_{\mathrm{R}} \times 1$ 的接收信号,$\boldsymbol{n}'$ 为零均值循环对称高斯噪声矢量,且有 $E\{\boldsymbol{n}\boldsymbol{n}^{\mathrm{H}}\} = N_0 \boldsymbol{I}_{N_{\mathrm{R}}}$。此时发送信号功率不一定需要在 N_{T} 个维度上均匀分布,只需要满足总功率受限条件 $E(\tilde{\boldsymbol{x}}^{\mathrm{H}}\tilde{\boldsymbol{x}}) = P$。从式(10-2-16)可以看出,通过信道分解 MIMO 信道传输转化为了 r 个并行 SISO 信道传输

$$\tilde{y}_i = \sigma_i \tilde{x}_i + n_i', \quad i = 1, 2, \cdots, r \tag{10-2-17}$$

此时,MIMO 信道容量可以分解成为多个并行 SISO 信道容量之和

$$C = \sum_{i=1}^{r} \log_2\left(1 + \frac{p_i}{N_0}\lambda_i\right) \tag{10-2-18}$$

式中,p_i 表示第 i 根天线上发射信号的功率,且满足 $\sum_{i=1}^{r} p_i = P$。$\lambda_i = \sigma_i^2$ 表示矩阵 $\boldsymbol{H}\boldsymbol{H}^{\mathrm{H}}$ 的非零特征值。为了最大化互信息,发射端可以根据不同子信道的信道增益分配发射功率 $\{p_i\}$

$$C = \max_{\sum\limits_{i=1}^{r} p_i = P} \left[\sum_{i=1}^{r} \log_2\left(1 + \frac{p_i}{N_0}\lambda_i\right) \right] \tag{10-2-19}$$

利用拉格朗日法,可以计算出最优的功率分配

$$p_i^{\mathrm{opt}} = \left(\mu - \frac{N_0}{\lambda_i}\right)^{+} \tag{10-2-20}$$

式中,$x^{+} = \max(x, 0)$,μ 为满足条件 $\sum\limits_{i=1}^{r} p_i = P$ 的常数。式(10-2-20)实际上反映了一种功率分配的注水法则,如图 10-13 所示。将 MIMO 信道看成一个深度为常数 μ 的水池,根据 MIMO 信道分解而成的 SISO 信道状态第 r 个子信道的水池底座高度为 N_0/λ_i。如果空间子信道质量较差,则 λ_i 取值较小,如果底座高度 $N_0/\lambda_i \geqslant \mu$,

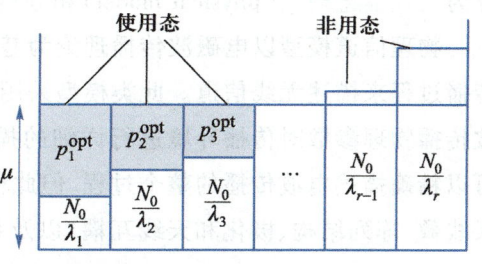

图 10-13 功率分配的注水法则

则该子信道不分配功率,处于非用态;反之,若空间子信道状态较好,λ_i 取值较大,底座高度为 $N_0/\lambda_i < \mu$,则该子信道所分配的功率即为 $p_i = \mu - N_0/\lambda_i$。依据信道状态自适应分配各空间子信道上的信号功率可以进一步提升传输效率,获得比发端未知信道状态时更大的信道容量。

以上关于信道容量的结论都是基于确定性信道系数的假设,而实际的无线传播环境下,信道是随机变量,此时信道容量也成为随机变量,需要用遍历信道容量(ergodic capacity)或者中断信道容量(outage capacity)来衡量。

遍历信道容量也指平均信道容量,是随机信道容量所有可能实现的集合平均。根据式(10-2-14),发送端未知信道信息,接收端已知信道信息时随机信道条件下的遍历信道容量

可以表示为

$$\overline{C} = E\left[\sum_{i=1}^{r} \log_2\left(1 + \frac{P}{N_0 N_T}\lambda_i\right) \right] \tag{10-2-21}$$

式中，$E[\cdot]$ 表示取均值。注意由于信道矩阵 $\boldsymbol{H}$ 是随机的，与之相关的信道容量也是随机的。遍历容量反映 MIMO 衰落信道的长期特性（平均特性），因此需要在大量的独立衰落的块之间编码。

在有限块长传输的系统中，通常关注中断信道容量，中断信道容量是指能以某一定义的较大概率保证获得的信息传输速率。例如，定义 10% 的中断信道容量 C_{outage} 就是指 $P(C \le C_{\text{outage}}) = 10\%$，即 $(100-10)\%$ 以上的信道实现都能保证 C_{outage} 的信息传输速率。中断信道容量也表征了不能达到给定信息传输速率 C_{outage} 的概率。中断容量反映 MIMO 衰落信道的短期特性（瞬时特性）可在一个衰落间隔内编码得到。

MIMO 采用空分复用技术带来的容量增益基于丰富散射、天线空间相关性较低的假设环境，此时收发天线对之间的衰落信道统计特性是独立同分布的瑞利分布。当 MIMO 信道存在空间相关性时，都会导致中断容量和遍历容量的损失。下一节我们将讨论常用的 MIMO 相关和非相关信道模型。

10.2.3　MIMO 信道模型

MIMO 信道模型的相关研究成果有很多，从建模具体方法上进行分类：MIMO 信道可以分为物理信道模型（physical model）和分析信道模型（analytical model）两种基本类型。

物理信道模型以电磁波传播理论为基础，通过描述收/发天线阵列之间的双向多径电波传播过程来描述无线信道。此类模型采用复振幅、极化方式、发射角、到达角、多径时延等电波传播物理参数对传播环境进行详细的描述。在足够计算复杂度的支持下，物理信道模型可以精确描述电波传播的整个过程，但此种模型并不考虑收/发天线阵列特性（天线方向图、天线数、阵列结构、极化和天线互耦）以及系统带宽等因素的影响。与物理信道模型不同，分析信道模型不需要考虑电磁波的物理传播特性，而是通过数学或者解析的方法描述收/发天线对之间的信道传输函数，基于信道参数产生符合信道统计特征的随机信道矩阵。该方法广泛应用于 MIMO 系统信号处理算法设计、系统设计和性能评估中。

参照已有的信道建模理论，我们采用基于收发衰落相关特征的分析信道建模方法，分独立同分布 MIMO 模型和相关信道模型两种情况。

1. 独立同分布 MIMO 信道模型

首先，考虑传播环境中散射足够丰富，接收端和发射端的角度扩展都较大的情况。假定信道衰落因子为复高斯分布的随机变量，利用其一阶矩和二阶矩反映信道的衰落特征，此时只要天线单元的间距大于相干距离，可以认为 MIMO 信道的各子信道经历的是不相关衰落，在统计上接近独立同分布。根据子信道上衰落的频率选择特性不同，可分为独立同分布平坦衰落信道模型和独立同分布频率选择性信道模型。

（1）独立同分布平坦衰落信道模型

在非频率选择性（平坦）衰落情况下，MIMO 信道模型相对比较简单，各对天线间的子信道可以等效为一个瑞利衰落的独立信道。

此时，MIMO 信道矩阵 $\boldsymbol{H}$ 中的单个元素满足

$$h_{ji}(t,\tau) = h_{ji}(t)\delta(\tau-\tau_0) \tag{10-2-22}$$

式中，$i=1,\cdots,N_T$，$j=1,\cdots,N_R$。不同发射与接收天线对之间的信道 $h_{ji}(t)$ 相互独立，而且都服从零均值单位方差的复高斯分布的随机变量，即 $h_{ji}(t)\sim\text{i.i.d.}\ CN(0,1)$。此时 $|h_{ji}(t)|$ 服从瑞利分布，这就是最常用的非频率选择性瑞利衰落 MIMO 信道，适用于路径数量很多，没有视距路径，且发送端及接收端的天线间距离足够大的信道环境。

（2）独立同分布频率选择性信道模型

我们采用多抽头延迟线模型来建立 MIMO 多径信道模型，MIMO 信道的信道矩阵表示为

$$\boldsymbol{H}(t,\tau) = \sum_{l=1}^{L}\boldsymbol{H}^l(t)\delta(\tau-\tau_l) \tag{10-2-23}$$

式中，L 为多径数目；τ_l 为第 l 条路径的延时，$\boldsymbol{H}^l = [h_{ji}^l(t)]_{1\leq j\leq N_R,1\leq i\leq N_T}$ 表示延时为 τ_l 的复信道增益矩阵，$h_{ji}^l(t)$ 是第 i 根发送天线到第 j 根接收天线之间第 l 条路径的复传输系数。基于广义平稳不相关散射假设，认为不同时延对应的传输系数不相关，因此有

$$E\{h_{ji}^{l_1}(t)[h_{ji}^{l_2}(t)]^*\} = 0, \quad \forall l_1\neq l_2 \tag{10-2-24}$$

为简化模型，假设 $|h_{ji}^l(t)|$ 服从瑞利分布，对于给定的时延不同天线对之间信道传输系数的平均功率相同，即

$$P^l = E(|h_{ji}^l(t)|^2), \quad j=1,\cdots,N_R; i=1,\cdots,N_T \tag{10-2-25}$$

多径信道的平均功率时延可表示为

$$P(\tau) = \sum_{l=0}^{L-1}P^l\delta(\tau-\tau_l) \tag{10-2-26}$$

按照信道传输环境的不同可以选择对应的时延和平均功率参数 $\{\tau_l,P^l\}$ 实现具有特定时延扩展的多径信道。为了反映多径信道的时变特性，选择经典的 Jakes 模型表征多普勒谱，此时信道系数的相关特性可以写成

$$E\{h_{ji}^l(t)h_{ji}^l(t-\xi)^*\} = P^l J_0(2\pi f_d\xi) \tag{10-2-27}$$

式中，f_d 表示最大多普勒频移，$J_0(\cdot)$ 表示零阶第一类贝赛尔函数。

2. 相关信道模型

对于发送或接收端存在相关性的情况，需要建立相关信道模型。为了简化分析，这里仅考虑时不变 MIMO 信道的相关性建模，时变条件下的建模可以以此类推。因此，以下推导去掉时间标号 t。下面给出一种 IST SATURN 信道模型中典型的相关 MIMO 信道建模方法。

IST SATURN 信道模型得名于欧盟信息社会技术 IST 的通用宽带无线网络中的智能天线技术（smart antenna technology in universal broadband wireless network，SATURN）计划。该模型采用发送端和接收端信道协方差矩阵的直积逼近 MIMO 信道的协方差矩阵，即

$$R_{H^l}^{\mathrm{MIMO}} = R_{\mathrm{H}}^{\mathrm{TX}} \otimes R_{\mathrm{H}}^{\mathrm{RX}} \tag{10-2-28}$$

式中，$R_{H^l}^{\mathrm{MIMO}}$ 表示 MIMO 信道冲激响应第 l 个时延抽头上的协方差矩阵，$R_{\mathrm{H}}^{\mathrm{TX}}$ 和 $R_{\mathrm{H}}^{\mathrm{RX}}$ 分别表示发送端和接收端的信道协方差矩阵，分别定义为

$$R_{H^l}^{\mathrm{MIMO}} = E\left[\,\mathrm{vec}(H^l)\,\mathrm{vec}^{\mathrm{H}}(H^l)\,\right] \tag{10-2-29}$$

$$R_{H^l}^{\mathrm{TX}} = E\left\{\left[\,(h_j^l)^{\mathrm{H}} h_j^l\,\right]^{\mathrm{T}}\right\}, \quad R_{H^l}^{\mathrm{RX}} = E\left\{h_i^l(h_i^l)^{\mathrm{H}}\right\} \tag{10-2-30}$$

式（10-2-29）中，$\mathrm{vec}(\cdot)$ 是矩阵向量化操作，即将矩阵按列堆叠成一个列向量；式（10-2-30）中，h_j^l 是 H^l 的第 j 行（$j=1,\cdots,N_{\mathrm{R}}$），$h_i^l$ 是 H^l 的第 i 列（$i=1,\cdots,N_{\mathrm{T}}$）。IST SATURN 信道模型采用子信道协方差矩阵表征空间相关信息，协方差矩阵中包含了 MIMO 传播信道的相位信息，目前该模型已被 3GPP 与 3GPP2 的空间信道模型采用。利用发射和接收相关矩阵，空间相关 MIMO 信道矩阵 H^l 可以分解为

$$H^l = (R_{H^l}^{\mathrm{TX}})^{1/2} H_w (R_{H^l}^{\mathrm{TX}})^{1/2} \tag{10-2-31}$$

式中，H_w 是独立同分布零均值单位方差的复高斯矩阵，$(\cdot)^{1/2}$ 为矩阵求均方根运算。

MIMO 信道的空间相关性会导致中断容量和遍历容量的损失。天线间距是影响相关性的重要因素。为尽量减小空间相关性，通常要求设立间距大于信道相关距离的独立偶极子天线（dipole antenna）或者采用间距大于信道相关距离的分离天线阵列。

10.2.4　MIMO 技术的发展与应用

自从 20 世纪 90 年代，多输入多输出的概念引入无线通信系统设计中以来，MIMO 技术已成为实现高频谱利用率、高速率、高可靠性数据传输的热点方案之一。基于 Foschini 和 Telatar 的奠基性理论研究成果，1999 年，Bell 实验室建立了 V-BLAST（vertical bell-labs layered space-time）系统的实验室原型机。测试表明，在室内环境下，工作在 1.9 GHz 的 8 根发射天线、12 根接收天线链路 V-BLAST 系统可以达到 20～40 bit/（s·Hz）的频谱利用率。从实践的角度证明了 MIMO 结构能够在不增加系统带宽和功率的前提下，有效地提高系统容量。1998 年，塔荣科（Tarokh）和阿拉穆蒂（Alamouti）开创性地提出了衰落信道下空时编码的两大设计准则，并给出了空时码设计实例，从而引发了空时编码研究的热潮。1999 年，马泽塔（Marzetta）与奥克瓦尔德（Hochwald）利用 Shannon 信息理论首次推导了 Rayleigh 平坦衰落信道下，收发两端均为未知信道矩阵时，多天线系统所能达到的信道容量，为非相干 MIMO 系统的设计奠定了重要的理论基础。2000 年，Tarokh 和 Jafarkhani（贾法尔哈尼）等针对接收端不知道信道状态信息的非相干 MIMO 系统，首次提出了基于正交设计的差分空时码。差分空时码能在接收端不知道信道状态信息的情况下进行非相干译码，并且也能获得全分集增益，其好处在于接收端无须对信道进行估计，也不必担心信道估计精准度对系统性能的影响，但与相干空时编码相比，其性能要恶化 3 dB。

MIMO 系统在传输有效性和可靠性两方面的卓越性能使其成为近十多年来通信学术界和工业界的一个研究热点。目前，已有很多标准采纳了 MIMO 技术作为其物理层基本方案。在 3GPP1（3rd generation partnership project）与 3GPP2 中，分别将空时发送分集（space-time

transmit diversity,STTD)与空时扩展(space-time spreading,STS)技术作为可选发送模式;无线局域网标准 IEEE802.11n、无线城域网标准 IEEE802.16a 以及 3GPP 的长期演进计划(long term evolution-advanced,LTE-A)均采用了 MIMO 技术。另外,Airgo、Atheros、Linksys 和 D-Link 等公司已发布各种 MIMO 芯片组。

习　　题

10-1　请简述 OFDM 技术的优点和缺点。

10-2　请简述 MIMO 和 SISO 传输相比存在的优势。

10-3　在 OFDM 信号体制中对子载波频率间隔有何要求？为什么？

10-4　请阐述 OFDM 系统中循环前缀的作用。

10-5　OFDM 系统子载波采用矩形成形,频域上的 sinc 函数具有较大旁瓣。为了约束系统带宽,实际应用中通常将 OFDM 信号频谱左右两端的若干子载波空置,以限制信号频带。假设某 OFDM 系统子载波数为 64,带宽为 20 MHz,循环前缀长度为 OFDM 符号长度的 1/4,在 64 个子载波中有用子载波个数为 48 个,每个有用子载波采用 16QAM 调制方式传输数据,试求该 OFDM 系统的信息传输速率。

10-6　假设某 OFDM 系统通过高斯白噪声信道进行传输,子载波数为 N,循环前缀长为 L,接收端码元同步算法获得的定时位置较精确定时位置超前 δ 个样点,$\delta < L$。试求接收端通过 FFT 接收后的频域接收信号和发射信号之间的关系。

10-7　设有一个 4 根发射天线、4 根接收天线的平坦衰落 MIMO 系统,发射端未知信道信息,接收端已知信道信息,信道满足满秩正交条件,即 $\boldsymbol{H}\boldsymbol{H}^{\mathrm{H}} = \boldsymbol{H}^{\mathrm{H}}\boldsymbol{H} = 4 \times \boldsymbol{I}_4$,总发射功率为 1 W,高斯白噪声方差为 N_0,试求该 MIMO 系统在发端均匀分配功率时的信道容量。

10-8　假设 OFDM 系统共有 N 个子载波,OFDM 符号长度为 T_s,则该 OFDM 信号占用的频带宽度约为多少？

第11章

信道编码

信道编码又称纠错编码、差错控制编码等,它起源于 1948 年香农(Shannon)的开创性论文《通信的数学理论》,发展至 20 世纪 70 年代趋向成熟,同时也是提高数字信号传输可靠性的有效方法之一。本章主要介绍信道编码的基本概念和基本方法,以及一些常用的编、译码技术。

第 11 章
思维导图

11.1 信道编码基本原理

在有噪信道上传输数字信号时,所收到的数据不可避免地会出现差错,所以可靠性是数字信息交换和传输系统中必须考虑的主要问题。不同的用户对可靠性的要求是大相径庭的。例如,对于普通的电报,差错概率(误码率)在 10^{-3} 时是可以接受的;而对导弹运行轨道数据的传输,如此高的差错率将使导弹偏离预定的轨道,这显然是不允许的。使数字信号在传输过程中产生不同差错率的原因主要是不同传输系统的性能不同,以及在传输过程中受到的干扰不同。因此可以从多种途径来研究提高系统可靠性的方法。首先,要合理选择系统和调制解调方式,这是降低差错的根本措施,其目的是改善信道特性,减少传输中的差错,但该措施的改善程度是有限的,在此基础之上利用纠错编码技术对差错进行控制,可大大提高信道的抗干扰能力,降低误码率,这是提高系统可靠性的一项极为有效的措施,也是我们后面要研究和解决的问题。

11.1.1 差错控制的基本方法

差错控制是一门以纠错编码为理论依据来控制差错的技术,即是"针对某一特定的数据传输或存储系统,应用纠错或检错编码及其相应的其他技术(如反馈重传等)来提高整个系统传输数据可靠性"的方法。

在数字通信中,利用纠错码或检错码进行差错控制的方式大致有以下几类。

(1)反馈重传方式

发送端发出能够发现(检测)错误的码,通过信道传送到接收端,译码器只需判决码组中有无错误出现。再把判决信号通过反馈信道送回发送端。发送端根据这些判决信号,把接收端认为有错的消息再次传送,直到接收端认为正确为止。这种差错控制方式也称为自动

重传请求（automatic repeat request,ARQ）。

从上可知,应用 ARQ 方式必须有一个反馈信道,一般适用于一个用户对一个用户（点对点）的通信,它要求系统收发两端互相配合、密切协作,因此这种方式下收发之间的控制电路比较复杂;且由于反馈重发的次数与信道干扰情况有关,若信道干扰很频繁,则系统经常处于重发消息的状态,因此这种方式传送消息的连贯性和实时性较差。但该方式的优点在于:编/译码设备比较简单;在一定的多余度码元下,编码的检错能力一般比纠错能力要高得多,因而整个系统的检错能力极强,能获得较低的误码率;由于检错码的检错能力与信道干扰的变化基本无关,因此这种系统的适应性很强,特别适应于短波、散射等干扰情况复杂的信道中。

（2）前向纠错方式

前向纠错（forward error correction,FEC）方式下发送端发送具有一定纠错能力的码,接收端收到这些码后,根据编码产生的规律,译码器不仅能自动地发现错误,而且能够自动地纠正接收矢量在传输中的错误,这种方式的优点是不需反馈信道,能进行一个用户对多个用户的同播通信,译码实时性较好,收发间的控制电路比 ARQ 的简单。其缺点是译码设备比较复杂,所选用的纠错码必须与信道的干扰情况相匹配,因而对信道的适应性较差。为了获得比较低的误码率,往往须以最坏的信道条件来设计纠错码,故所需的多余码元比检错码要多得多,从而使编码效率很低。但由于这种方式能同播,特别适用于军用通信,并且随着编码理论的发展和编码译码设备所需的大规模集成电路成本的不断降低,译码设备有可能越来越简单,成本越来越低,因而在实际的数字通信中逐渐得到广泛应用。

（3）混合纠错方式

混合纠错（hybrid error correction,HEC）方式下发送端发送的码不仅能够被检测出错误,而且还具有一定的纠错能力。译码器得到接收序列以后,首先检验错误情况,如果在码的纠错能力以内,则自动进行纠正。如果错误很多,译码器仅能检测出来,但无法纠正,则接收端通过反馈信道,发送重新传送的消息。这种方式在一定程度上避免了 FEC 方式要求用复杂的译码设备和 ARQ 方式信息连贯性差的缺点,并能达到较低的误码率,因此在实际中应用越来越广泛。

除了上述三种主要方式以外,还有所谓狭义信息反馈系统（information repeat request,IRQ）。这种方式是接收端把收到的消息原封不动地通过反馈信道送回发送端,发送端比较发送的与反馈回来的消息,从而发现错误,并且把传错的消息再次传送,最后达到对方正确接收消息的目的。

为了便于比较,上述几种方式可用图 11-1 所示的框图表示。图中,有斜线的方框表示在该处检出错误。在实际系统设计中,如何根据实际情况选择一种差错控制方式是一个比较复杂的问题,由于篇幅所限,这里不再讨论,有兴趣的读者可参阅有关资料。

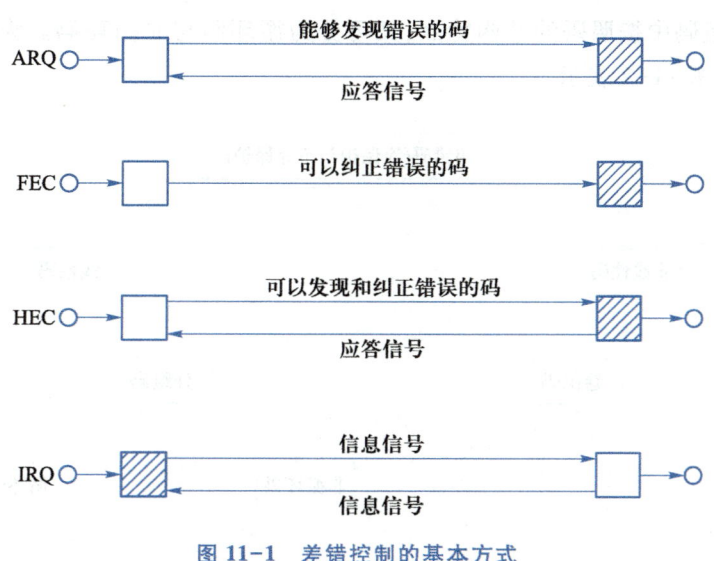

图 11-1　差错控制的基本方式

11.1.2　信道编码分类

按照译码方法不同,可将信道编码分为检错码、纠错码或纠删码来使用,除了上述的划分以外,通常还按如下方式对纠错码进行分类。

（1）按照对信息元处理方法的不同,分为分组码与卷积码两大类。

分组码是把信源输出的信息序列,以 k 个码元划分为一段,通过编码器把这段 k 个信息按一定规则产生 r 个检验(监督)元,输出长为 $n=k+r$ 的一个码组。这种编码中每一码组的检验元仅与本组的信息元有关,而与别组无关。分组码用 (n,k) 表示,n 表示码长,k 表示信息位。

卷积码是把信源输出的信息序列,以 k_0 个(k_0 通常小于 k）码元分为一段,通过编码器输出长为 $n_0(>k_0)$ 的码段,但是该码段中产生的 n_0-k_0 个校验元不仅与本组的信息元有关,而且也与其前 m 段的信息元有关。一般称 m 为编码存储,表示信息码在编码器中需存储的单位时间,因此卷积码常用 (n_0,k_0,m) 表示。

（2）根据校验元与信息元之间的关系分为线性码与非线性码。

若校验元与信息元之间的关系是线性的(满足线性叠加定理),则称为线性码;否则,称为非线性码。

由于非线性码的分析比较困难,实现较为复杂,故本章仅讨论线性码。

（3）按照纠正错误的类型可分为纠正随机错误的码、纠正突发错误的码以及既能纠正随机错误又能纠正突发错误的码。

（4）按照每个码元取值来分,可分为二进制码与 q 进制码（$q=pm$,p 为素数,m 为正整数）。

（5）按照对每个信息元保护能力是否相等可分为等保护纠错码与不等保护纠错码。

此外,在分组码中按照码的结构特点,又可分为循环码与非循环码。为了清楚起见,我们把上述分类用图 11-2 表示。

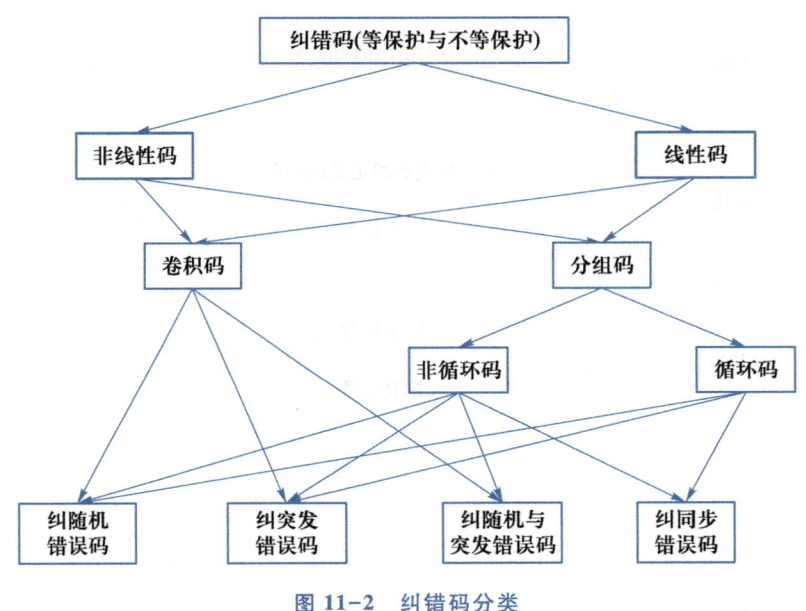

图 11-2 纠错码分类

11.1.3 信道编码中的基本概念

1. 码率

一般分组码可记为 (n,k) 码, n 为编码输出的码字长度, k 为输入的信息组长度,在一个 (n,k) 码中,信息元位数 k 在码字总码元数 n 中所占的比重,称为码率 R,又称编码效率,即

$$\eta = R = k/n$$

码率是衡量分组码有效性的一个基本参数,码率 R 越大,表明信息传输的效率越高,但对编码来说,每个码字中所加进的校验元越多,码字内的相关性越强,码的纠错能力越强。而校验元本身并不携带信息,单纯从信息传输的角度来说是多余的,所以信道编码必须注意综合考虑有效性与可靠性的问题,在满足一定纠错能力要求的情况下,总是力求设计码率尽可能高的编码。

2. 编码增益

在数字通信中,信噪比通常用 E_b/n_0 来表示,其中 E_b 为信号的比特能量, n_0 为噪声功率谱密度。为了说明信道编码的作用,图 11-3 给出了两条描述通信系统误比特率与 E_b/n_0 的关系曲线,其中一条代表一种未编码情况,而另一条是 $(8,4)^3$ Turbo 乘积码(TPC)典型编码的情况,两者采用相同的调制方法和同样的信道。由图可见,信道编码使得在同样信噪比的情况下降低了误比特率,或者说达到同样误比特率要求时信道编码所需的信噪比更低。这种由编码而带来的通信系统性能的提高常用编码增益来表征。

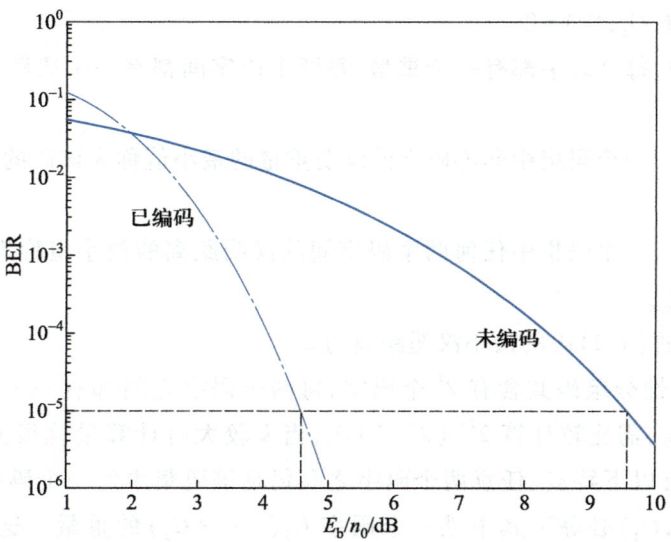

图 11-3 典型编码与未编码的误码性能比较

【定义 11-1】 对于给定的误比特率,编码增益 G 是指通过编码所能实现的 E_b/n_0 的减少量,即

$$G = \left(\frac{E_b}{n_0}\right)_U - \left(\frac{E_b}{n_0}\right)_C$$

式中,$(E_b/n_0)_U$ 和 $(E_b/n_0)_C$ 分别表示未编码及编码后所需要的 E_b/n_0。

例如,在 BPSK 调制传输中,未编码时的错误概率为

$$P_e = \frac{1}{2}\text{erfc}\left(\sqrt{\frac{E_b}{n_0}}\right)$$

若给定错误概率为 10^{-5},则根据上式,可算出未编码信噪比 $(E_b/n_0)_U$ 为 9.6 dB,根据图 11-3 可知,错误概率同样为 10^{-5} 时,编码后的信噪比 $(E_b/n_0)_C$ 为 4.5 dB,则编码增益 G 为 5.1 dB。

3. 汉明码距离与重量

【定义 11-2】 一个码字 C 中非零码元的个数称为该码字的汉明重量,简称码重,记为 $W(C)$。

若码字 C 是一个二进制 n 重,$W(C)$ 就是该码字中 1 码元的个数。例如下面的 (3,2) 分组码中

$$C_1 = (000),\ \text{则}\ W(C_1) = 0$$
$$C_2 = (011),\ \text{则}\ W(C_2) = 2$$
$$C_3 = (101),\ \text{则}\ W(C_3) = 2$$
$$C_4 = (110),\ \text{则}\ W(C_4) = 2$$

【定义 11-3】 两个长度相同的不同码字 C 和 C' 中对应位码元不同的码元数目称为这两个码字间的汉明距离,简称为码距(或距离),记为 $d(C,C')$。

例如上例中,$d(C_1;C_2)=2$

在一个码集中,每个码字都有一个重量,每两个码字间都有一个码距,对于整个码集而言,还有以下定义。

【定义 11-4】　一个码集中非零码字的汉明重量的最小值称为该码的**最小汉明重量**,记为 $W_{\min}(C)$。

【定义 11-5】　一个码集中任何两个码字间的汉明距离的最小值称为该码的**最小汉明距离**,记为 d_0 或 $d_{\min}$。

例如,上例中的 $(3,2)$ 码的最小汉明距离为 2。

一个 (n,k) 线性分组码共含有 2^k 个码字,每两个码字之间都有一个汉明距离 d,因此要计算其最小距离,需比较计算 $2^{k-1}(2^k-1)$ 次,当 k 较大时计算量就很大。但对于 (n,k) 线性分组码它具有以下特点:任意两个码字之和仍是该码集中的一个码字,因此两个码字之间的距离 $d(C_1,C_2)$ 必等于其中某一个码字 $C_3(=C_1+C_2)$ 的重量。这将有利于减少计算量。

【定理 11-1】　(n,k) 线性分组码的最小距离等于非零码字的最小重量。

$$d_0 = \min_{C,C' \in (n,k)} \{d(C;C')\} = \min_{\substack{C_i \in (n,k) \\ C_i \neq 0}} W(C_i)$$

这样一来,(n,k) 线性分组码的最小距离计算只需要检查 2^k-1 个非零码字的重量即可。此外,码的距离和重量还满足三角不等式的关系

$$d(C_1;C_2) \leqslant d(C_1;C_3)+d(C_3;C_2)$$
$$W(C_1+C_2) \leqslant W(C_1)+W(C_2)$$

该性质在研究线性分组码的特性时常用到。最小汉明距离 d_0 是纠错码设计与评价中的一个重要参数,它决定了该码的纠错、检错能力。d_0 越大,抗干扰能力越好。

4. 码的纠、检错能力

【定义 11-6】　如果一种码的任一码字在传输中出现了 e 位或 e 位以内的错码能自动发现,则称该码的检错能力为 e。

【定义 11-7】　如果一种码的任一码字在传输中出现了 t 位或 t 位以内的错码能自动纠正,则称该码的纠错能力为 t。

【定义 11-8】　如果一种码的任一码字在传输中出现了 t 位或 t 位以内的错码能自动纠正,当出现了多于 t 位而少于 $e+1$ 个错误($e>t$)时此码能检出而不造成译码错误,则称该码能纠正 t 个错误同时能检 e 个错误。

(n,k) 分组码的纠、检错能力与其最小汉明距离 d_0 有着密切的关系,一般有以下结论。

【定理 11-2】　若码的最小距离满足 $d_0 \geqslant e+1$,则码的检错能力为 e。

【定理 11-3】　若码的最小距离满足 $d_0 \geqslant 2t+1$,则码的纠错能力为 t。

【定理 11-4】　若码的最小距离满足 $d_0 \geqslant e+t+1(e>t)$,则该码能纠正 t 个错误,同时能检测 e 个错误。

以上的结论可以用图 11-4 所示的几何图加以说明。

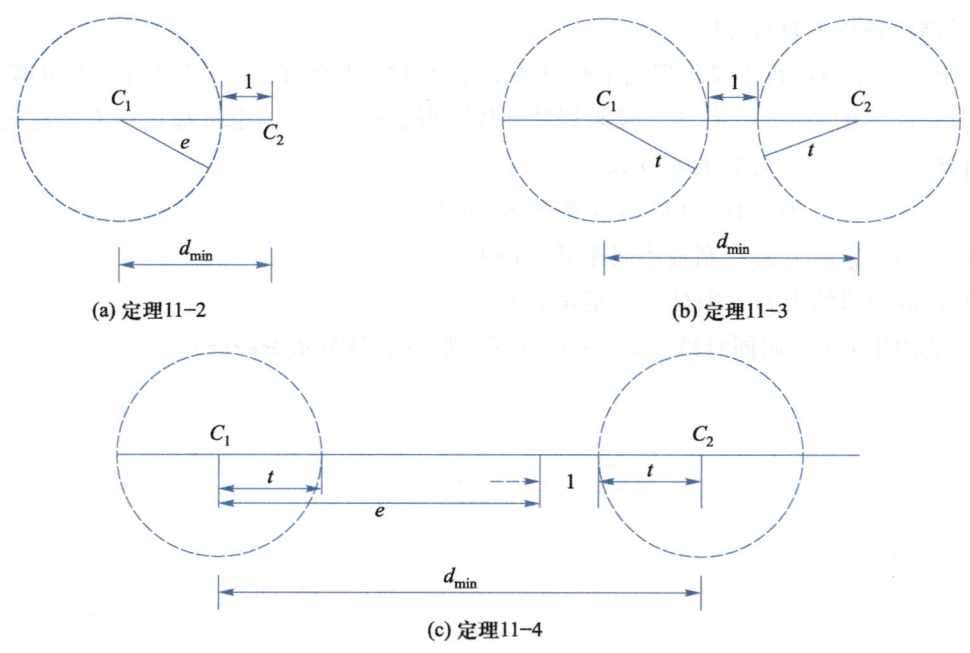

图 11-4　码距与纠检错能力的关系

图 11-4(a)中 C 表示某一码字,当误码不超过 e 个时,该码字的位置移动将不超过以它为圆心,以 e 为半径的圆(实际上是一个多维球),即该圆代表着码字在传输中出现 e 个以内误码的所有码组的集合,若码的最小距离满足 $d_0 \geq e+1$,则 (n,k) 分组码中除了 C 这个码字外,其余码字均不在该圆中。这样当码字 C 在传输中出现 e 个以内误码时,接收码组必落在图 11-4(a)的圆内,而该圆内除 C 外均为禁用码组,从而可确定该接收码组有错。考虑到码字 C 的任意性,图 11-4(a)说明,当 $d_0 \geq e+1$ 时任意码字传输误码在 e 个以内的接收码组均在以其发送码字为圆心,以 e 为半径的圆中,而不会和其他许用码组混淆,使接收端检出有错,即码的检错能力为 e。

图 11-4(b)中 C_1、C_2 分别表示任意两个码字,当各自误码不超过 t 个时,发生误码后两码字的位置移动将各自不超过以 C_1、C_2 为圆心,以 t 为半径的圆。若码的最小距离满足 $d_0 \geq 2t+1$,则两圆不会相交(由图 11-4 中可看出两圆至少有 1 位的差距),设 C_1 传输出错在 t 位以内变成 C_1',其距离

$$d(C_1,C_1') \leq t$$

根据距离的三角不等式,可得

$$d(C_1',C_2) \geq t+1$$

即

$$d(C_1',C_2) > d(C_1,C_1')$$

根据最大似然译码原则,将 $N=n_1 n_2$ 译为 C_1 从而纠正了 t 位以内的错误。

定理 11-4 中"能纠正 t 个错误同时检测 e 个错误"是指当误码不超过 t 个时系统能自动予以纠正,而当误码大于 t 个且小于 e 个则不能纠正但能检测出来。该定理的关系由图 11-4(c)

反映,其结论请读者自行证明。

以上三个定理是纠错编码理论中最重要的几个基本结论,它说明了码的最小距离 d_0 与其纠、检错能力的关系,从 d_0 中可反映码的性能强弱,反过来我们也可根据以上定理的逆定理设计满足纠、检错能力要求的 (n,k) 分组码。

【定理 11-5】　对于任一 (n,k) 分组码,若要求:

① 码的检错能力为 e,则最小码距 $d_0 \geqslant e+1$;

② 码的纠错能力为 t,则最小码距 $d_0 \geqslant 2t+1$;

③ 能纠正 t 个误码同时检测 $e(e>t)$ 个误码,则最小码距 $d_0 \geqslant e+t+1$。

11.2　常用检错码

11.2.1　奇偶校验码

奇偶校验码的编码规则是在需要传送的信息序列后附加 1 位监督码元(也称监督位或检验位),使加入的这一位监督码元和各位信息码元模 2 和的结果为 0(偶校验)或 1(奇校验)。因此,奇偶校验码是线性分组码 (n,k) 中当 $k=n-1$ 时的一个特例,即它是 $(n,n-1)$ 分组码。

一般地,由监督位构成的奇偶校验条件为

$$\underbrace{a_{n-1} \oplus a_{n-2} \oplus \cdots \oplus a_2 \oplus a_1 \oplus}_{(n-1)\text{位信息位}} \underbrace{a_0}_{1\text{位监督位}} = \begin{cases} 0 & (\text{偶校验}) \\ 1 & (\text{奇校验}) \end{cases} \qquad (11\text{-}2\text{-}1)$$

在奇偶校验码的码集中,许用码组(码字)等于 $n-1$ 位信息码的组数,即 2^{n-1} 个。它占码长为 n 的 2^n 个码组中的一半,其余一半则为禁用码组。由于码集中所有许用码组(码字)均符合式(11-2-1)条件,故称此种编码方法为一致校验编码,而式(11-2-1)为一致校验方程。

【例 11-1】　信息码为 10110($k=5$),利用奇偶校验方式列出奇、偶校验码。

因信息码中已有 3 个 1,它是奇数,此时构成的奇校验码为 101100。反之,偶校验码应为 101101。它们都是(6,5)奇偶校验码。奇偶校验码能够检出所有奇数个错误,但不能检出偶数个错误。

如果把接收的码字中各码元写成 $c_{n-1}, c_{n-2}, \cdots, c_1, c_0$(共 n 个),则译码器按下式来计算其模 2 和为

$$S = c_{n-1} \oplus c_{n-2} \oplus \cdots \oplus c_1 \oplus c_0$$

若采用偶校验,且结果 $S=0$,则译码器确认为接收正确。译码后去掉监督位,再将 $n-1$ 个信息码元送给信宿。若 $S=1$,则译码器给出所接收的码字是错的,可通过反馈信道要求重发,即 ARQ 纠错方式。

当接收到的码字中含有奇数个差错时校验和为 $S=1$，这种译码结果说明码字有错。而当接收码字中含有偶数个差错时，虽然 $S=0$，但译码器却错误地判断为没有差错，这种译码结果为"不正确译码"，造成译码错误。若采用奇校验码，则译码结果正好与上述结果相反。

奇偶监督码具有较高的编码效率，它等于 $\eta=\dfrac{k}{n}=1-\dfrac{1}{n}$ 且随 n 的增加而趋于 1。

由于奇偶校验码只有一个监督位，因此译码器只能将各个接收码字分为"无差错"与"有差错"两类。不难计算出单个码字的各种译码概率，设 P_e 为信道传输误比特率，则对于偶校验码，其中正确译码的概率为 $(1-P_e)^n$，检出差错的概率为 $\displaystyle\sum_{\substack{i=1\\i\ is\ odd}}^{n} c_n^i P_e^i (1-P_e)^{n-i}$（$i$ 为奇数），不正确译码的概率为 $\displaystyle\sum_{\substack{i=2\\i\ is\ even}}^{n} c_n^i P_e^i (1-P_e)^{n-i}$（$i$ 为偶数），式中 C_n^i 是二项式系数，它是每次由 n 中取 i 个对象时的组合数目，并等于 $C_n^i=\dfrac{n!}{(n-i)!\ i!}$。

11.2.2　水平一致校验码与方阵码

1. 水平一致校验码

水平一致校验码是先把要传输的数据按适当长度分成若干组，每一组按行排列，每一组后均按奇偶校验码方式添加校验元，即按行校验，如表 11-1 所示的例子。表中待传信息码元有 25 个，每小组为 5 个信息元，均按水平（行）顺序排列，后面按奇偶校验添加校验元。整个编码结果如表 11-1 所示，然后按顺序逐列传输，即 **1011011110…10111**，共 30 个码元。在接收端把收到的序列同样按表 11-1 格式排列，然后按原来确定的（奇）偶校验关系逐行检查。由于每行采用偶校验，从而可发现每一行在传输时产生的奇数个错误。不难看出，这种编码方式除了具备奇偶校验码的检错能力外，还能发现长度不超过表中行数的突发错误。因为对于这样的突发错误，分散至每一行最多只有 1 个错码，根据奇偶校验关系在行校验时是可以发现的。这种编码方式的码率 R 与奇偶校验码相当。由本例看出，在不增加多余度的情况下，这种编码方式的抗干扰能力得到加强。当然，其代价是译码设备较奇偶校验码要复杂一些。

表 11-1　水平一致校验码

信息元	校验元（偶校验）
1 1 0 1 0	1
0 1 0 0 1	0
1 1 0 0 1	1
1 1 1 0 0	1
0 0 1 1 1	1

2. 方阵码

二维奇偶校验码又名方阵码,也可称水平垂直一致监督码。方阵码具体构成如下:将若干个需要传送的信息序列编成方阵,其中每一行相当于信息码字,每行的最后加上一个校验码元,进行行方向的奇偶校验。方阵的每一列由不同信息码字中相同码位的码元排成,在每一列的最后也加上一个校验码元,进行列方向的奇偶校验。

【例 11-2】　若用户要发送的消息序列为(11001010000100011010111100001100111 0000101010101010),现将每 10 个信息码元分为一组,然后编成方阵,按行和列分别加上监督码元,则在发送端可构成如图 11-5(a)所示的方阵。

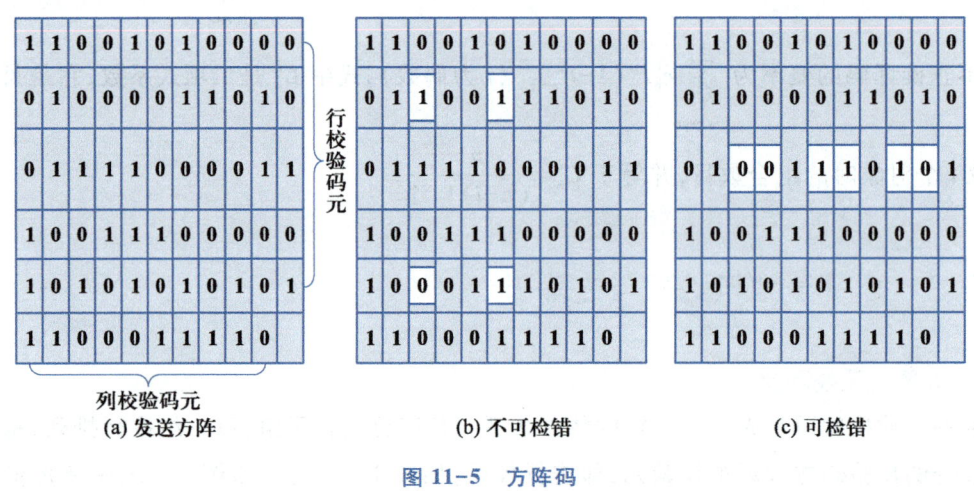

图 11-5　方阵码

这样经过增加 1 位行、列监督码元后的发送序列为(1100101000 00100001101 00111100001 11001110000 01010101010 11100011110),即逐行发送许用码组(码字),标有"·"者为经编码后加上的行、列监督码元。接收端将接收到的序列重新排列成与发送端相似的方阵,去掉行校验元后选择出信息序列。

与一维奇偶监督码有所不同,方阵码有可能检测出一个行长度的"许用码组(码字)"中的偶数个错码,这是因为虽然每行的监督位对本行产生的偶数个错码无法检测,但这些错码有可能由列的监督位检测出来。需要注意的是,当在发生偶数个错码的行中,错误码元所在的列也发生了偶数个错误时,则无法检测出其中的错误。如图 11-5(b)所示,当 4 个错误恰在方阵中处于一个矩形的四个角的位置上时,就检测不出来。

例中每行长度 $n=11$,则方阵码也能够检测个数小于 11 的突发错误,即在某段时间内错码成串出现,而随后又有较长的无错区间。假设第三个码字发生突发差错,共错了 6 个码元,这时接收端把接收序列按发送端规律重新排成图 11-5(c)的方阵。显然,第 3 行错了 6 个码元,但因 1 的数目仍为偶数,不能被检测出来,但第 3、4、6、7、9、10 等列的偶数监督关系将受到破坏,因而可以发现这些列内有错误,通过 ARQ(自动请求重发方式)可以加以纠正。

11.2.3　恒比码

恒比码是从长度相等的二进制数字序列中挑选出含相同数目 **1** 码元的序列作为码字（许用码组），其余序列作为禁用码组。这就是说，在所有码字中，**1** 的数目和 **0** 的数目之比是相同的，因而得名。又因一个码字中含 **1** 的个数即为该码字的重量，故这种码又名等重码或定 **1** 码。

恒比码是一种非线性码。若码长为 n，重量为 W，则这类码的码字个数为 C_n^W，禁用码字数目为 $2^n - C_n^W$。该码的检错能力很强，除成对性的错误不能发现外，所有其他类型错误均能发现。我国电传通信中目前普遍采用的 2：3 恒比码就属此类码。该码共有 $C_5^3 = 10$ 个许用码字，每个码字重量为 3，用来传送 10 个数字，而 4 个数字组成一个汉字，因此这种码就能传输汉字信息。如表 11-2 所示。经过多年来的实际使用证明，采用这种码后，使我国汉字电报的差错率大为降低。

目前在国际电报通用的 ARQ 通信系统中，应用 3 个 **1** 4 个 **0** 的 3：4 码，共有 35 个码字，正好可用来代表电传机中 32 个不同的数字与符号，经使用表明，应用这类码后，能使国际电报的误字率保持在 10^{-6} 以下。

表 11-2　3：2 恒比码

数字	码字
0	0　1　1　0　1
1	0　1　0　1　1
2	1　1　0　0　1
3	1　0　1　1　0
4	1　1　0　1　0
5	0　0　1　1　1
6	1　0　1　0　1
7	1　1　1　0　0
8	0　1　1　1　0
9	1　0　0　1　1

11.2.4　群计数码

奇偶校验码只对本码元中 **1** 的个数进行奇偶校验，因而检错能力有限。群计数码是对传送的一组信息元中 **1** 的数目进行监督，编码时将其数目的十进制值转换成二进制数字作为校验元，附在本组信息元后面一起传送，信息元与校验元一起组成一个码字。例如，要传

送的信息组为 **11011**，共有 **4** 个 **1**，则校验元为 **100**（即十进制的"**4**"），相应的码字为 **11011100**。显然，在接收端可由校验元 **100** 来判断前面信息位上数字是否有错。在码字中各数字除 **0** 变 **1** 和 **1** 变 **0** 成对出现的错误外，所有其他形式的错误都会使信息位上 **1** 的数目与校验位的数字不符。

　　为了能发现比较长的突发错误，还可以把群计数法与水平一致校验法结合起来。例如，可以把群计数码按表 11-3 所示格式排列起来。然后从左至右按列传送。接收端再把收到的二元序列按原格式排列，利用群计数法对每个码字中的信息元进行判决。这种码的检错能力显然比单纯群计数码要高。

表 11-3　水平群计数码

信息位						监督位		
1	1	1	0	1	1	1	0	1
1	1	0	1	1	0	1	0	0
1	1	1	1	0	0	1	0	0
0	0	0	1	1	1	0	1	1
1	0	1	0	0	1	0	1	1

11.3　线性分组码

11.3.1　线性分组码的概念

　　线性分组码是纠错编码中很重要的一类码，它具有严格的代数结构，其生成和接收检验建立在代数群论的基础上，由其引入的许多概念，如码率、距离、重量、码的生成矩阵、一致校验矩阵、伴随式等，可广泛应用于其他各类码中，同时它也是最具实用价值的一种纠错编码，因此我们将其作为纠错编码讨论的基础。

　　正如第 11.1.3 节介绍的，线性分组码是满足线性叠加定理的分组码，即分组码中校验元和信息元的关系是线性的（可用一次线性方程描述），这种码就称为(n,k)**线性分组码**。对于二元分组码，若每个校验元是码组中的信息元按模 2 加得到的，就构成线性分组码。

　　【例 11-3】　$(7,3)$分组码按以下的规则（校验方程）可得到 4 个校验元 $c_0 c_1 c_2 c_3$。

$$\begin{cases} c_3 = c_6 + c_4 \\ c_2 = c_6 + c_5 + c_4 \\ c_1 = c_6 + c_5 \\ c_0 = c_5 + c_4 \end{cases} \tag{11-3-1}$$

式中，c_6, c_5 和 c_4 是三个信息元。由此可得到$(7,3)$分组码的八个码字。八个信息组与八个码字的对应关系列于表 11-4 中。式$(11-3-1)$中的加法运算均为模 2 加。由此方程看到，

信息元与校验元满足线性关系,因此该(7,3)码是线性码。

表 11-4 (7,3)码的信息组与码字的对应关系

信息组			码字						
0	0	0	0	0	0	0	0	0	0
0	0	1	0	0	1	1	1	0	1
0	1	0	0	1	0	0	1	1	1
0	1	1	0	1	1	1	0	1	0
0	0	0	0	0	0	1	1	1	0
1	0	1	1	0	1	0	0	1	1
1	1	0	0	1	0	1	0	0	1
1	1	1	1	1	1	0	1	0	0

为了深化线性分组码的理论分析,我们将其与线性空间联系起来。由于每个码字都是一个长为 n 的(二进制)数组,因此可将每个码字看成一个二进制 n 重数组,进而看成二进制 n 维线性空间 $V_n(F_2)$ 中的一个矢量。长度为 n 的二进制数组共有 2^n 个,每个数组都称一个二进制 n 重矢量。显然,所有 2^n 个 n 维数组将组成一个 n 维线性空间 $V_n(F_2)$。

而 (n,k) 分组码的 2^k 个 n 重就是这个 n 维线性空间的一个子集,如果它能构成一个 k 维线性子空间,就是一个 (n,k) 线性分组码。这点可由上面的例子得到验证。

长为 7 的二进制 7 重共有 $2^7=128$ 个,显然这 128 个 7 重是 GF(2) 域(二元有限域)上的一个 7 维线性空间,而(7,3)码的八个码字,是从 128 个 7 重中按式(11-3-1)的规则挑出来的。可以验证,这八个码字组成的码集是 7 维线性空间中的一个 3 维子空间。

【定理 11-6】 二进制 (n,k) 线性分组码,是 GF(2) 域上的 n 维线性空间 V_n 中的一个 k 维子空间 $V_{n,k}$。

线性分组码的主要性质如下:

(1)任意两个码字之和(逐位模 2 和)仍是一个码字,即线性分组码具有封闭性;

(2)码的最小距离等于非零码字的最小重量。

11.3.2 生成矩阵与一致校验矩阵

1. 生成矩阵

我们已经知道,(n,k) 线性分组码的 2^k 个码字将组成 n 维线性空间的一个 k 维子空间,而线性空间可由其基底张成,因此 (n,k) 线性分组码的 2^k 个码字完全可由 k 个独立的向量组成的基底张成。设 k 个向量为

$$\boldsymbol{g}_1 = (g_{11}, g_{12}, \cdots, g_{1k}, g_{1k+1}, \cdots, g_{1n})$$

$$\boldsymbol{g}_2 = (g_{21}, g_{22}, \cdots, g_{2k}, g_{2k+1}, \cdots, g_{2n})$$

$$\vdots$$

$$\boldsymbol{g}_k = (g_{k1}, g_{k2}, \cdots, g_{kk}, g_{kk+1}, \cdots, g_{kn})$$

将它们写成矩阵形式

$$G = \begin{bmatrix} g_{11} & g_{12} & \cdots & g_{1k} & g_{1k+1} & \cdots & g_{1n} \\ g_{21} & g_{22} & \cdots & g_{2k} & g_{2k+1} & \cdots & g_{2n} \\ & & & \vdots & & & \\ g_{k1} & g_{k2} & \cdots & g_{kk} & g_{kk+1} & \cdots & g_{kn} \end{bmatrix} \tag{11-3-2}$$

(n,k) 码中的任何码字,均可由这组基底的线性组合生成。即

$$C = MG = [\, m_{k-1}, m_{k-2}, \cdots, m_0 \,] \begin{bmatrix} g_{11} & g_{12} & \cdots & g_{1n} \\ g_{21} & g_{22} & \cdots & g_{2n} \\ & & \vdots & \\ g_{k1} & g_{k2} & \cdots & g_{kn} \end{bmatrix} \tag{11-3-3}$$

式中, $M = [\, m_{k-1}, m_{k-2}, \cdots, m_0 \,]$ 是 k 个信息元组成的信息组。这就是说,每给定一个信息组,通过式(11-3-3)便可求得其相应的码字。故称这个由 k 个线性无关矢量组成的基底所构成的 $k \times n$ 阶矩阵 G 为 (n,k) 码的生成矩阵(generator matrix)。

如例 11-3 中的(7,3)码,可以从表(11-4)中的八个码字中,任意挑选出 $k=3$ 个线性无关的码字(1001110),(0100111)和(0011101)作为码的一组基底,由它们组成 G 的行,得

$$G = \begin{bmatrix} 1 & 0 & 0 & 1 & 1 & 1 & 0 \\ 0 & 1 & 0 & 0 & 1 & 1 & 1 \\ 0 & 0 & 1 & 1 & 1 & 0 & 1 \end{bmatrix}$$

若信息组 $M_i = [\, 0 \quad 1 \quad 1 \,]$,则相应的码字

$$C_i = [\, 0 \quad 1 \quad 1 \,] \begin{bmatrix} 1 & 0 & 0 & 1 & 1 & 1 & 0 \\ 0 & 1 & 0 & 0 & 1 & 1 & 1 \\ 0 & 0 & 1 & 1 & 1 & 0 & 1 \end{bmatrix} = (0 \quad 1 \quad 1 \quad 1 \quad 0 \quad 1 \quad 0)$$

它是 G 矩阵后两行的线性组合。

值得注意的是线性空间(或子空间)的基底可以不止一组,因此作为码的生成矩阵 G 也可以不止一种形式。但不论哪一种形式,它们都生成相同的线性空间(或子空间),即生成同一个 (n,k) 线性分组码。

实际上,码的生成矩阵还可由其编码方程直接得出。例如,对于例 11-3 的(7,3)码,可将编码方程改写为

$$
\begin{aligned}
c_6 &= c_6 \\
c_5 &= \qquad c_5 \\
c_4 &= \qquad\qquad c_4 \\
c_3 &= c_6 \qquad\qquad + c_4 \\
c_2 &= c_6 + c_5 + c_4 \\
c_1 &= c_6 + c_5 \\
c_0 &= \qquad c_5 + c_4
\end{aligned}
$$

写成矩阵的形式

$$
\begin{bmatrix} c_6 c_5 c_4 c_3 c_2 c_1 c_0 \end{bmatrix} =
\begin{bmatrix} c_6 \\ c_5 \\ c_4 \\ c_3 \\ c_2 \\ c_1 \\ c_0 \end{bmatrix}^{\mathrm{T}} =
\begin{bmatrix} c_6 \\ & & c_5 \\ & & & c_4 \\ c_6 & & & + & c_4 \\ c_6 & + & c_5 & + & c_4 \\ c_6 & + & c_5 \\ & & c_5 & + & c_4 \end{bmatrix}^{\mathrm{T}}
$$

$$
= \begin{bmatrix} c_6 & c_5 & c_4 \end{bmatrix}
\begin{bmatrix} 1 & 0 & 0 & 1 & 1 & 1 & 0 \\ 0 & 1 & 0 & 0 & 1 & 1 & 1 \\ 0 & 0 & 1 & 1 & 1 & 0 & 1 \end{bmatrix}
$$

$$
= \begin{bmatrix} c_6 & c_5 & c_4 \end{bmatrix} \boldsymbol{G}
$$

故 $(7,3)$ 码的 生成矩阵 为

$$
\boldsymbol{G} = \begin{bmatrix} 1 & 0 & 0 & 1 & 1 & 1 & 0 \\ 0 & 1 & 0 & 0 & 1 & 1 & 1 \\ 0 & 0 & 1 & 1 & 1 & 0 & 1 \end{bmatrix}
$$

在线性分组码中,我们经常用到一种特殊的结构,如上例 $(7,3)$ 码的所有码字的前三位,都是与信息组相同的信息元,后面四位是校验元。像这种形式的码,称为系统码。

【定义 11-9】　若信息组以不变的形式,在码字的任意 k 位中出现,该码称为系统码。否则,称为非系统码。

目前较流行的有两种形式的系统码:一种是信息组排在码字 $(c_{n-1}, c_{n-2}, \cdots, c_0)$ 的最左边 k 位 $c_{n-1}, c_{n-2}, \cdots, c_{n-k}$,如表 11-4 中所列出的码字就是这种形式。另一种是信息组被安置在码字的最右边 k 位 $c_{k-1}, c_{k-2}, \cdots, c_0$。

若采用码字左边 k 位(即前 k 位)是信息位的系统码形式(本书采用此形式),则式 (11-3-2) $\boldsymbol{G}$ 矩阵左边 k 列应是一个 k 阶单位方阵 $\boldsymbol{I}_k$,(也就是 $g_{11} = g_{22} = \cdots = g_{kk} = 1$,其余元素均为 0)。因此系统码的生成矩阵可表示成

$$
\boldsymbol{G}_0 = \begin{bmatrix}
1 & 0 & \cdots & 0 & \vdots & g_{1,k+1} & \cdots & g_{1n} \\
0 & 1 & \cdots & 0 & \vdots & g_{2,k+1} & \cdots & g_{2n} \\
\vdots & & \ddots & & \vdots & & \vdots & \\
0 & 0 & \cdots & 1 & \vdots & g_{k,k+1} & \cdots & g_{kn}
\end{bmatrix} = \begin{bmatrix} \boldsymbol{I}_k & \vdots & \boldsymbol{P} \end{bmatrix}
\qquad (11\text{-}3\text{-}4)
$$

其中 $\boldsymbol{P}$ 是一个 $k \times (n-k)$ 维矩阵。只有这种形式的生成矩阵才能生成 (n,k) 系统型线性分组码,也就是标准形式,因此,系统码的生成矩阵也是一个典型的矩阵(或称标准阵)。考察典型矩阵,便于检查 $\boldsymbol{G}$ 的各行是否线性无关。如果 $\boldsymbol{G}$ 不具有标准型,虽能产生线性码,但码字不具备系统码的结构,此时将 $\boldsymbol{G}$ 的非标准型经过行初等变换成标准型 $\boldsymbol{G}_0$,由于系统码的编码与译码较非系统码简单,而且对分组码而言,系统码与非系统码的抗干扰能力完全等

价,故若无特别声明,我们仅讨论系统码。

2. 一致校验矩阵

前面我们讲过,编码问题就是在给定的 d_0 或码率 R 下如何利用已知的 k 个信息元求得 $r=n-k$ 个校验元。例 11-3 中的 $(7,3)$ 码的 4 个校验元由式(11-3-1)的线性方程组决定。为了更好地说明信息元与校验元的关系,现将式(11-3-1)变换为

$$\begin{cases} 1 \cdot c_6 + 0 \cdot c_5 + 1 \cdot c_4 + 1 \cdot c_3 + 0 \cdot c_2 + 0 \cdot c_1 + 0 \cdot c_0 = 0 \\ 1 \cdot c_6 + 1 \cdot c_5 + 1 \cdot c_4 + 0 \cdot c_3 + 1 \cdot c_2 + 0 \cdot c_1 + 0 \cdot c_0 = 0 \\ 1 \cdot c_6 + 1 \cdot c_5 + 0 \cdot c_4 + 0 \cdot c_3 + 0 \cdot c_2 + 1 \cdot c_1 + 0 \cdot c_0 = 0 \\ 0 \cdot c_6 + 1 \cdot c_5 + 1 \cdot c_4 + 0 \cdot c_3 + 0 \cdot c_2 + 0 \cdot c_1 + 1 \cdot c_0 = 0 \end{cases}$$

再用矩阵表示这些线性方程

$$\begin{bmatrix} 1 & 0 & 1 & 1 & 0 & 0 & 0 \\ 1 & 1 & 1 & 0 & 1 & 0 & 0 \\ 1 & 1 & 0 & 0 & 0 & 1 & 0 \\ 0 & 1 & 1 & 0 & 0 & 0 & 1 \end{bmatrix} \begin{bmatrix} c_6 \\ c_5 \\ c_4 \\ c_3 \\ c_2 \\ c_1 \\ c_0 \end{bmatrix} = \begin{bmatrix} 0 \\ 0 \\ 0 \\ 0 \end{bmatrix} = \boldsymbol{O}^{\mathrm{T}} \tag{11-3-5}$$

或

$$\begin{bmatrix} c_6 & c_5 & c_4 & c_3 & c_2 & c_1 & c_0 \end{bmatrix} \begin{bmatrix} 1 & 1 & 1 & 0 \\ 0 & 1 & 1 & 1 \\ 1 & 1 & 0 & 1 \\ 1 & 0 & 0 & 0 \\ 0 & 1 & 0 & 0 \\ 0 & 0 & 1 & 0 \\ 0 & 0 & 0 & 1 \end{bmatrix} = \begin{bmatrix} 0 & 0 & 0 & 0 \end{bmatrix} = \boldsymbol{O} \tag{11-3-6}$$

将上面的 4 行 7 列系数矩阵用 $\boldsymbol{H}$ 表示

$$\boldsymbol{H} = \begin{bmatrix} 1 & 0 & 1 & 1 & 0 & 0 & 0 \\ 1 & 1 & 1 & 0 & 1 & 0 & 0 \\ 1 & 1 & 0 & 0 & 0 & 1 & 0 \\ 0 & 1 & 1 & 0 & 0 & 0 & 1 \end{bmatrix}$$

式(11-3-5)或式(11-3-6)表明, $\boldsymbol{C} = [c_n, c_{n-1}, \cdots, c_1]$ 中各码元是满足由 $\boldsymbol{H}$ 所确定的 r 个线性方程的解,故 $\boldsymbol{C}$ 是一个码字;反之,如 $\boldsymbol{C}$ 中码元组成一个码字,则一定满足由 $\boldsymbol{H}$ 所确定的 r 个线性方程。故 $\boldsymbol{C}$ 是方程式(11-3-5)或式(11-3-6)解的集合。显而易见, $\boldsymbol{H}$ 一定,便可由信息元求出校验元,编码问题迎刃而解;或者说,要解决编码问题,只要找到 $\boldsymbol{H}$ 即可。由于 (n,k) 码的所有码字均按 $\boldsymbol{H}$ 所确定的规则求出,故称 $\boldsymbol{H}$ 为它的**一致校验矩阵**(parity

check matrix)或**一致监督矩阵**。

一般而言,(n,k)线性分组码有$r(=n-k)$个校验元,故必有r个独立的线性方程。所以(n,k)线性码的$\boldsymbol{H}$矩阵由r行和n列组成,可表示为

$$\boldsymbol{H} = \begin{bmatrix} h_{11} & h_{12} & \cdots & h_{1n} \\ h_{21} & h_{22} & \cdots & h_{2n} \\ \vdots & & & \vdots \\ h_{r1} & h_{r2} & \cdots & h_{rn} \end{bmatrix}$$

这里h_{ij}的下标i代表行号,j代表列号。因此,$\boldsymbol{H}$是一个r行、n列矩阵。由$\boldsymbol{H}$矩阵可建立线性分组码的r个线性方程

$$\begin{bmatrix} h_{11} & h_{12} & \cdots & h_{1n} \\ h_{21} & h_{22} & \cdots & h_{2n} \\ \vdots & & & \vdots \\ h_{r1} & h_{r2} & \cdots & h_{rn} \end{bmatrix} \begin{bmatrix} c_{n-1} \\ c_{n-2} \\ \vdots \\ c_1 \\ c_0 \end{bmatrix} = \boldsymbol{O}^{\mathrm{T}}$$

简写为

$$\boldsymbol{H}\boldsymbol{C}^{\mathrm{T}} = \boldsymbol{O}^{\mathrm{T}} \tag{11-3-7}$$

或

$$\boldsymbol{C}\boldsymbol{H}^{\mathrm{T}} = \boldsymbol{O} \tag{11-3-8}$$

这里$\boldsymbol{C} = [c_{n-1}, c_{n-2}, \cdots, c_1, c_0]$,$\boldsymbol{C}^{\mathrm{T}}$是$\boldsymbol{C}$的转置,$\boldsymbol{O}$是一个全为0的$r$重。

综上所述,我们将$\boldsymbol{H}$矩阵的特点归纳如下:

(1)$\boldsymbol{H}$矩阵的每一行代表一个线性方程的系数,它表示求一个校验元的线性方程。

(2)$\boldsymbol{H}$矩阵每一列代表此码元与哪几个校验方程有关。

(3)由$\boldsymbol{H}$矩阵得到的(n,k)分组码的每一码字$C_i(i=1,2,\cdots,2^k)$都满足由$\boldsymbol{H}$矩阵行所确定的线性方程,即式(11-3-7)或式(11-3-8)。

(4)(n,k)码需有$r=n-k$个独立的校验元,需r个独立的线性方程。因此,$\boldsymbol{H}$矩阵至少有r行,且$\boldsymbol{H}$矩阵的秩为r。若将$\boldsymbol{H}$的每一行看成一个向量,则此r个向量必然张成了n维线性空间中的一个r维子空间$\boldsymbol{V}_{n,r}$。

(5)考虑到生成矩阵$\boldsymbol{G}$中的每一行及其线性组合都是(n,k)码中的一个码字,故有

$$\boldsymbol{G}\boldsymbol{H}^{\mathrm{T}} = \boldsymbol{O}_{r \times k}$$

或

$$\boldsymbol{H}\boldsymbol{G}^{\mathrm{T}} = \boldsymbol{O}_{r \times k}^{\mathrm{T}} \tag{11-3-9}$$

这说明由$\boldsymbol{G}$和$\boldsymbol{H}$的行生成的空间互为零空间,也就是说,$\boldsymbol{H}$矩阵的每一行与由$\boldsymbol{G}$矩阵生成的分组码中每一个码字内积均为零,即$\boldsymbol{G}$和$\boldsymbol{H}$彼此正交。

(6)由上面的例子不难看出,$(7,3)$码的$\boldsymbol{H}$矩阵右边4行4列为一个4阶单位方阵,一般而言,系统型(n,k)线性分组码的$\boldsymbol{H}$矩阵右边r列可以组成一个单位方阵$\boldsymbol{I}_r$,故有

$$\boldsymbol{H} = [\boldsymbol{Q} \vdots \boldsymbol{I}_r]$$

式中,$\boldsymbol{Q}$是一个$r \times k$阶矩阵。我们称这种形式的矩阵为典型形式或标准形式,采用典型形式

的 $\boldsymbol{H}$ 矩阵更易于检查各行是否线性无关。

（7）由式（11-3-9）易得

$$[\boldsymbol{Q} \vdots \boldsymbol{I}_r][\boldsymbol{I}_k \vdots \boldsymbol{P}]^{\mathrm{T}} = [\boldsymbol{Q} \vdots \boldsymbol{I}_r]\begin{bmatrix} \boldsymbol{I}_k \\ \boldsymbol{P}^{\mathrm{T}} \end{bmatrix} = \boldsymbol{Q} + \boldsymbol{P}^{\mathrm{T}} = \boldsymbol{0}^{\mathrm{T}}$$

即有

$$\boldsymbol{P} = \boldsymbol{Q}^{\mathrm{T}} \tag{11-3-10}$$

或

$$\boldsymbol{P}^{\mathrm{T}} = \boldsymbol{Q}$$

因此，$\boldsymbol{H}$ 一定，$\boldsymbol{G}$ 也就一定，反之亦然。

11.3.3　线性分组码的伴随式译码

前面所讨论的一致校验矩阵和生成矩阵是发送端编码器的核心模块，而在接收端则可采用伴随式的概念实现译码和检出错误。

假设通过信道传送的码字 $\boldsymbol{C} = [c_{n-1}, c_{n-2}, \cdots, c_i, \cdots, c_1, c_0]$，在传输过程中可能引入差错，故接收码组为 $\boldsymbol{R} = [r_{n-1}, r_{n-2}, \cdots, r_i, \cdots, r_1, r_0]$，对于加性信道有 $\boldsymbol{R} = \boldsymbol{C} + \boldsymbol{E}$，这里 $\boldsymbol{E} = [e_{n-1}, e_{n-2}, \cdots, e_i, \cdots, e_1, e_0]$ 表示码字传输中产生的错误情况，称为<u>错误图样</u>。若 $e_i = 1$（$i = 0, 1, 2, \cdots, n-1$），这说明 $\boldsymbol{R}$ 的第 i 位发生了错误。正像发送端编码时利用一致校验矩阵 $\boldsymbol{H}$ 可从 2^n 个码组中筛选出 2^k 个许用码组（码字）那样，在接收端收到接收码组 $\boldsymbol{R}$ 后也必须由预先存储在接收端译码器中的一致校验矩阵来筛选，即

$$\boldsymbol{S}^{\mathrm{T}} = \boldsymbol{H}\boldsymbol{R}^{\mathrm{T}} \quad \text{或} \quad \boldsymbol{S} = \boldsymbol{R}\boldsymbol{H}^{\mathrm{T}} \tag{11-3-11}$$

并判断 $\boldsymbol{S}$ 是否为零。若 $\boldsymbol{S} = \boldsymbol{0}$，则接收码组是许用码组（码字），进行正确译码，并从该码字中将监督位去除后输出信息码。

由于

$$\boldsymbol{S} = \boldsymbol{R}\boldsymbol{H}^{\mathrm{T}} = (\boldsymbol{C} + \boldsymbol{E})\boldsymbol{H}^{\mathrm{T}} = \boldsymbol{C}\boldsymbol{H}^{\mathrm{T}} + \boldsymbol{E}\boldsymbol{H}^{\mathrm{T}} = \boldsymbol{E}\boldsymbol{H}^{\mathrm{T}}$$

或者

$$\boldsymbol{S}^{\mathrm{T}} = \boldsymbol{H}\boldsymbol{E}^{\mathrm{T}} \tag{11-3-12}$$

即 $\boldsymbol{S}$ 仅与信道的错误图样 $\boldsymbol{E}$ 有关，而与发送的码字 $\boldsymbol{C}$ 无关，故称 $\boldsymbol{S}$ 为 (n,k) 线性分组码的<u>伴随式</u>。由于 $\boldsymbol{H}$ 是 $r \times n$ 阶矩阵，$\boldsymbol{E}$ 为 $1 \times n$ 阶行阵，故 $\boldsymbol{S}$ 是 $1 \times r$ 阶行阵，或者 $\boldsymbol{S}^{\mathrm{T}}$ 为 $r \times 1$ 阶列阵。当 $\boldsymbol{E}$ 不为零，即有错误时，$\boldsymbol{S}$ 不为零；否则 $\boldsymbol{S} = \boldsymbol{O}$。译码器可以利用伴随式 $\boldsymbol{S}$ 来检错和纠错。

【例 11-4】　设 $(7,3)$ 码 $\boldsymbol{C} = [1\ \ 1\ \ 0\ \ 1\ \ 0\ \ 0\ \ 1]$，错误图样 $\boldsymbol{E} = [0\ \ 0\ \ 0\ \ 1\ \ 0\ \ 0\ \ 0]$，则接收矢量 $\boldsymbol{R} = \boldsymbol{C} + \boldsymbol{E} = [1\ \ 1\ \ 0\ \ 0\ \ 0\ \ 0\ \ 1]$，相应的伴随式为

$$\boldsymbol{S}^{\mathrm{T}} = \boldsymbol{H}\boldsymbol{E}^{\mathrm{T}} = \begin{bmatrix} 1 & 0 & 1 & 1 & 0 & 0 & 0 \\ 1 & 1 & 1 & 0 & 1 & 0 & 0 \\ 1 & 1 & 0 & 0 & 0 & 1 & 0 \\ 0 & 1 & 1 & 0 & 0 & 0 & 1 \end{bmatrix} \begin{bmatrix} 0 \\ 0 \\ 0 \\ 1 \\ 0 \\ 0 \\ 0 \end{bmatrix} = \begin{bmatrix} 1 \\ 0 \\ 0 \\ 0 \end{bmatrix} = \begin{bmatrix} s_3 \\ s_2 \\ s_1 \\ s_0 \end{bmatrix} \tag{11-3-13}$$

或 $S = [s_3 \quad s_2 \quad s_1 \quad s_0] = [1 \quad 0 \quad 0 \quad 0]$。由式（11-3-13）可见，这里 S^T 正是 H 矩阵中第 4 列，可见当一位出错时伴随式的结果就是 H 矩阵中与错误图样为 1 的码元位所对应的列矢量。

任何一个错误图样都可以计算出相应的伴随式，错误图样不同则其伴随式也不同。如果接收码组中只有单个错误，则错误图样与伴随式的对应关系如表 11-5 所示。

表 11-5　接收码组中只有单个错误时，错误图样与伴随式的对应关系

错误图样 E	1000000	0100000	0010000	0001000	000010	000010	0000001
伴随式 S	1110	0111	1101	1000	0100	0010	0001

由式（11-3-12）得 $S^T = HE^T = HR^T$，若接收码组 R 仅在第 i 位有错误，那么导出的伴随式 S^T 恰是在矩阵 H 第 i 列的位置。由此可以得出结论：当传输错误数量在码的纠错能力之内时，利用伴随式不仅可以判断出接收码组中是否存在错误，而且还可以指出错误所在的位置。通过计算 $R + E = C$，就可以将错误码元纠正过来。

接收端收到码组 $[r_6, r_5, \cdots, r_1, r_0]$ 后，原则上可以在译码器中把码集中的所有码字存储起来，将接收码组与其逐一比较，按照"最大似然"准则找出码距最小的一个码字作为译码输出，然后再将校验位去除后得出信息码。在 0 和 1 码等概率出现的二元码情况下，通过对称信道传输后误码率为 $P_e < \dfrac{1}{2}$。按上述"最大似然译码"方法，能保证译码错误概率最小，故它是"最佳译码"。通过计算 n 个码元中各差错概率为

$$P_{ei} = C_n^i P_e^i (1 - P_e)^{n-i}$$

但是在码长 n 和信息位数 k 很大时，这种在译码器内逐个比较的检错方法是难以实现的。

11.3.4　汉明码

前面曾多次提到汉明码距离、汉明重量等术语，这是为了纪念一位对纠错编码做出杰出贡献的科学家汉明（Hamming. R. W）而命名的。汉明码的命名则更直接，这种码是由汉明在 1950 年首先提出的。它有以下特征：

码长 $\qquad\qquad n = 2^m - 1$

信息位数 $\qquad k = 2^m - m - 1$

校验元位数 $\quad r = n - k = m$

最小距离 $\qquad d = 3$

纠错能力 $\qquad t = 1$

这里 m 为大于等于 2 的正整数，给定 m 后，即可构造出具体的 (n, k) 汉明码。这可以从建立一致校验矩阵着手。我们已经知道，H 矩阵的列数就是码长 n，行数等于 m。如 $m = 3$，就可计算出 $n = 7, k = 4$，因而是 $(7,4)$ 线性码。其 H 矩阵正是用 $2^r - 1 = 7$ 个非零 3 重码作列向量构成的，如下式所示。

$$H = \begin{bmatrix} 0 & 0 & 0 & 1 & 1 & 1 & 1 \\ 0 & 1 & 1 & 0 & 0 & 1 & 1 \\ 1 & 0 & 1 & 0 & 1 & 0 & 1 \end{bmatrix}$$

这时 H 矩阵的对应列正好是十进制数 $1\sim 7$ 的二进制表示,对于纠正 1 位差错来说,其伴随式的值就等于对应的 H 的列矢量,即错误位置。所以这种形式的 H 矩阵构成的码很便于纠错,但这是非系统的(7,4)汉明码的一致校验矩阵。如果要得到系统码,可调整各列次序来实现

$$H_0 = \begin{bmatrix} 1 & 1 & 1 & 0 & 1 & 0 & 0 \\ 0 & 1 & 1 & 1 & 0 & 1 & 0 \\ 1 & 1 & 0 & 1 & 0 & 0 & 1 \end{bmatrix} = \begin{bmatrix} Q I_3 \end{bmatrix}$$

有了 H_0,按照式(11-3-10)就可得到系统码的生成矩阵为

$$G_0 = \begin{bmatrix} I_4 Q^T \end{bmatrix} = \begin{bmatrix} 1 & 0 & 0 & 0 & 1 & 0 & 1 \\ 0 & 1 & 0 & 0 & 1 & 1 & 1 \\ 0 & 0 & 1 & 0 & 1 & 1 & 0 \\ 0 & 0 & 0 & 1 & 0 & 1 & 1 \end{bmatrix}$$

也可得到系统码的校验位。汉明码的译码方法,正如第 11.3.3 节所述,可以采用先计算伴随式,然后确定错误图样并加以纠正的方法。

值得一提的是(7,4)汉明码的 H 矩阵并非只有以上两种。原则上讲,(n,k) 汉明码的一致校验矩阵有 n 列 m 行,它的 n 列分别由除了全 0 之外的 m 位码组构成,每个码组只在某列中出现一次。而 H 矩阵各列的次序是可变的。

不难看出,汉明码是纠单个错码的纠错码中编码效率最高的,如(7,4)汉明码的码率为 4/7,是纠错能力为 1 的 7 重码中编码效率最高的,表 11-6 列出了其全部码字。

表 11-6　(7,4)汉明码

信息位	码字	信息位	码字
0000	0000000	1000	1000011
0001	0001111	1001	1001100
0010	0010110	1010	1010101
0011	0011001	1011	1011010
0100	0100101	1100	1100110
0101	0101010	1101	1101001
0110	0110011	1110	1110000
0111	0111100	1111	1111111

汉明码如果再加上一位对所有码元都进行校验的监督位,则校验元由 m 增至 $m+1$,信息位不变,码长由 2^m-1 增至 2^m,通常把这种 $(2^m, 2^m-1-m)$ 码称为扩展汉明码。扩展汉明码

的最小码距增加为 4,能纠正 1 位错误同时检查 2 位错误,简称纠 1 检 2 错码。例如(7,4)汉明码可变成(8,4)扩展汉明码。(8,4)码的 $\boldsymbol{H}$ 矩阵为

$$\boldsymbol{H}_{(8,4)} = \begin{bmatrix} 1 & 1 & 1 & 1 & 1 & 1 & 1 & 1 \\ 1 & 1 & 1 & 0 & 1 & 0 & 0 & 0 \\ 0 & 1 & 1 & 1 & 0 & 1 & 0 & 0 \\ 1 & 1 & 0 & 1 & 0 & 0 & 1 & 0 \end{bmatrix}$$

它的第一行为全 1 行,最后一列的列矢量为 $\begin{bmatrix} 1 & 0 & 0 & 0 \end{bmatrix}^{\mathrm{T}}$,它的作用是使第 8 位成为偶校验位,而前 7 位码元同(7,4)码。这种 $\boldsymbol{H}$ 矩阵,任何 3 列都是线性独立的,而只有 4 列才能线性相关,因此它的 $d_{\min}$ 等于 4,可实现纠 1 位错误同时检出 2 位错误。

11.4 循 环 码

11.4.1 循环码的概念

循环码是线性分组码的一个重要子类。它除了具有线性分组码的封闭性外,还有独特的循环性,即若线性分组码的任一码字循环移位所得的码组仍在该码集中,则此线性分组码称为循环码。很明显,$(n,1)$ 重复码是一个循环码。表 11-7 中的(7,3)码是循环码。

表 11-7 (7,3)循环码

序号	码字
0	0 0 0 0 0 0 0
1	0 0 1 1 1 0 1
2	0 1 0 0 1 1 1
3	0 1 1 1 0 1 0
4	1 0 0 1 1 1 0
5	1 0 1 0 0 1 1
6	1 1 0 1 0 0 1
7	1 1 1 0 1 0 0

【定义 11-10】 任一个 $\mathrm{GF}(q)$(q 为素数或素数幂)上的 n 维线性空间 $\boldsymbol{V}_n$ 中,一个 n 重子空间 $\boldsymbol{V}_{n,k} \subseteq \boldsymbol{V}_n$,若对任何一个 $\boldsymbol{C}_i = [c_{n-1}, c_{n-2}, \cdots, c_0] \in \boldsymbol{V}_{n,k}$,恒有 $\boldsymbol{C}'_i = [c_{n-2}, \cdots, c_0, c_{n-1}] \in \boldsymbol{V}_{n,k}$,则称 $\boldsymbol{V}_{n,k}$ 是循环子空间或循环码。

循环码具有许多特殊的代数性质,这些性质有助于按所要求的纠错能力系统地构造这类码。即循环码很容易用带反馈的移位寄存器电路实现,而且性能较好,不但可用于纠正独立的随机错误,也可用于纠正突发错误。

循环码的数学描述可用多项式来表示。设码组为 $C=[c_{n-1},c_{n-2},\cdots,c_1,c_0]$，其对应的码多项式可表示为

$$C(x)=c_{n-1}x^{n-1}+c_{n-2}x^{n-2}+\cdots+c_1x+c_0 \qquad (11-4-1)$$

其中 $c_i\in\mathrm{GF}(2)$，则它们之间建立了一种一一对应关系，上述多项式亦可称为码字多项式，其中多项式的系数就是码字各分量的值，x 为一个任意实变量，其幂次 i 代表该分量所在位置。

由循环码的特性可知，若 $C=[c_{n-1},c_{n-2},\cdots,c_1,c_0]$ 是循环码的一个码字，则 $C^{(1)}=[c_{n-2},\cdots,c_0,c_{n-1}]$ 也是该循环码的一个码字，它的码多项式为

$$C^{(1)}(x)=c_{n-2}x^{n-1}+\cdots+c_0x+c_{n-1}$$

与式（11-4-1）比较可知

$$C^{(1)}(x)\equiv xC(x)\qquad \mathrm{mod}(x^n+1)$$

同样的道理，$xC^{(1)}(x)$ 对应的码字 $C^{(2)}$ 相当于将码字 $C^{(1)}$ 左移一位，亦即 C 左移两位，由此可得

$$C^{(2)}(x)=c_{n-3}x^{n-1}+\cdots+c_0x^2+c_{n-1}x+c_{n-2}$$
$$\equiv xC^{(1)}(x)\qquad \mathrm{mod}(x^n+1)$$
$$\equiv x^2C(x)\qquad \mathrm{mod}(x^n+1)$$

以此类推，不难得出循环左移 i 位时，有

$$C^i(x)\equiv x^iC(x)\qquad \mathrm{mod}(x^n+1)\qquad (i=0,1,\cdots,n-1) \qquad (11-4-2)$$

可见 $x^iC(x)$ 在模 x^n+1 下的余式对应着将码字 C 左移 i 位的码字 $C^{(i)}$。

【定理 11-7】 若 $C(x)$ 是 n 长循环码中的一个码多项式，则 $x^iC(x)$ 按模 x^n+1 运算的余式必为循环码的另一码多项式。

为了简单起见，上述 $\mathrm{mod}(x^n+1)$ 在码多项式的表示中不一定写出，而通常用类似式（11-4-1）表示。

11.4.2　循环码的描述

在描述某一循环码时，既可像线性分组码那样采用生成矩阵或一致校验矩阵方法，更多的则是以生成多项式形式表述。

【定理 11-8】 (n,k) 循环码的多项式集合 $\{C(x)\}$ 中必定存在唯一的次数最低的非零次码多项式 $g(x)$，其次数 $r=n-k$，并且集合中任一码多项式都是按模 x^n+1 运算下 $g(x)$ 的倍式。则称 $g(x)$ 为该 (n,k) 循环码的生成多项式。

定理 11-8 说明，对于循环码，只要确定了其生成多项式 $g(x)$，即可以由 $g(x)$ 产生循环码的全部码组。

假设信息码多项式为 $m(x)$，则对应的码多项式为

$$C(x)=m(x)g(x)\qquad \mathrm{mod}(x^n+1) \qquad (11-4-3)$$

式中，$m(x)$ 为次数不大于 $k-1$ 的多项式，故共有 2^k 个 (n,k) 循环码码字。

【例 11-5】 GF(2)上多项式 $x^7+1=(x+1)(x^3+x+1)(x^3+x^2+1)$,构造一个(7,3)循环码。

要构造一个(7,3)循环码,就是在 x^7+1 中找一个 $n-k=4$ 次的因式,作为码的生成多项式,由它的一切倍式就组成了(7,3)循环码。若选 $g(x)=(x^3+x+1)(x+1)=x^4+x^3+x^2+1$,则(7,3)循环码的码多项式与码字列于表 11-8 中。不难看出,该码就是表 11-7 所示的循环码。由该表可知,该码的八个码字可由 $g(x)$、$xg(x)$、$x^2g(x)$ 的线性组合产生出来,而且这三个码多项式是线性无关的,它们构成一组基底。所以生成的循环子空间(循环码)是一个三维子空间 $\boldsymbol{V}_{7,3}$,对应于一个(7,3)循环码。

表 11-8 $g(x)=x^4+x^3+x^2+1$ 生成的(7,3)循环码

码多项式	码字
$g(x)=x^4+x^3+x^2+1$	0 0 1 1 1 0 1
$xg(x)=x^5+x^4+x^3+x$	0 1 1 1 0 1 0
$x^2g(x)=x^6+x^5+x^4+x^2$	1 1 1 0 1 0 0
$(1+x^2)g(x)=x^6+x^5+x^3+1$	1 1 0 1 0 0 1
$(1+x+x^2)g(x)=x^6+x^4+x+1$	1 0 1 0 0 1 1
$(1+x)g(x)=x^5+x^2+x+1$	0 1 0 0 1 1 1
$(x+x^2)g(x)=x^6+x^3+x^2+x$	1 0 0 1 1 1 0
$0g(x)=0$	0 0 0 0 0 0 0

在 $x^7+1=(x+1)(x^3+x+1)(x^3+x^2+1)$ 中,若选

$$g(x)=(x+1)(x^3+x^2+1)=x^4+x^2+x+1$$

则生成另一个循环码。同理在 x^7+1 的因式中,若选 $g(x)=x^3+x+1$ 或 $g(x)=x^3+x^2+1$,则可构造出两个不同的(7,4)循环码,若选 $g(x)=(x^3+x^2+1)(x^3+x+1)$,则可构造出一个(7,1)循环码,它就是重复码。由此可知,只要知道了 x^n+1 的因式分解式,用它的各个因式的乘积,便能得到很多个不同的循环码。

若用生成多项式对应的码字及其移位来表示生成矩阵的各行,则生成矩阵可写成

$$\boldsymbol{G}(x)=\begin{bmatrix} x^{k-1}g(x) \\ x^{k-2}g(x) \\ \vdots \\ xg(x) \\ g(x) \end{bmatrix} \tag{11-4-4}$$

式中,$g(x)=x^r+g_{r-1}x^{r-1}+\cdots+g_1x+g_0$。

例如考查表 11-7 中(7,3)循环码,$n=7,k=3,r=4$ 其生成多项式及生成矩阵分别为

$$g(x)=x^4+x^3+x^2+1$$

$$G(x) = \begin{bmatrix} x^2 g(x) \\ x g(x) \\ g(x) \end{bmatrix} = \begin{bmatrix} x^6 + x^5 + x^4 + x^2 \\ x^5 + x^4 + x^3 + x \\ x^4 + x^3 + x^2 + 1 \end{bmatrix}$$

即

$$G = \begin{bmatrix} 1 & 1 & 1 & 0 & 1 & 0 & 0 \\ 0 & 1 & 1 & 1 & 0 & 1 & 0 \\ 0 & 0 & 1 & 1 & 1 & 0 & 1 \end{bmatrix}$$

生成矩阵中的三行都是表 11-7 中的码字,并且是线性无关的。对比表 11-8 可知,表 11-7 中的所有码字用多项式表示时,均是 $g(x)$ 的倍式。

由式(11-4-4)所示生成矩阵得到的循环码并非系统码。在系统码中码的最左 k 位是信息码元,随后是 $n-k$ 位校验码元。这相当于码多项式 $C(x)$ 的第 $n-1$ 次至 $n-k$ 的系数是信息位,其余的是校验位。

$$C(x) = m_{k-1} x^{n-1} + \cdots + m_0 x^{n-k} + r_{n-k-1} x^{n-k-1} + \cdots + r_0$$

$$= m(x) x^{n-k} + r(k) \equiv 0 \bmod g(x) \tag{11-4-5}$$

式中,$m(x) = m_{k-1} x^{k-1} + \cdots + m_1 x + m_0$ 是信息多项式,而检验元多项式为 $r(x) = r_{n-k-1} x^{n-k-1} + \cdots + r_1 x + r_0$,它的系数 $(r_{n-k-1}, \cdots, r_1, r_0)$ 就是信息组 $(m_{k-1}, \cdots, m_1, m_0)$ 的校验元。由式(11-4-5)知

$$-r(x) = -C(x) + m(x) x^{n-k} = m(x) x^{n-k} \bmod g(x) \tag{11-4-6}$$

式中,$-r(x)$ 是 $r(x)$ 中的每一系数取加法逆元,在 GF(2) 中加法和减法等效,即在构造二进制系统循环码时,只需将信息码多项式升 $n-k$ 阶(乘以 x^{n-k}),然后以 $g(x)$ 为模,所得余式 $r(x)$ 的系数即为校验元。因此,系统循环码的编码过程就变为多项式按模取余的问题。

系统码的生成矩阵为典型形式 $G[I_k \vdots P]$,与单位矩阵 I_k 每行对应的信息多项式为

$$m_i(x) = m_i x^{k-i} = x^{k-i}, \quad i = 1, 2, \cdots, k$$

由式(11-4-6)可得相应的校验多项式为

$$r_i(x) = x^{k-i} x^{n-k} = x^{n-i} \bmod g(x), \quad i = 1, 2, \cdots, k$$

由此得到生成矩阵中每行的码多项式为

$$C_i(x) = x^{n-i} + r_i(x), \quad i = 1, 2, \cdots, k$$

因此,二进制系统循环码生成矩阵多项式一般表示为

$$G(x) = \begin{bmatrix} C_1(x) \\ C_2(x) \\ \vdots \\ C_k(x) \end{bmatrix} = \begin{bmatrix} x^{n-1} & + & r_1(x) \\ x^{n-2} & + & r_2(x) \\ & \vdots & \\ x^{n-k} & + & r_k(x) \end{bmatrix}$$

与循环码的生成多项式相对应,通常还可定义其校验多项式,令

$$h(x) = (x^n + 1)/g(x) = x^k + h_{k-1} x^{k-1} + \cdots + h_1 x + 1 \tag{11-4-7}$$

式中,$g(x)$ 是生成多项式,$h(x)$ 是常数项为 1 的 k 次多项式。同理,可得一致校验矩阵为

$$H(x) = \begin{bmatrix} x^{n-k-1}h^*(x) \\ \vdots \\ xh^*(x) \\ h^*(x) \end{bmatrix} \qquad (11-4-8)$$

式中,$h^*(x)$ 为 $h(x)$ 的互反多项式,$h^*(x) = x^k + h_1 x^{k-1} + h_2 x^{k-2} + \cdots + h_{k-1} x + 1$。

例如表 11-7 中 $(7,3)$ 循环码,$g(x) = x^4 + x^3 + x^2 + 1$,则

$$h(x) = (x^7 + 1)/g(x) = x^3 + x^2 + 1$$
$$h^*(x) = x^3 + x + 1$$

即

$$H = \begin{bmatrix} 1 & 0 & 1 & 1 & 0 & 0 & 0 \\ 0 & 1 & 0 & 1 & 1 & 0 & 0 \\ 0 & 0 & 1 & 0 & 1 & 1 & 0 \\ 0 & 0 & 0 & 1 & 0 & 1 & 1 \end{bmatrix}$$

11.4.3 循环码的编码和译码

一旦循环码的生成多项式 $g(x)$ 确定了,则码就完全确定了。循环码的每个码多项式 $C(x) = g(x)m(x)$,都是 $g(x)$ 的倍式。对系统码来说,就是已知信息多项式 $m(x)$,求 $m(x)$ x^{n-k} 被 $g(x)$ 除以后的余式 $r(x)$。所以,循环码的编码器就是 $m(x)$ 乘 $g(x)$ 的乘法器,或者是 $g(x)$ 除法电路。另外,循环码的译码实际上也是用 $g(x)$ 去除接收多项式 $R(x)$,检测余式结果。因此,多项式乘法及除法是编、译码的基本运算。本节主要针对二进制编译码,先介绍作为编译码电路核心的多项式除法电路,然后讨论编码电路,对于多进制循环码即 $GF(q)$ 上循环码的电路可以此类推。

这里我们只介绍系统码的编码电路。设从信源输入编码器的位信息组多项式为 $m(x) = m_{k-1} x^{k-1} + \cdots + m_1 x + m_0$。如果要编出系统码的码字,则由式(11-4-5)和式(11-4-6)知

$$C(x) = m(x)x^{n-k} + r(x)$$
$$r(x) \equiv m(x)x^{n-k} \bmod g(x)$$

系统码的编码器就是信息组 $m(x)$ 乘 x^{n-k},然后用 $g(x)$ 除,求余式 $r(x)$ 的电路。

下面以二进制 $(7,4)$ 汉明码为例说明,设其生成多项式为 $g(x) = x^3 + x + 1$,则系统码编码器如图 11-6 所示。

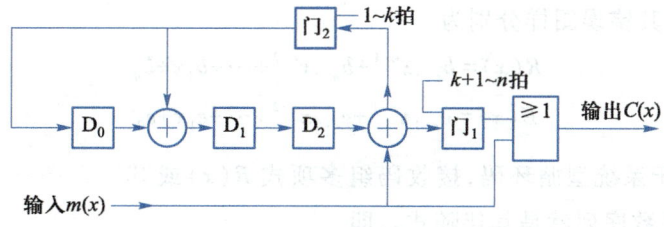

图 11-6 $(7,4)$ 码三级除法编码器

编码过程如下：

（1）三级移存器初态全为 0，门$_1$ 开，门$_2$ 关。信息组以高位先入的次序送入电路，一方面经**或**门输出，另一方面送入 $g(x)$ 除法电路右端，这相应于完成 $x^{n-k}m(x)$ 的除法运算。

（2）四次移位后，信息组全部通过**或**门输出，它就是系统码码字的前四个信息元，与此同时它也全部进入 $g(x)$ 电路，完成除法。此时在移存器中的存数就是余式 $r(x)$ 的系数，也就是码字的校验元 (c_2, c_1, c_0)。

（3）门$_1$ 关，门$_2$ 开，再经三次移位后，移存器中的校验元 c_2、c_1、c_0 跟在信息组后面，形成一个码字（$c_6=m_3, c_5=m_2, c_4=m_1, c_3=m_0, c_2, c_1, c_0$）从编码器输出。

（4）门$_1$ 开，门$_2$ 关，送入第二组信息组，重复上述过程。

表 11-9 列出该编码器的工作过程。输入信息组是 $[1,0,0,1]$，7 次移位后输出端得到了已编好的码字 $[1,0,0,1,1,1,0]$。

表 11-9　（7,4）汉明码编码的工作过程

节拍	信息组输入	移存器内容			输出码字
		$D_0(x^0)$	$D_1(x^1)$	$D_2(x^2)$	
0		0	0	0	
1	1	1	1	0	1
2	0	0	1	1	0
3	0	1	1	1	0
4	1	0	1	1	1
5		0	0	1	1
6		0	0	1	1
7		0	0	0	0

接收端译码的目的是检错和纠错。由于任一码多项式 $C(x)$ 都能被生成多项式 $g(x)$ 整除，所以在接收端可以将接收码组 $R(x)$ 用生成多项式去除。当传输中无错误发生时，接收码组和发送码字相同，即 $C(x)=R(x)$，故接收码组 $R(x)$ 必能被 $g(x)$ 整除。若码字在传输中发生错误，则 $C(x)\neq R(x)$，$R(x)$ 除以 $g(x)$ 有余项，所以可以用余项是否为零来判别接收矢量中有无误码。在接收端为纠错而采用的译码方法自然比检错时复杂。同样，为了能够纠错，要求每个可纠正的错误图样必须与一个特定余式有一一对应关系。

设接收码组及其错误图样分别为

$$R(x) = b_{n-1}x^{n-1} + b_{n-2}x^{n-2} + \cdots + b_1 x + b_0$$

$$E(x) = e_{n-1}x^{n-1} + e_{n-2}x^{n-2} + \cdots + e_1 x + e_0$$

可以证明：对于系统型循环码，接收码组多项式 $R(x)$ 或其错误图样多项式 $E(x)$ 除以 $g(x)$ 所得余式的系数序列就是其伴随式。即

$$S(x) = R(x) \bmod g(x) = s_{r-1}x^{r-1} + s_{r-2}x^{r-2} + \cdots + s_1 x + s_0$$

且

$$S = [s_{r-1}, s_{r-2}, \cdots, s_0] = RH^{\mathrm{T}}$$

用于检错时,根据 $S(x)$ 是否为零就可判断接收码组 R 是否有错,$S(x) = 0$ 时表明 $R(x)$ 无错,$S(x) \neq 0$ 表明 $R(x)$ 有错。用于纠错时,还需要根据 $S(x)$ 不同的非零情况确定相应的错误位置,从而纠正错误。

【例 11-6】 二进制 $(7,4)$ 循环汉明码,生成多项式 $g(x) = x^3 + x + 1$,相应的校验矩阵为

$$H = [\tilde{x}^{6^{\mathrm{T}}} \tilde{x}^{5^{\mathrm{T}}} \tilde{x}^{4^{\mathrm{T}}} \tilde{x}^{3^{\mathrm{T}}} \tilde{x}^{2^{\mathrm{T}}} \tilde{x}^{1^{\mathrm{T}}} \tilde{x}^{0^{\mathrm{T}}}] \bmod g(x) = \begin{bmatrix} 1 & 1 & 1 & 0 & 1 & 0 & 0 \\ 0 & 1 & 1 & 1 & 0 & 1 & 0 \\ 1 & 1 & 0 & 1 & 0 & 0 & 1 \end{bmatrix}$$

可见,该码的 $d_0 = 3$,可纠 $t = 1$ 位错码,由于循环码的特点,构造其译码器的错误识别电路时,只要识别 1 位出错的错误图样中的一个,如 $E_6 = [1,0,0,0,0,0,0]$ 就够了,该图样的伴随式就是 H 的第一列 $[1,0,1]$。而错误图样 E_6 的识别电路就是一个检测伴随式是否为 $[1,0,1]$ 的电路。由此可得如图 11-7 所示的译码电路。图中的伴随式计算电路就是一个以 $g(x) = x^3 + x + 1$ 为除式的除法电路,而有 3 个输入端的与门和反相器,组成了识别 $[1,0,1]$ 的伴随式识别器。译码器的译码过程如表 11-10。

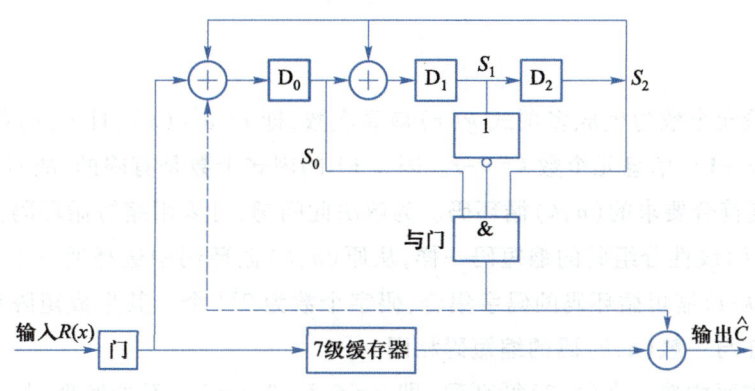

图 11-7 $(7,4)$ 汉明码译码器

表 11-10 图 11-7 译码器译码过程

节拍	输入 $R(x)$	伴随式计算电路			与门 输出	缓存 输出	译码器 输出
		D_0	D_1	D_2			
0		0	0	0			
1	$1(x^6)$	1	0	0			
2	$0(x^5)$	0	1	0			
3	$0(x^4)$	0	0	1			
4	$0(x^3)$	1	1	0			
5	$0(x^2)$	0	1	1			
6	$1(x)$	0	1	1			

续表

节拍	输入 $R(x)$	伴随式计算电路			与门输出	缓存输出	译码器输出
		D_0	D_1	D_2			
7	$1(x^0)$	0	1	1			
8		0	1	1	0	1	1
9		1	1	1	0	0	0
10		1	0	1	1	0	1
11		1	0	0	0	0	0
12		0	1	0	0	0	0
13		0	0	1	0	1	1
14		1	1	0	0	1	1

11.4.4　常用循环码

循环码是实际系统中常使用的一类纠错编码方式,为方便查阅,现将常用循环码列举如下。

1. 缩短循环码

循环码校验元个数为生成多项式 $g(x)$ 最高次数,即 $r=\partial^0 g(x)$,且 $g(x)$ 能被 (x^n+1) 整除,即 $g(x) \mid (x^n+1)$,信息元个数 $k=n-r$。因 x^n+1 的因式个数是有限的,故对于给定的 k 或 r,不一定能找到符合要求的 (n,k) 循环码。为解决此问题,可采用缩短循环码。

和一般 (n,k) 线性分组码的缩短码一样,从原 (n,k) 循环码中选择所有前 i 位为零的码字即构成 $(n-i,k-i)$ 缩短循环码的码字集合,码字个数为 2^{k-i} 个。其生成矩阵和一致校验矩阵的构造方法亦与一般 (n,k) 码的缩短码相同。

例如我们需要构造一个 $(6,3)$ 循环码,即 $n=6,k=3,r=3$。不难发现,找不到一个三次多项式 $g(x)$,满足 $g(x) \mid (x^6+1)$。但 $g(x)=x^3+x+1$ 时,$g(x) \mid (x^7+1)$,故先构成 $(7,4)$ 码,而后去掉一位信息元,共有 $2^{4-1}=8$ 个码字,便得 $(6,3)$ 码。具体做法是:将 $(7,4)$ 循环码中第一位为零的码字取出,去掉第一个零,即组成了 $(6,3)$ 缩短码的全部码字

$$
\begin{array}{llll}
0 & \boxed{\begin{array}{cccccc} 0 & 0 & 0 & 0 & 0 & 0 \end{array}}, & 1 & 0 & 0 & 0 & 1 & 0 & 1 \\
0 & 0 & 0 & 1 & 0 & 1 & 1, & 1 & 0 & 0 & 1 & 1 & 1 & 0 \\
0 & 0 & 1 & 0 & 1 & 1 & 0, & 1 & 0 & 1 & 0 & 0 & 1 & 1 \\
0 & 0 & 1 & 1 & 1 & 0 & 1, & 1 & 0 & 1 & 1 & 0 & 0 & 0 \\
0 & 1 & 0 & 0 & 1 & 1 & 1, & 1 & 1 & 0 & 0 & 0 & 1 & 0 \\
0 & 1 & 0 & 1 & 1 & 0 & 0, & 1 & 1 & 0 & 1 & 0 & 0 & 1 \\
0 & 1 & 1 & 0 & 0 & 0 & 1, & 1 & 1 & 1 & 0 & 1 & 0 & 0 \\
0 & 1 & 1 & 1 & 0 & 1 & 0, & 1 & 1 & 1 & 1 & 1 & 1 & 1
\end{array}
$$

值得注意的是,缩短循环码已不再具有循环移位的特点,不过它的每个码字多项式仍是原 (n,k) 码生成多项式 $g(x)$ 的倍式 $g(x) \mid (x^n+1)$,但 $g(x)$ 不能整除 $(x^{n-i}+1)$。

尽管缩短循环码的码字已不再具有循环特性,但这并不影响其编、译码的简单实现,它仅需对原 (n,k) 循环码的编、译码稍做修正。

缩短循环码的编码器仍与原来循环码的编码器一样(因为去掉前 i 个为零的信息元,并不影响监督位的计算),只是操作的总节拍少了 i 拍。译码时,只要在每个接收码组前加 i 个零,原循环码的译码器就可用来译缩短循环码。但为了节省资源,也可不加 i 个零,而对伴随式寄存器的反馈连接进行修正,同时将缓冲寄存器改为 $n-i$ 级。例如,$(15,11)$ 循环码缩短 5 位得到了 $(10,6)$ 码,其生成多项式为 $g(x)=x^3+x+1$,通过计算可得 $f(x)=R_{g(x)}[x^5]=x^2+x$,则其译码电路如图 11-8 所示。

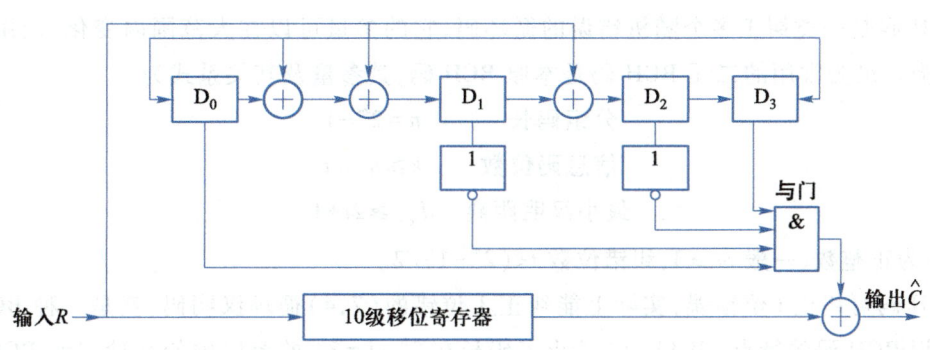

图 11-8　$(10,6)$ 缩短循环码的译码电路

总之,缩短循环码是在原循环码中选前 i 个信息位为 0 的码字组成。由于缩短的是信息元,缩短循环码的校验元数目与原循环码相同,因此缩短码的汉明距离和纠错能力不会低于原循环码,甚至会比原循环码更大些。

缩短循环码的译码器可在原 (n,k) 循环码译码器基础上做如下修正后使用:

(1) k 级缓存器改为 $k-i$ 级(或 n 级缓存器改为 $n-i$ 级);

(2) 为了与(1)的改动相适应,$R(x)$ 应自动乘以 x^i,然后再输入伴随式计算电路。

2. CRC 码

循环冗余校验码(CRC)是一种非常适合于检错的差错控制码。由于其检错能力强,它对随机错误和突发错误都能以较低冗余度进行严格检验,且编码和译码检错电路的实现都相当简单,故在数据通信和移动通信中都得到了广泛的应用。

CRC 码可以检测出以下几种形式的错误:

(1) 突发长度不超过 $n-k$ 的全部错误;

(2) 当突发错误达到 $n-k+1$ 位时,可部分检错,其比例为 $1-2^{-(n-k-1)}$;

(3) 当超出长度为 $n-k+1$ 的突发错误,可检错比例为 $1-2^{-(n-k)}$;

(4) 所有与许用码字距离小于 $d_{\min}$ 的错误;

(5) 所有奇数个随机错误。

表 11-11 给出了作为国际标准得到广泛应用的几种常用 CRC 码的生成多项式,它们均含有因式 $x+1$,这类码不含奇数重量码字,相当于进行了奇偶校验。

表 11-11　常用 CRC 码

CRC 码	生成多项式 $g(x)$	$n-k$
CRC$_{-12}$ 码	$x^{12}+x^{11}+x^3+x^2+x+1$	12
CRC$_{-16}$ 码	$x^{16}+x^{15}+x^2+1$	16
CRC$_{-CCITT}$ 码	$x^{16}+x^{12}+x^5+1$	16
CRC-32	$x^{32}+x^{26}+x^{23}+x^{22}+x^{16}+x^{12}+x^{11}+x^{10}+x^8+x^7+x^5+x^4+x^2+1$	32

3. BCH 码

BCH 码是一类纠正多个随机错误的循环码,它的参量可以在大范围内变化,选用灵活,适用性强。最为常用的二元 BCH 码是本原 BCH 码,其参量及其关系式为

分组码长　　　　$n=2^m-1$

信息码位数　　　$k \geqslant n-mt$

最小汉明距离　　$d_{\min} \geqslant 2t+1$

其中,m 为正整数,一般 $m \geqslant 3$,纠错位数 $t<(2^m-1)/2$。

BCH 码可纠正 t 位错误,实际上能纠正 1 位错的 (7,4) 循环汉明码,就是一种 BCH 码。为了认识 BCH 码的特点,表 11-12 给出了码长在 $2^5-1=31$ 的范围内的几种二元 BCH 码的参数,表中 n 表示码长,k 表示信息位长,t 表示码的纠错能力,生成多项式的系数序列栏下的数字表示其二进制系数,如表中生成多项式系数序列为 (11101101001) 时,其生成多项式为 $g(x)=x^{10}+x^9+x^8+x^6+x^5+x^3+1$,构成能纠 2 个错误的 (31,21) BCH 码。

作为 BCH 码的应用实例,H.320 会议电视系统利用 E1(2.048 Mbit/s) PCM 传输。当信道误码率超出 10^{-6} 时,启用 BCH(511,493) 码。$n-k=r=18$,其生成多项式为

$$g(x)=(x^9+x^4+1)(x^9+x^6+x^5+x^3+1), \quad n=2^m-1=2^9-1=511, \quad m=9, \quad k=493$$

可纠 2 位错码,$d_0=5$。

表 11-12　部分二元 BCH 码的参数

n	k	t	生成多项式的系数序列	n	k	t	生成多项式 $g(x)$ 的系数序列
7	4	1	1 011	31	21	2	11 101 101 001
15	11	1	10 011	31	16	3	1 000 111 110 101 111
15	7	2	111 010 001	31	11	5	101 100 010 011 011 010 101
15	5	3	10 100 111 111	31	6	7	001 011 011 110 101 000 100 111
31	26	1	100 101				

4. RS 码

RS 码是 Reed-Solomon(里德-索洛蒙)码的缩写,该码是一种多元 BCH 码。由于 RS 码

是以每符号 m 个比特进行的多元符号编码,在编码方法上与二元 (n,k) 循环码不同。分组块长为 $n=2^m-1$ 的码字比特数为 $m(2^m-1)$,当 $m=1$ 时就是二元编码。一般 RS 码常用 $m=8$ bit,这类 RS 码具有很大应用价值。可以纠 t 个符号错误的 RS 码参量如下

分组长度	$n=2^m-1$	(符号)
信息组长度	k 个符号,$k=n-2t$	(符号)
校验元	$n-k=2t$	(符号)
最小汉明距离	$d_{\min}=2t+1$	(符号)

RS 码的主要优点:

(1)它是多进制纠错码,故特别适用于多进制调制的场合;

(2)因为其最小汉明距离比校验符号数多 1,因此 RS 码的冗余度可以高效率利用,可以根据需要,在大范围内调整它的各个参量,特别是便于码率的选择与适配;

(3)译码方便,效率高;

(4)它能纠正 t 个 m 位二进制错误码组。至于一个 m 位二进制码组中到底有 1 位错误,还是 m 位全错了,并不会影响它的纠错能力。因此它适合于在衰落信道中纠正突发性错误。

RS 码还适合于纠正组合差错(随机与突发)的场合,如 RS(64,40)码,每 6 bit 信息构成一个信息符号,240 bit 的分组(即 6×40)经编码后,增加了 144 bit(24 个符号)冗余,码长为 $n=64$ 符号,具有 12 个符号的纠错能力。又如 RS(64,62)码,用于 64QAM 数字微波系统,其中 2 符号冗余,只占 3%,纠错能力为 $t=1$(符号)。

11.5 卷 积 码

11.5.1 卷积码的描述方法

1. 一般概念

卷积码是 1955 年由爱里斯(Elias)提出的,它与以前各章所讨论的分组码不相同。分组码编码时,本组中的 $(n-k)$ 个校验元仅与本组的 k 个信息元有关,而与其他各组码元无关,分组码译码时,也仅从本码组中的码元内提取有关译码信息,而与其他各组无关。但是在卷积码编码中,本组的 n_0-k_0 个校验元不仅与本组的 k_0 个信息元有关,而且还与以前各时刻输入至编码器的信息组有关。同样地,在卷积码译码过程中,不仅从此时刻收到的码组中提取译码信息,而且还要利用以前或以后各时刻收到的码组提取有关信息。此外,卷积码中每组的信息位 k_0 和码长 n_0,通常也比分组码的 k 和 n 要小。

正由于在卷积码的编码过程中充分利用了各级之间的相关性,且 k_0 和 n_0 也较小,因此,在与分组码同样的码率 R 和设备复杂性条件下,无论从理论上还是从实际上均已证明卷积

码的性能至少不比分组码差,且实现最佳和准最佳译码也较分组码容易。所以,从信道编码定理看,卷积码是一种非常有前途的、能达到信道编码定理所提要求的码类。但由于卷积码各组之间相互有关,因此在卷积码的分析过程中,至今仍未找到像分组码那样有效的数学工具,以致性能分析比较困难,从分析上得到的成果也不像分组码那样多,而往往还要借助计算机的搜索来寻找好码。

从描述方法上看,卷积码也可以像分组码一样利用码多项式或者生成矩阵等形式来描述。此外,根据卷积码的特点,还可以利用状态图(state diagram)、树图(tree)以及格图(trellis)等工具来描述,下面首先从卷积码的编码开始进行讨论。

卷积码的编码可以通过由移位寄存器组成的网络结构实现。图 11-9 给出了二进制 $(2,1,2)$ 卷积码的编码框图。

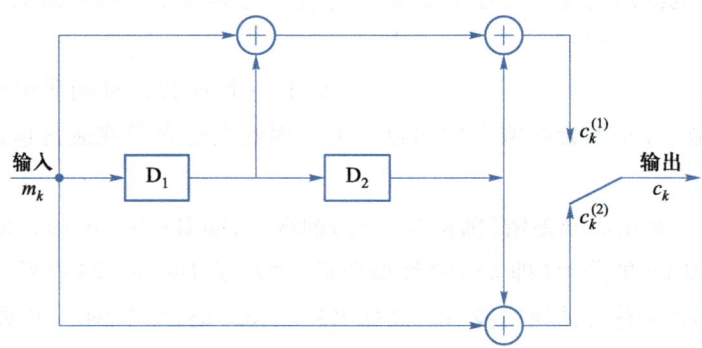

图 11-9　$(2,1,2)$ 卷积码的编码框图

在图 11-9 中,$D_i(i=1,2)$ 为移位寄存器。编码时,在某一时刻 k 送入编码器一个信息比特 m_k,同时移位寄存器中的数据(D_1 和 D_2 中存储的数据分别是 $k-1$ 时刻和 $k-2$ 时刻的输入 m_{k-1} 和 m_{k-2})右移一位,编码器根据移位寄存器的输出(m_{k-1} 和 m_{k-2})和编码器输入(m_k),按照编码器中所确定的规则进行运算,生成该时刻的两个输出码元 $c_k^{(1)}$ 和 $c_k^{(2)}$。由图 11-9 的编码器结构图可知,该卷积码的编码规则为

$$c_k^{(1)} = m_k + m_{k-1} + m_{k-2}$$
$$c_k^{(2)} = m_k + m_{k-2}$$

输出码字为

$$c_k = (c_k^{(1)}, c_k^{(2)})$$

可见,任一时刻 k 的编码输出 c_k 不仅与当前时刻的输入 m_k 有关,同时与 $k-1$ 时刻和 $k-2$ 时刻的输入 m_{k-1} 和 m_{k-2} 有关,同时,k 时刻的输入信息元 m_k 还影响接下来 $k+1$ 时刻和 $k+2$ 时刻的编码输出 c_{k+1} 和 c_{k+2},例如

$$c_{k+1}^{(2)} = m_k + m_{k+1} + m_{k-1}$$
$$c_{k+2}^{(2)} = m_k + m_{k+1} + m_{k+2}$$

考虑一般的 (n_0, k_0, m) 卷积码,在每一时刻送至编码器的输入信息元为 k_0 个,相应的编

码输出为 n_0 个码元。一般情况下,这 n_0 个码元组成的子码称为卷积码的一个子组或者码段。任一时刻 k 送至编码器的信息组记为 $m_k = (m_k^{(1)}, m_k^{(2)}, \cdots, m_k^{(k_0)})$,相应的编码输出码段 $c_k = (c_k^{(1)}, c_k^{(2)}, \cdots, c_k^{(n_0)})$ 不仅与前面的 m 个时刻的 m 段输入信息组 $m_{k-1}, m_{k-2}, \cdots, m_{k-m}$ 和输出码段 $c_{k-1}, c_{k-2}, \cdots, c_{k-m}$ 有关,而且还参与此时刻之后 m 个时刻的输出码段 $c_{k+1}, c_{k+2}, \cdots, c_{k+m}$ 的计算。

上述卷积码的输出实际上是 k_0 个输入信息元与编码寄存器中存储的 m 个信息元线性组合的结果(对于二进制码,输出是模 2 加的结果),因此这样的卷积码又称为线性卷积码。

下面介绍卷积码的几个基本概念。

编码器中某一时刻与输出相关的非该时刻输入信息组的个数 m 称为**编码存储**,即编码器中移位寄存器的个数,同时也表示输入信息组在编码器中存储的单位时间。称 $N = m+1$ 为编码约束度,说明编码过程中互相约束的码段数。称 $N_A = Nn_0$ 为**编码约束长度**,说明编码过程中互相约束的码元数。称 $R = k_0/n_0$ 为**编码效率**,简称码率,码率是衡量卷积码编码效率的重要参数。

2. 生成子多项式

卷积码的编码操作可以用多项式来表述,它代表了输入比特产生各自输出比特的原理。如上述例子中的码多项式为

$$g^{(1)}(D) = D^2 + D + 1 \tag{11-5-1}$$
$$g^{(2)}(D) = D^2 + 1$$

式中,算子 D 代表一个单位延迟。我们称式(11-5-1)中每个多项式为该卷积码的**子生成元**,其最高次数为 m。称式(11-5-1)为码的**生成子多项式**。

这两个多项式的意义为:第一个输出比特由记录两帧的比特(D^2 项)和记录一帧的比特(D)的模 2 相和得到。第二个输出是记录两帧的比特(D^2 项)与输入比特(1)通过模 2 相加得到。可见,只要码的子生成元确定,就容易得到其编码电路。这在图 11-9 中都有反映。性能好的卷积码的生成子多项式经常以八进制或十六进制的形式在文献列表中表示。第一个多项式具有系数 111,用 7 来表示;第二个多项式具有系数 101,用 5 来表示。

生成子多项式的概念也可以在若干信息比特同时输入的情况下使用。此时,生成子多项式描述的是输入的每一比特和它前面的值是如何影响每一输出比特的。例如,2 bit 输入、3 bit 输出的码需要 6 个生成子多项式,分别设为 $g_1^{(2)}(D)$、$g_1^{(1)}(D)$、$g_1^{(0)}(D)$、$g_2^{(2)}(D)$、$g_2^{(1)}(D)$ 和 $g_2^{(0)}(D)$。

3. 卷积码的状态图和格图描述

（1）状态图描述

通常卷积码的编码电路可以看作一个有限状态的线性电路,因此可以利用状态图来描述编码过程。

编码寄存器在任一时刻所存储的数据取值称为编码器的一个状态,以 S_i 来表示。对于图 11-9 所示的二进制（2,1,2）卷积码,编码器中包含两个寄存器,因此,共有 $2^2 = 4$ 种可能

的状态,相应的取值和标记如表 11-13 所示。

表 11-13　约束长度为 3 的编码寄存器状态表

状态 S	D_1D_2
S_0	00
S_1	10
S_2	01
S_3	11

随着信息序列的输入,编码器中寄存器的状态在上述 4 个状态之间发生转移,并输出相应的码序列。将编码器随输入而发生状态转移的过程用流程图的形式来描述,即得到卷积码的状态图。以 $(2,1,2)$ 卷积码为例,其状态图及相应的输入码元的关系如图 11-10 所示。

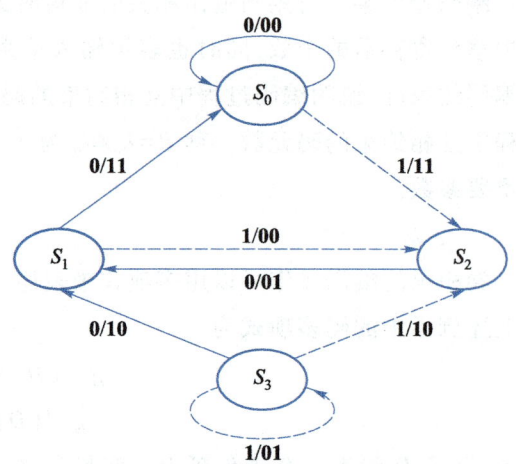

图 11-10　$(2,1,2)$ 卷积码的编码器状态图

在图 11-10 中,对应每一条转移路径上的标记,斜线前的数码表示输入码元,后面是相应的输出码元。例如,若当前编码器处于 S_0 状态,下一时刻输入为 1 时,编码器从 S_0 状态转移到 S_1 状态,同时编码器输出为 11。编码器的编码过程就是在状态图上转移的过程。例如,对于信息序列 $m = (1011100)$,若卷积码的初始状态为 S_0,则在对 m 编码时的状态转移为 $S_0 \rightarrow S_1 \rightarrow S_2 \rightarrow S_1 \rightarrow S_3 \rightarrow S_3 \rightarrow S_2 \rightarrow S_0$ 相应的编码输出为 $(11,10,00,01,10,01,11)$。

(2)格图描述

将状态图按照时间的顺序展开,即得到卷积码的格图(又称篱笆图)表示。例如,考察长度为 $L=5$ 的输入信息序列,为使编码器在编码完成后回到初始 S_0 状态,需要在信息序列的尾端补存与编码器寄存器个数相等的零比特。由此,相应的格图表示如图 11-11 所示。其中每条路径转移分支对应的输入/输出码元与图 11-10 给出的状态图是一致的。图 11-11 中实线所对应的输入信息序列为 (101110),相应的编码输出为 $(11,10,00,01,10,01,11)$。

格图结构主要用于对卷积码编码过程的分析和 Viterbi 译码。

除了利用状态图和格图描述卷积码的编码过程外,还可以利用树图来描述卷积码的编码过程,在卷积码的序列译码算法中采用的就是树图结构描述方法,有兴趣的读者可以参考相关书籍或文献。

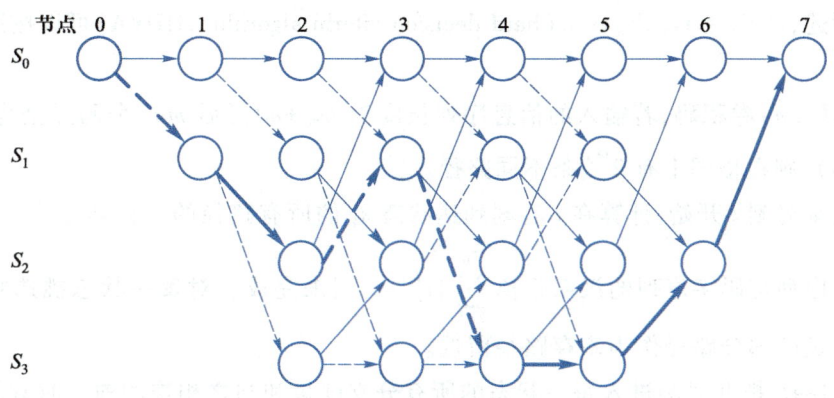

图 11-11　(2,1,2)卷积码编码过程的格图描述

11.5.2　卷积码的 Viterbi 译码

卷积码的译码可分为代数译码和概率译码两大类。代数译码利用生成矩阵或一致校验矩阵进行译码,最主要的方法是大数逻辑译码。概率译码比较实用的有两种:Viterbi 译码和序列译码。目前,概率译码已成为卷积码最主要的译码方法。本节将简要讨论 Viterbi 译码。Viterbi 译码是一种最大似然译码方法。由于接收序列通常很长,所以在 Viterbi 译码时对最大似然译码进行了简化,即把接收码组分段累计处理,例如(2,1,2)卷积码译码以 12 位组分段,每接收一个 12 位码组,计算、比较一次,保留码距最小路径,直至译完整个序列。

下面以硬判决 Viterbi 译码为例,介绍其译码原理。

卷积码的码字序列 C 是输入信息序列 m 与编码器冲激响应卷积的结果,C 经过信号传输映射并送至有噪声信道传输,在接收端得到接收序列 R。Viterbi 译码方法就是利用接收序列 R,根据最大似然估计准则来得到估计的码字序列 $\hat{C}$。即寻找在接收序列 R 的条件下使条件概率 $P(R|C)$ 取得最大值(称为最大度量)时所对应的码字序列作为估值输出。Viterbi 算法就是利用卷积码编码器的格图来计算路径度量。算法首先给格图中的每个状态(结点)指定一个部分路径度量值。这个部分路径度量值由从起始时刻 $t=0$ 的 S_0 状态到当前 k 时刻的 S_k 状态决定。在每个状态,选择达到该状态的具有"最好"部分路径度量的分支,按照所采用的度量,选择满足条件的部分路径作为幸存路径,而将其他达到该状态的分支从格图上删除。Viterbi 算法就是在格图上选择从起始时刻到终止时刻的唯一幸存路径作为最大似然路径。沿着最大似然路径,从终止时刻回溯到开始时刻,所走过的路径对应的编码输出就是最大似然译码输出序列。

可以证明,对于二元对称信道,这种计算和寻找有最大度量路径的过程等价于寻找与 R 有最小汉明距离的路径,这时,Viterbi 算法就是在编码格图上选择与接收序列 R 之间的汉明距离最小的码字序列作为译码输出,因此,Viterbi 译码就等价于最小汉明距离译码。

综上所述，硬判决 Viterbi 算法（hard decision viterbi algorithm，HDVA）可以按照下述步骤实现。

设 (n_0,k_0,m) 卷积码，若输入的信息序列长度为 Lk_0+mk_0（后 mk_0 个码元全为 0，以迫使编码器归零），则在格图上有 2^{Lk_0} 条不同路径。

（1）设某时刻 t 开始，计算在 t 时刻到达状态 s_k 的所有路径的部分路径度量，这可以通过计算接收序列与码字序列的汉明距离 $\sum\limits_{j=1}^{n_0} |r_t^{(j)}-c_t^{(j)}|$ 来完成。对每一状态挑选并存储一条具有最大度量的部分路径作为幸存路径留选。

（2）$t+1\rightarrow t$，把此时刻进入每一状态的所有分支度量和与之相连的前一时刻的幸存路径的度量相加，得到了此时刻进入每一状态的幸存路径，将其存储并删去其他所有路径，因此幸存路径延长了一个分支。

（3）若 $t<L+m$，重复以上各步，否则停止，得到具有最大度量的路径。

Viterbi 算法得到的最终幸存路径在格图中是唯一的，也就是最大似然路径。

【例 11-7】　考察前面所描述的 $(2,1,2)$ 卷积码。若输入序列为 $m=(1011100)$，相应的码子序列为 $C=(11,10,00,01,10,01,11)$，如果经过 BSC 信道传输后得到的接收硬判决序列为 $R=(11,10,00,01,11,01,11)$，可见，有两位出现了错误，下面考察通过 Viterbi 算法以最小汉明距离为准则实现译码，从而获得估计信息序列 $\hat{m}$ 和码字序列 $\hat{C}$。

图 11-12 给出了在编码器格图上根据接收序列进行 Viterbi 译码的过程（与图 11-11 一致）。图中用粗线画出了在每一时刻进入每个状态的幸存路径；从 $t=2$ 时刻以前，进入每一个状态的分支只有一个，因此这些路径就是幸存路径；从 $t=2$ 时刻开始，进入每一个状态结点的路径有两条，按照最小距离准则，选择一条幸存路径。在 $t=7$ 时刻，只剩下唯一的一条幸存路径，即最大似然路径，与这条路径相对应的码字就是译码输出，显然，根据前述该输入序列的编码码字，可知 $\hat{C}=C=(11,10,00,01,10,01,11)$，相应的译码输出信息序列为 $\hat{m}=m=(1011100)$。表 11-14 给出了进入每个状态结点的幸存路径的部分度量值。

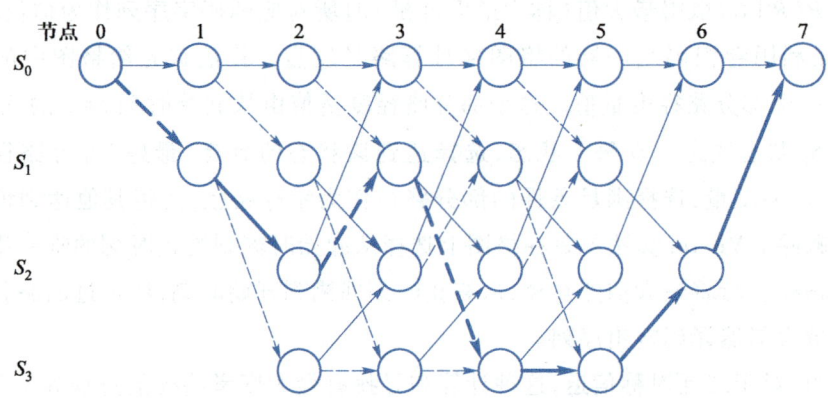

图 11-12　Viterbi 译码过程示意图

表 11-14　进入每个状态结点的幸存路径的部分度量值

状态 S	$t=1$	$t=2$	$t=3$	$t=4$	$t=5$	$t=6$	$t=7$
S_0	1	2	2	3	3	3	3
S_1	1	2	1	3	3		
S_2		1	3	3	2	2	
S_3		3	3	1	2		

在软判决译码中,接收机并不是将每个接收码元简单地判决为 0 或者 1(1 bit 量化),而是使用多比特量化或者直接使用未量化的模拟信号。理想情况下,接收序列 R 直接用于软判决 Viterbi 译码器。软判决 Viterbi 译码器的工作过程与硬判决 Viterbi 译码器的工作过程相似,唯一的区别是在度量中采用的参数不同。通常,实现软判决 Viterbi 算法有两种方法。第一种是利用欧几里得距离度量代替硬判决时的汉明距离度量,其中接收码元采用多比特量化;第二种方法是采用相关度量选择幸存路径,接收码元也采用多比特量化。软判决与硬判决相比,性能上一般可获得 1.5~2 dB 的好处。

11.5.3　卷积码的应用

1. 性能较好的卷积码

考虑 Viterbi 译码,假设卷积码的编码存储 m 只是个位数。在每一帧被接收时,译码器都必须更新 2^m 状态,对于每一个状态,都有 2^{k_0} 条路径要估算。于是,译码器的计算量大致等于 2^N。这是能够用此方式解码的码的约束长度的上限。这个限的大小取决于要求达到的比特率和技术水平,但是通常情况下,约束度 N 取 7~9,这些值是目前典型的最大值。更长的约束长度也意味着功能更为强大的码,但只能在合理的码率下用其他技术来译码,例如序贯译码。

我们将一些已知的性能良好的码率为 1/2 的卷积码的生成多项式用八进制的形式表示,如表 11-15 所示。

表 11-15　码率为 1/2 的卷积码

m	$g^{(1)}$	$g^{(2)}$	d_∞
2	7	5	5
3	17	15	6
4	35	23	7
5	75	53	8
6	171	133	10
7	371	247	10
8	753	561	12

最常见的卷积码的码率为 1/2,输入约束度 $N=7$,生成子多项式为

$$g^{(1)}(D) = D^6 + D^5 + D^4 + D^3 + 1$$
$$g^{(0)}(D) = D^6 + D^4 + D^3 + 1$$

2. 删除卷积码

删除卷积码是国际电信卫星组织开通的中速率数据传输系统中常用的一种信道编码方法,它通过有规律地删除原卷积码序列中一定数量的码元符号,有效地提高信道传输效率,当然此时码的纠错能力会相应降低。

删除卷积码又称为删余卷积码,其过程实际上是在编码器的输出码流中系统地删除一部分码元,被删除码元的个数决定了最终的编码速率。例如对于 1/2 码率的卷积码,在其输出序列中每 4 个码元删除 1 个,相当于每 2 个输入码元相应的输出为 3 个码元,产生了一个码率为 2/3 的码字。同样地,若在每 6 个输出码元中删除 2 个,就可以实现 3/4 码率。

例如,我们把 $(2,1,7)$ 卷积码序列每 6 位分为一组

$$C_0^{(1)}, C_0^{(2)}, C_1^{(1)}, \underline{C_1^{(2)}}, C_2^{(1)}, C_2^{(2)}, \mid C_3^{(1)}, C_3^{(2)}, C_4^{(1)},$$
$$\underline{C_4^{(2)}}, C_5^{(1)}, C_5^{(2)}, \mid C_6^{(1)}, C_6^{(2)}, C_7^{(1)}, \underline{C_7^{(2)}}, C_8^{(1)}, C_8^{(2)} \mid \cdots$$

删除第 4,5 两位(下划线部分)即可得到 3/4 码率的删除卷积码

$$C_0^{(1)}, C_0^{(2)}, C_1^{(1)}, C_2^{(2)}, \mid C_3^{(1)}, C_3^{(2)}, C_4^{(1)}, C_5^{(2)}, \mid C_6^{(1)}, C_6^{(2)}, C_7^{(1)}, C_8^{(2)} \mid \cdots$$

可以看出以上序列相当于是每输入 $k_0 = 3$ 位信息元产生一个 $n_0 = 4$ 位的子码序列。

表 11-16 表明了码率为 1/2 的码可以被删除,产生码率为 2/3 或 3/4 的好码。对于 2/3 码率的码来说,前两个生成子(八进制表示)用来生成第一个 2 bit 的输出帧,而下一帧只用到了第三个生成子(和其他两个一样)。对于 3/4 码率的码来说,紧接着的第三帧要用到第四个生成子。

表 11-16　码率为 1/2 的收缩码与码率为 2/3,3/4 的码比较

生成子		d_∞	生成子			d_∞	生成子				d_∞
$R=(1/2)$			$R=(2/3)$				$R=(3/4)$				
2	7,	5	5	7,	5,	7	3	7,	5,	5,	7	3
3	15	17	6	15,	17,	15	4	15,	17,	15,	17	4
4	31,	33	7	31,	33,	31	5	31,	33,	31,	31	3
4	37,	25	6	37,	25,	31	4	37,	25,	37,	37	4
5	57,	65	8	57,	65,	57	5	65,	57,	57,	65	4
6	133,	171	10	133,	171,	133	6	133,	171,	133,	171	5
6	135,	147	10	135,	147,	147	6	135,	147,	147,	147	6
7	237,	345	10	237,	345,	237	7	237,	345,	237,	345	6

除了运算方面的考虑,删除卷积码还能用在一个译码器提供若干种不同码率的情况,这一点很重要。比如说,我们可以在较好的接收条件下处理 3/4 码率的码,但当噪声级别加大且要求有较大的最小距离 d_∞ 时,允许接收端和发送端在切换到 2/3 或 1/2 码率的标准上保

持一致。这种算法就叫作自适应编码(adaptive coding)。

3. 应用举例

由于卷积码的优异性能,它在很多方面得到了应用,其典型应用是加性高斯白噪声信道,特别是在卫星通信和空间通信中,主要是和 PSK 调制相结合,它还是网格编码调制(TCM)以及级联码内码的主要码型。

表 11-17 列出了一些常用卷积码采用 3 bit 软判决 Viterb 译码的编码增益,其中(2,1,7)码及(3,1,7)码在 20 世纪 70 年代末已由美国宇航局制定为人造行星标准码,用于太阳系行星的深空探测器中。20 世纪 80 年代中(2,1,7)码和(4,3,2)码已被国际通信卫星组织(INTELSAT)制订为 IDR 和 IBS 业务的标准码。此外,许多小型卫星通信地球站(VSAT)中采用了(2,1,6)码或(2,1,7)码。

表 11-17　常用卷积码的编码增益

卷积码(n_0, k_0, N)	编码增益/dB		
	$P_b = 10^{-3}$	$P_b = 10^{-5}$	$P_b = 10^{-7}$
(3,1,7)	4.2	5.7	6.2
(2,1,7)	3.8	5.1	5.8
(2,1,6)	3.5	4.6	5.3
(2,1,5)	3.3	4.3	4.9
(3,2,4)	3.1	4.6	5.2
(3,2,3)	2.9	4.2	4.7
(4,3,3)	2.6	4.2	4.8
(4,3,2)	2.6	3.6	3.9

此外,卫星通信面临着新挑战,特别是需要非同步轨道来支持移动通信网络。因此,蜂窝移动通信所采用的码对于卫星通信也有很大的吸引力。

在蜂窝移动通信中,多径干扰(反射)、信号阴影、同波道干扰(在其他蜂窝中复用同一频段)造成很多突发错误,但是我们需要将目标误比特率控制在适度的范围内,同时获得编码增益,为此卷积码得到了大量的应用。

数字移动通信的 GSM 标准是时分多址(TDMA)系统,各信道的比特率是 22 800 bit/s。这是在包含了 144 bit 数据的时隙中获得的。它的主要应用也是具有数字语音合成器的数字语音,即使在 1%甚至更高的误比特率的条件下,通话质量也是可以接受的。为了在这种水平下传递编码增益,需要将卷积码与交织技术一起使用,以防止信道误码突发的产生。所使用的码的码率为 1/2,$N = 5$,生成子多项式为

$$g^{(1)}(D) = D^4 + D^3 + 1$$

$$g^{(0)}(D) = D^4 + D + 1$$

GSM 的原始全码率(full rate,FR)语音编码标准使用速率为 13 000 bit/s 的声音合成器,

处理一帧要 20 ms,即每帧 260 bit。合成语音一部分由滤波参数构成,另一部分由激励参数构成,在接收端产生语音信号。误码的主观效果取决于受影响的参数,于是各比特相应地分成 128 个 1 级比特(敏感)和 78 个 2 级比特(非敏感)。在 1 级比特中,有 50 个(叫作 1a 级)被认为是最重要的,能够根据过去的值进行预测。它们采用 3 bit 的循环冗余码校验(CRC)进行检错,并在译码后进行错误隐藏。1a 级比特、3 bit CRC 和剩余下的 1 级比特(1b 级)随后被送入卷积编码器,后面跟了 4 个零比特,用来清空编码器的内存。编码器产生 378 bit[2×(182+3+4)],加上 2 级比特的未编码数据,构成了 456 bit。

为了防止突发性错误,采用分组对角线交织编码的方法。它加入了卷积交织的元素,其中,奇数比特因交织模式前的 4 个分组而延迟,交织模式保留了编号为奇数的比特和编号为偶数的比特相分离。8 个分组中编号为偶数的比特被交织编入 8 个时隙中编号为偶数的比特中,编号为奇数的比特被编入 8 个时隙中编号为奇数的比特中,但要在 4 个时隙后开始。

在较新型的终端中,标准语音合成器被 EFR 标准所取代,后者可以在稍低一点的比特率(即 12 200 bit/s)下产生更高的性能。因此,每帧中有 244 bit,还有 16 bit 是在信道预编码时产生的,用来提供额外的防误码保护。信道预编码采用不同等级的误码保护,即在最重要的 65 bit(50 个 1a 级比特和 15 个 1b 级比特)上创建了 8 bit CRC 码,对 4 个被认为是最重要的 2 级比特都分别加入一个(3,1)二进制循环码。

UMTS、IS-95 和移动通信的 CDMA 2000 标准均采用 $N=9$ 的卷积码。在 1/2 码率下,生成子多项式为

$$g^{(0)}(D) = D^8 + D^4 + D^3 + D^2 + 1$$
$$g^{(1)}(D) = D^8 + D^7 + D^6 + D^3 + D^2 + D + 1$$

对于 1/3 码率的码,生成子多项式为

$$g^{(0)}(D) = D^8 + D^7 + D^6 + D^5 + D^3 + D^2 + 1$$
$$g^{(1)}(D) = D^8 + D^7 + D^4 + D^3 + D + 1$$
$$g^{(2)}(D) = D^8 + D^5 + D^2 + D + 1$$

这些码在未来的卫星通信中将占据一席之地。

11.6　交织与级联码

11.6.1　交织技术

交织是在复合差错控制信道上使用的一种简单而有效的编码技术,它可以大大提高纠突发错误的能力,可使抗较短突发错误的码变成抗较长突发错误的码,使纠正单个定段突发错误的码变成纠多个定段突发错误的码。其目的是将在信道上发送的相邻的各个比特(或符号)广泛地分散在待解码的数据序列内。因此去交织后,信道上的各个突发错误就分散在

待解码的数据序列中,从而就分散在许多接收码矢上。

1. 交织的基本做法

在发送端,编码序列在送入信道传输之前首先通过一个交织存储器矩阵(矩阵大小为 λ 行 N 列),将输入序列逐行输入存储器矩阵,按 $a_{11}, a_{12}, \cdots, a_{1N}, a_{21}, a_{22}, \cdots, a_{2N}, \cdots, a_{\lambda 1}, a_{\lambda 2}, \cdots, a_{\lambda N}$ 的次序。矩阵共有 $\lambda \times N$ 个元素,对于二进制为 $M \times N$ 个比特。存满后,按列的次序取出,即将 $a_{11}, a_{21}, \cdots, a_{\lambda 1}, a_{12}, a_{22}, \cdots, a_{\lambda 2}, \cdots, a_{1N}, a_{2N}, \cdots, a_{\lambda N}$ 送入发送信道。接收端收到后,先将序列存到一个与发送端相同的交织存储器矩阵,按列的次序存放,存满后按行的次序取出送入解码器进行解码。由于收、发端采用的次序正好相反,因此送入解码器的序列与编码器输出的序列的次序是一样的。

最简单的交织器是采用二维存储器阵列实现的块交织器,或者是同时读入读出的同步交织器,其基本点都是将输入的数据先按行读入存储器,然后按列读出。目前在数字电视传输系统中,带有先入先出(FIFO)寄存器的同步交织器较多。

在应用数据交织技术时,关键是交织深度的选择。选择过大,寄存器或存储器数量大,延时也大,交织系统也复杂。通常交织深度由编码信道的差错统计规律、所用编码的纠错能力和系统对误码率的要求等因素确定。在满足系统对误码率的要求的情况下,应尽可能减少译码的约束度以降低设备成本。

2. 交织码的编、译码方法

若交织矩阵每行存储的是一个分组码的码字,则构成交织码,这时每行存储长度 N 正好等于分组码码长 n。其具体编、译码方式如下。

将 λ 个 (n, k) 码的码矢排成 $\lambda \times n$ 的矩形阵列,每行一个码矢,然后按列送至通信信道,在接收端,仍恢复矩形阵列的排列次序,这样就构成交织度为 λ 的交织码。即给定一个 (n, k) 循环码,用交织法将码长扩大 λ 倍,信息位数目也扩大了 λ 倍,构成一个循环码,如图 11–13 所示。

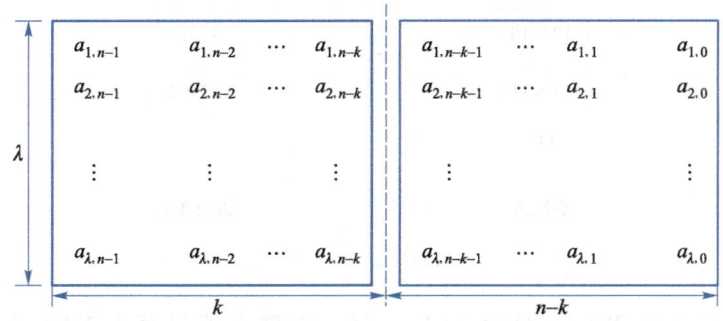

图 11–13 交织码的编码方法(其中 λ 为交织度)

实现交织码的简明方法是排出阵列,按行编码和译码。最简单的实现方法是基于这样一个事实,即若原码是循环的,则交织码也是循环的。如果原码的生成多项式是 $g(x)$,则交织码的生成多项式是 $g(x^{\lambda})$,因此,可用移位寄存器完成编码和纠错。只要简单地将原码译码器的每个移位寄存器用 λ 级置换,即可根据原码的译码器推导出交织码的译码器,而不必

改变其他连接。所以,如果原码译码器较简单,则交织码也同样简单,而对于短码而言,原译码器通常是比较简单的。

归纳而言,交织码具有如下性能。

(1) 交织编码使错误分散,即长为 λ 的突发错误分散到每行中只有少量的错误,从而在行译码时能够纠正。一般来说,当每行中的错误图样是原 (n,k) 码的可纠正图样时,此错误对整个阵列来说才是可纠正的。

(2) 若原码能纠正长度不大于 b 的任何单个突发,则交织码能纠正长度不大于 λb 的任何单个突发,码长扩大 λ 倍,纠错能力也扩大 λ 倍。

(3) 若原码是循环的,其生成多项为 $g(x)$,则交织码也是循环的,且生成多项式为 $g(x^\lambda)$。

(4) 交织技术把寻求有效的纠突发错误码这个问题,简化为寻求好的短码。

(5) 交织码需增加存储设备,加大通信时延。

交织是一种时间扩散技术,它使信道突发错误的相关性最小。当 λ 足够大时可将突发错误离散为随机错误,从而可用纠错随机错误码来纠突发错误。因此,交织技术在短波、散射、有线等有记忆的信道中得到了广泛的应用。

交织技术中还有一种卷积交织法,下面以 DVB-C 的有线电视标准使用的卷积交织器为例,其交织器和去交织器如图 11-14 所示。

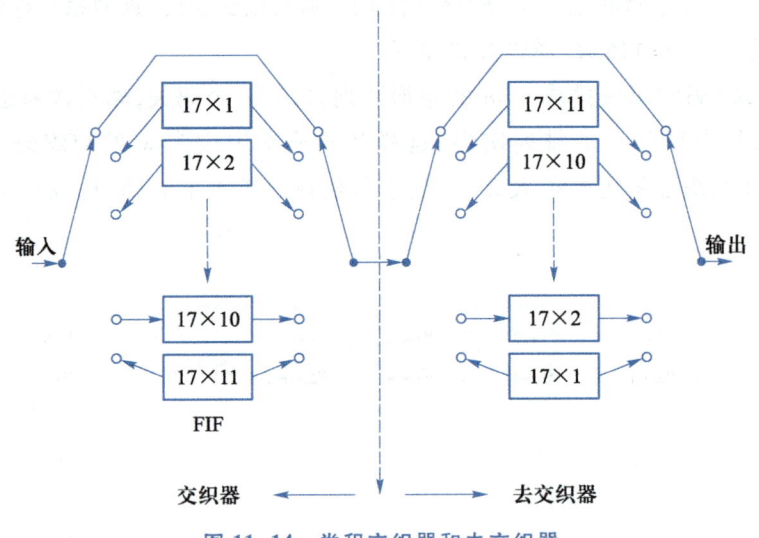

图 11-14　卷积交织器和去交织器

该交织器把信息包 204 bit 分为 12 段。每一个储存器只存入 1 bit,并且每次只读入 16 bit 的已编码数据内的各个相邻比特,在交织后的发送数据中至少被间隔 12 bit,这是因为同步旋转开头是与 12 bit 个抽头相连的。

如果交织器的开头旋转方向相反,则可成为去交织器,从而在接收端恢复原来的比特码字。可见采用以上措施后,如果突发差错的长 ≤12 bit 码的符号时,在 L 个相续的码字中至多在 204 bit 的信息包中使一个符号发生错误。L 的选取取决于预期的突发长度。

目前交织技术已广泛用于数字式蜂窝移动通信系统中,如在码分多址 IS-95 QCDMA 标准中,采用了分组排列存储的交织技术,而在时分多址的全球通 GSM 体制中,既采用了类似于随机交织的随机性重排技术,又采用了不同类型时隙突发的块交织技术。

11.6.2　级联码

信道编码定理指出,随着码长 n 的增加,译码器错误概率按指数接近于 0。因此,性能较好的码一般码长较长。但是,随着码长的增加,在一个码组中要求纠错的数目相应增加,译码器的复杂性和计算量也相应增加以致难以实现。为了解决性能与设备复杂性的矛盾,1966 年福尼斯提出了级联码的概念,把编制长码的过程分几级完成,通常分两级。

一种典型的方式如图 11-15 所示,假定在内信道上使用是码 C_1 称为内码,在外信道上使用的码 C_2 称为外码。所以这种码是 (n_1,n_2,k_1,k_2) 码,其中 n_1、k_1 和 n_2、k_2 分别是码 C_1 和 C_2 的长度和信息位数。而且,一般 C_2 采用的是 (n_2,k_2) 的多进制码,而 C_1 采用 (n_1,k_1) 的二元码。编码时,先将 k_2k_1 个信息数字分成 k_2 个 k_1 重,这 k_2 个 k_1 重按 C_1 码的规则进行编码,将每个 k_1 重转换成 n_1 重。译码时,则先对 C_1 码译码,然后再对 C_2 码译码。这种码如果遇上少量的随机错误,那么内码 C_1 就可以纠正之;如果遇到较长的突发错误,内码就无能为力,则由纠密集型突发错误很强的外码所纠正。另一种做法是,内码作检错码,外码作纠错码,使译码过程简化。如果还要提高纠正突发错误能力,则可将交织技术用于级联码。

图 11-15　级联码的编、译码器

有时将内码编码器、信道与内码译码器的组合称为超信道。同理,将外码与内码编码器的组合叫作超编码器,将外码与内码译码器的组合称为超译码器。可以看到,所得级联码码字的总长度为 $N=n_1n_2$ 比特,其编码效率为 $\eta_r=\eta_1\eta_2=k_1k_2/n_1n_2$。虽然,码字的总长度为 N,但由级联概念所提出的结构却可以分别用两个长度为 n_1 与 n_2 的译码器来完成译码运算。故在相同的总差错率下这种方法比采用单级编码时所需的设备复杂程度要少得多。选用各种 RS 码作外码是最为适宜的,因为它们是极大最小距离码 $(d=n-k+1)$,并易于实现。在二级编码方案中 RS 码是级联码中外码 C_2 所常用的,而作为内码 C_1 可以采用不同的线性分组码,如正交码、循环码等,当然也可以采用卷积码作为内码。为了进一步提高抗随机错误和突发错误的能力,还可以采用多级编码方案,同时交织码也可以结合到具体的多级编码方案中去。但是多级编码方案的缺点是编码器相当复杂,同时增长了译码时延,在某些场合并不适合。

例如 C_2 码可以是 $(15,9)$ RS 码,$t=3$,每个码元都是 4 重,C_1 可以为 $(7,4)$ 汉明码。这种级联码是 $(105,63)$ 码,当 7 位汉明码中的随机错误不超过 1 位时可由汉明码纠错。如果级

联码遇到了突发错误,则可由 RS 码纠错,它可纠正 3 个长度不超过 4 的字段突发错误的任意组合,也可纠正单个长度不超过 9 的突发错误。

信道编码是提高通信系统可靠性的最主要手段,它不仅成功用于典型的加性高斯噪声(AWGN)信道(如深空通信系统),在各类变参数信道(如数字蜂窝移动通信系统)也有成功的应用。随着科技的进步和需求的推动,其理论与技术也在不断发展,从传统的代数码和卷积码,到编码调制(TCM)技术,再到 Turbo 码和 LDPC 码的出现,信道编码界的研究一直在沿着香农指引的方向,向着可靠性的极限——香农限不断地逼近着。

11. 7　Turbo 码

Turbo 码由贝鲁(Berrou)等人于 1993 年提出,是采用软输入软输出(soft input soft output,SISO)迭代译码的典型编码之一,其优异的性能来自巧妙的编码结构和迭代译码思想,本节将给出经典的 Turbo 码编码器结构,讨论 MAP 和 SOVA 两种常用的迭代译码算法,并分析该码的性能及应用现状。

11. 7. 1　Turbo 码的提出

香农在其《通信的数学理论》一文中提出并证明了著名的有噪信道编码定理,他在证明信息速率接近信道容量并可实现无差错传输时引用了三个基本条件。

(1) 采用随机编码;

(2) 编码长度趋于无穷,即分组的码组长度无限;

(3) 译码过程采用最大似然译码(ML)方案。

在信道编码的研究与发展过程中,基本上是以后两个条件为主要方向的。而对于条件(1),虽然随机选择编码码字可以使获得好码的概率增大,但是最大似然译码器的复杂度随码字数目的增大而增大,当编码长度很大时,译码几乎不可能实现。因此,多年来随机编码理论一直是分析和证明编码定理的主要方法,而如何在构造码上发挥作用却并未引起人们的足够重视。

在 1993 年的 IEEE 国际通信会议上柏若(C. Berrou),格拉维克(A. Glavieux)以及奇提玛悉玛(R. Thitimajashima)开创性地提出了他们利用敏锐观察力所得到的 Turbo 编码思想。他们报告说得到了一个极好的编码结果,非常接近香农限。

最早提出的 Turbo 码又可称为并行级联卷积码(parallel concatenated convolution code,PCCC),也是典型的 Turbo 码结构,它巧妙地将卷积码和随机交织器结合在一起,实现了随机编码的思想;同时,采用软输出迭代译码来逼近最大似然译码。仿真结果表明,如果采用大小为 65535 的随机交织器,并进行 18 次迭代,则在 $E_b/n_0 \geqslant 0.7$ dB 时,码率为 1/2 的 Turbo 码在 AWGN 信道上的误码率 BER $\leqslant 10^{-5}$,接近香农限。

Turbo 码的出现在编码理论界引起了轰动,成为自信息论创立以来一项重大的研究进展。有关 Turbo 码的原理、性能、理论分析,以及应用等各个方面的研究都取得了长足的进展。该码的提出,更新了编码理论研究中的一些概念和方法。

11.7.2　Turbo 码的编码和译码

典型的 Turbo 码编码器是由两个或两个以上的简单分量编码器通过交织器并行级联在一起而构成的。信息序列先送入第一个编码器,交织后送入第二个编码器。输出的码字由 3 部分组成:输入的信息序列、第一个编码器产生的校验序列和第二个编码器对交织后的信息序列产生的校验序列,其结构如图 11-16 所示。Turbo 码的译码采用迭代译码,每次迭代采用的是软输入和软输出。

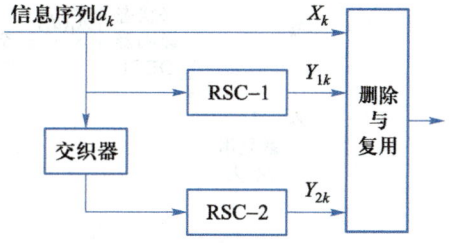

图 11-16　Turbo 码编码器框图

Turbo 码的主要特点之一是在两个编码器之间采用了交织器,交织器在信息序列进入第二个编码器之前对它进行置换,这样可以保证使第一个编码器产生小重量校验序列的输入序列,以很大的概率使第二个编码器产生大重量的校验序列。这样,即使分量码是较弱的码,产生的 Turbo 码也可能具有很好的性能,这就是所谓的 Turbo 码的"交织增益"。

Turbo 码的分量码主要采用的是递归系统卷积码(RSC),递归系统卷积编码器就是指带有反馈的系统卷积编码器,如图 11-17。这是一个 16 状态,生成多项式为 $G = [\,37\ 21\,]$ 的 RSC 编码器。

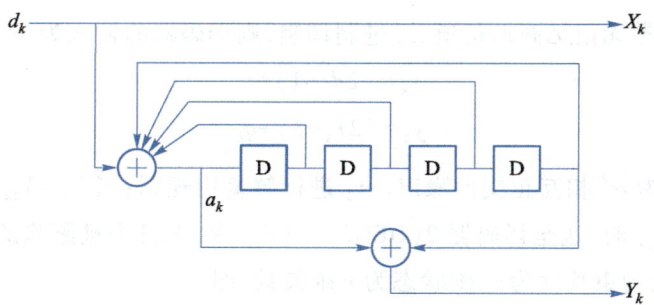

图 11-17　16 状态 RSC 码编码器

对于 Turbo 码来说,它的一个重要特点就是在译码时采用了迭代译码的思想,迭代译码的复杂性仅是随着数据帧的大小增加而呈线性增长。相应于译码复杂性随码字长度增加而呈指数形式增长的最优 MLD 来讲,显然迭代译码具有更强的可实现性。为使 Turbo 码达到比较好的译码性能,分量码译码必须采用 SISO 算法,从而实现迭代译码过程中软信息在分量译码器之间的交换。已有研究表明,基于最优译码算法的迭代译码与 MLD 相比,是一种次最优译码。但对于 Turbo 码来说,采用迭代译码的方式可以保证在译码可实现的前提下,达到接近 Shannon 理论极限的译码性能。实际上,之所以称为"Turbo"码,就是因为在译码器中存在反馈,类似于涡轮机(turbiner)的工作原理。在迭代进行过程当中,分量译码器之间互相交换软比特信息来提高译码性能。福尼(Forney)等人已经证明了最优的软输出译码器应该是后验概率(a posteriori probability,APP)译码器,它是以接收信号为条件的某个特定比特传输的概率。16 状态 1/2 码率的 Turbo 码迭代译码框图如图 11-18 所示。

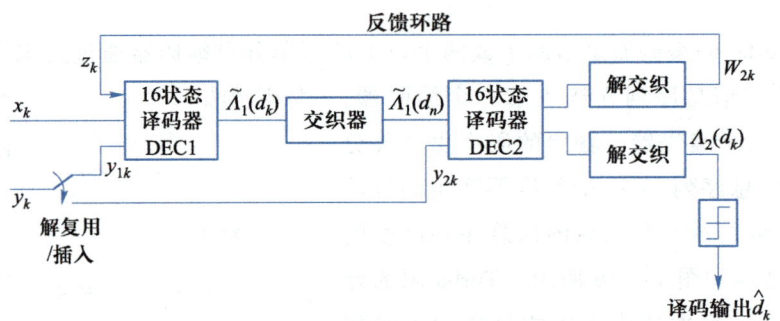

图 11-18　16 状态 1/2 码率的 Turbo 码迭代译码框图

从迭代译码框图可以看出,译码器 DEC1、DEC2 计算软信息[对数似然比 LLR:$\tilde{\Lambda}_1(d_k)$,$\Lambda_2(d_k)$],并从中提取与信息位无关的外信息 W_{2k} 参与下一次迭代运算。这就形成了典型的软输入软输出(SISO)迭代译码。根据软信息计算方法的不同,译码方法有:MAP 算法、log-MAP 算法、Max-log-MAP 算法、SOVA 算法等。MAP 译码算法又称为 BCJR 算法,译码的目标就是计算后验概率 $P_r(d_k=1 \mid R_1^N)$ 和 $P_r(d_k=0 \mid R_1^N)$,而这两个后验概率可通过在格图上对状态转移概率求和得到。

1. MAP 译码算法

假设信道为离散无记忆高斯信道,二进制调制,则译码器的输入为

$$x_k = (2d_k-1) + i_k$$
$$y_k = (2Y_k-1) + q_k$$

式中,i_k、q_k 为方差为 σ^2 相互正交的噪声。y_k 进行解复用规则:当 $Y_k = Y_{1k}$ 时,y_k 送至译码器 1(DEC1);当 $Y_k = Y_{2k}$ 时,送至译码器 2(DEC2)。$\{Y_{1k}\}$ 和 $\{Y_{2k}\}$ 中被删除的部分补零。

假设 RSC 码的约束长度为 v,则状态为 v 维矢量,即

$$S_k = (a_k, a_{k-1}, \cdots, a_{k-v+1})$$

信息序列 $\{d_k\}$ 中各比特互不相关,且"0""1"取值等概率分布。初始状态 S_0、结束状态 S_N 均为 0,即

$$S_0 = S_N = (0, 0, \cdots, 0)$$

编码器输出码字 $C_1^N = \{C_1, \cdots, C_k, \cdots, C_N\}$,进入离散高斯无记忆信道,输出序列为 $R_1^N = \{R_1, \cdots, R_k, \cdots, R_N\}$,$R_k = (x_k, y_k)$。比特 d_k 的 APP 值为

$$P_r\{d_k=i/R_1^N\} = \sum_m P_r\{d_k=i, S_k=m/R_1^N\} = \sum_m \lambda_k^i(m), \quad i=0,1 \qquad (11\text{-}7\text{-}1)$$

式中，m 为状态变量，取值为 $\{0,1,\cdots,2^v-1\}$。

利用贝叶斯准则，可得

$$\lambda_k^i(m)=\frac{P_r\{d_k=i,S_k=m,R_1^k,R_{k+1}^N\}}{P_r\{R_1^k,R_{k+1}^N\}}$$

$$=\frac{P_r\{d_k=i,S_k=m,R_1^k\}}{P_r\{R_1^k\}}\frac{P_r\{R_{k+1}^N/d_k=i,S_k=m,R_1^k\}}{P_r\{R_{k+1}^N/R_1^k\}}$$

$$=\alpha_k^i(m)\beta_k(m) \tag{11-7-2}$$

定义<u>概率转移函数</u>

$$\gamma_i(R_k,m',m)=P_r\{d_k=i,R_k,S_k=m/S_{k-1}=m'\}$$

式中，m'、m 均为状态变量，该函数可从离散高斯无记忆信道以及编码器格图来计算。

$$\gamma_i(R_k,m',m)=p(R_k/d_k=i,S_k=m,S_{k-1}=m')$$

$$=q(d_k=i/S_k=m,S_{k-1}=m')t(S_k=m/S_{k-1}=m') \tag{11-7-3}$$

式中，$p(\cdot/\cdot)$ 表示离散高斯无记忆信道的转移概率，由于 x_k 和 y_k 是两个无关高斯变量，可得

$$p(R_k/d_k=i,S_k=m,S_{k-1}=m')=p(x_k/d_k=i,S_k=m,S_{k-1}=m')$$

由卷积码的特性可知，$q(d_k=i/S_k=m,S_{k-1}=m')$ 为 0 或 1。

由于信息比特 0 和 1 取值等概，$p(S_k=m/S_{k-1}=m')=1/2$。

$\alpha_k^i(m)$，$\beta_k(m)$ 可由概率 $\gamma_i(R_k,m',m)$ 递归运算得到

$$\alpha_k^i(m)=\frac{\displaystyle\sum_{m'}\sum_{j=0}^1\gamma_i(R_k,m',m)\alpha_{k-1}^j(m')}{\displaystyle\sum_m\sum_{m'}\sum_{i=0}^1\sum_{j=0}^1\gamma_i(R_k,m',m)\alpha_{k-1}^j(m')} \tag{11-7-4}$$

$$\beta_k(m)=\frac{\displaystyle\sum_{m'}\sum_{i=0}^1\gamma_i(R_{k+1},m,m')\beta_{k+1}(m')}{\displaystyle\sum_m\sum_{m'}\sum_{i=0}^1\sum_{j=0}^1\gamma_i(R_{k+1},m',m)\alpha_k^j(m')} \tag{11-7-5}$$

（1）译码流程

步骤一：初始化各变量

$$\alpha_0^i(0)=1,\quad \alpha_0^i(m)=0,\quad \forall m\neq0,i=0,1$$

$$\beta_N(0)=1,\quad \beta_N(m)=0,\quad \forall m\neq0$$

步骤二：利用式(11-7-3)、式(11-7-4)计算 $\alpha_k^i(m)$ 和 $\gamma_i(R_k,m',m)$；

步骤三：当序列 R_1^N 完全接收到之后，利用式(11-7-5)计算 $\beta_k(m)$；

步骤四：利用式(11-7-2)计算 $\lambda_k^i(m)$；

步骤五：利用式(11-7-1)得到比特 d_k 的 APP 值，随后计算 LLR 值，从而得到最后的硬判决结果。

$$\Lambda(d_k) = \log \frac{\sum_m \lambda_k^1(m)}{\sum_m \lambda_k^0(m)} \qquad (11\text{-}7\text{-}6)$$

$$\begin{cases} \hat{d}_k = 1, & \Lambda(d_k) > 0 \\ \hat{d}_k = 0, & \Lambda(d_k) < 0 \end{cases}$$

（2）RSC 译码器的外信息计算

根据式（11-7-4）、式（11-7-5）、式（11-7-6）可得

$$\Lambda(d_k) = \log \frac{\sum_m \sum_{m'} \sum_{j=0}^{1} \gamma_1(R_k, m', m) \alpha_{k-1}^j(m') \beta_k(m)}{\sum_m \sum_{m'} \sum_{j=0}^{1} \gamma_0(R_k, m', m) \alpha_{k-1}^j(m') \beta_k(m)} \qquad (11\text{-}7\text{-}7)$$

由于编码器中 d_k 是信息位，概率 $p(x_k/d_k=i, S_k=m, S_{k-1}=m')$ 与状态 S_k、S_{k-1} 无关，则式（11-7-7）可写成

$$\Lambda(d_k) = \log \frac{p(x_k/d_k=1)}{p(x_k/d_k=0)} + \log \frac{\sum_m \sum_{m'} \sum_{j=0}^{1} \gamma_1(y_k, m', m) \alpha_{k-1}^j(m') \beta_k(m)}{\sum_m \sum_{m'} \sum_{j=0}^{1} \gamma_0(y_k, m', m) \alpha_{k-1}^j(m') \beta_k(m)} = \frac{2}{\sigma^2} x_k + W_k$$

W_k 为外信息，与信息位不相关，一般来讲，与 d_k 同符号。在迭代译码中，外信息会传递到下一次迭代中参与迭代。

（3）迭代译码

如图 11-18 所示，DEC1、DEC2 都采用上述算法。DEC2 的输入为 $\Lambda_1(d_k)$ 和 y_{2k}，两者互不相关，则 DEC2 输出的 LLR 值可写成

$$\Lambda_2(d_k) = f[\Lambda_1(d_k)] + W_{2k}$$

式中

$$\Lambda_1(d_k) = \frac{2}{\sigma^2} x_k + W_{1k}$$

DEC2 输出的外信息送到 DEC1，作为外信息 $z_k = W_{2k}$。这样，DEC1 具有三个数据输入 (x_k, y_{1k}, z_k)，那么，在计算式（11-7-3）和式（11-7-4）时，将 $R_k = (x_k, y_{1k}, z_k)$ 取代 $R_k = (x_k, y_{1k})$。考虑到 z_k 与 x_k、y_{1k} 相关性弱，假设 z_k 可近似方差为 $\sigma_z^2 \neq \sigma^2$ 的高斯变量，则信道转移概率变为

$$p(R_k/d_k=i, S_k=m, S_{k-1}=m') = p(x_k/\cdot) p(y_k/\cdot) p(z_k/\cdot)$$

DEC1 输出的 LLR 值为

$$\Lambda_1(d_k) = \frac{2}{\sigma^2} x_k + \frac{2}{\sigma_z^2} z_k + W_{1k}$$

在最后一次迭代时，利用 DEC2 输出的 LLR 值符号来做硬判决

$$\hat{d}_k = \operatorname{sign}[\Lambda_2(d_k)]$$

log-MAP 算法是 MAP 算法的一种转换形式，实现较 MAP 简单，它将 MAP 算法中的变量都转换为数形式，从而把乘法运算都转换为加法运算。若将 log-MAP 算法中的 max * ( ) 简化为通常的最大值运算，即为 Max-log-MAP 算法。

2. SOVA 算法

MAP 算法，性能最优。但其运算量以及所存储空间较大，译码时延较大，算法中的非线性运算不利于硬件实现。软输出维特比算法（soft output Viterbi algorithm，SOVA）虽然译码性能不如 MAP 算法，但其译码计算量较低，并且有利于硬件实现。SOVA 译码算法是在 Viterbi 译码算法的基础上形成的，实质就是一个软输出的 VB 译码算法。

对于上述典型 Turbo 码编码器结构中的编码存储级数为 m，码率为 $1/n$ 的 RSC 子编码器而言，格图中状态总数为 $S = 2^m$，每个状态都只有两个输入分支和两个输出分支。

传统的软判决维特比译码算法包括以下步骤。

（1）累积路径度量的计算

在每一时刻 k，子译码器先计算到达每一个状态 $s(0 \leqslant s \leqslant 2^m - 1)$ 的两条路径的累积路径度量

$$M^v_{(k,s)} = M^v_{(k-1,s)} + \sum_{j=1}^{n} x^v_{k,j} L_c y_{k,j} + x^v_{k,1} L_0(u_k) , \quad v = 1,2 \qquad (11-7-8)$$

式中，x 和 y 分别为经 BPSK 调制后的编码输出的码字序列和对应的接收序列。$L_c = 2/\sigma^2$，仿真时可归一化为 1。

（2）软判决值的计算

时刻 k 状态 s 处路径判决得对数似然比为

$$L^s_k = (M^1_{(k,s)} - M^2_{(k,s)})/2 > 0$$

式中，$M^1_{(k,s)}$ 表示时刻 k 状态 s 的幸存路径的累计度量，$M^2_{(k,s)}$ 表示竞争路径的累计度量。

（3）软判决值的更新

在每一时刻 k，先前时刻的路径判决值根据以下规则进行更新

$$u^1_j \neq u^2_j \Rightarrow L^{s_1}_j = \min(L^{s_1}_j, L^s_k) , \quad j < k$$

式中，s_1 是时刻 k 状态 s 处的幸存路径在时刻 j 上的状态。

（4）寻找最大似然路径和条件对数似然比的计算

按照经典的维特比算法在格图上找出最大似然路径，存储最大似然路径上的硬判决序列 $\{\bar{u}_k\}$，于是 u_k 的条件 LLR 可估为

$$L(u_k) = (2\bar{u}_k - 1) L^{sm}_k$$

式中，sm 是最大似然路径在 k 时刻的状态。

（5）外部信息值即软输出值的计算

由条件 LLR 减去固有信息值，得到外部信息的估计值

$$L_E(u_k) = L(u_k) - y_{k,1} - L_0(u_k)$$

式中，$y_{k,1}$ 为接收码字在 k 时刻的系统码元；$L_0(u_k)$ 为输入子译码器的先验信息值，由另一子译码器输出的外部信息提供。若用上标 t 表示迭代的级数，则两个子译码器的先验信息与

外部信息的关系为

$$L_{01}^{t} = L_{E2}^{t-1}, \qquad L_{02}^{t} = L_{E1}^{t}$$

3. Turbo 码的性能与应用

图 11-19 为 1/2 码率,交织长度为 256、512,RSC 的生成矩阵为 [37 21],迭代次数为 10 的 Turbo 码不同算法性能的比较。从图中可以看出,MAP 算法最优,Log-MAP 次之,SOVA 算法最差。Log-MAP 算法、MAP 算法性能相近。

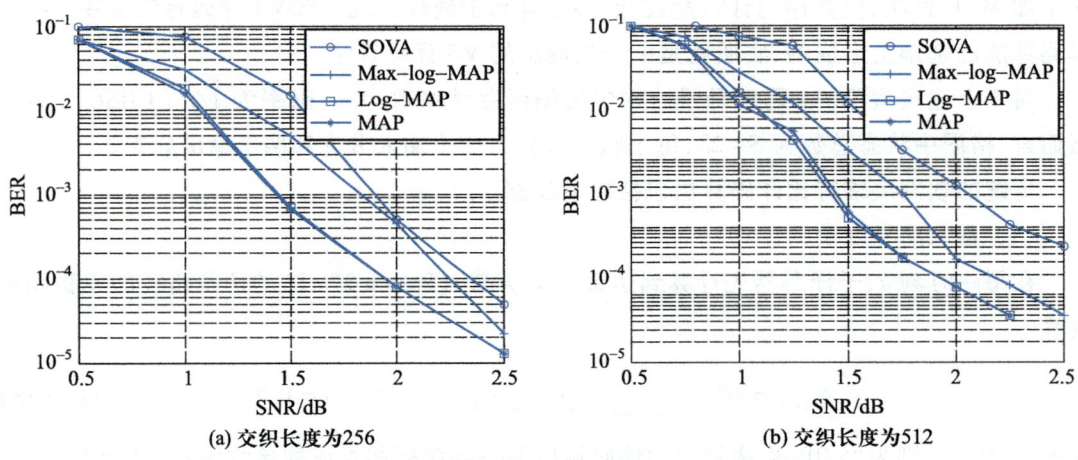

(a) 交织长度为256　　　　　　　　　　(b) 交织长度为512

图 11-19　不同交织长度下 4 种译码算法的性能比较

11.7.3　Turbo 码的应用

近些年来,Turbo 码应用相当广泛,在许多国际标准中都被作为首推的纠错编码。其应用及其码参数如表 11-18 所示。

表 11-18　Turbo 码在国际标准中的应用

应用	Turbo 码型	终止方式	多项式(八进制)	码率
CCSDS(深空)	二进制 16 状态	尾比特 tail bits	23,33,25,37	1/6,1/4,1/3,1/2
3GPP(UMTS)	二进制 8 状态	尾比特 tail bits	13,15,17	1/4,1/3,1/2
3GPP2(CDMA2000)	二进制 8 状态	尾比特 tail bits	13,15,17	1/4,1/3,1/2
3GPP LTE(long term evolution)	二进制 8 状态	尾比特 tail bits	13,15,17	1/4,1/3,1/2
DVB-RCS (卫星返回信道)	双二进制 8 状态	循环(尾比特) circular(tail bits)	15,13	1/3~6/7

应用	Turbo 码型	终止方式	多项式(八进制)	码率
DVB-RCT (陆地返回信道)	双二进制 8 状态	循环(尾比特) circular(tail bits)	15,13	1/2,3/4
DVB-SSP (satellite service to portable)	二进制 8 状态	尾比特 tail bits	15,13	
Inmarsat(aero-H)	二进制 16 状态	无	23,35	1/2
Eutelsat(skyplex)	双二进制 8 状态	循环(尾比特) circular(tail bits)	15,13	4/5,6/7
IEEE 802.16(WiMAX)	双二进制 8 状态	循环(尾比特) circular(tail bits)	15,13	1/2~7/8
IEEE 802.16e(mobile WiMAX)	双二进制 8 状态	循环(尾比特) circular(tail bits)	15,13	

从目前的研究来看,Turbo 码与空时码、TCM 等的结合,以及在 MIMO 信道、协作通信中的应用均为研究热点。Turbo 码在学术界研究中的地位依然相当重要。

11.8　低密度奇偶校验码(LDPC)

在纠错编码理论与技术的研究中,Turbo 码与 LDPC 码可以认为是具有近代里程碑意义的研究成果。LDPC 码和 Turbo 码有着相似的优异性能,与 Turbo 相比,LDPC 还具有以下优点:本身具有良好的内交织特性,抗突发差错能力强,不需要深度交织来获得好的译码性能,从而避免了交织引入的时延;误码平层大大降低;译码算法相对简单,更适合于高速译码的实现。因此,LDPC 码得到编码界人士的普遍关注,成为可靠信息传输技术中又一新的研究热点。本节将从 LDPC 码的图模型出发研究其通用译码算法,并介绍目前在各种标准中应用的 LDPC 码的构造、编码和性能仿真。

11.8.1　LDPC 码的概念

LDPC 码是由哥拉格(Gallager)于 1962 年在他的博士论文中提出的,它是一种用稀疏的一致校验矩阵定义的线性分组码。假设码长为 n,信息位为 k,则校验位为 $m=n-k$,因而,其一致校验矩阵 H 为 $m×n$ 矩阵。设该矩阵每行有 d_c 个"1",每列有 d_v 个"1",其中 $d_c≪n,d_v≪m$,因而 H 矩阵中大部分元素都为"0",即元素"1"的密度非常低,该类码因此而得名。

众所周知,线性分组码可以由它的生成矩阵 $G=\{g_{ij}\}_{k×n}$ 决定。若给定生成矩阵 G,码字集合可以表示为

$$C = \left\{ x \in F_q^n \mid x = \sum_i a_i g_i, a_i \in F_q \right\}$$

式中，g_i 为生成矩阵 $\boldsymbol{G}$ 的第 i 行。等价地，线性分组码也可以由其一致校验矩阵 $\boldsymbol{H}$ 来决定。对于给定的一致校验矩阵，码字集合可以表示为

$$C = \left\{ x \in F_q^n \mid \langle x, h_i \rangle = 0, i = 1, 2, \cdots, n-k \right\}$$

式中，h_i 为校验矩阵 $\boldsymbol{H}$ 的第 i 行，即码字与 $\boldsymbol{H}$ 矩阵的各行正交。因此如果选定了一致校验矩阵，这个线性分组码也就确定了。根据一致校验矩阵的不同，LDPC 码分为两大类：规则（regular）LDPC 码和非规则（irregular）LDPC 码。规则 LDPC 码的 $\boldsymbol{H}$ 矩阵每行（列）中的非零元素个数相同，而非规则 LPDC 码 $\boldsymbol{H}$ 矩阵每行（列）中的非零元素个数未必相同。

　　LDPC 码也可以利用图论中的二部图或双向图（bipartite graph）表示，以图模型表示线性分组码是现代编码理论的一种新的重要方法，它以二部图的形式描述编码输出的码字比特与约束它们的校验和之间的对应关系。由于该方法是由坦纳（Tanner）最先提出，因此人们又将这种图模型称为 Tanner 图。

　　Tanner 图由顶点集合和连接的边（edge）组成，其顶点集可以划分成两个不相交的子集 $\boldsymbol{X}$ 和 $\boldsymbol{Y}$，使得每条边的一个端点在 $\boldsymbol{X}$ 中，另一个端点在 $\boldsymbol{Y}$ 中，子集 $\boldsymbol{X}$ 与 $\boldsymbol{Y}$ 中各自内部的节点互不相连。假设子集 $\boldsymbol{X}$ 中的节点代表编码后的 n 个比特位，称为变量节点（variable node，VN），以圆圈表示（$v_1, v_2 \cdots, v_n$），对应一致校验矩阵中相应的列；子集 $\boldsymbol{Y}$ 中的节点代表编码比特组成的 m 个校验方程，称为校验节点（check node，CN），以方块表示（$c_1, c_2, \cdots, c_m$），对应一致校验矩阵中相应的行。当且仅当第 i 个码字比特参与了第 j 个校验方程的约束时，变量节点 v_i 和校验节点 c_j 之间才有一条边（v_i, c_j）相连，即 Tanner 图中对应的节点之间建立一条边，对应 $\boldsymbol{H}$ 矩阵中第 j 行第 i 列的元素非零，对于二进制编码则取值为"1"。图 11-20 给出了一个（10,2,4）规则 LDPC 码的一致校验矩阵和它对应的 Tanner 图。

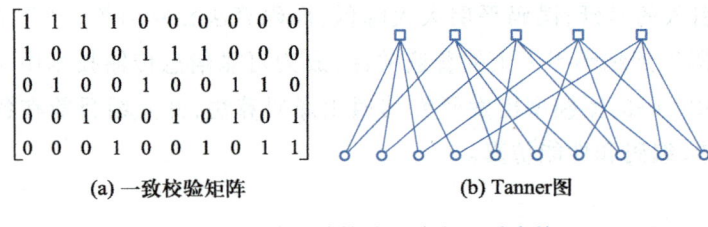

| (a) 一致校验矩阵 | (b) Tanner图 |

图 11-20　LDPC 码的一致校验矩阵和它对应的 Tanner 图

　　与某个变量节点 VN 相连的边数称为该变量节点的度数（degree），记为 d_v，相应的 $\boldsymbol{H}$ 矩阵该列重为 d_v；类似地，与某个校验节点 CN 相连的边数称为该校验节点的度数，记为 d_c，相应的 $\boldsymbol{H}$ 矩阵该行重为 d_c。上述例子是一个二元域上的 LDPC 码，其一致校验矩阵中每一列有 2 个"1"，每一行有 4 个"1"，即编码码字中的每个比特受到 $d_v = 2$ 个校验约束，而每个校验约束包括 $d_c = 4$ 个比特（即与每个校验节点相连的 4 个比特之和为偶数）。

　　规则 LDPC 码的变量节点和校验节点度数都是不变的，因此可用（n, d_v, d_c）表示，其中 n 为码字长度。而非规则 LDPC 码的变量节点或者校验节点的度数是变化的。

11.8.2 LDPC 码的译码

译码算法是决定码性能和应用前景的一个重要因素。LDPC 码的译码方法本质上多是基于 Tanner 图的消息迭代译码算法。根据消息迭代过程中传送消息的不同形式，可以将 LDPC 的译码方法分为硬判决译码和软判决译码。目前主要的硬判决译码算法有一步大数逻辑译码算法（majority-logic，MLG），Gallager 提出的比特翻转算法（bit-flipping，BF），加权的大数逻辑译码算法（weighted majority-logic，WMLG），加权的比特翻转算法（weighted bit-flipping，WBF）；软译码算法主要有迭代结构的置信传播算法（belief propagation，BP），后验概率（a posteriori probability，APP）译码以及基于标准 BP 算法，对信息进行部分处理，降低译码复杂度的改进译码算法，如 UMP BP-based 算法和 Normlized BP-based 算法等。

下面主要介绍 LDPC 码中常用的消息迭代译码算法。

为便于算法描述，如无特殊说明，本节的信道模型为离散无记忆 AWGN 信道，采用 BPSK 调制，将码字 $C = (v_1, v_2, \cdots, v_N)$ 按 $x_i = 1 - 2v_i, v_i \in \{0, 1\}, 1 \leq i \leq N$ 的关系，映射为发送序列 $X = (x_1, x_2, \cdots, x_N)$，经信道传输后，接收序列为 $Y = (y_1, y_2, \cdots, y_N)$，其中变量 $y_i = x_i + n_i$，$1 \leq i \leq N, n_i$ 为均值为 0，方差为 σ^2 的独立同分布的高斯噪声。

BP 算法译码过程可以看成在由 $\boldsymbol{H}$ 矩阵决定的 Tanner 图上进行的消息传递过程，边上传递的消息分为校验节点至变量节点和变量节点至校验节点两种，如图 11-21 所示。令集合 $N(v)$ 表示变量节点受限范围，$N(c)$ 表示校验节点受限范围。迭代过程中，每个变量节点向与其相连的校验节点发送变量消息 Q_{vc}^a；接着每个校验节点向与其相连的变量节点发送校验消息 R_{cv}^a。其中，变量消息 Q_{vc}^a 是在已知与变量节点相连的其他校验节点发送的校验消息 $\{R_{c'v}^a, c' \in N(v) \backslash c\}$ 的前提下，变量节点为 a 的条件概率；R_{cv}^a 是在已知变量节点取值为 a 以及与校验节点相连的其他变量消息 $\{Q_{v'c}^a, v' \in N(c) \backslash v\}$ 的前提下，校验关系成立的条件概率。

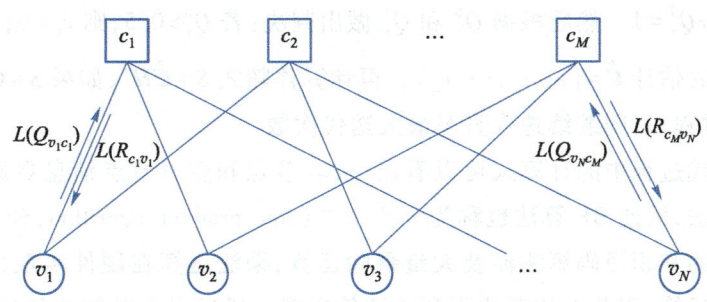

图 11-21　Tanner 图上译码消息的迭代传递

消息传递算法必须给定传递法则，称为消息传递机制（message-passing schedule）。BP 算法一般采用并行处理的洪水消息传递机制，可以在概率测度空间进行运算，迭代过程如下。

（1）初始化

根据一致校验矩阵，对满足 $h_{ij} = 1$（即变量节点 v_i 和校验节点 c_j 相连）的每对变量节点

与校验节点 (v_i, c_j)，定义初始变量消息

$$Q_{vc}^0 = P_v^0 = \frac{1}{1 + \exp\left\{-\dfrac{2y_i}{\sigma^2}\right\}}$$

$$Q_{vc}^1 = P_v^1 = \frac{1}{1 + \exp\left\{\dfrac{2y_i}{\sigma^2}\right\}}$$

（2）迭代过程

① 水平步骤——通过计算变量消息得到新的校验消息

$$R_{cv}^0 = \frac{1}{2} + \frac{1}{2} \prod_{v' \in N(c) \backslash v} (1 - 2Q_{v'c}^1)$$

$$R_{cv}^1 = 1 - R_{cv}^0$$

② 垂直步骤——通过计算校验消息得到新的变量消息

$$Q_{vc}^0 = P(z_i = 0 \mid \{c'\}_{c' \in N(v) \backslash c}, y_i) = K_{vc} P_v^0 \prod_{c' \in N(v) \backslash c} R_{c'v}^0$$

$$Q_{vc}^1 = K_{vc} P_v^1 \prod_{c' \in N(v) \backslash c} R_{c'v}^1$$

式中，$K_{vc} = \dfrac{1}{P(\{c'\}_{c' \in N(v) \backslash c} \mid y_i)}$ 是归一化因子，保证 $Q_{vc}^0 + Q_{vc}^1 = 1$。

（3）译码判决

一轮迭代之后，对每个信息比特 $y_i(i = 1, 2, \cdots, n)$ 计算它关于接收值和码结构的后验概率。

$$Q_v^0 = K_v P_v^0 \prod_{c \in N(v)} R_{cv}^0$$

$$Q_v^1 = K_v P_v^1 \prod_{c \in N(v)} R_{cv}^1$$

式中，K_v 保证 $Q_v^0 + Q_v^1 = 1$。然后根据 Q_v^0 和 Q_v^1 做出判决：若 $Q_v^0 > 0.5$，则 $\hat{v}_i = 0$；否则 $\hat{v}_i = 1$，由此得到对发送码字的估计 $\hat{C} = [v_1, v_2, \cdots, v_n]$。再计算伴随式 $S = \hat{C} H^T$，如果 $S = 0$，那么认为译码成功，结束迭代过程；否则继续迭代直至最大迭代次数。

观察上述迭代过程中的计算式可以看出，校验节点和变量节点消息更新算法中的主要运算是加法和乘法，因此 BP 算法也称为和积算法（sum product algorithm，SPA）。

概率测度下的和积译码算法涉及大量乘除运算，乘法运算在硬件实现的时候所消耗的资源远多于加法运算，因此上述算法不利于硬件实现。通过引入对数似然比，可以较好地解决此问题。基于对数似然测度的 BP 算法的迭代过程如下。

（1）初始化

根据一致校验矩阵，对满足 $h_{ij} = 1$ 的每对变量节点 v_i 和校验节点 c_j 定义初始变量消息。

$$L(Q_{vc}) = L(P_v) = \log\left(\frac{P_v^0}{P_v^1}\right) = \frac{2y_i}{\sigma^2}$$

（2）迭代过程

① 水平步骤——通过计算变量消息得到新的校验消息。

$$L(Q_{vc}) = \alpha_{vc}\beta_{vc}$$

式中，$\alpha_{vc} = \mathrm{sign}[L(Q_{vc})]$，$\beta_{vc} = \mathrm{abs}[L(Q_{vc})]'$

$$L(R_{cv}) = \log\left(\frac{R_{cv}^0}{R_{cv}^1}\right) = \prod_{v' \in N(c)\setminus v} \alpha_{v'c}\phi\Big[\sum_{v' \in N(c)\setminus v}\phi(\beta_{v'c})\Big] \tag{11-8-1}$$

式中，$\phi(x) = -\log\left[\tanh\left(\frac{x}{2}\right)\right] = \log\left(\dfrac{e^x+1}{e^x-1}\right)$。

② 垂直步骤——通过计算校验消息得到新的变量消息

$$L(Q_{vc}) = L(P_v) + \sum_{c' \in N(v)\setminus c} L(R_{c'v})$$

（3）译码判决

$$L(Q_v) = L(P_v) + \sum_{c \in N(v)} L(R_{cv})$$

根据 $L(Q_v)$ 做出判决：若 $L(Q_v) > 0$，则 $\hat{v}_i = 0$，否则 $\hat{v}_i = 1$，由此得到对发送码字的估计 $\hat{C} = [v_1, v_2, \cdots, v_n]$。再计算伴随式 $S = \hat{C}H^{\mathrm{T}}$，如果 $S = O$，那么认为译码成功，结束迭代过程，否则继续迭代直至最大迭代次数。

不难看出，此时更新后的校验消息和变量消息均是以对数似然比形式表示。由于引入对数似然比，推导出来的 BP 算法不需要归一化运算，大量乘、除、指数和对数运算变成了加减运算，降低了每轮迭代的运算复杂度和实现难度，因此对数似然比测度和积译码算法得到了广泛应用。

注意，对数似然比测度下的和积译码算法能够有效降低计算复杂度，但是迭代过程中对双曲正切求对数的核心运算 $\phi(x)$ 较为复杂。分析 $\phi(x)$ 特性可知，式（11-8-1）中对 $\phi(\beta_{v'c})$ 的求和主要取决于较小的 $\beta_{v'c}$。基于这种思想，可以简化校验消息更新步骤，简化后的算法即为最小和算法（min-sum，MS）。

MS 算法在降低译码复杂度的同时，译码性能也有所降低。有学者提出在最小和算法校验节点消息更新公式中插入一个归一化常数参数 α，能从一定程度上弥补因最小和算法而忽略的其余边的消息，从而较大幅度地提高译码性能，即

$$L(R_{cv}) = \alpha \prod_{v' \in N(c)\setminus v} \alpha_{v'c} \min_{v' \in N(c)\setminus v} \beta_{v'c}$$

这种译码算法称为归一化最小和算法（normalized min-sum，NMS）。为获得最佳译码性能，α 值应该随着信噪比和迭代次数的不同而变化。但是为了保证较低的复杂度，可维持 α 为常数。

图 11-22 给出了 BP、MS 和 NMS 算法的译码性能仿真曲线。采用规则 LDPC(1008，3，6)码，编码后信号经过 BPSK 调制，送入 AWGN 信道传输；NMS 算法的归一化参数为 0.8，译码最大迭代次数为 100。从仿真结果可看出，MS 算法引入了较大的误差，性能损失很大，在误比特率为 10^{-5} 时，BP 算法与 MS 算法性能相差将近 0.5 dB；而 NMS 算法选择最佳参数

时,性能与 BP 算法接近,在高信噪比时,甚至比 BP 算法要好,这是因为所选取码长较短,Tanner 图中存在长度较短的环,降低了 BP 算法性能,而 NMS 算法在一定程度上破除了短环,减少了消息之间的相关性,故可获得好的性能。

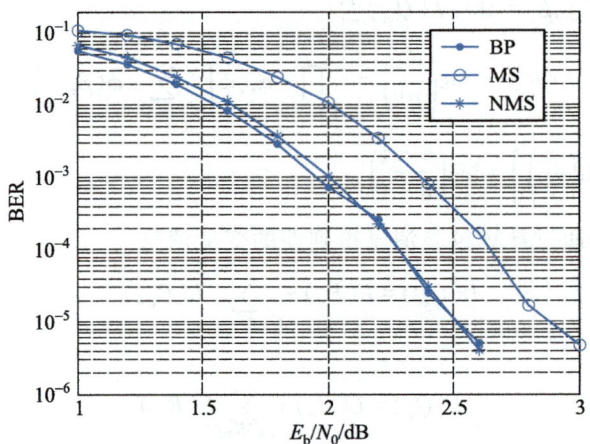

图 11-22 三种译码算法在 AWGN 信道中的性能比较

11.8.3 LDPC 码的应用

LDPC 码作为现代纠错编码系统中最有前途的方案,吸引着人们不断探讨其在通信系统中的应用潜力。目前在卫星数据广播标准 DVB-S2、802.16e、深空通信、磁记录系统和第四代移动通信等领域已经把 LDPC 码作为其信道编码方案之一,另外 LDPC 码与 MIMO、OFDM 等技术结合方面的研究也是目前的热点问题。

1. IEEE 802.16e 中的 LDPC 码

IEEE802.16e 是 802.16 工作组制定的一项无线城域网技术标准,它支持在 2～11 GHz 频段下的固定和车速移动业务,并支持基站和扇区间的切换。LDPC 码相对于 Turbo 码具有优异的译码性能和高译码吞吐量,使其成为该标准的几种信道编码之一。下面对 IEEE802.16e 中 LDPC 码的构造和编码方法进行介绍。

（1）IEEE 802.16e 中的 LDPC 码的构造

IEEE802.16e 标准中的 LDPC 码包含了从 576 到 2304 的 19 种码长,1/2 到 5/6 的 4 种码率组合的多种组合方式。

前面提到,LDPC 码由一个 $m \times n$ 一致校验矩阵 H 定义,n 表示码长的位数,m 表示校验位的位数。IEEE802.16e 的 LDPC 码的 H 矩阵为

$$H = \begin{bmatrix} P_{0,0} & P_{0,1} & P_{0,2} & \cdots & P_{0,n_b-2} & P_{0,n_b-1} \\ P_{1,0} & P_{1,1} & P_{1,2} & \cdots & P_{1,n_b-2} & P_{1,n_b-1} \\ P_{2,0} & P_{2,1} & P_{2,2} & \cdots & P_{2,n_b-2} & P_{2,n_b-1} \\ \cdots & \cdots & \cdots & \cdots & \cdots & \cdots \\ P_{m_b-1,0} & P_{m_b-1,1} & P_{m_b-1,2} & \cdots & P_{m_b-2,n_b-2} & P_{m_b-1,n_b-1} \end{bmatrix} = P^{H_b}$$

式中，$\boldsymbol{P}_{i,j}$ 表示一个 $z\times z$ 单位置换矩阵或者零矩阵，单位置换矩阵是通过将单位矩阵循环右移某个整数位得到的。从上式中可以看出其 $\boldsymbol{H}$ 矩阵是由一个 $m_b\times n_b$ 基本矩阵 $\boldsymbol{H}_b$ 扩展生成。标准中指出 $\boldsymbol{H}_b$ 是由两部分组成，$\boldsymbol{H}_b=\left[(\boldsymbol{H}_{b1})_{m_b\times k_b}\,\middle|\,(\boldsymbol{H}_{b2})_{m_b\times m_b}\right]$，其中 $\boldsymbol{H}_{b1}$ 表示系统位，$\boldsymbol{H}_{b2}$ 表示校验位，在结构上 $\boldsymbol{H}_{b2}$ 又分为两部分：一个奇重向量 h_b 和一个双线形结构的矩阵，如下所示。

$$
\boldsymbol{H}_{b2}=\begin{bmatrix} h_b(0) & \vdots & 1 & & & & & \\ h_b(1) & \vdots & 1 & 1 & & & & \\ & \vdots & & 1 & 1 & & & \\ \vdots & \vdots & & & \ddots & \ddots & & \\ & \vdots & & & & 1 & 1 & \\ h_b(m_b-1) & \vdots & & & & & 1 & 1 \end{bmatrix}
$$

对于各种码长和码率的 $\boldsymbol{H}$ 矩阵都是由基本矩阵 $\boldsymbol{H}_b$ 扩展得到，在扩展时先用二元数值"0"或"1"表示基本矩阵 $\boldsymbol{H}_b$，再将该矩阵中"0"元素以一个 $z_f\times z_f$ 的零矩阵替换，"1"元素以相应移位次数的循环置换阵替换，得到扩展生成的一致校验矩阵 $\boldsymbol{H}$。其中二元基本矩阵各元素的移位值以矩阵 $\boldsymbol{H}_{bm}$ 表示。

IEEE802.16e 对于不同码率的 LDPC 码给定了不同的 $\boldsymbol{H}_{bm}$ 矩阵，例如 1/2 码率的 $\boldsymbol{H}_{bm}$ 如图 11-23 所示。其中，"-1"表示零矩阵，"0"表示单位矩阵，其他元素值表示单位矩阵循环右移的次数。

$$
\begin{bmatrix}
-1 & 94 & 73 & -1 & -1 & -1 & -1 & -1 & 55 & 83 & -1 & -1 & 7 & 0 & -1 & -1 & -1 & -1 & -1 & -1 & -1 & -1 & -1 & -1 \\
-1 & 27 & -1 & -1 & -1 & 22 & 79 & 9 & -1 & -1 & -1 & 12 & -1 & 0 & 0 & -1 & -1 & -1 & -1 & -1 & -1 & -1 & -1 & -1 \\
-1 & -1 & -1 & 24 & 22 & 81 & -1 & 33 & -1 & -1 & -1 & 0 & -1 & -1 & 0 & 0 & -1 & -1 & -1 & -1 & -1 & -1 & -1 & -1 \\
61 & -1 & 47 & -1 & -1 & -1 & -1 & -1 & 65 & 25 & -1 & -1 & -1 & -1 & -1 & 0 & 0 & -1 & -1 & -1 & -1 & -1 & -1 & -1 \\
-1 & -1 & 39 & -1 & -1 & -1 & 84 & -1 & -1 & 41 & 72 & -1 & -1 & -1 & -1 & -1 & 0 & 0 & -1 & -1 & -1 & -1 & -1 & -1 \\
-1 & -1 & -1 & -1 & 46 & 40 & -1 & 82 & -1 & -1 & 79 & 0 & -1 & -1 & -1 & -1 & -1 & 0 & 0 & -1 & -1 & -1 & -1 & -1 \\
-1 & -1 & 95 & 53 & -1 & -1 & -1 & -1 & 14 & 18 & -1 & -1 & -1 & -1 & -1 & -1 & -1 & -1 & 0 & 0 & -1 & -1 & -1 & -1 \\
-1 & 11 & 73 & -1 & -1 & -1 & 2 & -1 & -1 & 47 & -1 & -1 & -1 & -1 & -1 & -1 & -1 & -1 & -1 & 0 & 0 & -1 & -1 & -1 \\
12 & -1 & -1 & -1 & 83 & 24 & -1 & 43 & -1 & -1 & -1 & 51 & -1 & -1 & -1 & -1 & -1 & -1 & -1 & -1 & 0 & 0 & -1 & -1 \\
-1 & -1 & -1 & -1 & 94 & -1 & 59 & -1 & -1 & 70 & 72 & -1 & -1 & -1 & -1 & -1 & -1 & -1 & -1 & -1 & -1 & 0 & 0 & -1 \\
-1 & -1 & 7 & 65 & -1 & -1 & -1 & -1 & 39 & 49 & -1 & -1 & -1 & -1 & -1 & -1 & -1 & -1 & -1 & -1 & -1 & -1 & 0 & 0 \\
43 & -1 & -1 & -1 & -1 & 66 & -1 & 41 & -1 & -1 & -1 & 26 & 7 & -1 & -1 & -1 & -1 & -1 & -1 & -1 & -1 & -1 & -1 & 0
\end{bmatrix}
$$

图 11-23　IEEE802.16e 中 1/2 码率的 $\boldsymbol{H}_{bm}$

每种码率的不同码长的 LDPC 码可通过使用扩展因子得到。每个基本校验矩阵有 24 列，扩展因子 $z=n/24$（n 为码长 IEEE802.16e 标准支持码长从 576 到 2304 的 19 种码长）。

（2）IEEE 802.16e 中的 LDPC 码的编码方法

IEEE802.16e 的 LDPC 码的一致校验矩阵是通过对基本矩阵进行准循环扩展生成的，因此该类 LDPC 码具有较强的结构性，极大地降低了其编码复杂度，可以采用两种方法完成其编码。

方法一：根据 $\boldsymbol{H}$ 矩阵的特殊结构，采用对已知信息位递推的方法求出校验位。编码时把信息组 s 分为 $k_b(=n_b-m_b)$ 组，每组有 z 比特，用向量 $\boldsymbol{u}$ 来表示每个分组，则 s 可以表示为 $\boldsymbol{u}=[u(0),\cdots,u(k_b-1)]$。校验组 p 同样也分为 m_b 组，每组也是 z 比特，则 p 可以用 $\boldsymbol{v}$ 表示

为 $\boldsymbol{v}=[v(0),\cdots v(m_b-1)]$。编码由如下两步组成。

第一步：初始化计算。通过 $\boldsymbol{H}_{bm}$ 矩阵计算 $v(0)$，其表达式为

$$P_{p(x,k_b)}v(0)=\sum_{j=0}^{k_b-1}\sum_{i=0}^{m_b-1}P_{p(i,j)}u(j)$$

式中，$1\leqslant x\leqslant m_b-2$，$P_i$ 表示 $z\times z$ 单位矩阵循环右移次数为 i 的矩阵元素。

第二步：递推运算。由 $v(i)$ 的值递推出 $v(i+1)$ 的值，$0\leqslant i\leqslant m_b-2$。

$$v(1)=\sum_{j=0}^{k_b-1}P_{p(i,j)}u(j)+P_{p(i,k_b)}v(0)，\quad i=0，$$

$$v(i+1)=v(i)+\sum_{j=0}^{k_b-1}P_{p(i,j)}u(j)+P_{p(i,k_b)}v(0)，\quad i=1,\cdots,m_b-2$$

方法二：针对 IEEE802.16e 标准中对 LDPC 码的约定，基于有效编码算法进行编码。该法实现的关键是要对基本校验矩阵 $\boldsymbol{H}_b$ 的分块处理，根据标准中基本校验矩阵 $\boldsymbol{H}_b$ 的特点，采取下面的分块方法。

$$\boldsymbol{H}_b=\begin{bmatrix}\boldsymbol{A}_{(m_b-1)\times k_b} & \boldsymbol{B}_{(m_b-1)\times 1} & \boldsymbol{T}_{(m_b-1)\times(m_b-1)} \\ \boldsymbol{C}_{1\times k_b} & \boldsymbol{D}_{1\times 1} & \boldsymbol{E}_{1\times(m_b-1)}\end{bmatrix}$$

令码字为 $\boldsymbol{c}=[k_b,p_1,p_2]$，由有效编码法可以推导出校验位 p_1 和 p_2 的生成公式

$$\boldsymbol{p}_1^{\mathrm{T}}=(\boldsymbol{ET}^{-1}\boldsymbol{A}+\boldsymbol{C})\boldsymbol{k}_b^{\mathrm{T}}$$

$$\boldsymbol{p}_2^{\mathrm{T}}=\boldsymbol{T}^{-1}(\boldsymbol{A}\boldsymbol{k}_b^{\mathrm{T}}+\boldsymbol{B}\boldsymbol{p}_1^{\mathrm{T}})$$

由此可得到编码步骤由下面四个步骤组成：

① 计算 $\boldsymbol{A}\boldsymbol{k}_b^{\mathrm{T}}$ 和 $\boldsymbol{C}\boldsymbol{k}_b^{\mathrm{T}}$；

② 计算 $\boldsymbol{ET}^{-1}\boldsymbol{A}\boldsymbol{k}_b^{\mathrm{T}}$；

③ 计算 $\boldsymbol{p}_1^{\mathrm{T}}=\boldsymbol{ET}^{-1}(\boldsymbol{A}\boldsymbol{k}_b^{\mathrm{T}})+\boldsymbol{C}\boldsymbol{k}_b^{\mathrm{T}}$；

④ 计算 $\boldsymbol{p}_2^{\mathrm{T}}=\boldsymbol{T}^{-1}(\boldsymbol{A}\boldsymbol{k}_b^{\mathrm{T}}+\boldsymbol{B}\boldsymbol{p}_1^{\mathrm{T}})$。

从基本校验矩阵 $\boldsymbol{H}_b$ 的分块可以看出，采用该方法进行编码的计算量体现在第一步中计算 $\boldsymbol{A}\boldsymbol{k}_b^{\mathrm{T}}$ 时，而分块矩阵 $\boldsymbol{A}$ 是稀疏矩阵并且矩阵中的元素不是零矩阵就是循环置换矩阵，所以计算 $\boldsymbol{A}\boldsymbol{k}_b^{\mathrm{T}}$ 时可以通过对其对应的 $\boldsymbol{k}_b^{\mathrm{T}}$ 循环移位得到，计算复杂度和码长成线性关系。而第二步计算 $\boldsymbol{ET}^{-1}\boldsymbol{A}\boldsymbol{k}_b^{\mathrm{T}}$ 可以用同样的方法得到。因此，方法二的编码复杂度更低，且存储量也较小，适合实际工程的运用。

2. DVB-S2 中的 LDPC 码

DVB-S 标准是欧洲数字视频广播（DVB）组织制定的卫星数据广播技术规范，这是一个全球化的卫星传输标准，目前已被世界绝大多数国家采用。DVB-S 中采用了级联 RS 码与卷积码，并在中间加一次交织的前向纠错方案，调制方式以 QPSK 调制为主。但是随着卫星通信数据量的不断增长，仅用 QPSK 解调电路限制了大功率卫星传送能力。20 世纪 90 年代中期以来，超大规模集成电路和芯片工艺飞速发展，对 LDPC 码的编码、译码算法研究也取得了突破性进展。在市场需求和技术支持下，DVB 组织又颁布了第二代数字视频卫星广播

的标准 DVB-S2。DVB-S2 支持更广泛的应用业务，且与 DVB-S 兼容。与 DVB-S 相比，DVB-S2 标准在带宽利用率方面有了质的飞跃，在相同的功耗水平下增加了 35% 的带宽。这个巨大的进步主要通过三个方面体现出来：新的纠错编码方式（LDPC）、新的调制体制（8PSK、16APSK 和 32APSK）和新的工作模式（VCM，可变编码调制；ACM，自适应编码调制）。DVB-S2 提供了 1/4、1/3、2/5、1/2、3/5、2/3、3/4、4/5、5/6、8/9 和 9/10 共 11 种纠错编码比率，以适应不同的调制方式和系统需求。DVB-S2 引入了 64800 和 16200 两种 LDPC 码长，码长极长是其性能优异（距香农限仅 0.7 dB，比 DVB-S 标准提高了 3 dB）的原因之一。

前向纠错（FEC）编码系统是 DVB-S2 系统中的一个子系统，由外码（BCH）、内码（LDPC）和比特交织（bit interleaving）三部分组成。其输入流是 BBFRAME（基本比特帧），输出流是 FECFRAME（前向纠错帧）。

每个 BBFRAME（K_{bch} 比特）由 FEC 系统处理后产生一个 FECFRAME（n_{ldpc} 比特），外码系统 BCH 码的奇偶校验比特（BCHFEC）加在 BBFRAME 的后面，内码 LDPC 码的奇偶校验比特加在 BCHFEC 的后面，如图 11-24 所示。

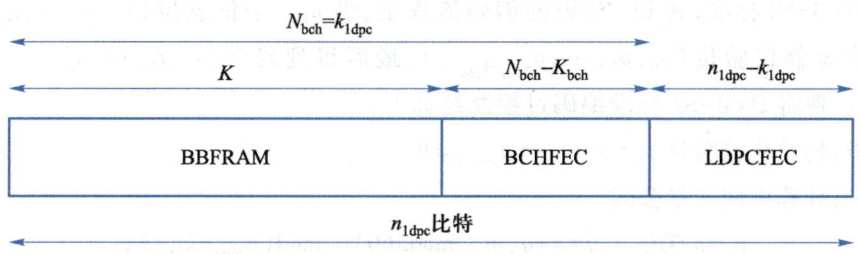

图 11-24 DVB-S2 标准 FEC 系统比特交织前的数据格式

表 11-19 和表 11-20 分别给出了长帧（$n_{ldpc} = 64\,800$ bit）和短帧（$n_{ldpc} = 16\,200$ bit）的 FEC 系统的编码参数。

表 11-19 DVB-S2 标准 FEC 系统的编码参数（长帧 $n_{ldpc} = 64\,800$ bit）

LDPC 码率	BCH 信息位 K_{bch}	BCH 码长 N_{bch} LDPC 信息位 k_{ldpc}	BCH 纠错位数	LDPC 码长 n_{ldpc}
1/4	16 008	16 200	12	64 800
1/3	21 408	21 600	12	64 800
2/5	25 728	25 920	12	64 800
1/2	32 208	32 400	12	64 800
3/5	38 688	38 880	12	64 800
2/3	43 040	43 200	12	64 800
3/4	48 408	48 600	12	64 800
4/5	51 648	51 840	12	64 800
5/6	53 840	54 000	10	64 800
8/9	57 472	57 600	8	64 800
9/10	58 192	58 320	8	64 800

表 11-20　DVB-S2 标准 FEC 系统的编码参数（短帧 $n_{ldpc}=16\,200$ bit）

LDPC 码率	BCH 信息位 K_{bch}	BCH 码长 N_{bch} LDPC 信息位 k_{ldpc}	BCH 纠错位数	LDPC 有效码率 $k_{ldpc}/16\,200$	LDPC 码长 n_{ldpc}
1/4	3 072	3 240	12	1/5	16 200
1/3	5 232	5 400	12	1/3	16 200
2/5	6 312	6 480	12	2/5	16 200
1/2	7 032	7 200	12	4/9	16 200
3/5	9 552	9 720	12	3/5	16 200
2/3	10 632	10 800	12	2/3	16 200
3/4	11 712	11 880	12	11/15	16 200
4/5	12 432	12 600	12	7/9	16 200
5/6	13 152	13 320	12	37/45	16 200
8/9	14 232	14 400	12	8/9	16 200

根据 DVB-S2 标准，其 LDPC 码的编码流程是：由 k_{ldpc} 个信息位 $(i_0,i_1,\cdots,i_{k_{ldpc}-1})$ 得到 $n_{ldpc}-k_{ldpc}$ 个奇偶校验位 $(p_0,p_1,\cdots,p_{n_{ldpc}-k_{ldpc}-1})$，最后得到码字 $(i_0,i_1,\cdots,i_{k_{ldpc}-1},p_0,p_1,\cdots,$ $p_{n_{ldpc}-k_{ldpc}-1})$。现将 DVB-S2 标准编码过程总结如下。

第一步：初始化校验位 $p_0=p_1=\cdots=p_{n-k-1}=0$。

第二步：计算中间变量公式

$$p_j=p_j\oplus i_m,\quad j=x+q(m\quad\mathrm{mod}360)\quad\mathrm{mod}(n_{ldpc}-k_{ldpc}),$$

式中，p_j 是第 j 个校验位，i_m 是第 m 个信息位，$(n_{ldpc}-k_{ldpc})$ 是奇偶校验位的个数。x 表示奇偶校验位的地址，取 DVB-S2 标准附录 B 和 C 提供的相应地址列表的第 x 行的数据。这两个附录分别给出了长码（码长为 64800）的 11 种码率和短码（码长为 16200）的 10 种码率的奇偶校验位地址。q 是由码率 R 决定的常量，计算公式为

$$q=\frac{n_{ldpc}-k_{ldpc}}{360}=\frac{n_{ldpc}}{360}(1-R)$$

DVB-S2 标准中给出了长码和短码对应的不同码率的 q 值。从这一步可以看出，DVB-S2 中的码有周期为 360 的循环结构，极大程度降低了编译码复杂度，且有利于硬件实现。

第三步：按下式计算，获得最终的奇偶校验位。

$$p_j=p_j\oplus p_{j-1},\quad j=1,2,\cdots,n_{ldpc}-k_{ldpc}-1$$

这样便得到码长为 n_{ldpc} LDPC 码的码字 $(i_0,i_1,\cdots,i_{k_{ldpc}-1},p_0,p_1,\cdots,p_{n_{ldpc}-k_{ldpc}-1})$。

本节对 DVB-S2 中两种码长、几种码率的 LDPC 码在 AWGN 信道中进行了计算机仿真试验，译码采用和积译码算法，最大迭代次数设置为 50 次。图 11-25 给出了 DVB-S2 中 LDPC 码的误比特率，其中图 11-25（a）为短码（码长为 16200）的误比特率、图 11-25（b）为长码（码长为 64800）的误比特率（bit error rate，BER）。以相同的表示方法，图 11-26 给出了码的误帧率（frame error rate，FER），图 11-27 给出了译码时的平均迭代次数（average number of iterations，ANI）。

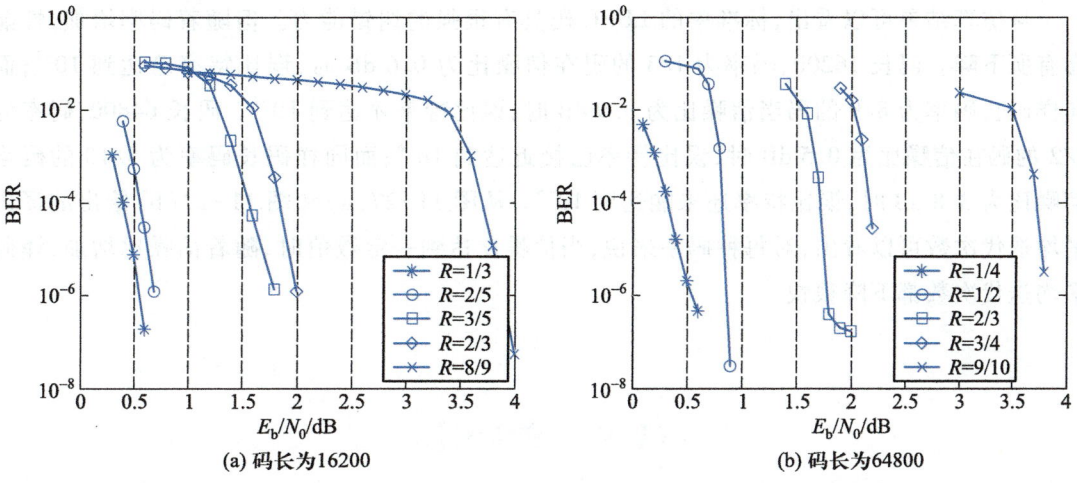

(a) 码长为16200

(b) 码长为64800

图 11-25 DVB-S2 中 LDPC 码的误比特率

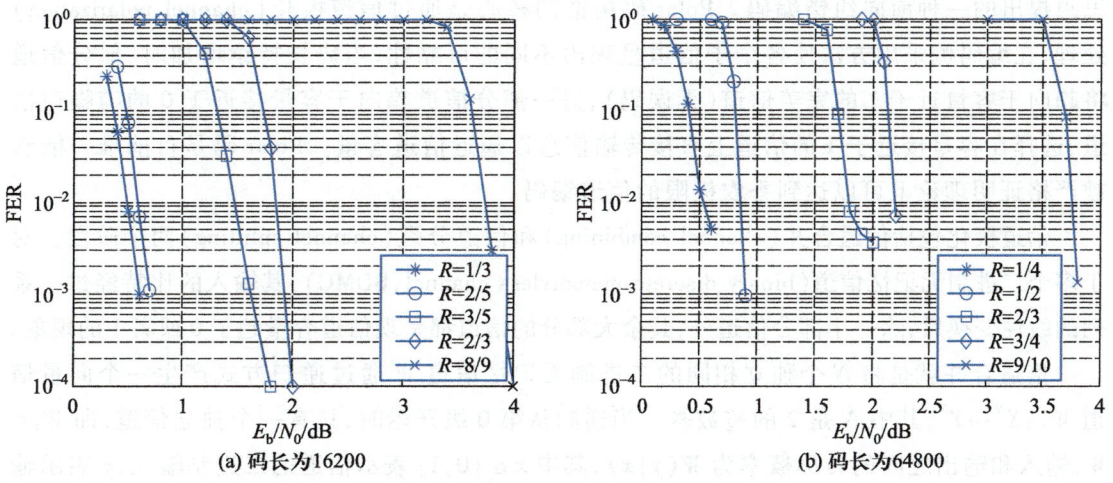

(a) 码长为16200

(b) 码长为64800

图 11-26 DVB-S2 中 LDPC 码的误帧率

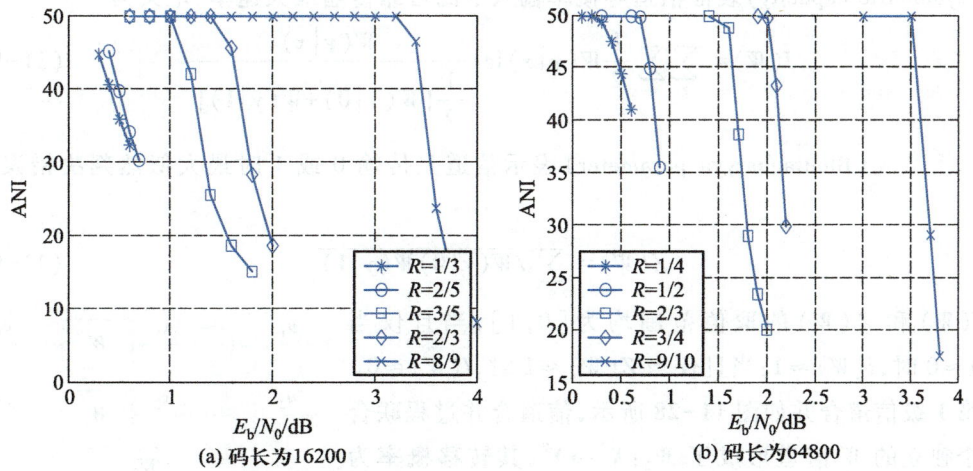

(a) 码长为16200

(b) 码长为64800

图 11-27 DVB-S2 中 LDPC 码译码时的平均迭代次数

从仿真结果可以看出,标准中的 LDPC 码具有很强的纠错能力。但随着码率增加,性能会有所下降。码长 16200、码率为 1/3 的码在信噪比为 0.6 dB 时,误比特率已达到 10^{-7};而同样码长码率为 8/9 的码当信噪比为 3.9 dB 时,误比特率才达到 10^{-7}。码长 64800、码率为 1/2 的码在信噪比为 0.5 dB 时,误比特率已接近达到 10^{-6};而同样码长码率为 9/10 的码当信噪比为 3.8 dB 时,误比特率还未能达到 10^{-6}。从图 11-27(a)和图 11-27(b)给出的译码平均迭代次数可以看出,对每种码率来说,当信噪比达到一定数值时,随着信噪比增加,译码平均迭代次数都下降很快。

11.9　Polar 码

极化码(Polar code)是土耳其毕尔肯大学阿里坎(Arikan)教授于 2008 年基于信道极化思想提出的一种前向纠错编码。Polar 码构造的核心是通过信道极化(channel polarization)处理,在编码侧采用方法使各个子信道呈现出不同的可靠性,当码长持续增加时,部分信道将趋向于容量近于 1 的完美信道(无误码),另一部分信道趋向于容量接近于 0 的纯噪声信道,选择在容量接近于 1 的信道上直接传输信息以逼近信道容量。Polar 码是目前唯一能够被严格证明理论上可以达到香农极限的信道编码。

信道极化包括信道合并(channel combining)和信道分裂(channel splitting)两个阶段。对于多个二进制无记忆信道(binary discrete memoryless channel,BDMC),其输入的比特经过一系列的线性变换后,除一小部分信道外,其余大部分的信道都呈现信道容量趋于 0 或者 1 的现象。

信道合并就是将 N 个独立相同的二进制无记忆信道 W 通过递归方式产生一个向量信道 $W_N:X^N \to Y^N$,其中 N 是 2 的整数幂。当递归从第 0 级开始时,只有一个独立信道,即 $W_1 = W$,输入和输出之间的转移概率为 $W(y|x)$,其中 $x \in \{0,1\}$ 表示信道的二进制输入,y 表示输出,对于一个二进制离散无记忆信道,存在对称容量和巴氏参数两个重要的信道参数。对称容量(symmetric capacity)表征信道等概率输入下的可靠传输最大速率,定义为

$$I(W) = \sum_y \sum_x \frac{1}{2} W(y|x) \log \frac{W(y|x)}{\frac{1}{2}[W(y|0) + W(y|1)]} \tag{11-9-1}$$

巴氏参数(Bhattacharyya parameter)表示信道只传输 0 或 1 时最大似然判决错误概率上限

$$Z(W) = \sum_{y \in Y} \sqrt{W(y|0) W(y|1)} \tag{11-9-2}$$

$I(W)$ 和 $Z(W)$ 的取值范围均为 $[0,1]$,当且仅当 $Z(W) \approx 0$ 时,$I(W) \approx 1$;当且仅当 $Z(W) \approx 1$ 时,$I(W) \approx 0$。

第 1 级信道合并如图 11-28 所示,信道合并过程联合了 2 个独立的 W 信道形成了 $W_2:X^2 \to Y^2$,其转移概率为 $W_2(y_1,y_2|u_1,u_2) = W(y_1|u_1 \oplus u_2) W(y_2|u_2)$。

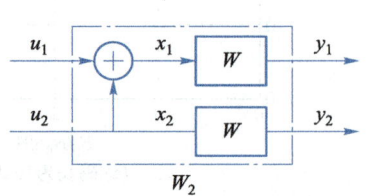

图 11-28　第 1 级信道合并

第 2 级信道合并如图 11-29 所示,信道合并过程继续基于两个 W_2 形成一个 $W_4:X^4\rightarrow Y^4$

$$W_4(y_1^4\mid u_1^4)=W_2(y_1^2\mid u_1\oplus u_2,u_3\oplus u_4)W_2(y_3^4\mid u_2,u_4) \qquad (11\text{-}9\text{-}3)$$

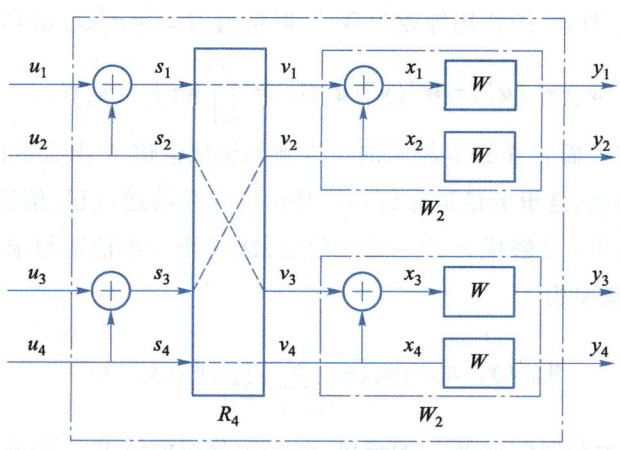

图 11-29　第 2 级信道合并

图 11-29 中 R_4 表示从 (s_1,s_2,s_3,s_4) 到 $\boldsymbol{v}_1^4=[s_1,s_3,s_2,s_4]$ 的置换操作。整个 W_4 的输入映射可以写成 $\boldsymbol{x}_1^4=\boldsymbol{u}_1^4\boldsymbol{G}_4$,其中

$$\boldsymbol{G}_4=\begin{bmatrix}1&0&0&0\\1&0&1&0\\1&1&0&0\\1&1&1&1\end{bmatrix},\quad W_4(\boldsymbol{y}_1^4\mid\boldsymbol{u}_1^4)=W^4(\boldsymbol{y}_1^4\mid\boldsymbol{u}_1^4\boldsymbol{G}_4)$$

以此类推可以得到 W_N 信道,W_N 信道是一个 N 维信道,输入为 $u_1,u_2,\cdots,u_N$,输出为 $y_1,y_2,\cdots,y_N$。从图 11-30 可知,W_N 信道由两个独立的 $W_{N/2}$ 联合产生,输入向量 $\boldsymbol{u}_1^N$ 进入信道

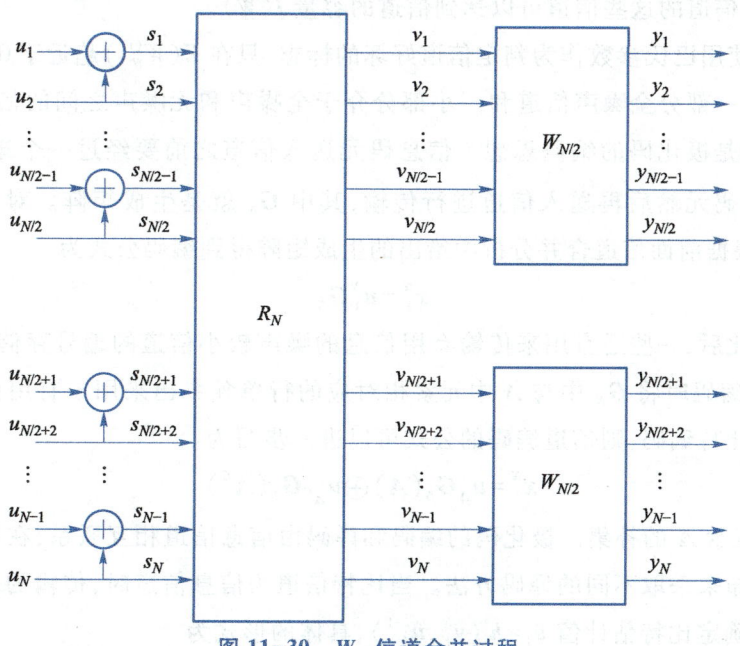

图 11-30　W_N 信道合并过程

W_N 后首先被转换为 s_1^N，其中 $s_{2i-1}=u_{2i-1}\oplus u_{2i}$，$s_{2i}=u_{2i}$，$1\leqslant i\leqslant N/2$。$R_N$ 表示置换操作，即输入为 s_1^N，输出为 $\boldsymbol{v}_1^N=[s_1,s_3,\cdots,s_{N-1},s_2,s_4,\cdots,s_N]$，$\boldsymbol{v}_1^N$ 是两个独立的 $W_{N/2}$ 的输入。经过递归运算可知，合并信道 W_N 对 $\boldsymbol{u}_1^N$ 的作用等效为 N 个 W 信道对 $\boldsymbol{x}_1^N=\boldsymbol{u}_1^N\boldsymbol{G}_N$ 的作用

$$W_N(\boldsymbol{y}_1^N\,|\,\boldsymbol{u}_1^N)=W^N(\boldsymbol{y}_1^N\,|\,\boldsymbol{u}_1^N\boldsymbol{G}_N)=\prod_{i=1}^{N}W(y_i\,|\,(\boldsymbol{u}_1^N\boldsymbol{G}_N)_i) \qquad (11\text{-}9\text{-}4)$$

信道的分解是将上面 N 个独立相同的二进制无记忆信道 W 组合成的 W_N 信道分解成 N 个信道。需要注意的是，这里的信道分解并不是信道合并的逆过程，信道的分解通过数学运算将原来组合的信道 W_N 分解成 N 个一维的信道，这 N 个一维信道与未组合前的 N 个 W 信道是不同的，其转移概率为

$$W_N^{(i)}(\boldsymbol{y}_1^N,\boldsymbol{u}_1^{i-1}\,|\,u_i)=\sum_{\boldsymbol{u}_{i+1}^N\in X^{N-i}}\frac{1}{2^{N-1}}W_N(\boldsymbol{y}_1^N\,|\,\boldsymbol{u}_1^N) \qquad (11\text{-}9\text{-}5)$$

式中，$\boldsymbol{y}_1^N$，$\boldsymbol{u}_1^{i-1}$ 表示分裂信道 $W_N^{(i)}$ 的输出，u_i 表示分裂信道 $W_N^{(i)}$ 的输入。可以证明，对于任意的 BDMC 信道 W，任意的 $\delta>0$，$N=2^n$，当 N 趋于无穷大时，极化分解信道 $\{W_N^{(i)}\}$，满足

$$\lim_{N\to\infty}\frac{|(i\in\{1,2,\cdots,N\}:I(W_N^{(i)})\in(1-\delta,1])|}{N}=I(W) \qquad (11\text{-}9\text{-}6)$$

$$\lim_{N\to\infty}\frac{|(i\in\{1,2,\cdots,N\}:I(W_N^{(i)})\in[0,\delta))|}{N}=1-I(W) \qquad (11\text{-}9\text{-}7)$$

即满足 $I(W_N^{(i)})\in(1-\delta,1]$ 的信道数量占总信道数量 N 的比例趋于 $I(W)$，满足 $I(W_N^{(i)})\in[0,\delta)$ 的信道数量占总信道数量 N 的比例趋于 $1-I(W)$。这表明在 N 足够大时，信道经过合并和分解之后，各个分解的比特信道要么变成一个全噪声信道，要么就变成一个无噪声的信道，变成无噪声信道的这些信道可以达到信道的容量 $I(W)$。

极化编码使用巴氏参数作为判定信道好坏的标志，只在 $Z(W_N^{(i)})$ 趋近于 0 的比特信道发送数据信息，另一部分全噪声信道和一小部分介于全噪声和无噪声之间的信道用于传输特定的比特，这就是极化码的编码思想。信息码元送入信道之前要经过一个矩阵 $\boldsymbol{G}_N$ 进行转换，转换成编码码元然后再送入信道进行传输，其中 $\boldsymbol{G}_N$ 就是生成矩阵。对于码长 $N=2^n$，$n\geqslant 0$ 的码字，根据前面信道合并分析中给出的生成矩阵得到编码公式为

$$\boldsymbol{x}_1^N=\boldsymbol{u}_1^N\boldsymbol{G}_N \qquad (11\text{-}9\text{-}8)$$

在信道极化后，一些适宜用来传输有用信息的噪声较小信道的编号存储在优质信道编号集合 $\boldsymbol{\Lambda}$ 中。编码时将 $\boldsymbol{G}_N$ 中与 $\boldsymbol{\Lambda}$ 中元素相对应的行单独拿出来用于有用比特编码，剩余各行用于固定比特编码，则信道编码的公式可以进一步写为

$$\boldsymbol{x}_1^N=\boldsymbol{u}_{\boldsymbol{\Lambda}}\boldsymbol{G}_N(\boldsymbol{\Lambda})\oplus\boldsymbol{u}_{\boldsymbol{\Lambda}^c}\boldsymbol{G}_N(\boldsymbol{\Lambda}^c) \qquad (11\text{-}9\text{-}9)$$

其中 $\boldsymbol{\Lambda}^c$ 表示 $\boldsymbol{\Lambda}$ 的补集。极化码的编码和译码由信息信道相互联系，在译码时，要根据信息信道的分布来采取不同的译码方法。当比特信道为信息信道时，传输的是有用的信息，要经过判定来确定比特估计值 $\hat{u}_i=h_i(\boldsymbol{y}_1^N,\hat{\boldsymbol{u}}_1^{i-1})$，具体的形式为

$$h_i(\boldsymbol{y}_1^N,\hat{\boldsymbol{u}}_1^{i-1})=\begin{cases}0, & \dfrac{W_N^{(i)}(\boldsymbol{y}_1^N,\hat{\boldsymbol{u}}_1^{i-1}\mid0)}{W_N^{(i)}(\boldsymbol{y}_1^N,\hat{\boldsymbol{u}}_1^{i-1}\mid1)}\geqslant1\\[4mm]1, & \dfrac{W_N^{i}(\boldsymbol{y}_1^N,\hat{\boldsymbol{u}}_1^{i-1}\mid0)}{W_N^{i}(\boldsymbol{y}_1^N,\hat{\boldsymbol{u}}_1^{i-1}\mid1)}<1\end{cases}\qquad(11-9-10)$$

极化码是一种线性分组码,通过构造生成矩阵而获得编码,其译码可以使用串行抵消 (successive cancellation,SC)译码算法或者 BP 算法。SC 算法的优势在于它可以用于渐进性能理论进行分析。极化码提出者 Arikan 基于 SC 算法证明了 Polar 码可以达到对称信道容量,并且计算出 Polar 码的译码复杂度仅为 $O(N\log N)$。部分学者针对极化码译码器硬件实现结构设计开展了大量的研究,主要实现方法包括 Pipelined-tree SC 结构、Line SC 结构和半并行 SC 译码器结构等,有兴趣的读者可以参阅相关文献。

极化码目前已经被 3GPP 5G 标准采纳作为编码技术方案之一。2016 年 11 月 17 日国际无线标准化机构 3GPP 第 87 次会议在美国拉斯维加斯召开,中国华为主推极化码方案,美国高通主推低密度奇偶检查码(LDPC)方案,法国主推 Turbo 2.0 方案,最终控制信道编码由极化码胜出。通过对华为极化码试验样机在静止和移动场景下的性能测试,针对短码长和长码长两种场景,在相同信道条件下,Polar 码相对于 Turbo 码可以获得 0.3～0.6 dB 的误包率性能增益。

习　　题

11-1　设二进制对称信道的错误转移概率是 0.01,准备用码组(000)和(111)来传输数据 0 和 1,试问:(1)该码组的码距是多少?(2)该码组的编码效率是多少?(3)发生 2 位和 3 位错误的概率(平均误码率)应是多少?

11-2　说明方阵码的检错能力。

11-3　已知一个(7,4)线性分组码的校验矩阵为

$$\boldsymbol{H}=\begin{bmatrix}0&0&1&0&1&1&1\\0&1&1&1&0&0&1\\1&1&1&0&0&1&0\end{bmatrix}$$

求其生成矩阵并分析其纠错检错能力。若编码器输入为 1001,编码器输出码字为什么?

11-4　一种编码的 4 个码字为 $C_1=100011,C_2=001110,C_3=010101,C_4=011011$,求编码的最小码距并说明编码的检、纠错能力。

11-5　写出一个有 3 个监督位的汉明码的生成矩阵 $\boldsymbol{G}$ 和一致校验矩阵 $\boldsymbol{H}$。计算(31, 26)汉明码的码率。

11-6　已知(6,3)分组码的监督方程式为 $C_5+C_4+C_1+C_0=0,C_5+C_3+C_1=0$ 和 $C_4+C_3+C_2+C_1=0$。试问:(1)该码集的一致校验矩阵是什么?(2)相应的生成矩阵是什么?

11-7　已知信息位是 $C_5C_4C_3$,监督位是 C_2C_1,给定的偶校验监督关系是 $C_5+C_4+C_2=0$

和 $C_4+C_3+C_1=0$。试问:(1) 由它们所组成的 8 个许用码组(码字)是什么?(2) 编码效率是多少?(3) 该码集的最小码距是多少?(4) 它的检、纠错能力各为多少?

11-8　已知 $(6,3)$ 缩短循环码的生成多项式 $g(x)=x^3+x+1$。

(1) 构造生成矩阵;

(2) 为信息码元 101 编系统码;

(3) 若接收码组 $R_1=110111,R_2=011101$。试计算伴随式 S 并讨论是否为许用码字;

(4) 举例说明什么样的错误可以纠正。

11-9　有一个 $(31,15)$ RS 码。求该码一个符号包含的比特数、码的最小间距,以及此码可以纠正的符号误码个数。

11-10　$(7,4)$ 循环码的生成多项式为 $g(x)=x^3+x+1$,试画出编码及译码(纠 1 位错)电路,设接收序列为 (0111001),试写出其译码过程。

11-11　已知 $x^{15}+1=(x+1)(x^4+x+1)(x^4+x^3+1)(x^4+x^3+x^2+x+1)(x^2+x+1)$。问:

(1) 可以构成多少种码长为 15 的循环码;

(2) 可构成多少种码长为 15,监督位为 4 的循环码,写出它们的生成多项式。

11-12　证明 $g(x)=x^5+x^3+x+1$ 可作为 $(15,10)$ 循环码的生成多项式;画出其编码电路,并写出信息码 0010110111 所对应的码多项式。

11-13　如果 RS 码的 $k=8$,并且给定有 8 个冗余符号,计算该 RS 码能纠正的错误符号数。

11-14　请描述卷积码的实现过程。与分组码相比,说明卷积码主要的优点和缺点。

11-15　解释差错控制编码中交织的含义,说明为什么要使用交织。

11-16　解释级联码的含义,说明为什么要使用级联码。

11-17　基带信号的比特速率为 1.554 Mbit/s,在对载波进行调制前对该信号进行码率为 7/8 的 FEC 编码。如果传输系统使用滚降系数为 0.2 的升余弦滤波器,求下列信号的带宽:(1) BPSK 信号;(2) QPSK 信号。

11-18　解释纠错编码中编码增益的含义。如果在某数字链路中使用编码增益为 3 dB 的 FEC 编码,为保持编码信号的 BER 与未编码的信号的 BER 相同,那么发送的载波功率将需要减小多少分贝?

11-19　$(3,1,4)$ 卷积码编码器如题图 11-19 所示。(1) 写出生成矩阵子多项式和生成矩阵;(2) 写出一致校验矩阵。

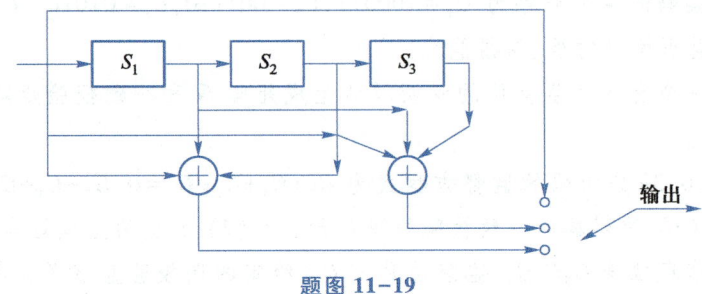

题图 11-19

11-20 (2,1,3)卷积码编码器如题图 11-20 所示。如果输入的信息码为 11,并在它后面加上 3 个 0 后成为 11000。设接收序列为 0101011100,试用维特比算法得出译码结果。

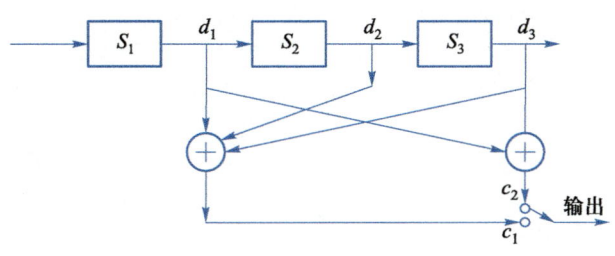

题图 11-20

第 12 章

无线物理层安全传输原理

无线通信自诞生的那一刻起,其安全问题就如同幽灵一般无处不在、无时不在,成为挥之不去的梦魇。与传统有线通信网络相比,无线通信以电磁波作为信息传输的载体,具有在空间中以光速进行自由、开放传播的物理特性。这种特性既是区别于有线通信的一个标志性特点,同时也为攻击者实施恶意攻击提供了天然的条件,是引发无线安全问题的根源所在。

第 12 章
思维导图

无线物理层安全(physical layer security,PLS)是一种信息论意义上的安全,它从网络协议栈的最底层来完成安全通信。而传统基于计算量的加密机制主要集中于应用层,通过复杂加密算法得到的密钥对消息进行加密处理,并假定物理层链路是无差错的。

本章主要对无线物理层安全传输的基本原理进行阐述,主要针对无密钥的安全传输技术和基于无线信道的密钥生成技术进行介绍。

12.1　物理层安全的基本概念

12.1.1　香农保密通信模型

密码学研究的基本问题就是采用密码方法来隐蔽和保护需要保密的消息,使未授权者不能提取信息。其中,被隐蔽的消息称为明文(plaintext)。密码可将明文变换成另一种隐蔽的形式,称为密文(ciphertext)或密报(cryptogram)。这个变换过程称为加密(encryption)。其逆过程,即由密文恢复出原明文的过程称为解密(decryption)。对明文进行加密时所采用的一组规则称为加密算法(encryption algorithm)。传送消息的预定对象称作合法接收端(legitimate receiver),其对密文进行解密时所采用的一组规则称为解密算法(decryption algorithm)。加密和解密算法通常都是在一组密钥(key)的控制下进行的,分别称为加密密钥和解密密钥。此外,非授权者通过各种方法(如搭线窃听、电磁窃听、声音窃听等)来获取机密信息,称其为窃听者(eavesdropper)。

通常,安全通信(又称保密通信,secrecy communication)包括两层含义:第一,合法收发用户之间能够进行无差错的传输;第二,确保其他用户无法获取该发送信息。香农首次从概率统计观点出发研究了信息的保密问题,如图 12-1 所示的保密系统。保密系统设计的目的就是使得窃听者即使在完全准确地接收到信号的条件下,也无法恢复出原始信息。

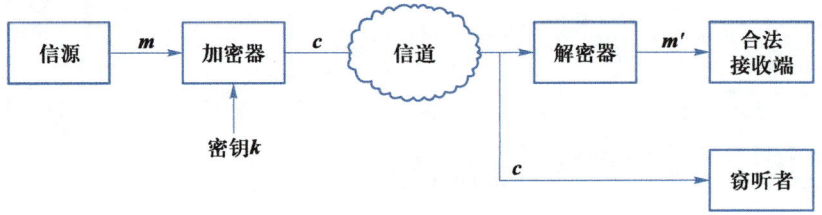

图 12-1　保密系统

信源是产生消息的源头,假设信源字母表为 $M=\{a_i, i=0,1,\cdots,q-1\}$,字母 a_i 出现的概率为 $p(a_i)\geqslant 0$,并且满足

$$\sum_{i=0}^{q-1} p(a_i) = 1 \qquad (12-1-1)$$

信源产生一个长为 L 个符号的消息序列

$$\boldsymbol{m}=(m_1,m_2,\cdots,m_L),\ m_i\in M \qquad (12-1-2)$$

将所有 L 个符号信源输出的集合 $\boldsymbol{m}\in M=M^L$,称为消息空间或明文空间。密钥源是产生密钥序列的数据源,通常是离散的,设密钥字母表为 $k=\{k_t,t=0,1,\cdots,s-1\}$,字母 k_t 出现的概率为 $p(k_t)\geqslant 0$,并且满足

$$\sum_{t=0}^{s-1} p(k_t) = 1 \qquad (12-1-3)$$

对于长度为 r 的所有密钥序列 $\boldsymbol{k}=(k_1,k_2,\cdots,k_r),k_1,k_2,\cdots,k_r\in k$ 称为密钥空间。一般消息空间和密钥空间是相互独立的,合法接收端已知密钥 $\boldsymbol{k}$ 和密钥空间,窃听者并不知道密钥 $\boldsymbol{k}$。

加密变换就是将明文空间中的元素 $\boldsymbol{m}$ 在密钥控制下变换为密文 $\boldsymbol{c}$,即

$$\boldsymbol{c}=(c_1,c_2,\cdots,c_V)=E_k(m_1,m_2,\cdots,m_L) \qquad (12-1-4)$$

其中,V 表示密文长度。密文 $\boldsymbol{c}$ 的全体集合称为密文空间。

香农 1949 年首次阐述了安全通信的基本原理,并从信息论角度证明,对于完美的或无条件的保密系统具有以下结论。

【定理 12-1】　完美的保密系统存在的必要条件是

$$H(k)\geqslant H(M^L) \qquad (12-1-5)$$

其中,$H(k)$ 表示密钥熵,$H(M^L)$ 表示明文熵。$H(\cdot)$ 表示信息熵计算。

从上述定理可见,当密钥的信息熵大于或等于发送消息的信息熵时,系统能够达到完全保密(perfect secrecy)。换而言之,为了实现完美的保密,系统必须具有大量的随机密钥,如"一次一密"(one-time pad),即每次通信双方传递的明文都使用临时随机密钥和对称算法进行加密处理,这样密钥一次一变。

然而,"一次一密"方案在现实中存在随机密钥产生和分配等困难,故提出了基于计算量的密码体制。其主要分为以下几种,按照密码算法对明文信息的加密方式,分为序列密码体

制和分组密码体制;按照加密过程中是否注入了客观随机因素,分为确定型密码体制和概率型密码体制;按照是否能进行可逆的加密变换,又可分为单向函数密码体制和双向函数密码体制。而最常见的是按照密码算法所使用的加密密钥与解密密钥是否相同,能否由加密过程推导出解密过程(或由解密过程推导出加密过程)而将密码体制分为对称密码体制和非对称密码体制。

对称密码体制是一种传统密码体制,也称为私钥密码体制。在对称加密系统中,加密和解密采用相同的密钥,即使两者不同,也能够由其中的一个推导出另外一个。因此,在对称密码体制中,终端具有加密能力就意味着有解密能力。对称密码体制的优点是计算开销小、加密速度快、可以达到很高的保密强度等。常见的对称密钥算法有 DES、RC4、RC5、A5 等。

在对称密码体制中,需要通信双方选择和保存共同的密钥,并且必须信任对方不会将密钥泄露出去,从而实现数据的机密性和完整性。对于具有 n 个用户的无线通信网络,需要 $n(n-1)/2$ 个密钥。这些密钥分发需要通过安全信道来进行,在用户数较大的情况下,密钥的分发和保存将成为问题。迪菲(W. Diffie)和赫尔曼(M. Hellman)在 1976 年发表的 *New Direction in Cryptography* 文章中,提出了非对称密码体制的概念,即公开密码体制。在非对称密码体制中,加密和解密使用不同密钥的加密算法,也称为公私钥加密。假设两个用户要加密交换数据,双方交换公钥,使用时一方用对方的公钥加密,另一方即可使用自己的私钥进行解密。因此,对于具有 n 个用户的无线通信网络,只需要 n 对密钥,即 $2n$ 个密钥。并且,公钥是公开发布的,用户只需要保管自己的私钥即可。常见的非对称加密算法有 ECC、DSA、RSA 算法等。

12.1.2 Wyner 窃听信道模型

在上述图 12-1 模型中,香农的研究并没有考虑无线环境中噪声或干扰的影响。直到 1975 年,怀纳(Wyner)首次研究了含噪的窃听信道(wiretap channel,又称搭线信道)模型,该模型将主信道和窃听信道都建模为离散无记忆信道(discrete memoryless channel,DMC)。图 12-2 给出了 Wyner 所提的窃听信道模型。发送端 Alice 将消息 $S^K = (s_1, s_2, \cdots, s_K)$ 编码为 $X^N = (x_1, x_2, \cdots, x_N)$,其中 N 表示码字长度。$Y^N = (y_1, y_2, \cdots, y_N)$ 表示 X^N 通过一个离散无记忆信道后,合法接收端 Bob 的接收信号。Bob 将对信号 Y^N 进行译码处理,其中 $\hat{S}^K = (\hat{s}_1, \hat{s}_2, \cdots, \hat{s}_K)$ 表示译码输出。Alice 和 Bob 间的错误概率定义为

$$P_e = \frac{1}{K} \sum_{k=1}^{K} \Pr\{s_k \neq \hat{s}_k\} \tag{12-1-6}$$

此外,$Z^N \triangleq (z_1, z_2, \cdots, z_N)$ 表示窃听者 Eve 的接收信号。Wyner 定义窃听者 Eve 的信道疑义度(equivocation rate)为

$$\Delta = \frac{1}{K} H(S^K | Z^N) \tag{12-1-7}$$

从而,一个速率对 (R_s, R_e) 是可达的当且仅当对于任意的 $\varepsilon > 0$,将存在一种编码-译码方

案使得下面关系式均成立

$$
\begin{cases}
\dfrac{H(S^{K})}{N} \geqslant R_{s}-\varepsilon \\
\Delta \geqslant R_{e}-\varepsilon \\
P_{e} \leqslant \varepsilon
\end{cases}
\tag{12-1-8}
$$

Wyner 证明,当窃听信道是主信道的退化信道时,即信道的输入和输出满足马尔科夫链关系 $x \rightarrow y \rightarrow z$,存在这样一种窃听编码方案使得合法收发用户间能够以任意小的错误概率 P_{e} 进行传输,同时窃听者的信道疑义度趋近于信源熵,即窃听者获取不到 Alice 发送的任何信息。与传统基于计算量的加密机制不同,Wyner 基于物理层的信道特征来实现信息的安全传输,因此被称为物理层安全。

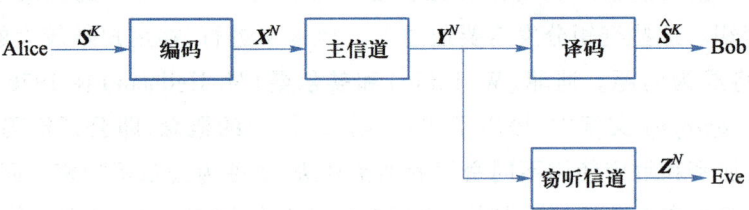

图 12-2　Wyner 所提的窃听信道模型

12.2　无密钥的安全传输技术

无线物理层安全(PLS)从无线信号传播特点入手,利用无线信道的不可测量、不可复制的内生安全属性,从物理层探索无线通信内生安全机制,可促进安全与通信一体化。当前,有关物理层安全技术研究的两大分支为:无密钥的物理层安全传输技术和基于无线信道的密钥生成技术。

无线信道作为一种天然的随机源,其具有互易性、时变性、空时唯一性等特征,且随着传播环境、终端位置、发送时间等时空环境动态变化,即不同时空位置的无线信道表现出来的特征属性完全不同,同时对于处于不同时空位置的第三方来说具有无法重构、无法复制等特点,可见无线信道特征是一种"内生式"安全属性。

无密钥的物理层安全传输技术的实质是利用发送端到合法接收端和窃听者间无线信道的差异性,来设计信号传输和处理机制,使得只有在期望位置上的合法接收端才能正确解调信号,而在其他位置上的信号是置乱加扰、污损残缺、不可恢复的。无密钥的安全传输方案主要集中在多天线系统中对空域冗余的利用,包括波束成形(beamforming)、人工噪声(artificial noise,AN)及物理层安全编码等领域。本节首先介绍传统物理层安全策略,继而介绍无密钥的安全传输技术。

12.2.1　传统物理层安全策略

传统物理层安全策略主要以扩频(spread spectrum,SS)通信和跳频通信为主。扩频通信的主要思想是将要发送的信息数据采用伪随机编码进行调制,实现频谱扩展后再进行传输。接收端采用相同伪随机编码进行解调及相关处理,恢复出原始信息。扩频信号的功率通常均匀分布在很宽的带宽上,传输信号的功率谱密度很低。在强噪声背景下,有用信号将淹没在噪声中,因而窃听者很难对信号进行监测,从物理传输层面实现了低概率截获传输。扩频通信技术主要分为直接序列扩频、跳频扩频、跳时扩频、混合扩频等。

1. 直接序列扩频通信技术

直接序列扩频(direct sequence spread spectrum,DSSS)系统简称直扩系统,是目前应用较为广泛的扩频系统,其系统框图如图 12-3 所示。

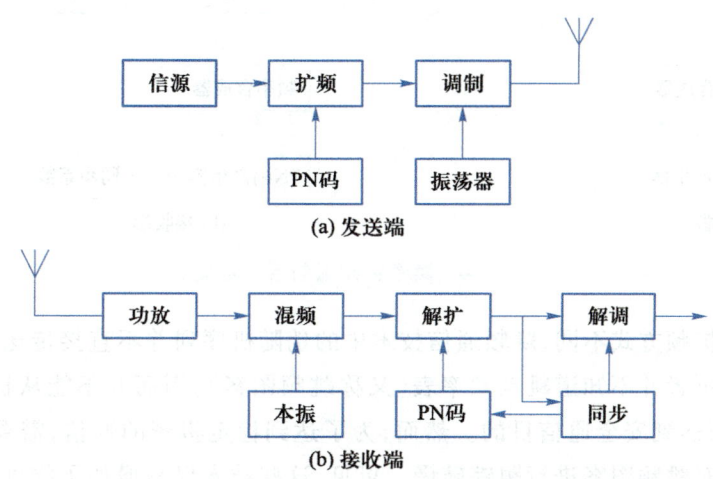

图 12-3　直接序列扩频系统框图

直接序列扩频系统将要发送的信息用伪随机(PN)序列扩展到一个很宽的频带上。在接收端,用相同的伪随机序列对接收信号进行相关处理,恢复出原始信息。由于窃听者并不知道这个扩频码字,因而并不能从扩频信号中恢复出信息。

2. 跳频扩频通信技术

跳频扩频(frequency hopping spread spectrum,FHSS)通信技术的研究开始于 20 世纪 70 年代,其在 VHF(very high frequency,甚高频)、UHF(ultra high frequency,超高频)和 HF(high frequency,高频)频段的军事应用使得跳频技术得以长足进步。

跳频扩频通信的基本原理为:跳频扩频通信技术与普通通信技术最大的不同点是其系统使用的频率能够主动、同步可调,据此实现通信的安全性。跳频通信目前分为两种:跳频频率高于码元速率的快速跳频和跳频频率低于码元速率的慢速跳频。跳频通信的实现主要可包括以下三个基本过程。

（1）输出已调信号

主站台发射机（信源）通过调制输入频率的载波来获得设定带宽的已调信号。

（2）形成跳频信号

这一过程主要是利用伪随机序列发生器来生成跳频序列,从跳频频率表中读取频率控制码,以使得控制频率合成器能够在不同时隙内输出频率跳变的本振信号,对已调信号进行变频,从而形成跳频信号。

（3）信号的解跳频

这一过程中的接收机的跳频序列应与发射机保持一致,同时还要与当前跳频序列保持同步,以从频率表中得到频率控制码,并以此来使得输出的本振信号按照相应跳频序列进行跳变,将频率跳回。跳频扩频通信系统框图如图 12-4 所示。

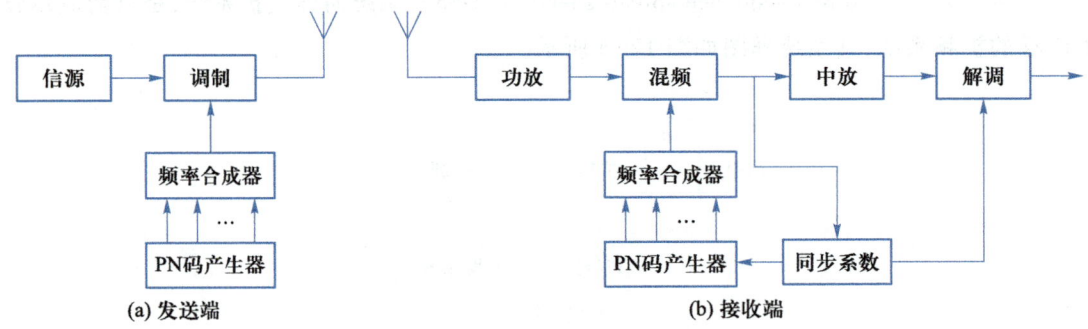

图 12-4　跳频扩频通信系统框图

与直接序列扩频方式不同,跳频通信技术中的伪随机序列并不直接传送,而是使用来选择信道。由于窃听者并不知道跳频频率表（又称跳频图案）,因而并不能从扩频信号中提取出原始信息,从而达到安全通信目的。然而,为了达到稳定机密的通信,需要较高的跳频速率以防止窃听者对跳频图案进行跟踪破译。可见,这些技术仅是增加了物理层信号被干扰、被截获的难度,并没有从理论上获得安全性。

3. 跳时扩频通信技术

跳时扩频（time hopping spread spectrum,THSS）系统采用伪随机序列控制信号发送时刻及发送时间的长短,与上述跳频系统差别就是其从时域控制发送信号。在时域上,将一个信号分为若干个时隙,由伪随机码控制在具体某一个时刻进行信号发送。时隙的选择和长短均由伪随机码控制。跳时扩频通信系统框图如图 12-5 所示。

同样的,由于窃听者预先并不知道跳时图案,其不能从接收信号中提取出有用信息,从而达到安全传输的目的。

4. 混合扩频通信技术

在实际使用中,经常将直扩和跳频一起使用。直扩系统信号谱密度较低,信号能够淹没在噪声背景中,达到了很高的抗截获能力。而跳频系统在很宽的频带内跳变,具有很强的抗多径干扰的能力,但是其瞬时功率较大,很容易被侦听。因而将两者结合起来,能够获得更高的安全防护能力和更好的抗干扰性能。

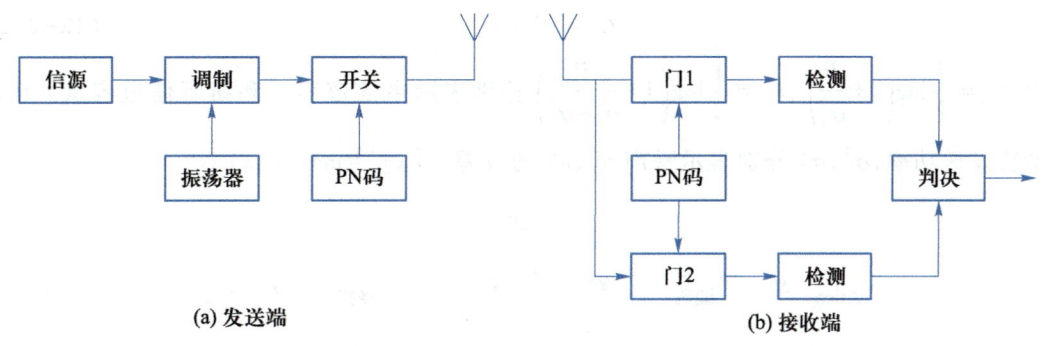

(a) 发送端　　　　　　　　　　　　　　　(b) 接收端

图 12-5　跳时扩频通信系统框图

如图 12-6 所示为 FH/DS 混合扩频通信系统框图。在 FH/DS 混合扩频通信系统中有两个伪随机码(PN 码 1 和 PN 码 2)。其中,PN 码 1 作为直接序列扩频控制码,如图 12-3 所示。而 PN 码 2 是作为跳频控制码,如图 12-4 所示。

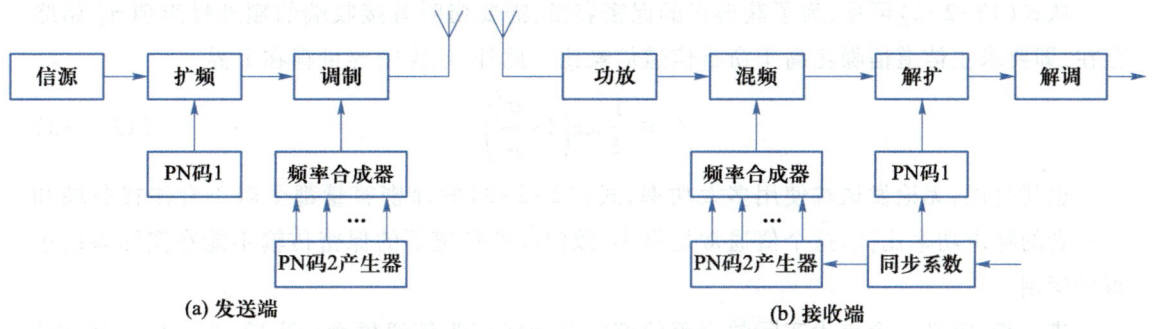

(a) 发送端　　　　　　　　　　　　　　　(b) 接收端

图 12-6　FH/DS 混合扩频通信系统框图

12.2.2　基本窃听信道和保密容量

希萨(Csiszar)等人分别将 Wyner 所提的退化窃听信道模型扩展到离散无记忆的广播信道和高斯信道。Csiszar 首先给出了更为一般的非退化窃听信道的速率-模糊率区域为

$$\mathcal{R} = \bigcup_{P_u, P_v \mid u, P_x \mid v} \left\{ (R_s, R_e) : 0 \leqslant R_e \leqslant I(v; y \mid u) - I(v; z \mid u), R_e \leqslant R_s \leqslant I(v; y) \right\}$$

其中,$I(x; y)$ 表示 x 和 y 之间的互信息。u 和 v 是引入的辅助随机变量,满足马尔科夫链关系 $u \rightarrow v \rightarrow x \rightarrow (y, z)$。

进一步,将窃听者的信道疑义度最大化为信息熵,即 $R_e = R_s$,可得保密容量(secrecy capacity),定义为主信道和窃听信道的容量差,即

$$C_s = \max_{P_v, P_x \mid v} \left[I(v; y) - I(v; z) \right]^+ \tag{12-2-1}$$

其中,v 是引入的辅助随机变量,并满足马尔科夫链关系 $v \rightarrow x \rightarrow (y, z)$。

图 12-7 给出的是高斯窃听信道模型。定义了高斯窃听信道的保密容量为

$$C_s = [\, C_m - C_w \,]^+ \qquad (12\text{-}2\text{-}2)$$

其中，$C_m = \dfrac{1}{2}\log\left(1 + \dfrac{P}{\sigma_1^2}\right)$，$C_w = \dfrac{1}{2}\log\left(1 + \dfrac{P}{\sigma_1^2 + \sigma_2^2}\right)$ 分别表示主信道容量和窃听信道容量。P 表示系统发送功率，σ_1^2, σ_2^2 分别表示噪声 n_1^N, n_2^N 的方差。$[\,x\,]^+ = \max\{0, x\}$。

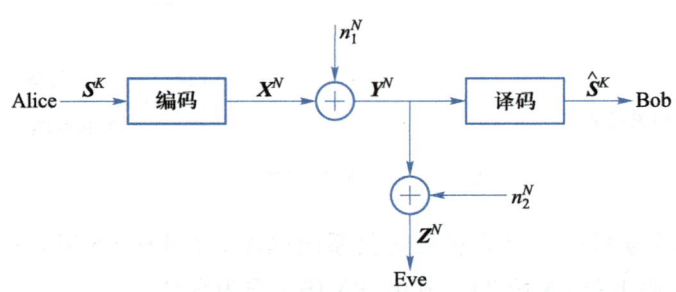

图 12-7　高斯窃听信道模型

从式（12-2-2）可见，为了获得正的保密容量，需要窃听者接收端的额外噪声项 n_2^N 始终存在，即要求主信道信噪比高于窃听信道信噪比。此外，该保密容量存在上界

$$C_s \leqslant \frac{1}{2}\log\left(1 + \frac{\sigma_2^2}{\sigma_1^2}\right) \qquad (12\text{-}2\text{-}3)$$

也就是说，无论发送端使用多大功率，式（12-2-3）的保密容量都受限于合法接收端和窃听者的噪声功率比值，这个值通常是很小，致使高斯信道下的保密传输不能在实际系统中得到运用。

进一步，定义一个更为实际的衰落信道的单天线窃听信道模型（图 12-8），Alice 到 Bob 的衰落信道假定为 $h_m \in \mathbb{C}$，Alice 到窃听者 Eve 的衰落信道假定为 $h_w \in \mathbb{C}$。从而，合法接收端和窃听者的接收信号分别表示为

$$\begin{aligned} y_b &= h_m^* x + n_b \\ y_e &= h_w^* x + n_e \end{aligned} \qquad (12\text{-}2\text{-}4)$$

其中，$n_b \sim \mathrm{CN}(0, \sigma_m^2)$，$n_e \sim \mathrm{CN}(0, \sigma_w^2)$。

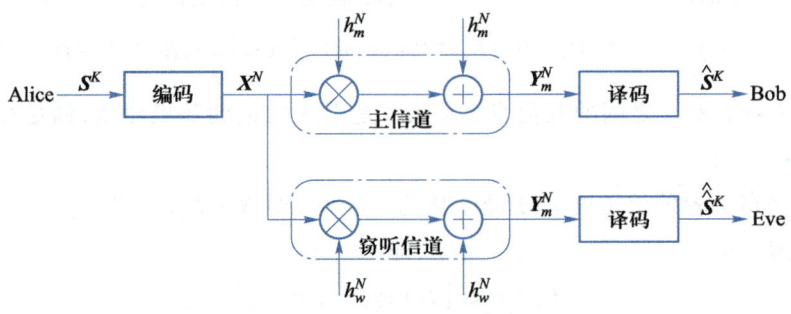

图 12-8　单天线窃听信道模型

此时，衰落信道下的保密容量定义为

$$C_s = \left[\log\left(1 + \frac{P|h_m|^2}{\sigma_m^2}\right) - \log\left(1 + \frac{P|h_w|^2}{\sigma_w^2}\right) \right]^+ \qquad (12-2-5)$$

从式(12-2-5)可见,为了获得正的保密容量,需要满足主信道增益 $|h_m|^2$ 大于窃听信道增益 $|h_w|^2$。然而,在实际环境中,无线信道的衰落变化无法一直保证主信道总是好于窃听信道。图12-9给出了衰落信道和高斯信道下的归一化保密容量与主信道平均增益 $\bar{\gamma}_m = PE[|h_m|^2]/\sigma_m^2$,其中窃听信道平均增益表示为 $\bar{\gamma}_w = PE[|h_w|^2]/\sigma_w^2$。归一化操作以主信道的信道容量为参考。图中虚线表示高斯信道下的保密容量[式(12-2-2)],实线表示衰落信道下保密容量[式(12-2-5)]。从图中可见,由于衰落的影响,衰落信道下的保密容量小于高斯信道下的保密容量。然而,当主信道平均增益小于窃听信道平均增益时,衰落信道仍然能够获得正的保密容量。此时,信道衰落的引入仍可以帮助系统获取安全性。

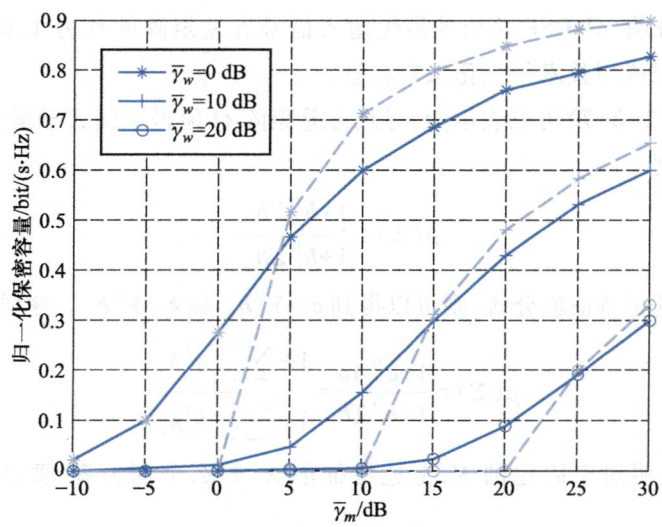

图 12-9　衰落信道和高斯信道下归一化平均保密容量

12.2.3　基于波束成形的安全传输技术

波束成形可视为一种预编码技术,其中迫零波束成形等技术在 MIMO 通信系统和协作中继网络中应用非常广泛。可以利用波束成形来实现物理层安全传输,其核心思想是通过使发射信号聚焦于合法接收者,同时降低信号泄漏于非法接收者,从而避免信息被非法节点的接收。

考虑如图 12-10 所示的多输入单输出单窃听(multiple-input single-output single-antenna eavesdropper,MISOSE)系统,其中发送端(Alice)配备 N_t 根传输天线,合法接收端(Bob)为单根天线,窃听者(Eve)为单根天线。Alice 到 Bob 的信道假定为 $\boldsymbol{h}_m \in \mathbb{C}^{N_t}$,Alice 到窃听者 Eve 的信道假定为 $\boldsymbol{h}_w \in \mathbb{C}^{N_t}$。

令信源发送信号 x 为 $N_t \times 1$ 的传输信号矢量，其具有零均值和 $N_t \times N_t$ 方差矩阵 Q，即 $x \sim \mathcal{CN}(O, Q), \mathrm{Tr}(Q) \leqslant P, P$ 表示发送功率。从而，合法接收端 Bob 和窃听者 Eve 的接收信号能够分别表示为

$$
\begin{aligned}
y_b &= h_m^\mathrm{H} x + n_b \\
y_e &= h_w^\mathrm{H} x + n_e
\end{aligned}
\qquad (12\text{-}2\text{-}6)
$$

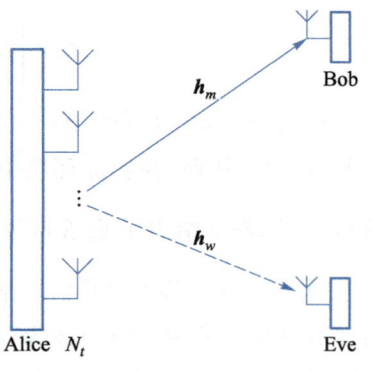

图 12-10　MISOSE 系统模型

其中，$n_b \sim \mathcal{CN}(0, \sigma^2), n_e \sim \mathcal{CN}(0, \sigma^2)$。

已有文献给出了 MISOSE 系统的保密容量。其保密容量定义为

$$
C_s = \max_{Q \succeq 0} \left[\log\left(1 + \frac{h_m^\mathrm{H} Q h_m}{\sigma^2}\right) - \log\left(1 + \frac{h_w^\mathrm{H} Q h_w}{\sigma^2}\right) \right]^+ \qquad (12\text{-}2\text{-}7)
$$

进一步，可以证明 MISOSE 系统的最优输入信号方差矩阵的秩为 1，$\mathrm{Rank}(Q) = 1$，即发送端 Alice 使用波束成形技术最大化保密容量。

【证明】　式（12-2-7）可以表示为：寻找方差矩阵 Q 使得下面式子最大。

令 $\Sigma = Q/\sigma^2$，则

$$
\rho(\Sigma) = \frac{1 + h_m^\mathrm{H} \Sigma h_m}{1 + h_w^\mathrm{H} \Sigma h_w} \qquad (12\text{-}2\text{-}8)
$$

对 $\Sigma = V \Lambda V^H$ 进行特征值分解，则可以得到 $a = V^\mathrm{H} h_m$ 和 $b = V^\mathrm{H} h_w$。这样，优化问题表示为

$$
\rho(\Sigma) = \frac{1 + a^\mathrm{H} \Lambda a}{1 + b^\mathrm{H} \Sigma b} = \frac{1 + \sum_{i=1}^t a_i^2 \lambda_i}{1 + \sum_{i=1}^t b_i^2 \lambda_i} \qquad (12\text{-}2\text{-}9)
$$

下面我们将证明对于固定的 V，上述特征值 λ_i 要么全部为零，要么仅有一个非零特征值。

（1）当全部 $a_i^2 < b_i^2, i = 1, 2, \cdots, t$ 时，对于 Λ 所有的值，均有 $\rho(\Sigma) \leqslant 1$。仅仅当 $\Lambda = O$ 时，$\rho(\Sigma) = 1$ 得到最大值。这种情况能够理解为，窃听信道质量远远优于主信道质量，这时最好的策略是不进行任何信息的传输。

（2）假如存在某些 $a_i^2 > b_i^2$，此时增加 λ_i，将对应地增加 $\rho(\Sigma)$。因此，若至少有一个 $a_i^2 > b_i^2$，此时应该使用最大的功率 P 进行发送。

考虑任意两个 $1 \leqslant i, j \leqslant t$，假定 $\lambda_i + \lambda_j = P_{ij} \leqslant P$。此时固定其他的特征值，从而优化函数可以表示为

$$
\rho(\Sigma) = \frac{a + b\lambda_i}{c + d\lambda_i} \qquad (12\text{-}2\text{-}10)
$$

其中，$a = 1 + \sum_{l=1, l \neq i,j}^t a_l^2 \lambda_l + a_j^2 P_{ij}, b = a_i^2 - a_j^2, c = 1 + \sum_{l=1, l \neq i,j}^t b_l^2 \lambda_l + b_j^2 P_{ij}, d = b_i^2 - b_j^2$。

针对 $bc - ad$ 的正负符号，可以判断出来上述函数值要么随着 λ_i 单跳递增或单跳递减。由此可见，对于任意的两个特征值 $1 \leqslant i, j \leqslant t$，选取 $(\lambda_i + \lambda_j, 0)$ 或 $(0, \lambda_i + \lambda_j)$ 代替两个特征值

(λ_i,λ_j)。从而,可以得到为了最大化函数值,应该仅有一个非零特征值,且等于最大功率 P。证毕。

基于上述证明,对于多输入单输出系统而言,其最优的安全传输策略为波束成形技术。此时,其系统保密容量可以计算如下。

【定理 12-2】 MISOSE 系统的保密容量为

$$C_s = \{\log[\lambda_{\max}(I_{N_t}+Ph_m h_m^H, I_{N_t}+Ph_w h_w^H)]\}^+ \qquad (12\text{-}2\text{-}11)$$

其中,$\lambda_{\max}(A,B)$ 表示矩阵 A 和 B 的最大广义特征值,N_t 表示发送端天线数目。并且,最优波束成形矢量为矩阵 A 和 B 的最大广义特征值所对应的特征向量。

12.2.4 人工噪声辅助的安全传输技术

人工噪声辅助安全传输技术的主要思路就是,发送端产生人为噪声被设计成仅仅只对窃听信道形成干扰,而不影响合法接收信道的信息传输。为此,将人为噪声产生在合法接收信道的"零空间"(null space)之中,而信息则是通过合法接收信道的"值域空间"(range space)进行传输,如此散布在"零空间"中的人为噪声将不会影响合法接收信道的信息传输,这种设计必须依赖合法接收信道的精确信息。而通常情况下,由于窃听信道的"值域空间"与合法接收信道不同,散布在其"值域空间"中的人为噪声将对其形成干扰,严重恶化窃听信道的质量。如此,通过选择性地恶化窃听信道,合法通信双方即可保证大于零的保密容量。但是,这种技术需要精确知悉信道状态信息(channel state information,CSI),因而设计具有非精确知悉信道状态信息的鲁棒策略至关重要。下面以 MISO 窃听系统为例,来设计人工噪声辅助的安全传输方案。

考虑如图 12-11 所示的 MISO 窃听系统,其中发送端(Alice)配备 N_t 根传输天线,合法接收端(Bob)为单根天线,窃听者(Eve)为 N_e 根天线。Alice 到 Bob 的信道假定为 $h \in \mathbb{C}^{N_t}$,Alice 到窃听者 Eve 的信道假定为 $G \in \mathbb{C}^{N_t \times N_e}$。假定 Bob 和 Eve 的接收端噪声为零均值复高斯白噪声,方差为 σ^2。

发送端采用人工噪声辅助的安全传输策略,其发送信号能够表示为

$$x = \sqrt{\phi P} ts + \sqrt{(1-\phi)P/(N_t-1)} Tz \qquad (12\text{-}2\text{-}12)$$

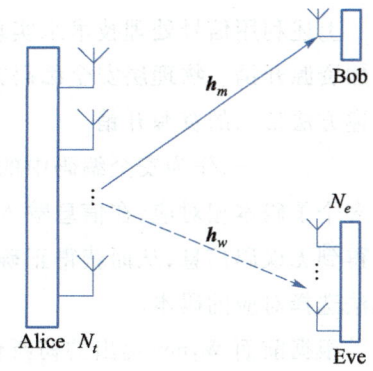

图 12-11 单个多天线窃听者情况下的 MISO 窃听系统

其中,s 表示有用信号,其功率假定为 $E[|s|^2]=1$。t 表示有用信号的归一化波束成形矢量,$\|t\|_2=1$。$z \in \mathbb{C}^{N_t-1}$ 表示添加的人工噪声矢量,其元素服从独立同分布的零均值复高斯分布,方差为 1。$T \in \mathbb{C}^{N_t\times(N_t-1)}$ 表示人工噪声的波束成形矢量。ϕ 表示有用信号和人工噪声之间的功率分配因子,$0\le\phi\le1$。P 表示 Alice 的发送总功率。

合法接收端 Bob 和窃听者 Eve 的接收信号能够分别表示为

$$y_b = \boldsymbol{h}^{\mathrm{H}}\boldsymbol{x} + n_b = \sqrt{\phi P}\,\boldsymbol{h}^{\mathrm{H}}\boldsymbol{t}s + \sqrt{(1-\phi)P/(N_t-1)}\,\boldsymbol{h}^{\mathrm{H}}\boldsymbol{T}\boldsymbol{z} + n_b$$

$$\boldsymbol{y}_e = \boldsymbol{G}^{\mathrm{H}}\boldsymbol{x} + \boldsymbol{n}_e = \sqrt{\phi P}\,\boldsymbol{G}^{\mathrm{H}}\boldsymbol{t}s + \sqrt{(1-\phi)P/(N_t-1)}\,\boldsymbol{G}^{\mathrm{H}}\boldsymbol{T}\boldsymbol{z} + \boldsymbol{n}_e$$

$$(12\text{-}2\text{-}13)$$

其中，$n_b \sim \mathrm{CN}(0,\sigma^2)$，$\boldsymbol{n}_e \sim \mathrm{CN}(\boldsymbol{O},\sigma^2\boldsymbol{I}_{N_e})$。

假定 Alice 已知理想的主信道信息，而仅知道窃听信道的统计信息。Alice 将选择波束成形矢量 $\boldsymbol{t}$ 位于主信道方向，即 $\boldsymbol{t} = \boldsymbol{h}/\parallel\boldsymbol{h}\parallel_2$。而人工噪声矢量 $\boldsymbol{T}$ 将设计处于主信道的零空间，即人工噪声的信号方向正交于主信道，$\boldsymbol{h}^{\mathrm{H}}\boldsymbol{T} = \boldsymbol{O}$。

从而，合法接收端 Bob 和窃听者 Eve 的接收信号与干扰加噪声比（signal to interference plus noise ratio，SINR）能够分别表示为

$$\mathrm{SINR}_d = \phi\rho\parallel\boldsymbol{h}\parallel_2^2$$

$$\mathrm{SINR}_e = \phi\rho\boldsymbol{g}_1^{\mathrm{H}}\left[\frac{(1-\phi)\rho}{N_t-1}\boldsymbol{G}_2\boldsymbol{G}_2^{\mathrm{H}} + \boldsymbol{I}_{N_e}\right]^{-1}\boldsymbol{g}_1$$

$$(12\text{-}2\text{-}14)$$

其中，$\boldsymbol{g}_1 = \boldsymbol{G}^{\mathrm{H}}\boldsymbol{t}$，$\boldsymbol{G}_2 = \boldsymbol{G}^{\mathrm{H}}\boldsymbol{T}$。$\rho = P/\sigma^2$ 表示信噪比（signal noise ratio，SNR）。

相应地，MISO 窃听系统的保密传输速率能够表示为

$$R_s = \left[\log(1+\mathrm{SINR}_d) - \log(1+\mathrm{SINR}_e)\right]^+$$

$$= \left\{\log(1+\phi\rho\parallel\boldsymbol{h}\parallel_2^2) - \log\left[1+\phi\rho\boldsymbol{g}_1^{\mathrm{H}}\left(\frac{(1-\phi)\rho}{N_t-1}\boldsymbol{G}_2\boldsymbol{G}_2^{\mathrm{H}}+\boldsymbol{I}_{N_e}\right)^{-1}\boldsymbol{g}_1\right]\right\}^+$$

$$(12\text{-}2\text{-}15)$$

12.2.5　物理层安全编码

上述利用信号处理技术来实现物理层安全传输，会在一定程度上使整个无线通信系统增加资源开销。物理层安全编码方法通过对信源进行安全编码，同样不需要密钥，且避免了上述方法带来的资源开销。

陪集编码，作为安全编码中的一个最初始的方法，最早由 Wyner 提出，在编码时将信源和多个子码本相对应，在信息输入时随机选取子码本为码字，通过信道译码，合法接收者可以得到无误码信息，从而获得正确码字，而窃听者由于信道质量不同得不到正确译码信息，无法选择对应的码本。

根据前面 Wyner 提出的窃听信道模型，窃听者 Eve 使用窃听信道窃取 Alice 与 Bob 双方的通信消息。若 Eve 的信道信噪比低于 Alice 与 Bob 之间信道的信噪比，将会导致窃听端的误比特率较高。可见，当 Eve 与 Bob 之间信道的信噪比差异达到一定条件时，可以设想 Alice 与 Bob 双方可以无误码传输信息，而 Eve 接收不到有用信息。

物理层安全编码的性能主要由安全间隙来评价，安全间隙的定义如图 12-12 所示。当 Eve 的信道信噪比向左移动至小于 $\mathrm{SNR}_{\mathrm{E-max}}$ 时，其误比特率将接近于 0.5（如图中 A 点），这时窃听到的信息不含有任何价值；当合法者 Bob 的信道信噪比大于 $\mathrm{SNR}_{\mathrm{B-min}}$ 时，其误比特率 $\mathrm{BER}_{\mathrm{B}}$ 将趋近于 0（如图中 B 点）。此时，安全间隙使用图中 A、B 两点的信噪比差值来表示。

安全编码的主要设计思路就是同时实现合法接收者处于通信的可靠区,非法窃听者处于通信的安全区。为了降低对信道的依赖,安全间隙越小越好,从而误码曲线越陡峭,所以研究如何减小安全间隙成为安全编码设计的要点。

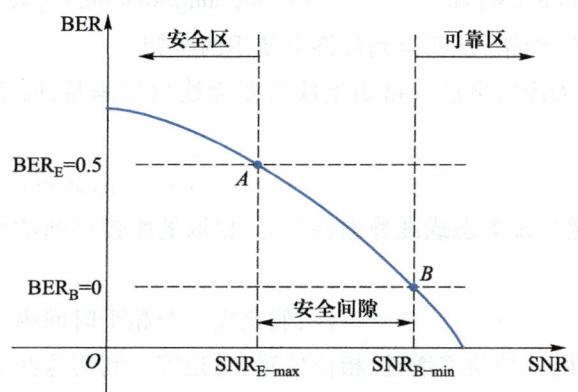

图 12-12   安全间隙

随着译码性能强的信道编码的出现,以高性能码为母码与无线系统自身的特性相结合,成为当下安全编码的探究热点。当前已有研究利用低密度奇偶校验(low-density parity-check,LDPC)码、Polar 码、Turbo 码,以及其级联码来实现上述安全编码的设计。

12.3   基于无线信道的密钥生成技术

基于无线信道的密钥生成技术的实质是利用通信双方私有的信道特征,提取无线信道"指纹"特征信息,提供实时生成、无须分发的快速密钥更新手段,达到逼近"一次一密"的完美加密效果。

12.3.1   密钥生成基本步骤

基于无线信道的密钥生成(key generation)技术的主要思想是利用两个用户(信源和合法接收端)间无线信道的唯一特性作为对称密钥的公共随机源。通常,信道信息的获取是由信源发送训练序列,接收端根据接收信号进行信道估计。通过假定两个用户工作于时分双工(time division duplexing,TDD)模式或频分双工(frequency division duplexing,FDD)模式,且上下行频率处于相干带宽内,两个用户间的上下行信道满足互易特性,在两个用户间获得的信道估计值将近似相同,因而能够利用无线信道信息作为密钥生成的随机源。进一步,根据天线传播理论知识,窃听者处于合法接收端半个波长以外,两者经历的无线信道将是独立衰落的,因而窃听者并不能获取到信源到合法接收端的随机密钥。可见,基于无线信道的密钥生成技术能够在合法收发双方直接产生密钥,并不需要进行密钥分发和共享。

　　然而,由于接收端遭受干扰、衰落、噪声等的影响,这些信道估计值将发生色散,从而造成密钥提取数据存在不一致的比特,该现象称为密钥失调(key disagreement)。此时,通常使用密钥协商(key reconciliation)和保密增强(privacy amplification)等技术来对两个用户间的初始密钥进行错误检测、纠错,从而得到最终可使用的密钥。

　　从上面可见,利用无线信道进行密钥生成需要无线信道满足:时变、信道互易和空间去相关等三个特性。

　　(1) 时变特性是基于无线信道的密钥产生的主要随机源,其可以通过用户或目标的移动来获得。当无线信道呈现静态或准静态特征时,提取的密钥序列的相关性较强,将给安全传输带来隐患。

　　(2) 信道互易性是密钥产生的基础条件,假定在一个相干时间内,两个用户间的无线信道具有相同的统计特性,比如信道增益、相位偏移、时延等。利用这些信道特征参数,信源和合法接收端可以得到相同的密钥序列。

　　(3) 空间去相关性是密钥产生的保障,其确保处于半个波长以外的窃听者经历了与合法用户间不同的衰落信道。由于窃听者与合法接收端所经历的无线信道衰落不同,相应的信道特征参数也不同,因而各自提取的密钥序列将不相关。

　　一个基于无线信道的密钥生成基本过程如图 12-13 所示。密钥生成过程主要分为四步:① 发送信道探测信号;② 估计随机信道信息和量化;③ 提取密钥比特数据和信息协商;④ 保密增强。主要有三种方案来实现物理层密钥产生:基于接收信号强度(received signal strength,RSS)的方法、基于信道相位估计的方法和基于信道状态信息[包括信道冲

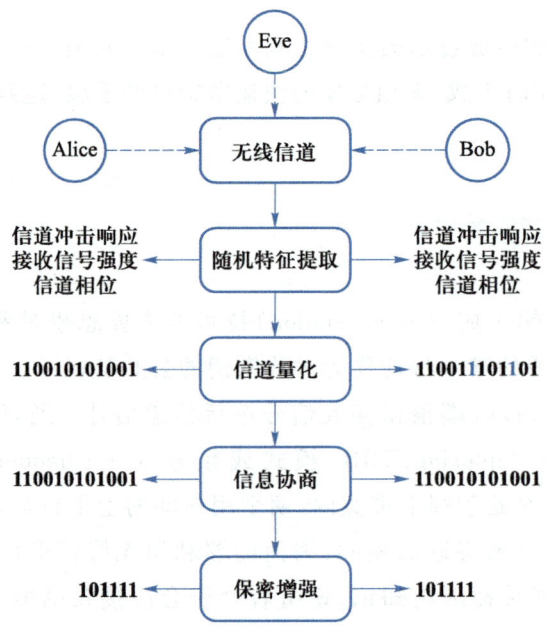

图 12-13　基于无线信道的密钥生成基本过程

激响应（channel impulse response，CIR）和信道频率响应（channel frequency response，CFR）]的方法。

信道量化（channel quantization）：Alice 和 Bob 分别使用量化器对信道特征数据进行量化。不同的信道提取方案将对应着不同的量化器设计。现有的量化方案主要有双门限量化、多比特量化、等概量化、基于交互误差量化等。

信息协商（information reconciliation）：为了消除 Alice 和 Bob 之间提取密钥的不一致问题，收发双方将在公共信道上采用信息交互的方式对不一致的密钥比特数据进行校验和纠错，从而得到一致的密钥比特。目前已有的信息协商方法包括 Polar 码、LDPC 码、Cascade 方法、折半查找方法、BCH 码、Turbo 码等。需要提及的是，通过增加错误控制编码在提高密钥一致性的同时，也将造成了一定的资源浪费。

保密增强（privacy amplification）：保密增强将从纠错后的密钥比特数据中提取出密钥。其目标就是确保 Alice 和 Bob 间的密钥安全性，使得窃听者 Eve 并不能获取到该密钥数据。主要思想是运用压缩函数 $g:\{0,1\}^{n_{rec}} \to \{0,1\}^k (k<n_{rec})$ 来对纠错后的密钥比特数据 S 进行提取，同时保证窃听者对提取数据 $g(S)$ 获取的信息几乎为零。其中，n_{rec} 和 k 分别表示纠错后的密钥比特数据序列 S 长度和密钥提取比特数。在实际场景中，这个压缩函数可以使用常用的 Hash 函数或提取器等方法来实现。

12.3.2　密钥生成关键技术

1. 基于接收信号强度的密钥生成技术

基于接收信号强度（RSS）的密钥生成技术是指合法收发用户利用其接收到的信号强度 RSS 信息进行密钥的生成和提取。其主要过程如下

（1）信道探测：在第一个时隙，Alice 发送探测信号 S_A 到 Bob，Bob 基于接收信号 S_A 的 RSS 进行估计。在第二个时隙，Bob 发送探测信号 S_B 到 Alice，Alice 基于接收信号 S_B 的 RSS 进行估计。

（2）信道量化：Alice 和 Bob 分别对接收信号的 RSS 进行量化，双门限的量化器表示为

$$Q(x)=\begin{cases}1, x>q^+ \\ 0, x\leq q^-\end{cases} \tag{12-3-1}$$

其中，x 表示采样数值，q^+ 和 q^- 分别表示量化器的上下界。

（3）错误纠正：由于噪声、干扰、硬件误差等影响，可能导致 Alice 和 Bob 间的提取比特数据存在不一致问题。此时，需要使用信息协商和保密增强机制来获取密钥一致性。

基于 RSS 的密钥生成技术在密钥生成速率和密钥不一致率间存在平衡折中问题，即为了减小密钥不一致率，Alice 和 Bob 需要利用连续多个信道测量值来提取单个密钥比特数据，从而降低了密钥生成速率。进一步，对 RSS 数据进行过采样将造成测量值具有很强的相关性，致使密钥比特数据具有很低的信息熵。为了解决这一问题，多天线技术被引入以进一步提升基于 RSS 的密钥生成速率。多天线技术提供了丰富的空间资源，自然增加了无线信

道的随机特性。

2. 基于信道相位的密钥生成技术

相比基于 RSS 的密钥生成技术，基于信道相位的密钥生成技术具有三大优势：① 在窄带衰落信道中，接收信号的相位值呈均匀分布；② 接收信号的相位估计可以获得更好的解空间，因而带来更大的密钥生成速率；③ 信道相位可以在多个节点累积，因而有利于群密钥（group key）生成。其主要过程如下。

（1）信道探测：在第一个时隙，Alice 发送探测信号 S_A 到 Bob，Bob 基于接收信号 S_A 的信道相位进行估计。在第二个时隙，Bob 发送探测信号 S_B 到 Alice，Alice 基于接收信号 S_B 的信道相位进行估计。

（2）信道量化：基于信道相位的密钥生成采用的量化器需要将均匀分布的信道相位进行量化处理。信道相位均匀分布在 $[0,2\pi]$，被分成 2^N 等份，量化函数表示为

$$Q(\varphi_i)=q, \varphi_i \in \left[\frac{2\pi(q-1)}{2^N}, \frac{2\pi q}{2^N}\right) \tag{12-3-2}$$

其中，φ_i 表示信道相位估计值，$q=1,2,\cdots,2^N$。

（3）错误纠正：类似于前面的基于 RSS 的密钥生成技术，需要使用信息协商和保密增强技术来解决 Alice 和 Bob 间的密钥不一致问题。

3. 基于信道冲激响应的密钥生成技术

假定工作在时分复用模式，Alice 和 Bob 通过估计得到的信道状态信息来提取密钥比特数据。基于信道冲激响应的密钥生成技术主要过程分为如下三步。

（1）Alice 和 Bob 依次发送导频信号到对方接收机。

（2）Alice 和 Bob 分别估计得到信道状态信息 h_{ab} 和 h_{ba}。

（3）Alice 和 Bob 分别使用如图 12-13 所示的信道量化、信息协商和保密增强等步骤来消除密钥不一致。

可见，基于信道冲激响应的密钥生成技术性能很大程度上依赖于信道估计值。此外，当窃听者 Eve 能够获取到 Alice 和 Bob 间的信道估计时，安全性能将失效。

12.3.3　密钥生成性能评价指标

为了有效地评价基于无线信道的密钥生成性能，介绍几个基于无线信道的密钥生成技术中重要的性能评价指标。

1. 密钥速率

密钥速率（key generation rate，KGR）定义为合法通信双方通过在无噪信道上交互信息 (Φ,Ψ)，能够从共享随机源 $\Pr(X,Y,Z)$ 的观测中生成一致密钥的速率，同时窃听者无法获取到任何密钥相关信息。已有文献给出了密钥速率的数学定义，对于 $\forall \varepsilon>0$ 和足够大的正整数 n，有以下关系成立

$$\begin{cases} \Pr\{K_A \neq K_B\} < \varepsilon \\ \dfrac{1}{n} I(\Phi, \Psi, Z ; K_A) < \varepsilon \\ \dfrac{1}{n} H(K_A) > R_K - \varepsilon \\ \dfrac{1}{n} H(K_A) > \dfrac{1}{n} \log |K| - \varepsilon \end{cases} \tag{12-3-3}$$

则称 R_K 为密钥速率。其中，X、Y 和 Z 分别为合法双方和窃听者对共享随机源的观测，K_A 和 K_B 为合法双方生成的密钥，$|K|$ 表示密钥所有可能取值的数量。

2. 密钥容量

密钥容量（secrect key capacity，SKC）定义为密钥速率的最大值，已有文献给出了密钥容量的严格上下界

$$\begin{cases} C_K \geqslant I(X;Y) - \min\{I(X;Z), I(Y;Z)\} \\ C_K \leqslant \min\{I(X;Y), I(X;Y \mid Z)\} \end{cases} \tag{12-3-4}$$

特别是当不存在第三方窃听者或其观测值 Z 与合法双方观测值 (X, Y) 相互独立时，密钥容量为 $C_K = I(X;Y)$，即合法双方对共享随机源观测的互信息。

3. 密钥不一致率

密钥不一致率（key disagreement probability，KDP）定义为合法双方生成的密钥之间不一致的比特数占密钥长度的比例

$$\mathrm{KDP} = \frac{\displaystyle\sum_{l=1}^{L} (K_A[l] \oplus K_B[l])}{L} \tag{12-3-5}$$

其中，$K_A[l]$ 和 $K_B[l]$ 分别表示合法双方生成密钥的第 l 位，L 为密钥长度，$\oplus$ 表示**异或**运算。

4. 密钥随机性

生成的密钥应满足最基本的随机性要求，不满足随机性要求的密钥被敌方破解的概率会大大增加，因此有必要测试生成密钥的随机性。密码学中将服从均匀分布且相互独立的随机变量构成的序列定义为随机序列，而随机序列产生的样本具有随机性。然而，对于一个给定的序列很难从数学上证明其是否具有随机性，通常的做法是利用随机序列的性质对给定序列进行一系列的检测，而具有随机性的序列应当能够通过所有的检测项。在密钥的随机性检测中，NIST（National Institute of Standards and Technology）Special Publication 800-22 是最常用的检测方法之一。NIST 随机性测试是由美国国家标准与技术研究院制定的检测随机性的标准，总共包含 16 项指标。该标准按照一定的测试算法，通过对待检测序列与理想随机序列进行偏离程度的比较，得到各项指标的 P_value $\in [0, 1]$ 值作为随机性测试结果。如果所有检测项的 P_value $\geqslant 0.01$，则待检测序列通过随机性测试。

习　题

12-1　求解有用信号和人工噪声之间的功率分配因子 ϕ,使得最大化人工噪声策略下 MISO 窃听系统的保密传输速率,即式(12-2-15)。

12-2　给出基于无线信道的密钥生成的主要过程,并简要阐述。

12-3　给出基于无线信道的密钥生成性能评价指标,并简要阐述每个指标的含义。

12-4　假定某次基于接收信号强度的信道探测共得到 45 个信号点,结果如题图 12-4 所示,采用式(12-3-1)的量化方式,请给出相应的量化比特输出。

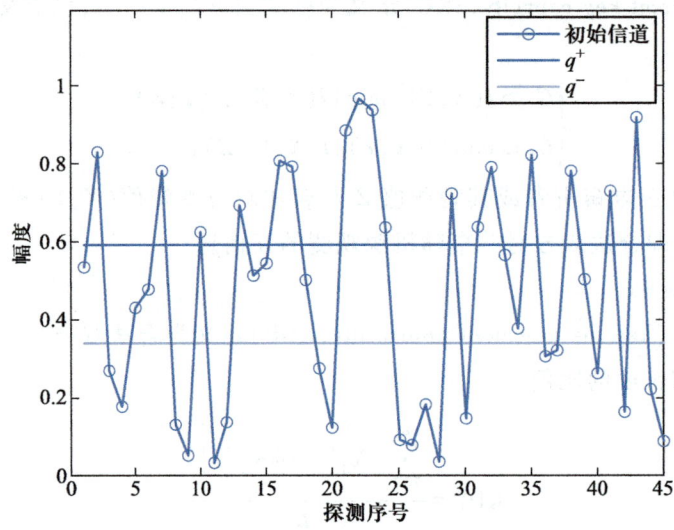

题图 12-4

12-5　某次基于无线信道的密钥生成 NIST 随机性测试结果如题表 12-5 所示,请回答场景 A 和场景 B 是否通过了随机性测试。

题表 12-5

测试项	场景 A	场景 B
频率检验(frequency)	0.739 9	0.739 9
块内频数检验(block frequency)	0.834 3	0.275 7
累加和检验(cumulative sums)	0.090 9, 0.739 9	0.350 5, 0.739 9
流程检验(runs)	0.162 6	0.534 1
最长流程检验(longest run of ones)	0.035 2	0.275 7
快速傅里叶变换检验(FFT)	0.012 7	0.213 3
近似熵检验(approximate entropy)	0.000 0	0.350 5
序列检验(serial)	0.000 0, 0.000 2	0.350 5, 0.090 9

12-6　试总结一下物理层安全与传统物理层安全策略（扩频、跳频等）的区别。

12-7　假定 MISOSE 系统中发送端天线数目为 4，Alice 到 Bob 的信道假定为 $\boldsymbol{h}_m \in \mathbb{C}^{N_t}$，Alice 到窃听者 Eve 的信道假定为 $\boldsymbol{h}_w \in \mathbb{C}^{N_t}$，这两个信道值分别如下式，请根据式（12-2-11）计算 MISOSE 系统保密容量。

$$\boldsymbol{h}_m = \begin{bmatrix} 0.380\ 2+0.225\ 4\mathrm{i} \\ 1.296\ 8-0.924\ 7\mathrm{i} \\ -1.597\ 2-0.306\ 6\mathrm{i} \\ 0.609\ 6+0.242\ 3\mathrm{i} \end{bmatrix} \qquad \boldsymbol{h}_w = \begin{bmatrix} 2.530\ 3+0.512\ 9\mathrm{i} \\ 1.958\ 3-0.044\ 6\mathrm{i} \\ -0.954\ 5+0.505\ 4\mathrm{i} \\ 2.146\ 0-0.144\ 9\mathrm{ii} \end{bmatrix}$$

第 13 章

机器学习在数字传输中的应用

传统的数字传输系统设计是在一定的模型假设下通过详尽的理论推导来实现的。具体分为三个步骤：① 积累数字通信领域的专业知识；② 基于物理的数学建模；③ 通信算法设计和性能优化。近年来，将机器学习应用于数字通信的方法逐渐吸引了研究学者的注意，与传统的数字通信系统设计方法完全不同，其具体过程为：① 获取训练数据；② 基于假设选取机器学习模型；③ 利用训练数据对所选取的模型进行训练。相比于传统的数字通信系统设计方法，将机器学习应用于数字通信系统需要满足什么条件，可以获得怎样的潜在性能增益？本章将带着这些问题，重点讨论机器学习在数字通信物理层中的应用。

第 13 章
思维导图

13.1　使用机器学习的条件

相对于传统的工程实现方法，基于机器学习的方法具有很多潜在的优势。例如在特定的条件下（在代价允许的条件下获取可靠的数据集），基于机器学习的方法可以以较低代价进行快速的部署。然而其潜在的缺点也是明显的，即次优的性能与有限的性能保证，同时基于机器学习的方法通常不具备可解释性。这些潜在的缺点意味着，应用机器学习在数字通信的物理层是有条件的。

要判断能否将机器学习应用于数字通信的物理层，可以考虑以下两个方面：第一，传统基于数学模型的方法是否可以很好地解决物理层传输问题；第二，基于机器学习的方法是否可以带来性能增益。具体来说，如果传统基于数学模型的方法不可行，或者基于数学模型的方法无法实现最优性能，或者实现最优性能要求的复杂度过高，则可以考虑使用基于机器学习的方法。更进一步，应用机器学习方法还需要满足数据集存在且可靠、待解决的任务不要求可解释性、待解决的问题不要求最优性能，以及待解决问题本身不具备快时变性等条件。

13.2　打开深度神经网络在数字传输应用的黑盒子

深度神经网络（deep neural network，DNN）作为一种强大的工具，已经在科学研究和工程

应用中得到了广泛的关注和应用,例如应用 DNN 对蛋白质的空间结构进行预测、图像识别、语音识别及自然语言处理等,这些问题都有一个共同点,即无法用准确的数学模型描述并解决。

通信问题与这些问题不同。早在 1948 年,香农在其划时代的论文《通信的数学原理》中,就对数字通信进行了详尽的描述。在此之后,人们在香农的基础上对数字通信系统进行了广泛的研究,数字通信系统得到了蓬勃的发展,但是由于无线信道的复杂性,通信系统理论性能与实际性能之间一直存在差距,这推动了学者对无线信道进行数学建模等方式乃至现在应用机器学习的方式展开研究。

为了缩小这个差距,一个自然的想法是利用一个 DNN 在给定的无线信道模型下去联合优化发射机和接收机,而不是传统的将发射机和接收机分为各个模块,即采用纯数据驱动的方式端到端地联合优化发射机和接收机。另一个自然的想法是利用 DNN 尽可能准确地恢复信道状态信息(channel state information,CSI),然后对接收信号进行均衡,以尽可能降低无线信道对信号的破坏。相较于传统的数字通信物理层传输技术,基于 DNN 的技术展现了具有竞争性的优势,其背后的数学原理以及限制条件是本节重点考虑问题。

如图 13-1 上半部分所示的是传统通信系统传输信息的结构框图。假设信息源生成一系列的信源符号,每个信源信号 $s \in \{1, 2, \cdots, M\}$ 携带 $\log_2 M$ 比特信息,这些符号将被传输至接收者。发射机中的调制模块将信源符号 s 映射为 N 维信号 $\boldsymbol{x} \in \mathbb{R}^N$,信号集可以表示为 $\boldsymbol{x}_1$, $\boldsymbol{x}_2, \cdots, \boldsymbol{x}_M$。在信号传输的过程中,$N$ 维信号在无线信道的影响(信道的大、小尺度衰落,热噪声等)下变为 $\boldsymbol{y} \in \mathbb{R}^N$,该过程满足条件概率分布 $p(\boldsymbol{y} \mid \boldsymbol{x}) = \prod_{n=1}^{N} p(y_n \mid x_n)$。$N$ 维信号的传输可以通过在 $N/2$ 个带通信道进行正交分量与同向分量调制实现。在接收端,接收机将接收到的信号解调为 $\hat{s}$。

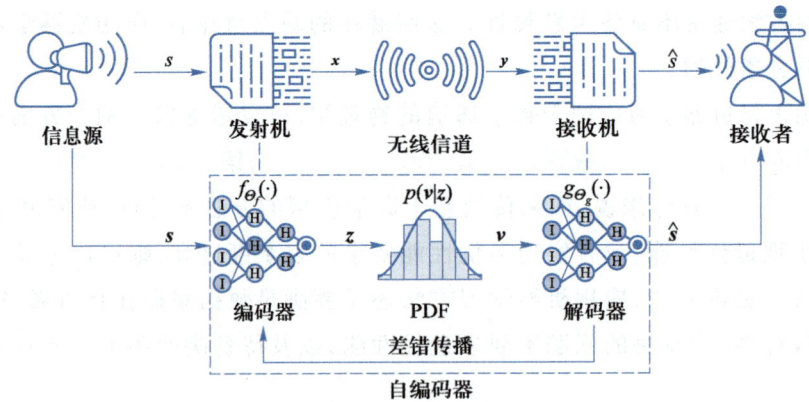

图 13-1　传统通信系统和基于 DNN 的自编码器通信系统结构框图

如果从滤波与信号推理的角度来看待信息传输的过程,那么使用基于 DNN 的自编码器的实现过程则与诺伯特·维纳(Norbert Wiener)的观点相吻合。如图 13-1 下半部分虚线框内结构所示,一个基于 DNN 的自编码器(autoencoder,AE)由一个编码器和一个解码器组成,其中的编码器和解码器分别为由参数 Θ_f 和 Θ_g 组成的前馈神经网络组成。需要

注意的是,为了便于神经网络处理,每一个信源符号 s 首先需要转换为 one-hot(独热)向量 $s \in \mathbb{R}^M$ 再输入到编码器中。在给定的限制条件(如发射功率限制)、信道概率密度函数(probability density function,PDF)以及损失函数(loss function)以最小化误符号率为目标对自编码器进行优化,那么编码器将可能学习为一个合适的映射 $z = f_{\Theta_f}(s)$,解码器学习将受到信道影响的信号 v 估计为 $\hat{s} = g_{\Theta_g}(v)$,其中 $z, v \in \mathbb{R}^N$。这里使用 $z_1, z_2, \cdots, z_M$ 表示从编码器生成信号是为了便于与传统发射机生成的信号进行区分。下面将从三个角度来分析物理层传输中的神经网络。

13.2.1   从信号传输的角度理解自编码器

从整个自编码器(通信系统)的角度看,其目标是以尽可能低的差错概率将信息从信源传输给接收者。符号差错概率,即接收者将给定的发送符号错误地判决为不同的发送符号的概率定义为

$$P_e = \frac{1}{M} \sum_{m=1}^{M} \Pr(\hat{s} \neq s_m \mid s_m) \qquad (13\text{-}2\text{-}1)$$

自编码器的损失函数可以用交叉熵损失函数定义为

$$L_{\log}(\hat{s}, s; \Theta_f, \Theta_g) = -\frac{1}{B} \sum_{b=1}^{B} \sum_{i=1}^{M} s^{(b)}[i] \log(\hat{s}^{(b)}[i]) = -\frac{1}{B} \sum_{b=1}^{B} \log(\hat{s}^{(b)}[s]) \quad (13\text{-}2\text{-}2)$$

式中,$s^{(b)}[i]$ 表示含有 B 个训练样本的训练集中的第 b 个矢量训练样本的第 i 个元素。为了训练自编码器最小化其符号差错概率,自编码器的参数集可以通过优化损失函数得到,即

$$(\Theta_f^*, \Theta_g^*) = \arg \min_{(\Theta_f, \Theta_g)} \left[L_{\log}(\hat{s}, s; \Theta_f, \Theta_g) \right]$$

$$\qquad (13\text{-}2\text{-}3)$$

$$\text{subject to } E\left[\| z \|_2^2 \right] \leq P_{av}$$

式中,P_{av} 表示平均功率,方便起见,设置其为 $P_{av} = 1/M$。现在,我们一定非常好奇训练完成后的映射函数 $z = f_{\Theta_f}(s)$ 会将信源映射为怎样的星座。下面将从星座优化的角度解释编码器的行为。

13.2.2   编码器:最佳星座映射

现在我们把注意力集中到编码器。在数字通信领域,一个编码器需要学习到一个具有鲁棒性的映射 $z = f_{\Theta_f}(s)$ 去传输信号 s,以此来对抗无线信道的扰动,包括热噪声、信道衰落、非线性失真、相位抖动等,这个优化目标等价于寻找一种调制方式,在给定的功率约束条件下,把属于 M 个符号的信号集中的信号 s 映射到星座点 z,并且使得不同的星座点之间的距离最大。通常寻找最佳星座的问题会假定信道是高斯信道,如果是瑞利衰落信道则要求信道的概率密度函数完全已知。在高斯信道的条件下寻找最佳星座的问题,通常

与(晶体)最密堆积的问题联系在一起,这个问题实际上是一个被广泛研究的古老数学问题。

这里我们使用经典的梯度搜索技术来寻找最佳星座。考虑零均值的平稳加性高斯白噪声(AWGN)信道,假设单边噪声功率密度为 $2N_0$。在信噪比较大的情况下,式(13-2-1)的符号差错概率可以渐进表示为

$$P_{\mathrm{e}} \sim \exp\left(-\frac{1}{8N_0}\min_{i\neq j}\parallel z_i - z_j \parallel_2^2\right) \tag{13-2-4}$$

为了最小化符号差错概率 P_{e},该优化问题可以表示为

$$\{z_m^*\}_{m=1}^M = \underset{\{z_m\}_{m=1}^M}{\arg\min}(P_{\mathrm{e}}) \tag{13-2-5}$$

$$\text{subject to } E\left[\parallel z \parallel_2^2\right] \leqslant P_{\mathrm{av}}$$

式中,$\{z_m^*\}_{m=1}^M$ 表示最佳星座点集。式(13-2-5)所示的优化问题可以通过带约束的梯度搜索算法实现。我们将 $\{z_m\}_{m=1}^M$ 表示为 $M\times N$ 的矩阵形式

$$\mathbf{Z} = \left[z_1, z_2, \cdots, z_M\right]^{\mathrm{T}} \tag{13-2-6}$$

那么,第 k 步带约束的梯度搜索算法可表示为

$$\mathbf{Z}_{k+1}' = \mathbf{Z}_k - \eta_k \nabla P_{\mathrm{e}}(\mathbf{Z}_k)$$

$$\mathbf{Z}_{k+1} = \frac{\mathbf{Z}_{k+1}'}{\sum_i \sum_j \left(\mathbf{Z}_{k+1}'[i,j]\right)^2} \tag{13-2-7}$$

式中,η_k 为步长,$\nabla P_{\mathrm{e}}(\mathbf{Z}_k) \in \mathbb{R}^{M\times N}$ 为 P_{e} 相对于当前星座点 $\mathbf{Z}_k$ 的梯度,即

$$\nabla P_{\mathrm{e}}(\mathbf{Z}_k) = \left[g_1, g_2, \cdots, g_M\right]^{\mathrm{T}} \tag{13-2-8}$$

式中

$$g_m \sim -\sum_{i\neq m}\exp\left(-\frac{\parallel z_m - z_i \parallel_2^2}{8N_0}\right)\left(\frac{1}{\parallel z_m - z_i \parallel_2^2} + \frac{1}{4N_0}\right)\mathbf{I}_{z_m-z_i} \tag{13-2-9}$$

向量 $\mathbf{I}_{z_m-z_i}$ 表示方向为 z_m-z_i 的 N 维单位向量。对比式(13-2-3)和式(13-2-5)我们可以发现,在通信系统中,一个自编码器中的编码器行为实际上是通过优化损失函数的方式来寻找最佳星座。如果对自编码进行训练时,无线信道满足 $v-z \sim N_N(\mathbf{O}, \mathbf{\Sigma})$,其中 $\mathbf{O}$ 表示 N 维零向量,$\mathbf{\Sigma} = (2N_0/N)\mathbf{I}$ 为 $N\times N$ 的对角矩阵,那么

$$\{f_{\Phi_f^*}(s_m)\}_{m=1}^M \rightarrow \{z_m^*\}_{m=1}^M \tag{13-2-10}$$

如图 13-2(a)所示的是由梯度搜索技术得到的最佳星座图,当信号为 $N=2$ 的二维信号和 $N=3$ 的三维信号时,分别进行了 1 000 步与 3 000 步的迭代搜索,其中步长 $\eta = 2\times10^{-4}$。图 13-2(b)所示的是由自编码器生成的星座图,完成了 10^6 期(epochs)的训练,每一期的输入数据包含了 M 个不同的信源符号。

当 $N=2$ 且 $M=8$ 时,由自编码器生成的二维星座图与梯度搜索技术得到的最佳星座图较为相似,均接近正六边形的晶体样式,但存在相位旋转;当 $N=2$ 且 $M=16$ 时,自编码器生成的星座图虽然与梯度搜索技术得到的最佳星座图相比有较大的不同,但均有(近似于)等

边三角形的晶体样式；当 $N=3$ 且 $M=16$ 时，最佳星座图中有一个星座点位于以原点为球心，P_{av} 为半径的球的球心上，其余的 15 个星座点（近似）分布于球面上，形状与截角二十面体的顶点分布相似，即形成了正五边形与正六边形的表面，而自编码器生成的星座点则几乎位于一个平面上。

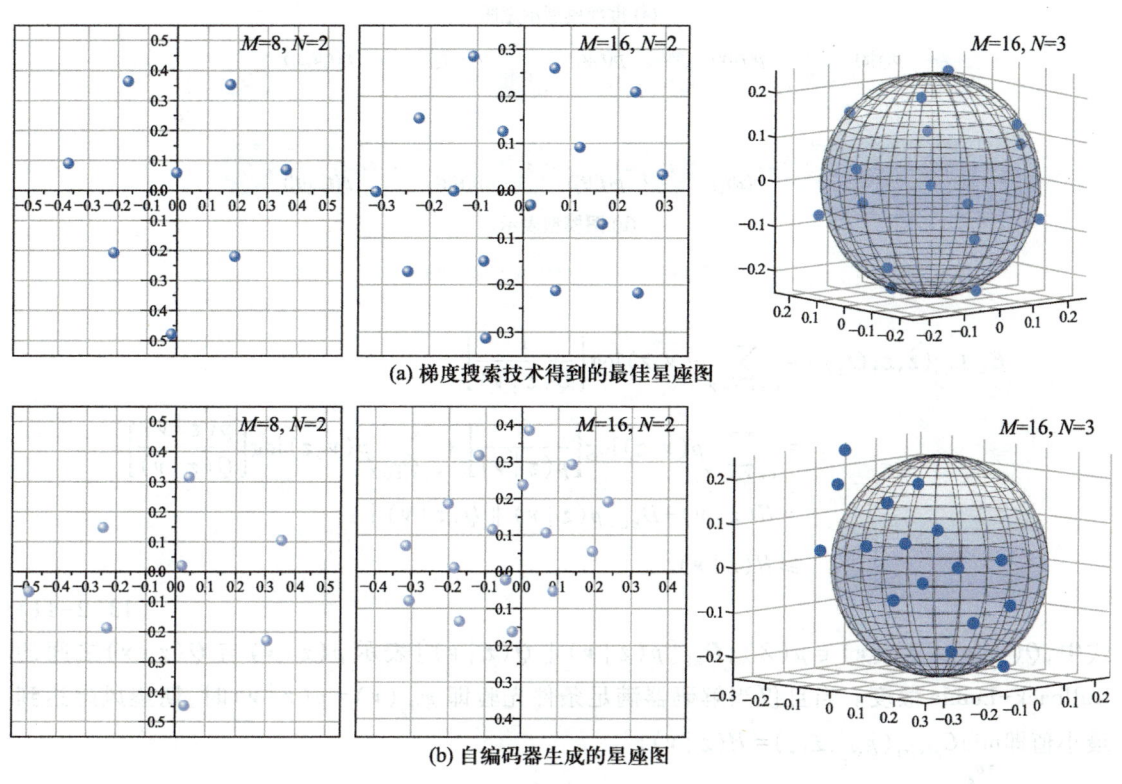

(a) 梯度搜索技术得到的最佳星座图

(b) 自编码器生成的星座图

图 13-2　星座图比较

13.2.3　解码器：信号推理

现在将注意力集中在图 13-1 右下角的解码器上，研究其内部的机理。如图 13-3（a）所示的是一个基于 DNN 的具有 $2S-1$ 个隐藏层的解码器推理模型示意图，这样的推理模型图可以用于对信道状态信息（CSI）恢复、信道估计以及符号检测等问题的表示。方便起见，这里用 z 而不是 s 表示解码器的期望输出，因为我们可以假设 $z=f_{\Theta_f}(s)$ 是双射（bijection）的。如果解码器的网络具有对称结构，那么这个解码器可以视为一个子自编码器，其瓶颈层（bottleneck layer）或最中间层（middlemost layer）用 u 表示。这里我们使用 z 表示 CSI 或者被传输的信道符号，即期望输出。解码器根据其得到的观测输入 v（一般是接收端的接收信号）进行推理，输出为 $\hat{z}=g_{\Theta_g}(v)$。

假设联合概率密度函数 $p(v,z)$ 已知，那么期望风险（expected risk）$C_{p(v,z)}(g_{\Theta_g},\mathcal{L}_{\log})$ 可以表示为

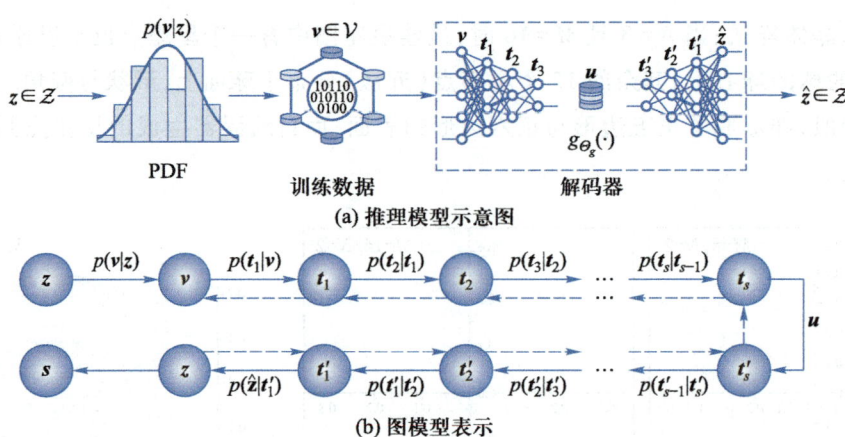

(a) 推理模型示意图

(b) 图模型表示

图 13-3　基于 DNN 的解码器

$$
E\big[\mathcal{L}_{\log}(\hat{z},z;\Theta_g)\big] = \sum_{v\in V,z\in Z} p(v,z)\log\left[\frac{1}{Q(z\mid v)}\right]
$$

$$
= \sum_{v\in V,z\in Z} p(v,z)\log\left[\frac{1}{p(z\mid v)}\right] + \sum_{v\in V,z\in Z} p(v,z)\log\left[\frac{p(z\mid v)}{Q(z\mid v)}\right]
$$

$$
= H(z\mid v) + D_{\mathrm{KL}}\big[p(z\mid v)\parallel Q(z\mid v)\big]
$$

$$
\geqslant H(z\mid v)
$$

$$(13\text{-}2\text{-}11)$$

式中，$Q(\cdot\mid v)=g_{\Theta_g}(v)\in p(Z)$，$D_{\mathrm{KL}}\big[p(z\mid v)\parallel Q(z\mid v)\big]$ 表示 $p(z\mid v)$ 与 $Q(z\mid v)$ 之间的 Kullback-Leible 散度。当且仅当解码器满足条件先验即 $g_{\Theta_g}(v)=p(z\mid v)$ 时，期望风险达到最小值即 $\min_{\Theta_g} C_{p(v,z)}(g_{\Theta_g},\mathcal{L}_{\log})=H(z\mid v)$。

在物理层传输中，与信道相关的联合概率分布 $p(v,z)$ 一般是未知的，我们仅有一个从 $p(v,z)$ 采样得到的独立同分布训练集 $D_B:=\{(v^{(b)},z^{(b)})\}_{b=1}^{B}$，在这种情况下，经验风险（empirical risk）定义为

$$
\hat{C}_{p(v,z)}(g_{\Theta_g},\mathcal{L},D_B)=\frac{1}{B}\sum_{b=1}^{B}\mathcal{L}\big[z_b,g_{\Theta_g}(v_b)\big] \tag{13-2-12}
$$

实际上，从 $p(v,z)$ 采样得到的 D_B 一般是有限集，由此导致的经验风险与期望风险之间的差异可被定义为

$$
\mathrm{gen}_{p(v,z)}(g_{\Theta_g},\mathcal{L},D_B)=C_{p(v,z)}(g_{\Theta_g},\mathcal{L}_{\log})-\hat{C}_{p(v,z)}(g_{\Theta_g},\mathcal{L},D_B) \tag{13-2-13}
$$

现在我们可以得到初步的结论，即基于 DNN 的接收机是在给定训练集 D_B 情况下以最小化经验风险为目标的估计器，其性能要次于在给定概率分布 $p(v,z)$ 情况下期望风险最低的估计器。

13.2.4　神经网络中的信息流

这里我们进一步量化分析信息在神经网络中的流动情况。如图 13-3(b)所示的是与

13-3(a)对应的图模型表示,其中 t_i 与 $t_i'(1 \leq i \leq S)$ 分别表示从输入端起第 i 个隐藏层的表示与从输出端起第 i 个隐藏层的表示。通常,由于没有变量之间准确的联合概率分布,因此无法直接计算香农熵,这里可以利用基于矩阵的 α-Renyi's 熵对香农熵进行估算。

我们考虑一个经典的 OFDM 信道估计问题。$z \triangleq [H[0],H[1],\cdots,H[N_c-1]]^{\mathrm{T}}$ 表示信道频域响应(channel frequency response,CFR),N_c 表示子载波数。记 $v \triangleq \hat{z}_{\mathrm{LS}}$,$\hat{z}_{\mathrm{LS}}$ 表示 z 的最小二乘(least-square,LS)信道估计。需要注意的是,通常情况下不会使用最小均方误差(minimum mean square error,MMSE)估计,因为 MMSE 估计器需要信道的协方差矩阵。这里我们使用导频数 $N_p = N_c/4$ 的线性插值。

根据式(13-2-11),上述信道估计问题的最小对数期望风险 $H(z \mid \hat{z}_{\mathrm{LS}})$ 可以用 $\alpha=1.01$ 的 Renyi's 熵 $S_\alpha(z \mid \hat{z}_{\mathrm{LS}}) = S_\alpha(z,\hat{z}_{\mathrm{LS}}) - S_\alpha(\hat{z}_{\mathrm{LS}})$ 估计。

如图 13-4 所示的是不同信噪比与子载波数条件下 $S_\alpha(z \mid \hat{z}_{\mathrm{LS}})$ 的变化曲线,可以发现 $S_\alpha(z \mid \hat{z}_{\mathrm{LS}})$ 随着训练集样本数的增加而单调递减。当 $B \rightarrow \infty$ 时,$S_\alpha(z \mid \hat{z}_{\mathrm{LS}})$ 下降的速度变慢,这是因为当训练集样本数趋于无穷大时,联合概率分布 $p(z,\hat{z}_{\mathrm{LS}})$ 可以被完美地学习,此时经验风险趋于期望风险。有趣的是,当样本数 $B > 580$ 时,产生训练样本时的信噪比越低,或者样本的维度 N 越大时,获得相同 $S_\alpha(z \mid \hat{z}_{\mathrm{LS}})$ 所需的样本数 B 越小。

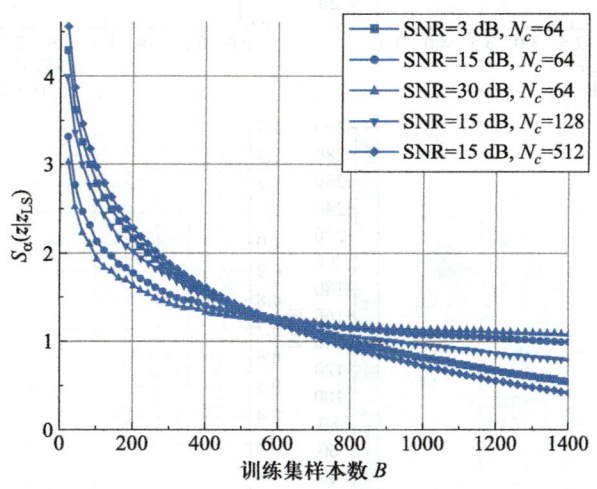

图 13-4　不同信噪比与子载波数条件下熵 $S_\alpha(z \mid \hat{z}_{\mathrm{LS}})$ 的变化曲线

如图 13-5 所示的是基于 DNN 的 OFDM 信道估计器的三类信息平面(information plane,IP)与 MSE(mean square error,均方误差)损失函数曲线,该 DNN 的网络拓扑结构为"128-64-32-16-8-16-32-64-128",激活函数为线性激活函数,$N_c=64$,$S=4$,复数输入数据采用实部与虚部拼接的方式输入神经网络,训练批尺寸(batch size)为 100,学习率 $\eta=0.001$。需要注意的是,之所以选择线性激活函数,是因为在不含有非线性失真的条件下信道估计问题具有 MSE 最优的线性估计器,因此选择线性激活函数是合理的。V 和 V' 分别表示解码器的输入端和输出端。根据图 13-5(a)即第一类信息平面 IP-I 可知,隐藏层与输出端之间的互

信息 $I(T;V')$ 的最终值趋近于隐藏层与输入端之间的互信息 $I(T;V)$ 的最终值,这意味着信息通过每一个隐藏层逐渐从输入端流向输出端。根据图 13-5(b)即第二类信息平面 IP-II 可知,每一个隐藏层均满足 $I(T';V')<I(T;V)$,这表示每一个隐藏层均没有发生过拟合(overfitting)。从图 13-5(c)的第三类信息平面 IP-III 可以观察到,$I(T;V)$ 趋近于 $I(T';V)$。结合三类信息平面看,当训练次数超过 200 次时,所有的互信息均不再发生明显的变化,此时 MSE 损失函数也趋于较低的值,这说明对于 64 个子载波的 OFDM 信道估计问题,200 次训练可以收敛。

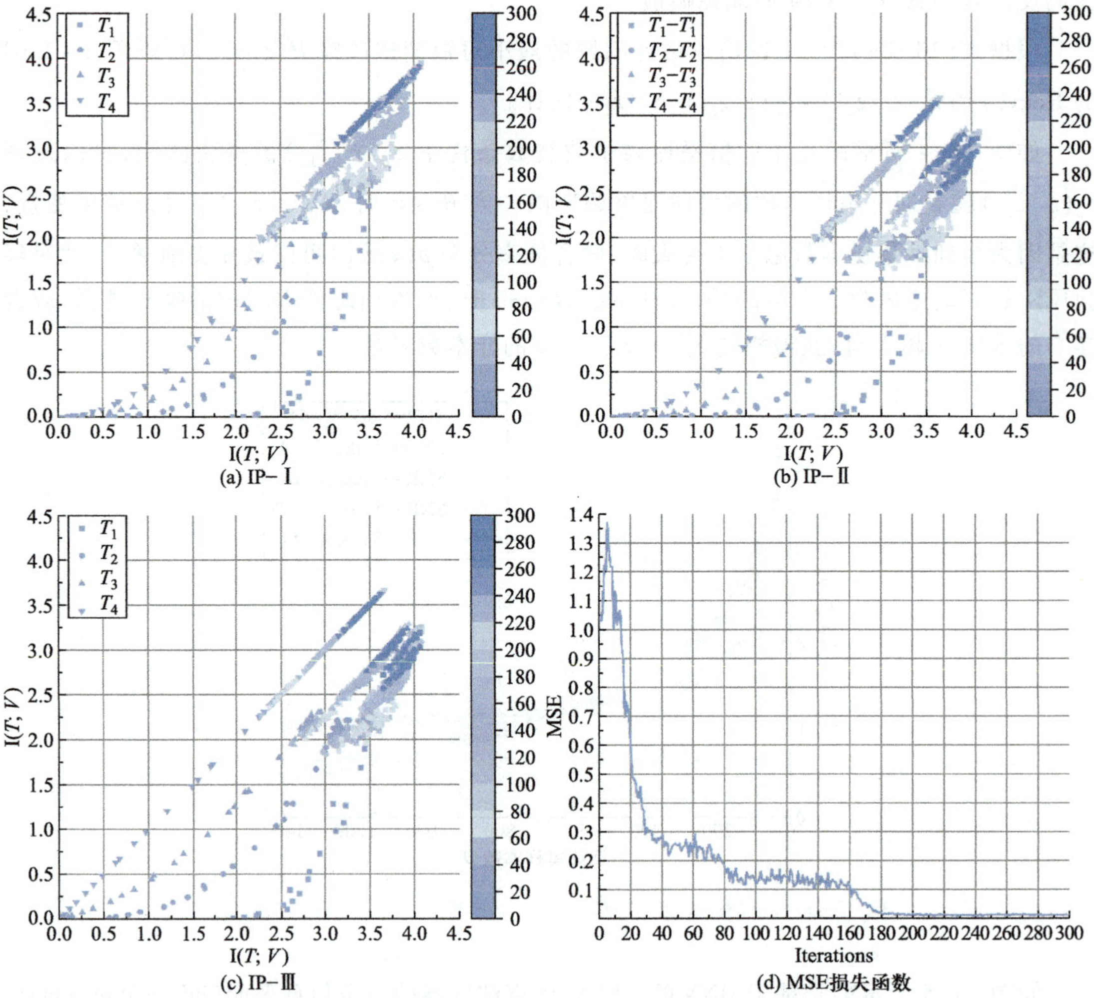

图 13-5　基于 DNN 的 OFDM 信道估计器的三类信息平面与 MSE 损失函数曲线

那么浅层神经网络是否具有类似的学习能力呢?如图 13-6 所示的是基于单隐藏层前馈神经网络(single hidden layer feedforward neural network,SLFN)的 OFDM 信道估计器的三类信息平面与 MSE 损失函数曲线,该 SLFN 的网络拓扑结构为"128-128-128",其他超参数(hyperparameter)与 $S=4$ 的 DNN 保持一致。由于 SLFN 仅有一层隐藏层,因此其网络的第一类信息平面 IP-I 与第二类信息平面 IP-II 完全一致。根据 IP-I 可知,当训练次数超过 50

次时，$I(T;V')$ 趋近于 $I(T;V)$，并且 $I(T;V)$ 的最终值约等于 3.5，这与 $S=4$ 的 DNN 最终所得的结果一致。我们进一步将 SLFN 的 MSE 损失曲线与 DNN 的损失曲线进行对比，可以发现 SLFN 的损失曲线下降地更加迅速与平滑。综合这些结果可知，一个具有 128 个隐藏层神经元的 SLFN 具备处理 $N_c=64$ 的 OFDM 信道估计问题的能力，而且其学习的速度与效果优于 $S=4$ 的深度神经网络。

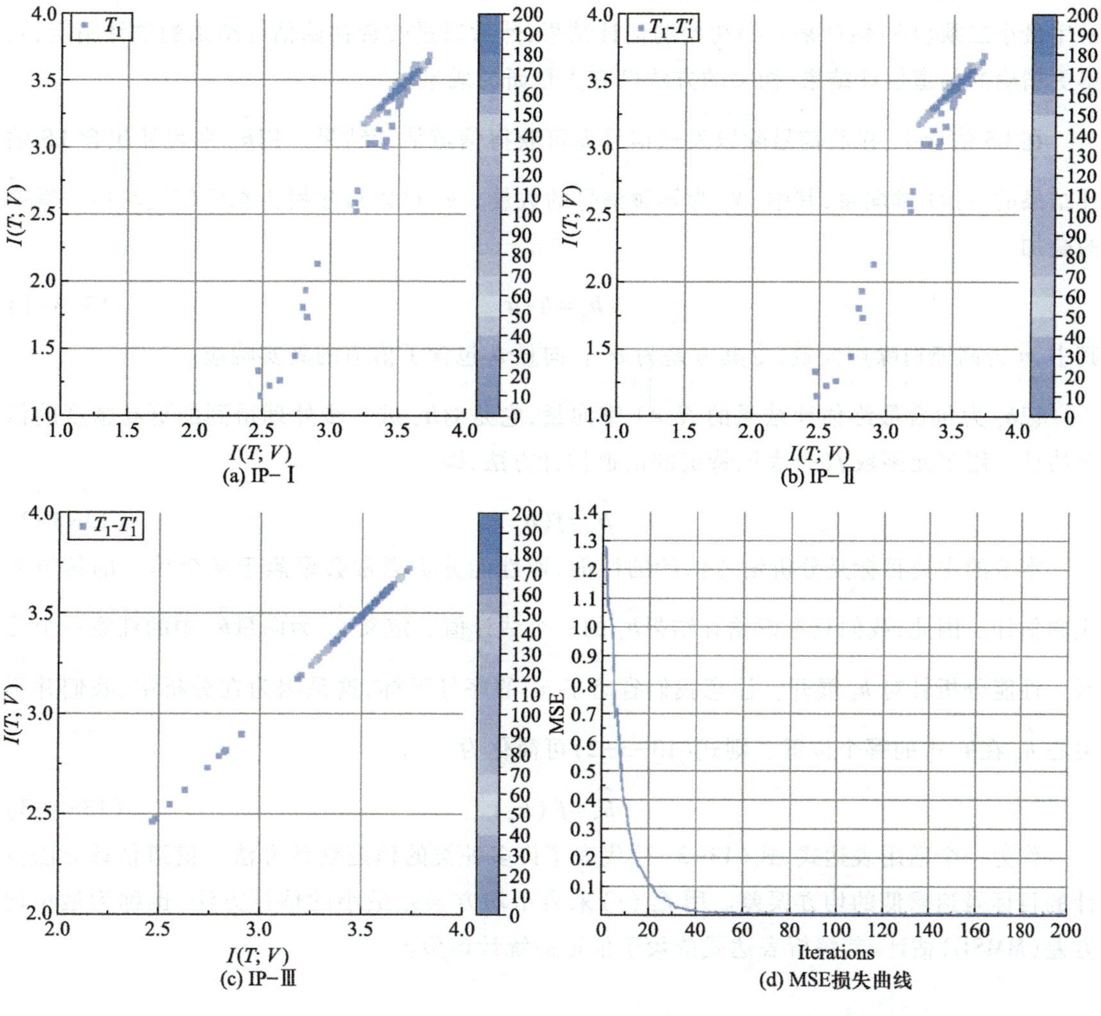

图 13-6　基于 SLFN 的 OFDM 信道估计器的三类信息平面与 MSE 损失函数曲线

13.3　基于机器学习的信道估计的性能分析

近年来，基于机器学习的信道估计成为学术界关注的焦点，其性能已经通过仿真实验得到验证，但相关的理论分析仍较为欠缺。为此，本节将对基于机器学习的信道估计的理论性能进行分析。首先，采用假设检验得出其均方误差（MSE）的理论上界。更进一步，针对学习

模块为线性模型且输入维度较低的场景,为假设检验中的随机变量建立统计模型,从而得出性能与训练数据集大小的解析关系。

13.3.1 信道估计

在导频辅助的信道估计中,发送端会传输接收端已知的导频信号用于信道估计。通常采用最小二乘(LS)估计来获得初始的估计结果,然后通过改善初始估计结果的估计精度,获得更精确的信道估计结果,相关的方法已有大量研究成果。

在 LS 估计中,接收信号除以发送信号即可获得信道估计结果。用 $\hat{\boldsymbol{h}}_{\mathrm{p}}$ 来表征包含 LS 估计结果的 $N_{\mathrm{p}} \times 1$ 维向量,其中,N_{p} 为导频信号的数量。$\hat{\boldsymbol{h}}_{\mathrm{p}}$ 可以被建模为真实信道响应与噪声的叠加

$$\hat{\boldsymbol{h}}_{\mathrm{p}} = \boldsymbol{h} + \boldsymbol{n} \tag{13-3-1}$$

其中,$\boldsymbol{n}$ 为高斯白噪声向量,令其方差为 σ^2。向量 $\boldsymbol{h}$ 包含了信道的真实响应。

记 $\hat{\boldsymbol{h}}_{\mathrm{s}}$ 为包含最终估计结果的 $N_{\mathrm{p}} \times 1$ 维向量,它是对 $\hat{\boldsymbol{h}}_{\mathrm{p}}$ 进一步处理得到的更高精度的信道估计。用多元函数 $\boldsymbol{f}(\cdot)$ 表征特定的信道估计方法,即

$$\hat{\boldsymbol{h}}_{\mathrm{s}} = \boldsymbol{f}(\hat{\boldsymbol{h}}_{\mathrm{p}}) \tag{13-3-2}$$

本节的主要目标是分析信道估计的性能,而性能分析通常会聚焦于某个单一的信道响应的估计。因此,我们只考虑估计结果 $\hat{\boldsymbol{h}}_{\mathrm{s}}$ 的一个估计值。定义 $\hat{h}_{\mathrm{S}}$ 为向量 $\hat{\boldsymbol{h}}_{\mathrm{s}}$ 中的任意一个元素。性能分析针对 $\hat{h}_{\mathrm{s}}$ 展开。注意我们省略了 $\hat{h}_{\mathrm{S}}$ 的序号下标,这是因为在分析中,我们并不关心 $\hat{h}_{\mathrm{S}}$ 在 $\hat{\boldsymbol{h}}_{\mathrm{s}}$ 中的哪个位置。则式(13-3-2)可简化为

$$\hat{h}_{\mathrm{S}} = f(\hat{\boldsymbol{h}}_{\mathrm{p}}) \tag{13-3-3}$$

作为一个通用表达式,式(13-3-3)代表了许多种类的信道估计方法。信道估计方法设计的目标是追求低的均方误差。用 $f_{\mathrm{opt}}(\cdot)$ 来表示均方误差最小的估计方法,也称为最小均方差(MMSE)估计,其解析表达式依赖于信道的统计模型。

13.3.2 基于机器学习的信道估计

利用机器学习,信道估计可以通过完全不同的方式进行实现。在基于机器学习的信道估计中,最关键的模块是学习模块,它可以逼近某个特定函数,也就是实现式(13-3-3)中的函数,从而完成信道估计。卷积神经网络(convolutional neural network,CNN)、递归神经网络(recurrent neural network,RNN)以及线性模型等都可以用作学习模块。其中,线性模型的输出直接与输入相连,是最简单的一种学习模块,它只能拟合线性函数。

基于机器学习的信道估计包含两个步骤:训练阶段和使用阶段。在训练阶段,基于训练

数据集 $\mathcal{T}$，通过减小损失函数来优化学习模块的参数，从而使之具备信道估计功能。具体地，数据集 $\mathcal{T}$ 可以表达为 $\mathcal{T} = \{(\hat{\boldsymbol{h}}_p(1), h_s(1)), \cdots, (\hat{\boldsymbol{h}}_p(m), h_s(m)), \cdots, (\hat{\boldsymbol{h}}_p(M), h_s(M))\}$，其中，$(\hat{\boldsymbol{h}}_p(m), h_s(m))$ 表示 $\mathcal{T}$ 中第 m 对训练数据，$h_s(m)$ 是输入 $\hat{\boldsymbol{h}}_p(m)$ 的标签。为了表达简便，在不需要表明序号时，省略掉序号 m。损失函数定义为估计的误差平方，即 $\mathcal{L}(f(\hat{\boldsymbol{h}}_p), h_s) = |f(\hat{\boldsymbol{h}}_p) - h_s|^2$。此外，我们记 $\mathcal{L}_{\mathcal{T}}$ 为数据集 $\mathcal{T}$ 上的平均损失函数，即

$$\mathcal{L}_{\mathcal{T}} = \frac{1}{M} \sum_m |f(\hat{\boldsymbol{h}}_p(m)) - h_s(m)|^2 \tag{13-3-4}$$

在下文中，我们称为训练损失。通过最小化 $\mathcal{L}_{\mathcal{T}}$，学习模块就可以逼近某种有良好估计性能的函数。在使用阶段，初始估计 $\hat{\boldsymbol{h}}_p$ 输入到学习模块后，学习模块就可以对 $\hat{\boldsymbol{h}}_p$ 进行处理，输出高精度的估计结果 $\hat{h}_s$。

有关基于机器学习的信道估计的理论分析方面的研究比较缺乏。当训练数据量无穷大时，训练损失将趋近于其期望值，即 MSE。此时，MMSE 估计可以通过训练学到，因为最小化训练损失的估计器就是最小化 MMSE 的估计器。然而，在实际系统中，训练样本数目通常是有限的，所以它只是 MSE 的采样值。由于训练只能保证在训练数据上的平均损失函数最小，当输入的数据为不包含于数据集 $\mathcal{T}$ 的新数据时，对应输出的估计性能将不可控。目前，可以用仿真实验结果证明基于机器学习的信道估计的性能。因此，本节分析基于机器学习的信道估计的 MSE 性能，也就是任意输入下估计误差的期望值。

13.3.3　基于机器学习的信道估计的理论分析

信道估计的 MSE 也是损失函数的期望值，如下所示

$$\mathcal{L}_E = \mathbb{E}\{L[f(\hat{\boldsymbol{h}}_p), h_s]\} = \mathbb{E}[|f(\hat{\boldsymbol{h}}_p) - h_s|^2] \tag{13-3-5}$$

$f(\hat{\boldsymbol{h}}_p)$ 和 h_s 的联合概率密度函数依赖于信道统计参数，其获取较为困难。因此，估计方法 $f(\cdot)$ 的 MSE 通常难以求解。

记 $f_*(\cdot)$ 为基于机器学习的信道估计方法学到的函数。上文提到，学得的估计器通常并不是 MMSE 估计 $f_{\mathrm{opt}}(\cdot)$，所以 $f_*(\cdot)$ 相比于 $f_{\mathrm{opt}}(\cdot)$ 会有一定的 MSE 损失。我们用 $\mathcal{L}_{E1}$ 和 $\mathcal{L}_{E2}$ 分别表示 $f_{\mathrm{opt}}(\cdot)$ 和 $f_*(\cdot)$ 的 MSE。令 $\Delta_{\mathcal{L}_E}$ 表示 $f_{\mathrm{opt}}(\cdot)$ 与 $f_*(\cdot)$ 的 MSE 差值，即 $\Delta_{\mathcal{L}_E} = \mathcal{L}_{E2} - \mathcal{L}_{E1}$。要计算 $f_*(\cdot)$ 的 MSE 比较困难，并且相比于 MSE 的准确数值 $\mathcal{L}_{E2}$，我们更关心 MSE 差值 $\Delta_{\mathcal{L}_E}$。由于 MSE 差值 $\Delta_{\mathcal{L}_E}$ 可以反映出基于机器学习的信道估计的性能距离最优性能有多近，所以它可以比 MSE 的准确数值 $\mathcal{L}_{E2}$ 更清晰地反映出学习性能。因此本节考察 MSE 差值 $\Delta_{\mathcal{L}_E}$。

基于假设检验对 $\Delta_{\mathcal{L}_E}$ 进行分析。定义 $\Delta_{\mathcal{L}_E} \geq \Delta_{\mathcal{L}_E}^0$ 为假设 H_0，$\Delta_{\mathcal{L}_E} < \Delta_{\mathcal{L}_E}^0$ 为假设 H_1。设定置信度为 $1 - \varepsilon_0$。那么，如果在假设 H_0 下，所观测的事件的发生概率小于 ε_0，也就是 $P(H_0) \leq \varepsilon_0$，我们就可以接收假设 H_1，也就是 MSE 差值 $\Delta_{\mathcal{L}_E}$ 的上界是 $\Delta_{\mathcal{L}_E}^0$。具体而言，就是可以相信

学到的估计器 $f_*(\cdot)$ 的 MSE 相比 MMSE 估计 $f_{\mathrm{opt}}(\cdot)$ 的 MSE，差值不会超过 $\Delta^0_{\mathcal{L}_E}$，且置信度为 $1-\varepsilon_0$。由于条件 $P(H_0)\leqslant\varepsilon_0$ 能否满足还不确定，接下来我们将对 $P(H_0)$ 进行分析。

记 ξ_1 为 $f_{\mathrm{opt}}(\cdot)$ 的训练损失，即

$$\xi_1=\frac{1}{M}\sum_m \left| f_{\mathrm{opt}}[\hat{\boldsymbol{h}}_{\mathrm{p}}(m)]-h_{\mathrm{s}}(m) \right|^2$$

记 ξ_2 为 $f_*(\cdot)$ 的训练损失，即

$$\xi_2=\frac{1}{M}\sum_m \left| f_*[\hat{\boldsymbol{h}}_{\mathrm{p}}(m)]-h_{\mathrm{s}}(m) \right|^2$$

学到的估计器有最小训练损失，即 $\xi_1\geqslant\xi_2$。记 ε 为事件 $\xi_1\geqslant\xi_2$ 的概率。注意到 $P(H_0)$ 为事件 $\xi_1\geqslant\xi_2$ 在假设 H_0 下的概率，有 $P(H_0)=\varepsilon\,|\,\Delta_{\mathcal{L}_E}\geqslant\Delta^0_{\mathcal{L}_E}$。为了简化 ε 的表达式，我们需要下述假设。

【假设 1】　ξ_1 独立于 ξ_2，即 $p(\xi_1,\xi_2)=p_1(\xi_1)p_2(\xi_2)$，其中，$p_1(\xi_1)$ 和 $p_2(\xi_2)$ 分别是 ξ_1 和 ξ_2 的概率密度函数。

如果假设 1 不成立，例如，当 $f_{\mathrm{opt}}(\cdot)=f_*(\cdot)$ 时，$P(H_0)$ 的真实值将会低于计算得到的值 ε。具体而言，当 $f_*(\cdot)$ 十分接近于 $f_{\mathrm{opt}}(\cdot)$ 时，ξ_1 和 ξ_2 的相关性将增强，导致两者独立性的假设不成立，这将有利于假设 H_1。因此，$P(H_0)$ 的真实值将会减小，从而低于其计算结果 ε。在这种情况下，我们依然可以以相同的置信度接受假设 H_1。这是因为置信度可以认为是 $P(H_1)$ 的下界，假设 H_1 的真实值是可以高于置信度的。换言之，在假设 1 下得到的假设检验结果适用于假设 1 不成立的情况。

在假设 1 下，ε 可以表达为

$$\begin{aligned}
\varepsilon &=\int_0^\infty\int_0^{x_1}p(x_1,x_2)\,\mathrm{d}x_2\mathrm{d}x_1\\
&=\int_0^\infty p_1(x_1)\int_0^{x_1}p_2(x_2)\,\mathrm{d}x_2\mathrm{d}x_1\\
&=\int_0^\infty p_1(x_1)F_2(x_1)\,\mathrm{d}x_1,
\end{aligned}\tag{13-3-6}$$

其中，$F_2(x)$ 是 ξ_2 的累积分布函数，即 $F_2(x)=\int_{-\infty}^{x}p_2(z)\,\mathrm{d}z$。

ε 的值依赖于 $\Delta_{\mathcal{L}_E}$。图 13-7 给出了概率密度函数 $p_1(x)$ 和累积分布函数 $F_2(x)$ 的一个示例。随着 $\Delta_{\mathcal{L}_E}$ 的增加，$p_1(x)$ 的高数值区域将会向 $F_2(x)$ 的零值区域移动。根据式（13-3-6），当 $p_1(x)$ 与 $F_2(x)$ 的乘积趋于 0 时，ε 值会非常小。因此，我们可以推断 ε 与 $\Delta_{\mathcal{L}_E}$ 呈负相关。

假设当 $\Delta_{\mathcal{L}_E}=\Delta^0_{\mathcal{L}_E}$ 时，ε 的值为 ε_0。当 $\Delta_{\mathcal{L}_E}\geqslant\Delta^0_{\mathcal{L}_E}$ 时，有 $P(H_0)=\varepsilon$。因为 ε 与 $\Delta_{\mathcal{L}_E}$ 呈负相关，所以在 $\Delta_{\mathcal{L}_E}$ 取其最小值 $\Delta^0_{\mathcal{L}_E}$ 时，$P(H_0)$ 达到其最大值。又由

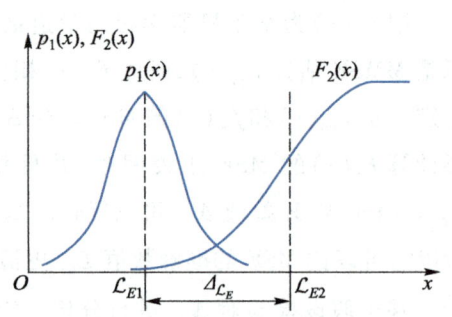

图 13-7　概率密度函数和累积分布函数示意图

$\Delta_{\mathcal{L}_E}=\Delta_{\mathcal{L}_E}^0$ 时,有 $\varepsilon=\varepsilon_0$,可知 $P(H_0)$ 的值不会超过 ε_0。因此,有 $P(H_0)\leqslant\varepsilon_0$。综上证明了假设检验的条件 $P(H_0)\leqslant\varepsilon_0$。由此也就证明了相比最优估计,基于机器学习的信道估计的 MSE 以一定置信度小于某个上界值。

学习模块在经过训练后,对于在训练数据集上的数据通常都具有很好的性能,但对于不属于训练数据集的数据,其性能是未知的。在处理不属于训练数据集的数据时,学习模块也应当获得理想的性能,这样机器学习方法才具备有效性。在使用机器学习方法时,要证明其在应用中的有效性是一个重难点,而上述分析实际上证明了基于机器学习的信道估计的有效性。通常机器学习方法的有效性是通过实验进行验证的,而本节从理论的角度进行了证明。分析表明基于机器学习的信道估计的 MSE 存在上界。上文提到,MSE 实际上就是损失函数的期望,而损失函数的期望值可以描述新数据(没有出现在训练数据集中)的性能。因此,上述分析表明当输入新数据时,基于机器学习的信道估计器的 MSE 性能是可控的,是存在一个上界的。

13.3.4 训练数据量与性能的解析关系

为了得出训练数据量与 $\Delta_{\mathcal{L}_E}^0$ 的解析关系,需要获得训练损失 ξ_1 与 ξ_2 的概率分布。基于以下两个假设,可以给出训练损失的一种概率模型。

【假设 2】 输出误差服从复高斯分布,即 $f(\hat{\boldsymbol{h}}_p)-h_s\sim\mathbb{CN}(0,\mathcal{L}_E)$。$\mathcal{L}_E$ 实际上就是估计 $f(\hat{\boldsymbol{h}}_p)$ 的 MSE。

【假设 3】 输出误差相互独立,即对于 $m_1\neq m_2$,有 $f(\hat{\boldsymbol{h}}_p(m_1))-h_s(m_1)$ 和 $f(\hat{\boldsymbol{h}}_p(m_2))-h_s(m_2)$ 相互独立。

在假设 2 和假设 3 下可得,$2M\xi_1/\mathcal{L}_{E1}$ 和 $2M\xi_2/\mathcal{L}_{E2}$ 都服从于卡方分布 $\chi^2(2M)$。记 $\kappa=2M$ 为卡方分布 $\chi^2(2M)$ 的自由度。那么,ξ_1 的 PDF 为

$$p_1(x)=\frac{\kappa}{\mathcal{L}_{E1}}p_{\chi_\kappa^2}\left(\frac{\kappa x}{\mathcal{L}_{E1}}\right) \tag{13-3-7}$$

ξ_2 的累积分布函数(CDF)为

$$F_2(x)=F_{\chi_\kappa^2}\left(\frac{\kappa x}{\mathcal{L}_{E2}}\right) \tag{13-3-8}$$

注意,当学习模块为近似线性且输入维度较低时,假设 2 和假设 3 近似成立。上述概率模型是在假设 2 和假设 3 成立下给出的,因此,下文得出的结论是针对上述特定场景的。有关上述概率模型的推导以及假设成立条件的内容,请参考相关文献。

将式(13-3-7)和式(13-3-8)带入式(13-3-6),得

$$\varepsilon=\int_0^\infty F_{\chi_\kappa^2}\left(\frac{\zeta_1}{\dfrac{\Delta_{\mathcal{L}_E}}{1+\dfrac{\Delta_{\mathcal{L}_E}}{\mathcal{L}_{E1}}}}\right)p_{\chi_\kappa^2}(\zeta_1)\,\mathrm{d}\zeta_1 \tag{13-3-9}$$

从式(13-3-9)可以看出，ε 的值取决于 κ（κ 与训练数据量有关）、MSE 差值 $\Delta_{\mathcal{L}_E}$ 以及最小 MSE$\mathcal{L}_{E1}$。定义 $\alpha = \Delta_{\mathcal{L}_E}/\mathcal{L}_{E1}$，其中，$\alpha$ 可以看作是缩放 MSE 差值。我们用 α 作为基于机器学习的信道估计的性能度量。那么，现在只剩下两个参数，即 κ 和 α。在确定好置信度 $1-\varepsilon$ 后，即可得出 α 与 κ 的解析关系。

13.4　一种可在线训练的低复杂度学习型信道估计方法

本节介绍一种正交频分复用（orthogonal frequency division multiplexing，OFDM）系统中基于机器学习的信道估计方法。在该学习型估计器中采用的是十分简单的学习模块。因此，训练过程得以加快，所需的训练数据也明显减小。此外，介绍一种用最小二乘（LS）估计结果构造训练数据的方法，该训练数据可以在数据传输过程中生成。基于该构造方法，介绍一种训练数据生成方案。该方案通过发送一个额外的块状导频来生成训练数据。该学习型信道估计方法与 MMSE 估计相比，对实际系统的非理性特性表现出更强的适应能力。与其他采用离线训练的基于机器学习的信道估计方法相比，该方法在快速变化的信道条件下表现出明显的性能优势。

13.4.1　线性学习型信道估计器

在基于机器学习的信道估计中，保证训练过程和使用过程中的信道条件一致十分重要，特别是那些需要解决的非理想因素。然而，现有的大多数基于机器学习的信道估计方法都采用离线训练的模式，而要产生与现实应用高度吻合的高质量数据集具有很高的挑战性。此外，在使用过程中，即使信道场景改变，估计器也无法进行二次训练。所以如果采用离线训练，基于机器学习的信道估计方法将不适用于信道环境快速切换的系统。这促使我们探索在线训练的方案，其中，训练数据是在传输过程中收集的，训练也是可以实时进行的，以适应快速变化的信道条件。

要设计在线训练模式，我们需要解决两个问题，即如何减小所需的训练数据量以及如何在线收集训练数据。

1. 网络结构

训练数据集的大小通常跟神经网络中的参数量是成比例的。一个深度神经网络通常会包含大量参数，因此，它也需要大规模的数据集。例如，如果一个全连接神经网络有 L 层，每一层有 U_l 个神经元，则训练需要优化 $\sum\limits_{l=1}^{L-1} U_l U_{l+1}$ 个参数。为了减少所需的训练数据量，我们采用一种简单的网络结构，如图 13-8 所示。该网络

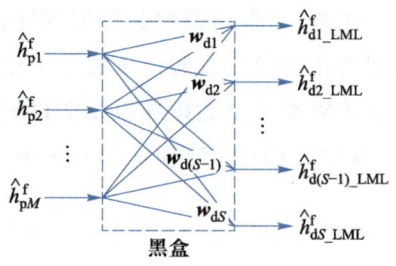

图 13-8　网络结构示意图

只需要优化 MS 个参数。

在此网络中,输出通过一个单层网络直接与输入相连。令 $\boldsymbol{W}_\mathrm{d}$ 为包含网络中的复值权系数的矩阵,有 $\boldsymbol{W}_\mathrm{d}=[\boldsymbol{w}_{\mathrm{d}1}^\mathrm{T},\cdots,\boldsymbol{w}_{\mathrm{d}S}^\mathrm{T}]^\mathrm{T}$。$\boldsymbol{w}_{\mathrm{d}S}$ 表示权系数向量,它包含了连接第 S 个输出 $\hat{h}_{\mathrm{d}\_k,S}^\mathrm{f}$ 与所有输入 $\hat{\boldsymbol{h}}_\mathrm{p}^\mathrm{f}$ 的权系数,即

$$\hat{h}_{\mathrm{d}\_k,S}^\mathrm{f}=\boldsymbol{w}_{\mathrm{d}S}^\mathrm{T}\hat{\boldsymbol{h}}_{\mathrm{p}\_k}^\mathrm{f} \tag{13-4-1}$$

虽然所提的信道估计方法的结构与传统的线性信道估计相同,但获取插值系数矩阵 $\boldsymbol{W}_\mathrm{d}$ 的方式有很大区别。传统方法是基于模型的方式,而所提方法是基于数据的方式,这会带来两方面的好处。首先,在复杂信道模型下,如非线性模型,所提的估计器依然可以直接通过训练进行优化,而传统方法则需要针对信道模型推导估计器的表示式,一般而言估计器的闭合表达式是很难求解的。此外,所提方法可以适应实际系统中未知的非理想特性,而在传统方法中,如果不对这些非理想特性进行建模并予以解决,信道估计通常会遭受性能损失。

2. 估计器的训练

为学得系数矩阵 $\boldsymbol{W}_\mathrm{d}$,需要提供一个训练数据集,记为 $\mathcal{T}$。假设数据集的数据量为 T,且 $T>M$,其中,M 是估计器的输入维度,如图 13-8 所示。数据集 $\mathcal{T}$ 可展开表达为 $\mathcal{T}=\{(\boldsymbol{x}_\mathrm{I}(1),\boldsymbol{y}_0(1)),\cdots,(\boldsymbol{x}_\mathrm{I}(T),\boldsymbol{y}_0(T))\}$,其中,$\boldsymbol{x}_\mathrm{I}$ 和 $\boldsymbol{y}_0$ 分别表示输入以及对应输入的标签。关于如何在线产生输入以及标签的介绍在下一小节给出。

基于数据集 $\mathcal{T}$ 的训练可以看作是,求解使得损失函数 $\mathcal{L}_2=\frac{1}{S}\parallel\boldsymbol{W}_\mathrm{d}\boldsymbol{x}_\mathrm{I}-\boldsymbol{y}_0\parallel_2^2$ 最小的系数矩阵 $\boldsymbol{W}_{\mathrm{d}*}$,用公式表达为 $\boldsymbol{W}_{\mathrm{d}*}=\underset{\boldsymbol{W}_\mathrm{d}}{\mathrm{argmin}}\sum_t\parallel\boldsymbol{W}_\mathrm{d}\boldsymbol{x}_\mathrm{I}(t)-\boldsymbol{y}_0(t)\parallel_2^2$。该优化问题有闭合解

$$\boldsymbol{W}_{\mathrm{d}*}=\boldsymbol{Y}_0(\boldsymbol{X}_\mathrm{I})^\dagger, \tag{13-4-2}$$

其中,$\boldsymbol{Y}_0=[\boldsymbol{y}_0(1),\cdots,\boldsymbol{y}_0(T)]$ 是一个 $S\times T$ 矩阵,它包含了训练数据的所有标签。$\boldsymbol{X}_\mathrm{I}=[\boldsymbol{x}_\mathrm{I}(1),\cdots,\boldsymbol{x}_\mathrm{I}(T)]$ 是包含输入数据的 $M\times T$ 矩阵。MP(Moore-Penrose,穆尔-彭罗斯)广义逆 $(\boldsymbol{X}_\mathrm{I})^\dagger$ 可以利用奇异值分解(singular value decomposition,SVD)进行计算。

在学到系数矩阵 $\boldsymbol{W}_{\mathrm{d}*}$ 后,信道估计即可根据式(13-4-1)完成,以获得数据子载波处的信道响应。$\boldsymbol{W}_{\mathrm{d}*}$ 是在传输 OFDM 符号的过程中得到的,这是一种实时的训练。因此,我们将训练过程称为在线训练。

13.4.2　训练数据生成方式

上文给出的训练数据 $(\boldsymbol{x}_\mathrm{I}(t),\boldsymbol{y}_0(t))$ 没有进行具体介绍,其中,t 是数据在数据集中的序数号。在本小节中,我们将首先给出一种新的训练数据结构。关于该训练数据结构的可行性分析请参考相关文献。基于该训练数据结构,我们再给出一种训练数据生成方案。

1. 训练数据结构

输入 $\boldsymbol{x}_\mathrm{I}$ 通常是导频子载波处的 LS 信道估计结果,而标签 $\boldsymbol{y}_0$ 是理想的输出,即需要估计

的数据子载波处的信道响应真值。输入可以通过传输导频信号获得,但标签在传输过程中很难获得。然而,我们发现数据子载波处的信道响应的 LS 估计结果可以代替其真值做标签。这种标签可以通过传输额外导频信号(数据子载波处的信号在接收端也是已知的)或者通过判决反馈的方式来获得,具体的训练数据生成方案在下一小节给出。采用这种结构,训练数据就可以在传输 OFDM 符号的过程中获得了。

训练数据的输入和标签分别为 $x_1(t)=\hat{\pmb{h}}_{\mathrm{p}\_t}^{\mathrm{f}}$ 以及 $y_0(t)=\hat{\pmb{h}}_{\mathrm{d}\_t}^{\mathrm{f}}$。$\hat{\pmb{h}}_{\mathrm{p}\_t}^{\mathrm{f}}$ 类似于式(13-4-1)中的 $\hat{\pmb{h}}_{\mathrm{p}\_k}^{\mathrm{f}}$,它包含了导频处信道响应的 LS 估计。$\hat{\pmb{h}}_{\mathrm{d}\_t}^{\mathrm{f}}$ 包含了数据子载波位置的信道响应的 LS 估计。

该结构使得训练数据与使用阶段要恢复的数据能够是来自同一 OFDM 帧的。这对基于机器学习的信道估计来说有重要意义,因为这可以保证训练阶段和使用阶段的信道条件一致。训练数据中可能包含了实际系统的非理想特征,比如非线性失真等,而这些特征通常难以通过简单的模型进行描述。因此,在利用这些训练数据进行训练后,实际系统中的非理想特征对信道估计性能的影响就可以得到有效抑制。

2. 训练数据生成方案

一种较为直观的方案是在发送数据前,先发送块状导频以生成训练数据。块状导频的所有子载波都传输导频信号,因此,"数据"子载波处的信道响应也可以通过 LS 估计获得。我们将这种方案称为导频辅助的训练数据生成(pilot aided training data generation,PATDG)方案。

首先,基于块状导频采用 LS 估计获得全频域信道响应,即

$$\hat{\pmb{h}}^{\mathrm{f}}=(\pmb{X}^{\mathrm{f}})^{-1}\pmb{y}^{\mathrm{f}} \tag{13-4-3}$$

训练数据基于 LS 估计结果 $\hat{\pmb{h}}^{\mathrm{f}}$ 生成。

考虑到频谱效率,块状导频数需要越少越好。因此,需要充分利用每一个块状导频以生成尽可能多的训练数据。图 13-9 描述了所提的训练数据生成方案。$\hat{\pmb{h}}^{\mathrm{f}}$ 中相邻 $(M-1)D^{\mathrm{f}}$ 个 LS 估计值为一组,其中,M 个值作为导频子载波处信道响应的估计值 $\hat{\pmb{h}}_{\mathrm{p}\_t}^{\mathrm{f}}$,剩余 S 个值作为数据子载波处信道响应的估计值 $\hat{\pmb{h}}_{\mathrm{d}\_t}^{\mathrm{f}}$。因此,这样的一组 LS 估计可以提供一个训练数据对,即 $(\hat{\pmb{h}}_{\mathrm{p}\_t}^{\mathrm{f}},\hat{\pmb{h}}_{\mathrm{d}\_t}^{\mathrm{f}})$。基于 $\hat{\pmb{h}}^{\mathrm{f}}$,最多可以产生 $K-(M-1)D^{\mathrm{f}}+1$ 个这样的 LS 估计值组,如图 13-9 所示。因此,$\hat{\pmb{h}}^{\mathrm{f}}$ 可以提供 $K-(M-1)D^{\mathrm{f}}+1$ 个训练数据对。如果在训练阶段发送 N_{p} 个块状导频符号,利用上述方案可以产生 $N_{\mathrm{p}}[K-(M-1)D^{\mathrm{f}}+1]$ 个训练数据对。那么,数据集 $\mathcal{T}$ 可以展开表达为 $\mathcal{T}=\{(\hat{\pmb{h}}_{\mathrm{p}\_1}^{\mathrm{f}},\hat{\pmb{h}}_{\mathrm{d}\_1}^{\mathrm{f}}),\cdots,(\hat{\pmb{h}}_{\mathrm{p}\_T}^{\mathrm{f}},\hat{\pmb{h}}_{\mathrm{d}\_T}^{\mathrm{f}})\}$,其数据量 T 为

$$T=N_{\mathrm{p}}[K-(M-1)D^{\mathrm{f}}+1] \tag{13-4-4}$$

注意,块状导频符号所用的调制方式需要与后续的数据符号保持一致。

在特定条件下,一个块状导频符号就可以提供所需的训练数据,即 $N_{\mathrm{p}}=1$。相关文献中的仿真结果证明了这点。采用 PATDG 时,OFDM 的数据结构以及所提估计方法的流程在

图 13-10 中进行了描述。在接收到一个 OFDM 帧后,接收机首先利用块状导频提供的训练数据对估计器进行训练。然后,利用训练的估计器获取 OFDM 符号中数据子载波处的信道响应。在收到下一帧 OFDM 符号后,接收机又会对估计器进行重新训练。因此,估计器可以适应信道环境快速变化的场景。

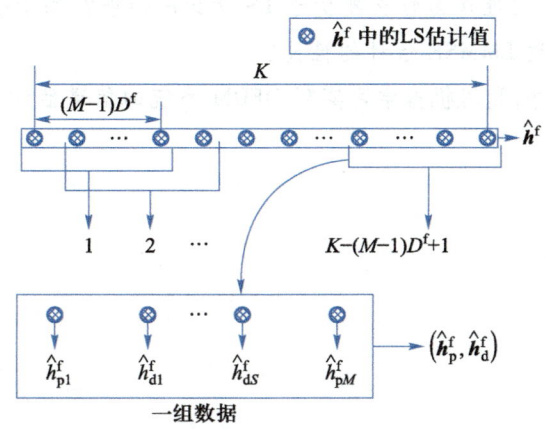

图 13-9 训练数据生成方案示意图

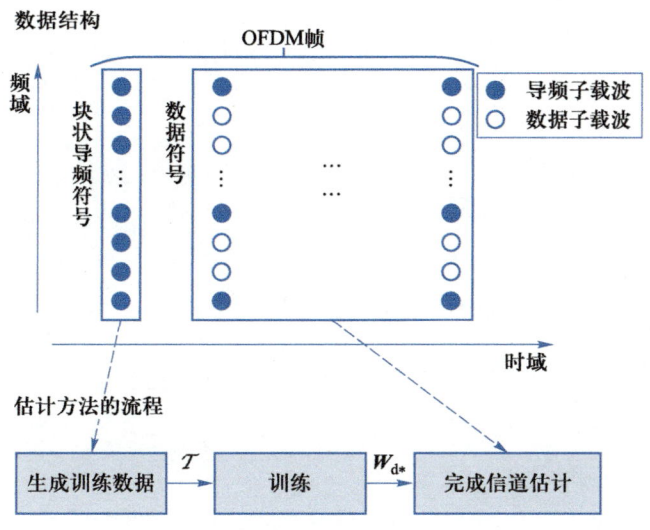

图 13-10 采用 PATDG 时系统的数据结构以及估计方法流程

习　题

13-1　如何评价一个分类器的性能?尝试编写一个神经网络分类器的程序,选择合适的性能指标,测试其性能并与传统分类器进行比较。例如使用前馈神经网络实现 8PSK 信号的译码,并与最大似然判决的性能进行对比。

13-2　考虑一个线性门限单神经元 $y=f(\boldsymbol{w}^{\mathrm{T}}\boldsymbol{x})$，$f(a)=\begin{cases}1, & a>0 \\ 0, & a\leqslant 0\end{cases}$，输入信号为 $\boldsymbol{x}\in$ $\mathbb{R}^{K\times 1}$，权重为 $\boldsymbol{w}\in\mathbb{R}^{K\times 1}$，输出为二进制信号 $y\in\{0,1\}$。该单神经元最多可以准确判别多少个样本？每个神经元的记忆容量为多少比特？

13-3　LMMSE 估计的性能为什么要优于 LS 估计的性能？基于机器学习的信道估计性能在什么条件下可以逼近 LMMSE 估计的性能？

13-4　尝试编写程序，利用机器学习实现 OFDM 系统的信道估计，并将其性能与 LMMSE 以及 LS 估计进行对比。

第14章

通信网技术

随着通信的普及,通信设备间的组网成为必然,通信网已经成为了我们日常生活不可或缺的基础设施。当前,通信网正朝着移动化、宽带化、泛在化和智能化的方向发展。通信网的快速发展对通信网理论与技术提出了迫切的发展需求,目前通信网络理论与技术已经成为一门独立的学科,其内涵丰富、前景广阔。本章主要讨论通信网的相关技术,主要包括通信网的组成与分类,通信网网络体系结构和网络协议、多址技术和交换技术等。掌握这些基础知识对于通信网的规划、设计、建设、管理和维护等具有重要的指导意义。

第 14 章
思维导图

14.1 通信网的组成与分类

14.1.1 通信网的基本组成

通信网是由一定数量的节点(包括终端节点、交换节点或转发节点等)和连接这些节点的传输链路有机地组织在一起,按约定的信令或协议完成网络内任意用户间信息交换的通信系统。也就是说,通信网是由相互依存、相互制约的许多要素组成的有机整体,用以完成规定的功能。在通信网络中,信息的交换可以在用户之间进行,也可以在设备之间进行,还可以在用户和设备之间进行。交换的信息包括用户信息(如语音、数据、图像和视频等)、控制信息(如信令信息、路由信息和测控信息等)和网络管理信息等。

通信网也是一个由软件和硬件按特定方式构成的通信系统,每一次通信都需要软硬件的协调配合来完成。软件主要包括信令、协议、控制、管理和计费等单元,主要作用是完成通信网的控制、管理、运营和维护。硬件主要包括终端设备、交换设备、业务节点和传输系统,它们完成通信网的接入、交换、控制和传输等功能。这些硬件设施的定义和功能如下所述。

1. 终端设备

终端设备是指用户与通信网之间的接口设备,包括信源、信宿以及变换器和反变换器的一部分。最常见的终端设备有固网电话机、移动网电话机、传真机、打印机、计算机、机顶盒、可视电话终端和视频终端等。终端设备的功能有:

(1) 将待传送的信息和传输链路上传送的信息进行相互转换。在发送端,将信源产生的信息转换成适合于在传输链路上传送的信号;在接收端则将从链路上接收的信号转换为

469

信宿要接收的信息。

（2）将信号与传输链路相匹配,由信号处理设备完成。

（3）信令的产生和识别。即产生和识别网内所需的信令,以实现呼叫建立、监控、拆除和网络管理等一系列通信控制功能。

2. 交换设备

交换设备的基本功能是负责集中、转发终端节点产生的用户信息,或转发其他交换节点需要转接的信息,实现一个呼叫终端（用户）和它所要求的另一个或多个用户终端之间的交换连接。常见的交换设备有电话交换机、分组交换机、路由器和转发器等。以电话交换机为例,交换设备的主要功能如下。

（1）用户业务的集中和转发:由各类用户接口和中继接口完成。

（2）交换功能:由交换矩阵完成任意入线到出线的信息交换。

（3）信令功能:负责呼叫控制和连接的建立、监视和释放等。

（4）控制功能:路由信息的更新和维护,计费、话务统计和维护管理等。

3. 业务节点

业务节点是提供业务的实体,通常由连接到通信网络边缘的计算机系统构成,向用户提供信息查询与检索、电子邮件以及流媒体播放等服务。电话网中的智能查号、语音信箱,智能网中的业务控制点、智能外设,以及互联网上的各种服务器等都是业务节点。业务节点的主要功能有:

（1）实现独立于交换节点的业务执行和控制;

（2）提供服务时可实现对交换节点呼叫建立的控制;

（3）为用户提供智能化、个性化和有差异的服务。

4. 传输系统

传输系统即传输链路,是信息的传输通道,也是连接网络节点的媒介。传输链路可以分为不同的类型,各有不同的实现方式和适用范围。

通常传输系统的硬件包括:线路接口设备、传输媒介和交叉连接设备等。传输系统的一个主要设计内容就是如何提高物理线路的使用效率,因此传输系统通常会采用多路复用技术,如频分复用、时分复用、码分复用、空分复用和波分复用等。

另外,为保证交换节点能正确接收和识别传输系统的数据流,交换节点必须与传输系统协调一致,包括保持帧同步和位同步、遵守相同的传输体制等。

14.1.2　通信网的分类

通信网可以有不同的分类方式,传统的分类方式是按照提供的业务、功能、覆盖范围等对通信网进行分类。下面介绍几种常用的分类方式。

（1）按照承载的业务类型来分,通信网可以分为固定电话通信网、移动电话通信网、传真通信网、数据通信网、计算机通信网、广播电视网、多媒体通信网和综合业务通信网等。所谓"三网融合"中的三网指的就是电信网、计算机网和有线电视网,也是按照承载的业务来分

类的。对于综合业务网络就不能按照承载的业务来分类。

（2）按照提供的功能来分，通信网可以分为传输网、交换网、接入网、信令网、同步网和管理网等。

（3）按照通信覆盖范围来分，通信网可以分为广域网（wide area network，WAN）、城域网（metropolitan area network，MAN）、局域网（local area network，LAN）和个域网（personal area network，PAN）等。

广域网通常覆盖范围从几十千米到几千千米，能连接多个城市或国家，并能提供远距离通信。广域网的通信子网通常采用分组交换技术，可以利用公用分组交换网、卫星通信网和无线分组交换网。

城域网通常覆盖一个城市或一个大学校园，由于有密集的接入点和交换/路由点，城域网采用的技术也相对复杂一些。城域网可分为核心层、汇聚层和接入层。核心层主要提供宽带业务承载和传输，完成与已有网络的互联互通；汇聚层的基本功能是汇聚接入层的用户流量，进行数据分组传输的汇聚、转发和交换；接入层利用多种接入技术，进行带宽和业务的分配，实现用户的接入。

局域网是指在某一区域内由多个终端互连成的通信网。一般覆盖范围在几千米以内。严格意义上，局域网是封闭型的，决定局域网的主要技术要素是网络拓扑、传输介质和介质访问控制方法。

个域网主要用于同一地点的各种通信终端之间的联网。若采用无线连接方式，则成为无线个域网（WPAN）。WPAN 的特点是覆盖范围小（一般半径在 10 m 以内）、业务类型丰富、运行于允许的无线频段。涉及的关键技术主要有蓝牙技术、超宽带（UWB）技术、Zigbee 技术和 FRID 技术等。

（4）按通信的传输媒介来分，通信网可以分为电缆通信网、光纤通信网、短波通信网、微波通信网和卫星通信网等。

（5）按通信传输处理信号的形式来分，可分为模拟通信网和数字通信网等。

（6）按通信服务的对象来分，可分为公用通信网、专用通信网等。专用网是一些特殊行业或面向特殊应用而专门建立的网络，如银行系统通常就有自己的专用网。也可以通过公共网络搭建虚拟专用网（virtual private network，VPN）。

（7）按通信的活动方式来分，可分为固定通信网和移动通信网等。

14.2　通信网网络体系结构和网络协议

14.2.1　通信网网络体系结构

1. 网络体系结构定义

网络体系结构是一套顶层的设计标准，这套准则是用来指导网络的技术设计，特别是协

议和算法的工程设计。它包括两个层次：网络的构建原则和功能分解与模块化，其中，前者确定网络的基本框架；后者指出实现网络体系结构的方法。具体而言，网络体系结构包括以下方面：

（1）网络状态的维护和转移；

（2）网络中的实体命名规则；

（3）命名、寻址和路由功能的内在关系及工作原理；

（4）通信功能的模块化划分；

（5）信息流之间的网络资源分配、网络终端系统与这种"分配"法则的相互作用，以及公平性和拥塞控制的实现；

（6）网络安全的实现和保证；

（7）网络管理功能的设计与实现；

（8）不同 QoS 的实现方法。

2. 网络的分层和分段

通信网采用分层结构、通信协议和分组交换方式实现了远程网络通信。任意一个网络总可以从垂直方向分解为若干独立的层。网络采用分层结构具有如下好处。

（1）各层相互独立。某一层并不需要知道它下面的层是如何实现的，而仅仅需要知道该层通过层间接口所提供的服务即可。因此，各层均可以采用最合适的技术来实现。

（2）灵活性好。当任何一层发生变化时，只要接口关系保持不变，上下相邻层则均不受影响。而且，某层提供的服务可以修改，如果某层提供的服务不再需要，可取消这一层。

（3）实现和维护方便。分层结构通过把整个系统分解成若干个易于处理的部分，而使通信网的实现、调试和维护等变得容易。

国际标准化组织 ISO 在 1979 年建立了一个分委员会专门研究一种用于开放系统的体系结构，提出了开放系统互连参考模型（open system interconnection reference model，OSI/RM），它将网络分为七层，如图 14-1 所示，由下至上分别为物理层、数据链路层、网络层、传输层、会话层、表示层和应用层，每一层都可单独进行协议开发而互不影响。OSI 定义的网络体系结构体系将协议和服务分离，其目的是改变一个层的协议，对其上一层的服务可以不变。

应用层：完成特定应用的软件处理过程，例如电子邮件就是运行在 PC 或电话（本质上是一个网络节点）上的一个简单的应用处理过程的例子。

表示层：代表应用进程协商数据表示，该层完成数据转换、格式化和文本压缩。

会话层：提供进程之间建立、维护和结束会话连接的功能；提供交互会话的管理功能。目前，该层也用于认证、接入授权等。

传输层：提供建立、维护和拆除传送连接的功能；选择网络层提供最合适的服务；在系统之间提供可靠的、透明的数据传送，提供端

应用层
表示层
会话层
传输层
网络层
数据链路层
物理层

图 14-1　OSI 七层模型

到端的错误恢复和流量控制。

网络层：完成的主要任务包括基于分组的流量控制以及寻路。一个网络分组由有效载荷和头部组成，头部包含完成预定功能（分组流量控制、寻路等）所必需的信息。注意在 OSI 模型中各层相互独立，因此网络层头部的信息和数据链路层（data link layer，DLL）的头部信息是不相关的，OSI 模型中各层分别产生自己的头部信息。DLL 从网络层分组（包括头部）获得可靠发送到对端处理机所需要的信息。各层基于自身或从相邻层传递来的信息产生自己的分组头部。网络层也产生自己的控制分组，如链路状态更新（link state update，LSU）、路由发现分组等。目前，IP 层常常作为网络层的代名词。

数据链路层：在网络层实体间提供数据发送和接收的功能和过程，媒体接入控制（medium access control，MAC）的功能就是在该层实现。

物理层：提供为建立、维护和拆除物理链路所需要的机械的、电气的、功能的和规程的特性；有关的物理链路上传输非结构的位流以及故障检测指示。通俗地理解，物理层设备之间的通信提供了传输媒体及互联设备，是整个开放系统的基础。

网络分层后，每一层仍然很复杂。为了便于管理，在分层的基础上，再从水平方向把每一层网络划分为若干个分离的部分，这就是分段。采用分段的重要优点是允许层网络的一部分被层网络的其余部分看成一个单独实体。因而，层网络的内部结构是封装好的，对于减少层网络管理控制的复杂性十分有利，使网络运营可以自由地改变其子网或使其最佳化，而不影响层网络的其余部分。

采用分段的概念对于在同一层网络内对网络结构进行规定是十分必要的。例如，当同一层网络由不同网络运营商联合提供端到端通道时，采用分段概念可以对管理界限进行规定。通信网协议是网络体系结构的重要组成部分，它通常按照网络体系结构来设计。

14.2.2　网络协议及其功能

在通信网络中，双方进行通信时都必须认同一套用于信息交换的约定规则。协议就是约定规则使用的语言及其所表达的语义。协议要规定信息格式及每条信息所需控制信息的一套规则，实现这些规则的软件称为协议软件。单个网络协议可以是简单的，也可以是复杂的。概括起来，在现代通信中，要做到有条不紊地交换信息，每个节点都必须遵守一些事先确定的规则。这些规则明确了通信中同步、时序、错误检测和纠正等所有的相关细节。这些为网络信息交换而建立的规则、标准或约定就称为协议。一个通信网络的协议主要由下面三个要素组成。

（1）语法：信息与控制信息的结构或格式；

（2）语义：需要发出何种控制信息、完成何种动作，以及做出何种应答；

（3）同步：事件实现的详细说明及严格的同一时刻通信问题。

通信协议具有的主要功能有分段和组装、封装、连接控制、流量控制、差错控制、寻址、复用及附加服务。下面对这些功能分别予以简单介绍。

1. 分段和组装

在应用层将转移数据的逻辑单元称为消息,应用实体之间以消息的形式或以连续数据流的形式发送数据,较低层的协议需要把数据块分为较小的、长度受限的数据块,这个过程称为分段。通常把两实体之间按照协议交换的数据块称为协议数据单元(protocol data unit,PDU),在接收端重新把数据组装成消息。

对数据流进行分段也会带来不利的影响,主要有:

(1) 每个 PDU 包含一定量的控制信息,因此数据单元的长度越小,控制信息的比特数在整个数据单元的比特数中占的比例越大,从而降低了传输效率;

(2) PDU 的到达会引起处理机的一个中断,数据单元越小,就会引起更多的中断;

(3) PDU 的长度越小,处理同一数据块所需要的时间越长。

协议设计者在确定数据单元长度的过程中必须综合考虑上述诸多因素。分段的逆过程是组装,在接收端分段形成的数据块必须被组装成消息,对于不按照次序的数据块,则需要重新排序后再进行组装。

2. 封装

每个协议数据单元不仅包含数据,而且还包含控制信息。有时某些 PDU 只包含控制信息而没有数据,其中的控制信息主要包含以下三个部分。

(1) 地址:指出发送端或接收端的地址;

(2) 错误检测码:包含某种校验序列,对收到的一段信息进行校验;

(3) 协议控制:对流量和差错进行控制的信息。

在分段后形成的数据块上增加控制信息的过程称为封装,这是协议需要完成的功能之一,当存在多层协议时,需要按层次进行封装。

3. 连接控制

数据通信分为无连接和面向连接两种传送方式。在无连接的方式中,每个 PDU 在传送的过程中进行独立处理;在面向连接的方式中在两个实体之间建立一个逻辑联系称为连接,PDU 通过建立的连接有序传送。面向连接的通信过程可以分为连接建立、数据传送、连接拆除三个阶段。面向连接的数据传送一个重要特征是序号利用,对于 PDU 的发送均按照预定的序号进行,发送和接收实体根据传送的序号可以支持流量控制、差错控制和数据单元的组装等功能。

4. 流量控制

流量控制是指接收实体对发送实体送出的数据单元数量或速率进行限制。流量控制的最简单形式是停止等待程序。在整个程序中,发送实体必须在收到已经发送的一个 PDU 的确认信息后,才能再发送下一个新的 PDU。更有效的协议是向发送实体设置一个发送单元的限制值,这一数值规定了在没有收到确认信息之前,允许发送实体送出的数据单元的最大值。这就是广泛应用的滑动窗口控制。

为了更有效地对流量进行控制,流量控制协议可以设置在协议不同的层次上。

5. 差错控制

通信协议的另一个重要功能是差错控制,差错控制技术是用来对 PDU 中的数据和控制信息进行保护的。差错控制技术的实现大多是用校验序列进行校验,在出错的情况下对整个 PDU 重新传输。另一方面,重新传输还受到定时器的控制,超过一定的时间没有收到确认信号则重新传输。和流量控制一样,差错控制在系统的各个部分进行,例如在网络接入部分即终端和网络之间进行,以保证在终端和网络之间对数据单元的准确接收。与此同时,由于数据单元也可能在网络的内部丢失和出错,因此需要端到端的协议来对网络内部的错误予以恢复。

6. 寻址

在通信系统中,寻址是一个复杂的过程,和多方面的因素有关。寻址的过程涉及寻址的级别、寻址的范围、连接识别符和识别的模式几个方面。在 TCP/IP 网络结构中寻址是协议的一个基本功能,通过寻址保证把数据单元送到准确的目的地。在 OSI 体系结构和其他通信结构中,寻址同样是协议的一项重要功能。

寻址和通信协议的层次有关,在不同的层次上,有相应的地址和寻址的方法。对通信子网的寻址是网络级寻址,这时地址和每一个终端系统(主机或终端)有关,也和每一个中间系统(路由器或交换机)有关,这样的一个地址是一个网络级的地址。

寻址的另一个问题是寻址的范围,地址是一个整体地址,有如下特性。

(1) 整体的单一性:一个整体地址识别一个唯一的系统,因此一个系统可以用一个整体地址来表示;

(2) 整体的应用性:任何一个系统都可以利用其他系统的地址去识别该系统。

利用上述的两项特征,在互联网中可以通过对数据单元选路,从一个系统去访问任何一个其他系统。

7. 复用

和寻址相关的是复用,复用是指在一个系统中支持多个连接,例如时分复用、频分复用和码分复用等。在 X.25 协议中多条虚电路可以构建在一个端系统中,也就是说这些虚电路复用在端系统和网络之间的接口上。复用也可以利用端口号实现,在两个端系统之间建立多个连接,例如多个 TCP 连接可以建立在一个给定的系统,并且一个 TCP 连接支持多个端口。

8. 附加服务

协议也可以对通信实体提供各种附加服务。

(1) 优先权:某些消息,例如控制信息,需要以最短的时延到达目的地,这时需要对这些消息分配优先权,也可以按照连接或按照 PDU 来分配优先权;

(2) 服务等级:对网络的服务质量指标提出要求,如对时间延迟、通过量等设置门限值;

(3) 安全:设置口令权限,以保护系统的安全。

某一层次的协议不一定具有上述所有的功能,然而不同层次的协议可以具有相同类型的功能。以上概括了通信协议的基本功能,协议所具有的功能也是通信系统基本的功能,因此协议的基本功能的确定、层次的划分、通过硬件或软件对协议基本功能的实现,在通信系

统的设计和开发中具有举足轻重的作用。

　　对所有通信的完整细节,设计人员不可能设计一个单一、巨大的协议,而是把通信问题划分成多个相对独立的问题,然后为每个问题设计一个单独的协议(称为协议子集)。这样,使用的协议子集形成了协议系列。从而使得每个协议的设计、分析、实现和测试变得简单,并增加了灵活性。

　　协议设计和开发成完整的协议集合称为协议栈(也称协议组或协议族)。协议栈中的每个协议解决一部分通信问题,这些协议合起来解决了整个通信问题,而且整个协议栈在各协议间能高效地相互作用。一方面为确保可靠且高效率的通信,必须仔细准确地划分单独协议;另一方面为了协议的实现更有效,协议之间应能共享数据结构和信息。而且,这个协议系列应能处理所有可能的硬件错误或其他的异常情况。

14.3　多　址　技　术

　　如何充分利用信道是信息传输中的一个很重要的问题。在两点之间的信道上同时传送互不干扰的多个信号称为信道复用。在多点之间实现互不干扰的多边通信则称为多址通信。它们有共同的理论基础,即信号分割理论。其基本原理是,赋予各个信号不同的特征,也就是打上不同的"地址",然后根据各个信号特征之间的差异按"地址"分发,实现互不干扰的通信。多址技术要求表征不同用户的信号特征彼此独立,或者相互正交。多址技术在通信网中通过多址接入协议实现,运行于 OSI 七层模型的数据链路层,直接影响到网络的吞吐效能、时延特点、业务能力、用户支持数量、资源利用效率等多方面性能,其目标是在网络中提高通信资源的使用效率。

　　根据信号分割的方法不同,多址技术可分为频分多址(frequency division multiple access,FDMA)、时分多址(time division multiple access,TDMA)、码分多址(code division multiple access,CDMA)和空分多址(space division multiple access,SDMA)等。本章主要讨论 FDMA、TDMA 和 CDMA,然后简要介绍几种随机多址技术。

14.3.1　频分多址

　　频分多址系统以频率作为用户信号的分割参量,它把系统可利用的无线频谱分成若干互不交叠的子频带,这些子频带按照一定的规则分配给系统用户,一般是分配给每个用户一个唯一的频带。在该用户通信的整个过程中,其他用户不能共享这一频带。在实际应用时,为了防止各用户信号相互干扰和因系统的频率漂移造成频带之间的重叠,各用户频带之间通常都要留有一定的频带间隔,称为保护频带。

1. 频分多址基本原理

　　如果用频率 f、时间 t 和代码 c 作为三维空间的三个坐标,则 FDMA 系统在这个坐标系中

的位置如图 14-2 所示，它表示系统的每个用户由不同的频带（信道）来区分，但可以在同一时间、用同一代码进行通信。

2. 频分多址系统的特点

FDMA 系统具有如下特点：

（1）**每个信道占用一个频带，相邻频带之间的间隔应满足传输信号带宽的要求。**为了在有限的频谱中增加信道数量，系统希望间隔越窄越好。然而，信道越窄意味着其支持的业务速率越低。因此，其中也存在一个折中问题。

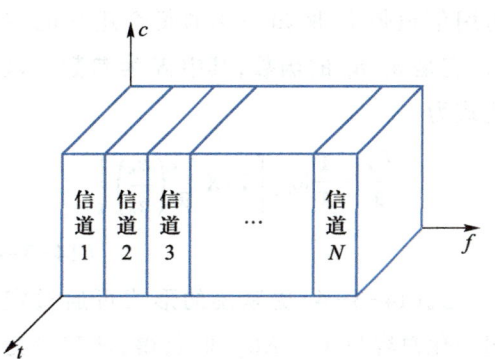

图 14-2　频分多址工作方式

（2）**符号间隔与多径延迟扩展相比较是很大的。**在 FDMA 数字通信系统中，每个子频带只传送一路数字信号，信号速率低，一般在 25 kbit/s 以下，远低于多径时延扩展所限定的 100 kbit/s。所以在数字信号传输中，由于码间串扰引起的误码极小，因此在窄带 FDMA 系统中一般无须进行复杂的均衡。

（3）**基站复杂庞大，重复配置收发信设备。**基站有多少信道，理论上就需要多少部收、发信机，同时需用天线共用器，功率损耗大，易产生信道间的干扰。一般情况下，常使用带通滤波器来使指定信道里的信号通过，滤除其他频率的信号，从而限制邻近信道间的相互干扰。

（4）**越区切换较为复杂和困难。**因为在 FDMA 系统中，分配好信道后，基站和移动台都是连续传输的，所以在越区切换时，必须瞬时中断传输数十至数百毫秒，以把通信从一频率切换到另一频率去。对于话音，瞬时中断问题不大，但对于数据传输而言，可能会带来数据的丢失。

3. 频分多址系统的容量

在带宽为 W 的理想 AWGN 信道中，单个用户的容量为

$$C = W\log_2\left(1 + \frac{P}{Wn_0}\right) \tag{14-3-1}$$

式中，$n_0/2$ 为加性高斯白噪声的双边功率谱密度。

在 FDMA 系统中，每个用户分配的带宽为 W/K。因此，每个用户的容量为

$$C_K = \frac{W}{K}\log_2\left[1 + \frac{P}{(W/K)n_0}\right] \tag{14-3-2}$$

K 个用户的总容量为

$$KC_K = W\log_2\left(1 + \frac{KP}{Wn_0}\right) \tag{14-3-3}$$

于是，总容量等效于具有平均功率为 $P_{AV} = KP$ 的单个用户的容量。

对于一个固定的带宽 W，随着用户数 K 的线性增加，总容量趋于无限。另一方面，随着 K 的增加，每个用户分配到较小的带宽（W/K），所以分配给每个用户的容量减小。图 14-3

为用信道带宽 W 归一化的每个用户的容量 C_k，它是 ε_b/n_0 的函数，其中 K 为参数。该表达式为

$$\frac{C_K}{W} = \frac{1}{K} \log_2 \left[1 + K \frac{C_K}{W} \left(\frac{\varepsilon_b}{n_0} \right) \right]$$

$$(14-3-4)$$

式（14-3-4）更紧凑的形式可通过定义归一化总容量 $C_n = KC_K/W$ 获得，该容量为每单位带宽上所有 K 个用户的总比特率。因此，式（14-3-4）可表示为

$$C_n = \log_2 \left(1 + C_n \frac{\varepsilon_b}{n_0} \right) \quad (14-3-5)$$

或

$$\frac{\varepsilon_b}{n_0} = \frac{2^{C_n} - 1}{C_n} \qquad (14-3-6)$$

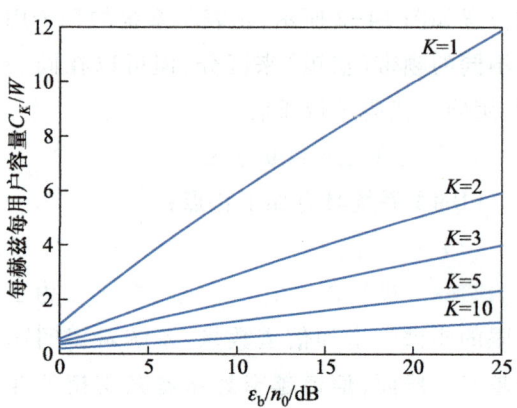

图 14-3　FDMA 的归一化容量与 ε_b/n_0 的函数关系

C_n 相对于 ε_b/n_0 的变化如图 14-4 所示。由图可见，当 ε_b/n_0 在最小值 ln2 之上增加时，C_n 随之增加。

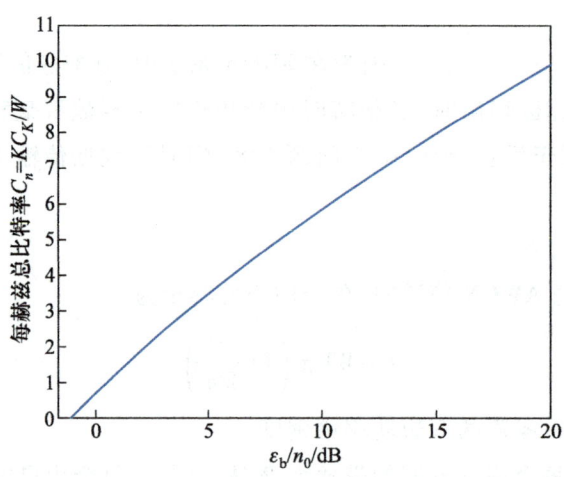

图 14-4　FDMA 的每赫兹总容量与 ε_b/n_0 的函数关系

14.3.2　时分多址

1. 时分多址基本原理

TDMA 系统以时间作为信号分割的参量，它把时间划分为称作时隙的时间小段，N 个时隙组成一帧，无论是时隙与时隙之间，还是帧与帧之间，在时间轴上必须互不重叠。在每一帧中固定位置周期性重复出现的一系列离散的时隙组成一个信道，系统的每一个用户可以

占用一个或几个这样的信道。以蜂窝通信为例,各个用户在每帧中只能在规定的时隙内向基站发射信号,在满足定时和同步的条件下,基站可以在相应的时隙中接收到相应用户的信号而互不干扰。同时,基站发向各个用户的信号都按顺序安排在规定的时隙中传输,各个用户只要在规定的时隙内接收,就能从时分多路复用的信号中接收到发给它的信号。

TDMA 方式的主要问题是整个系统要有精确的同步,由一个基准站点提供系统内各个节点的时钟,才能保证各个节点准确地按时隙提取本节点所需的信息。各时隙间应留有保护时隙,以减少码间干扰的影响。在信道条件差或者码率过高时,还需要进行自适应均衡。

另外,TDMA 系统的收、发还有一个双工问题,可以采用频分双工(frequency division duplexing,FDD)方式,也可以采用时分双工(time division duplexing,TDD)方式,而且采用时分双工方式时不需要使用双工器,因为收、发处于不同的时隙,由高速开关在不同时间把接收机或发射机接到天线即可。

如果用频率 f、时间 t 和代码 c 作为三维空间的三个坐标,则 TDMA 系统在这个坐标系中的位置如图 14-5 所示,它表示了时分多址的工作方式,系统的每个用户由不同的时隙所区分,但可以在同一频带、用同一代码进行通信。

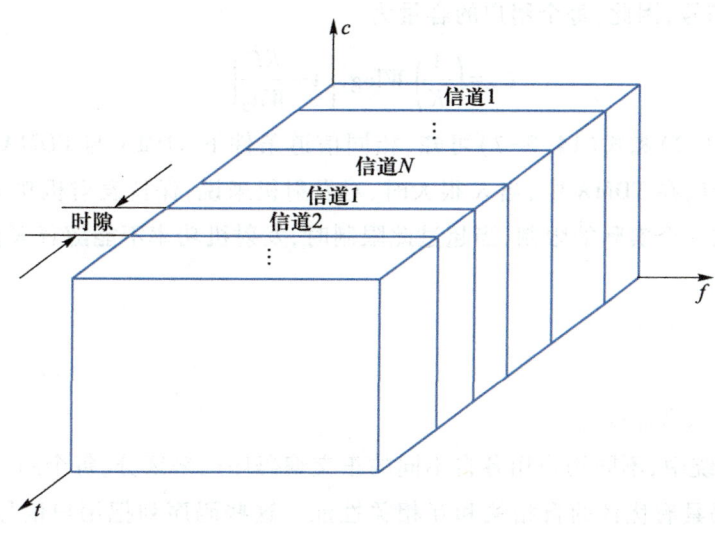

图 14-5　时分多址工作方式

不同的 TDMA 通信系统的帧长度和帧结构通常是不同的,而且帧结构和系统的双工方式有关。另外,不但不同通信系统的帧结构可能有很大差异,而且即使在同一个通信系统中,不同传输方向上的时隙结构也可能不尽相同。因此不可能定义一种通用的时隙结构来适应各种通信系统的需要。

2. 时分多址系统的特点

TDMA 系统具有如下特点:

(1) TDMA 系统通过分配给每个用户一个互不重叠的时隙,使 N 个用户可以共享同一个载波信道,所以它的频带利用率高。

(2) 突发传输的速率高,每路编码速率设为 R bit/s,共 N 个时隙,则在这个载波上传输

的速率将大于 NR bit/s。这是因为 TDMA 系统中需要较高的同步开销。同步技术是 TDMA 系统正常工作的重要保证。同步包括帧同步、时隙同步和比特同步。

（3）发射信号速率随 N 的增大而提高，当速率增大到一定程度时，码间串扰就将加大，必须采用自适应均衡，用以补偿传输失真。

（4）基站复杂性减小。N 个时分信道共用一个载波，占据相同带宽，只需一部收、发信机，互调干扰小。

（5）越区切换简单。由于在 TDMA 中移动台是不连续地突发式传输，所以切换处理组网对一个用户单元来说是很简单的，因为它可以利用空闲时隙监测其他基站，这样越区切换技术可在无信息传输时进行，因而没有必要中断信息的传输，数据也不会因越区切换而丢失。

（6）由于受频率选择性衰落信道的影响，TDMA 的码速率受到限制，单载频的系统容量是有限的。一般 FDMA 和 TDMA 结合起来，可提供较大的系统容量。

3. 时分多址系统的容量

在理想 AWGN 信道中，TDMA 系统的每个用户在 $1/K$ 时间内通过带宽为 W 的信道以平均功率 KP 发送信号，因此，每个用户的容量为

$$C_K = \left(\frac{1}{K}\right) W \log_2 \left[1 + \frac{KP}{Wn_0}\right] \qquad (14\text{-}3\text{-}7)$$

比较式（14-3-2）和式（14-3-7）可知，相同信道条件下 TDMA 与 FDMA 系统的容量相同。从实用的观点，在 TDMA 中，当 K 很大时，对发射机来说，保持发射机功率为 KP 是不可能的。因此，存在一个实际的限制，当超过此限制时，发射机功率不能随着 K 的增加而增加。

14.3.3　码分多址

1. 码分多址基本原理

在 CDMA 系统中，不同用户用各自不同的正交编码序列来区分，每个用户分配一个伪随机码，该伪随机码具有优良的自相关和互相关性能。这些码序列把用户信号变换成宽带扩频信号。从频域或时域来看，不同用户的 CDMA 信号是互相重叠的。在接收端，信号经接收机用相同的码序列将宽带信号再变回原来的带宽，接收机的相关器可以在多个 CDMA 信号中选出使用预定码型的信号，其他信号因使用了不同码型而不能被解调。它们的存在类似于在信道中引入了噪声或干扰，通常称之为多址干扰。

在 CDMA 蜂窝通信系统中，用户之间的信息传输也是由基站进行转发和控制的。为了实现双工通信，正向传输和反向传输各使用一个频率，即通常所谓的频分双工。无论是正向传输，还是反向传输，除了传输业务信息外，还必须传送相应的控制信息。为了传送不同的信息，需要设置相应的信道。但是 CDMA 通信系统既不分频道又不分时隙，无论传送何种信息的信道都靠采用不同的码型来区分。

如果用频率 f、时间 t 和代码 c 作为三维空间的三个坐标，则 CDMA 系统在这个坐标系中

的位置如图 14-6 所示,它表示了码分多址的工作方式,系统的每个用户由不同的码型所区分,可以在同一时间、同一频带进行通信。

按照采用的扩频调制方式的不同,CDMA 可以分为跳频码分多址(FH-CDMA)、直扩码分多址(DS-CDMA)、混合码分多址及同步码分多址(SC-DMA)和大区域同步码分多址(LAS-CDMA)。

（1）跳频码分多址

FH-CDMA 系统中,每个用户根据各自的伪随机(pseudo noise,PN)序列,动态改变其已调信号的中心频率,各用户的中心频率可在给定的系统带宽

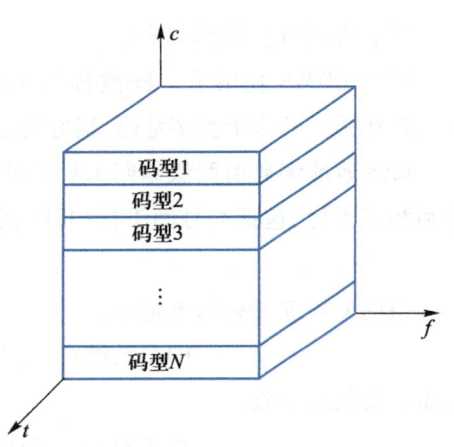

图 14-6 码分多址工作方式

内随机改变。发射机频率根据指定的法则在可用的频率之间跳跃,接收机与发射机同步操作,始终保持与发射机同样的中心频率。

FH-CDMA 系统中各用户使用的频率序列要求相互正交(或准正交),即在一个 PN 序列周期对应的时间区间内,各用户使用的频率,在任一时刻都不相同(或相同的概率非常小)。

（2）直扩码分多址

DS-CDMA 系统中,所有用户工作在相同的中心频率上,输入的数据序列与 PN 序列相乘得到宽带信号,不同的用户使用不同的 PN 序列,这些 PN 序列(或码字)相互正交,利用其优良的自相关特性和互相关特性来区分不同的用户。

DS-CDMA 系统中既可以利用完全正交的码序列来区分不同的用户(或信道),也可以利用准正交的 PN 序列来区别不同的用户(或信道)。

（3）混合码分多址

混合码分多址方式主要有如下几种。

① 直扩/跳频(DS/FH)系统:在直接序列扩展频谱系统的基础上,增加载波频率跳变的功能。

② 直扩/跳时(DS/TH)系统:在直接序列扩展频谱系统的基础上,增加对射频信号突发时间跳变控制的功能。

③ 直扩/跳频/跳时(DS/FH/TH)系统:将 3 种基本扩展频谱系统组合起来构成一个直扩/跳频/跳时混合式扩频系统,其复杂程度高,一般很少使用。

另外,其他混合码分多址方式还有很多,如 FDMA 和 DS-CDMA 混合、TDMA 与 DS-CD-MA 混合(TD/CDMA)、TDMA 与跳频混合(TDMA/FH)、FH-CDMA 与 DS-CDMA 混合(DS/FH-CDMA)等。

（4）同步码分多址

SCDMA 是建立在 CDMA 基础上的,它通过无线分配网络提供健全和完善的传输,使无线信道传送上行信息相互正交和同步,减少交互干扰;对于宽带中的通道干扰问题,可用 SCDMA 通道来解决,使得 SCDMA 数据不会影响用保护带隔离的其他通道。

（5）大区域同步码分多址

LAS-CDMA 使用了一种被称为 LAS 编码的扩频地址编码设计，通过建立"零干扰窗口"，产生强大的零干扰多址码，很好地改善了现有 CDMA 系统中系统容量干扰受限的问题。

LAS 地址编码由两级编码 LA 码和 LS 码组成，LA 码和 LS 码可以减少或完全消除自干扰和相互干扰，包括符号间干扰（ISI）、多址干扰（MAI）和相邻小区干扰（ACI）。

2. 码分多址系统的特点

CDMA 系统具有如下特点：

（1）频率共享。CDMA 系统可以实现多用户在同一时间内使用同一频率进行各自的通信而不会相互干扰。

（2）用户容量大。由于对一个 CDMA 系统用户而言，其他用户信号相当于噪声，这样增加 CDMA 系统中的用户数目会线性增加噪声背景，使系统的性能下降，但不会中断通信，所以 CDMA 系统具有软容量特性，对用户数目没有绝对限制。这就是说 CDMA 是干扰限制性系统，干扰的增加会降低系统的容量，而干扰的减少会提高系统的容量，因此可以利用一些抗干扰技术来提高系统容量。

（3）抗多径衰落。当频谱带宽比信道的相关带宽大时，固有的频率分集将具有减小小尺度衰落的作用。由于 CDMA 是扩频系统，其信号被扩展在一个较宽的频谱上，因此可以减小多径衰落。

（4）接收效果好。在 CDMA 系统中，信道数据速率很高，因此码片时长很短，通常比信道的时延扩展小得多。因为 PN 序列有低的自相关性，所以超过一个码片时延的多径将被认为是噪声，受到接收机的自然抑制。另一方面，如果采用分集接收最大合并比技术，可获得最佳的抗多径衰落效果，提高接收的可靠性。

（5）平滑的软切换。CDMA 系统中所有小区使用相同的频率，所以它可以用宏空间分集来进行软切换，使越区切换得以平滑地完成。当移动台处于小区边缘时，同时有两个或两个以上的基站向该移动台发送相同的信号，移动台的分集接收机能同时接收合并这些信号，此时处于宏分集状态。当某一基站的信号强于当前基站信号且稳定后，移动台会自动切换到该基站的控制上去，这种切换可以在通信的过程中平滑完成，称为软切换。软切换由移动交换中心来执行，它可以同时监视来自两个以上基站的特定用户信号，选择任意时刻信号最好的一个，而不用切换频率。

（6）信号功率谱密度低。在 CDMA 系统中，信号功率被扩展到比自身频带宽度宽百倍以上的频带范围内，因而其功率谱密度大大降低。由此可得到两方面的好处：其一，具有较强的抗窄带干扰能力；其二，对窄带系统的干扰很小，有可能与其他系统共用频带，使有限的频谱资源得到更充分的使用。

虽然 CDMA 系统具有较多的优越性，但也存在着两个重要的问题：一个是自干扰问题，另一个是"远-近"效应问题。

（1）自干扰问题。CDMA 系统中不同的用户采用的扩频序列不是完全正交的，在同步状态下，各用户序列的互相关系数虽然不为零，但比较小，在非同步状态下，各用户序列的互

相关系数不但不为零,有时还比较大。这一点与 FDMA 和 TDMA 是不同的,FDMA 具有合理的保护频隙,TDMA 具有合理的保护时隙,接收信号近似保持正交,而 CDMA 对这种正交性是不能保证的。这种扩频码集的非零互相关系数引起的各用户之间的相互干扰被称为多址干扰(multiple access interference,MAI),在异步传输信道以及多径传播环境中多址干扰更为严重。由于这种干扰是系统本身产生的,所以称为自干扰。解决自干扰问题的根本办法是找到在同步状态下和非同步状态下序列的互相关系数均为零的数字序列。

(2)"远–近"效应问题。如果 CDMA 系统中不同的用户都以相同的功率发射信号的话,那么离基站近的用户的接收功率就会高于离基站远的用户的接收功率。这样在不同位置的用户,其信号在基站的接收状况将会不同。即使各用户到基站的距离相等,各用户信道上的不同衰落也会使到达基站的信号各不相同。如果期望用户与基站的距离比干扰用户与基站的距离远得多,那么干扰用户的信号在基站的接收功率就会比期望用户信号的接收功率大得多(最大可以相差 80 dB)。

在同步 CDMA 系统中,接收功率的不同不会产生不良影响,因为不同用户信号之间是严格正交的;在非同步 CDMA 系统中,接收功率的不同有可能产生严重的影响,因为此时不同用户的非同步扩频波形不再是严格正交的,从而对弱信号有着明显的抑制作用,会使弱信号的接收性能很差甚至无法通信,这种现象被称为"远–近"效应。

为了解决"远–近"效应问题,在大多数 CDMA 实际系统中采用功率控制技术。蜂窝系统中由基站来提供功率控制,以保证在基站覆盖区内的每一个用户给基站提供相同功率的信号。这就解决了由于一个邻近用户的信号过强而覆盖了远处用户信号的问题。基站的功率控制通过快速抽样每一个移动终端的无线信号强度指示来实现。尽管在每个小区内使用功率控制,但小区外的移动终端还会产生不在接收基站控制内的干扰。

3. 码分多址系统的容量

在 CDMA 系统中,每个用户发送一个带宽为 W,平均功率为 P 的伪随机信号。系统容量取决于 K 个用户协同工作的程度。其极端情况是非协同 CDMA,此时每个用户信号的接收机不知道其他用户的扩频波形,或者在解调过程中忽略它们。因此,在每个用户接收机中都把其他用户信号看作干扰。此时,多用户接收机由一组 K 个单用户接收机组成。如果假设每个用户的伪随机信号波形是高斯的,则每个用户信号将受到功率为 $(K-1)P$ 的高斯干扰和功率为 Wn_0 的加性高斯噪声的恶化。因此,每个用户的容量为

$$C_K = W\log_2\left[1 + \frac{P}{Wn_0 + (K-1)P}\right] \tag{14-3-8}$$

或者

$$\frac{C_K}{W} = \log_2\left[1 + \frac{C_K}{W}\frac{\varepsilon_b/n_0}{1 + (K-1)(C_K/W)\varepsilon_b/n_0}\right] \tag{14-3-9}$$

图 14-7 给出了 C_K/W 随 ε_b/n_0 而变化的曲线。

对于大量用户的情况,可以使用近似式 $\ln(1+x) \leqslant x$,则有

$$\frac{C_K}{W} \leqslant \frac{C_K}{W}\frac{\varepsilon_b/n_0}{1 + K(C_K/W)(\varepsilon_b/n_0)}\log_2 e \tag{14-3-10}$$

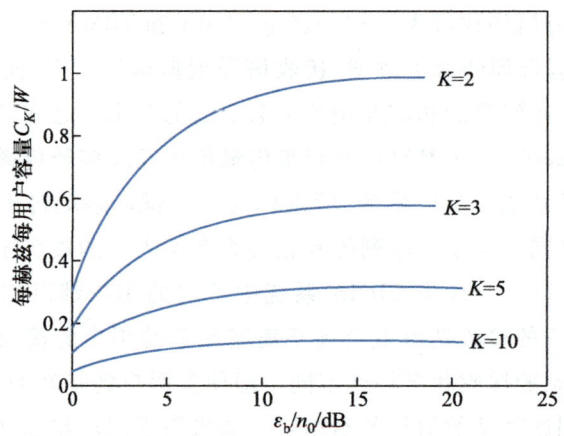

图 14-7　非协同 CDMA 的归一化容量与 ε_b/n_0 的函数关系

或

$$C_n \leqslant \log_2 e - \frac{1}{\varepsilon_b/n_0} \leqslant \frac{1}{\ln 2} - \frac{1}{\varepsilon_b/n_0} < \frac{1}{\ln 2} \qquad (14\text{-}3\text{-}11)$$

与式（14-3-2）和式（14-3-7）比较可知，CDMA 系统的总容量并不像 TDMA 和 FDMA 那样随着 K 的增加而增加。

14.3.4　随机多址

前面介绍的 FDMA、TDMA 和 CDMA 都属于固定的多址分配方式，即不同的用户被固定地分配互不干扰的频率、时隙或者码字，这种分配方式往往需要通信终端间严格的同步，且需要一个中心控制节点（比如蜂窝网络中的基站）。而在分布式无线网络中，为了降低对组网设备的要求，常采用另外一种解决思路，即随机多址技术，它允许不同的用户对同一资源进行随机的竞争，因此也称为竞争式多址分配方式。随机多址接入协议中最有代表性的工作主要有 ALOHA 协议和载波侦听多址接入（carrier sense multiple access，CSMA）协议，下面分别对它们进行简单介绍。

1. ALOHA 协议

假定连接在共享信道上各网络节点的业务特征具有明显的突发性和间歇性，即在业务量和发送速率上都具有很高的峰值/均值比，每个网络节点在绝大部分时间里不产生数据，一旦出现数据要求传输，立即以信道的总带宽所允许的最高速率突发传送出去。在这种情况下，共享信道可以由所有网络节点完全随机地使用，任一个节点可以在产生数据的任何时刻进行发送，而无须关心其他节点和信道的状况，这就是随机接入方法的基本概念。

20 世纪 70 年代初，夏威夷大学建立了一个以无线电波连接几个小岛上计算机的通信网络，该网络使用了称为 ALOHA 的随机多址接入协议。这项研究计划的目的是要解决夏威夷群岛之间的通信问题，ALOHA 协议可以使分散在各岛的多个用户通过无线信道来使用中心计算机，从而实现一点到多点的数据通信。

（1）纯 ALOHA（P-ALOHA）

在 ALOHA 协议诞生后的几十年里，先后又出现了以 ALOHA 为基础的多种改进和加强版本，为了区别起见，最初的 ALOHA 协议也称为纯 ALOHA（pure-ALOHA，P-ALOHA），其算法描述如下：

① 多个用户终端作为网络节点在系统中处于同等地位，每个用户的业务量和发送速率都有很高的峰值/均值比（突发性），即每个用户在绝大部分的时间里不产生信息，一旦有信息要发送，立即以系统最大可用资源（信道总带宽）允许的最高速率发送出去。

② 每个用户可以独立地、随机地发送所产生的信息，每个信息包（数据分组）都使用纠错编码。

③ 信息发送后，用户监听从接收端发来的确认信息（acknowledgement, ACK）。由于用户的数据分组发送时间是任意的，如果多个用户的发送分组在时间上有重叠，则各个分组就会产生冲突，导致接收错误。这种情况下错误被检测出来，发送用户会收到接收方发回的一个否认信息（negative acknowledgement, NAK）。

④ 当收到一个 NAK 后，信息被发送端简单地重新传送。当然，如果冲突的用户立即进行重传，会再次发生冲突。因此，用户须经过一个随机的时间后再进行重传。

⑤ 发送端发送信息后，如果在一个给定时间内没有收到 ACK 或 NAK，发送用户就认为这个分组未能成功传送，于是会经过随机选择的一个延迟后再次发送这个信息，以避免再次冲突。

显然，这是一种多个用户共用同一频率带宽的多址接入方式，不同用户通过接入信道时刻的不同实现各自对信道资源的占用。由于每个用户的接入时刻是随机的，因而不同用户在接入时可能存在冲突。如图 14-8 所示的纯 ALOHA 工作原理，数据帧 DATA-1 在整个传输过程独占信道，所以传输成功。数据帧 DATA-2 在传输到一半时遇到数据帧 DATA-3 接入信道，所以 DATA-2 的尾部和 DATA-3 的头部发生碰撞，导致两个帧都不能被正确接收，两个帧都需要独立退避一个随机的时间长度之后再重发。退避后，DATA-2 重发的整个传输过程独占信道，所以重传成功。

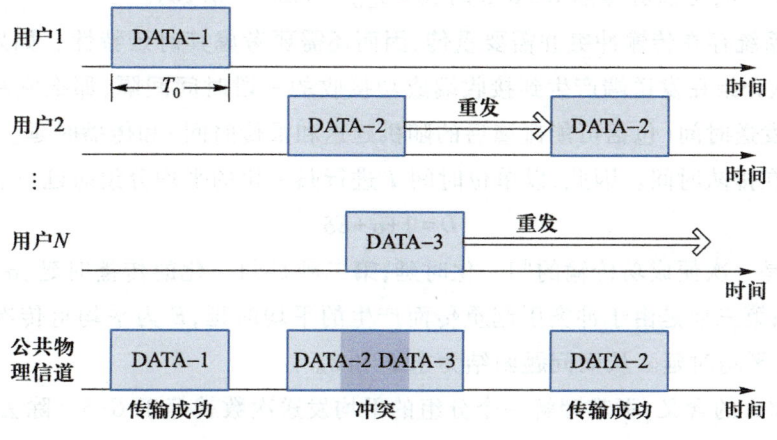

图 14-8　纯 ALOHA 工作原理

为了评估纯 ALOHA 协议的效能,首先做如下假设:

① 共享的无线信道是不引起传输差错的理想信道,即数据分组未能成功传输的原因只是由于出现了冲突,且即使只有一比特的时间重叠也将造成整个分组的接收失败;

② 用户的分组数据进入共享信道的过程为泊松过程,分组长度固定且相等,时间长度为 T;

③ 单位时间内进入信道的总业务量为 G,其中成功传输的业务量为 S,且有 $G = S +$ 单位时间内的重传业务量,G 也称信道负载,且假定其分布仍然是泊松分布;

④ 在考虑冲突时,忽略信道传播时延。

如果以 T 作为单位时间,S 即为单位时间内成功传输一个分组的概率(也称为吞吐率),应有 $S \leqslant 1$,但 G 可能大于 1。

根据泊松公式,在时间 T 内出现 K 个分组的概率为

$$P(K) = \frac{(\lambda T)^K e^{-\lambda T}}{K!}, \quad K \geqslant 0 \qquad (14\text{-}3\text{-}12)$$

式中,λ 为分组到达速率,此时信道负载为 $G = \lambda T$。分组能够成功传输的条件是没有两个分组在时间上出现任何重叠(冲突)。只要其他用户没有在前面的 T 时间内和后面的 T 时间内传输信息,用户就可以连续地传输信息。如果另一个用户在前面的 T 时间内传输信息,它的尾部就会与当前要传输的信息发生冲突。如果另一个用户在后面的 T 时间内传输信息,它会与当前要传输信息的尾部发生冲突。这样,每个分组至少需要 $2T$ 的时间间隔,此间隔也称为冲突窗口。

在 $2T$ 的冲突窗口内成功传输一个分组的概率应是"前一个 T 时间内不发送分组"和"后一个 T 时间内只发送一个分组"这两事件同时发生的概率。因此成功传输的概率为

$$P_{\text{suc}} = P(0) \times P(1) = e^{-\lambda T} \times (\lambda T) e^{-\lambda T} = \lambda T e^{-2\lambda T} = G e^{-2G} \qquad (14\text{-}3\text{-}13)$$

在单位时间意义上,成功传输概率也即为系统的吞吐率

$$S = P_{\text{suc}} = G e^{-2G} \qquad (14\text{-}3\text{-}14)$$

上式反映了纯 ALOHA 系统的吞吐率与信道总负载之间的定量关系。为了求出最大吞吐率,令 $dS/dG = 0$,可以解得当 $G = 0.5$ 时,$S = S_{\max} = 1/2e \approx 0.184$。

ALOHA 系统存在传输冲突并需要重传,因而还需要考虑其时延特性。如果定义分组传输时延 D 是从分组在发送端产生到接收端成功接收的一段时间间隔,那么它将包括发送前的排队时间、发送时间(包括可能碰撞后的随机延迟和重传时间)和传播时延。在纯 ALOHA 系统中,不存在排队时间。因此,以单位时间 T 进行归一化的平均分组时延可表示为

$$D = 1 + \alpha + E\delta \qquad (14\text{-}3\text{-}15)$$

式中,第一项是一次便成功传输的归一化时延;第二项是归一化的传播时延,$\alpha = \tau/T$(τ 为实际传播时延);第三项是由于冲突引起重传而产生的平均时延,E 为平均重传次数,δ 是每次重传所产生的平均时延。从而问题归结为求 E 和 δ。

根据 G 和 S 的含义,不难理解一个分组的平均发送次数就等于 G/S。除去成功的一次,则平均重传次数为

$$E = (G/S) - 1 = e^{2G} - 1 \tag{14-3-16}$$

每次重传的平均时延 δ 的大小与冲突后的重传策略有关。通常采用的一种简单重传策略是当发送端检测出发送的分组需要重传时，立即计算一个在 $[1,k]$ 区间内均匀分布的随机数 ξ，据此延迟 ξT 后再重传冲突的分组。加上传播时延，归一化后的平均一次重传时延为

$$\delta = \alpha + \frac{k+1}{2} \tag{14-3-17}$$

所以

$$D = 1 + \alpha + (e^{2G} - 1)\left(\alpha + \frac{k+1}{2}\right) \tag{14-3-18}$$

（2）时隙 ALOHA（S-ALOHA）

纯 ALOHA 协议只能提供约 0.184 的最大吞吐率。为了提高吞吐率，需要设法减少各用户发送数据分组时出现冲突的机会，显然，缩小冲突窗口将有助于减小发生的概率。如果将冲突窗口从 $2T$ 缩小至 T（不能再缩小了，否则数据分组无法完整传输），则系统吞吐量有望得到提高。

一种可行的方法是将时间信道资源划分成定长的时隙，每一时隙宽度为 T，正好传输一个数据分组（实际中还要加上传播时间 αT）。各用户在一个时隙内产生的分组不能完全地随到随发了，必须限制在每个时隙的起始时刻发送至信道。这样就要求网络中所有用户的发送操作都必须被同步至统一的时隙定时关系中，这就是时隙 ALOHA（slot-ALOHA，S-ALOHA）的基本思想。

纯 ALOHA 系统的重传方式在时隙 ALOHA 系统中需要进行修正，如果接收到一个 NAK 信息或接收超时，用户应该在随机整数倍的时延时隙后再进行重传。如图 14-9 所示时隙 ALOHA 工作原理，三个数据帧到达的相对时间与图 14-8 中纯 ALOHA 的一致。但是根据时隙 ALOHA 的接入规则，三个数据帧分别延迟不同整数倍的时隙之后实现了彼此无冲突的信道接入，避免了纯 ALOHA 中 DATA-2 与 DATA-3 的冲突。

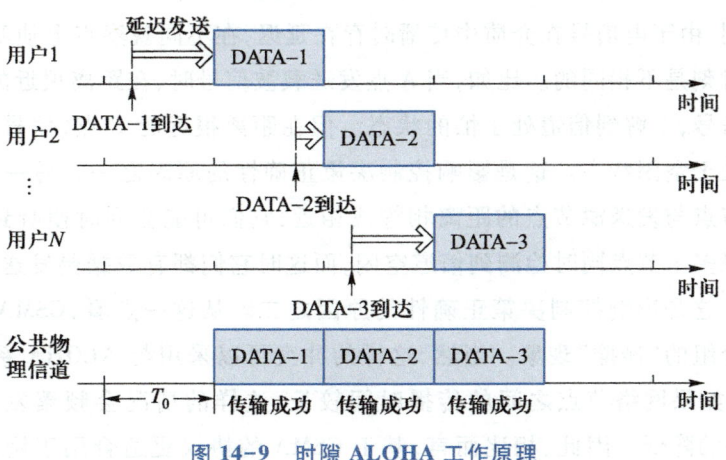

图 14-9　时隙 ALOHA 工作原理

依据这种时隙控制方法,时间信道上无冲突地发送数据分组的概率等于在一个 T 内整个网络内只有一个分组到达的概率,即

$$P(1) = \lambda T e^{-\lambda T} = G e^{-G} \qquad (14\text{-}3\text{-}19)$$

则吞吐率为

$$S = P(1) = G e^{-G} \qquad (14\text{-}3\text{-}20)$$

令 $\mathrm{d}S/\mathrm{d}G = 0$,可以解得当 $G = 1$ 时, $S = S_{\max} = 1/e \approx 0.368$。可见,时隙 ALOHA 系统的最大吞吐率比纯 ALOHA 系统提高了一倍。系统性能的这种提高,是源于对发送的随机性做了一定的限制,并引入了网络同步机制,以致少许增加了分组时延和用户控制机制的复杂性。

时隙 ALOHA 系统的分组传输时延的求取方法与纯 ALOHA 系统类似,只是要把新分组和经延迟后的重发分组在发送前的等待时间附加进去即可,这个等待时间简单地平均为 $0.5T$,因此可得

$$D = 1.5 + \alpha + (e^{G} - 1)\left(0.5 + \alpha + \frac{k+1}{2}\right) \qquad (14\text{-}3\text{-}21)$$

2. 载波侦听多址接入协议

在 ALOHA 协议里,当用户试图发送分组的时候,并不考虑信道当前的忙闲状态,一旦产生了分组就独自决定将分组发送至信道,这种发送控制策略显然有严重的盲目性。改进后的时隙 ALOHA,其最大吞吐率也只达到 0.368。如果要进一步提高系统的吞吐率,还应该进一步地减小发生冲突的概率。除了缩小冲突窗口的思路之外,另外一个解决办法就是减小分组发送的盲目性,通过在发送之前进行“侦听”来确定信道的忙闲状态,然后再决定是否发送分组。这就是目前广为使用的 CSMA 方式。

CSMA 的基本原理是任何一个网络节点在它的分组发送之前,首先侦听一个信道中是否存在别的节点正在发送数据分组,如果侦听到数据分组的载波信号,说明信道正忙,否则信道处于空闲状态,然后根据预定的控制策略在以下两方面做出决定:

① 若信道空闲,应该立即将自己的分组发送至信道还是为慎重起见稍后再发送;

② 若信道忙,应该继续坚持侦听载波还是暂时退避一段时间再侦听。

应当注意到,由于电信号在介质中传播时存在延迟,在不同观察点上侦听到同一信号的出现或消失的时刻是不相同的。比如,当 A 点发送载波信号时,在距离很近的 B 点可能立即就能侦听到该信号,了解到信道处于忙的状态。但在距离很远的 C 点,信号尚未到达,因此信道被认为是处于空闲状态。这是影响控制决策正确性的原因之一。另一方面,如果有两个或两个以上节点与发送源节点的距离相等或相近,它们可能会同时侦听到载波信号的出现或消失。如果多个节点同时检测到信道空闲,而这时它们都有数据要发送,就必然会造成信道占用冲突。这是影响控制决策正确性的原因之二。从这一点看,CSMA 方式仍然不能完全消除数据分组的“碰撞”现象。当然,这样的冲突可以采用与 ALOHA 系统类似的方式去解决。然而,如果网络节点之间的传播时间较长,这样的情况会频繁发生,最终将导致 CSMA 协议效率的降低。因此,相比而言,基于 CSMA 的协议更适合用于网络覆盖较小,如局域网的应用中,而 ALOHA 协议更多用于较大覆盖,如广域网的应用中。

根据不同的应用需要可以选用不同的 CSMA 实现方案,不同的 CSMA 控制处理策略将导致不同的系统接入性能。CSMA 采用的控制处理策略可以细分为几种不同的实现形式:
① 非坚持型 CSMA;② 1-坚持型 CSMA;③ p-坚持型 CSMA。

（1）非坚持型 CSMA（non-persistent CSMA）

当一个网络节点有一个数据分组产生之后,先将它排队缓冲,然后立即开始侦听信道状态。若侦听到信道空闲,即可启动发送分组。若信道正忙,则暂时不坚持侦听信道,随机延迟一段时间后再次侦听信道状态。如此循环,直到将数据分组发送完为止。这个控制过程可由如下控制算法描述:

① 新数据分组进入缓冲器,等待发送;

② 侦听信道。若信道空闲,启动发送分组,发送完返回第一步;若信道正忙,则放弃侦听,选择随机数,开始延时;

③ 延时结束,转至第二步。

如图 14-10 所示为非坚持型 CSMA 协议控制过程的示意图。

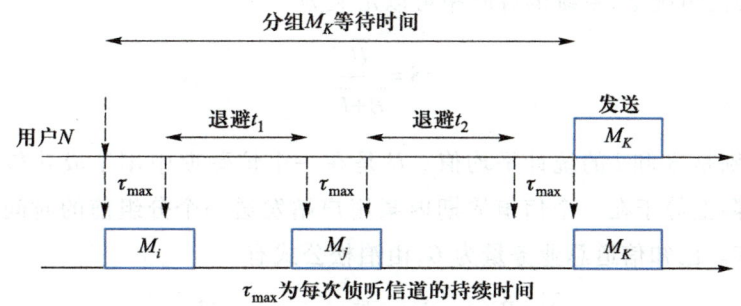

图 14-10　非坚持型 CSMA 协议控制过程示意图

非坚持型 CSMA 协议的控制特点是当节点侦听到信道忙时,能够主动地退避一段随机时间,暂时放弃侦听信道,这有利于减少传输冲突的机会,有利于提高系统的吞吐率和信道利用率。

为了分析非坚持型 CSMA 系统的吞吐率性能,作如下假设。

① 系统中的节点（用户站）数目是无限的,而且所有站的数据分组产生（包括新分组到达和重发分组到达）过程服从泊松分布;

② 所有数据分组的长度相同,它的发送时间为 T;

③ 信道最长距离上的传播迟延（相距最远的两个站之间的双向传播时延）设为 $\tau_{\max}$,归一化后为 $\alpha = \tau_{\max}/T$;

④ 每个用户站任何时候只有一个分组准备好发送,对载波的检测是瞬时完成的,不引入收发切换时延;

⑤ 信道本身是无差错的,并且由于发送冲突所造成的任意长度的分组重叠都将引起分组差错,它们必须被重发。

令 B 是信道的忙碌期,定义为某一个分组从出现在信道中开始,直到经信道最大传播延迟后该分组的数据信号完全消失为止的一段时间区间。若这个区间内只有一个分组出现，则这个 B 是成功传输忙碌期，否则就是不成功传输忙碌期，如图 14-11 所示。

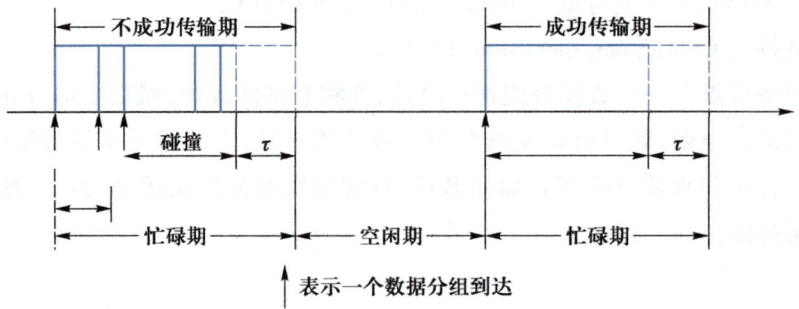

图 14-11　非坚持型 CSMA 系统的信道忙碌期和空闲期示意图

令 I 是信道空闲期，定义为在信道中完全没有数据信号的时间区间。从一个忙碌期 B 开始，至紧跟着一个空闲期 I 结束，这段时间区间定义为一个信道周期。

在系统稳态的情况下，系统的吞吐率可以定义为

$$S = \frac{\overline{U}}{\overline{B} + \overline{I}} \tag{14-3-22}$$

式中，$\overline{B}$ 和 $\overline{I}$ 分别是 B 和 I 的统计平均值。$\overline{U}$ 是在一个忙碌期中用于成功传输数据分组的平均时间，它实际上等于在一个信道周期内某用户站发送一个分组前的时间 $\tau_{\max}$ 内无其他分组到达的概率。已知信道总业务量为 G，由泊松公式有

$$\overline{U} = P_0(\tau_{\max}) = \mathrm{e}^{-\alpha G}, \quad \alpha = \tau_{\max}/T \tag{14-3-23}$$

而 $\overline{I}$ 实际上又是一个平均速率为 G 的泊松数据流的平均时间间隔，即有

$$\overline{I} = \frac{1}{G} \tag{14-3-24}$$

为了求出 $\overline{B}$，定义一个随机变量 Y，它等于在一个不成功忙碌期开始 $(0, \tau_{\max})$ 区间内的第一个分组出现时刻与最后一个分组出现时刻之间的间隔。那么，不成功传输期的平均长度应该等于 $(1 + \overline{Y} + \alpha)$。这里 $\overline{Y}$ 为 Y 的平均值，其分布函数为

$$F_y(y) = P_r[\text{在}(\alpha - y)\text{期间无到达}] = \begin{cases} 0, & y < 0 \\ \mathrm{e}^{-(\alpha - y)G}, & 0 \leqslant y \leqslant \alpha \\ 1, & y > \alpha \end{cases} \tag{14-3-25}$$

由上式，可求得平均间隔长度为

$$\overline{Y} = \alpha - \frac{1 - \mathrm{e}^{-\alpha G}}{G} \tag{14-3-26}$$

平均忙碌期的长度为

$$\overline{B} = P_r[\text{成功传输}](1 + \alpha) + P_r[\text{不成功传输}](1 + \overline{Y} + \alpha)$$

$$= e^{-\alpha G}(1+\alpha) + (1-e^{-\alpha G})\left(1+\alpha-\frac{1-e^{-\alpha G}}{G}+\alpha\right)$$

$$= \frac{(1-e^{-\alpha G})^2+1}{G} - \alpha e^{-\alpha G} + 2\alpha \tag{14-3-27}$$

将 $\overline{U}, \overline{I}$ 和 $\overline{B}$ 的表达式代入式（14-3-22），最后获得系统的吞吐率公式为

$$S = \frac{Ge^{-\alpha G}}{G(1+2\alpha-\alpha e^{-\alpha G})+(1-e^{-\alpha G})^2+1} \tag{14-3-28}$$

当 $\alpha=1$ 时，上式可近似表示为

$$S = \frac{Ge^{-\alpha G}}{G(1+2\alpha)+G^{-\alpha G}} \tag{14-3-29}$$

与 ALOHA 方法类似，CSMA 也可按时隙同步方式工作（时隙宽度为 τ_{max}），以便减少冲突窗口，进一步提高吞吐率。此时，分析可得如下吞吐率公式

$$S = \frac{\alpha Ge^{-\alpha G}}{\alpha+(1-e^{-\alpha G})} \tag{14-3-30}$$

当忽略信道传播迟延时，式（14-3-29）和式（14-3-30）两式均收敛于同一公式，即

$$\lim_{\alpha \to 0} S = \frac{G}{1+G} \tag{14-3-31}$$

当 $\alpha \to 0$ 时，若信道上的总业务量 G 无限增长，理论上有可能使系统吞吐率趋于 1。

（2）1-坚持型 CSMA（1-persistent CSMA）

如果一个网络节点准备好发送一个数据分组但却侦听到信道不空闲时，它仍坚持继续侦听信道，直到侦听到信道变为空闲时立即启动发送分组，这种控制过程可以用如下控制算法进行描述：

① 新数据分组进入缓冲器，等待发送；

② 侦听信道：若信道空闲，启动发送分组，发送完毕返回第一步；否则若信道忙碌，则继续转至第二步。

图 14-12 所示为这个控制过程的示意图。

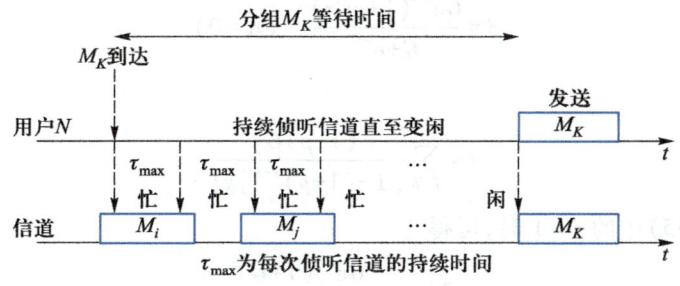

图 14-12　1-坚持型 CSMA 的控制过程示意图

1-坚持型 CSMA 在信道忙碌时一直要坚持继续侦听信道，虽然减小了信道的空闲时间，但也使得多于一个节点同时侦听得知信道空闲进而同时进行分组发送的可能性增大。所

以,这种协议的发送冲突机会比非坚持型 CSMA 明显得多,从而导致其吞吐性能比后者差。但是由于其控制简单,因而具有较好的实用价值。

经分析得吞吐率公式

$$S = \frac{G[\,1+G+\alpha G(\,1+G+\alpha G/2)\,]\,e^{-G(1+2\alpha)}}{G(1+2\alpha)-(1-e^{-\alpha G})+(1+\alpha G)e^{-G(1+\alpha)}} \quad (\text{非时隙}) \tag{14-3-32}$$

$$S = \frac{Ge^{-G(1+\alpha)}(1+\alpha-e^{-\alpha G})}{(1+\alpha)(1-e^{-\alpha G})+\alpha e^{-G(1+\alpha)}} \quad (\text{分时隙}) \tag{14-3-33}$$

当忽略信道传播延迟时,上述两式均收敛于

$$\lim_{\alpha \to 0} S = \frac{Ge^{-G}(1+G)}{G+e^{-G}} \tag{14-3-34}$$

对式(14-3-23)求极值,可得,当 $G=1$ 时,$S_{\max}=0.538$。由此可知,1-坚持型 CSMA 的吞吐性能比非坚持型 CSMA 要差,最大理想吞吐率只能达到 0.538。

(3) p-坚持型 CSMA(p-persistent CSMA)

为了进一步提高系统吞吐率,一方面需要坚持对信道状态进行持续侦听,这有利于及时了解信道的忙闲情况,避免信道时间的浪费,另一方面,即使已侦听到信道空闲,也不一定要立即发送分组,若某个节点能主动退避一下的话,就可以减少冲突的可能性。这就是 p-坚持型 CSMA 的控制策略。其算法描述如下:

① 新数据分组进入缓冲器,等待发送。

② 侦听信道。若信道不空闲,继续侦听,转至第二步;若信道空闲,在[0,1]区间选择一个随机数 r,若 $r \leqslant p$,启动发送数据分组,发送完毕返回第一步;否则,开始延时 $\tau_{\max}$,暂停侦听信道。

③ 延时结束,转至第二步。

p-坚持型 CSMA 考虑到了存在一个以上节点同时侦听到信道空闲的可能性,要求任一节点以 $1-p$ 的概率主动退避,放弃发送分组的机会,因而可以更进一步减少数据分组的碰撞概率,在性能上比前述两种形式的 CSMA 更好。当忽略信道传播迟延($\alpha=0$)时,可得到理想情况下的吞吐率性能

$$S = \frac{Ge^{-G}(1+pGx)}{G+e^{-G}} \quad (\alpha=0) \tag{14-3-35}$$

式中

$$x = \sum_{k=0}^{\infty} \frac{[\,(1-p)\,G\,]^{k}}{[\,1-(1-p)^{k+1}\,]\,k!} \tag{14-3-36}$$

当式(14-3-35)中的 $p=1$ 时,可得

$$S\,\big|_{p=1} = \frac{Ge^{-G}(1+G)}{G+e^{-G}} \tag{14-3-37}$$

这与 1-坚持型 CSMA 吞吐公式一致。

（4）各种 CSMA 方式性能比较

以上介绍了三种不同的基于 CSMA 的接入控制方法。由于它们在减少发送冲突方面采用了各不相同的控制策略，所获得的接入性能也不尽相同。相比之下，非坚持型 CSMA 可以大大减少接入过程的碰撞机会，能使系统的最大吞吐量达到信道容量的 80% 以上。但由于退避的原因，将会使系统对数据分组的响应时间变长，即时延性能较差。相反，1-坚持型 CSMA 由于毫无退避措施，在业务量很小时，数据分组的发送机会多，响应也快。但若节点数增多或总的业务量增加时，碰撞的机会将急剧增加，吞吐和时延特性急剧变坏，其最大吞吐量只能达到信道容量的 53%。p-坚持型 CSMA 是前两者之间折中的一种改进方案，或者更确切地说是 1-坚持型 CSMA 的改进方案。如果能适当地选取合适的 p 值，可以获得比较满意的系统性能。

应该指出的是，上述 3 种 CSMA 方法的载波侦听只在数据分组发送之前进行，一旦分组已经发送，即使发生了碰撞，有关节点也得让该分组照样发送完毕。这样实际上白白浪费了一个 τ_{max} 的信道工作时间。如果不仅在发送分组前进行载波侦听，而且在发送过程中也进行载波侦听，并在侦听到冲突后及时中止发送，这样就可以减少信道占用时间（可换算成信道容量）的浪费，从而更进一步提高系统吞吐能力和减少分组传输时延。这种改进的接入方法称为具有碰撞检测的 CSMA（carrier sense multiple access with collision detection，CSMA/CD），目前广泛地用于有线局域网的多址接入协议中。

在无线网络中，因为在发送节点附近发生的碰撞中，发送信号的功率总是远大于接收到的信号功率，检测结果总会认为无碰撞发生，所以通常难以实施对碰撞的检测，因此在无线局域网的实现中只能改为避免冲突的机制，即载波侦听多址接入/冲突避免（carrier sense multiple access with collision avoidance，CSMA/CA）。这种方案采用主动避免碰撞而非被动侦测的方式来解决冲突问题，可以满足那些不易准确侦测是否有冲突发生的需求。

3. 预约随机多址技术

从上面讨论的 ALOHA、CSMA 两类随机多址技术可以看到，这两类技术需要解决的关键问题是如何最大程度地减少可能产生的发送冲突，从而尽量提高信道的利用率和系统吞吐率。然而，一个基本的事实是，只要在控制操作上存在随机因素，就不可避免地存在不同用户发送数据分组之间的冲突现象，这是随机多址通信固有的竞争性带来的特点。

基于预约机制的随机多址技术的出发点就是为了最大程度地减少或者消除随机因素对控制过程的影响，避免分组发送竞争所带来的对信道资源的无序争夺，使系统能够按照各个节点的实际业务需求合理分配信道资源。

预约随机多址通常基于时分复用，即将时间轴分为帧，每一帧分为若干时隙，当某用户有分组要发送时，可采用 ALOHA 方式在空闲时隙上进行预约，如果预约成功，它将无碰撞地占用每一帧所预约的时隙，直至所有分组传输完毕。预约的时隙可以是一帧中固定的时隙，也可以是不固定的。

R-ALOHA（reservation-ALOHA）就是一种预约随机多址方式。R-ALOHA 方式是针对解决长、短报文传输的兼容问题提出的，它在时隙 ALOHA（S-ALOHA）的基础上，对时隙赋

予了优先级,当用户需要发长报文时,提出申请预约,分配得到一段时隙,使之能一次发送一批数据,对于短报文则使用非预约的时隙,按照 S-ALOHA 进行传输,这样解决了长报文传输的问题,又保留了 S-ALOHA 信道利用率高的优点。

另一种典型的预约随机多址协议为分组预约多址接入(packet reservation multiple access,PRMA)。该协议较成功地解决了基于 TDMA 方式的蜂窝移动通信系统的容量增加和业务综合等问题。PRMA 方式与 R-ALOHA 类似,它可以让每一个 TDMA 时隙传输语音或数据,其中语音优先。为了提高系统效率,PRMA 可采用语音激活检测技术(VAD),以充分利用语音的非连续性。在 PRMA 技术中,各载波有一帧结构,由若干个时隙(time slot,TS)组成,每个 TS 能承载一个分组。TS 和信道不是一一对应的,任何 TS 能承载任何信道的分组。各接收终端通过读取分组头识别出分组是否是传送给自己的。PRMA 技术的目标是利用大多数业务内在的空闲时间,各 TS 并不像传统 TDMA 系统那样由某呼叫全部占用,而是可以被任何呼叫占用。

14.4　交　换　技　术

交换技术是指按照用户要求,在交换局、用户间通信所需的接续或由网络传递数据实现其相互通信的技术。为实现通信网中任意两个终端设备之间的相互通信,最直接的办法是采用如图 14-13(a)所示的全互连网络结构。该结构在任意两个终端设备之间都有一对传输链路,即拥有 n 个终端设备的网络将包含 $n(n-1)/2$ 对传输链路。在终端设备总数量大的情况下将带来对传输链路的投资过大,而且每个终端设备需要的端口数量过大的问题。同时每条链路专用于一对终端设备间的通信,导致每条线路的利用率都很低。

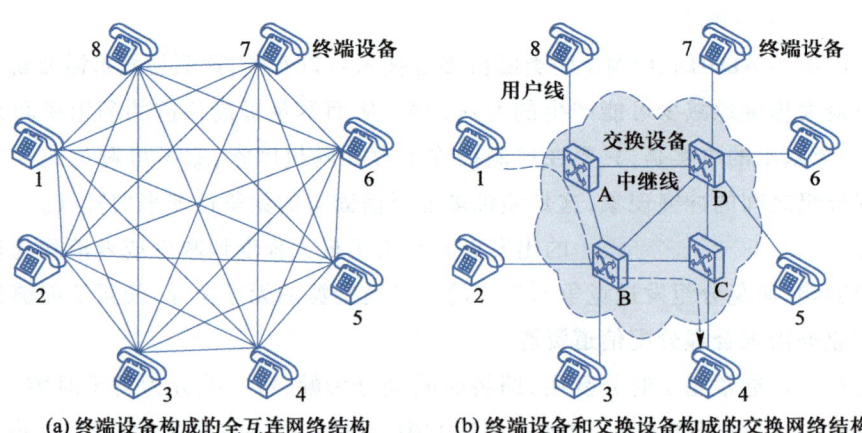

(a) 终端设备构成的全互连网络结构　　(b) 终端设备和交换设备构成的交换网络结构

图 14-13　全互连网络与交换网络的结构对比

为了减少传输链路的数量需求,提高链路的利用率并合理地实现大量终端设备之间的信息传输,现代通信网络结构采用如图 14-13(b)所示的交换网络结构。该结构的核心是使

用了交换设备：每个终端设备通过一对专用链路连接到交换设备上；交换设备之间一般采用网状结构互连，互连链路通常采用 FDM 或者 TDM 复用技术以提高链路利用率。终端设备到交换设备之间的传输链路称为用户线，也叫作用户环路或者本地环路；交换设备之间的传输链路称为中继线。任意两个终端设备之间都可以通过交换设备和中继线完成信息传输。由图 14-13 可知，交换网络所需的传输链路远少于全互连网络。而且交换网络中的终端设备只需要一个端口、只连接一条用户线。交换网络的扩容、控制与管理都更加容易。

常见的交换设备有电话交换机、分组交换机、路由器和转发器等设备。在计算机网络中，交换技术主要通过路由协议实现，在 OSI 七层模型中的网络层实现。交换设备的基本功能结构如图 14-14 所示，主要包括交换模块、用户接口、中继接口、控制模块和信令模块。

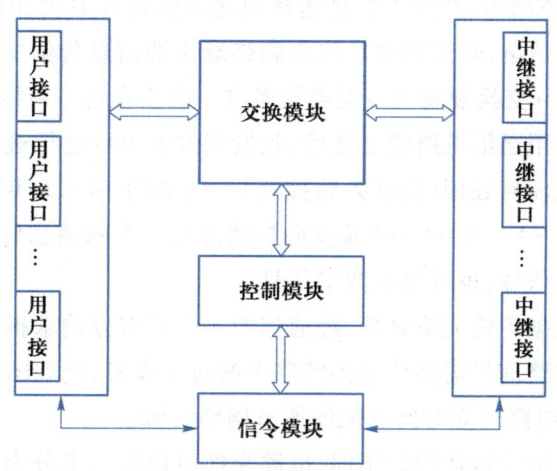

图 14-14　交换设备的基本功能结构

交换模块的基本功能是实现任意入线到出线的数据交换，其拥有大量的端口连接各接口电路，并拥有大量的交换通路供任一入线到出线建立连接。用户接口是用户线与交换模块间的接口电路，基本功能是监视终端设备的呼入/呼出信号，并将信号送到控制系统反映终端设备的工作状态。中继接口是中继线与交换模块间的接口电路，基本功能是监视交换设备间的信号收发，并向控制系统反映工作状态。信令模块实现呼叫控制和连接的建立、监视以及释放。控制模块实现路由信息的更新维护、话务统计、维护管理和计费等。

根据交换设备将数据从入线到出线采取的交换方式的不同，交换技术可以分为：电路交换、分组交换、快速分组交换、软交换等。

14.4.1　电路交换

电路交换（circuit switching，CS）是面向连接的交换方式，在通信过程中为收发双方建立一条临时但是专用的物理线路，具有可靠性高、时延小、无时延抖动的优点。专用的物理线路可能是一条专用的传输链路，也可能是使用时分复用的传输链路的一个时隙或者使用频分复用的传输链路的一个频带。

495

电路交换起源于电话交换系统。1876 年贝尔发明电话机,1877 年就出现了简单的人工电话交换机,19 世纪末出现了步进制电话交换机,20 世纪 20 年代出现了纵横制电话交换机,20 世纪 60 年代出现了电子自动电话交换机。上述无论是人工交换机还是自动交换机、机电式交换机还是电子交换机,它们都属于电路交换系统,都是通过建立一条首尾相连的物理传输链路序列来为收发双方提供专用的通信通道。

基于电路交换的通信过程包括三个阶段:电路建立、消息传输和电路释放。下面以图 14-13(b)里终端设备 1 向终端设备 4 发起呼叫的过程为例加以解释。

(1)电路建立。在通信开始之前,首先需要建立一条专用的端到端电路,该电路一直维持到通话结束。例如图 14-13(b)里终端 1 会先向交换设备 A 发送请求,请求连接到终端 4。交换设备 A 综合考虑路由、费用等信息选择到达交换设备 B 的中继线,在这条中继线上分配一路空闲的复用子信道,然后将请求连接到终端 4 的信息传给交换设备 B。依次类推,最终建立起终端设备 1→交换设备 A→交换设备 B→交换设备 C→终端设备 4 的专用电路。

(2)消息传输。专用通信链路建立之后,收发双方就可以进行透明的消息传输,交换设备不对所传输的信息做任何处理(包括差错控制)。例如图 14-13(b)里终端设备 1 与终端设备 4 之间将经通道 1→A→B→C→4 及反向链路进行双向的消息传输。依据网络性质,所传输的消息可以是模拟信号,也可以是数字信号。

(3)电路释放。数据传输完毕之后,经通信的一方或双方请求拆除此连接,该通信链路被释放。该请求拆除链路信号需要传递到链路上的每个设备,例如图 14-13(b)里的交换设备 A、B、C,以保证释放电路建立时所分配的所有网络资源。

根据交换设备采用的转接体制的不同,电路交换可以进一步分为两类:空分交换和时分交换。

1. 空分交换

空分交换是指入线根据空间位置选择出线并建立连接的交换方式。例如早期采用人工交换的电话交换系统,接线员将塞绳的一端连接入线塞孔,然后根据主叫要求将塞绳的另一端连接被叫的出线塞孔。步进制电话交换机和纵横制电话交换机则是通过电磁机械或者继电器推动金属连接点完成空间连接,同样是根据空间不同位置交叉点的闭合实现入线到不同出线的连接。此外,程控模拟交换机以至宽带交换机都可以利用空分交换原理实现交换的要求。

单级空分交换可以归纳为图 14-15 所示的交换阵列,N 条入线经过 $N×K$ 交换矩阵连接到 K 条出线。交换网就相当于这个 $N×K$ 矩阵,交叉点处由人工、机电开关或者电子开关实现任意输入与输出之间的连通。每条入线都能连接到所有出线,并且能同时给所有入线分配出线的交换机称为无阻塞交换机。图 14-15(a)所示的 $N×N$ 交换矩阵对应的交换网是无阻塞的。图 14-15(b)所示 $N×K$ 交换矩阵在 $K≥N$ 时交换网是无阻塞的,当 $K<N$ 时交换网会阻塞。

空分交换网的复杂度由所需要交叉点数量来衡量,因为每一个交叉点需要使用一个机电或者电子开关。当入线和出线的数量很多时,空分交换网的复杂度将急剧增大。为了降

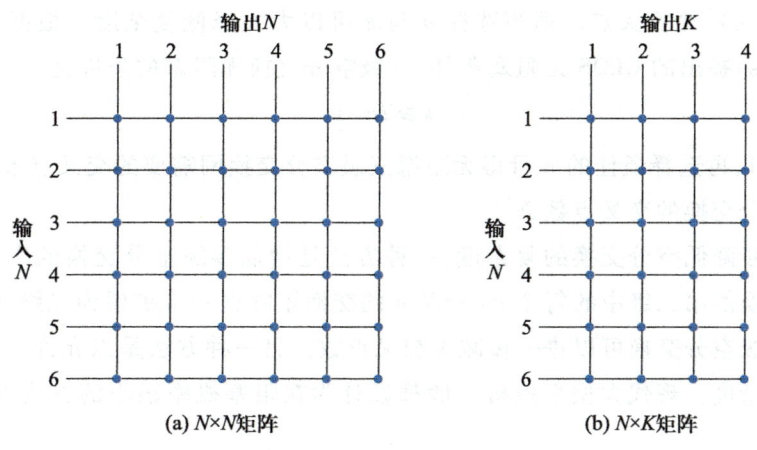

（a）$N \times N$矩阵　　　　　　　　（b）$N \times K$矩阵

图 14-15　单级空分交换的交换阵列

低实现复杂度同时保持不阻塞,通常采用多级交换模式。

图 14-16 给出了通过三级空分交换网来实现 $N \times N$ 交换的例子。图 14-16 中每个标有 "$x \times y$"的矩形框代表 x 条输入、y 条输出的交换矩阵($x = n$、N/n 或 k;$y = k$、N/n 或 n),矩形框左上角的标号#i 表示该交换矩阵在本级交换中的序号。由图 14-16 可知,三级空分交换网的第一级包含 N/n 个 $n \times k$ 的交换矩阵,第二级包含 k 个 $N/n \times N/n$ 的交换矩阵,第三级包含 N/n 个 $k \times n$ 的交换矩阵。N 条入线先均分为 N/n 组,每组 n 条入线分别连接到第一级的各个 $n \times k$ 的交换矩阵输入端;第一级每个 $n \times k$ 的交换矩阵有 k 条出线,分别连接到第二级 k 个不同 $N/n \times N/n$ 的交换矩阵的输入端;第二级每个 $N/n \times N/n$ 的交换矩阵有 N/n 条出线,分别连接到第三级 N/n 个不同 $k \times n$ 的交换矩阵的输入端。如此构成的三级空分交换网可以连通任一入线到任一出线。

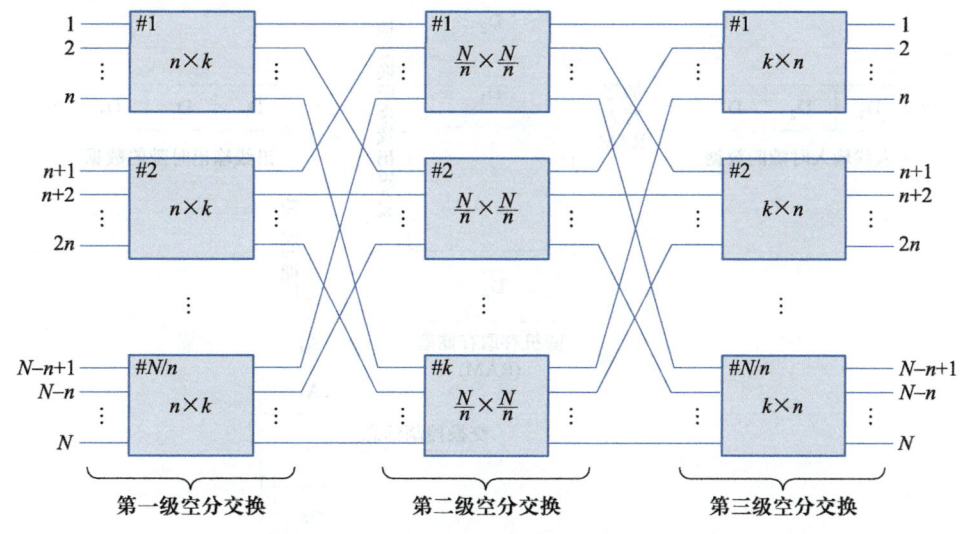

图 14-16　三级空分交换的交换阵列

单级空分交换实现 $N \times N$ 交换需要个 N^2 交叉点,而图 14-16 所示的三级空分交换网只

需要 $2Nk+k(N/n)^2$ 个交叉点。适当选择 n 与 k 可以大大降低复杂度。根据查尔斯·克洛斯(Charles Clos)提出的 CLOS 无阻塞条件,三级空分交换无阻塞的条件是

$$k \geqslant 2n-1 \qquad\qquad (14-4-1)$$

取 $k=2n-1$,再选择最佳的 n 可得无阻塞三级空分交换网需要的交叉点数约为 $4\sqrt{2}\,N^{3/2}$,远小于单级空分交换的交叉点数 N^2。

为了进一步降低空分交换的复杂度,一种方法是增加多级空分交换的串联级数。例如将三级空分交换的第二级中的每个 $N/n \times N/n$ 的交换矩阵进一步扩展为三级空分交换,则总体就变成了五级空分交换可以进一步减少交叉点数。另一种方法是以允许一定概率的阻塞为代价降低复杂度。现代大型交换机一般都设计为在阻塞概率很小的方式下运行,称为准无阻塞交换机。

2. 时分交换

时分交换是一种应用于同步时分复用传输链路的交换技术。时分交换使用的时隙交换器(time slot interchange,TSI)只包含一个物理输入链路接口和一个物理输出链路接口,输入和输出传输链路使用时分复用技术划分为周期循环的时隙,每个周期内时隙号相同的时隙组成一个子信道。时分交换就是通过时隙交换网络完成数据的时隙搬移,从而实现入线子信道和出线子信道之间的数据交换。

图 14-17 给出了时隙交换器的工作原理,TSI 的核心部件是随机存取存储器(random access memory,RAM),通过写入和读出 RAM 的顺序不同来实现时隙位置的交换。假设入线时分复用后输入 TSI 的每个周期有 N 个时隙,经输入端口将每个时隙内的数据顺序写入 RAM

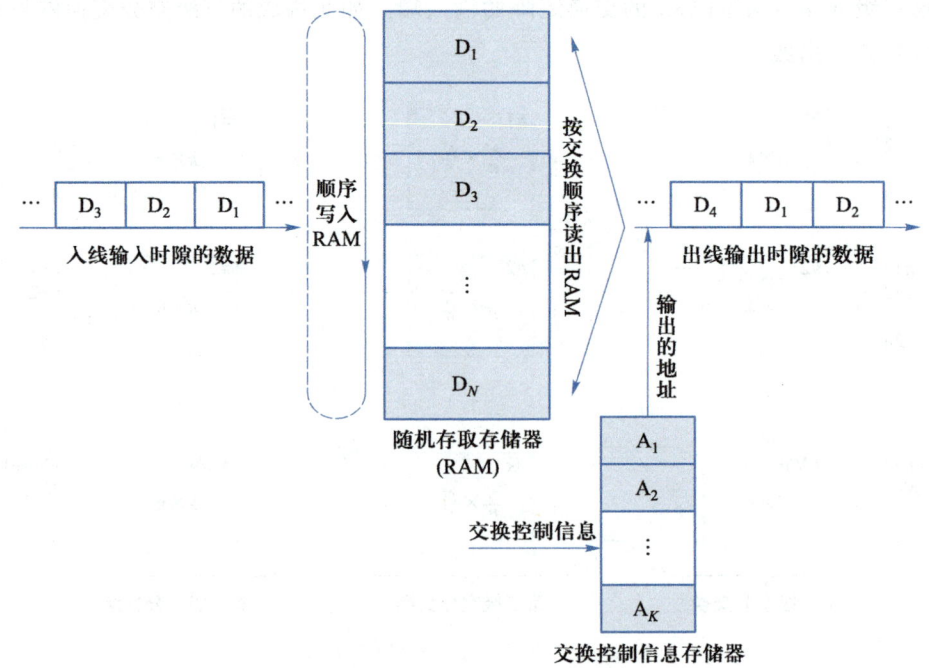

图 14-17　时隙交换器的工作原理

的 N 个存储器单元中；从 TSI 输出到出线时分复用的每个周期有 K 个时隙，经输出端口根据交换要求按特定顺序从 RAM 中读出送到出线。这样就改变了时隙的顺序，实现了时隙交换。当然输入按交换要求的次序写入数据，然后顺序输出数据也能达到同样的交换目的。因为 TSI 需要对交换的数据先存后取，所以时分交换会引入一定的时延。

进行时分交换的信号首先需要抽样，每个时隙中传输的是一路信号的一个脉冲抽样产生的模拟信号或者二进制编码信号。例如典型的 PCM 话音信道，音频信号的抽样频率为 8 kHz，所以 TDM 的周期长度为 125 μs，即每路话音信号每间隔 125 μs 产生一个脉冲抽样信号。

单级 TSI 所能容纳的信道数最大值取决于读写 RAM 所需的时间，以及采用的 RAM 器件类型。假设一个 TDM 的周期长度为 T，读写一个抽样信号到 RAM 所需的时间为 t。如果 TSI 采用单端口 RAM，即 RAM 的读和写不能在一个时隙内同时进行（每路信道需要占用两个时隙分别对应写入和读出），则 TSI 支持的信道数上限为 $T/2t$。如果 TSI 采用双端口 RAM，则 RAM 可以在一个时隙内同时实现读写，则 TSI 支持的信道数上限为 T/t。但是使用双端口 RAM 的 TSI 需要避免同时读、写相同的 RAM 地址，这可以通过控制软件来完成。

由于 RAM 读写时间限制了单级 TSI 所能交换的信道数，为了提高交换器的容量可以采用多级交换模式。例如图 14-18 所示的支持 N 个信道（时隙）的三级 T-S-T 交换网。T-S-T 交换网的第一级为 N/n 个 $n{\times}k$ 的时隙交换器，第二级为一个 $N/n{\times}N/n$ 的空分交换器，第三级为 N/n 个 $k{\times}n$ 的时隙交换器，三级交换器串联组成 $N{\times}N$ 的交换网络。对比图 14-16 的三级空分交换和图 14-18 的 T-S-T 交换可知：三级空分交换的第二级包含 k 个 $N/n{\times}N/n$ 的交换矩阵，而 T-S-T 的第二级只包含 1 个 $N/n{\times}N/n$ 的交换矩阵。二者实现相同的交换功能，这是因为 T-S-T 的第二级空分交换矩阵在 TSI 一帧的 k 个时隙里独立地改变 k 次，实现了时间复接的 k 个不同交换，因此这种空分交换也称为时间复接空分交换网。同理，T-S-T 交换网无阻塞的条件仍然是 $k{\geqslant}2n-1$。T-S-T 交换网的结构和复杂度远低于单级空分交换网和三级空分交换网。

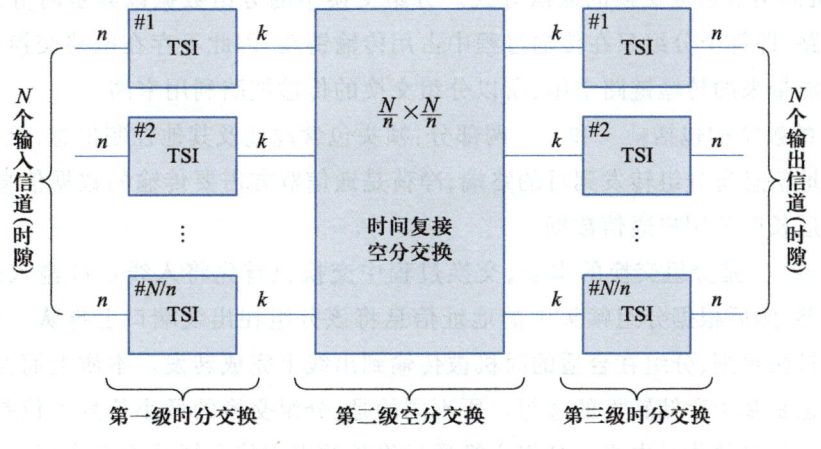

图 14-18　T-S-T 交换网示意图

包括空分交换和时分交换在内的电路交换技术的主要优点如下：

（1）交换时延小,适用于实时通信。空分交换在建立连接之后,从入线到出线之间由电路直连,所以交换时延几乎为零;时分交换因为需要对交换的数据先存后取,所以存在一个很小而且固定的时延。

（2）用户数据不需要附加控制信息,交换机处理开销小。因为电路交换对交换的数据进行"透明"转发,所以在建立传输链路之后再没有额外的交换控制开销。

（3）对所交换数据的格式和编码类型没有限制,只要通信双方类型一致。

（4）硬件实现简单。电路交换是在 OSI 模型的物理层完成交换,不需要使用网络协议,软件实现复杂度低。

电路交换的主要缺点如下。

（1）信道利用率低。电路交换的通信双方在通信过程中独占信道,即使占用期间无数据传输也不能给其他用户使用,因此信道利用率低。

（2）建立交换的接续控制开销大。电路交换包含三个阶段:电路建立、消息传输和电路释放。虽然在消息传输时没有额外的交换开销,但电路建立和电路释放占用的时间较长。

（3）不同类型的终端之间不能通信。因为电路交换采用"透明"转发,没有速率、码型和协议的变换,所以要求通信双方在传输速率、信息格式、编码类型、同步方式和通信协议各方面都完全一致才能进行通信。

综上所述,电路交换适用于业务稳定、连续占用信道的话音等类型业务,不适用于突发性强、不连续占用信道的数据业务。电路交换技术的典型应用包括公共交换电话网（public swtich telephone network,PSTN）、综合业务数字网（integrated services digital network,ISDN）和蜂窝网通信系统中的电路交换数据业务等。

14.4.2　分组交换

分组交换（packet switching,PS）也称为包交换,是一种以"分组"为基本传输单位、使用存储-转发机制实现数据交换的通信方式。分组交换中的分组数据以异步时分复用的方式占用传输链路,即每个分组只在传输过程中占用传输链路,因此不存在电路交换中因为同步时分复用可能带来的传输链路空闲,所以分组交换的传输链路利用率高。

"分组"的帧结构包括帧头和净荷两部分:帧头包含地址及其他控制信息,交换网络根据帧头中的地址信息将分组转发到目的终端;净荷是通信双方需要传输的数据信息,每个分组包含一段合适长度的用户通信数据。

"存储-转发"是分组交换的本质,交换过程中交换机首先将入线端口输入的分组暂时缓存到存储器,然后根据分组帧头中的地址信息将该分组在出线端口上排队。根据出线的忙闲程度和排队规则,分组在合适的时机被传输到出线上完成转发。本质上而言,邮政通信和电报通信也是基于存储转发的思想。所不同的是,分组交换的最小信息单位是分组,而电报通信的最小信息单位是电报。分组交换通过将长的报文信息划分成多个短的分组可以缩

短交换时延。

分组交换的数据传输过程中包括如下三步。

（1）分组打包。数据源终端进行分组打包，将原始的长报文信息打包成多个短的带地址信息的分组。即首先将要发送的整个报文信息按照具体交换协议的规则划分成多个长度固定或者长度可变的较短数据块，然后在每个数据块的前面加上包含交换控制信息的帧头构成"分组"。分组在不同的具体协议中也被称为报文或者信元等。通过将较长的报文划分为多个较短的分组，每个分组的传输时间较短所以能降低交换时延，同时较短的分组还可以降低每次传输的误包率。但是又因为每个分组都必须携带的帧头会带来额外的固定开销，所以每个分组包含的数据块净荷也不能太短。

（2）分组的存储转发。端到端传输链路上（位于源和目的终端之间的）所有的交换设备完成分组的存储转发，即每个交换设备先从上一跳交换设备（或者源终端设备）接收分组并缓存到存储器，然后根据分组携带的交换信息按照具体交换协议规则选择最佳路由或者固定路由转发给下一跳交换设备（或者目的终端设备）。为保证数据传输的正确性，存储转发过程中还包含差错控制机制。即根据具体协议的要求，逐跳或者端到端的进行差错检测及重发策略，要求上一跳或者源终端设备重发出错的分组。

（3）数据重组。目的终端设备进行数据重组，即将收到的属于同一个报文的多个分组按照分组顺序重新组合并恢复出原来完整的报文信息。对于不同分组独立选择路由的交换方式，不能保证所有分组按照发送的顺序到达目的终端设备，因此需要对收到的分组进行重新排序然后提取净荷组装成原始的报文提交给上层应用。

根据交换过程中存储转发选择路由方式的不同，分组交换分为两种模式：无连接的数据报（datagram）分组交换和基于连接的虚电路（virtural circuit）分组交换。

1. 数据报分组交换

使用数据报分组交换的端到端传输不需要链路建立和链路拆除阶段，直接进入消息传输阶段，因此被称为是无连接的。数据报的每个分组都必须包含独立并且完备的交换控制信息（包括源地址和目的地址等），使得交换网络在不依赖于任何之前的信息交换前提下，可以仅依据该控制信息将各分组独立地路由到目的终端设备。交换设备根据地址信息为每个分组独立地选择最佳路由，因此同一报文的多个分组可能会经过不同的交换路径到达目的终端。不同路径上的传输时延和误码率的不同可能造成同一报文的不同分组到达目的的终端时出现乱序、重复与丢失的现象，因此目的终端需要重排序等数据重组工作。

数据报分组交换没有链路建立和链路拆除阶段，因此传输突发性的短报文效率较高。因为每个分组需要独立路由，带来的优点是对于网络故障也有更强的适应能力；缺点是每个分组附加的帧头控制信息多，使得分组额外开销增大并且交换设备的处理复杂度更高。

基于无连接的数据报分组交换的典型协议包括网间协议（internet protocol，IP）、用户数据报协议（user datagram protocol，UDP）等。

IP 协议是用于将多个包交换网络连接起来的，它在源地址和目的地址间传递数据包，它还提供对数据大小的重新组装功能，以适应不同网络对包大小的要求。IP 数据报格式如

图 14-19 所示,帧头部分包括 20 字节的固定字段和可变长度部分。其中 4 字节的源 IP 地址和 4 字节的目的 IP 地址用于路由选择,13 bit 的片偏移用于目的终端的数据重组。

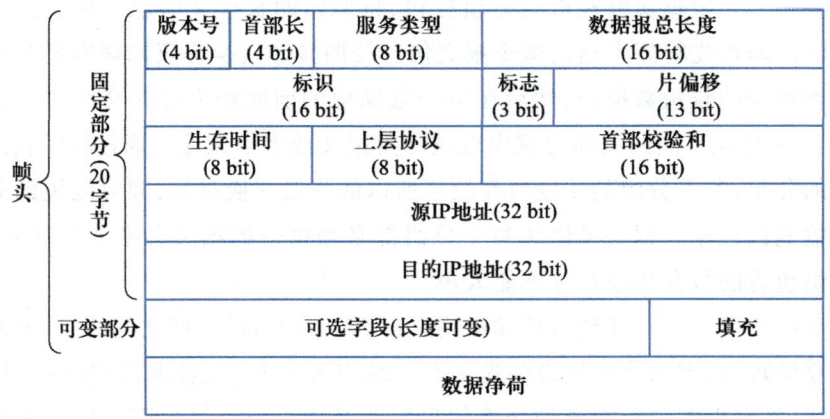

图 14-19　IP 数据报格式

2. 虚电路分组交换

虚电路是基于连接的分组交换技术,即在数据传输之前首先需要在源终端和目的终端之间建立一条逻辑连接电路。所有的分组沿着这条固定的路径传输,就像电路交换中的电路一样,因此这样一条逻辑连接被称为虚电路。

虚电路分组交换的具体工作过程如下:① 逻辑连接建立阶段,源和目的终端根据完整的地址信息在源终端、目的终端以及交换网络中确定一条逻辑连接,即虚电路。每条虚电路用一个短的虚电路标识符表示,虚电路上沿路所有的交换设备登记该虚电路标识符以及路由信息。② 数据传输阶段,整个报文的所有分组都沿着事前建立的虚电路传输,即不需要再为每个分组单独选择路由。每个分组不需要携带完整的地址信息,仅需要携带虚电路标识符,因此分组的额外控制开销小。交换设备只需要根据虚电路标识符查找路由表完成转发,因此处理简单、转发速度快。同一报文的所有分组沿相同路径到达目的终端,因此不会发生分组乱序,所以目的终端收集分组后无须重新排序。为保证分组无差错、无丢失、不重复地可靠传输,虚电路分组交换还包含逐跳的或者端到端的差错控制机制。③ 虚电路拆除阶段,当所有数据发送完毕之后拆除虚电路,交换设备清除该虚电路标识符以及路由信息条目。

根据逻辑连接持续时间的不同,虚电路可以分为交换型虚电路(switched virtual circuit,SVC)和永久性虚电路(permanent virtual circuit,PVC)。SVC 是终端之间按需动态建立的临时性连接,在数据传输之前建立并且传输结束之后立即拆除连接。PVC 是终端之间的永久性连接,由服务商预先配置提供的专线服务,在数据传输时不需要再经历链路建立和链路拆除阶段。

虚电路分组交换和电路交换都是基于连接的交换技术,都包含建立连接的额外开销,能够保证分组按序传输。但是电路交换中每条连接独占传输链路资源,能够提供传输容量和时延的保证。而虚电路并不独占传输链路,而是采用统计复用的方式和共享相同交换设备

的其他虚电路共享传输链路。因此虚电路的传输容量和时延不能保证,受到以下因素的影响:共享相同交换设备的其他虚电路所承载的业务强度、本虚电路承载的分组长度和业务速率。

使用虚电路分组交换的典型协议包括:传输控制协议(transmission control protocol,TCP)、流控制传输协议(stream control transmission protocol,SCTP)、X. 25、帧中继(frame relay,FR)、异步传输模式(asynchronous transfer mode,ATM)、通用分组无线服务(general packet radio service,GPRS)、多协议标签交换(multi-protocol label switching,MPLS)。以 X. 25 为例,它是最早的面向连接的分组交换技术之一,主要应用于早期速率低、误码率高的电话传输线路。X. 25 协议是通过专用电路与公用数据网连接的数据终端设备(data terminl equipment,DTE)与数据通信设备(data communication equipment,DCE)之间的接口协议,它定义了物理层、数据链路层和分组层协议,分别对应 OSI 七层模型的下三层。X. 25 协议的数据链路层采用了完全的差错控制,包括帧定位、差错检验和确认应答,不仅浪费了带宽还增加了分组传输延迟;X. 25 协议的分组层完成交换功能。随着物理传输链路可靠性的提升,数据链路层的差错控制逐渐弱化,X. 25 逐渐被帧中继以及 ATM 技术取代。

分组交换技术相对于电路交换主要有如下优点:

(1) 传输链路利用率高。与电路交换独占传输链路的方式不同,分组交换的传输链路是由多路分组数据采用统计时分复用的方式共享使用。每个分组只在传输过程中占用传输链路,减少了链路空闲的概率,因此传输链路的利用率高。

(2) 不同类型的终端之间可以通信。分组交换设备以分组为单位的存储-转发机制使得交换网络能够进行速率、码型、同步方式和协议的变换,所以不同传输速率、不同信息格式、不同编码类型、不同同步方式和不同通信协议的终端之间都可以通过分组交换网络进行通信。

(3) 不会拒绝新的交换请求。电路交换中每一路交换都需要独占一路传输链路和交换设备资源,因此所支持的总交换数是有限的,当通信量过大时电路交换网络将拒绝新的交换请求。而由于分组交换网络采用统计时分复用方式占用传输链路,交换设备基于存储转发,因此分组始终可以被接受,只是在通信量大时交换时延会增加。

(4) 能够使用优先级。分组交换基于存储转发,交换设备中所有待转发的分组会排队等待转发。因此可以设置带优先级的排队规则,让高优先级的分组优先被转发,使得高优先级的分组交换时延降低。

(5) 可靠性高。分组交换可以进行逐跳或者端到端的差错控制,能够保证无差错的传输。而且使用数据报分组交换时,分组还可以自动避开出故障的路由,进一步提高了交换的可靠性。而在电路交换网络中是没有差错控制的。

分组交换技术相对于电路交换主要有如下缺点:

(1) 数据传输过程中的控制开销大。电路交换中一旦电路建立,整个消息传输过程中传输的是纯数据,没有额外控制开销。然而在分组交换中,每个分组都需要包含源地址和目的地址(或者虚电路标识符)以及其他控制信息作为帧头,这些信息降低了可用来承载用户

数据的有效通信容量。

（2）交换时延大。电路交换的时延很小：空分电路交换只有电路的传播时延，几乎为零；时分电路交换只产生固定的时隙搬移的时延，每个时隙只用于存储一个采样信号所以时延也非常小。而分组交换需要将整个分组先存储然后根据帧头信息转发，所以交换时延包括三部分：接收整个分组的输入延时、分组在出线端口的排队时延，以及节点处理帧头信息的处理时延。

（3）时延抖动大。电路交换中一旦电路建立，时延是固定的不会产生变化。而分组交换中每个分组的时延受三个因素影响：分组的长度、分组所经过的交换路径、分组经过每个交换节点时所经历的排队时延。对每个分组而言，上述三个因素可能都不同，因此总的时延变化有可能还很大。

（4）交换处理复杂。电路交换中一旦电路建立，交换机几乎不需要进行处理了。而分组交换还需要解析每个分组的帧头来选择每个分组的下一跳路由，因此要求分组交换设备具有较高的处理能力。

综上所述，分组交换适用于突发性强、不连续占用信道、对时延不敏感、要求误码率低的数据业务。分组交换技术主要应用于计算机网络等数字通信网络，例如 Internet 和局域网等。

14.4.3　快速分组交换

为了进一步提高传统分组交换网的交换能力，一方面需要提高物理链路的传输能力，另一方面还需要加快交换设备的交换处理速度。在传输链路方面，早期电话网的误码率为 $10^{-5} \sim 10^{-4}$ 量级，而现如今光纤网的误码率已降低到 10^{-9} 量级以下。传输链路在误码率性能和信道容量两方面都获得了极大的提高。利用传输链路性能的提升，交换协议可以简化协议过程以提高交换速度，因此发展出了帧中继和异步传输模式两种快速分组交换技术。

1. 帧中继

帧中继是在数字光纤传输链路代替了原有的模拟电话传输链路之后，由 X.25 发展起来的基于连接的分组交换技术。因为 X.25 协议是基于早期误码率高的电话传输线路，而帧中继的物理层采用了几乎无差错的光纤链路，因此帧中继简化了 X.25 协议中逐段的差错控制和流量控制，以实现快速交换。

图 14-20 给出了帧中继和 X.25 的协议栈结构对比。由图 14-20(b)可知，帧中继的交换设备只包含物理层和部分数据链路层协议。帧中继将完全差错控制和流量控制功能放在源终端和目的终端设备中完成，交换设备只进行简单的检错并丢弃出错帧以实现有限的差错控制，在交换网内不进行逐段的确认与出错重传。而 X.25 需要通过逻辑链路控制子层的平衡链路接入规程(link access procedure balanced，LAPB)实现逐段的完全差错控制与流量控制。同时，X.25 协议的分组在网络层实现交换，而帧中继的分组是在数据链路层实现交换。综合上述两个因素可知，帧中继相较于 X.25 简化了处理过程，加快了交换速度。

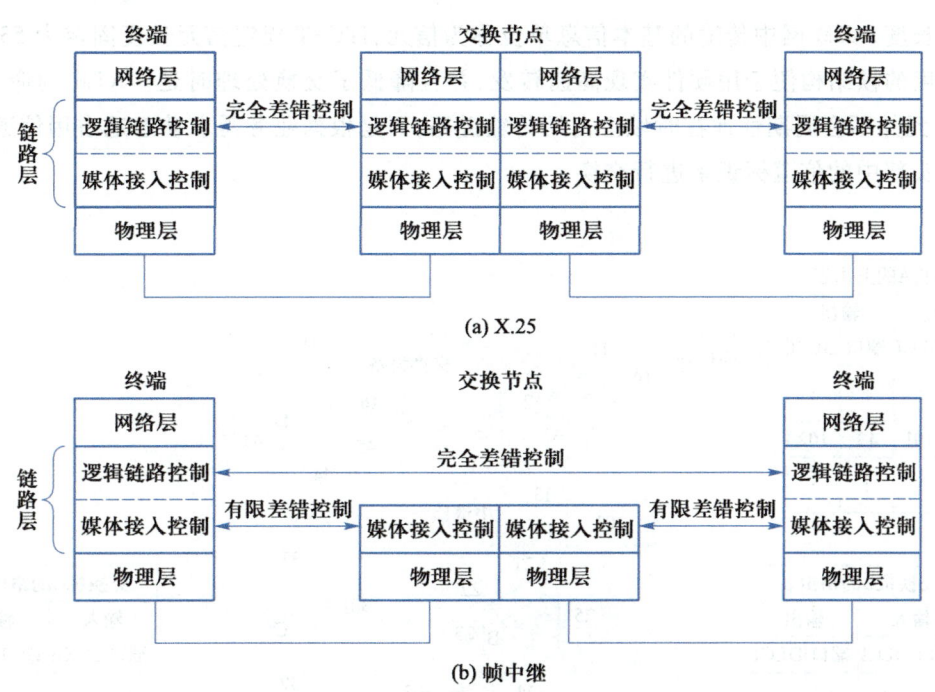

(a) X.25

(b) 帧中继

图 14-20 帧中继和 X.25 的协议栈结构对比

1986 年,AT&T 首先在其关于 ISDN 的技术规范中提出了帧中继业务。至 1994~1995 年帧中继技术成熟,标准日趋完善。制定帧中继标准的国际组织主要有 ITU-T、ANSI 和帧中继论坛。

帧中继的转发原理如图 14-21 所示。帧中继交换机在电路预定(PVC)或呼叫建立(SVC)阶段,通过在端到端路径上的各个交换机中添加由输入和输出的"端口号"和数据链路连接标识符(data link connection identifier,DLCI)组成的路由转接表项来建立虚电路。例如图 14-21 中虚线所示的路径上三个交换机 A、B、C 的路由表中灰色背景的表项。DLCI = 101 的数据帧首先从交换机 A 的 14 号端口进入,查找交换机 A 的路由表后知道需要从 13 号端口转发,同时 DLCI 需变为 102。因此在交换机 A 中需要把图 14-21 所示的帧结构中的 DLCI 从 101 替换为 102,因为帧头内容发生了改变导致还需要重新计算帧尾的 FCS 字段。同理,数据帧经过交换机 B 和 C 的时候需要把 DLCI 分别替换为 103 和 104 并更新 FCS,最终从指定的帧中继网的用户-网络接口输出。因为 DLCI 是一种短小并且定长的标签,所以方便使用硬件实现高速转发。

帧中继只规定了数据链路层和物理层的协议规范,与其他高层协议相互独立。因为其带宽利用率高、交换时延低的优点,帧中继主要应用于局域网间的互连,尤其是局域网通过广域网进行的互连。

2. 异步传输模式

异步传输模式(asynchronous transfer mode,ATM)也是基于光纤链路的交换方式,它对 X.25 做了进一步的简化,如图 14-22 所示:一方面是简化差错控制和流量控制,ATM 交换设备不做任何差错控制,差错控制和流量控制完全放在端到端设备中完成;另一方面是固定数

据帧的长度,ATM 网中传输的基本信息单位称为信元,ITU-T 规定信元长度固定为 53 字节。固定长度的帧结构便于用硬件实现高速转发,并且降低了交换处理时延。ATM 的命名源于 ATM 信元并不会周期性地在时域上占用传输链路,而是根据业务需求动态地占用信道,并根据信元头部中的信道标识来进行交换。

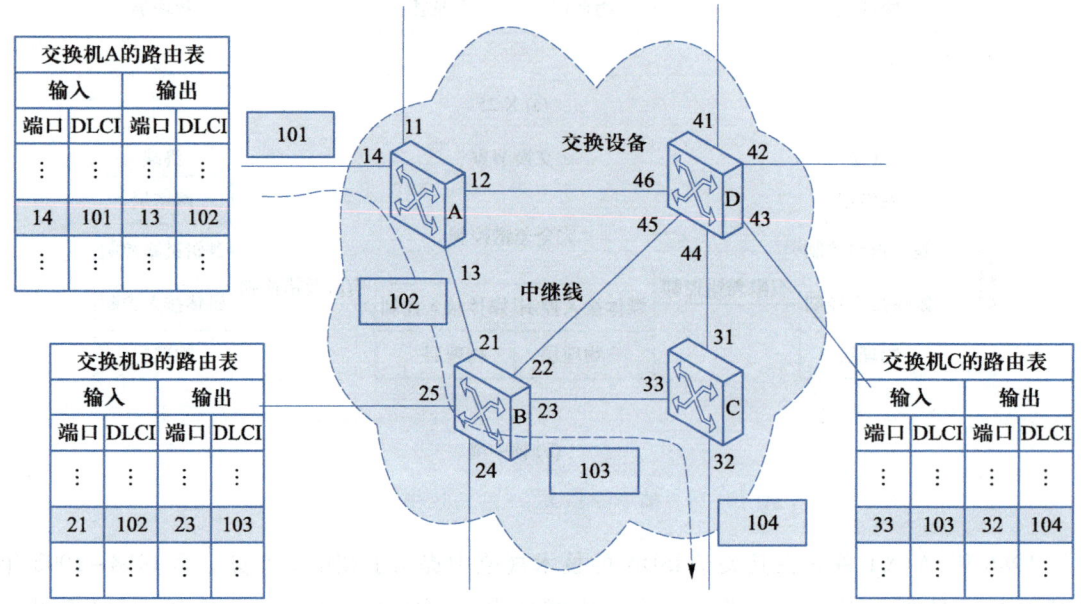

图 14-21　帧中继的转发原理

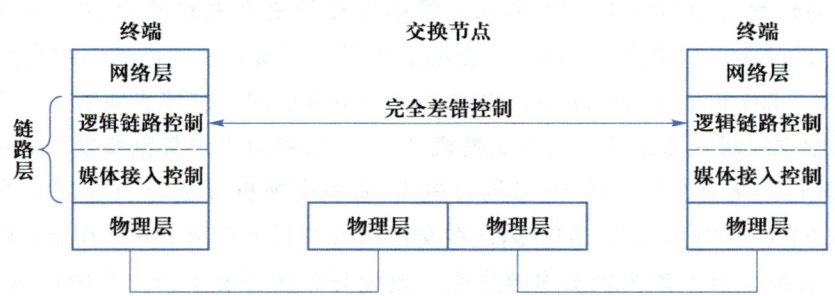

图 14-22　ATM 协议栈功能示意图

ATM 网络中的物理链路上不管有无用户的业务信息,都存在首尾相连连续传递的信元流。来自不同用户的信元汇集到 ATM 交换机出线的缓冲器内排队,信元依次复用到物理链路上输出。当队列中为空,即没有用户业务信息时,物理链路上输出空闲信元;如果新的信元到达缓冲器时队列已满,则丢弃后到的信元。

ATM 网络的逻辑连接采用了虚通道(virtual path,VP)和虚信道(virtual channel,VC)两级信道复用,它们与物理链路之间的关系如图 14-23 所示:物理链路首先划分为若干个 VP 子信道,每个 VP 子信道又进一步划分为若干个 VC 子信道。分为两级的主要目的是将网络的主要管理和交换功能集中在 VP 子信道层面,减少网络管理和控制的复杂度。

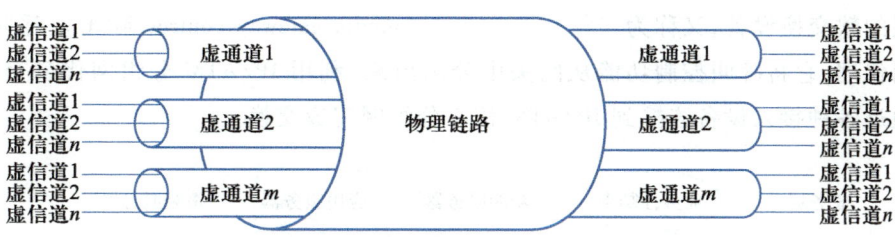

图 14-23 ATM 物理链路、虚通路和虚信道之间的关系

ATM 以面向连接的方式工作,在数据传输之前需要使用 ATM 信令系统建立 ATM 连接,并为该连接预先分配网络资源。ATM 连接可以是永久或者是半永久的,也可以按需临时建立。ATM 网络中的信元交换分为 VP 交换和 VC 交换两种。在 ATM 转接局之间一般只进行 VP 交换,它是将一条 VP 上所有的 VC 链路全部转送到另一条 VP 上去。在 ATM 端局的信元一般需要 VC 交换。

ATM 是一种与通信业务无关的高速宽带交换技术,能够同时支持语音、数据和多媒体等不同类型的实时与非实时业务。ATM 交换技术融合了电路交换和分组交换的优点,具有能支持不同速率的业务交换、吞吐量大、交换时延和时延抖动小以及能够提供点到多点或广播式通信的优点。但是 ATM 力求包揽一切的设计目标也使其存在技术复杂、价格昂贵的缺点,并且短小定长的帧结构使得信元首部的开销比例过大。

14.4.4 软交换

1997 年美国朗讯公司的贝尔实验室首先提出了软交换的概念,初衷是为了将基于电路交换的传统公众电话交换网和基于分组交换的 IP/ATM 数据网融合。根据国际软交换论坛的定义,软交换是基于分组网利用程控软件提供呼叫控制功能和媒体处理相分离的设备和系统。我国"软交换设备总体技术要求"中对软交换的定义是:软交换是网络演进以及下一代分组网络的核心设备之一,它独立于传送网络,主要完成呼叫控制、资源分配、协议处理、路由、认证、计费等主要功能,同时可以向用户提供现有电路交换机所能提供的所有业务,以及多样化的第三方业务。

简单而言,软交换就是实现传统程控交换机的"呼叫控制"功能的实体。呼叫控制负责呼叫的建立、维持和清除功能。传统的"呼叫控制"功能是和业务处理紧密耦合的,并且不同类型业务所需的呼叫控制功能不同,例如 PSTN 使用 7 号信令协议而 IP 网络使用 SIP 协议。为了实现软交换与业务无关,这就要求软交换提供的呼叫控制功能是支持各种业务的、基本的、综合的呼叫控制。

软交换的设计思想是业务与控制分离、传送与接入分离,通过软件的方式来完成原来交换机的控制、接续和业务处理功能,并以标准的协议在各实体之间进行连接和通信。广义的软交换是指以软交换设备为控制核心的分布式网络结构,其体系结构如图 14-24 所示,包括接入层、传输层、控制层和业务层,通常称为软交换系统。狭义的软交换特指图 14-24 中位于控制层的软交换设备,又称为媒体网关控制器(media gateway control,MGC)、呼叫服务器或者呼叫代理,它将呼叫控制功能从网关中分离出来,利用 IP/ATM 分组网代替交换矩阵,使用户通过各种接入设备连接到 IP/ATM 核心分组网完成交换。

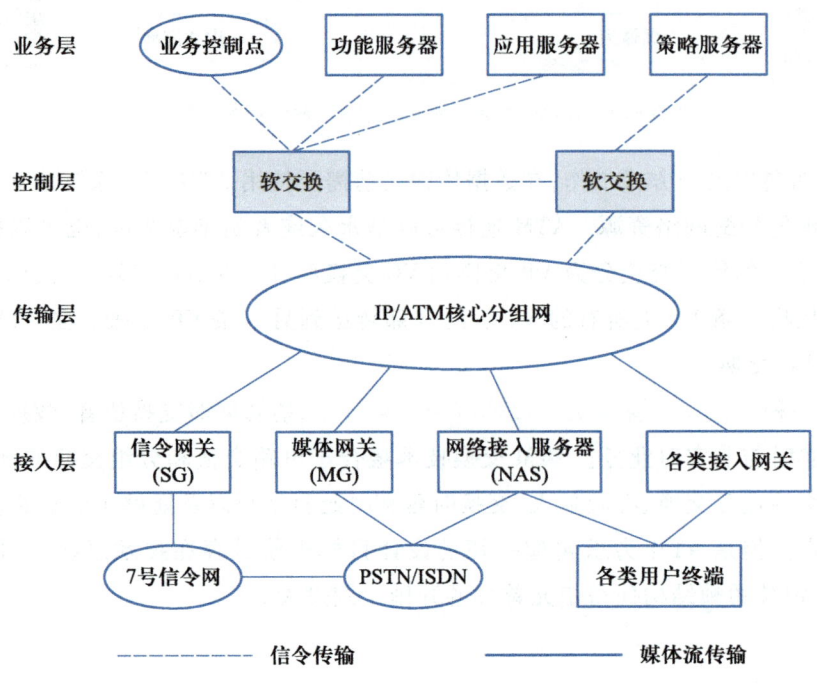

图 14-24　软交换体系结构

软交换网络自底向上各层及各层主要构件的功能如下:

1. 接入层

接入层的主要功能是提供各种用户终端、用户驻地网和传统通信网接入到核心网的网关,利用各种接入设备实现不同用户的接入及不同信息格式的转换。其功能类似于传统程控交换机中的用户模块或中继模块。主要构件包括:信令网关(signaling gateway,SG)、媒体网关(media gateway,MG)、网络接入服务器(network access server,NAS)和其他各类接入网关。

网关的作用是完成两个异构网络之间的媒体信息和信令信息的相互转换,使一个网络的信息能够在另一个网络中传输。信令网关位于 7 号信令网和 IP 网的边缘,完成 7 号信令消息和 IP 网信令消息的互通,主要对信令消息进行中继、翻译或终接处理。信令网关的一端通过 IP 协议和媒体网关控制器通信,另一端通过 7 号信令和 PSTN 通信。

媒体网关位于 PSTN/ISDN 和 IP/ATM 分组网的边缘,完成电路交换网的承载通道和分组网的媒体流之间的媒体格式的转换,将各种用户或网络综合接入到核心网络。媒体网关的一端连接 PSTN 电路,另一端作为路由器连接到 IP/ATM 分组网。媒体网关包括:IP 中继媒体网关、ATM 中继媒体网关和综合接入媒体网关。位于接入层的媒体网关本身不具有智能,要靠位于控制平面的软交换的控制才能实现完整的功能,目前的控制协议主要有MGCP、H.248 和 MEGACO。

网络接入服务器位于 PSTN/ISDN 与 IP 网的接口处,是现有网络的拨号接入服务器。网络接入服务器是远程访问接入设备,用于将拨号用户接入 IP 网,完成远程接入、实现拨号虚拟专网、构建企业内部网等应用。

2. 传输层

传输层用于传送软交换网络承载的所有业务和媒体,将各种媒体通过宽带传输通道路由至目的地,目前主要指 ATM 分组网和 IP 分组网。传输层与接入层之间传递的是媒体流,接入层的网关将各种不同种类的业务媒体转换成统一的格式(例如 IP 分组或者 ATM 信元)之后在传输层的核心分组网实现传送。

3. 控制层

控制层是软交换网络的交换控制核心,控制底层网络元素端到端连接的建立和对业务流的处理,该层的设备就被称为软交换设备或媒体网关控制器。软交换设备通过标准协议与其他网络构件通信:软交换设备之间互通采用与承载无关的呼叫控制协议(bearer independent call control protocol,BICC)和会话初始协议(session initiation protocol,SIP);软交换设备与媒体网关互通采用媒体网关控制协议(media gateway control protocol,MGCP)、H. 248 和 MEGACO;软交换设备与信令网关互通采用信令传送协议(signaling transport,SIGTRAN);软交换设备与智能终端互通采用 H. 323 或 SIP 协议。

软交换设备的主要功能如下:

(1)呼叫控制功能。软交换设备负责呼叫连接的建立、维持和释放,包括呼叫处理、连接控制、智能呼叫触发检出和资源管理等。只有信令信息经过软交换设备,用户之间传递的业务和媒体流并不经过软交换设备。

(2)协议适配功能。软交换设备支持丰富的协议类型,通过标准协议与媒体网关、信令网关、应用服务器和其他软交换设备等网络构件之间互通。

(3)业务接口提供功能。软交换设备向业务层提供开放的标准接口,不仅能提供现有电路交换机提供的所有业务,能与现有智能网配合提供现有智能网提供的业务,还能通过开放的接口与第三方合作提供多种增值业务。

(4)互连互通功能。以软交换设备为核心的软交换网络必须能与现有网络互连互通,例如与现有 PSTN/ISDN 电路交换网互通、与现有 7 号信令网的互通、与现有智能网的互通、与采用 H. 323 协议的 IP 电话网互通等。

(5)计费、网关、操作维护等功能。软交换设备需要进行计费和信息采集并送往计费中心,提供业务统计和设备运行状态分析,以及支持简单网络的管理协议进行配置和管理。

4. 业务层

业务层提供终端用户增值业务的网络管理功能,负责在呼叫建立的基础上提供各种各样的增值业务,控制相应的网络管理和服务。业务层由一系列业务应用服务器组成,包括应用服务器、功能服务器、策略服务器等。应用服务器利用软交换设备提供的标准应用编程接口来完成业务创建和维护。功能服务器提供业务的验证、鉴权和计费服务功能。策略服务器实现资源接入和使用规则的管理功能。

习　　题

14-1　试举例说明 FDMA、TDMA 和 CDMA 的应用及特点。

14-2　研究 AWGN 信道中具有 $K=2$ 个用户的某 FDMA 系统,其中分配给用户 1 的带宽 $W_1 = \alpha W$,分配给用户 2 的带宽 $W_2 = (1-\alpha)W$,其中 $0 \leqslant \alpha \leqslant 1$。另 P_1 和 P_2 分别是两个用户的平均功率。试求两个用户的容量 C_1 和 C_2 及其和 $C_1 + C_2$ 与 α 的关系。

14-3　考虑一个与用户数无关且限制每个用户的发送功率为 P 的 TDMA 系统。试求每个用户的容量 C_K 及总容量 KC_K。画出 C_K 和 KC_K 作为 ε_b/n_0 函数的曲线,并说明 $K \to \infty$ 时的结果。

14-4　在纯 ALOHA 系统中,信道比特率为 2 400 bit/s。假设每个终端平均每分钟发送 100 bit 的消息。

（1）试求能够使用该信道的最大终端数；

（2）若采用时隙 ALOHA,重做(1)。

14-5　考虑一个纯 ALOHA 系统。该系统运行的吞吐量 $S=0.1$,并以泊松到达率 λ 产生分组。

（1）试求信道负载 G；

（2）试求为发送一个分组而试传的平均次数。

14-6　考虑一个总线传输速率为 10 Mbit/s 的 CSMA/CD 系统。总线为 2km,传播时延为 5 μs/km,分组长度为 1 000 bit。试求

（1）端到端延时 τ_d；

（2）分组持续时间 T_p；

（3）该总线的最大利用率和最大比特率。

附录

附录 A 缩 略 词

附录 B 误差函数、互补误差函数表

附录 C 部分习题参考答案

参考文献

[1] 马东堂.通信原理[M].北京:高等教育出版社,2018.

[2] 樊昌信,曹丽娜.通信原理[M].7版.北京:国防工业出版社,2012.

[3] 周炯槃.通信原理[M].4版.北京:北京邮电大学出版社,2015.

[4] 宋铁成,刘郁蓉.通信原理[M].北京:人民邮电出版社,2023.

[5] 张晓瀛.通信原理仿真基础[M].北京:电子工业出版社,2021.

[6] 毛京丽,石方文.数字通信原理[M].3版.人民邮电出版社,2014.

[7] 石文孝.通信网理论与应用[M].2版.北京:电子工业出版社,2016.

[8] 李建东.通信网络基础[M].2版.北京:高等教育出版社,2018.

[9] 赵海涛,马东堂.通信网络理论与应用[M].2版.北京:科学出版社,2022.

[10] 曹志刚,钱亚生.现代通信原理[M].北京:清华大学出版社,2022.

[11] 苗长云.现代通信原理[M].2版.北京:电子工业出版社,2022.

[12] 纪越峰.现代通信技术[M].5版.北京:北京邮电大学出版社,2020.

[13] 蔡跃明,吴启晖,田华.现代移动通信[M].5版.北京:机械工业出版社,2022.

[14] 李兆雨,何维,戴翠琴.移动通信[M].北京:电子工业出版社,2017.

[15] 谭祥,余晓玫.移动通信技术[M].2版.西安:西安电子科技大学出版社,2022.

[16] 啜钢,王文博,常永宇,等.移动通信原理与系统[M].5版.北京:北京邮电大学出版社,2022.

[17] 韩仲祥.通信网络原理与技术[M]北京:电子工业出版社,2022.

[18] 张炜,王世练.无线通信基础[M].北京:科学出版社,2014.

[19] 胡庆.光纤通信系统与网络[M].4版.北京:电子工业出版社.2019.

[20] 刘振霞.程控数字交换技术[M].3版.西安:西安电子科技大学出版社,2019.

[21] 段哲民,尹熙鹏.信号与系统[M].4版.北京:电子工业出版社,2020.

[22] 陈运.信息论与编码[M].4版.北京:电子工业出版社,2023.

[23] 石硕.信息理论与编码技术[M].哈尔滨:哈尔滨工业大学出版社,2020.

[24] John G. Proakis,Masoud Salehi. Digital Communications[M].5th ed.北京:电子工业出版社,2019.

[25] 赵志勇,毛忠阳.数据链系统与技术[M].北京:电子工业出版社,2022.

[26] 孙锦华,何恒.现代调制解调技术[M].西安:西安电子科技大学出版社,2014.

[27] 罗国明,陈庆华.现代交换原理与技术[M].4版.北京:电子工业出版社,2021.

郑重声明

高等教育出版社依法对本书享有专有出版权。任何未经许可的复制、销售行为均违反《中华人民共和国著作权法》,其行为人将承担相应的民事责任和行政责任;构成犯罪的,将被依法追究刑事责任。为了维护市场秩序,保护读者的合法权益,避免读者误用盗版书造成不良后果,我社将配合行政执法部门和司法机关对违法犯罪的单位和个人进行严厉打击。社会各界人士如发现上述侵权行为,希望及时举报,我社将奖励举报有功人员。

反盗版举报电话 (010) 58581999 58582371

反盗版举报邮箱 dd@ hep. com. cn

通信地址 北京市西城区德外大街 4 号
高等教育出版社知识产权与法律事务部

邮政编码 100120

读者意见反馈

为收集对教材的意见建议,进一步完善教材编写并做好服务工作,读者可将对本教材的意见建议通过如下渠道反馈至我社。

咨询电话 400-810-0598

反馈邮箱 gjdzfwb@ pub. hep. cn

通信地址 北京市朝阳区惠新东街 4 号富盛大厦 1 座
高等教育出版社总编辑办公室

邮政编码 100029

防伪查询说明

用户购书后刮开封底防伪涂层,使用手机微信等软件扫描二维码,会跳转至防伪查询网页,获得所购图书详细信息。

防伪客服电话 (010)58582300